COURS COMPLET

D'AGRICULTURE,

THÉORIQUE, PRATIQUE, ÉCONOMIQUE,
ET DE MÉDECINE RURALE ET VÉTÉRINAIRE.

Avec des Planches en taillé douce.

Gravé par Halk, rue St Jacques près celle du Plâtre N°.32.

COURS COMPLET

D'AGRICULTURE

THÉORIQUE, PRATIQUE, ÉCONOMIQUE ET DE MÉDECINE RURALE ET VÉTÉRINAIRE.

OU

DICTIONNAIRE UNIVERSEL

D'AGRICULTURE,

PAR UNE SOCIÉTÉ D'AGRICULTEURS, ET RÉDIGÉ PAR ROSIER.

TOME DIXIÈME.

RÉDIGÉ par les Citoyens CHAPTAL, Conseiller-d'État, et Membre de l'Institut National; DUSSIEUX, LASTEYRIE et CADET-DE-VAUX, de la Société d'Agriculture de Paris, PARMENTIER, GILBERT, ROUGIER-LABERGERIE, et CHAMBON de l'Institut National.

Édition Originale.

A PARIS,

CHEZ DELALAIN FILS, LIBRAIRE, QUAI DES AUGUSTINS, N°. 29.

AN IX — 1801.

NOTICE

Sur la Vie et les Écrits de l'Abbé Rozier.

La vie des bienfaiteurs du genre humain appartient toute entière à la postérité. C'est sans doute cette considération qui fit pendant long-tems honorer la mémoire des gens de lettres par des éloges publics qui servoient tout à la fois à exciter la passion de la gloire, et à entretenir le goût de la véritable éloquence. Si *Rozier* eût terminé sa carrière dans ces temps paisibles, les diverses académies se seroient disputées la prééminence de son éloge ; mais il est mort à l'époque la plus désastreuse de la révolution ; et le coup funeste qui nous l'a ravi est encore, au bout de six ans, ignoré de presque toute l'Europe. Sera-t-il permis à un homme qui ne vécut point dans sa familiarité, qui ne le connut même pas, de tracer le tableau de sa vie domestique et de sa vie littéraire ? Mais *Rozier* ne doit-il pas être regardé comme vivant pour moi ? Ne suis-je pas le confident intime de ses pensées ? Possesseur d'une grande partie des lettres qu'il a écrites, j'y retrouve son ame à nu, suivant l'expression de Montaigne : c'est là que j'ai appris à le connoître, à l'aimer, à respecter dans lui le bon parent, le bon ami, le bon citoyen, en même temps que ses Ouvrages me l'ont fait regarder comme un des savans qui ont le mieux mérité de leur patrie. J'entreprendrai donc de peindre et son génie et ses vertus ; mais, sans m'écarter de la simplicité qui distinguoit éminemment son caractère, il n'y a que les hommes médiocres qui aient besoin de la pompe des paroles pour rehausser leur mérite et surprendre l'opinion.

François Rozier naquit à Lyon le 24 janvier 1734. Son père, originaire de Colombe, village du Dauphiné, proche Vienne, s'étoit établi dans cette ville dès sa jeunesse, et s'y livroit, avec autant d'honneur que d'intelligence, à un commerce très-étendu. Les occupations multipliées de son état ne purent jamais le distraire du soin qu'il devoit à sa nombreuse famille. Chargé de huit enfans, il sentit bien que ses propres travaux seroient insuffisans pour leur procurer une honnête aisance, et toute son attention se porta vers leur éducation. Il avoit d'ailleurs été élevé lui-même avec trop de soin, pour ne pas savoir que c'est là la véritable richesse, la seule qui puisse braver les revers de la fortune.

Rozier, dont nous écrivons l'éloge, confié pendant son jeune âge, à un instituteur vertueux et instruit, fit de rapides progrès.

Si les goûts de l'enfance n'étoient pas trop souvent des annonces trompeuses, on auroit pu assurer dès lors qu'il se distingueroit dans la carrière des Sciences. On le voyoit, à l'âge de dix ans, tracer une méridienne sur les carreaux de sa chambre, et percer une fenêtre pour que les rayons du soleil y arrivassent sans être brisés. Le confident et le témoin utile de ces expériences étoit une de ses sœurs plus âgée que lui, aiguillonnée comme lui par le désir de savoir : on pouvoit déjà le comparer à *Pascal* travaillant avec M$^{lle.}$ *Périer*.

Le premier collège où on l'envoya, lorsqu'on le crut capable de profiter des avantages de l'instruction publique, fut le collège de Villefranche. A la tête de cet établissement étoit le *P. Vidal* connu par de bonnes traductions d'auteurs latins, suivant la méthode de *Dumarsais*. Cet habile Jésuite devina les talens du jeune *Rozier*, et fit tous ses efforts pour en développer le germe. L'attachement qu'il conçut pour son élève étoit si fort, que dans une maladie violente dont celui-ci fut attaqué, et qui emporta un de ses frères ; il ne le quitta pas un instant, et lui prodigua les soins les plus tendres. La reconnoissance du jeune homme égala les témoignages d'amitié de son instituteur. Il fallut toute l'autorité paternelle pour le forcer à se séparer de lui et à aller passer les vacances dans le sein de sa famille.

Deux autres Jésuites, le *P. Mongez* et le *P. Milliot*, dirigèrent *Rozier* dans la carrière des Belles-Lettres ; il la parcourut avec distinction. Comme il se destinoit à l'état ecclésiastique, il entra à la fin de ses études au séminaire de Saint-Irénée, où son goût pour les sciences naturelles se fortifiant par l'instruction, devint irrévocablement sa passion dominante.

On se doute bien qu'il n'apprit de cette science, décorée jadis du nom pompeux de théologie, mais qui n'étoit en général qu'un assemblage ridicule de thèses outrageantes pour la divinité, que ce qu'il lui fallut absolument savoir pour être ordonné prêtre. Sa conduite, après être sorti du séminaire, son éloignement pour les fonctions du sacerdoce, ses tentatives pour obtenir, dans Lyon, un bénéfice simple, prouvent qu'il n'embrassa l'état ecclésiastique que par le désir de mener une vie paisible et de consacrer tout son temps à répandre parmi ses compatriotes les connoissances le plus directement utiles à leur bonheur.

Après la mort de son père, qui arriva en 1757, il se trouva avec une légitime très-modique, que son goût pour les expériences eût bientôt dissipée. L'usage d'alors vouloit qu'on enrichît le rejeton privilégié d'une famille aux dépens de tous les autres. *Rozier* se retira dans le domaine dont avoit hérité son frère aîné. C'est là qu'il fit, si on peut se servir de cette expression, son apprentissage en Agriculture. Faisant marcher la théorie avec la pratique, il étudia les préceptes des anciens et des modernes : *Varron*, *Columelle* et *Pline*, *Olivier de Serre* et *Duhamel*, occupèrent ses loisirs, en même temps qu'il portoit un œil de critique et d'observation sur les méthodes d'agriculture pratiquées dans les provinces méridionales. La chaîne qui existe entre les diverses branches des connoissances humaines, sur-tout entre l'Agriculture et les Sciences naturelles et physiques, l'engagèrent à étudier celles-ci avec une attention particulière.

Doué d'une mémoire prodigieuse, d'une facilité étonnante pour saisir les rapports entre les différens systèmes, les peser, les discuter, les perfectionner, il fut bientôt au niveau de toutes les découvertes. Ses liaisons avec *Willermoz*, médecin aussi habile que chimiste profond, et avec *Fleurieu de Latourette*, naturaliste distingué, le firent remarquer de *Bourgelat* que le Gouvernement avoit chargé d'établir à Lyon une école vétérinaire. Lorsque celui-ci fut appelé en 1765 pour aller fonder l'école d'Alfort, il choisit l'abbé *Rozier* pour le remplacer, et lui fit donner par le roi un brevet de *Directeur de l'école de Lyon*. *Rozier* n'en jouit pas long-tems. Une lettre de cachet lancée par le ministre *Bertin*, à la sollicitation de *Bourgelat* lui-même, anéantit le brevet du jeune professeur, qui avoit eu la témérité d'éclipser la réputation du fondateur de l'école. L'esprit fier et indépendant de *Rozier*, son amour pour la gloire, n'avoient pu se plier au caractère d'un homme impérieux et vain, qui s'est attribué plus d'une fois les ouvrages de ses élèves.

Avec sa place, *Rozier* perdit la pension qui y étoit attachée. Plongé dans une situation presque voisine de l'indigence, son esprit n'en fut point abattu. Il se consola de l'injustice du Gouvernement dans le sein de ses amis, et dans la continuation de ses travaux.

J. J. Rousseau étant venu à Lyon, à peu près à cette

époque, s'empressa de faire sa connoissance. Il se rendoit fréquemment chez lui, visitoit son herbier et prenoit des leçons de botanique. Ces deux hommes rapprochés de la nature par leurs goûts simples, conçurent l'un pour l'autre, en dissertant sur les productions du règne végétal, une estime mutuelle, une amitié qu'aucun évènement n'a troublée. Leur liaison devint si étroite, qu'ils faisoient presque tous les jours, dans les riches campagnes du Lyonnois, des excursions pour herboriser, et qu'ils les poussèrent même jusque dans les montagnes du Dauphiné, où la grande Chartreuse les accueillit pendant quelques jours.

Déjà *Rozier* jouissoit d'une grande célébrité parmi les savans, et il n'avoit encore publié aucun écrit sous son nom. Le premier qu'il mit au jour fut un excellent Mémoire *sur la meilleure manière de distiller les vins, et la plus avantageuse relativement à la quantité et à la qualité de l'eau-de-vie*. Turgot avoit fait proposer en 1767 ce sujet économique par la Société d'agriculture de Limoges. Ce mémoire fut couronné.

Le second ouvrage qui sortit de sa plume fut sur la méthode la plus sûre de *faire et de gouverner les vins de Provence, soit pour l'usage, soit pour leur faire passer la mer*. Il remporta le prix à l'académie de Marseille, en 1771.

Quelques années après, *Turgot* parvenu au ministère, mettant toute sa gloire à faire des améliorations jusque dans les provinces françaises les plus reculées, l'envoya dans l'isle de Corse, pour y rechercher quels établissemens seroient utiles au commerce? y établir une école d'agriculture, et enseigner aux Corses à perfectionner leurs vins et leurs huiles.

Rozier, après avoir parcouru cette province avec cet œil observateur auquel rien d'utile et rien de vicieux n'échappe, se hâta, avant que de rien entreprendre, de venir communiquer à *Turgot* le résultat de ses observations. Mais celui-ci étoit déjà disgracié, et son successeur n'ayant ni son génie, ni la volonté de faire le bien, abandonna, suivant l'usage, tous les projets que ce ministre philosophe avoit si sagement conçus (1).

Rozier qui n'avoit encore rien fait pour sa fortune, se trouva de nouveau presque assiégé par le besoin. Toutes ses ressources consistoient dans le modique produit du *Journal de Physique* qu'il avoit commencé en 1771, mais qui n'étoit point encore très-répandu. Heureusement ses efforts, pour faire de cette entreprise un monument aussi utile à sa gloire qu'à ses intérêts, reçurent de l'Europe savante toutes sortes d'encouragemens. Les hommes les plus célèbres s'empressèrent de lui envoyer le tableau de leurs découvertes, le développement des procédés qui les y avoient conduits ; et le *Journal de Physique* fut bientôt placé dans les bibliothèques à côté des *Mémoires de l'Académie des Sciences*.

Il avoit été conduit à l'idée de ce recueil en réfléchissant sur le peu de communication qui règne entre les académies étrangères et nationales, sur la lenteur des progrès que font les sciences par cette communication lente et tardive, sur l'inconvénient qu'il y a de s'occuper d'une matière éclaircie par des travaux déjà publiés, et qu'on ignore ; enfin sur l'utilité incontestable d'avoir toujours sous les yeux le tableau actuel des connoissances

---

(1) On a trouvé dans les papiers de Rozier, beaucoup de Notes et de Mémoires sur la Corse. Il seroit à souhaiter que ces Manuscrits, acquis par le gouvernement, fussent déposés à la Bibliothèque nationale ; on y puiseroit des vues utiles pour l'Agriculture et le commerce de cette Ile intéressante sous tous les rapports. Mademoiselle Rozier les a confiés au citoyen Faure son beau-frère, qui réside à Paris.

physiques, et le terme où elles sont restées. Il s'étoit fait une loi de rejetter les Mémoires qui n'étoient qu'une compilation indigeste et dénuée de vues neuves et utiles ; mais il avoit soin de rapporter les faits de la même espèce, de les rapprocher, de les comparer, parce que, de cette méthode, résulte un fonds inépuisable d'instruction, et l'avantage de voir au premier coup-d'œil la suite des faits qui ont concouru à l'établissement d'une vérité importante (1). C'est-là ce qui fit le succès de ce journal, qui eut jusqu'à quinze cents souscripteurs.

Si *Rozier* n'imprima aucun mémoire qui ne contînt des faits nouveaux, il le dut moins aux vastes lectures qu'il avoit faites qu'à l'art de bien classer les découvertes en physique, en chimie, en histoire naturelle, en anatomie, et en agriculture. Il avoit lu pour cela avec beaucoup d'attention tous les mémoires des diverses sociétés savantes, et sur-tout ceux de l'Académie des Sciences de Paris, dont il fit une table très-exacte, qu'il publia en 1775 et 1776, à la sollicitation de plusieurs membres de cette illustre Société. On lui doit de la reconnoissance pour ce genre de travail, qu'on a coutume de dédaigner comme trop facile, et qu'on devroit encourager parce qu'il épargne beaucoup de temps, et qu'il facilite les recherches.

Tout ce qui avoit quelque rapport aux besoins directs de l'homme fut l'objet de ses travaux particuliers. En 1774 il avoit mis au jour un *Mémoire sur la manière de se procurer les différentes espèces des animaux, de les préparer et de les envoyer des pays que parcourent les voyageurs.* Si la mort ne l'avoit pas surpris, s'il avoit eu le tems d'achever l'ouvrage précieux qui a mis le sceau à sa réputation, et dont nous parlerons tout-à-

---

(1) Voyez l'avis qui est en tête de la réimpression du premier volume de la *Collection*. Paris, Panckouke, 1773.

l'heure, il auroit certainement indiqué dans un autre Mémoire les animaux étrangers qu'il est possible, et qu'il seroit avantageux de transplanter dans nos contrées. Cette lacune vient d'être heureusement remplie par le citoyen Lasteyrie (1), qui consacre sa fortune et ses loisirs au perfectionnement des arts utiles, et à qui nous devons un bon ouvrage sur les moutons d'Espagne, et une traduction de l'essai de Berchtold pour diriger et étendre les recherches des voyageurs (2).

Ce désir de travailler au bonheur de ses semblables en augmentant leurs jouissances, engagea l'abbé *Rozier*, à faire en 1777, avec *Desmarets*, de l'Académie des Sciences, un voyage en Hollande. Il l'entreprit uniquement pour étudier les procédés que suivoit ce peuple industrieux dans la fabrication des huiles; les ayant trouvés bien supérieurs aux nôtres, sous les rapports de la propreté, de l'économie dans la main-d'œuvre, et de la conservation, il fit tous ses efforts pour les introduire dans le midi de la France. Mais il eut la douleur de se convaincre que *la majeure partie de nos provinces, en arrière de plus d'un siècle de l'Angleterre et de la Hollande relativement aux connoissances pratiques dans les arts les plus familiers*, avoient, dans l'esprit de routine, un obstacle presque invincible aux réformes les plus salutaires.

Ces différens travaux, tous dirigés vers l'utilité publique, engagèrent enfin le Gouvernement à récompenser le citoyen qui s'y livroit avec un zèle si éclairé et un désintéressement si noble. *Rozier* obtint

---

(1) Voyez le supplément au Cours d'Agriculture, à la fin du Tome X^e de cet ouvrage.

(2) Ces deux ouvrages se trouvent à la Librairie d'Education et des Sciences et Arts, rue du Bacq, N°. 264.

en 1779

en 1779 un bénéfice qui lui assuroit une douce aisance pour le reste de sa vie. Il forma dès-lors le projet de quitter la capitale, et de se retirer sous le beau ciel du Bas-Languedoc pour y rédiger paisiblement ses nombreuses observations sur la science agronomique, et en faire de nouvelles.

Ses amis, et il s'en étoit fait beaucoup par son caractère de franchise et de gaîté, rude quelquefois, mais exempt de cette basse jalousie qui déshonore trop souvent les Gens-de-Lettres; ses amis, dis-je, firent tous leurs efforts pour le dissuader de ce projet; aucune considération ne put l'ébranler. Il abandonna à son neveu, l'abbé *Mongez*, celui qui a péri dans la malheureuse expédition de *la Pérouse*, la rédaction du Journal de Physique (1), et partit pour Béziers, où il acheta un bien de campagne à peu de distance de la ville.

Peu de tems auparavant il avoit reçu les offres les plus brillantes du roi de Pologne, qui vouloit l'engager à se retirer dans ses Etats. Il dut cet honneur et à sa réputation et à l'amitié active du citoyen *Gilibert*, botaniste célèbre et médecin éclairé qui, voyageant alors dans le nord de l'Europe, s'empressa de le faire connoître à ce monarque, protecteur des sciences et des arts. Ce savant a encore entre les mains le plan raisonné des leçons d'agriculture que son ami se proposoit de donner à Grodno en Lithuanie.

Rozier, dans sa retraite, s'adonna exclusivement à l'agriculture. C'étoit là son goût favori : il étoit né agronome. Le Cours d'Agriculture en forme de diction-

---

(1) L'abbé Mongez rédigea le journal de Physique, depuis 1780 jusqu'en 1785, époque de son départ avec la Pérouse. Il confia alors ce journal au citoyen Lamétherie, savant aussi modeste que profond, qui le continue toujours sur le même plan et avec le même succès. (On s'abonne chez Fuchs, libraire, rue des Mathurins).

naire dont il avoit publié le *prospectus* en quittant Paris, fut l'objet constant de ses travaux, et le plus beau monument qu'il éleva à sa gloire. Il ne perdit pas un jour sans faire une observation, sans tenter de nouvelles expériences. Il en tenoit un journal très-exact, et il en enrichit les meilleurs articles de son ouvrage.

Les auteurs qui ont travaillé sur le même sujet ont, pour la plupart, composé leurs écrits sans sortir de leur cabinet, d'après les mémoires qu'on leur a fournis, et sans consulter l'expérience qui est dans les arts presque le seul guide qui ne trompe point. *Rozier*, au contraire, a sans cesse subordonné la théorie à la pratique : il a vu, il a exécuté lui-même ce qu'il conseille de faire ; c'est un maître qui prêche d'exemple. Dégagé de prévention, en garde contre la manie pernicieuse de vouloir tout innover, il ne retranche dans les anciennes méthodes que les abus, et conserve tout ce que le temps a démontré utile et bon. Qu'on lise avec attention les grands articles dans lesquels il a pu donner un libre essor à sa pensée, on admirera l'ordre et la clarté qu'il met dans ses discussions, et dans l'exposition de ses principes, la force qu'il emploie quand il s'agit de déraciner de vieux préjugés, l'espèce de teinte sombre qui règne dans son style, lorsqu'il désespère du succès, la gaîté au contraire dont il se pare, lorsqu'il annonce une découverte précieuse qui est accueillie, et qui peut ajouter à nos richesses territoriales.

Le premier volume du *Cours d'Agriculture* parut en 1783. Un de ses collaborateurs, dans le *prospectus* qui fut publié, vouloit se servir de ces mots, *tableau du traité*; Rozier répondit : « Je veux tableau du *travail*
» et non du *traité*. Pour ce second il faudroit *table* et
» non *tableau*. Nous sommes des Avocats-Généraux et
» rien de plus. D'ailleurs le mot *traité* est orgueilleux,
» celui de *travail* est plus modeste. Je ne change pas

» d'idée ; si M.... veut le mot *traité*, il est bien le maître,
» quant à mes articles, je veux *travail* ».

Le censeur de son ouvrage se permit une fois d'y ajouter une note. *Rozier* écrivit sur-le-champ : « Ce que
» j'ai dit n'attaque ni les mœurs, ni la religion, ni la
» constitution de l'Etat, et ne peut être, ni au moral,
» ni au physique, nuisible à la société. Qu'il ait sa ma-
» nière de penser à lui, j'y consens ; mais qu'il me
» laisse respirer l'air et avoir mon opinion. Si elle est
» erronée, il y a 20000 journaux où il peut l'attaquer,
» je ne m'y oppose pas, alors je répondrai... ; en un
» mot comme en mille, je veux un carton et qu'aucun
» exemplaire ne paroisse sans lui ; s'il en est autrement
» je discontinue l'ouvrage ».

Il mettoit la même franchise et la même fermeté dans toutes ses actions. On ne le vit jamais plier devant le pouvoir, ni s'abaisser pour solliciter des graces. Il écrivoit comme il pensoit, et il agissoit de même. C'est à ce caractère indépendant et fier qu'il faut attribuer les tracasseries qui troublèrent son repos. En arrivant à Béziers on l'avoit accueilli avec transport. Mais cet enthousiasme ne dura guère. Les fanatiques ne pouvant s'habituer à voir un philosophe dans un prêtre, le persécutèrent indignement. Ils lui firent regretter de ne pas avoir choisi, comme son ami *Poivre*, les environs de sa patrie pour dernière retraite. Une injustice criante le força bientôt à ce parti. L'évêque de Béziers avoit fait faire aux dépens du public un chemin qui ne servoit qu'à la métairie de sa maîtresse, tandis qu'il auroit été, en le faisant passer dans la direction la plus droite, utile à quatorze métairies et à un village entier ; *Rozier* en fut si indigné qu'il intenta un procès à l'évêque. Celui-ci s'en vengea en obtenant du Contrôleur-Général la suppression d'une très-modique pension que son adversaire avoit sur le trésor public. L'Abbé ne fut point sensible à cette perte ; mais le séjour de Béziers lui devint si insupportable qu'il se retira la même année à Lyon. Il est difficile d'exprimer quelle fut sa joie, lorsque son domaine fut vendu. *L'injustice que l'on fait, écrivoit-il à un de ses amis, le motif odieux qui l'occasionne, l'ame navrée de chagrin, la noirceur et la bassesse de quelques habitans de ce pays ; tout en un mot faisoit de moi un vrai automate. Enfin j'ai vendu mon domaine, et depuis ce moment je respire, je suis à moi, à vous, et à tous mes amis : auparavant je n'existois pas.*

Il acheta à Lyon une maison avec un enclos assez considérable pour y continuer ses expériences. Là, au milieu de ses amis, entouré de sa famille, ayant avec lui deux de ses sœurs et une nièce, il vivoit heureux, s'occupant à mettre la dernière main aux articles qui devoient terminer le *Cours d'Agriculture*, et à faire des notes pour une édition d'*Olivier de Serre*.

Ses compatriotes l'avoient reçu avec une espèce d'enthousiasme. Les Sociétés savantes s'empressèrent de le recevoir dans leur sein. On lui confia la direction des pépinières publiques. Il les enrichit de plantations utiles, il y fit des réformes salutaires, et refusa les appointemens attachés à cette place. Le Bureau des Collèges créa en sa faveur une chaire d'Agriculture. L'article VERS A SOIE du neuvième volume de son dictionnaire est extrait des leçons qu'il y donna en 1791.

Enfin les évènemens de la révolution auxquels un ami des hommes ne pouvoit être indifférent, l'interrompirent dans ses travaux agronomiques. Le vœu unanime d'une grande paroisse l'avoit appelé à remplir les fonctions honorables et pénibles de Pasteur. Il accepta sans répugnance, persuadé que la réforme introduite alors par la Constitution civile du clergé ramèneroit les vertus de la primitive église. Qu'il me soit permis, pour peindre son dévouement dans cet emploi, étranger jusqu'alors à ses goûts et à ses études, de me servir des propres paroles d'un témoin oculaire, de son ami intime (le cit. *Gilibert*), dont le récit est plein de douleur et d'attachement.

« Pendant le malheureux siége de Lyon, toujours soumis à ses principes, convaincu que ses concitoyens ne songeoient qu'à résister à l'oppression la plus inouie, et à rendre à la Représentation nationale sa liberté et son intégralité, sans se mêler de l'administration civile à laquelle il n'étoit pas appelé, on l'a vu ferme et intrépide, vaquer sans relâche à ses fonctions de pasteur, porter des secours et des consolations dans tous les quartiers de sa populeuse et pauvre paroisse, exposer chaque jour, chaque heure, sa vie à travers les bombes, les obus, et les boulets rouges ; on l'a vu confondu avec les autres citoyens, passer des nuits entières sur les toits des maisons enflammées, tendre une main secourable aux femmes et aux vieillards, et les retirer des flammes. Quel est le Lyonnois qui ne se rappelle en versant des larmes, ce trait qui caractérise seul son tendre attachement pour les malheureux? Une bombe éclate dans une maison de sa paroisse ; bientôt tout est embrasé. On ne trouve d'autre moyen de sauver ceux qui l'habitent qu'en posant des échelles d'une maison à l'autre ; le pasteur les traverse plusieurs fois d'un pas intrépide, emportant les enfans entre ses bras ». Quelques jours après, *Rozier* n'existoit plus : il fut écrasé dans la nuit du 28 au 29 septembre 1793, par une bombe qui éclata sur son lit (1). Ainsi périt, à l'âge de 59 ans, un des hommes les plus vertueux, le vrai

---

(1) Le citoyen Parmentier de l'Institut national, l'ami et le collaborateur de *Rozier*, a consigné ce funeste événement dans le

la Fontaine des physiciens, homme simple, mais plein de vues neuves, social, humain, bienfaisant, l'ami, le défenseur de tout être souffrant, l'appui constant d'une famille malheureuse (1), vrai philosophe, sans préjugés, mais soumis aux lois immuables de la religion naturelle; chrétien à sa manière comme le vicaire savoyard du philosophe de Genève, aimant les hommes parce qu'il ne les croyoit méchans que par influence momentanée, ferme dans ses principes, mais tolérant à la rigueur, pourvu que ceux qui vivoient avec lui fussent probes et honnêtes; vivant en paix avec les ministres protestans; se sentant, comme il le disoit souvent, le courage d'aimer un derviche honnête homme avec autant de bonne foi qu'un prêtre romain.

Si sa mort fut une calamité pour ses compatriotes, elle fut aussi une perte bien sensible pour l'Agriculture. Il n'avoit publié que huit volumes de son grand ouvrage, et il lui en restoit encore deux à faire pour le terminer. Il est vrai que tous les matériaux étoient prêts, qu'il n'avoit plus qu'à les rassembler; mais son cabinet ayant été exposé au pillage pendant quinze jours, ce qu'il y avoit de plus précieux dans ses manuscrits a été perdu pour nous. On regretteroit long-temps l'article Vin qu'il avoit entièrement fini, qu'il regardoit comme son meilleur ouvrage, et pour lequel il avoit fait des expériences sans nombre, si un des premiers chimistes

---

huitième volume de son *Economie rurale*, ouvrage utile qui devroit se trouver dans toutes les bibliothèques des agriculteurs.

(1) Il a laissé deux sœurs, l'une demeure à Lyon: elle fut toujours sa compagne, dans sa mauvaise comme dans sa bonne fortune; je lui ai l'obligation de m'avoir communiqué une vie très-détaillée qu'elle a écrite de son frère: l'autre demeure à Paris. Ne conviendroit-il pas au gouvernement de récompenser dans elles les services qu'a rendu à la patrie ce savant agriculteur?

de l'Europe, celui à qui les arts ont le plus d'obligation, ne s'étoit chargé de le remplacer.

Une perte non moins grande, ce sont ses commentaires et ses notes sur le *Théâtre d'Agriculture d'Olivier de Serre*. Il y avoit travaillé pendant dix ans. En 1786, il écrivoit à un de ses amis : *Olivier de Serre est, dans son genre, aussi sublime que Bernard Palissy ; je l'ai chanté toute ma vie, et je le chanterai jusqu'à ma mort*. On n'a pas même trouvé dans sa bibliothèque d'exemplaire de cet ouvrage.

Il est encore un article précieux qu'on a recherché inutilement, c'est le *Discours sur la manière d'étudier l'agriculture par principes*, qu'il avoit promis d'insérer dans le premier volume de son Dictionnaire, et qu'il renvoya au dernier volume. On jugera du soin qu'il avoit mis à le composer par ce passage d'une lettre écrite en 1781, au citoyen *Cuchet*, son libraire et son ami. « J'ai commencé mon discours à plusieurs reprises, et j'ai toujours été forcé de le rejeter dans un coin. J'ai bien l'ordre et la marche ; mais ce n'est qu'une charpente grossière, et il me manque complètement de quoi boucher tous les vides qui se trouvent entre chaque pièce. Soyez assuré que ce morceau est de dure digestion ; plus je l'étudie, plus il m'effraie ».

Avant de terminer cette notice, dois-je répondre aux clameurs de l'envie qui a voulu ravir à l'abbé *Rozier* la gloire d'avoir fait, sur l'Agriculture, l'ouvrage le plus complet, le plus savant, le plus utile qu'on connoisse ? Un écrivain, que je m'abstiendrai de nommer par égard pour sa vieillesse, a prétendu, il y a un an, que cet auteur n'avoit fait qu'une misérable compilation, qu'il n'y avoit pas un article de lui dans les neuf volumes de son Dictionnaire ; et il citoit en preuve les *noms des plantes* qu'il accusoit *Rozier* d'avoir pris dans *Tournefort* et dans *Linné*. On a publié cet étrange *factum*, où la sottise le dispute à la mauvaise foi, dans un procès qui a donné lieu à la calomnie de déchirer la mémoire de *Rozier* avec un acharnement d'autant plus violent qu'il avoit la cupidité pour principe. L'homme de génie s'est trouvé tout à coup transformé en vil plagiaire ; l'homme de bien en misérable qui a vendu deux fois la même propriété. Il semble qu'en s'emparant de son ouvrage, on auroit dû, au moins par reconnoissance, ne pas injurier ses talens. Mais de quelque manière que prononcent en définitif les tribunaux dans le singulier procès que je poursuis contre les libraires qui, *sans titre quelconque*, ont contrefait le *Cours d'Agriculture*, je n'en serai pas moins le défenseur de *Rozier*, et je repousserai les insinuations perfides qui compromettroient ou son honneur, ou celui de sa famille. Je crois devoir à celle-ci un témoignage public de ma reconnoissance pour l'empressement qu'elle a mis à me donner les renseignemens qui peuvent servir à faire triompher la justice de ma cause.

Paris, 9 Messidor, an VIII.

A. J. DUGOUR,
Professeur d'Histoire à l'École centrale.

COURS COMPLET
D'AGRICULTURE

Théorique, Pratique, Economique,

et de Médecine Rurale et Vétérinaire.

VER

VER

VERD. (*a*) BESTIAUX AU VERD. Dans l'état actuel de l'agriculture française, le soin de mettre et remettre les bestiaux au verd, est devenu un objet très-essentiel en économie rurale, parce que partout dans les cités, les hameaux et les villages, les bestiaux sont de plus en plus asservis à un état de domesticité, qui rend leur santé plus délicate, leur corps moins robuste et leur durée moins longue; ce soin intéresse donc tous ceux qui, par nécessité ou par calcul,

_____

(*a*) *Notes de l'Editeur.* L'article VERD, *Bestiaux au Verd* est l'ouvrage de deux auteurs dont les écrits occupent depuis long-temps une place distinguée dans nos bonnes bibliothèques agronomiques, les citoyens Gilbert et Labergerie. Voici la circonstance qui a donné lieu à cette espèce de concours. Nous avions engagé le premier à se charger de la rédaction de cet intéressant article, et il y avoit consenti. Mais avant qu'il eût pu s'en occuper, le gouvernement lui confia une mission très-importante sous les rapports de notre économie rurale : il partit soudainement pour l'Espagne. Le temps s'écouloit, et la crainte que ses nouvelles occupations n'eussent absorbé les momens qu'il avoit destinés à cette rédaction nous détermina à prier le citoyen Labergerie de s'en charger. A peine le travail de celui-ci nous fut-il remis, que nous reçumes celui de Gilbert. Après les avoir lus et comparés, nous n'avons pas hésité à les publier l'un et l'autre; parce que, à vrai dire, ils forment

Tome X.   A

emploient, élèvent, nourrissent ou engraissent des bestiaux; et surtout ceux qui chaque année, leur font subir alternativement le régime de vivre au sec et au vert.

Si la cupidité ou, si l'on veut, l'industrie, a rendu ce régime nécessaire, il n'en est pas moins vrai, que, tous les ans, les hommes sont forcés, par leur propre intérêt, de rendre hommage à la nature, en lui restituant divers bestiaux qu'ils lui ont ravis, les uns pour être engraissés, parce que de longs et pénibles travaux ont détruit leur vigueur, altéré leur embonpoint ou épuisé leurs forces; d'autres, pour être refaits, parce que les fatigues, les mauvais traitemens les ont fait maigrir ou rendus malades; d'autres, pour être préparés par les herbages à redonner des substances ou des forces que le régime domestique a trop diminuées ou fait disparoître.

A mesure que les hommes des campagnes ont connu et pu jouir des aisances de la vie sociale, et qu'ils ont cessé de cohabiter avec leurs bestiaux, ils ont en même-temps et dans la même progression, cherché à en augmenter et favoriser la domesticité. L'expérience du temps antérieur, l'exemple constant de certains animaux sauvages, l'intérêt même, ce grand mobile des actions humaines dans toutes les classes, n'ont pu servir à faire combiner l'aisance ou le mieux-être des cultivateurs avec l'état agreste de leurs bestiaux, que la nature indique si évidemment être celui qui donne et assure la santé, la vigueur, la durée de la vie et des services. Les paysans, au contraire, par un sentiment de pitié, de reconnoissance, de tendresse même, ont élevé des toits à leurs bestiaux, presqu'aussi-tôt qu'à eux mêmes; et ils les y ont enfermés souvent avec plus de précaution que leur propre famille.

A peine aujourd'hui, le retour à une vie purement champêtre peut-il supporter quelques exceptions pour les animaux mêmes qui

---

ensemble le complément du traité. — L'ouvrage de Labergerie présente une suite de faits et de procédés qui servent de base au travail dogmatique de Gilbert.

Le *Verd*, nourriture des animaux, a certainement la même origine que le *Vert* (couleur), qui s'écrivoit aussi par un *d*, auquel les grammairiens, les lexicographes modernes et l'autorité bien plus puissante de l'usage ont, depuis peu, substitué un *t*, pour concilier le masculin avec son féminin. Cependant comme ces deux mots ont une acception entièrement différente, que le premier est purement un substantif, que le *d* a l'avantage de conserver l'étymologie, que nous avons d'ailleurs le mot *verdure*, dans lequel on ne peut pas changer le *d*, on a cru devoir le conserver dans *Verd*.

Peut-être cette observation n'est-elle pas déplacée dans un Dictionnaire qui, pour n'être pas un dictionnaire d'orthographe, doit pourtant présenter les mots écrits de la manière la plus propre à en fixer pour jamais l'orthographe. Au reste, rien n'annonce de la même manière la pauvreté d'une langue, que cette multiplicité de mots écrits de même et présentant un sens différent.

sont revêtus d'une épaisse fourrure : il semble qu'on ignore ou qu'on doute que les bêtes à cornes, les chevaux, les moutons et les porcs ont habité les forêts, dans des temps plus humides, et qu'on pense généralement que les toits, d'après la nature même, sont d'une absolue nécessité.

Quelques agronomes, séduits par l'exemple d'une méthode contraire, usitée chez des peuples plus septentrionaux, ou trompés par des faits sans réalité, ont voulu tout-à-coup transformer en bêtes sauvages des bêtes domestiques énervées et affoiblies de générations en générations ; mais ne connaissant pas la pratique ni le régime propre à ces animaux, ils les ont fait périr, et ils ont ainsi fait proscrire tout autre régime que celui des étables.

D'autres plus éclairés en physiologie, animés par le désir du bien public, ou flattés d'être les auteurs d'une méthode nouvelle, mais incapables d'avoir le courage de suivre de près ce qu'ils vouloient introduire, ont été forcés de revenir à l'usage commun, et de céder aux gens même de la campagne, contre lesquels il est difficile, en effet, de lutter pour faire établir un autre régime que celui des toits strictement clos et couverts.

Les cultivateurs français aussi, comme les citadins et les guerriers, ont leur impatience, et le vif désir de voir promptement réaliser ce qu'ils conçoivent ; avec de la réflexion, avec un zèle constant et raisonné, on se convaincroit facilement, qu'il faut au moins quelques années pour faire perdre l'habitude d'une domesticité invétérée depuis plusieurs siècles, pour donner au sang l'action et l'ardeur que l'inertie et les alimens préparés ont de plus en plus altérées : mais sans se donner le temps ni la peine de se livrer à ces considérations, ils soumettent leurs bestiaux à des expériences précipitées. Les uns, les font sortir brusquement des écuries, et les abandonnent dans les herbages : d'autres, avec la même imprévoyance, les enlèvent aux pâturages pour les fixer à des râteliers : d'autres enfin, par système ou par manie pour des expériences, placent leurs bestiaux sous des hangars où ils sont à peine garantis de la pluie, et ne leur donnent que du fourrage sec ou verd exclusivement, et de l'eau : les animaux ainsi arrachés à leurs habitudes dépérissent, et s'ils n'en meurent pas, ils sortent des lieux d'expérience tellement maigres et chétifs, qu'on n'ose ni les produire ni en parler ; et bientôt la routine et les préjugés reprennent leur empire avec plus de force qu'auparavant.

Cependant, dans l'état actuel des choses, d'après l'usage des pays à grande culture où les terres sont couvertes chaque année de plantes céréales, accessibles au parcours des bestiaux qui divagueroient : il faut convenir qu'un régime champêtre, pris dans un sens absolu, seroit aussi extrême que l'est celui par lequel on réduit et on tend sans cesse à réduire à un état violent de domesticité tous les animaux robustes, même ceux que la nature a le mieux garantis contre le froid et les intempéries, régime si contraire au perfectionnement, au développement, et, en général, à l'éducation des bestiaux.

Le bien et le mieux sont entre ces deux extrêmes: tous les hommes sensés en conviendront; mais tel a été, et tel sera toujours le sort de l'agriculture en France, tant que, d'un côté, ceux qui, par leurs lumières pourroient heureusement innover, se borneront à des conseils, et qu'ils en abandonneront la pratique à des hommes ignorans et mercenaires, et que, de l'autre, l'ignorance, les préjugés, les abus de tout genre, la misère ou le défaut d'aisance obsèderont ou accableront les hommes des campagnes.

Ne pouvant donc pas, dans l'état où se trouve l'agriculture, et d'après toutes les circonstances qui la dominent, faire faire quelques pas rétrogrades, sur-tout en ce qui concerne une méthode consacrée depuis plusieurs siècles; il faut se borner à dire ce qui paroît le plus utile pour l'état présent, et attendre du temps, de l'intérêt, et sur-tout de la protection du gouvernement des changemens et améliorations.

Le domaine de l'agriculture française, par rapport aux bestiaux, peut être considéré sous trois grandes divisions.

La première, celle des pays à petite culture.

La seconde, celle des pays à grande culture.

La troisième, celle de tous les endroits où on entretient des bestiaux pour divers usages autres que pour la culture, et pour d'autres fins que celles relatives à leur éducation. J'appellerai cette troisième, la division *des animaux domestiques*.

§ Ier. *Des bestiaux dans les pays de petite culture.*

On élève une très-grande quantité de bestiaux dans les pays de petite culture; le fourrage verd pris dans les champs, pendant huit à neuf mois de l'année est leur nourriture habituelle. A l'entrée de l'hiver, on remet tous les troupeaux dans les étables où ils sont nourris avec du foin ou de la paille, ou avec du foin et de la paille mélangés.

Les uns restent constamment à l'écurie, tels que les chevaux et les bœufs de trait, sur-tout dans les pays où ces derniers sont d'une grande taille. Les autres bestiaux, tels que les vaches, génisses, taureaux, même des bœufs de traits et des bêtes à laine, vont tous les jours aux champs; cet ordre de choses varie, selon quelques localités; mais tel est, en général, l'ordre qui y est observé.

Dans les contrées méridionales et du centre, où sont de riches prairies, et en général, par-tout où on bat les grains au soleil immédiatement après la moisson, on n'y fait presque aucun usage de la paille comme fourrage. Aussitôt que le blé est battu, on relègue les pailles dans des coins de grange, ou dans les cours exposées à la pluie; les longs et rudes hivers qui font souvent consommer tous les foins, avant le retour de l'herbe des prairies, et qui forcent de recourir à la paille, n'ont pas encore servi à désabuser les cultivateurs si éloignés d'apprécier la paille comme une ressource pour leurs bestiaux, qu'ils regardent comme une calamité mémorable, d'être contraints de les affourrager.

En battant leur blé plus tard, et dans l'hiver, ils maintiendroient plus long-temps la paille saine et fraîche; en remettant chaque gerbe dans son lieu, en la conservant avec les herbes fines qui croissent avec le blé, en y laissant même quelques grains qui ont résisté aux premiers coups de fléaux, en entassant enfin la paille avec les mêmes soins que les gerbes de blé, ils auroient un excellent fourrage.

Ce n'est pas sans des motifs qui touchent à la question même que je traite, que je rappelle cet état de choses; parce que la paille, beaucoup mieux que le foin, dispose les organes digestifs des animaux à la reprise du verd, parce que les foins, souvent recueillis par des inondations et de longues pluies, occasionnent des maladies dangereuses, même le charbon; d'autres fois, serrés trop verds, ils fermentent dans les tas; parce qu'enfin, le meilleur foin, celui duquel il ne se dégage ni poussière, ni qualités malfaisantes, pris seul et en grande quantité, altère la santé, et diminue plutôt la vigueur des animaux qu'il ne sert à la maintenir.

Tant que la terre n'a pas donné signe de vie pour les herbes, les bestiaux mangent avec appétit les fourrages secs; et si d'ailleurs les soins ne leur manquent pas, et s'ils ne sont pas trop pressés dans les étables, ils dépérissent peu; mais aussitôt que l'herbe nouvelle commence à poindre, ils perdent leur appétit; le peu de verdure qu'ils trouvent à l'aspect du midi suffit pour les dégoûter du fourrage sec; ils en rebutent une grande quantité dans les rations qu'on leur donne: c'est alors qu'il faut redoubler de soins, car c'est une époque véritablement critique; et j'insisterai presque plus pour les soins du pansement, que pour le choix d'un meilleur fourage. Malheur aux bestiaux qui ne sont pas étrillés et bouchonnés; qu'on accumule en grand nombre sous un même toit, et qu'on fait reposer sur plusieurs couches épaisses de fumier, pour les tenir plus chaudement. La vermine s'en empare; car, de même que les plantes languissantes sont bientôt couvertes ou d'insectes qui les dévorent, ou d'excroissances fongueuses qui en absorbent les sucs végétatifs; de même aussi les bestiaux, parvenus à une grande maigreur et langueur, sont bientôt tourmentés par des insectes qui pullulent d'une manière prodigieuse, en raison directe même de leur appauvrissement, et qui se répandent bientôt sur tous ceux de l'étable.

1º Les hommes de campagne, trop indifférens sur les effets de cette vermine, ou trop confians sur les effets merveilleux de l'herbe nouvelle, et de la fraîcheur des nuits, pour faire disparoître ces insectes, laissent ainsi consumer leurs bestiaux; et il arrive, ce que j'ai vu tant de fois, que la démangeaison, portant les animaux à se frotter sans cesse, leur poil tombe; il survient des dartres et des ulcères; la bouche s'enflamme; les glandes s'engorgent ; l'animal emploie à se frotter tout le temps qu'il mettroit à manger ou à se reposer ; exténué de fatigues, il se couche, et ne se relève que pour se frotter encore.

L'expérience, sans doute, ne trompe pas les paysans qui comptent sur les effets de l'herbe pour détruire ces insectes ; mais, qu'ils réfléchissent donc, ou du moins leurs propriétaires, que cet état retarde de plusieurs mois la santé et l'embonpoint, qu'ils recouvreroient peu de temps après leur arrivée dans les herbages ? Il ne faut donc pas hésiter de détruire ces terribles insectes ; aussitôt qu'on en voit, bouchonner, étriller hors des écuries, tous les individus qui en ont ; les bien laver avec une eau froide et légèrement salée, dans laquelle on aura fait infuser du tabac, et réitérer souvent cette opération. Le citoyen Huzard, bien connu de tous les cultivateurs éclairés, digne de leur confiance par son talent, comme artiste vétérinaire, m'a assuré avoir vu périr des bêtes à corne, qu'on avoit fortement lavées et frictionnées avec une infusion trop chargée de sel et de tabac. (*Voyez* l'art. Pou)

J'ai dit que les bestiaux des pays de petite culture subissoient le régime alternatif d'une nourriture en verd et en sec ; mais comme les uns sortent tous les jours, et que d'autres restent nuit et jour dans les étables, je vais parler du régime des uns et des autres, et des soins qui leur conviennent particulièrement.

§. II. *Des bestiaux qui restent nuit et jour dans les étables, pendant l'hiver.*

Bêtes à corne.

Il n'y a ordinairement que les bœufs de trait qui ne vont pas aux champs pendant l'hiver, et les premiers jour du printemps : le foin est leur nourriture habituelle : comme ils doivent servir aux premiers travaux à faire après l'hiver, ils sont assez bien soignés, c'est-à-dire, nourris; car, comme les autres bêtes à corne, ils couchent sur un épais fumier, et sont très pressés dans les rangs : il est même des paysans assez brutes, pour les laisser à dessein dans leur ordure. N'est-il donc pas assez manifeste que cette moiteur continuelle, dans laquelle ils sont jour et nuit, altère leur vigueur, relâche les fibres, les rend délicats et sensibles ; qu'au lieu de voir leur force accroître avec l'âge, elle diminue au contraire, et qu'en les destinant à retourner dans les pâturages, à y passer les nuits, souvent très-froides, on les met à de trop rudes épreuves, et que nécessairement ils doivent en souffrir et dépérir?

La mise au verd des bœufs de travail, exige des précautions essentielles, il importe de les disposer peu à peu, soit en leur donnant du fourrage verd dans les étables, mêlé avec un peu de foin, soit en les envoyant dans un pâturage pendant quelques heures du jour, et en leur donnant en outre quelques mesures de grains : en s'y prenant de cette manière, les bœufs, n'éprouvant pas de changement brusque dans leur manière de vivre, ne perdront ni de leurs forces ni de leur vigueur, ni de leur embonpoint, et ils s'accoutumeront bientôt à la fraîcheur des nuits.

Tout laboureur intelligent s'abstiendra de les faire travailler au moins 7 à 8 jours, à compter de celui où ils auront été mis au verd. Envain les hommes que l'habitude mène, diront-ils qu'on ne prend pas ordinairement toutes ces précautions, que les bœufs, chaque année, n'en font pas moins les travaux accoutumés, qu'ils engraissent et survivent très-bien au régime accoutumé; ce raisonnement ne peut que prouver seulement, la grande et prompte bienfaisance du fourrage verd; mais qu'ils calculent donc, et les forces de moins de leur attelage, et leur amaigrissement subit, qui retarde si long-tems l'époque où ils voudroient engraisser certains animaux?

Il sera prudent aussi, d'abréger, dans le commencement, la durée du temps qu'ils seront à la charrue ou à la voiture.

Comme les printemps semblent devenir plus tardifs et plus inconstans, comme l'herbe, d'ailleurs, n'a presque jamais acquis la consistance nécessaire, à l'époque où les travaux doivent commencer, je conseille aux cultivateurs, de ne mettre leurs bestiaux au verd, que quand l'herbe est assez abondante et substantielle, et de prendre, chaque année, leurs précautions, pour avoir assez de fourages secs à donner aux bœufs, pendant l'époque où ils reprendront les travaux des terres.

La nature de l'herbage, où on met les bœufs au verd, n'est pas indifférente; et si on peut choisir, il ne faut pas balancer et donner la préférence à l'herbage de meilleure qualité: les prairies basses, aquatiques, dont l'herbe a beaucoup moins de qualités nutritives, encore chargée souvent de la vase des inondations, pourroit déranger les bœufs, et les mettre hors d'état de travailler; je sais que les paysans, en général, regardent ce dérangement comme un effet nécessaire et même utile de l'herbe nouvelle, et, pour parler comme eux, ils le regardent comme une boue purgative; mais qu'ils apprennent plutôt que les maladies de leurs bœufs ne proviennent ordinairement que de ces causes, trop réelles et trop communes?

Beaucoup de cultivateurs ont l'habitude de faire saigner leurs bœufs en les mettant au verd; cette précaution est plutôt un usage dans certains pays, qu'un soin raisonné, sur-tout pour des jeunes bœufs encore ardens, et qui n'ont pas besoin d'un tel remède; cette saignée cependant paroîtroit mieux indiquée pour les bœufs qu'on veut engraisser, en ce qu'on a remarqué qu'elle disposoit à faire prendre plus tôt de l'embonpoint; je l'ai vue réussir au moins pour des bœufs qui m'appartenoient et qui avoient été trop poussés au travail.

Les vaches aussi, dans beaucoup de cantons des pays à petite culture, sur-tout dans les pays montueux, et où les propriétés foncières sont beaucoup divisées, sont employées aux rudes travaux des champs, destinées par la nature, à la reproduction de l'espèce, fatiguées, chaque année, par les effets de la gestation, affoiblies par la tenue domestique, elles ne devroient payer d'autre tribut à l'homme, que celui qu'elles lui donnent aux dépens de leur propre substance, soit en élevant des veaux, soit en lui abandonnant les sources de lait qu'elles portent ; mais, dans ces pays, une destinée plus malheureuse que dans toutes les autres contrées de la France les opprime ; les labours, les défrichemens, les charrois de toutes espèces, tout est fait par elles.

Je n'examinerai point ici, si, sous les rapports des produits économiques, c'est un grand abus de faire travailler la vache, et si, dans l'état de divisions des champs de ces contrées, qui sont tous clos par petites portions, il seroit possible de leur substituer, avec avantage, des bœufs ou des chevaux : cet examen bien fait, avec les connoissances des localités, pourroit peut-être avoir pour résultat, que cet usage, dans le principe, a eu pour cause une bienfaisante législation coutumière ou féodale, en admettant des acensemens et arrentemens fonciers, et qu'il est peut-être moins l'effet de la misère ou de la nécessité, que de l'industrie favorisée par l'aisance que donne toujours une propriété foncière ; on pourroit se convaincre encore que, si un tel usage est souvent funeste ou nuisible aux propriétaires, et fatal aux vaches, c'est bien moins par l'emploi des forces qu'elles comportent, que par l'excès du travail et les défauts de soins pour leur régime.

La preuve de cette dernière considération est bien manifeste, en voyant quelques colons employer, conserver, et élever de très-belles vaches, en retirer avec la plus industrieuse économie, outre le labour de leurs terres, des élèves, du lait, et du beurre. Autant l'homme sensible, le véritable agriculteur, est indigné, en voyant des colons brutaux exiger des vaches qu'ils mènent un travail excessif, les maltraiter, les mettre en sueur, et n'en prendre aucun soin, quand ils les ôtent du joug ; autant il aime à voir le chef d'un ménage, aidé par sa femme et ses enfans, disposer ses vaches à reprendre la charrue ou la charrette, pour aller ensemencer l'héritage de la famille : soignées par le père, caressées par la mère et les enfans, elles viennent d'elles mêmes s'y soumettre ; pendant que le père en attache une, la mère flatte ou appelle l'autre, les enfans tiennent les filets ou feuillages qui doivent ombrager leur front, et les garantir des mouches ; elles quittent sans regret l'étable où elles laissent leurs veaux, parce qu'après leur tâche, elles sont certaines de les revoir, et d'y trouver de bons fourrages, du grain, ou des buvées ; elles viennent, elles obéissent à leur nom ; elles entendent singulièrement bien leur ouvrage ; leurs sillons semblent tracés au cordeau ; elles sont très-adroites à conduire une charrette ; et dans certaines occasions elles font un emploi de forces qui étonne. J'en ai vu dans le département

ment de la Creuse, conduire seule, sans guide, (le métayer étant resté exprès avec moi pour me donner une preuve de leur adresse) une voiture de fumier, en suivant tous les détours d'une haute montagne, coupés en plusieurs endroits par des bandes transversales de rochers sur lesquelles il étoit difficile de prendre pied, et sur-tout de ne pas verser.

Il faut voir ensuite toute la famille au retour : la femme laisse ses plus jeunes enfans, et accourt aider son mari à délier le joug ; l'un les essuie, les bouchonne ; l'autre prépare le fourrage ; les enfans les caressent, les embrassent, les nomment ; les vaches enfin sont de la famille ; biens nourries, sobrement exercées, leur santé en est meilleure, leur corps plus robuste, leur lait est moins abondant, par l'effet d'une plus grande transpiration ; mais combien il est plus nourrissant ! C'est un fait positif, et qui paroît justifié par la différence même du lait d'une femme nourrice qui prend de l'exercice, avec celui d'une citadine qui ne fait rien.

Si l'intérêt privé, si l'industrie, si un doux caractère aussi font trouver quelques colons aussi soigneux, combien il en existe qui sont différens en tout ! Peu d'entre eux, malheureusement, se corrigeront par ces réflexions ; mais si quelques propriétaires fonciers de ce pays les lisent ; si ailleurs, des cultivateurs vouloient mettre en pratique le labour par des vaches, qu'ils observent donc, avec la plus rigoureuse attention, le régime sévère qui lui convient dans ce cas ?

La mise au verd pour ces vaches exige des soins continus. On ne doit, dans les premiers jours, leur administrer de fourrage verd que par petites parties, et jamais sans le mélanger avec un peu de foin. Si on les met au verd dans un champ, il ne faut jamais les y envoyer avant une heure de soleil, et sans leur avoir donné avant, un peu de fourrage sec ou du grain. Si on leur donne le verd à l'écurie, il faut constamment en observer les effets, augmenter le mélange du foin avec le verd. Si on voit, par leur fiente, qu'elles sont relâchées, et si le dévoiement se manifeste, il faut absolument ajourner le travail et attendre la remise de l'équilibre des humeurs. Si elles ont un veau, ou si on les trait, il ne faut point épuiser leur pis ; il faut réveiller leur appétit, soit avec du pain salé, de l'avoine, du seigle. Ces soins, pour les effets du verd, ne durent au surplus, que pendant quelques jours, et jusqu'à ce qu'on s'apperçoive que les premiers désordres sont passés. Tout ce qui a été dit, d'ailleurs, s'applique aux vaches.

Des chevaux.

Les chevaux, dans les pays de petite culture, sont beaucoup mieux traités que les bêtes à cornes, mais il y a plusieurs tenues pour leur emploi et leur régime. Dans les pays du ci-devant Limosin, Quercy, Périgord, Marche, Languedoc, Auvergne, les jeunes poulinières et leur suite vont seules paître dans les champs ; les étalons restent constamment dans les écuries.

Dans le ci-devant Poitou, et plusieurs contrées du midi, on y élève beaucoup de mulets, et très-peu de chevaux. Les jumens poulinières ne sont pas employées au labour ni aux voitures, rarement même on s'en sert pour monter, quand elles sont reconnues bonnes poulinières.

Beaucoup de personnes, peut-être même des agronomes, seront étonnés d'apprendre que, quand nulle part en France, les bêtes à laine couchent dehors toute l'année, il existe des haras sauvages, ou, si l'on veut, agrestes, dans un canton entre la Loire et le Cher, à la hauteur du Bec de l'Allier. Là, j'ai vu des troupeaux de jumens poulinières, poulins et pouliches, qui ne sont jamais mis à l'écurie, même pendant l'hiver; pendant les temps de neige seulement, on leur porte, dans des endroits qu'ils affectionnent le plus, quelques bottes de foin ou de paille. Ils sont inaccessibles aux loups et au voleurs. Un seul homme ordinairement a leur confiance; et si, par quelques circonstances, il s'éloignoit; si une trop longue absence le fait méconnoître, on a recours à une jument ou à un cheval hongre qu'on a dressé auparavant à venir à un certain signe; ou en lui montrant de l'avoine, il amène avec lui le reste du troupeau, qui se trouve cerné par différens moyens. Ce mode d'éducation, qui semble exister encore pour avertir tous les éducateurs de chevaux de ne pas assujettir ces animaux à un état de domesticité aussi excessif, a réellement de grands avantages,

sous plusieurs rapports, la longévité en est un principal, ce qui est très-essentiel pour un animal dont on retire de si grands services.

Dans les pays de ci-devant provinces du Berry, Nivernois, Orléanois, Sologne, Perches, et parties des ci-devant Généralités de Paris, et pays de Bourgogne, il existe d'autres haras champêtres, et dont l'importance est plus grande qu'on ne pense. Comme ils subissent chaque année le régime alternatif de paître et courir dans les champs, et d'être renfermés dans les écuries pendant une partie de l'année, il est utile de les faire connoître plus particulièrement; leur tenue, bien entendue et perfectionnée, pourroit offrir des résultats plus satisfaisants peut-être que ceux des haras actuels. Le verd leur occasionne chaque année beaucoup d'accidens qu'il importe de prévenir; et comme ordinairement les cultivateurs les attribuent à d'autres causes, j'ai cru nécessaire d'entrer dans tous les détails qui sont relatifs à la tenue de ces haras.

Les fermes, ou plutôt les métairies, ont ordinairement, selon leur étendue, quatre, cinq à six jeunes poulinières, des poulains et pouliches en proportion; il y a toujours parmi ces jumens, un cheval entier qui travaille avec elles au labour et aux charrois.

On met ordinairement quatre jumens à une charrue, ou seulement trois avec l'étalon; les cultivateurs qui entendent bien leurs intérêts, ménagent ces attelages; ils ne les emploient ordinairement qu'aux deuxième et troisième labours, ou à des charrois faciles.

Les travaux de ces fermes, pour l'ordinaire, se font concurremment avec des bœufs, auxquels on réserve les premiers labours et les défrichemens. Tant que les jumens ne travaillent qu'à la charrue, leur santé, leur état de gestation n'en souffrent pas ; au contraire, cet exercice, pris avec modération, soutient leur appétit, maintient leur activité, les rend robustes ; elles s'emportent moins en entrant et en sortant des herbages ou des écuries. Quel travail, au surplus, pour quatre animaux de cet âge, que de fendre ou refendre un sillon que les bœufs ont déjà ouvert !

Tous les laboureurs, il est vrai, ne sont pas aussi sages ; il en est beaucoup qui, ne considérant que le produit de l'ouvrage, emploient toute la force de l'attelage, ils s'en servent même pour des charrois difficiles, pendant lesquels il faut faire de grands efforts, sur-tout dans les mauvais chemins. D'autres ont l'imprudence de confier ces jumens à des domestiques qui, pour plaire à leurs maîtres, en faisant beaucoup d'ouvrage, ou, pour avoir plus tôt fini leur tâche, les frappent, les échauffent et les surmènent. Un tel attelage ne doit donc être confié qu'à des mains sûres, et, s'il est possible, au chef de la métairie exclusivement.

Quoiqu'au printemps on remette tous les individus du haras au verd, quoiqu'ils couchent dans les herbages, on les faits cependant rentrer à l'écurie, lorsqu'ils travaillent, le matin, pour leur donner un peu d'avoine, à midi, au retour de la charrue, (ce qu'on appelle faire la méridienne) pendant trois à quatre heures, et le soir, si on retourne au travail.

L'étalon vit habituellement avec ses jumens dans les paturages. Il est paisible et tranquille ; on le met indifféremment, selon son âge, dans les traits ou aux limons ; il revient du paturage ou du travail avec la même docilité que la jument.

Ce n'est jamais que dans les champs que se fait la monte, et quand elle est finie, il reste tranquille : cette tranquillité, il est vrai, seroit bientôt troublée, si un autre étalon franchissoit les haies, si même un jeune cheval du haras s'avisoit de vouloir monter une jument. Cette dernière circonstance ordinairement détermine à vendre les poulains de deux ans, ou bien, on les met dans un autre champ, si on en destine un à remplacer le vieux étalon.

Au paturage, il veille sur tous ; l'approche d'un loup, dont il est averti par les mères avec un accent particulier, et qu'il entend avec prestesse, lui fait développer toute sa force et son courage. A sa voix, tout le troupeau se rassemble près de lui, non le long d'une haie, mais au milieu même du champ. Les mères et l'étalon forment un demi-cercle, en avant du côté du loup, au centre duquel se placent les poulains, par ordre d'âge. Les yeux étincélans, le souffle bruyant et précipité, frappant alternativement la terre, ils attendent et bravent tous l'ennemi qui se garde bien d'approcher.

Cet animal si rustique dans son maintien ordinaire, si paisible quand rien ne le tourmente, dont les formes même se cachent sous des touffes de poil aussi long que la nature le fait croître, dont on ne peut voir même le regard, par tous les crins qui couvrent et son front et ses yeux, et qui annonce, au premier aspect, être sans passions et sans caractère, développe en un clin d'œil toutes les beautés du cheval de la nature; plein d'ardeur, de courage et de sentiment, il se montre intrépide et superbe; sa rusticité même ajoute à sa beauté; ses yeux pleins de feu et ombragés par des crins moitié flottans, moitié roulés; ses oreilles velues, son encolure chargée d'une énorme crinière, ne le rendent que plus majestueusement terrible; seul, au milieu du troupeau, il attire les regards et inspire de l'effroi..... Tel j'ai vu une fois ce beau et touchant spectacle, digne d'exercer le pinceau de nos plus habiles peintres, et aussi de corriger la manie de tant de prétendus connoisseurs qui épilent et mutilent leurs chevaux.

La tranquillité de l'étalon dans le paturage, ne suppose pourtant pas une fidélité exclusive, pour les jumens qui lui sont destinées. Il franchit quelquefois la haie (après quelques jours de repos) pour aller à d'autres jumens qu'il sent ou qu'il apperçoit; et c'est, pour empêcher ce vagabondage, qu'on lui met, ordinairement après la monte, aux pieds de devant, des entraves de fer; ce qui empêche d'errer, et sert encore plus à effrayer le loup par le bruit que font les mailles de fer, quand il marche ou qu'il court: on n'avoit cependant recours à ce moyen, que quand les étalons avoient quitté le paturage. Mais, depuis quelques années malheureusement, c'est un usage devenu général et nécessaire pour se prémunir contre les voleurs de chevaux qui désolent les pays où on en élève.

Si l'ardeur de l'amour domine quelquefois l'étalon, s'il se porte à des excursions libertines, il faut lui pardonner par la belle conduite, je dirai presque sentimentale, qu'il observe à l'écurie : les mères lui ravissent impunément une partie de son avoine ou de son fourrage : il ne montre aucune impatience d'être servi le dernier : il pourroit, à juste titre, se venger de la voracité de certaines mères, que l'allaitement de leurs poulains rend très-affamées, mais jamais il ne s'en irrite. Il en est une cependant qu'il affectionne davantage : et c'est ordinairement celle qui est à côté de lui à l'écurie, et qu'il réclame en hennissant, si elle est absente : la même prédilection se manifeste dans les champs.

Sa patience, ses bonnes qualités éclatent sur-tout à l'égard des poulains. Quand l'attelage revient du travail, quand les poulains accourent vers leurs mères, ce n'est autour de lui que sauts et bonds. A peine les mères sont-elles au ratelier et dans une espace presque par-tout trop étroit, que les poulains se mettent en position pour téter, c'est-à-dire, le dos vers l'auge, ils poussent et pressent le cheval ou la jument qui les gêne; il y en a même d'assez impatiens pour oser déjà frapper, si on ne leur cède pas aussitôt.

L'étalon, pendant tous ces sauts et caracoles, montre un calme qu'on peut bien dire, dans toute la force du mot, paternel; après qu'ils ont bien tété, ils rodent autour de lui, le carressent, le mordillent, lui arrachent des brins de foin quand il mange. Il semble se ressouvenir de son enfance, et témoigner que ces caresses le flattent; les poulains se couchent indistinctement sous lui, comme dessous leur mère; comme elle, il respecte leur repos, il résiste au besoin de se coucher, si les poulains occupent sa place; les mouches même ne lui occasionnent jamais de mouvement brusque et dangereux.

Même patience, même tendresse dans les champs, les poulains courent, sautent autour de lui; il partage instantanément l'inquiétude des mères, quand ceux-ci en jouant, s'éloignent et disparoissent: étourdis ou espiégles, ils hennissent avec un accent d'effroi; l'étalon et les mères aussitôt se relèvent, rappellent: et si les poulains tardent à paroître, ils partent pour les rechercher. Pendant la nuit, les poulains ne quittent plus la mère ni le cheval, et ces derniers ne se couchent jamais avant que le jour paroisse.

Les soins à prendre, pour mettre au verd les chevaux et jumens qu'on ne fait pas travailler, ne sont ni longs ni difficiles; il faut les préparer, en leur donnant du verd mélangé avec du foin, et augmenter la ration d'avoine pendant quelques jours; si on les met au verd dans l'herbage même, il faut les y accoutumer peu à peu, les rentrer à l'écurie, chaque soir, en retardant tous les jours un peu, jusqu'à ce qu'ils soient bien accoutumés à la fraîcheur des nuits.

Il importe encore, s'ils ont resté constamment à l'écurie, de leur faire faire plusieurs milles avant de les lâcher dans le pâturage: les jumens pleines pourroient s'emporter, courir et avorter.

Les jumens des haras champêtres, qu'on fait travailler, exigent plus de soins dans les premiers temps du verd. On doit s'interdire de les faire travailler au moins pendant cinq à six jours; le pâturage le plus sain est celui qu'il faut leur donner; il faut bien observer en elles les effets du verd, soit qu'elles aient pouliné, soit qu'elles soient encore pleines. Le changement de régime cause toujours quelque désordre dans les organes, qui influe sur la santé de la mère et la qualité du lait; c'est pour elles qu'il faut choisir le meilleur fourage, ne pas épurger le grain, éviter les travaux pénibles et les courses trop longues.

Si elles poulinent quand elles sont au verd, il faut les faire rentrer à l'écurie, puisqu'elles en ont l'habitude, leur donner du grain; si en revenant du labour ou de la voiture, elles avoient trop chaud, si leur pis étoit engorgé par une trop grande abondance de lait, il faut bien se garder alors de les livrer aux poulains, qui en tétant un lait échauffé, ne tarderoient pas à être échauffés eux-mêmes, à dépérir et à perdre leur poil ; il faut avoir le soin de détendre le pis en exprimant du lait, et de le laver avec une eau exposée au soleil, ou dans laquelle on aura promené la main pendant quelques instans. Sans cette attention, on court le risque de refroidir le pis, de diminuer les sources du lait et de rendre encore l'allaitement très-douloureux.

Il est un autre soin commun à toutes les jumens pleines mises au verd, c'est de ne jamais leur faire passer les nuits alternativement dans les champs et dans les étables.

A la fin de la belle saison, les gelées blanches les feroient infailliblement avorter : il est donc bien essentiel, quand une fois les jumens sont au verd, de les laisser coucher constamment dans le pâturage : et si, par quelques circonstances imprévues, l'une d'elles couchoit à l'écurie, il faudra bien faire attention à l'état de la température ; les cultivateurs de ces contrées prétendent que le terme de *neuf jours* suffit pour réaccoutumer sans danger une jument pleine au froid des nuits: ce nombre neuf peut bien être un préjugé ; mais c'est un de ces cas où il faut en quelque sorte que la science respecte le préjugé, puisqu'elle n'a pas donné la preuve contraire, ni désigné un terme plus ou moins long.

Presque tous les cultivateurs de ces contrées attribuent à la saignée des jumens poulinières qu'on met au verd, des dispositions favorables à la fécondité: l'expérience semble en justifier les effets ; ils s'accordent au surplus avec les précautions qu'on prend pour d'autres femelles et pour les mêmes fins ; cependant, sur un tel sujet, je me borne à être l'historien de ces cultivateurs, dont l'expérience justifie bien l'opinion par les nombreux élèves qu'ils font chaque année dans leurs haras respectifs.

La mise au verd de ces jumens m'offre encore l'occasion de soumettre à l'examen et aux observations du cultivateur et des physiciens agronomes, un fait singulier et important. Ces cultivateurs encore sont fortement persuadés que pour bien assurer la fécondité des jumens poulinières, il faut que l'étalon observe le même régime qu'elles, c'est-à-dire, que si les jumens poulinières sont au verd, il faut que l'étalon y soit aussi ; ils pensent encore, et avec raison, que pour cela, l'étalon et les jumens doivent être libres ; et ils attribuent beaucoup moins d'influence pour cet acte, à la bonne nourriture qu'on peut donner à l'écurie pour échauffer les sens, accroître l'ardeur et les forces, qu'à la nourriture prise dans les champs, quand l'herbe a acquis une bienfaisante substance, et pour me servir de leur expression, quand l'herbe du champ *rend amoureux*.

Je ne me permettrai pas de prononcer pour une telle opinion, et sur de tels effets qu'il n'est pas donné à la sagacité humaine de pénétrer et d'expliquer ; mais si j'avois comme cultivateur une opinion à émettre pour et contre, elle seroit conforme à celle des cultivateurs, 1°. en ce que leur conduite n'est pas le résultat d'un système abstrait, ni du conseil de quelques agronomes physiciens; mais celui de leur propre expérience; 2°. en ce qu'un étalon sédentaire, quelque bien nourri qu'il soit, qui par son esclavage ne peut se livrer à tous les mouvemens que la nature lui inspire et qu'il manifeste avec tant d'ardeur à la vue d'une jument, peut réellement perdre de ses moyens de génération; 3°. en ce qu'un étalon sédentaire nourri au sec, a toujours un nombre de jumens disproportionné à ses facultés; 4°. en ce qu'un étalon qui vit habituellement dans les champs, qui paît la même herbe, dans la même saison, peut réellement avoir plus de chances pour la fécondation, et que ce dernier encore, n'a qu'un très-petit nombre de jumens à monter; 5°. en ce qu'une jument qu'on a mis au verd récemment, qu'on mène à un étalon sédentaire, peut n'être pas disposée et ne pas retenir, tandis qu'une jument d'un haras singulier, libre dans le champ, peut échapper aux poursuites du cheval; ou si après avoir été montée, elle redevient en chaleur, le cheval peut encore les monter: avantage qu'on n'a pas avec les étalons sédentaires; 6°. enfin, une jument saillie dans les champs n'a point à éprouver les courses, les fatigues d'un voyage ni les traitemens ridicules qu'on fait souvent aux jumens conduites à un étalon sédentaire.

Je pourrois exprimer encore beaucoup de motifs, et exposer d'autres doutes, mais je me borne à dire, d'après ma propre expérience, puisque j'habite un pays où les haras champêtres sont en usage, qu'il y a réellement plus de chances pour la fécondation par la première méthode que par la seconde. Il est à desirer que le gouvernement fasse faire, sur un article aussi important, des expériences comparées dans ses haras; la direction en est confiée à des hommes dont je connois tout le zèle, et dont le talent m'est particulièrement connu; je leur lègue ces réflexions pour les progrès de l'éducation d'un animal dont l'existence et la multiplication tiennent en quelque sorte à la force politique de l'état. Heureux les François, quand ils ne s'en occuperont que pour le progrès de l'agriculture et l'accroissement des choses qui constituent l'économie politique!

Que ceux donc qui dirigent les haras, que ceux qui en ont de particuliers, ne craignent pas de voir leurs étalons s'abandonner à une fougue long-temps impétueuse; abandonnés à eux-mêmes, ils seroient bientôt calmes : les vieux étalons, ordinairement vicieux et lubriques, par suite de leur esclavage, pourroient ne pas répondre au succès; mais qu'on en forme à ce dessein, qu'on accoutume les jeunes chevaux à vivre avec les jumens, qu'on s'occupe plutôt à leur donner des forces, que de l'ardeur, à soutenir la vigueur par un travail modéré (par celui de la charrue), au lieu de les énerver par le repos.

Je terminerai ce chapitre par une dernière réflexion par l'analogie des substances ou sur la conformité d'un même régime : « C'est que les vaches qui tiennent constamment le même régime, qui sont à la même nourriture que les taureaux, ne manquent presque jamais d'être fécondées dès la *première monte* ».

§. II. *Des Bestiaux qui vont aux champs pendant l'hiver, et qui rentrent chaque soir dans les étables.*

Les vaches, taureaux, génisses, et, dans beaucoup d'endroits, les bœufs de trait, et les bêtes à laine, sortent tous les jours pour aller paître, trop souvent pour aller se promener ; ces animaux sont plutôt dégoûtés du fourrage sec, par leur avidité à rechercher la première verdure qui s'offre ; c'est en raison même de ce dégoût, qu'il faut redoubler de soins avant de les mettre tout à fait au verd, leur donner le meilleur fourrage ; et si le verd qu'ils trouvent en dérangeoit trop quelques uns, il ne faut pas balancer de les retenir à l'écurie, et leur donner, outre les rations de fourrage, quelques mesures de grains. Pour ne pas me répéter, je renvoie aux conseils déjà donnés pour les vaches et les bœufs employés à la culture des terres.

Le sort des bêtes à laine y est beaucoup plus malheureux sous le rapport de la tenue domestique, que celui des bêtes à corne ; et pour bien juger des effets du verd sur ces animaux, il faut avoir une idée de la manière absurde et barbare avec laquelle on les traite ; elles sont presque par-tout très-pressées dans des étables inaérées, où, par précaution, on laisse s'élever plusieurs couches épaisses d'un fumier très-chaud par sa nature ; le plancher en est très-bas ; et souvent couvert de fourrages : les portes et les fenêtres (s'il y en a) sont étroites et très-soigneusement fermées.

Tels sont les soins meurtriers que les paysans prennent presque par-tout, avec une sorte d'affection pour leurs troupeaux. Qu'on juge de l'état de ces animaux, quand ils sortent de ces étuves, et quand ils y entrent ? Les bêtes à laine les moins mal traitées, sont bien celles des colons insoucians et paresseux dont les étables sont à jour par les portes, fenêtres, par les murs ou par les toits.

Mais si les bêtes à laine souffrent davantage par la tenue domestique, en couchant toute l'année dans la bergerie, elles ont au moins plus de ressources pour se restaurer dans les pâturages, par leur grande facilité à pincer l'herbe. Dans les pays couverts, elles trouvent des feuilles de ronces, des bruyères, ajoncs et arbustes qui corrigent toujours la crudité de l'herbe nouvelle.

La première herbe cependant leur fait toujours éprouver un dérangement souvent dangereux, sur-tout pour les brebis pleines et celles qui ont des agneaux. Pour peu qu'on attache de l'intérêt à conserver ces animaux, à donner aux mères les moyens d'élever de beaux

beaux agneaux, on n'hésitera pas à leur donner soir et matin un peu de fourrage sec, ou au moins quelques poignées de grains ; qu'on fasse bien attention qu'une brebis languissante cherche presqu'indifféremment sa pâture ; elle prend la première herbe qu'elle trouve et si elle étoit soutenue par un peu de grain, elle erreroit plus loin, et pourroit mieux choisir les herbes qui lui conviennent. S'il est une saison dans l'année où il soit absolument nécessaire de donner à manger dans la bergerie, c'est à l'époque du printemps, où l'herbe n'a pas encore assez de consistance.

§ II. *Des Bestiaux mis au verd dans les pays de grande culture.*

Les pays de grande culture présentent un aspect tout différent pour l'éducation et la tenue des bestiaux ; ils sont tributaires des pays à petite culture pour l'éducation des bestiaux, sur-tout pour les chevaux et les bêtes à laine. La culture des terres ne s'y fait que par des chevaux entiers ; depuis quelques années cependant, ou plutôt depuis les temps de réquisition, quelques cultivateurs se servent de jumens pour la culture des terres. Il seroit à désirer que cet usage devînt plus commun, puisqu'il est si authentiquement démontré que le labour et les charrois faciles sont favorables même aux jumens poulinières.

Il est très-rare également d'y voir des troupeaux de brebis, si on en excepte quelques fermiers voisins du pays de bocage et quelques possesseurs de troupeaux de bêtes à laine d'Espagne.

On n'y connoit point l'usage des bœufs pour la culture des terres.

Les vaches y sont presque toute l'année à l'écurie.

On y entend très-bien la manière de nourrir les chevaux, on leur donne, il est vrai, de fortes rations d'avoine, mais ils consomment beaucoup moins de foin que de paille, ils sont ardens et vigoureux ; puisse ce fait, du moins, bien pénétrer les cultivateurs du centre et du midi de la république, de la grande utilité de la paille, comme fourrage.

Les chevaux de labour n'allant jamais paître dans les champs, étant toujours nourris au sec, ils ne peuvent avoir besoin du verd que quand ils sont malades, ou qu'ils ont été trop poussés au travail. La mise au verd peut avoir des effets d'autant plus salutaires, qu'ils sont presque tous issus de chevaux élevés dans les herbages, et que le retour au genre de vie de leur jeunesse, peut réellement produire les meilleurs effets.

Lors donc que des chevaux maigrissent, lorsqu'ils sont sans appétit, quand ils sont échauffés ou fatigués par le travail, il est utile de les mettre au verd pour les rétablir. On ne doit pas douter des effets salutaires du verd en voyant l'instinct ardent d'un cheval vieux, malade et fatigué, pour rechercher l'herbe ; la fraîcheur et l'humide qu'elle répand dans ses veines, devroient bien déterminer à recourir plus souvent à un moyen aussi simple et aussi efficace.

Tome X.

Je me bornerai à citer aux cultivateurs de ces contrées, un témoin irrécusable, digne de foi, et qui, pendant quarante années, fut cultivateur, avec un succès reconnu, et avoué par tous les cultivateurs, ses voisins, dans un pays de grande culture; c'est Cretté (de Palluel).

Quand il avoit un cheval usé, il le mettoit à l'eau blanchie pendant quelques jours, le faisoit saigner selon son état et la cause de sa maladie, et ensuite le mettoit au verd. C'est lui qui, le premier, imagina de nourrir les chevaux de réforme avec de la chicorée sauvage. Cultivateur éclairé, il observa que cette plante seule opéroit un trop grand relâchement; il en modéra les effets en y mêlant du foin; bientôt après, il suppléa le foin, en semant avec la chicorée sauvage diverses graines de prairies artificielles; il mélangea avec la chicorée sauvage quelques graines de trèfle, de luzerne, raigraw, et sur-tout de la grande pimprenelle : ainsi mélangée, la chicorée sauvage produisit les meilleurs effets.

J'ai vu chez lui, ainsi que plusieurs cultivateurs et amis de l'agriculture, des chevaux de sa poste de Saint-Denis qui, en arrivant à sa ferme de Dugny, ne laissoient que peu d'espoir sur leur rétablissement, et qui, après un mois de régime, n'étoient plus reconnoissables.

En sortant du lieu où ils avoient été mis au verd, il ne les renvoyoit pas de suite à la poste, mais à la charrue. Cette transition raisonnée prouve seule les connoissances de ce célèbre agronome. Puisse son exemple être utile au moins aux cultivateurs des pays à grande culture, qui auront des chevaux fatigués.

Les vaches, dans ces contrées, semblent plutôt y être entretenues pour y consommer du fourrage et faire du fumier, que pour toute autre fin; on ne les y nourrit que de paille pendant au moins les trois quarts de l'année; elles attirent peu l'attention du maître; la maîtresse et les servantes seules les soignent exclusivement, et comme elles l'entendent, ou plutôt, d'après tous les usages anciens, en les accumulant en plus grand nombre possible, dans un petit espace, en laissant sous elle beaucoup de litière, (tandis qu'à côté les chevaux sont nettoyés tous les jours) et en laissant au plancher, et dans tous les coins se former d'immenses toiles d'araignées, pour ou contre lesquelles il existe un préjugé incroyable et absurde.

Dans quelques fermes, après la moisson, on envoie les vaches sur quelques chaumes ou regains, que souvent les bêtes à laines ont déjà déprimés : d'autres les mettent au verd dans l'écurie même, et c'est le plus grand nombre.

Le régime de ces vaches, pour le verd, exige beaucoup plus de soins que pour celles des autres pays; plus délicates, par le séjour continuel à l'écurie, accoutumées à de fortes rations, elles pourroient se trouver plus promptement affectées par les effets fâcheux du verd; elles ne manqueroient pas d'en prendre avec une extrême avidité, si on les mettoit à même au champ ou au tas. Il importe donc, pour celles qu'on met au verd dans les champs, de ne les y envoyer que quelques heures dans les premiers jours, et après quelques heures de soleil ; que le pâturage qu'on leur abandonne ne soit pas trop abondant, pour qu'il n'en résulte pas de météorisation ; que leur séjour, en un mot, soit calculé sur la durée du temps nécessaire, pour ne prendre que la moitié de ce qu'il faut pour les rassasier.

Si on leur donne le verd à l'étable, il faut toujours mélanger de foin les premières rations, leur donner quelques poignées de grains ou grenailles ; les traire moins qu'à l'ordinaire, et observer les effets du verd sur chacune d'elles.

Le verd peut avoir des effets nuisibles et dangereux sur les veaux qu'on élève, et même sur ceux qu'on fait téter : donné trop frais, il leur donne le dévoiement et des coliques ; beaucoup en périssent. Tel est le motif, dans beaucoup de pays de petite culture même, qui fait préférer les feuilles d'ormes et charmilles à toute autre herbe, pour nourrir les veaux. Ceux qui résistent, étant nourris d'herbes vertes, ne tardent pas à se déformer : ils prennent un gros ventre, plus ou moins balonné, ou abbattu. On appelle ces veaux, des *boyarts*. (Nom qui signifie, beaucoup de boyaux).

Les bêtes à laine, dans ces contrées, sont tenues encore avec plus de soins, d'entendement et de succès que les chevaux. Quelques cultivateurs, il est vrai, conservent encore des bergeries inaérées ; mais c'est le plus petit nombre. L'herbe nouvelle ne produit presqu'aucun effet sensible sur leurs troupeaux, parce que, pendant tout l'hiver et le printemps, on leur donne de bons fourrages avant d'aller aux champs et au retour ; l'herbe trop nouvelle, aigre ou humide ne tombe point dans des estomacs vides ; et cette première verdure, si indigeste pour d'autres qui sont à jeûn, est corrigée dans ceux-ci par un excellent fourrage sec ; la faim, d'ailleurs, ne les tourmentant pas, ils ne se jettent pas sur toute herbe qui s'offre : ils choisissent, et il est rare qu'ils mangent une herbe malfaisante ou qui ne leur convient pas, quand ils ne sont pas pressés par la faim.

Tous les cultivateurs des pays à petite culture devroient imiter un tel régime ; ils devroient au moins venir l'examiner, et si les conseils donnés par les livres ont si peu leur confiance, ils verroient que ces intéressans troupeaux se maintiennent en nombre, tandis que le régime des autres pays en fait périr souvent plus de la moitié ; les premiers ont des toisons épaisses et de bonne qualité, et les derniers perdent une grande partie de leur laine pendant l'hiver, par l'effet des transpirations forcées qu'on leur fait subir ; beaucoup d'individus même ne prennent pas la peine de la tondre. Les bêtes à laine de ces pays sont propres à prendre graisse presqu'aussitôt la mise au verd ; celle des pays à petite culture mettent à se refaire et à prendre de l'embonpoint, un ou deux mois. Les troupeaux de ces pays donnent de grands produits ; et dans les autres, les frais de garde et la mortalité absorbent presque tous les bénéfices. Dans les pays de grande culture enfin, les bêtes à laine fument douze à quinze arpens par cent ; et dans les autres pays, par le régime suivi, on ne fume pas, avec un égal nombre, plus de trois à quatre arpens.

Combien l'usage de parquer, pendant la belle saison, répare bientôt les vices de la tenue domestique, pendant l'hiver ! En couchant à l'air libre les bêtes à laine jouissent d'une bonne santé ; elles profitent sensiblement ?.... L'obésité qui est cause de tant d'accidens, pour celles qui couchent dans les étables, ne sert au parc qu'à donner plus de moyens de résister aux intempéries ; et si l'ordre des spéculations ne les faisoit pas envoyer aux boucheries, avant l'âge même de leur adolescence, ainsi élevées, les bêtes à laine pourroient parcourir, en santé, toute la carrière que la nature leur a assignée.

Avant de finir ce qui concerne les bestiaux employés à l'agriculture, l'article *verd* me suggère une réflexion importante qui en résulte immédiatement ; c'est la question de savoir « s'il est plus économique de nourrir à l'écurie les bestiaux qu'on met au verd, que de les envoyer paître dans les pâturages »? L'usage des pays à petite culture a décidé la négative pour l'éducation et la multiplication. Sur cette question, j'observerai qu'il ne s'agit point ici de bestiaux destinés à la reproduction, mais seulement de quelques exploitations. Ou on n'en élève pas, où, chaque année on vend ou on engraisse les animaux employés à la culture des terres ; car, pour la santé des bestiaux, il n'y a pas de comparaison à faire entre l'une et l'autre méthode.

Il est certain, et d'après ma propre expérience faite à dessein, pour en rendre compte à l'ancienne société d'agriculture de Paris, que j'ai tenu, pendant cinq mois, à l'écurie, quatre bœufs nourris avec du trèfle et luzerne, fauchés sur trois arpens ; ces quatre bœufs ont voituré plus de 1,200 toises de bois carré, à deux lieues de mon domicile ; ils ont fait le labour de vingt arpens, et voituré les moissons d'un même nombre d'arpens : ils se sont très-bien portés ; et à l'entrée de l'hiver, je les ai engraissés et vendus, deux mois et demi après. Pendant ce temps-là, six bœufs ont pâturé un champ de dix arpens, et mangé tous les regains de neuf arpens de pré excellent. Telle est la note, prise dans le temps, sous le rapport de l'économie. Il ne peut donc y avoir de doutes ; mais je bornerai aux bœufs seulement ce régime ; je ne crois pas qu'il pût convenir à des chevaux, pour autant de temps. Ces motifs et d'autres détails m'écarteroient trop de la question que je traite.

§. IV. *Des animaux domestiques étrangers à l'agriculture.*

Les effets et les usages de la domesticité sur ces animaux sont si variés, les excès en sont si singuliers et monstrueux, et ils dépendent d'ailleurs de tant de causes différentes, qu'il est impossible de donner des avis raisonnés relatifs aux individus de chaque espèce.

Quel homme observateur et admirateur des belles formes et des proportions que la nature fait développer dans les quadrupèdes? Quel homme, ami ou enthousiaste de la beauté du cheval, n'est pas étonné en voyant dans nos cités, la stature colossale et monstrueuse de certains chevaux, dont le régime et la nourriture de choses très-substantielles, force les organes digestifs à prendre une si vaste extension, tandis qu'à côté de ces chevaux énormes, il en passe d'autres qui semblent avoir été condamnés à un jeûne perpétuel; dont les flancs aplatis, le ventre étroit et serré, le cou maigre et raccourci feroient croire, au premier coup d'œil, que les uns et les autres sont étrangers à la race indigène des chevaux de la France?

Quel homme, pasteur des belles vaches de Suisse et des Alpes, où la nature leur conserve encore ses belles formes, pourroit en reconnoître, en voyant celles qu'on nourrit à Paris et dans les environs, où leur maigreur, leur ventre excessivement gros et difforme, leur peau luisante et collée sur les os, les cornes du pied allongées et recourbées en grands ergots, les pis énormes et grumeleux sont les effets du régime extrême par lequel, à force de soins, d'art et de cupidité, on est venu à bout de transformer en lait une partie du sang même, à faire en quelque sorte bien porter ces animaux, en les tenant dans un état continuel de maladie, et à ouvrir des sources nouvelles de lait, inconnues à la nature même?

On sent combien il seroit donc difficile de donner des avis utiles, pour le régime qui conviendroit à chaque animal domestique; on voit que, pour ces vaches très-délicates, et d'ailleurs accoutumées à des alimens tout préparés, il seroit très-difficile, même impossible, de les mettre au verd, d'après les indications que la nature prescrit en général.

Il y a aussi des chevaux, tellement conformés par l'habitude de ne vivre qu'au râtelier, qu'ils ne peuvent plus paître l'herbe des champs, qu'avec une extrême difficulté, et en tenant une jambe continuellement pliée. J'ai déjà eu l'occasion de remarquer que des poulains, issus d'étalons et jumens sédentaires, tenoient de cette conformation; que parvenus à l'âge de deux ans, quand ils avoient de la taille, ils ne paissoient que difficilement.

Ce fait, que j'ai remarqué récemment, et qui semble résulter de l'état de domesticité qu'on fait subir à certains chevaux, de génération en génération, peut n'être pas indifférent pour ceux qui dirigent les haras de la république, et pour tous les cultivateurs qui s'occupent d'élever de beaux chevaux. Déjà même la mise au verd est un motif déterminant pour faire choix des formes et du régime d'éducation qu'a eus le cheval qu'on veut acheter.

Ceux qui voudront bien juger de la réalité des effets bizarres de la domesticité sur les chevaux, n'ont qu'à aller dans certaines prairies voisines de Paris, comme celles de Chelles, Chatou, l'Isle de la Seine à Saint-Denis, qui servent d'infirmerie habituelle aux chevaux de fiacre de cette ville. C'est là que les hommes qui s'occupent du progrès de l'agriculture, du perfectionnement des races de chevaux, pourront faire des observations utiles. Ils y verront réunis des chevaux de toutes les contrées de la France et de l'Europe; ils remarqueront que tel cheval qui a brillé par sa haute taille, qui a constamment resté dans des écuries, souvent souterraines, où encore il étoit revêtu d'une couverture de laine, qui jamais n'a connu le bonheur de paître en liberté dans les prés, souffre et dépérit à côté du cheval bocager qui, dans ses premiers ans, fut élevé et nourri dans les herbages; ils remarqueront que sur l'un, le verd ne produit aucun bon effet; qu'il relâche excessivement les intestins; que l'autre, au contraire, se ressentant de son éducation agreste, revient promptement en bon état, s'accoutume et brave bientôt la fraîcheur des nuits; ils remarqueront que la plupart de ces chevaux efflanqués, pour lesquels c'est une souffrance que de se baisser pour paître, y contractent des rhumes qui dégénèrent en morve, ou d'autres maladies qu'ils n'auroient point eues, si on leur eût administré un verd analogue à leur conformation et à leur tempérament.

J'ai fait les mêmes remarques pour des vaches, particulièrement pour celles dites *flamandes*; l'habitude de ne prendre leur nourriture qu'au râtelier, dès la plus tendre jeunesse, et jusqu'à un âge plus avancé, leur fait aussi contracter une telle roideur dans les muscles du col, que ce n'est qu'en éprouvant de la douleur qu'elles peuvent paître; et celles qui s'y accoutument ne le font qu'avec efforts, en inclinant la bouche d'un côté.

Qu'on fasse attention à un troupeau de vaches qui restent constamment à l'écurie et à celles qui arrivent récemment d'un pays de bocage. La vache flamande, ou toute autre âgée, quand on l'envoie à l'abreuvoir (ou pour dire le mot juste, à la *marre*), y entre jusqu'aux genoux pour boire à son aise, tandis que la vache bocagère se mettra à boire dès l'entrée, si l'eau en est pure.

Il faut observer encore que ces vaches accoutumées à avaler une grande quantité d'alimens préparés, ayant fait contracter une vaste capacité à leurs intestins, il seroit impossible de trouver un herbage qui pût les nourrir, à moins que ce fût un trefle ou luzerne, à la seconde coupe, ce qui seroit au moins très-imprudent.

D'après toutes ces considérations, il est donc plus économique et plus sage à tous égards, de leur donner le verd dans les écuries.

Depuis long-temps les nourrisseurs des environs de Paris ont résolu le problème économique, qu'avec 4 à 5 arpens de prairie artificielle on peut nourrir un plus grand nombre de vaches dans les étables qu'on ne le fait avec 60 arpens dans les champs et *pâturaux* des pays de petite culture.

Quelques herbagers ont l'entêtement de vouloir saigner les vaches qu'ils mettent au verd : c'est un grand abus : il faudroit plutôt leur donner du sang que de leur en ôter, s'il étoit possible (1).

J'ai déjà parlé des précautions à prendre pour administrer le verd dans les premiers jours. Je ne les rappellerai pas ici; mais, comme ces animaux sont accoutumés à prendre de fortes rations, il faut se défier de leur voracité : il faut craindre la météorisation : ce n'est pas qu'elle soit toujours l'effet d'une grande quantité d'herbe dans les intestins : car on a souvent eu la preuve contraire : mais si le gonflement se manifestoit pour de telles bêtes, il seroit plus difficile d'en prévenir les suites.

§. V. *Observations générales sur les plantes à donner aux Bestiaux qu'on met au verd.*

Parmi toutes les plantes qu'on emploie pour nourrir en verd les bestiaux, il y a sans doute des choix à faire en raison de leur qualité, et en raison même des animaux auxquels on les destine ; ainsi, par exemple, des feuilles d'arbres, des racines pivotantes conviennent mieux aux bêtes à cornes qu'aux chevaux. Parmi les plantes qui composent la prairie artificielle, je donnerai la préférence au trefle et à la luzerne pour les bêtes à corne : le sainfoin, le raigraw, la grande pimprenelle, la spergule, etc., conviennent mieux aux chevaux; les unes et les autres peuvent être données aux chevaux ou bêtes à cornes, mais les hommes du métier sentiront qu'il doit cependant y avoir des nuances, pour les effets, relativement aux uns et aux autres.

C'est ici le lieu de désabuser beaucoup de cultivateurs prévenus contre le trefle pour ses effets sur les bestiaux qui s'en nourrisent intempestivement ; toutes les plantes, même les plus bienfaisantes, peuvent occasionner des indigestions, si on en donne trop, et mal-à-propos. Le trefle à la vérité manifeste plustôt qu'aucune autre plante verte les effets de la météorisation, et j'ajouterai même un fait qui a été peu observé par les cultivateurs et qui en induit beaucoup en erreur, c'est que la météorisation n'est pas toujours occasionnée par la présence d'une grande quantité de trefle ; il suffit quelquefois, selon les dispositions de l'animal, et la grande fraîcheur de la plante, d'une modique ration, pour exciter ce gonflement fatal. Il est malheureux qu'un tel accident, mal observé dans ses causes, et irraisonné dans ses effets, éloigne un si grand nombre de cultivateurs de la culture d'une plante aussi éminemment

---

(1) Voyez l'instruction sur la manière de gouverner les Vaches, par les citoyens Chabert et Huzard, n-8°. an 5, chez le citoyen Huzard, rue de l'Eperon, N°. 11.

utile pour nourrir et engraisser les bestiaux et fertiliser les terres; j'en connois beaucoup qui ont prononcé anathême contre elle pour quelque perte de bestiaux.

Il est très-facile de prévenir ces effets fâcheux en ne délivrant jamais le trefle verd, qu'après sept à huit heures d'intervalle après sa fauchaison, en n'en donnant que de modiques rations; avec cette précaution, il n'arrivera jamais d'accident. Ceux qui voudront avoir plus de motifs de tranquillité, pourront faire mêler quelque peu de foin délicat, ou semer avec le trefle un peu de raigraw et de pimprenelle.

Il est inutile de prévenir qu'il ne faut pas non plus par un excès de précaution, laisser fermenter le tas de trefle en herbe.

Je ne peux trop insister pour recommander de laisser venir les plantes qu'on veut donner en verd à un juste degré de végétation. L'époque de la floraison est un des meilleurs signes, et il faut s'en faire une règle invariable, c'est alors que le fourrage verd est excellent; un nourrisseur intelligent variera par les engrais ou par les époques des ensemencemens, les temps de la floraison de ces plantes d'une ou plusieurs espèces; et il en saura calculer la graduation de végétation et de la consommation, de manière que la dernière fauche finie, il puisse prendre et trouver en fleurs la partie qui fut fauchée la première.

Il existe un plus grand nombre de plantes propres à nourrir en verd les bestiaux, que ne l'ont observé ou indiqué jusqu'à ce jour les agronomes; et quoique celles dont je vais parler intéressent peu les grands possesseurs de bestiaux, je me fais un devoir de les indiquer dans cet ouvrage qui, au surplus, est destiné à l'universalité des cultivateurs. C'est dans le voisinage des grandes villes, dans des contrées arides ou montueuses, et par-tout où le droit de parcours n'existe pas, qu'on peut se faire une juste idée des immenses ressources de la nature et de l'industrie pour nourrir en verd les bestiaux utiles.

Dans les vignobles, les femmes recherchent et emportent, pour nourrir leurs vaches plusieurs sortes d'herbes qu'ailleurs on dédaigne et on foule aux pieds, même quand il y a disette de fourrage. les chardons, *carduus eriophorus*, les seneçons, *senecio vulgaris*, les paquerettes, *bellis perennis*, et plusieurs autres encore qui ne sont connues que par des noms vulgaires, composent ces charges d'herbe que chaque fois les vignerons et leurs femmes emportent pour nourrir leurs vaches.

Il ne faut pas croire que ces différentes herbes soient données indistinctement et sans préparations; et il existe, à cet égard, une sorte d'industrie qui est digne de trouver place ici. Les uns se bornent à les laver; d'autres les assortissent pour en faire des mélanges; presque tous les font bouillir, non pour les faire cuire, mais seulement pour les attendrir; d'autres, selon les qualités qu'ils ont jugées malfaisantes, jettent la première eau après une ébullition

tion de quelques instans ; ils en remettent de la nouvelle aussitôt, à laquelle ils ajoutent du son et du sel; les plantes sont encore vertes quand ils les donnent à leurs vaches: et c'est ce qu'ils appellent la *buvée*.

L'agronome et l'homme d'état, qui attacheront de l'importance à la multiplication des bestiaux, seront étonnés de la grande quantité de bestiaux qu'on nourrit en verd avec des moyens aussi précaires, et ils pourroient mieux juger de celle qui devroit exister dans toutes les contrées où la terre offre spontanément et en vain tant de ressources pour en élever et en nourrir.

Il y a encore une autre plante, hors le cercle ordinaire des prairies artificielles, qu'il importe de faire connoître, non que je prétende indiquer une ressource nouvelle, mais bien une ressource à renouveller ; c'est le seigle : il n'y a pas de fourrage meilleur pour mettre au verd les bestiaux, pour raviver les vaches qui tarissent et même pour donner au lait un goût exquis.

Les nourrisseurs des environs de Paris, de Meaux, etc., le connoissent bien sous ces rapports: ils en faisoient un grand usage avant la révolution ; quelques expériences même faites au-dessous de Saint-Germain, par un cultivateur zélé, et d'après laquelle on avoit obtenu une récolte en grain, après une fauche en herbe, avoient singulièrement éveillé l'industrie des cultivateurs, et donné une rapide extension à cette nouvelle prairie artificielle; mais la disette des grains dans les premiers temps de la révolution, la licence effrénée et impunie de quelques ignorans, échos des factieux des grandes villes, ayant fait soulever par-tout l'opinion vulgaire contre l'emploi d'un tel fourrage; quelques cultivateurs même ayant failli de perdre la vie (1), il en résulte que nulle part on ne cultive de seigle, malgré que le blé soit de 6 à 7 liv. le quintal dans les marchés.

De quelle ressource ne seroit pas le seigle dans le pays où il sert de nourriture aux habitans, où les plantes usuelles des prairies artificielles sont incultivables par l'inaptitude du sol, où enfin tous les colons entendent très bien la culture du seigle ? mais il faudroit triompher d'un préjugé terrible, incréé dans toutes les têtes, même dans celles qui tiennent à l'administration de l'État, « que les plantes » destinées à nourrir l'homme, ne » doivent pas être employées à » nourrir les bêtes, etc. ».

Ce n'est point aux cultivateurs de quelques départemens du midi et de l'est, qu'il faut conseiller et

---

(1) Le citoyen.... cultivateur, près Lagny, fut enlevé de sa ferme pour avoir mis en coupe une petite pièce de seigle ; amené à Lagny, trempé dans la Fontaine fatale, et traduit par la foule jusqu'à Paris, sur la place de Grève, où le général Lafayette lui sauva la vie, en courant lui-même des dangers; c'est un fait que je me plais à rappeler sur le compte d'un homme trop méconnu et calomnié.

vanter l'usage du maïs comme fourrage en verd, il plaît également aux bêtes à cornes, aux chevaux, aux ânes et aux mulets; il faut dire pourtant qu'il est plus économique pour les chevaux, en ce qu'ils mangent presque toute la tige quand elle est verte, tandis que les bêtes à cornes ne prennent que les sommités des feuilles et des tiges.

Le célèbre Young auquel j'accorde beaucoup de connoissances pour l'économie rurale, mais que je suis bien loin de regarder comme un oracle, dans un prétendu voyage agronomique en France, a tracé des lignes pour la culture du maïs: je suis bien convaincu que ses zones ne sont pas plus exactes, que les raisons qu'il donne pour les justifier, ne sont solides; car en général, on ne peut nier que le maïs ne puisse prospérer par-tout où la vigne croît avec succès, et donne un vin même commun.

La distribution du maïs tient plus à l'impulsion qui lui fut donnée dans le tems de son introduction, qu'au climat qu'on désigné lui convenir exclusivement ; quoiqu'il en soit, comme ce n'est pas le lieu de discuter ce point, on ne disconviendra pas du moins que, par-tout, le maïs peut croître et prospérer comme fourrage; pourquoi donc est-il si rare? étant si excellent sous ce rapport, que je serois presque tenté de préférer ses produits en fourrages à ceux qu'il donne en grains.

Les feuilles aussi sont admises comme fourrage verd pour nourrir les bestiaux; mais c'est une modique ressource qui ne peut servir et être employée que momentanément.

Beaucoup d'écrivains agronomes, quand ils sont à décrire et généraliser les ressources économiques pour élever et nourrir en verd les bestiaux, ne manquent pas de faire une longue et même une scientifique énumération des feuilles qui peuvent être employées; ils fondent leur opinion sur l'usage de quelques contrées du midi, où le défaut de prés force le cultivateur de recourir à la feuillée; mais où ont-ils donc vu nourrir exclusivement des bestiaux avec des feuilles ? Qu'ils lisent donc, pour se désabuser, l'ouvrage du C. Chabert, sur les effets des feuilles de chêne, les plus éminemment styptiques? Et cependant celles-ci sont toujours comprises au nombre des meilleures à donner.

Les plantes pivotantes, celles légumineuses aussi peuvent être très-utilement employées pour mettre au verd les bestiaux, surtout les bêtes à cornes; les navets et la turneps produisent un effet merveilleux sur les bêtes fatiguées et exténuées; c'est un trésor que les Anglais savent bien apprécier et que nous négligeons.

On a beaucoup parlé de la pomme de terre aussi pour nourrir et engraisser les bestiaux : j'ai si souvent tenté cette expérience pour des vaches, des bœufs et des cochons, que je ne peux qu'attester le contraire; mais, en même-temps, je dois dire qu'elle produit de tels effets, si on a le soin de la faire cuire, d'y ajouter un peu de son et surtout du sel. Par la cuisson, l'eau de végétation se combine avec la fécule; crue, au contraire, l'excès et la qualité de l'humide s'opposent à la digestion, et tiennent trop les bestiaux dans un état de relâchement.

Il résulte de toutes ces observations, qu'on ne peut généraliser les préceptes et les ressources; c'est aux cultivateurs à observer, à faire des expériences comparées; c'est aussi au gouvernement à donner une meilleure impulsion à l'agriculture, et à la maintenir par le débit des productions de toutes espèces.   R. LABERGERIE.

VERD. (le) C'est ainsi que se nomme la nourriture fraîche, herbacée, qu'on donne, dans quelques circonstances, aux animaux tenus habituellement au régime sec; tels que les chevaux, les mulets et assez rarement les ânes; les bêtes à corne et les bêtes à laine n'y étant jamais soumises que lorsque la végétation est accidentellement interrompue, et les pâturages impraticables.

DONNER LE VERD, METTRE AU VERD, sont donc deux expressions synonimes qui signifient tenir à la nourriture fraîche, pendant un temps déterminé, et comme moyen médical, un animal ou des animaux soumis habituellement au régime sec.

PLAN DE CET ARTICLE.

CHAP. I. *Utilité du verd en général.*

CHAP. II. *Circonstances qui modifient cette utilité.*

CHAP. III. *Epoque la plus favorable pour mettre les animaux au verd.*

CHAP. IV. *Du verd pris dans les pâturages, et du verd donné à l'écurie; comparaison de ces deux méthodes.*

CHAP. V. *Du choix des végétaux les plus propres à remplir l'objet qu'on se propose en donnant le verd.*

CHAP. VI. *Précautions à prendre dans la récolte et dans la distribution du verd.*

CHAP. VII. *Soins qu'exigent les animaux mis au verd.*

CHAP. VIII. *Temps pendant lequel les animaux doivent rester au verd.*

CHAP. IX. *Précautions à prendre dans le passage du régime verd au régime sec, et du repos au travail.*

CHAPITRE PREMIER.

Utilité du verd en général.

Par-tout où la nature a placé des animaux, on ne peut douter qu'elle n'ait rassemblé autour d'eux tout ce qui pouvoit être nécessaire à leur subsistance. Si quelques faits particuliers semblent quelquefois s'élever contre ce principe, on peut assurer avec confiance qu'ils sont toujours dûs à des causes étrangères, et souvent même contraires aux vœux de la nature les plus énergiquement prononcés. Un de ces vœux a été sans doute que les animaux herbivores vécussent de végétaux frais: la répugnance qu'elle leur a donnée à tous pour les végétaux desséchés ne permet pas de méconnoître cette vérité. Il n'est aucune espèce dans l'état de nature, qui, avant de se déterminer à goûter des plantes desséchées, n'ait épuisé, non-seulement les herbes fraîches, mais encore les pousses et les écorces des arbustes et des arbres. Les besoins de l'homme l'ont mis dans la nécessité de renverser cet ordre de choses; aidé du secours puissant de l'habitude, il est parvenu à triompher, en quelque sorte, de la nature. Mais ce triomphe ne s'obtient souvent qu'après une lutte assez longue, et il n'est jamais si complet que celle-ci ne revendique de temps en temps ses droits.

C'est ainsi que nous voyons les chevaux et autres animaux domestiques qu'on retire des pâturages, pour les mettre à la nourriture sèche, languir le plus souvent, pendant un temps plus ou moins long, avant d'être, en quelque sorte, façonnés à ce nouveau régime; combien même périssent victimes de cette subversion des lois de la nature.

Cette sorte de transmutation, s'il est permis de s'exprimer ainsi, pourroit être beaucoup moins pénible, et ses victimes seroient incontestablement moins nombreuses, au moyen de quelques modifications bien faciles dans le passage, entre deux régimes aussi diamétralement opposés; mais ces précautions tiennent à des connoissances qui, toutes simples qu'elles sont, n'en sont pas moins ignorées de tous les herbagers et de ceux qui achètent d'eux les animaux, pour les mettre dans le commerce, comme cela arrive presque toujours; au lieu de s'occuper des moyens préservatifs dont l'effet est ordinairement sûr; on laisse le mal se développer, puis on cherche un remède parmi les moyens curatifs qui trompent si souvent la confiance de ceux qui les emploient.

On ne peut douter que le plus efficace de tous, celui évidemment indiqué par la nature, ne soit de ramener pour un temps, à la nourriture verte, les animaux affoiblis, émaciés par le régime sec auquel on les a fait passer. Les effets de l'herbe verte sur les chevaux peuvent, sous ce rapport, être comparés aux effets du lait qu'on donne aux hommes attaqués d'épuisement et de consomption.

Indépendamment de l'effet direct que produit la nourriture verte sur la constitution des animaux, il en est un indirect qui n'est pas moins puissant : c'est celui du repos dont jouissent les animaux, pendant tout le temps qu'on les tient au verd. On ne connoît pas plus de gradations dans l'exercice des chevaux que dans leur régime : pour les dix-neuf vingtièmes des hommes qui les emploient, un cheval doit toujours faire ce que fait un autre cheval, qu'il soit jeune ou vieux, qu'il sorte de l'herbage, où il n'a pris qu'une nourriture aqueuse et molle, de chez le marchand qui l'a bourré de son, ou de la culture, ou des charrois; en un mot qu'il ait ou n'ait pas de vigueur; qu'il soit ou ne soit pas en haleine : tout cela leur est égal : il faut qu'il fournisse sa journée comme un cheval adulte, robuste, et exercé; la lenteur de ses mouvemens, la sueur qui bientôt couvre son corps, sont des indications perdues pour le charretier qui n'y voit que des symptômes de lâcheté, et un prétexte pour mettre en jeu son fouet implacable. On imagine aisément combien de chevaux doivent être journellement victimes de pareils écarts.

On ne sauroit douter que *le verd* ne soit très-propre à en diminuer le nombre. Mais, dans cette circonstance, c'est souvent bien moins le verd lui-même qui produit cet effet, que l'inaction dans laquelle on abandonne les animaux, ou plutôt la facilité qu'on leur laisse de ne se livrer qu'aux mouvemens auxquels les porte l'instinct de leur conservation, et le plaisir de jouir de leur liberté.

Ce seroit peut-être ici le cas d'examiner quelle est la manière d'agir *du verd*, sur les animaux; comment il produit les heureux effets qu'on lui attribue. Ce point seul pourroit être l'objet d'une dissertation bien savante, enrichie des vues les plus profondes de la physiologie; mais ces vues si profondes m'ont toujours paru sujettes à tant d'écarts, et la connoissance des *pourquoi*, des *comment*, si obscure et si peu importante, en comparaison de celle des faits, que je crois devoir me borner à rapporter ces derniers, qu'assez d'autres chercheront à expliquer.

Le premier effet que produit le verd est de purger les animaux. Cette purgation dure cinq, six, huit jours, et quelquefois davantage. Elle ne cesse que peu à peu, et par gradation, et les animaux gardent, pour l'ordinaire, le ventre libre, pendant toute la durée *du verd*.

Les urines se montrent beaucoup plus abondantes, dès les premiers jours; elles sont d'abord crues et très-limpides, mais bientôt elles se colorent, et deviennent dépuratoires.

Le poil qui, pour l'ordinaire, est terne, piqué, sec, et décoloré dans les chevaux que l'on met au verd, dans ceux du moins qu'on doit y mettre, commence bientôt à reprendre son éclat, sa flexibilité, son onctuosité : la transpiration interrompue se rétablit peu après, et devient très-abondante; la peau se détache peu à peu des os, et reprend sa souplesse. L'animal recouvre à vue d'œil l'embonpoint qu'il avoit perdu, et avec lui cette vivacité, ces saillies impétueuses, cette noble fierté, cette gaîté désordonnée qui forment l'ensemble de son caractère.

Le verd, celui du moins qui se prend dans la prairie, et en liberté, a aussi une influence extrêmement utile sur les articulations fatiguées par un travail forcé, et sur-tout prématuré; les extrémités reprennent, jusqu'à un certain point, les à plombs qu'elles avoient perdus; les engorgemens humoraux qui n'affectent point la substance même des os, s'y dissipent ou s'atténuent considérablement. Mais ces heureux changemens ne sont de quelque durée, qu'autant que les chevaux sont très-ménagés; on les désigne, pour l'ordinaire, sous le nom de *chevaux refaits*, et malheur à l'acheteur qui les prend pour des chevaux neufs, et les soumet imprudemment à un travail trop fatigant. Il les voit bientôt retomber dans leur premier état. Tels sont les effets les plus ordinaires du verd donné aux animaux; mais ces effets ne sont pas toujours aussi heureux ; nous allons indiquer les exceptions et les causes auxquelles elles sont dues.

CHAPITRE II.

Circonstances qui modifient l'utilité du VERD.

Le *verd*, si utile aux jeunes chevaux, non seulement ne l'est pas également aux vieux, mais on a même cru remarquer qu'il leur étoit funeste. Si l'on réfléchit sur les effets que nous venons d'indiquer, on ne sera point étonné de cette espèce d'exception. Nous avons dit en effet qu'il produisoit une crise violente, une révolution considérable dans toute la machine ; l'ébranlement universel, occasionné par une pareille secousse, ne peut que porter une atteinte funeste à des organes affoiblis, usés en quelque sorte par le travail et les années. D'un autre côté, la grande habitude du régime sec est devenue, pour ainsi dire, une seconde nature, dont il n'est guère moins dangereux de s'écarter que de la première. Comme dans les jeunes chevaux, le verd produit dans les vieux un relâchement général, mais avec cette différence que, dans les premiers, la fibre ne tarde guère à reprendre son énergie et son élasticité, et que, dans les seconds, le relâchement va toujours en augmentant, et se termine par une atonie complète qui est suivie d'engorgemens généraux ou partiels dus à l'énertie des solides.

C'est ainsi que dans les vieux chevaux qu'on met au verd, on voit le plus souvent les jambes se gorger, le dessous du ventre s'œdématir, et assez souvent l'animal périr d'hydropisie.

On doit induire de ces observations que le verd ne doit pas convenir aux animaux, quel que soit leur âge, affectés de maladies dues au relâchement des solides et à la décomposition des humeurs. Aussi observera-t-on généralement que les engorgemens causés par le farcin ou par la morve, augmentent considérablement d'intensité, lorsque les animaux qui en sont affectés sont mis au verd, et que ce régime précipite leur destruction.

Quelque générale que soit cette observation, elle reconnoît pourtant quelques exceptions. J'ai vu, par exemple, que le verd ne produisoit point sur les vieux chevaux les effets funestes que je viens d'indiquer, lorsque ces chevaux ont été mis au verd tous les printemps, ou du moins plusieurs fois dans leur vie ; le relâchement qu'il produit, dans ce cas, est bien moins considérable, et il reste à la nature assez de force pour rendre à la fibre son énergie.

J'ai encore vu le verd produire des effets heureux sur des chevaux attaqués d'un principe de morve ou de farcin, lorsque ces vices étoient récents, le produit de la communication, et que les animaux étoient jeunes, et d'une constitution très-vigoureuse.

Je dois dire encore qu'une partie des mauvais effets qu'on attribue au verd, est due, le plus souvent, à l'ignorance ou à l'incurie de ceux aux soins desquels ils se trouvent confiés. On expose brusquement à l'air libre, le jour et la nuit, au froid, au vent, à la pluie, des animaux qui, presque toute leur vie, ont été tenus dans des écuries hermétiquement fermées, et dans lesquelles encore ils étoient souvent chargés d'une couverture de laine bien pesante. Il ne faut que les premiers élémens du sens commun, pour sentir qu'un pareil saut ne peut être que funeste aux animaux auxquels on le fait franchir; on conçoit aisément, au reste, que, sous ce rapport, et sous un grand nombre d'autres, l'époque à laquelle on donne le verd, doit beaucoup influer sur ses effets.

CHAPITRE III.

De l'époque la plus favorable pour mettre les animaux AU VERD.

L'époque la plus favorable pour mettre les animaux au verd, c'est, sans contredit, celle indiquée par la nature elle-même; celle où les animaux qui n'ont pas perdu entièrement l'habitude de la nourriture verte, annoncent, par le dégoût que leur inspire la nourriture sèche, le besoin qu'ils ont de la première; c'est aussi le moment où toutes les humeurs sont mises en mouvement, et, jusqu'à un certain point, disposées à la révolution que doivent opérer sur elles les alimens frais. Cette époque s'étend depuis le 1er. floréal jusqu'à la fin de prairial; la saison du froid et des pluies est passée, celle des grandes chaleurs n'est pas arrivée, et les animaux n'éprouvent point encore le tourment de ces myriades d'insectes ailés qui les assaillissent à une époque plus reculée. La partie la moins avancée de cette période offre déjà des végétaux élaborés par le soleil; et la plus reculée présente un grand nombre d'espèces qui n'ont pas encore perdu toute leur eau de végétation, et conservent tous leurs sucs nourriciers.

Quoique cette saison soit la plus favorable pour le verd, on peut cependant le donner avec avantage dans toutes les autres, sans même en excepter l'hiver; ce qui dépend presque entièrement de la méthode qu'on adopte pour l'administrer.

CHAPITRE IV.

Des diverses méthodes de donner le VERD.

On fait prendre le verd dans la prairie même, ou bien on le donne à l'écurie.

Dans le premier cas, on laisse les animaux divaguer dans l'herbage, ou bien on le divise en portions plus ou moins resserrées, qu'on enclot avec des claies, des barrières, ou toute autre espèce de clôture, et qu'on abandonne successivement aux animaux; ou bien enfin, on pratique dans une partie de l'herbage une sorte de hangar, sous lequel on place des râteliers qu'un homme est chargé de remplir à mesure qu'ils se vident. On laisse autour du hangar une enceinte assez considérable, pour que les animaux puissent s'y promener et y développer leurs mouvemens avec quelque étendue.

La première méthode a l'inconvénient d'entraîner la perte d'une très-grande quantité d'herbe que les animaux foulent aux pieds. L'herbe une fois foulée, ils ne la mangent plus avec appétit, en sorte que la partie qu'ils consomment n'est rien en comparaison de celle qu'ils dissipent en pure perte.

La seconde méthode prévient, jusqu'à un certain point cet inconvénient, mais très-imparfaitement ; ou les divisions qu'on donne aux animaux sont très grandes, ou elles sont très-resserrées. Dans le premier cas, on voit reparoître l'inconvénient de la première, la destruction inutile d'une grande quantité de fourrage ; dans le second, les animaux trop resserrés ne peuvent se livrer au mouvement qui concourent si puissamment au succès du régime auquel on les soumet ; l'herbe d'une enceinte trop petite, est d'ailleurs bientôt foulée : les animaux s'en dégoûtent, et si le gardien n'a pas le soin de les faire passer continuellement d'une section dans l'autre, ils restent fort long-tems sans vouloir manger. Au reste, toutes ces méthodes ont l'inconvénient de laisser les animaux exposés aux intempéries de l'athmosphère ; ce qui, comme je l'ai dit plus haut, donne lieu à plus d'un accident.

Le verd donné à l'écurie soustrait les animaux à cet inconvénient ; mais il les prive de cette liberté si nécessaire. Il exige d'ailleurs un transport continuelle de fourrage verd de la prairie où il se coupe, dans l'écurie où il se consomme. Ce fourrage entassé dans les charrettes, déposé dans des granges où il est toujours plus ou moins amoncelé est sujet à s'échauffer et à fermenter, ce qui le rend désagréable et même nuisible aux animaux.

Le hangar construit au centre ou à une extrémité de la prairie, suivant les convenances locales, semble tenir le milieu entre ces diverses méthodes ; il n'a les inconvéniens d'aucune, et il a les avantages de toutes. Il prévient les transports de fourrage : il les met, ainsi que les animaux, à l'abri de la pluie. L'espace libre ménagé autour du hangar, permet à ceux-ci l'exercice de leurs membres, cet exercice aiguillonne l'appétit, favorise la digestion, dissipe les engorgemens et contribue peut-être plus que le verd lui-même à rendre aux animaux leur première vigueur.

Quelle que soit celle de ces méthodes que l'on préfère, le choix des plantes dont doit être composé le verd, concourt puissamment au succès qu'on se promet.

CHAPITRE V.
Du choix des végétaux les plus propres à remplir l'objet qu'on se propose en donnant le verd.

Parmi les végétaux nombreux dont se nourrit chaque espèce d'animaux, je n'en connois aucun qui ne puisse leur être donné avec avantage avant qu'il ait atteint le dernier terme de sa végétation ; je n'en excepte ni les racines, ni même les arbres ; on ne peut donc donner, à cet égard, que les règles extrêmement générales, soumises à une foule de modifications relatives au climat, au sol, aux usages des pays divers

divers, et à un grand nombre d'autres circonstances locales

Les plantes que l'on préfère ordinairement sont prises dans la classe des graminées ; ce qu'il y a d'assez extraordinaire, c'est qu'on préfère pour le verd celles qui croissent dans les lieux bas, humides, marécageux. J'ai recherché la cause de cette singulière préférence ; je l'ai trouvée dans l'observation qu'on a faite que ce fourrage grossier, aqueux, purgeoit les chevaux et plus promptement et plus abondamment que celui des prairies hautes. Reste à savoir maintenant si cette purgation si prompte et si abondante sur des animaux épuisés, tels que sont presque toujours ceux que l'on met au verd, est aussi avantageuse que l'on prétend : j'ai bien de la peine à le croire. Je sais que pour prononcer avec exactitude sur ce qu'on donne comme le fruit de l'expérience, il faudroit avoir fait un grand nombre d'essais comparatifs qui n'ont été tentés ni par moi, ni par personne que je sache ; mais quand quelques faits semblent en contradiction avec des principes généralement adoptés, il faut être sur ses gardes, et ne jamais perdre de vue que dans la foule des erreurs qui ont inondé et inondent encore le monde, il n'y en a pas une qui n'invoque en sa faveur l'autorité des faits : on observera que celui sur lequel je me permets d'élever des doutes dans cette circonstance, ce n'est pas la propriété purgative des plantes marécageuses, dont j'ai été cent fois témoin, mais bien les résultats qu'on attribue à cette purgation si prompte et si copieuse.

Quelle que soit au reste la nature de l'herbe que l'on donne en verd, on doit être bien assuré qu'elle purgera plus ou moins, ce qui pourroit bien ne pas tenir davantage à la qualité de l'herbe en elle-même, qu'au changement de régime. Il y a peut-être autant de chevaux purgés par le régime sec qui succède immédiatement au régime verd, que par le régime verd qui succède au régime sec. Ces sortes de transpositions de causes ne sont pas moins communes dans l'hygiène des hommes, que dans celle des animaux. C'est ainsi, par exemple, qu'on attribue aux eaux de la Seine une vertu puissamment purgative, et qu'on ne voit pas que celle du Rhône à Lyon, de la Loire à Orléans produisent sur les étrangers à ces villes, les mêmes effets que l'eau de la Seine sur les étrangers à Paris, que dans cette commune ceux qui ne boivent point d'eau du tout, ou ceux qui ne boivent que de l'eau d'Arcueil, paient le même tribut que les autres ; ce qui prouve jusqu'à l'évidence ou que l'eau ne contribue point à cet effet, ou qu'elle n'y contribue que très-secondairement, et en proportion seulement du rang qu'elle occupe dans tout ce qui compose le régime nouveau auquel sont soumis les étrangers, indépendamment encore de l'influence du climat qui souvent pourroit suffire seul pour cet effet.

Ces considérations me déterminent à conseiller, en dépit de l'usage, de donner la préférence aux fourrages verds que les ani-

Tome X.

maux recherchent avec le plus d'activité, et qui sont reconnus pour être les plus substantiels ; or, sous ce double rapport, les plantes des prairies hautes ne peuvent souffrir aucune comparaison avec celles des prairies basses ; que les premières soient formées de plantes graminées, ou que les graminées s'y trouvent mêlées avec d'autres espèces, le verd est également bon, pourvu que la prairie soit de la nature de celles dont le foin est généralement estimé ; or, l'opinion sur les bonnes ou mauvaises qualités des foins est peut-être celle qui admet le moins de variations, du moins dans tous les pays que j'ai parcourus.

Le produit des prairies artificielles, telles que la luzerne, le trèfle, le sainfoin, la spergule et la pimprenelle se donnent en verd avec beaucoup d'avantage ; en Angleterre, on préfère généralement la luzerne à tous les autres fourrages pour donner le verd aux chevaux : dans la ci-devant Alsace, on nourrit avec du trèfle verd ceux même qu'on emploie aux services les plus pénibles ; j'ai vu les chevaux des postes de Lauterbourg, d'Altkirch, et de plusieurs autres du Haut et Bas-Rhin nourris avec du trèfle verd dans le temps même qu'ils fournissoient les courses les plus pénibles, on ajoutoit seulement à cette nourriture un peu de maïs en grain, macéré avec de la bale d'épeautre.

Dans le ci-devant Brabant, on cultive la spergule pour la donner en verd aux animaux qui l'aiment beaucoup, et dont elle augmente considérablement l'embonpoint.

L'emploi des plantes, dont sont composées les prairies artificielles exigent quelques précautions, dont l'oubli pourroit devenir funeste ; elles seront indiquées dans un chapitre relatif à l'administration du verd.

Les gramens annuels sont souvent donnés en verd aux bestiaux ; le seigle, l'avoine et l'orge sont très-fréquemment cultivés pour cette destination ; la variété du dernier connue sous les noms d'*escourgeon*, de *sucrillon* n'est guère employée presque par-tout qu'à cet usage ; dans quelques cantons on la fait pâturer, puis on la laisse grainer ; dans d'autres on la coupe à l'époque où l'épi est prêt à sortir de son fourreau, et on la distribue dans les râteliers.

On cultive également, et dans les mêmes vues le maïs qu'on sème dans ce cas très dru ; et dans les pays même où il a une autre destination, on donne aux animaux le phnache des fleurs mâles qui surmonte l'épi, lorsque celui-ci a été fécondé.

Tous ces gramens contiennent dans leurs tiges une matière sucrée qui les rend tout à la fois très-agréables aux animaux, et très-propres à leur procurer de la vigueur et de l'embonpoint ; il serait bien à désirer que la culture du maïs, envisagée sous ce rapport, s'étendît dans les cantons d'où elle a été exclue jusquici, parce que la plante n'y parvient pas à une maturité parfaite ; il n'en est point qui donne un fourrage verd meilleur et plus abondant.

On cultive encore pour les donner en verd les diverses espèces de vesces, de gesses et de pois, l'ers, le lupin, la lentille; le moment le plus favorable pour leur emploi, est celui où la semence commence à se former, c'est le moment où la plante est le plus riche en sucs bien élaborés et nourrissans.

Les plantes légumières sont employées au même usage avec beaucoup de profit; parmi elles, les diverses espèces de choux méritent peut-être la préférence, celle surtout connue sous le nom de *chou cavalier* que, dans quelques lieux, on nomme *chou arbre*; il n'est pas d'espèce aussi productive ; les feuilles qu'on enlève sont bientôt remplacées par d'autres qu'on récolte peu de tems après, et ces récoltes successives sont très-nombreuses, il résiste mieux aux gelées qu'aucune autre espèce comme dans nos climats; il est étonnant que la culture d'une espèce aussi estimable se trouve en quelque sorte resserrée dans le cercle étroit de quelques uns de nos départemens. Les carottes, les navets, les betteraves, les panais, les diverses espèces de courges : les topinambours et sur-tout les pommes de terre peuvent remplir toutes ou presque toutes les indications qu'on se propose en donnant le verd.

Toutes les espèces d'animaux refusent d'abord les pommes de terre crues : mais lorsqu'on les a accoutumés à cette nourriture, ce qui est très-facile en la leur donnant mêlée avec un peu de son, d'avoine ou tout autre aliment de leur goût, il n'en est aucun auquel ils ne préfèrent bientôt les pommes de terre.

Cette observation donne lieu à deux remarques importantes; la première est relative au peu de fonds qu'on peut faire sur le prétendu instinct des animaux, pour connoître qu'elles sont les substances qui leur conviennent : comme l'homme, les animaux sont très-habitudinaires : l'aliment auquel ils sont accoutumés est souvent celui qu'ils préfèrent à tous les autres : ils refusent tous les pommes de terre, et tout le monde sait avec quelle avidité ils les dévorent; combien elle les nourrit et les engraisse, lorsqu'une fois ils y sont accoutumés : j'ai vu des chevaux refuser de goûter à de la luzerne verte. Les chevaux et les bœufs accoutumés à boire de l'eau fangeuse, restent plusieurs jours sans boire, avant de goûter de l'eau pure et limpide, tandis que ceux accoutumés à cette dernière, refusent tout aussi long-temps l'eau bourbeuse : ces faits et mille autres qu'il seroit facile d'y ajouter, me paroissent devoir sapper par leur base les observations de *Linné* sur les végétaux mangés par les diverses espèces d'animaux ou tout au moins annuller tous les résultats qu'on voudroit en tirer, relativement à l'économie rurale.

La seconde remarque c'est que les animaux accoutumés à manger les pommes de terre et les autres racines crues, les mangent avec autant d'avidité que si on les leur donnoit cuites : dans le premier état les nourrisent-elles aussi bien? je sais qu'on ne le croit pas : mais sur quoi se fonde-t-on ? je l'ignore ; personne que je sache n'a fait d'expériences comparatives pour éclaircir un point si intéressant, et pourtant, ce n'est que par des expériences qu'il peut être éclairci ; j'en ai fait une sur quatre cochons de la même portée et de même force ; les deux nourris aux pommes de terre crues, étoient, après un temps donné, aussi gros que les deux autres qui avoient consommé la même quantité de pommes de terre cuites. Mais qu'est-ce qu'une seule expérience pour résoudre une question aussi importante ? Elle ne peut qu'engager à en faire de nouvelles. En principe, je ne vois pas ce que l'ébullition peut ajouter de parties alimentaires aux substances qui y sont soumises ; elles ne pourroit les rendre plus nutritives qu'en les rendant plu-digestives : mais l'estomac des animaux les digère parfaitement dans l'état de crudité. Cet objet, au reste, quoiqu'il ne soit pas étranger à l'objet qui nous occupe, n'en est pourtant qu'un accessoire éloigné. Je m'empresse d'y revenir.

Les feuilles d'un grand nombre d'arbres fournissent aux animaux une nourriture verte, tout-à-la-fois agréable, saine et nourrissante. Ces arbres sont les ormes, les chênes, les aulnes, les peupliers, les érables, les néfliers, les cormiers, les hêtres, les sureaux et sur-tout les diverses espèces d'accacia dont la végétation est d'une richesse qu'on trouve rarement dans les autres arbres. Parmi les espèces d'accacia, il en est une surtout qui me paroît mériter l'atten-tion des cultivateurs, sous le rapport de la nourriture des animaux ; c'est le *robinia inermis* ou l'accacia sans épines. Je ne connois pas d'arbres aussi riches en feuilles longues, molles, douces, pourvues enfin de tous les caractères qui semblent indiquer une excellente nourriture ; un champ planté de robinia seroit une prairie perpétuelle qui fourniroit plusieurs coupes chaque année, beaucoup plus abondantes que celle de la luzerne la plus riche ; on n'a encore trouvé malheureusement aucun autre moyen de multiplier cette espèce que la greffe ou l'ente sur l'accacia ordinaire qui, comme on sait, réussit assez bien sur les plus mauvais terrains.

On emploie aussi la feuille verte de frêne à la nourriture des animaux ; cette feuille puissamment purgative ne produit aucun effet fâcheux sur les animaux à quatre estomacs qui, comme je l'ai démontré dans un ouvrage *ad hoc*, digèrent sans en être incommodés, des poisons très actifs, à des doses énormes ; mais je crois qu'il seroit dangereux de donner la feuille de frêne en verd au cheval ou à d'autres animaux à un seul estomac, non seulement à raison de la propriété que je viens d'indiquer, mais parce qu'il arrivera souvent que ces feuilles sont chargées de cantharides qui avalées par les animaux, produiroient sur eux des effets funestes. Je dois avouer, au reste, que cette observation n'est fondée sur aucun fait dont j'aie connoissance, mais seulement sur le simple raisonnement qui avertit de se méfier d'une plante dont les sucs ont une propriété si active.

Dans les pays vignobles, on donne aux animaux les feuilles des vignes après les vendanges; on leur donne également, dans les départemens méridionaux, les feuilles et les jeunes branches des oliviers provenant des tontures de cet arbre.

Les feuilles de tous les arbres fruitiers peuvent être employées au même usage avec un égal avantage.

Au reste, si les effets du verd dépendent beaucoup de la nature des végétaux qui le fournissent, la manière de les récolter et de les distribuer y contribue aussi très-puissamment.

CHAPITRE VI.

Des précautions qu'exigent la récolte du verd, et sa distribution aux animaux.

C'est une opinion générale, et la pratique est conforme à cette opinion, que le verd doit être récolté avant que la rosée dont il est couvert, se soit évaporée; cette conduite est encore fondée sur la remarque que l'on a faite, que l'herbe ainsi chargée de rosée purgeoit les animaux, et plus vite et plus abondamment ; or, c'est à cette purgation que l'on attribue presqu'entièrement les bons effets du verd ; ce que j'ai dit dans les chapitres précédens sur les effets de cette crise doit suffire pour mettre à même d'apprécier cette opinion. Non seulement cette purgation si abondante et si prompte n'est pas

un aussi grand avantage qu'on le croit, mais elle est souvent dangereuse, souvent elle est accompagnée de tranchées violentes et quelquefois de météorisations mortelles; mais son effet le plus ordinaire est de laisser long-temps l'estomac dans un état de débilité et d'atonie dont le repos et la bonne nourriture ne parviennent pas toujours à triompher.

Les fourrages récoltés mouillés sont entassés sur des voitures où ils commencent à fermenter ; on en forme des tas dans les granges attenantes aux écuries, et quelquefois dans les écuries mêmes; c'est ordinairement le soir, au moment de la rosée que se récolte la provision du matin, et le matin celle du soir ; le temps qui s'écoule entre l'entassement et la consommation, suffit pour que le pâturage s'échauffe, et dans cet état les chevaux ne le mangent qu'avec dégoût; et en jettent plus de la moitié sous leurs pieds, inconvénient assez grand, sans parler de l'effet que peut produire, sur les animaux, ce commencement d'altération.

Il est rare qu'on soupçonne la vraie cause de ce dégoût; on cherche à y remédier par des médicamens; on donne aux animaux qui en sont attaqués, du *crocus*, ou bien on leur fait une saignée plus ou moins abondante, ce qui, le plus souvent, ne fait qu'aggraver le mal en achevant de détruire le ton des organes digestifs.

Si tels sont les effets des plantes graminées, récoltées chargées d'humidité, celles des plantes légumineuses, telles que la luzerne, le trèfle, le sainfoin, les pois, les vesces, etc. récoltés dans le même état, sont bien autrement funestes encore; mais le danger même de ces effets a servi à les prévenir, en sorte que ce n'est jamais que par imprudence et défaut de soin, et non par l'effet d'une erreur, qu'on donne aux animaux ces plantes humides; on a grand soin, pour l'ordinaire, d'attendre que le soleil ait dissipé la rosée; si au lieu de produire des météorisations, des impanites, le plus souvent mortelles, elles ne produisoient que des tranchées, et une diarrhée copieuse, il n'y a pas de doute qu'on ne se conduisît avec elles comme avec les graminées.

De quelque nature que soient les végétaux que l'on donne en verd, on ne doit donc les récolter que lorsque la rosée est dissipée, et, dans le cas où on se verroit forcé par la pluie, de couper des fourrages humides, on doit avoir la précaution de les étendre jusqu'au lendemain, sur un espace assez vaste pour que la couche ne soit pas trop épaisse, et puisse être facilement retournée et secouée, afin de faciliter l'évaporation de l'humidité.

Lorsqu'on donne des racines, il faut avoir l'attention de les couper en morceaux assez petits pour qu'ils ne puissent pas être arrêtés dans l'œsophage, accident assez souvent suivi de la mort de l'animal, et auquel on ne peut remédier que par l'ouverture de ce canal, opération qui exige des connoissances qui manquent aux maréchaux qu'on appelle presque par-tout au secours des animaux malades.

Quel que soit le goût des herbivores pour l'herbe verte, la plus légère souillure suffit ordinairement pour la leur faire dédaigner, la seule impression de leur haleine lui ôte bientôt la saveur qui excitoit leur appétit, au point qu'il n'est pas rare de voir des chevaux regarder pendant des jours entiers l'herbe dont on remplit leurs râteliers, sans vouloir y toucher.

Cette observation doit faire sentir la nécessité de ne donner le vert que par petites portions à la fois; c'est par ce renouvellement continuel qu'on tient toujours ouverd l'appétit des animaux, et qu'on parvient à leur faire manger sans perte, une quantité de fourrage à laquelle j'aurois moi-même peine à croire, si je n'en avois fait plusieurs fois le calcul. Je me suis assuré qu'un cheval à qui on donnoit le verd avec toutes ces précautions, consommoit dans vingt-quatre heures cent cinquante et quelquefois même deux cents livres d'herbe; lorsque, malgré cette attention, il paroît se dégoûter, ce qui arrive souvent quelques jours après qu'il est soumis à ce régime, on laisse par intervalle le râtelier vide; ce qui vaut infiniment mieux que de recourir, comme on le fait, aux ressources si souvent infidèles de la pharmacie.

On conçoit aisément que des précautions aussi continuelles, aussi attachantes, demandent dans l'homme chargé du gouvernement des animaux, un zèle, une activité, une vigilance, qu'on ne trouve que rarement dans les salariés; les animaux eux-même exigent des soins qu'on ne pourroit leur refuser sans d'assez graves inconvéniens.

CHAPITRE VII.
Des soins qu'exigent les animaux mis au verd.

Il est des pratiques si bizarres, si ridicules, si contraires aux premiers principes du sens commun, qu'on ne pourroit concevoir comment elles ont pu s'établir, si l'on ne savoit pas que, pour une classe très-nombreuse de l'espèce humaine, les choses les plus incroyables sont précisément celles qui ont le plus de droit à sa croyance; mais que les meilleurs esprits se laissent eux-mêmes entraîner par ces opinions qui choquent toutes les notions, c'est ce qui est véritablement étonnant.

Qui croirait qu'on regarde comme un principe incontestable, non seulement que les animaux mis au verd n'exigent aucuns soins de la main, mais que ces soins, quand on les leur donne, contrarient et retardent les effets du verd? que cette opinion ait eu lieu relativement aux chevaux qu'on abandonne dans les herbages, on le conçoit; la propreté est une qualité commune à tous les animaux en liberté: et le cochon qu'on cite quelquefois en preuve du contraire, bien loin d'être une exception à cette règle, ne fait que la confirmer; car cet animal ne se vautre dans la fange qu'au défaut d'eau claire, que lui rendent si nécessaire et sa constitution et le régime échauffant auquel il est soumis. Le cheval abandonné dans un herbage ne se couche jamais que sur un lit de verdure; aucun corps étranger ne s'attache à sa robe; s'il s'y en attachoit, les pluies, l'herbe fraîche sur laquelle il se roule, les auroient bientôt enlevés; comme il n'est soumis à aucun exercice violent, il n'a jamais qu'une transpiration insensible dont la matière s'évapore à mesure qu'elle s'échappe des pores de la peau; mais en est-il donc ainsi du cheval qu'on laisse nuit et jour à l'écurie, qui est forcé de se coucher sur ses excrémens, dans lequel l'humeur perspirable est retenue et fixée en quelque sorte sur la peau par la couche de matière étrangère dont elle est enduite? Comment peut-on s'imaginer que cette humeur puisse être arrêtée dans ses couloirs sans les plus grands inconvéniens, lorsque la nature tend sans cesse à l'expulser, et lorsque sa retenue donne lieu à des maladies si fréquentes et si graves? Quelques personnes vont bien plus loin encore, elles prétendent que la litière sur laquelle on tient les chevaux ne doit point être renouvellée; en sorte que ces animaux croupissent dans l'ordure pendant tout le tems qu'ils sont au verd: j'en ai vu quelque uns qui portoient de chaque côté du corps une couche d'excrémens de plus d'un demi-pouce d'épaisseur.

Pour faire sentir l'absurdité d'une pareille pratique, il suffit de la soumettre à la réflexion des hommes qui en sont capables. Non seulement les chevaux au verd ne doivent pas croupir dans l'ordure, non seulement on leur doit le même pansement de la main que lorsqu'ils sont à leur régime ordinaire, mais j'ajouterai même que comme un des effets du verd est de provoquer une transpiration plus ou moins abondante, on ne doit négliger aucun moyen de favoriser cette excrétion si intéressante : or tout le monde sait que rien ne la favorise aussi puissamment que le pansement de la main; bien loin de le supprimer entièrement, on doit donc au contraire le multiplier et ne pas se contenter de détacher la crasse avec l'étrille, mais encore l'enlever complètement avec la brosse, le bouchon et l'époussette.

J'ai vu des officiers de cavalerie et plusieurs autres personnes qui pensoient que les chevaux ne devoient pas boire ou presque point pendant tout le temps qu'ils étoient au verd : il est certain qu'à la rigueur, les animaux nourris de plantes en végétation, peuvent se passer de boire; mais il est pourtant vrai de dire que les chevaux soumis à ce régime éprouvent quelquefois le besoin de la soif, et que c'est aller contre le vœu de la nature que de ne pas l'étancher.

Je conseille donc de tenir des baquets remplis d'eau auprès des animaux qui prennent le verd en liberté, et quant aux autres, on doit leur présenter un seau d'eau claire le matin et le soir, quand on ne peut pas les conduire à l'abreuvoir.

C'est une autre erreur que de croire que les chevaux qui prennent le verd à l'écurie ne doivent point sortir pendant tous le temps de sa durée ; le séjour trop long à l'écurie ruine plus les chevaux qu'un travail fatigant. Sans doute on ne doit exiger d'eux aucun service pénible, sur-tout dans les premiers jours et pendant tout le temps de la purgation; mais il est certainement très-utile de les faire sortir pour les promener soit en mains, soit sous l'homme ; cet exercice, dirigé par des mains sages, favorise très-puissamment les effets du verd : il prévient les stagnations qui sont trop souvent l'effet du relâchement dont le régime du verd est d'abord suivi.

Je ne puis pas d'avantage adopter la méthode si générale, que je ne sais si elle a quelque exceptions, de saigner les chevaux quelques jours après leur arrivée ; l'objet qu'on se propose est de prévenir la *pléthore* dont on apperçoit en effet quelques traces lorsque le verd a commencé à produire ses effets ; à moins que les chevaux ne soient accoutumés aux saignées du printemps, je voudrois proscrire celle-ci qui me paroît contr'indiquée ou tout au moins inutile. Il est très-certain que par le relâchement qu'elle opère, la saignée ne fait qu'accroître la disposition à la pléthore, en sorte qu'au bout de quelque temps les chevaux ont plus de sang qu'avant d'avoir été saignés, c'est ce que n'ignorent pas les herbagers qui nourrissent des bœufs. Ils les saignent de temps en temps pour leur faire

faire prendre graisse plus promptement. On prévient, au reste, les inconvéniens de la pléthore en ne laissant les animaux au verd, que le temps convenable.

CHAPITRE VIII.

Du temps pendant lequel les animaux doivent rester au VERD.

Il est bien difficile de donner, à cet égard, des règles générales ; la seule d'après laquelle on doive se guider, c'est de retirer les chevaux du verd, aussitôt qu'il a produit sur eux l'effet qu'on en attendoit ; or, cet effet se produit bien plus promptement chez certains individus que chez d'autres. Il en est qu'il suffit de laisser au verd pendant quinze jours, d'autres ont besoin d'y être pendant un mois, d'autres deux, quelques uns jusqu'à trois : cela dépend de l'âge, de la constitution, et sur-tout de l'état de l'animal, lorsqu'on le met à ce régime. Il est des chevaux sur lesquels le verd ne paroît produire aucun ou presqu'aucun effet pendant le premier mois, et qui, le second, en retirent les plus grands avantages.

Quelques personnes laissent leurs chevaux au verd tant qu'elles s'apperçoivent qu'il leur fait du bien. Cette méthode, très-bonne au premier aspect, peut n'être pas sans inconvénient relativement à des animaux destinés à être soumis à un autre régime, dont il seroit dangereux de les désaccoutumer entièrement. D'autres retirent leurs animaux du verd, lorsqu'il commence à durcir, ou bien ils

Tome X.

leur procurent une herbe plus tendre, ce qui produit sur eux une nouvelle révolution qui est nuisible dès qu'elle n'est pas nécessaire : c'est entendre bien mal les intérêts des animaux ; il me paroît au contraire de la plus grande importance de leur donner toujours la même herbe : leur estomac s'habitue graduellement à une nourriture plus substantielle et moins digestive ; et l'herbe, à l'époque de sa maturité, est peut-être le lien le plus favorable entre le régime verd et le régime sec, dont la succession exige des ménagemens absolument inconnus, ou du moins généralement méconnus.

CHAPITRE IX.

Des précautions qu'exige le passage du régime VERD au régime SEC, et du repos au travail.

La nature réprouve les sauts, les transitions trop brusques : cet axiome qui est dans toutes les bouches, ne se retrouve presque jamais dans la pratique. Lorsqu'un cheval sort du verd, on le remet tout d'un coup à son ancien régime, et on le soumet au même exercice que s'il n'avoit pas été interrompu. Que résulte-t-il de cette conduite ? que bien souvent l'animal retombe dans le même état où il étoit avant d'être mis au verd : alors il est décidé par les écuyers, cavaliers, postillons, cochers, et charretiers, que le cheval n'est qu'une rosse, qu'il n'est bon que pour l'écarrisseur, tandis qu'avec quelques attentions on eût souvent trouvé dans

F

cette rosse un animal brave et généreux.

Ces précautions consistent à commencer à donner au cheval des nourritures sèches avant même de le retirer du verd ; on choisit pour cet effet le foin le plus fin, le mieux récolté : du grain est très-propre à remplir cet objet. Lorsque le cheval est rentré à son régime ordinaire, on doit continuer à lui donner le foin le plus fin, et pendant quelque temps y joindre, si on le peut, une portion quelconque de fourrage verd qu'on diminue de jour en jour jusqu'à ce qu'enfin on la supprime entièrement.

Il importe sur tout d'observer les mêmes nuances dans l'exercice ; un animal qui est resté dans l'inaction est incapable d'aucun service un peu long ou fatigant. Il faut les premiers jours sortir l'animal seulement pour le promener et le mettre un peu en haleine ; ces premières courses doivent être courtes, on les augmente graduellement : on peut ensuite l'atteler à une voiture vide ou à une voiture légèrement chargée, et à mesure qu'on lui voit reprendre des forces, on exige de lui un service plus pénible, jusqu'à ce qu'enfin on lui demande tout ce qu'on peut raisonnablement en obtenir.

Je ne me dissimule pas que ces attentions exigent quelques soins, que la plupart des employés au service des chevaux les trouveront minutieux, même impossibles, quoique dans le fait ils soient très-simples ; mais quand ils donneroient quelque embarras de plus, les chevaux sont-ils donc des animaux si peu importans, qu'on doive regretter de faire pour leur conservation d'aussi légers sacrifices ?   GILBERT.

VERGE A PASTEUR (*Pl. I. bis.*) Elle est nommée *virga pastoris* par Tournefort, qui l'a placée dans la cinquième section de la douzième classe, laquelle renferme les herbes à fleurs flosculeuses, dont les fleurons, ordinairement divisés en découpures inégales, sont portés chacun dans un calice particulier. Von-Linné la place dans la tétrandrie monogynie : il la nomme *dipsacus pilosus*.

Fleur. Composée, flosculeuse ; fleurons dont les étamines ne sont pas réunies par les sommets B, tubulés C, irréguliers, divisés par leur limbe en quatre parties D, rassemblés en tête ovale, dans un calice commun, composé de folioles ténues, lâches ; chaque fleuron porté par des calices propres, à peine visibles, insérés au germe, et distribués sur un réceptacle conique E.

Fruit. Semences en forme de colonne, couronnées par le rebord du calice propre de chaque fleuron F.

Racine. Fusiforme, unie A.

Port. Tige d'environ un pied et demi, épineuse, rameuse, légèrement cannelée ; les têtes ou bouquets de fleurs, chargées de filets qui les font paroître velues.

Lieu. Les bords des fossés humides.

Propriétés et *usages.* Les têtes et les racines sont sudorifiques et diurétiques ; mais ces vertus ne

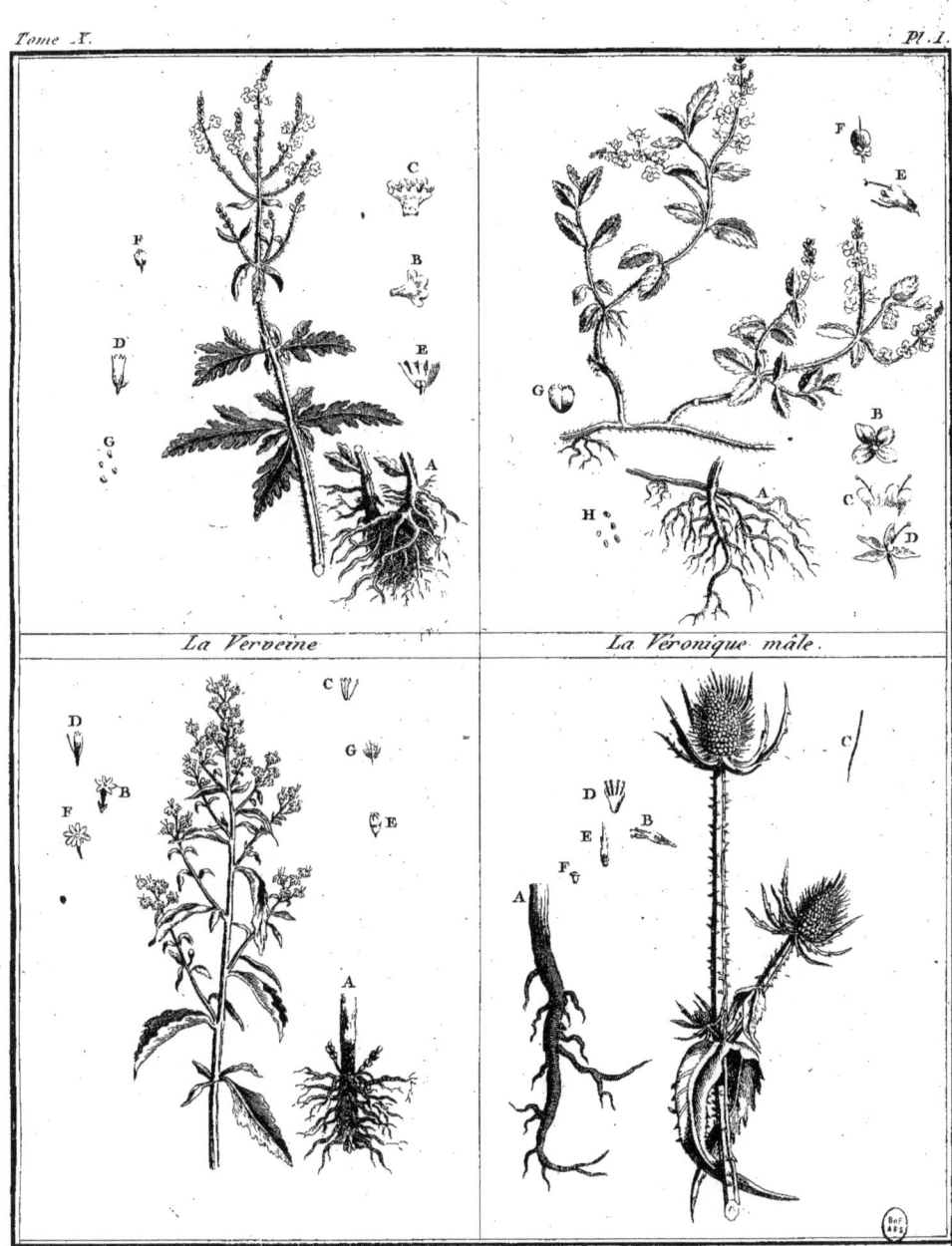

sont point assez constatées pour y pouvoir compter. Les usages économiques de cette plante sont à peu près nuls aussi. Cependant, il est à présumer que, cultivée en grand et avec soin; elle pourroit, dans quelques circonstances, et jusqu'à un certain point, suppléer le chardon à bonnetier, dont elle possède presque toutes les formes extérieures. Nous disons, jusqu'à un certain point, parce que, en effet, ses têtes ne parviendroient point à la même grosseur, et ses calices ou crochets n'acquerroient point le degré de force et de dureté qui font le mérite du *chardon* à *foulon* ou à *bonnetier*. Voyez *ce mot*.

VERGE D'OR. (*Pl. Ire. bis.*) M. Tournefort la place dans la première section de la quatorzième classe, qui comprend les herbes à fleurs radiées, et à semences aigrettées. Il l'appelle d'après Bauhin, *virga aurea latifolia serrata*. M. le chevalier von Linné la classe dans la syngénésie polygamie superflue, et la nomme *solidago, virga aurea*.

Fleur, radiée, jaune, composée de fleurons hermaphrodites, dans le disque B, de demi-fleurons femelles à la circonférence F; les fleurons ouverts, découpés en cinq G; les demi-fleurons lancéolés, à trois dentelures D; le calice oblong, tuilé E; ses écailles étroites, pointues, droites, rapprochées et réunies.

Fruit. Semences solitaires, ovales, oblongues, couronnées d'une aigrette capillaire G, placées dans le calice, sur un réceptacle presque applati, nu.

Feuilles oblongues, pointues, dentelées en manière de scie, à leurs bords, celles du sommet très-entières.

Racine. A, longue, oblique, fibreuse.

Port. Tige de trois pieds, tortueuse, ronde, cannelée, anguleuse, moelleuse; ses rameaux rassemblés, droits, terminés par des panicules de fleurs; feuilles alternes.

Lieu. Les bois, les pays montagneux et humides. On en cultive une variété dans les jardins d'agrément, la *verge d'or* du Canada. Elle est vivace par ses racines.

Propriétés. La plante a un goût styptique, amer; elle est détersive, vulnéraire.

VERGER.

Ce mot rappelle encore des lieux chers à nos aïeux, qui ont été souvent célébrés par nos poëtes. Aux uns, ils fournissoient des fruits nouveaux et délicieux, et aux autres, de doux souvenirs et des scènes d'amour. C'étoit dans les vergers que se faisoient les promenades de la belle saison; que la jeunesse prenoit ses ébats; que les familles et les amis se réunissoient pour célébrer des mariages, des naissances, ou quelques grands événemens qui intéressoient les parens, les ministres du culte, où les magistrats. Le culte des anciens, pour les jardins, sembloit se reproduire dans les Gaules sous d'autres formes; et si on n'y voyoit pas, comme à Rome, la statue d'Esculape et celle du dieu des jardins, d'autres dieux, plus chers et plus dignes des hommages divins, en étoient les gardiens et les protecteurs : la gaîté et la liberté ; la cueillette des fruits étoit une véritable fête ; les vergers, en un mot, étoient le luxe de nos aïeux, avant que l'art ou la mode des jardins symétriques fût connu, et sur-tout avant que les villes, si rapidement formées et agrandies au dix-septième et dix-huitième siècles, eussent fait perdre les charmes et la simplicité de la vie champêtre.

Les vergers cependant ne remontent pas à une époque bien éloignée. Les Romains, après leur invasion des Gaules, avoient bien introduit quelques arbres étrangers aux climats de ces contrées ; ils étoient même venus à bout d'en naturaliser avec succès ; mais, à peine les empereurs de Rome cessèrent-ils de gouverner exclusivement, ces essais des Romains cultivateurs disparurent, ou ils furent tellement inconnus, qu'il ne resta aucune trace de ces bienfaits.

Les Francs et les nations barbares qui ravagèrent les Gaules, jettèrent par-tout l'épouvante et la terreur ; les guerres civiles ensuite, les persécutions politiques et religieuses, prolongèrent la misère, l'ignorance et l'effroi des peuples.

Sous les premiers rois de France, les arbres fruitiers étoient encore très rares ; et on a toujours cité, comme une chose curieuse, le verger que Charlemagne possédoit à Paris, dans lequel étoient des sorbiers, noisetiers, châtaigniers, pruniers, pommiers et poiriers. Il n'y avoit alors que le roi qui possédât une telle réunion d'arbres ; et on ne doute plus de leur rareté quand on se rappelle que *Venance*, évêque, étant à Tours, envoya, en 606, comme un présent mémorable, à sa mère et à ses sœurs qui étoient à Poitiers, des châtaignes et des prunes sauvages.

Le verger de Charles V, à l'endroit où est aujourd'hui le jardin des plantes de Paris, est aussi cité dans l'histoire comme une chose extraordinaire. Il étoit composé de cerisiers, pommiers et poiriers. On y attachoit tant de prix, que dans l'inventaire de son palais, on désigna le nombre de chaque espèce d'arbres. On peut donc dire que depuis l'invention des Francs, il s'est écoulé plus de dix siècles sans qu'il y ait eu de changemens considérables pour la culture des arbres à fruit.

La renaissance des lettres sous François Ier. est aussi l'époque de la renaissance de la culture des arbres à fruit. Ce prince, en donnant aux arts une heureuse impulsion, ne dédaigna pas de s'occuper de la culture des arbres. Il en fit venir des pays étrangers ; il fit recueillir des renseignemens sur les diverses manières de les cultiver en Italie. Il encouragea les livres sur l'agriculture ; mais ceux qui écrivirent, comme ceux qui travaillèrent, au lieu de s'attacher à observer et à imiter la nature, se livrèrent à tous les écarts de l'imagination, et des plus absurdes préjugés : ils voulurent presqu'imiter les architectes de la cour, qui n'ornoient les maisons royales que par des monstres bien horribles, en donnant aux arbres des formes bizarres et extraordinaires, et ils recherchoient beaucoup moins les qualités du fruit, ou la quantité, que des couleurs ou des formes étranges.

On ne peut se faire une idée du vil ramas d'idées superstitieuses et absurdes qui sont consignées dans les livres de ces temps, sur-tout pour les résultats des greffes.

Olivier de Serres, le patriarche de l'agriculture française, qui cultivoit avec succès ses terres, et beaucoup d'arbres à fruit dans une contrée méridionale, ne se laissa point égarer par les écrivains ignorans, suivant la cour, et c'est peut-être aux sottises qu'ils firent imprimer, que nous devons le Théâtre d'Agriculture de ce célèbre cultivateur, ouvrage qu'on ne peut trop méditer, et qui sera toujours un monument cher à la nation française ; mais dans ce temps, (comme de nos jours) l'ouvrage le plus utile, le plus sensé, ne fut pas celui qui eut la vogue. Les prières, les influences des astres, les secrets, les saints, la lune, formèrent la science des jardiniers de ces temps ; et, ce qui est inconcevable, c'est que l'auteur de la Maison Rustique, ensuite, recueillit et transmit une grande partie de ces secrets.

Il est cependant un autre agronome, presqu'ignoré, et auquel peut-être on doit plus d'obligation, pour l'extension de la culture des arbres à fruits, qu'à Olivier de Serres même, c'est le cardinal du Bellai, évêque du Mans. Il se retira dans son diocèse, et se livra, avec une sorte de passion, à la culture des arbres : il fit venir de l'étranger, et sur-tout de l'Italie, des arbres et plantes qu'il cultivoit dans son jardin. Il y avoit établi des pépinières ; il distribuoit des plantes, des graines ou des greffes à ceux qui en désiroient. Ce n'étoit pas de sa part une fantaisie, ou le besoin de s'occuper, pour oublier les grandeurs ou les faveurs de la cour ; il soignoit lui-même tous les arbres nouveaux venus ; il travailloit à varier et multiplier les manières de greffer ; c'est lui qui, le premier, pour conserver des pêchers que les fourmis attaquoient toujours, fit bouillir et tamiser les terres, afin de faire périr tous les œufs de ces insectes, qui pouvoient être dans la terre qu'il mettoit en caisse.

Il étoit en relation intime avec le médecin Belon, homme vraiment passionné pour les progrès de l'agriculture et de la botanique. Ce fut dans ce dessein qu'il fit un voyage en Syrie, en Egypte, et en Perse, d'où il rapporta des plantes et arbres précieux. Il fut, dans le seizième siècle, ce qu'a été de nos jours le vertueux et célèbre Poivre. Les jardins du cardinal du Bellai étoient la pépinière et le dépôt précieux de ses envois. De tels hommes, dans un pays où on apprécie les bienfaits ne devroient-ils pas avoir des statues !

C'est aux bienfaits de du Bellai et de Belon que les provinces du Maine, de l'Anjou, et de la Touraine ont dû le bonheur d'être les premières de France qui ont eu des arbres à fruits de toute espèce. Déjà la Touraine qui, depuis Grégoire (de Tours) avoit possédé plusieurs Romains, ou Italiens éclairés, et qui avoit eu constamment dans son voisinage des maisons royales, avoit déjà éprouvé d'heureux progrès par la culture des arbres à fruit; mais c'est aux travaux, au zèle de du Bellai, au civisme ardent de Belon, qu'elle est redevable de l'immensité d'arbres à fruit de toutes espèces qui couvrirent son sol, et qui lui méritèrent le beau surnom d'être le jardin de la France.

Ce n'étoit encore dans ces riches contrées que des vergers dont le nombre, les sites, et les espèces d'arbres, présentoient un aspect ravissant; l'observation des abris, sans être réduite en méthode, existoit déjà : les arbres printanniers et délicats étoient toujours, comme on les voit encore aujourd'hui à l'abri du nord, par d'autres arbres plus grands et plus tardifs; et c'est véritablement de la Touraine et de l'Anjou que se sont répandus dans le reste de la France tous les arbres à fruits qui furent plantés en vergers.

Il étoit réservé au siècle de Louis XIV de faire sur-tout une révolution. Le célèbre la Quintinie, sans abjurer tout-à-fait les erreurs ou le goût du siècle précédent, pour la direction des formes, les secrets à employer et l'influence des astres, créa l'art du jardin symétrique, et bientôt la cour donna le ton aux campagnes; les vergers, n'étant plus de mode, furent bientôt abandonnés, et s'il s'en forma, ce ne fut plus que dans les métairies, ou dans des lieux inaccessibles à l'influence des novateurs.

Je suis bien éloigné de donner une préférence exclusive aux vergers sur les jardins. J'admire les effets de l'art par lequel, malgré les rigueurs et l'inconstance des saisons, on jouit de fruits exquis et variés, c'est un véritable triomphe de l'homme que de savoir devancer ou retarder la marche de la nature, de répartir une heureuse abondance de fruits, en proportion des arbres, et de faire croître avec succès des arbres le long des murs, en réunissant tant d'utilité à tant d'agrément, c'est encore une belle conception que de savoir tellement maîtriser les élans de la sève, que de pouvoir à son gré en déterminer les formes selon les lieux et en arrêter de même la croissance. L'homme qui observe les lois de la nature sera toujours étonné de voir croître et prospérer certains arbres, dont la hauteur ne surpasse pas celle de beaucoup de plantes légumineuses au milieu desquelles ils croissent.

Mais j'exprimerai de justes regrets sur la proscription des vergers, puisque c'est par cette seule manière qu'on peut avoir de grands arbres à fruit, dont l'utilité est aussi à considérer. Les arbres des vergers sans doute ne donnent pas des fruits aussi perfectionnés que ceux des espaliers, pour lesquels l'art semble avoir assujetti la nature à donner en perfection de fruits, ce qu'ils perdent en développement de la sève : mais ils sont moins sujets aux rigueurs des saisons, parce qu'ils sont plus tardifs; les espaliers durent peu ; les vergers peuvent durer un siècle et davantage ; les premiers sont plus sujets aux maladies, aux accidens, en cela, au moins, l'art paye un tribut à la nature; les seconds, bien soignés dans leur jeunesse, croissent en massif, se servent mutuellement d'abri contre les vents, les pluies, les froids et les orages, sont vigoureux, bravent les saisons, les insectes et les plantes parasites.

Je ne veux point par un sentiment de prédilection pour les vergers, donner une préférence positive pour le goût, la beauté, les formes et l'éclat, aux fruits des arbres en vergers; mais au moins on avouera que quand on les laisse parvenir à un juste point de maturité, que quand on prend quelque précaution pour les cueillir, ils sont aussi très-bons, souvent même ils ne le cèdent pas pour la beauté de la couleur ; quant à la durée, elle est incontestablement en faveur des arbres en plein vent, sur-tout pour les pommiers et poiriers pour lesquels l'aspect du midi n'est pas favorable à la durée de leurs fruits.

Il en existe cependant encore des vergers, et leur vue réjouit toujours ceux qui attachent du prix à la multiplication des arbres à fruits; quels plus beaux paysages peut-on voir que ceux qu'offrent les vergers de la ci-devant Normandie où ils sont communs et encore bien étendus ? Il en existe aussi dans les départemens du centre, sur-tout dans ceux de l'Allier, du Cher, du Puy-de-Dôme et du Cantal: c'est des vergers de ces derniers qu'il descend chaque année des batteaux de pommes, les *dernières* qui se vendent à Paris. On en voit quelques uns encore dans d'autres départemens, mais les propriétaires riches et aisés ne s'en occupent pas ils les laissent dépérir ou ruiner par leurs colons. Beaucoup de propriétaires à qui on ne peut refuser le nom de bourgeois, espèces d'hommes mettant leur gloire à ne rien faire en agriculture, et souvent à empêcher les autres de faire, ces individus, dis je, ne s'occupent que de quelques arbres en espaliers pour lesquels ils dépendent d'un jardinier bannal et quelquefois très-ignorant, et ce qui est presque comique, c'est que dans l'opinion de ces espèces de propriétaires, les espaliers sont pour eux des signes de luxe et de bourgeoisie, et ils abandonnent les arbres à haute tige à leurs métayers.

On voit dans beaucoup de pays cependant élever des arbres à fruit; mais presque par-tout ou les plantes en allées, cette forme paroît commandée pour les routes, mais les arbres en sont bien plus sujets aux accidens des intempéries: en massif, ils se préserveroient beaucoup mieux, c'est une vérité que tous les départemens de la ci-devant Normandie ne prouvent que trop souvent; l'idée des vergers ailleurs est presque disparue : elle n'est presque plus qu'une idée romantique et pastorale.

On auroit dû espérer cependant en voyant se former tant de jardins anglais, qu'on formeroit aussi des massifs d'arbres à fruit, et qu'à côté des chaumières ou villages postiches on feroit voir ou appercevoir des vergers réels; mais on a préféré des arbres étrangers, stériles en fruits, et si je ne craignois le sarcasme, je dirois des arbres stériles en beauté : on a été plus flatté d'avoir à apprendre au vulgaire des curieux le nom baroque ou scientifique de certains arbres, que d'avoir à montrer de belles pommes ou de belles poires qui, pour certains connoisseurs en jardins anglois, auroient fait décrier toutes les autres beautés possibles..... Des pommiers..., des poiriers dans un jardin anglois! La moindre épithète du maître eût été celle de *normand*, mais ils n'auront pas à en craindre quand ils les peupleront de toutes sortes de pins, ifs, de rododendrons et surtout de cèdres du Liban et de platanes.

Ce qui est affligeant pour le bon citoyen, pour le véritable agriculteur, c'est que, de toutes parts, les vergers existans disparoissent; des acquéreurs nationaux dans des départemens de l'ouest et de la Seine-Inférieure ont eu la cupidité d'abattre des vergers, d'enlever les plus beaux ornemens des habitations et les abris nécessaires contre les vents de mer, de détruire enfin des arbres qui, par leur utilité, sembloient plutôt appartenir à la patrie qu'à des citoyens. Le petit nombre de vergers qui existent, est abandonné à des colons; par-tout, on se conduit comme s'il n'y avoit à espérer des fruits que des arbres mis en espalier : où on en voit encore quelques uns, ils sont abandonnés (la ci-devant Normandie exceptée,) au parcours des bestiaux, particulièrement aux veaux; c'est-là qu'on les dispose à sortir pour les accoutumer à aller paître dans les champs; les ronces, les épines couvrent la plus grande partie du terrain, au-dessous sont des massifs de drageons sauvages, dessus, des forêts de gui absorbent les sucs végétatifs, la mousse en couvre le tronc et les branches, et si, à l'automne, les fruits ne tombent pas d'eux-mêmes en sécouant, on les abat à coup de perche. Quoiqu'on doive peu espérer un meilleur régime, c'est-à-dire un retour raisonné de la part des propriétaires pour former des vergers, je vais tâcher de dire ce que je crois le plus utile pour en avoir.

Les vergers étant l'ornement des habitations, c'est auprès d'elles qu'il convient de les placer, tant pour l'agrément qu'ils peuvent procurer, que pour l'utilité qu'ils peuvent avoir pour d'autres usages économiques.

L'exposition n'est pas une chose indifférente; mais, si le désir d'avoir un jardin concourt avec celui d'un verger, on peut sans hésiter le placer au nord. Nous connoissons aujourd'hui les espèces qui s'élèvent très-haut, celles qui sont tardives, celles même qui résistent mieux au froid et aux vents, ce sont de ces arbres qu'il faut mettre en première ligne au nord.

La forme en quinconce est toujours la plus agréable et la plus utile; ainsi disposés, les arbres se défendent mutuellement; les racines ont une portion de terrain plus considérable; les branches se
nuisent

nuisent moins par le contact ou par l'ombre. L'éloge de cette symétrie est par tout : je m'abstiens donc de la décrire ou de la louer.

Il importe beaucoup de varier les espèces de fruits, soit qu'on destine son verger pour faire du cidre ou pour avoir des fruits bons à manger ; les arbres à haute tige donnent rarement du fruit pendant deux années de suite, abstraction même des intempéries ; ces faits très-ordinaires et par-tout observés ne sont pas à la vérité bien connus dans leur cause ; mais en attendant que quelque agronome physicien nous éclaire, il faut s'en tenir aux effets et agir en conséquence.

S'il importe de différencier les fruits, il importe davantage de ne pas confondre toutes les espèces d'arbres, c'est-à-dire les pommiers avec les cerisiers ; les poiriers avec les pruniers ; les pêchers avec les châtaigniers. La règle rigoureuse seroit peut-être de ne mettre que d'une seule et même espèce. Cependant les poiriers, de distance en distance, s'accommodent bien avec les pommiers.

La distance entre les arbres doit être étendue, sur-tout si le terrain est fertile ; cependant elle doit varier en raison même des arbres. Le noyer veut plus d'espace que le pommier, le poirier moins que le pommier, le prunier moins que le poirier, le pêcher moins que le prunier. Presque tous ceux qui plantent des arbres avec quelque dessein d'ornement, pour jouir plutôt de leur ombre ou de leur massif, approchent trop les plans les uns des autres. Arrivés à un certain âge, ils se nuisent ; on ne peut se décider à en sacrifier, et on a des arbres qui se déforment ou qui languissent.

On ne peut trop recommander de clore les jardins destinés aux vergers, soit pour garantir les jeunes arbres contre le frottement et les dents des bestiaux, soit pour les préserver des coups de vent dans leur jeunesse. Un clos d'ailleurs inspire plus d'intérêt, et donne plus d'agrément. Un mur pourroit trop coûter ; il suffira de faire un large fossé, garni de deux rangs d'épines, et que le premier rang d'arbres soit sur la jettée même du fossé.

Il y a long-temps qu'on a reconnu la grande utilité de faire à l'avance les trous d'arbres, larges et profonds, si le sol est mauvais, sauf à le remplir de bonne terre, à la hauteur convenable. C'est une précaution essentielle, de laquelle dépend le succès et sur-tout la durée de l'arbre. Prendra-t-on des sujets dans les pépinières, ou des sauvageons ? C'est une chose controversée selon les intérêts ou les préjugés. Le désir de la jouissance fait souvent préférer les premières. Mais, sans élever ici une discussion sur ce sujet, je me bornerai à observer qu'on n'est jamais bien sûr des arbres qu'on prend en pépinière, dont l'existence en général, n'est que le résultat de spéculations. Cette considération, je me hâte de le dire, a des exceptions ; mais souvent les pépiniéristes les plus probes, sont dupes de leurs ouvriers, pour le choix des espèces et des qualités. Les arbres des pépinières sont des enfans gâtés et accoutumés aux soins; ils sont rarement assez bien arrachés pour qu'il n'arrive pas aux uns ou aux autres des déchirures qui font languir l'arbre transplanté. En supposant qu'ils soient bien arrachés, le planteur n'a pas toujours le soin de rafraîchir et disposer les racines de la manière propre, et de disposer le sommet.

En plantant des sauvageons, au contraire, pris dans des bois ou forêts, sur un sol ingrat ou inculte, on est plus certain de la reprise; soigné dans le terrain disposé, il développe une prompte végétation. On ne le greffe que quand il est bien repris; n'ayant pas de déplacement à éprouver, il fournit aussitôt une abondante sève à la greffe.

Les arbres des pépinières en général, sont le produit des semis faits avec des pepins d'arbres déjà greffés, de génération en génération. Il semble qu'ils se ressentent plus des effets de la domesticité. Les sauvageons de bois, au contraire, ne sont venus que de pepins de fruits sauvages, dans lesquels la nature conserve encore tous les germes d'une grande croissance; car si dans ses desseins, elle fait croître certains arbres pour donner des fruits, elle les fait croître aussi pour devenir grands et forts. C'est au surplus une observation généralement faite, que les arbres greffés sur place et sur sauvageons, viennent beaucoup plus gros que ceux des pépinières.

Si on a donc l'intention de former des vergers, il faut préférer les sauvageons; si on ne veut avoir que des espaliers, il faut préférer les arbres des pépinières, autant pour le choix des fruits que pour les succès même de l'arbre; car j'ai vu souvent des sauvageons greffés pour espalier, trop s'emporter en sève, ne pas rapporter, et avoir besoin d'une main bien habile pour les mettre à fruit.

Je conseillerai encore à ceux qui voudront former des vergers, de tenir tout le terrain en état de labour, pendant au moins cinq à six années. Je n'ai pas besoin d'avertir que ce travail doit être fait avec une grande circonspection, et que le dessous des arbres doit être travaillé à main d'homme. On pourra semer quelques végétaux printaniers, pour dédommager des fruits. D'ailleurs la détriture des feuilles, la fraîcheur qu'elles concentreront, ne pourront que favoriser la végétation des arbres. Que ceux qui pourroient douter de la réalité des effets d'une telle pratique, examinent ou consultent ceux qui ont vu les noyers, pommiers, châtaigniers, mûriers, partout où on est en l'usage d'ensemencer les terres sur lesquelles ils croissent.

Quand les arbres du verger seront grands, quand ils auront plus de moyens par leur hauteur et leur ramification, de soutirer de l'atmosphère l'humide qui leur est propre, on pourra alors laisser le sol du verger se couvrir de gazon, et s'en servir pour faire paître quelques bestiaux.

Parmi les diverses plantes, cependant, qui pourroient former ce pâturage, je conseillerois d'en proscrire le trèfle, le sainfoin et surtout la luzerne, dont les racines fortes et profondes, et l'action même de leur végétation, absorberoient trop les sucs propres aux arbres. C'est une observation qui a déjà été faite par plusieurs cultivateurs, et que j'ai souvent eu occasion de remarquer. Il est inutile de recommander d'en proscrire les ronces et les épines, et j'ajouterai les orties, patiences, bardanes (noms botaniques), dont les racines sont très-funestes aux arbres.

Parmi les bestiaux, il en est aussi qu'il faut constamment proscrire: les chèvres et les bêtes à laine. Elles ne nuisent pas seulement par leurs dents, quand elles peuvent atteindre les branches, mais encore par leurs émanations, quand elles sont réunies en troupeaux. Je ne veux pas consigner ici un fait physique qui peut n'être pas fondé, et qui pourroit fortifier des erreurs et des préjugés. Mais cependant je dois dire qu'on attribue à la présence d'un troupeau de bêtes à laine, des effets très-contraires à la circulation de la sève.

Voici un fait dont j'ai été témoin: étant dans un bois taillis, où des ouvriers faisoient de l'écorce, un troupeau de bêtes à laine passa près d'eux; ils se mirent à jurer contre la bergère, et la menacèrent si elle revenoit; et ils cessèrent d'écorcer leurs chênes jusqu'après trois à quatre heures d'intervalle (c'étoit à onze heures du matin.) Je voulus douter des effets dont ils se plaignoient: ils essayèrent d'écorcer; j'essayai moi-même, et il est de fait que l'écorce se levoit difficilement, et se déchiroit de proche en proche.

Est-ce mal adresse de ma part? est-ce adresse des ouvriers, pour justifier leur opinion? est-ce l'effet d'un vent chaud survenu à l'instant même? est-ce que les arbres n'avoient pas une assez grande partie d'écorce adhérente au tronc? est-ce, enfin, parce que les arbres qu'ils écorçoient alors, avoient la sève obstruée par les effets de la gelée, dans les hivers précédens? C'est ce que je ne pus vérifier, et ce à quoi, je l'avoue, je ne songeai pas. Mais c'est un fait généralement connu dans tous les pays où on fait de l'écorce.

Si les jardins où on met les arbres en espalier, en quenouille, etc., sont si utiles, pourquoi ne pas former aussi des vergers qui, en donnant des fruits qui n'auroient rien coûté pour la main d'œuvre du jardinier, pourroient encore servir à divers usages économiques très-précieux. S'il est agréable d'avoir des murs cachés par des arbres symétriquement ramifiés, pourroit-on être indifférent au spectacle ravissant que donneroient, deux fois dans l'année, les fleurs et les fruits de grands arbres, dont la verdure des feuilles feroit un heureux contraste avec celle de gazons qui seroient au pied, avec celle des haies, ou avec les murs et les palissades qui pourroient les clore? Former des vergers, en un mot, c'est planter des arbres pour sa famille, ses enfans; pour la patrie.

VERMIFUGES. *Médecine rurale.* C'est ainsi qu'on appelle les médicamens qui ont la propriété de tuer les vers, et de les chasser du corps humain. Ils sont encore connus sous le nom d'*Anthelmintiques*. Les deux règnes de la nature nous en offrent un nombre très-considérable. Le règne végétal en fournit plus de cinquante, s'il faut en croire un auteur de ce siècle. Nous nous contenterons d'indiquer et de faire connoître ceux dont l'expérience et l'observation garantissent les bons effets. De ce nombre sont les racines de fougère mâle et de gentiane ; la rhubarbe, les feuilles de pourpier, d'absinthe, de scordium, de tanaisie, de santoline ; la semence contre les vers, ou la barbotine, la caroline, l'huile d'olive, celle d'amandes douces et d'amandes amères, le sucre vermifuge, la thériaque.

Le règne minéral n'est pas si abondant ; ceux qu'il nous donne peuvent se réduire à trois ou quatre ; savoir, à l'huile pétrole, au sel ammoniac, au mercure et à ses différentes préparations. Ces derniers sont, sans contredit, préférables à tous les autres vermifuges.

Après le mercure, ce sont les huiles qui tiennent le premier rang, en ce qu'elles font également mourir les vers, en bouchant les organes de leur respiration ; ensuite viennent les substances amères, les absorbans et les purgatifs, qui sont peut-être plus utiles, lorsqu'ils sont combinés ensemble. Il est rare qu'ils laissent séjourner long-temps, dans les intestins, ces hôtes incommodes.

On ne doit pas donner indifféremment tous ces remèdes dans les attaques des vers. Il y a un choix à faire : la majeure partie ne peut convenir qu'aux vers lombricaux ; quelques uns aux ascarides ; d'autres, enfin, au ténia, et au verd cucurbitain. *Voyez* ver.

Nous finirons cet article par quelques formules vermifuges, qu'on pourra mettre en usage au premier symptôme qui feroit soupçonner leur présence dans l'estomac et les intestins.

Tisanne vermifuge.

Prenez de racine de chiendent, deux onces ; faites bouillir avec une livre de mercure, dans une suffisante quantité d'eau, jusqu'à réduction de quatre livres. On en donnera dans la journée plusieurs verres aux malades.

Potion vermifuge à la cuillerée.

Prenez confection hyacinthe et de thériaque, de chacun un gros ; yeux d'écrevisse, corail rouge préparé, réduit en poudre, de chacun dix grains ; *semen-contra* en poudre, une pincée ; vin émétique, demi-once ; sirop de limon, une once ; huile d'amandes douces, deux onces ; eau de fleurs d'oranges, une cuillerée ; eau de menthe, eau de pourpier, de chacune deux onces. On en fait prendre toutes les demi-heures une cuillerée aux enfans, et on a le soin de leur donner de l'eau tiède, s'ils veulent vomir.

Bol vermifuge.

Prenez mercure doux, vingt grains ; jalap, douze grains. Mêlez le tout ensemble dans suffisante quantité de conserve de roses, ou d'énula-campana. Ce bol se donne le matin, en faisant avaler, une heure après, au malade, une tasse d'infusion de camomille.

Poudre vermifuge.

Prenez rhubarbe en poudre une drachme; semen-contra et coraline en poudre, de chacun quarante-huit grains; mercure doux, trente-six grains. On fait prendre aux enfans jusqu'à un demi-gros de cette poudre, délayée chaque fois dans une ou deux cuillerées de bouillon.

VERMINE *des plantes*. On donne ce nom à cette foule d'insectes ou petits quadrupèdes, qui font la guerre à tous les végétaux, à ceux sur-tout qu'on cultive dans les jardins, principalement aux arbres en espalier, et de préférence au pêcher et à l'oranger. On peut ranger ces animaux destructeurs en deux classes. La première naît ou vit hors de la terre. On distingue les individus qui la composent, ou à la vue simple, ou avec le secours de la loupe; tels sont les pucerons, les chenilles, le kermès, faussement nommé punaise; les mouches de toute espèce, les limaçons et les limaces grises, les tigres, le perce-oreille, le gribouri, la punaise, le campagnol, le mulot, le lérot, le hanneton.

La seconde classe est formée des animaux cachés dans l'intérieur de la terre, comme les taupes, les larves de hannetons, la courtilière, la scolopendre, et tous les vers peu connus qui rongent les racines.

On ne compte point ici la fourmi au nombre des insectes qui font la guerre aux plantes, parce qu'elle a suffisamment été justifiée de cette calomnie. Lisez l'article *fourmi* dans cet ouvrage. Quant aux autres insectes dévastateurs, consultez aussi le mot par lequel chacun d'eux est désigné. On y a recueilli les moyens les plus connus jusqu'à présent, soit de les détruire, soit de préserver les plantes de leur atteinte.

La nombreuse classe des vers de terre renferme une famille, connue en quelques endroits par les habitans de la campagne, sous le nom de *vermeils*, ou sous l'expression générique de *vermillier*. Elle étend ses ravages dans les champs en blé, très-peu de temps après les semailles, au moment précis où la radicule donne naissance à ce chevelu imperceptible à la vue simple, mais qui doit grossir et s'étendre pour assujettir la plante, et pomper partie des élémens destinés à la nourrir et à la faire croître. Si le temps est doux et humide pendant les mois de septembre et octobre, le ravage que font ces vers est incalculable; la moitié, les deux tiers de la semence sont détruits par eux; et la dévastation ne cesse que quand les gelées, auxquelles cet insecte est très-sensible, sont assez fortes pour le contraindre à pénétrer plus profondément dans l'intérieur de la terre.

Comment préviendra-t-on ce fléau? Sera-ce en retardant l'époque des semailles jusqu'aux gelées? Ce moyen auroit un grand inconvénient; car il est de fait, qu'excepté dans les contrées méridionales, et dans les terrains sablonneux, on sème, en général, trop tard en France le blé d'hiver. Les champs où l'argille domine, et ceux dont la terre végétative repose sur un tuf voisin de la superficie, exigent des semailles hâtives. Il faut que les plantes aient acquis assez de force avant la saison des pluies, pour résister au séjour de l'eau sur ces mêmes terres, qui en fait pourrir la plus grande partie; il faut que leurs racines aient eu le temps, non seulement de se développer, mais de s'enfoncer, de s'étendre, et d'adhérer fortement aux particules de terre qui doivent les abriter et contenir leur nourriture; autrement, le dégel affaisse ou fait couler la terre; il déchausse le collet de la plante, et laisse ses racines à nu, d'où résultent tant de pieds rachitiques et de grains qui n'ont que l'écorce.

Le seul moyen que nous connoissions de garantir les champs à blé de cette sorte d'insectes, c'est de faire précéder l'ensemencement en blé par une récolte de pois ou gris, ou verds, ou blancs; peu importe la variété. Nous ne chercherons point à développer la cause de cet effet, parce qu'elle nous est inconnue : peut-être ne faut-il que de plus longues observations pour la découvrir ; mais nous savons, par notre propre expérience, que l'effet exise ; c'est-à-dire, que les vers, nuisibles à la semence du blé désertent le terrain qui a produit des pois. On ne doit pas craindre que la première de ces récoltes nuise à la seconde ; cet inconvénient n'auroit lieu que dans le cas où on auroit négligé de labourer avant l'hiver, de fumer abondamment et bien labourer en mars. L'herbe ne croît point à l'ombre des pois, et leurs racines ameublissent la terre. La proposition contraire ne peut être soutenue que par les obstinés partisans des jachères, dont, heureusement pour la prospérité de notre patrie, le nombre diminue chaque jour dans une proportion vraiment satisfaisante.

VERMOULURE. Le bois vermoulu est piqué par de fausses chenilles ou par des vers, dont les espèces sont aussi multipliées que peu connues. *Vermoulure* signifie la trace qu'ils font dans le bois, ou la poussière qu'ils en détachent et qu'ils laissent après eux. Réaumur et Duhamel en ont observé qui sont du volume des plus grosses chenilles. Ils se pratiquent une entrée à travers l'écorce et la partie ligneuse des arbres même les plus durs, tels que le chêne, le pommier, le poirier, et n'en sortent qu'au moment où la nature leur commande de se métamorphoser, soit en phalènes, soit en mouches. On rencontre des arbres tellement criblés par ces insectes, qu'un fort coup de vent suffit pour les rompre. Lorsqu'on apperçoit de petits trous, dit Duhamel, à l'écorce des arbres, il faut faire la recherche de l'insecte avec une aiguille à tricoter ; et quand on remarque que les vers ou fausses chenilles se sont multipliés au point d'y faire plusieurs loges ou galeries, il est nécessaire de leur faire la guerre avec la pointe de la serpette, observant toutefois de ménager l'écorce le plus qu'il est possible. Ces moyens, il faut en convenir, sont bien foibles, et presqu'autant auroit-il valu les passer sous silence. Cependant s'ils ne peuvent être d'un grand secours en général dans une administration rurale, ils peuvent réussir pour la conservation de quelques individus particulièrement affectionnés, soit à raison de leur beauté, soit à cause de la rareté ou de la bonté de leur bois ou de leur fruits.

Le bois mis en œuvre, n'est point à l'abri de la vermoulure. Les planchers, les parquets, les boiseries, les solives, les poutres, les timons et les brancards faits de bois de chêne, de noyer, de hêtre, d'orme et de frêne sont très-sujets à la piqûre du verd *tarière*. Le châtaignier est d'autant plus précieux pour être employé dans les charpentes, qu'il en est exempt. Les seuls moyens connus de garantir les premiers de la vermoulure ou plutôt d'en retarder les progrès sont, pour les ouvrages de menuiserie et de charronnage, d'exposer à la fumée les bois tout préparés ; et quand ils sont mis en œuvre de leur appliquer ou quelques couches de peinture à l'huile, ou un vernis ou un enduit d'essence de térébenthine. Cette attention de peindre à l'huile non seulement les bois employés aux meubles, aux ornemens, aux commodités de l'intérieur des maisons, est d'un grand secours pour les maintenir sains pendant long-temps, mais elle est d'un avantage inappréciable pour l'économe jaloux de la conservation de ses instrumens aratoires. Le bon cultivateur anglais fait peindre ses charriots, charrettes et voitures de toutes espèces, ses brouettes, les fûts des herses et les charrues elles-mêmes. Après une telle précaution, tous ces ustensiles bravent les effets de la chaleur, de l'humidité, et toutes les intempéries de l'air ; par elle on économise cette foule de bâtimens de hangars que nous avons cru jusqu'à présent indispensables, et d'où il résulte que, parmi nous, une ferme de cent cinquante arpens ressemble plutôt à un village qu'à un seul établissement rural ; que les intérêts des capitaux employés, soit à la construction, soit aux réparations, absorbent, tout bien calculé, le revenu du domaine. Il est de fait que nous avons vu nombre de métairies d'un rapport annuel, par exemple de quinze cents livres, dont les bâtimens avoient coûté plus de trente mille livres à élever. Cependant les fermiers n'y étoient pas toujours commodément logés, les moutons étouffoient souvent dans les bergeries, faute d'air et d'espace, et les vaches les plus gourmandes s'approprioient les repas de leurs voisines, parce que la grandeur des étables ne permettoit pas de les éloigner assez les unes des autres. Pour économiser sur le nombre des bâtimens, prenons donc le parti de n'avoir pas besoin de logemens pour conserver nos voitures de transport et tous les ustensiles et meubles de bois, comme claies de parc, cabanes de berger, barrières, échelles, et généralement tout ce qu'il est indispensable d'exposer souvent au soleil et à la pluie.

Quant au bois destiné à être converti en plancher et en charpente, il faut préalablement employer le moyen connu pour le durcir, parce que plus le bois est dur, plus il a de force et plus il est exempt de la vermoulure. Ce moyen, nous le devons à une suite d'expériences très-intéressantes faites par Buffon. Elles prouvent que les arbres écorcés sur pied un an avant d'être renversés, acquièrent, la partie de l'aubier sur-tout, qui est essentiellement la plus exposée à la piquure des vers, une force et une densité bien supérieures à celle des arbres non écorcés avant l'abattage. (*Lizez l'article AUBIER*). Il seroit bon de faire succéder à cette precaution le procédé indiqué dans les *Mémoires de l'Académie Royale de Suède*. Il consiste à faire tremper le bois à plusieurs reprises dans une dissolution de vitriol, faite dans l'eau, et à le couvrir ensuite de quelques couches de peinture à l'huile. On y assure que cette méthode est très propre à conserver les bois pendant un très-grand nombre d'années, et qu'elle peut être utilement appliquée à ceux qu'on destine à la construction des vaisseaux.

VÉROLE (petite). On nomme ainsi une maladie dans laquelle il s'élève sur la peau de petits boutons rouges, éminens, ayant tout au plus l'étendue des morsures de puces; apparens d'abord à la face, ensuite aux mains et aux bras, puis sur la poitrine et le reste du corps, et les extrémités inférieures. Ils s'augmentent à chaque moment et en grandeur et en élévation ; la rougeur s'accroît; ils s'enflamment et forment autant de petits abcès dans l'espace de quatre, cinq, six, et sept jours.

Cette maladie a pour symptômes d'invasion les suivans: une horripilation est un froid auquel succède une chaleur vive avec fièvre continuelle, douleur de tête, du dos, des membres et de l'estomac ; lassitude douloureuse, accablement, disposition au sommeil ; quelquefois des nausées et même des vomissemens; chez quelques enfans des mouvemens convulsifs ; rarement l'épilepsie : plus ordinairement des douleurs de la région lombaire; ce qu'on regarde comme un des accidens les plus caractéristiques de l'invasion de la petite vérole: c'est une opinion généralement reçue.

Les symptômes dont on vient de faire l'énumération sont quelquefois très-véhémens ; quelquefois aussi l'éruption a lieu sans en être précédée: ces cas rares dans les grandes villes, sont fréquens dans les campagnes. A l'invasion, le sang qu'on tire est bon; les jours suivans il est inflammatoire: dans les sujets qui ont les fluides altérés, le sang a paru dissous.

On appelle l'état qu'on vient de décrire, *première période* Sa durée est incertaine, parce que les accidens précurseurs de l'éruption sont plus ou moins prolongés. On dit que la maladie sera plus grave dans le second cas: cette proposition

sition n'est vraie que pour la petite vérole qui a un caractère de malignité, ou qui devient confluente et de mauvaise espèce : et dans ces circonstances elle est très-dangereuse. Mais il y a des éruptions précoces quoique bénignes. Ce n'est donc qu'avec les signes qui manifestent l'abattement des forces vitales ou quelqu'autre symptôme grave, que la célérité de l'éruption est redoutable. La véhémence de l'inflammation retarde aussi l'apparition des boutons dans les sujets sanguins.

La petite vérole considérée indépendamment des complications dont elle est susceptible, est une maladie inflammatoire, c'est pourquoi les symptômes précurseurs de l'éruption n'annoncent pas distinctement sa différence d'avec les autres affections inflammatoires. C'est donc sans raison qu'on assure que par leur considération on pronostique l'existence future des boutons. Les bornes d'un extrait ne permettent pas de rapporter les preuves de cette proportion.

Il n'y a donc que l'existence d'une épidémie régnante ou des circonstances présumables de contagion qui servent de base au pronostic.

Le caractère de la maladie étant inflammatoire, le traitement antiphlogistique devient indispensable. La saignée est donc indiquée toutes les fois que la fièvre est véhémente, que le cerveau ou tout autre viscère est affecté. On préfère les saignées du pied à celles du bras, quand la tête est attaquée : on saigne du bras quand la poitrine ou le ventre souffrent. Il faut

Tome X.

verser du sang jusqu'à procurer une détente marquée. Les hémorragies spontanées suppléent les saignées quand elles sont considérables. Si l'on retarde la saignée, le virus variolique acquiert de l'intensité et de l'acrimonie : d'où les ravages qu'il occasionne dans les viscères, et la confluence qui est l'effet d'une fermentation plus considérable, aidée de la fièvre, etc.; d'où encore la putridité que contracte la maladie par l'engorgement excessif des vaisseaux du dernier ordre, qui s'oppose à l'éruption. Le contraire arrive si l'on saigne à temps et suffisamment : on diminue la véhémence des accidens et le nombre des boutons.

L'observation prouve que les sujets qui ont eu des évacuations indépendantes de la petite vérole, ont une maladie bénigne : les boutons croissent en grand nombre chez quelques individus, des évacuations sanguines ou même alvines ont considérablement diminué la quantité de boutons. Il est même arrivé de réduire la maladie à la fièvre varioleuse sans boutons, par cette méthode.

Les boissons tempérantes et rafraîchissantes sont indispensables. Les bains de pieds, les fomentations émollientes sur les extrémités, déterminent l'éruption sur ces parties. Les bains entiers conviennent aux individus qui ont la peau dure ou sèche ; ils facilitent l'éruption. Le malade doit respirer un air frais, être modérément couvert, sans avoir froid, car il est dangereux de porter l'action d'un froid réel sur la surface du corps. Cette

H

coutume introduite par des ignorans, a fait périr des varioleux et des inoculés.

On prétend posséder des médicamens qui énervent et anéantissent le virus variolique : c'est une prétention folle. On nomme le mercure, le kermès et leurs préparations. Si on les donne comme évacuans, ils opèrent comme il a été dit ci-dessus, en excitant la crise par les selles ; ce qui est tout différent que de *neutraliser* le virus.

La seconde période de la maladie commence à l'apparition des boutons. En partant de leur nombre, on a distingué la petite vérole en bénigne et confluente, ou discrète et maligne. Un auteur plus judicieux rejette toutes ces expressions *confluentes, cohérentes, discrètes*, etc. ; il n'en reconnoît avec raison que deux espèces : la bénigne et la maligne. On dira quelque chose, en particulier, de cette dernière espèce. Quoiqu'il en soit, les symptômes de la première période perdent leur intensité à l'apparition des boutons. Le contraire arrive si l'éruption est retardée, interrompue, suspendue, ou arrêtée. De quelque cause que naisse cet événement, la matière varioleuse repasse souvent à l'intérieur, occasionne des inflammations locales, engorge les viscères, les détruit et fait mourir les malades.

Les boutons croissent chaque jour en volume, pendant que d'autres s'élèvent dans leurs intervalles. Cette succession ne se prolonge pas ordinairement au delà de deux à trois jours, dans la petite vérole bénigne. Les premiers boutons parviennent le plus promptement au volume qu'ils doivent acquérir. Dans ce temps, l'inflammation qui s'est emparée des boutons s'étend à leurs environs : en sorte que, si leur nombre est considérable, la peau est tendue, rouge, brûlante et douloureuse. La fièvre correspond par son intensité à la gravité de l'inflammation ; car la chaleur fébrile a été renouvelée en proportion de la quantité des petites tumeurs inflammatoires. Si les boutons sont très-peu nombreux, les accidens phlogistiques n'ont pas lieu.

Le siège des boutons, indépendamment de leur nombre absolu, contribue aussi à aggraver les symptômes ; en sorte que, si la face en est recouverte, la maladie est plus fâcheuse que s'ils étoient uniformément répandus à toute la surface du corps, en supposant que leur proportion soit moindre dans le reste du tronc et les extrémités. La raison de cette différence vient de ce que l'inflammation des tégumens de la tête est plus dangereuse que celle de la peau des autres parties ; ce qui s'explique par le nombre des nerfs agacés, la circulation ralentie, embarassée ou gênée dans le cerveau, etc. Ceci explique encore pourquoi les inflammations varioleuses internes, sont en général si redoutables. Le danger s'accroît, si le délire est la suite de cette inflammation : en général il est mortel dans cette période, par la raison qu'il est le signe de l'inflammation des méninges ou du cerveau.

De ce qui précède, il résulte qu'on

doit encore ici continuer le traitement antiphlogistique. On y joint les révulsifs qui fassent dériver la matière morbifique vers la surface, et particulièrement aux extrémités. On les rend d'autant plus irritans que la tête est plus gravement attaquée. Ainsi, les sinapismes, les vésicatoires, les bains attractifs, sont unis aux fomentations, aux saignées, aux boissons très rafraîchissantes, aux émulsions, aux bains, etc.

Il survient quelquefois une salivation abondante chez les malades qui ont la tête surchargée de petite vérole. Elle irrite quelquefois la bouche au point d'enflammer et de corroder les organes qu'elle renferme. On prévient ces inconvéniens en gargarisant souvent avec l'oxicrat ou l'eau de miel. Il seroit dangereux d'employer des remèdes qui arrêtassent cette excrétion, car elle débarrasse une partie du virus. Sa suppression naturelle est fâcheuse, si elle n'est pas remplacée par une diarrhée, ou le gonflement des extrémités, ou des urines très-abondantes : ces mutations arrivent particulièrement au temps de la dessiccation des boutons. Pour ne pas revenir sur cet objet, nous ajouterons ici qu'il est indispensable de remplacer la salivation par des purgatifs, des vésicatoires et des boissons un peu diurétiques.

La diarrhée, au second degré de la petite vérole, n'est fâcheuse que quand elle devient excessive. Dans ce cas, elle irrite les viscères du bas-ventre, attire le virus sur eux. Il faut prévenir cette métastase par des lavemens émolliens, des fomentations et de légers parégoriques.

Les hémorragies de la seconde période sont salutaires, toutes les fois qu'elles ne se déclarent point avec les signes de malignité : elles empêchent la formation des engorgemens inflammatoires. Celles des intestins est plus à craindre, parce qu'il paroît qu'elle est ordinairement accompagnée de dissolution. Ce n'est pas ici le lieu d'en parler. Le plus grand nombre des auteurs regardent l'écoulement des règles, comme un symptôme dangereux : c'est un préjugé erroné. Elles sont aussi favorables que les hémorragies du nez.

Quoi qu'il en soit, le sommet des boutons se remplit de matière purulente, pendant que leurs bases sont dans un véritable état d'inflammation. Leur volume s'augmente considérablement par la suppuration. La peau est d'autant plus enflammée que les abcès sont plus nombreux : cette inflammation diminue, quand la suppuration des boutons est complète. Quant à cette époque, il y a des boutons intérieurs ; le danger est plus grand par rapport à l'inflammation de la bouche, de l'arrière-bouche, de l'œsophage, de la trachée-artère, etc.; d'où la déglutition difficile ou impossible, la gêne de la respiration, celle du cerveau, les affections comateuses, etc. : dans ces cas, on emploie les ventouses scarifiées aux épaules, ou un large vésicatoire à la nuque.

La suppuration des pustules varioleuses forme la troisième période de la petite vérole. Ces pustules blanchissent en mûrissant, prennent ensuite une teinte jaune, et se sèchent en formant une croute. Quelques unes se crèvent : ce sont sur-tout celles qui sont exposées aux frottemens. Si les boutons sont nombreux, la fièvre, qu'on nomme de suppuration, est véhémente : elle dépend d'une portion du pus résorbé et prend assez souvent, à cette époque, un caractère putride, quand on ne se hâte pas de procurer un écoulement artificiel à la matière purulente. Les vésicatoires remplissent cette indication, ainsi que les purgatifs : mais ces derniers doivent être pris dans la classe des simples minoratifs ; les drastriques occasionnent des dyssenteries funestes. Le retard à employer ces moyens, est cause de la formation d'abcès internes, de dépôts purulens, d'abcès fistuleux, de caries, etc. Quelquefois aussi, cette fièvre dégénère en hectique ; ce qui arrive sur-tout au moment de la dessiccation dont Morton fait un quatrième temps de la petite vérole. Sa division est d'autant mieux fondée que c'est plus ordinairement à cette époque qu'il survient des accidens ou graves ou mortels chez des sujets même qui ne paroissoient pas devoir y être exposés par le caractère antérieur de la maladie. On est souvent trompé dans le pronostic, à ce sujet, puisque des individus qui n'ont eu qu'une petite vérole bénigne, ne sont pas exempts de dépôts mortels, après la dessiccation, quoiqu'ils aient eu très-peu de boutons. On évitera de pareils malheurs, en prévenant, par les moyens indiqués plus haut, les métastases purulentes.

Beaucoup de gens s'opposent à l'ouverture des boutons, au temps de leur maturité. C'est une erreur grossière : par cette méthode, on diminue sensiblement la masse du pus; donc il s'en résorbe une moins grande quantité; donc il y a moins de disposition aux métastases. On ouvre les boutons avec une lancette, ou l'on coupe avec des ciseaux très-fins leur sommet : on comprime mollement, avec un linge doux, pour faire sortir le pus qu'on entraîne par cette manœuvre. On ajoute que l'ouverture artificielle des boutons suppurés, occasionne des cicatrices plus profondes : on ne se souvient pas que le pus en séjournant plus long-temps dans le foyer d'un abcès (et un pus acrimonieux comme l'est ordinairement celui de la petite vérole), ronge plus profondément les solides. Mais les gens à préjugés ne raisonnent jamais : ils ne voient pas même ce qui se passe sous leurs yeux. On facilite la chute précoce des boutons, par des fomentations émollientes appliquées sur la face.

Il est bon de les employer de bonne heure, parce qu'on évite l'enfoncement des pustules dans le tissu de la peau, en attirant la matière varioleuse au dehors.

On termine la curation par des purgatifs répétés, pendant l'intervalle desquels on a fait prendre aux malades des boissons abondantes qui facilitent la transpiration. On ne sèche les plaies des vésicatoires que quelques semaines après la chute complète des croutes. On doit s'abstenir de les fermer tant que la suppuration paroît s'en faire spontanément. C'est une preuve du besoin encore existant de la dépuration.

Remarques générales. Il n'y a point d'époque dans la vie où l'on soit exempt de la petite vérole : mais elle est plus dangereuse chez les sujets desséchés que chez ceux qui abondent en humeurs séreuses : ce qui explique pourquoi elle est moins grave chez les enfans que chez les adultes, et à plus forte raison les vieillards. La densité de la peau contribue à les rendre plus dangereuses chez les derniers. Il est avéré que cette maladie nous vient du dehors, qu'elle est plus fâcheuse dans les saisons chaudes que dans les autres ; que l'atmosphère transporte les émanations qui la communiquent à un grand nombre ou à quelques individus. Des fœtus sont nés avec des marques assurées d'une petite vérole existante ou guérie ; ce qui est rare. Quelques auteurs ont cru que nous portions en nous les germes de la petite vérole ; ce qu'ils ont dit à ce sujet ne mérite pas plus d'être réfuté que ce qu'ils ont fait pour l'éviter. Une petite vérole bénigne en occasionne quelquefois de funestes ; ce qui démontre la vérité suivante : savoir, que, la malignité de la maladie dépend davantage de la disposition du sujet qui la reçoit, que du caractère du virus qui la donne. L'inoculation le prouve encore, puisqu'une même matière purulente affecte diversement. Enfin, un pus de l'espèce qu'on nomme de mauvaise qualité donne une maladie bénigne à un sujet sain : le pus d'une bénigne en donne une meurtrière à un sujet dont les fluides sont altérés.

Petite vérole maligne. On a dit plus haut que la distinction de la petite vérole en bénigne et maligne, étoit la plus exacte ; mais on ne comprendra pas la confluente dans la classe des malignes, comme le font beaucoup d'auteurs, parce qu'elle n'est ordinairement grave que par les accidens inflammatoires dans les premières périodes : état qui exclut la malignité. On a déjà dit qu'on pouvoit prévenir les symptômes de la confluence, ou au moins en modérer l'action, tandis qu'on ne change point à son gré le caractère malin de certaines épidémies varioleuses : en voici les signes.

Un sujet est attaqué d'une fièvre qui n'est pas véhémente ; cependant il est abattu, son courage s'anéantit, ses goûts, ses habitudes et sa conversation ne sont plus les mêmes : il n'éprouve point de douleurs vives : l'accablement dans lequel il est plongé ne correspond point à l'apparence des accidens, puisque ceux-ci ne présentent pas une marche véhémente. La fièvre qui s'est manifestée se distingue mieux à la chaleur intérieure, à celle de la poitrine, qu'à la force du pouls : la soif n'est pas en proportion de cette chaleur interne. La conversation n'est plus la même que celle que suivoit le malade ; ses idées ne sont pas liées : quelquefois elles sont disparates dès l'invasion de la maladie: il y a donc déjà délire manifeste pour l'observateur attentif; car un changement dans les inclinations suffit pour annoncer l'existence d'une aliénation d'esprit commençante. Le sommeil est mauvais, malgré une disposition continuelle à dormir chez quelques sujets. C'est un commencement d'affection comateuse. Des rêves inquiétans ou terribles, une agitation universelle, un pouls serré, petit, irrégulier, convulsif, des mouvemens mal réglés ou involontaires désignent déjà le plus grand trouble dans le système nerveux.

Pendant que les choses se passent ainsi, et peu de jours à dater de l'invasion de cet état, il s'élève sur la face des petits boutons qui se multiplient lentement, qui tardent à paroître sur la poitrine et le reste du corps : leur apparition apporte peu ou point de changement dans le caractère des premiers symptômes. Vingt-quatre et quarante-huit heures se passent sans que ces boutons croissent convenablement de volume; leur couleur est d'un rouge plus foncé que les inflammatoires; quelquefois ils sont violets au moment de l'éruption : on en a vu de noirâtres à leur apparition. Il faut convenir, toutefois, que ces couleurs et leurs nuances se remarquent plus ordinairement après quelques jours, à dater de leur sortie. L'éruption se continue encore pendant que les premiers boutons s'affaissent par la pointe, et s'aplatissent. C'est à cette époque qu'ils perdent plus communément la couleur qui désigne l'inflammation. On en voit qui sont entourrés d'un cercle pâle, ou livide, ou violet : la teinte de la peau prend cette nuance désastreuse. Le malade a une transpiration infecte; son haleine est de mauvaise odeur; ses yeux s'obscurcissent ou deviennent plus animés, hagards, quelquefois menaçans; dans ce dernier cas, il aura bientôt un violent délire : son cerveau sera gravement attaqué; il mourra dans une affection comateuse.

Si cette marche désastreuse est moins rapide, il n'y aura point de suppuration dans les boutons: on n'y trouvera qu'une sérosité ichoreuse qui gangrènera les tégumens : une partie de cette sérosité passera à l'intérieur, et portera la gangrène dans les viscères: d'où la mort. Mais, supposons encore qu'on a prévenu de bonne heure les progrès ou l'invasion de la mortification; les boutons, par les moyens qu'on indiquera, ont acquis un peu plus de volume; on est parvenu à exciter une suppuration moins ichoreuse que celle qui auroit eu lieu. Cependant cette suppuration marche lentement, une partie de ce pus dérobé attaque les viscères de tous côtés, fait des métastases, des dépôts sur les articulations, des délabremens dans les chairs; voilà donc encore des accidens d'autant plus graves qu'en supposant qu'on parvienne à modérer les désordres locaux, le malade périra d'épuisement ou obtiendra très-difficilement sa guérison.

Supposons maintenant un virus de cette malignité introduit dans les liquides d'un sujet dont le sang est vicié, il n'y a point d'espoir de salut : il mourra gangrené. Observons aussi que cette espèce de petite vérole est aisément répercutée par une passion de l'ame, par un froid qui exerce son action sur une certaine étendue de la surface du corps, sa rétropulsion gangrènera les parties internes. Si, indépendamment des boutons extérieurs, il en naît un certain nombre dans les parties internes, les derniers opèreront les mêmes désastres en dedans, que ceux dont nous venons de tracer le tableau par rapport à l'extérieur.

D'où vient ce caractère malin ? De l'espèce d'épidémie régnante : l'observation le démontre ; car il en est certaines qui, d'après le témoignage des observateurs, tuent plus des trois quarts de ceux qui en sont attaqués. Il n'est pas permis dans un extrait de s'étendre sur les causes *infectrices* de l'atmosphère. Plaçons un varioleux qui a une confluente inflammatoire, dans un hôpital infect, les accidens cesseront d'être inflammatoires pour prendre une nature maligne : sortons-le de ce séjour de mort avant que les fluides soient viciés au point de conserver l'impression de la malignité opérée par des causes locales, la marche inflammatoire reparoîtra ; donc l'air dans lequel on vit, a une influence très-marquée sur la marche de la petite vérole. Ce sont des faits incontestables. Tout ce qui occasionne du trouble dans les sens internes, le chagrin, les sollicitudes, la crainte rendent la maladie plus dangereuse, et lui font contracter un caractère de malignité ; elles sont donc (ces causes) en nous et hors de nous : leur réunion est absolument funeste.

La malignité en asservissant, pour parler ainsi, les fonctions vitales sous sa puissance, empêche donc premièrement l'apparition des boutons au dehors : dans ce cas, une partie quelconque du virus reste donc mêlé au sang : d'où sa plus grande dégénérescence, s'il a déjà éprouvé quelque altération, ou sa dégénérescence commençante. Secondement, met obstacle à l'accroissement des boutons ; donc ils ne reçoivent pas toute l'humeur morbifique ; d'où les causes des désordres qu'on vient d'indiquer. Troisièmement, elle (la malignité) est cause de l'affaissement des boutons : donc le virus rentre à l'intérieur ; les effets le prouvent. Quatrièmement, elle ne laisse former qu'un pus ichoreux (quand il s'en forme) ; donc une portion de ce pus résorbé menace les viscères de gangrène dans la fièvre secondaire ; les effets le prouvent encore. Cinquièmement, la petite vérole maligne se répercute aisément : donc elle attaque plus fortement et plus victorieusement les organes intérieurs ; d'où les délires mortels, les érosions funestes des viscères, etc. Sixièmement, un pus malin excite des gangrènes locales et une dissolution générale ; on en a la conviction dans les hémorragies d'un sang dissous ; hémorragies qu'on ne peut arrêter, parce que les vaisseaux sont hors d'état de se resserrer, ayant perdu leur ton et leur irritabilité.

La malignité a ses degrés comme l'inflammation ; elle a aussi ses causes plus ou moins actives; donc il est des cas dans lesquels on arrête sa marche. J'ai dit que les confluentes étoient plus disposées à la malignité que les discrètes : ces dernières n'en sont pas exemptes, ce qui arrive sur-tout quand la malignité agit par des causes externes ; je les ai indiquées. On regarde aussi comme maligne la petite vérole, qui ne donne qu'une sérosité un peu purulente au lieu de véritable pus : cela est vrai en général ; car cette espèce est presque toujours accompagnée de la lésion des forces vitales. Cependant, si on est parvenu à augmenter le volume des boutons, on peut obtenir la guérison : on verra que le même pronostic est applicable aux autres genres de malignité.

La complication des exanthèmes rouges, blancs, violets et noirâtres est un signe funeste. Le danger croît comme l'intensité de la couleur des taches exanthématiques. Les taches étendues à un grand espace, soit qu'elles naissent de l'approximation immédiate des exanthèmes, soit qu'elles se manifestent ainsi à leur apparition, annoncent une dissolution extrême. On en a la preuve dans le sang des hémorragies qui arrivent dans ces circonstances : ce fluide est sans consistance ; il se coagule peu ; sa couleur est pâle et noirâtre et quelquefois verdâtre. Il s'en exhale une vapeur de mauvaise odeur : il coule avec abondance ; on a donné plus haut les causes de cette abondance.

Une petite vérole peut devenir maligne par l'effet immédiat d'une forte passion de l'ame, et plus particulièrement à la suite du chagrin, que par toute autre affection morale. On apperçoit dans ce cas les boutons s'affaisser, prendre une couleur mauvaise ; tandis que les forces vitales s'anéantissent.

Si la confluente acquiert dans quelques cas un caractère de malignité sans causes apparentes, c'est quand l'excès des boutons intérieurs dans toutes les membranes de la base du crâne répandent leurs émanations virulentes de manière à affecter assez sensiblement les nerfs de ces parties pour léser les fonctions du cerveau ; mais on surmonte l'effet de cette virulence par le traitement antiseptique.

Une diarrhée modérée est salutaire dans la petite vérole bénigne, mais elle est très-redoutable dans la maligne ; car, dans cette dernière, elle ne se maintient jamais, ou presque jamais, dans de justes bornes ; la raison en est, que la matière qui la forme irrite trop violemment les intestins : elle excite donc des selles plus fréquentes ; première cause d'épuisement. Ensuite, elle enflamme les entrailles, et occasionne une dyssenterie gangreneuse, ou qui tend de sa nature à la gangrène qu'il est très-difficile d'éviter.

Il est démontré que la malignité, quelle qu'en soit l'origine, est toujours accompagnée d'éréthisme. La circulation devient donc inégale ; d'où d'où résultent les engorgemens partiels des viscères ; mais ce n'est pas une inflammation sincère. Quoiqu'il en soit, on ne peut se dispenser de tirer du sang à l'invasion de la maladie, quand le sujet est pléthorique; quand il se fait un engorgement, quoique *faussement* inflammatoire, dans un sujet qui n'a point été épuisé ; et enfin, quand le caractère inflammatoire n'est pas manifestement dominé par celui de la malignité. On convient que la pratique qu'on enseigne demande beaucoup de discernement et de l'habileté de la part du médecin; aussi cette doctrine ne sera pas celle des hommes ordinaires : ils ne l'entendront pas. On dissipe aussi l'éréthisme par les fomentations, les pédiluves, les bains, les applications émollientes, constamment entretenues à la surface du tronc, et sur-tout à celle des extrémités inférieures : les lavemens adoucissans, les boissons rafraîchissantes, acidulées, antiseptiques, les révulsifs, et même les irritans appliqués aux extrémités inférieures, afin de changer le mode d'irritation, et appeler vers ces parties la plus grande quantité possible de la matière varioleuse ; car, en lui faisant faire cette métastase avantageuse, on dégagera les viscères ; d'où la réintégration partielle ou même complète des forces vitales.

Il y a des cas où l'anéantissement est si précipité, où les cardialgies, les foiblesses et la disparition des pulsations du pouls se montrent si promptement, qu'on n'a pas un moment à perdre pour recourir aux antiseptiques et aux cordiaux. On a vu des malades qui, le premier jour même de l'affection, avoient du délire, des foiblesses, des nausées, des intermittences, etc. Dans ces circonstances, on donne le quinquina et la serpentaire de Virginie en décoction acidulée, l'acide vitriolique, (*sulfurique*) ou un acide végétal, celui du vinaigre distillé, du citron, etc. On donne pour potion cordiale un vin généreux et vieux, auquel on mêle un sirop qui diminue l'impression vive qu'il fait sur les organes qu'il touche; quelquefois un peu d'eau pour diminuer, quand on le juge convenable, la force de son action. On emploie aussi les confections hyacinthe, alkermès, la thériaque d'Andromaque, etc. dans une petite quantité de vin, afin de ranimer la chaleur éteinte ; parce qu'il est des malades dont la surface du corps se refroidit sensiblement, et dont les extrémités ont perdu presque toute leur chaleur naturelle. On fait des frictions pour aider la circulation languissante. Enfin, on évite les désordres des affections comateuses, par les vésicatoires qu'on appose sur le col, après avoir fait usage de ventouses scarifiées sur la même partie.

Pendant que les choses se passent ainsi, on voit quelques boutons s'élever sur la peau, avec une odeur nauséabonde ; alors, le caractère de la petite vérole maligne est indubitablement reconnu. Dans ce second temps de la maladie, qu'on nomme communément inflamatoire, le traitement antiphlogistique est sans doute indiqué, mais avec les restrictions dont on a déjà fait mention plus haut. Il est indispensable de faire un choix raisonné des substances qui sont en même temps rafraîchissantes et antiseptiques; telles sont les boissons acidulées. En acidulant les décoctions antiseptiques, on leur enlève la qualité incendiaire qui leur est propre, et leur usage est, avec cette précaution, d'un effet assuré. On observe, d'ailleurs, que, dans le cas supposé, les acides ont une action tonique. On observera que les cordiaux ne sont point exclus du mode curatif de ce second temps. On en subordonne seulement l'emploi aux indications manifestes qui les font admettre. Les attractifs et les révulsifs sont d'une nécessité absolue pour charger la peau de toute la matière varioleuse, ou pour attirer sur elle tout ce qui peut encore être mû par l'action vasculaire.

On ne s'attend point à une suppuration louable dans la petite vérole maligne ; cette suppuration séreuse ou ichoreuse marche si lentement chez quelques malades, qu'on l'a vue durer plus d'un et deux mois, toujours accompagnée d'un danger évident. Quelle qu'elle se montre, tous les efforts du médecin doivent tendre à la rendre meilleure ; et c'est par les antiseptiques acidulés qu'il y parviendra; puis en débarrassant, autant qu'il le pourra, les viscères des portions d'humeurs varioleuses qui tendroient à corroder leur tissu. Cette seconde indication est encore aidée par les laxatifs, par l'usage du camphre, qu'on assure s'opposer plus puissamment que dans toute autre affection, à la suppuration gangreneuse de la petite vérole. S'il est vrai, comme on n'en peut pas douter, qu'en relâchant beaucoup la peau, on procure issue, au moins en partie, au virus délétère de la petite vérole, les fomentations ne doivent pas être négligées. L'humidité ouvre les pores, dissout et enlève une portion du virus, favorise la transpiration qui l'emporte avec elle, prévient les gangrènes locales, les érosions profondes des tégumens, en ouvrant de bonne heure les abcès varioleux, met obstacle à la fièvre qui prend le caractère étique ; on aide leur action par l'abondance des boissons un peu diaphorétiques, par le mélange de l'eau au vin, qui est antiseptique et cordial, et par des alimens tirés du règne végétal, sous forme liquide, tels que les décoctions d'orge, de froment, de riz, et les crèmes légères qu'on en compose.

Par la lenteur de la suppuration, et son inégalité de temps, le troisième temps se confond avec la seconde période dans la petite vérole maligne. Cette irrégularité dans la marche de la maladie, réunit, en quelque manière, sur les sujets qui en sont attaqués, les périls de plusieurs époques. Cette complication de symptômes qui devroient être distincts les uns des autres, est le motif qui détermine un bon médecin à continuer le plan de curation mixte de plusieurs périodes; et d'ailleurs, les symptômes lui commandent cette conduite. Si l'on avoit retardé, jusqu'à la période, dont il est ici question, l'usage des exutoires, il seroit peut-être inutile de les faire; car, quelle révulsion attendre dans une machine, dont les fonctions languissantes dès l'invasion de la maladie, a encore été accablée de la lenteur meurtrière de tant d'accidens redoutables ? Comment arrêter les progrès des anthrax, des tumeurs critiques, des gonflemens aux articulations, des dépôts profonds, formés par une matière délétère, dont l'âcreté a été augmentée par la fermentation, la chaleur, la fièvre et la durée de la maladie ? Comment éviter les symptômes consécutifs de cette petite vérole ? Je le répète, si l'on n'a pas vaincu la nature du virus dans les deux premières époques de l'affection, il est impossible que les malades résistent aux délabremens que susciteront les derniers.

Je suppose maintenant que la curation a été faite savamment, que la dessiccation est commencée et paroît se préparer sans orages; qu'on ne s'y trompe pas, rien n'est encore assuré : il reste beaucoup d'humeur variolique mêlée au sang; donc, il est de nécessité indispensable de l'en purger par tous les moyens déjà indiqués ci-dessus. Ce quatrième état est long dans la petite vérole maligne, et la durée de son traitement doit surpasser celles des temps pendant lesquels il forme des maladies consécutives.

Quelques réflexions sur l'inoculation de la petite VÉROLE.

Est-ce faire un double emploi que de rectifier les erreurs insérées dans ce dictionnaire, au mot *inoculation* ? Si le rédacteur de cet article a eu pour but la vérité, il faut la lui montrer : il a voulu la propager, et moi aussi. Il préfère la méthode des piqûures, d'après le témoignage de Gandoger. Il dit avoir inoculé 300 enfans, « il n'y » en a pas un seul qui n'ait eu des » convulsions ». On regarderoit comme une faute typographique, le mot *n'ait*, si l'on ne lisoit pas dans la colonne qui précède « les » convulsions surviennent : elles » sont toujours d'un bon augure ». (*Voyez tome V, page* 684, *colonne deuxième et suivante*.) « La » méthode, par incision, ne peut » pas supporter le parallèle (*avec* » *celle des piqûures*).... Il est à » craindre qu'on ne la commu- » nique (*la petite vérole*) au sang... » Elle entraîne toujours après elle » une plaie, quelquefois même » un ulcère... Elle sert (*dit-on*) » de cautère aux humeurs viciées; » mais à examiner la chose de bien » près, ce prétendu avantage est » purement imaginaire ». *Page* 686, *colonne première*. Cette décision est positive. Si l'on a lu ce qui précède, on s'est convaincu que le virus varioleux exerce quelquefois des ravages mortels, dans les sujets mêmes qui ont la petite vérole la plus bénigne : c'est probablement ce qui a engagé l'auteur, dont nous rapportons l'opinion, à faire une énumération des désastres que cette maladie laisse à sa suite. » Quand la petite vérole ne seroit pas le tombeau de l'amour, dit-il *éloquemment*, il faudroit encore inoculer, *pour conserver la beauté des habitans de la terre* ». Ce sont ses expressions : quel galimathias que tout cet article ! En admettant les ravages de la petite vérole, il faut aussi admettre les moyens de les prévenir ou d'en arrêter le cours. Il paroît que ce praticien n'en connoît pas l'existence, en prenant la précaution d'*empêcher le virus de se communiquer au sang.* Eh! d'où naissent donc la fièvre et les autres symptômes, si le virus n'a pas altéré le sang? Mais en vérité cet homme ne mérite pas une réfutation sérieuse.

Quant à nous, nous inoculons par incision, pour prévenir les dépôts, les métastases critiques et une infection trop considérable des fluides. Car nous observons que l'ulcère qui naît de chaque incision, débarrasse les humeurs d'une partie du levain varioleux, même avant l'invasion de la fièvre, puisque le pus qui en coule, communique la contagion. Nous avons vu, avec tout homme en état d'observer, que les enfans, inoculés par incision, avoient des accidens moins graves que ceux qui reçoivent la petite vérole par piqûures. Quant aux suppurations que produisent les incisions, on ne conçoit pas qu'elles aient pu faire, de la part de gens qui se disent médecins, le sujet d'une objection. Le sentiment de Gandoger repose, de son aveu même, sur les bases suivantes : les inflammations érésypélateuses qui naissent de l'application des onguents et des emplâtres ; or ceux qui pratiquent les incisions, n'emploient pas depuis long-temps ces médicamens externes; et peut-être n'en a-t-on presque jamais fait usage dans ce cas, puisque la suppuration n'a pas besoin d'être excitée, et qu'abandonnée à la nature, elle se termine d'elle-même après la dépuration du sang. Enfin, il est prouvé que ceux qui portent des exutoires ne sont jamais aussi gravement attaqués par les maladies contagieuses, et notamment par la petite vérole, que les autres sujets chez lesquels il n'existe point de suppuration artificielle. Il est encore prouvé que, pour arrêter le cours des désordres qu'occasionne la petite vérole inoculée, on est forcé à susciter des suppurations externes. Mais, il est démontré aussi qu'elles ne sont pas toujours suivies du succès qu'on en attendoit, parce que la causticité du virus varioleux est, en certains cas, si active qu'elle détruit l'organisation des viscères ou des organes, dans l'espace de quelques heures. Or quel secours attendre d'un vésicatoire qu'on n'appose qu'au moment où un pareil malheur est déjà arrivé? car si l'on attend un symptôme dominant pour y avoir recours, et que les effets funestes dont ce symptôme est accompagné, soient le produit d'une action si accélérée, on avouera au moins que, dans ce cas, tout secours devient superflu, parce qu'il est trop tardif. Car, qu'on ne dise pas que l'irritation excitée à l'extérieur opérera une métastase de l'humeur morbifique, puisque l'irritation causée à l'intérieur par cette même humeur, est parvenue à son comble, au moment où l'on s'en apperçoit, et qu'elle efface par son énergie, le sentiment de celle qu'on excite pour mettre obstacle à ses progrès ? Je suppose encore un autre cas fréquent dans la même maladie: les dépôts purulens qui s'amassent lentement dans les cavités, et qui ne manifestent leur présence que par des signes qui pronostiquent une mort infaillible. Or viendra-t-on proposer, après coup, des exutoires ? car on ne peut pas supposer que les inoculateurs, suivant la méthode des piquures, ne donnent aucune aide aux inoculés qui, de leur aveu, périssent de l'inoculation. Or, de leur aveu encore, il faut appeler la matière au dehors; et dans les deux cas qu'on vient de rappeller, toutes leurs tentatives sont inutiles. Mais puisqu'une suppuration locale est nécessaire pour prévenir les accidens qui donnent la mort ou ceux qui privent un inoculé d'organes essentiels, tels que les yeux, ou la chute, ou la difformation d'une extrémité, pourra-t-on leur pardonner ou leur ignorance ou leur entêtement encore plus condamnable, en n'admettant pas un mode inoculatoire qui fasse éviter ces suites désastreuses ? Par la méthode des piquures, on n'inocule point les sujets valétudinaires, ceux dont le sang ne paroît pas pur, etc. C'est qu'on a vu arriver trop souvent et presque infailliblement chez eux, les ravages dont nous venons de donner un détail abrégé. Or comme il s'en faut beaucoup que la pureté ou l'impureté du sang se reconnoisse à des signes sensibles, on inocule donc au hasard, en choisissant les sujets : d'où il arrive que quelques uns sont les victimes de l'obstination à pratiquer les piquures.

Il existe beaucoup d'autres raisons puissantes pour préférer les incisions aux piquures; mais ce n'est pas ici le lieu d'en faire l'énumération. Celles qu'on a rapportées suffisent pour porter une décision sur ce point de doctrine, qui, après tant d'inoculations pratiquées en Europe, ne devroit plus être la matière d'une discussion. *Extrait de l'ouvrage intitulé : MALADIES DES ENFANS, et d'un nouveau travail sur l'inoculation que l'Auteur nous a communiqué.*
Par CHAMBON.

VÉRONIQUE. *mâle* (*Pl.* Ire.) La classification de Tournefort la présente dans la sixième section de la seconde classe, parmi les herbes à fleur monopétale en roue, dont le pistil devient un fruit dur et sec... Le même botaniste la nomme *veronica mas supina et vulgatissima*. Von-Linné la nomme *veronica officinalis*; elle se trouve dans sa diandrie monogynie.

Fleur; monopétale, infundibuliforme, tubulée, divisée en quatre parties dont l'inférieure est plus petite, opposée à la plus grande B et C. Calice divisé aussi en quatre parties D et E.

Fruit. Capsule en forme de cœur F, comprimée par le haut, biloculaire G, s'ouvrant en quatre parties, contenant des semences menues, rondes, noirâtres H.

Feuilles velues, dentelées dans leurs bords, ovales, sessiles.

Racine déliée, fibreuse, éparse A.

Port. Tiges menues, longues, rondes, noueuses, velues, couchées ordinairement sur la terre ; les fleurs en épi, les feuilles opposées deux à deux.

Lieu. Les bois, les coteaux. Vivace.

Propriétés. Les feuilles ont un goût un peu austère, un peu amer, sans odeur. Cette plante a été très-célèbre, sous le nom de thé d'Europe. On en faisoit une panacée universelle ; mais elle a été reconnue pour être tout au plus un remède adjuvant, dans le traitement des maladies chroniques, sur-tout quand il faut ranimer un estomac languissant. Elle est indiquée dans la cachexie, la toux catarrheuse, les dépôts laiteux et les embarras des reins sans inflammation.

VERRUES. (*Médecine rurale*). Petites tumeurs ou excroissances qui viennent sur plusieurs parties du corps, mais plus particulièrement sur les joues et les mains.

Elles sont pour l'ordinaire dures, squirreuses, sans chaleur, rougeur ni douleur. Les unes sont courtes et larges ; les autres sont longues et menues. Il y en a qui n'excèdent pas la grosseur d'un pois ou d'une lentille ; il en est d'autres qui surpassent la grosseur d'une noisette. Quand on examine les verrues de près, elles paroissent se partager, comme l'observe M. *Astruc*, par le bout en plusieurs filets parallèles qui représentent un pinceau. Mais quelquefois aussi le bout en est arrondi et lisse.

Il est bien prouvé par l'ouverture des cadavres qu'il se forme des verrues intérieurement dans les viscères.

François *Paulini* dans les éphémérides des curieux de la nature rapporte l'exemple de deux verrues très-adhérentes et grosses comme des noisettes trouvées dans l'estomac d'un soldat qui mourut de la suite d'une hémoptysie. *Salmutius* a découvert une infinité de verrues dans le cadavre d'une fille morte de Cachexie.

Les verrues sont toujours formées par l'allongement et l'accroissement des houppes nerveuses de la peau. Cet allongement et cet accroissement ne peuvent avoir lieu que lorsqu'elles reçoivent beaucoup plus de nourriture, ce qui arrive toujours lorsqu'elles sont comprimées à leur base, par quelque obstruction dans les glandes miliaires qui sont auprès, ou dans la membrane réticulaire qui les entoure, parce que cette compression retient dans les houppes la lymphe nourricière qui doit en revenir.

Les verrues sont pour l'ordinaire peu incommodes et n'entraînent jamais aucun danger, à moins qu'elles ne dégénèrent en cancer.

Pour les guérir radicalement, il faut les extirper : et pour cet effet, l'art de guérir nous offre plusieurs moyens. On y parvient en les liant, en les brûlant, en les coupant et en les desséchant ou déracinant.

1°. On les lie avec un crin ou un fil de soie ciré : ce moyen est exempt de danger, mais il est long et douloureux, et ne peut convenir qu'aux verrues longues et grêles; il a encore un autre inconvénient qui est de ne point enlever les racines de verrues, et de les voir reparoître bientôt après.

2°. On les brûle en les perçant avec une aiguille dont l'extrémité est rougie au feu, ou bien en faisant un trou à une coque de noix où l'on fait entrer la verrue, et où l'on brûle ensuite du souffre. Cette méthode a beaucoup d'efficacité; mais aussi elle peut exciter une inflammation dans le voisinage, sur-tout si les verrues sont situées sur quelque partie tendineuse ou aponévrotique. Immédiatement après avoir pratiqué cette méthode, il faut appliquer sur la brûlure de l'onguent basilicon.

3°. Les ciseaux et le bistouri sont les deux instrumens dont on se sert pour couper les verrues; mais il ne faut pas négliger de scarifier les racines, pour ne pas les voir repousser derechef.

4°. Enfin, on la desséchera en mettant en usage les corrosifs. Cette dernière méthode est préférable à toutes les autres. Il ne manque pas de végétaux, dont les sucs sont très-appropriés à les détruire radicalement. Il n'est pas d'homme, pour si peu qu'il soit accoutumé à vivre à la campagne, qui ne sache que le suc des feuilles de soucy, le lait de figuier sauvage, celui de tithymale, le suc de la chélidoine dont on imbibe la verrue plusieurs fois dans le jour, les feuilles de scrophulaire, du saule, de sabine et de pourpier pilées, réduites en pâte, et appliquées à plusieurs reprises sur les verrues, ont cette vertu.

Le sel fondu dans le vinaigre, ou dans le suc de raifort, la dissolution du sel ammoniac dans l'eau commune, ou bien ce même sel mêlé et pétri avec un peu de galbanum, appliqués sur la verrue, la desséche et la fait tomber d'elle-même.

Quand tous ces remèdes corrosifs, pris dans la classe des végétaux, ne produisent pas les bons effets qu'on est en droit d'attendre de leur application constante et très-souvent répétée, il faut alors les toucher souvent, mais avec précaution, avec les escarotiques les plus forts, tels que la pierre à cautère, l'acide vitriolique, l'huile de tartre par défaillance, l'esprit de nitre. On peut mettre en usage tous ces moyens sans faire précéder aucune préparation intérieure, à moins que les verrues ne fussent occasionnées par un vice dans le sang et dans la lymphe. M. AMI.

VERTICILLÉ, ÉE, *terme de botanique*. Qui est disposé en verticille, ou bien qui porte des verticilles. On appelle fleurs verticillées, celles qui sont disposées en anneau ou en couronne, autour des tiges ou des rameaux; et feuilles verticillées celles qui, placées autour de la tige, présentent la forme des branches d'un parapluie ou des rayons d'une roue.

VERVEINE. (*Pl. I*ere.) M. Tournefort la nomme, d'après

Bauhin, *verbena communis flore cœruleo*. On la trouve dans la troisième section de la quatrième classe de son système, parmi les herbes à fleur monopétale, labiée, dont la fleur supérieure est retroussée. Von-Linné l'a nommée *verbena officinalis* ; il l'a placée dans la diandrie monogynie.

Fleur; monopétale imitant les labiées; le tube cylindrique courbé B ; le limbe étendu à cinq segmens arrondis, presque égaux C ; la corole très-petite et bleuâtre ; quatre étamines.

Fruit ; deux ou quatre semences oblongues G, renfermées dans un calice tubulé D, anguleux E : le péricarpe à peine visible F.

Feuilles, allongées, découpées en plusieurs parties, et comme laciniées profondément.

Racine, rameuse, peu fibreuse, oblongue A.

Port. La tige s'élève depuis un pied jusqu'à deux : rameuse, foible, carrée, un peu velue ; les fleurs en épis longs et grêles. Il faut observer que la tige est quelquefois lisse ; que les feuilles sont opposées, souvent divisées en trois, et dentelées. Celles du sommet quelquefois lancéolées, oblongues entières.

Lieu. Les bords des grands chemins. Annuelle.

Propriétés. La racine est amère, ainsi que les feuilles dont le goût est désagréable. Cette plante est vulnéraire, détersive, fébrifuge, résolutive ; telles sont du moins les qualités qu'on lui accordoit il y a un demi-siècle. On en fait aujourd'hui très-peu d'usage en médecine. Dans l'antiquité elle a été plus célébrée encore que dans les temps modernes. Les Druides surtout lui portoient une vénération singulière : avant de la cueillir, ils faisoient à la terre un sacrifice ; on l'arrachoit à la pointe du jour ; lorsque la canicule se levoit, on faisoit des aspersions d'eau lustrale pour chasser les esprits malins : et on se servoit de la plante pour nettoyer les autels de Jupiter. On lui attribuoit un grand nombre de propriétés, celles entre autres de réconcilier les cœurs aliénés. Ils l'appeloient *hierobotane*, herbe sacrée. Ils l'employoient à tresser les couronnes dont on ceignoit la tête des hérauts d'armes quand ils recevoient la mission d'aller annoncer ou la paix ou la guerre.

VESCE, de *vincio* lier, parce que cette plante s'attache à tous les appuis qu'elle rencontre. Tournefort l'a rangée dans la seconde section de la dixième classe, qui comprend les herbes à fleur polypétale, irrégulière, papilionacée, dont le pistil devient une gousse longue et unicapsulaire : il la nomme *vicia vulgaris semine nigro*. C'est la *vicia sativa* de Linné. Elle est placée dans sa diadelphie décandrie.

Fleur, papilionacée ; l'étendard ovale, son onglet élargi, son sommet échancré, avec une petite pointe ; ses côtés recourbés ; les ailes oblongues, presque cordiformes, plus courtes que l'étendard ; la carène sous-orbiculaire plus courte que les ailes ; son onglet est divisé en deux ; un nectar en forme de glande placé sur le réceptacle,

ceptacle, entre le germe et le filet des étamines.

Fruit, deux légumes sessiles, presque réunis à leur base, d'une forme semblable au légume de la fève de marais, mais les semences plus petites et obrondes.

Feuilles, ailées, sans impaire, terminées par une vrille ; les folioles très-entières, presque sessiles, velues, linéaires, lancéolées, avec un stylet à leur sommet.

Port. Les tiges s'élèvent à un pied, un pied et demi et plus, herbacées, rameuses, presque quadrangulaires ; deux fleurs bleues et blanches, axillaires, de la grandeur des folioles ; stipules dentelées, marquées d'une tache noire; feuilles alternes.

Lieu. Les champs. Cette plante est annuelle.

Propriétés. La semence est nourrissante, venteuse ; sa farine est une des quatre farines résolutives ; on l'emploie en cataplasmes ; administrée intérieurement, sous forme de médicament, elle est astringente.

Ses usages économiques.

Quand la nécessité força, comme en 1709, de convertir la farine de la vesce en pain, on n'en obtint qu'un aliment de mauvais goût et d'une digestion difficile. La graine de cette plante ne convient pas non plus indistinctement à tous les animaux de la basse-cour. Il résulte des observations que nous avons faites, qu'elle est nuisible aux canards, aux jeunes dindons, et sur-tout aux poules. Ceux d'entre ces derniers oiseaux, que nous avons vu s'engorger avec une sorte de délices, ont été saisis peu après d'une chaleur ardente et d'une soif inextinguible. Si les poules trouvent à renouveler le même repas, les accidens ne font qu'augmenter : l'inflammation du sang se manifeste par la couleur rembrunie de leurs crêtes; et l'hydropisie et la mort ne tardent pas à la suivre. Il paroît que les cochons ne s'accommodent pas non plus de la graine de la vesce. Leur estomac naturellement très-chaud, c'est-à-dire, très-actif, reçoit sans doute un redoublement d'énergie de la qualité astringente et tonique de cette semence. Soit qu'elle absorbe ou qu'elle neutralise la bile et le suc gastrique, indispensables pour la formation et l'élaboration du chyle ; soit qu'elle passe trop rapidement de l'estomac dans les secondes voies, il est de fait qu'à mesure que les cochons s'en nourrissent, leur chair disparoît, et qu'ils finissent par la consomption. Les habitans de la campagne disent alors que leurs cochons sont *brûlés*, expression vraie, si par *brûlure* ils entendent l'absorbtion ou dessiccation des fluides.

Nous avons cru devoir prémunir le cultivateur contre les accidens qui peuvent résulter de l'emploi de la vesce, avant de lui présenter les nombreux avantages qu'il peut obtenir de toutes les parties de cette plante, distribuées à propos et avec discernement.

Sa graine forme une des nourritures favorites des pigeons, qui semblent même lui donner la préférence sur tout autre aliment.

Récolté pendant un beau temps, et peu après la formation du fruit, avant que les cosses ou siliques aient contracté la couleur rembrunie qui annonce l'entière maturité de la plante, sa tige et ses graines forment un aliment précieux pour hiverner les bêtes à laine, sur-tout si on a mêlé à la semence une certaine quantité de pois gris, de lentillons, d'orge ou d'avoine, selon la qualité du terrain. Cet excellent fourrage est connu des cultivateurs sous les noms de *mélarde*, dragée, etc. Les brebis qui allaitent ont besoin de nourritures à la fois substantielles et tendres; et la vesce est de ce nombre. Les jeunes agneaux, qui auroient bientôt épuisé leurs mères, s'ils étoient réduits au seul pis, contractent de bonne heure, par elle, l'habitude de manger. Le tempérament débile de ces animaux s'accommode d'autant mieux de la vesce, que sa qualité tonique, qui la rend dangereuse pour les cochons, en fait un aliment salutaire pour les bêtes à laine. Ce n'est pas toutefois que nous donnions au cultivateur le conseil de ne distribuer que de la vesce à son troupeau pendant les jours pluvieux de l'hiver : nous sommes loin de ces affections exclusives. Nous lui disons au contraire : fondez votre entreprise rurale sur les débouchés commerciaux du pays que vous habitez; étudiez votre climat; observez la position de vos champs; sondez votre terrain; appliquez-vous à connoître sa nature; puis cultivez toutes les plantes qui pourront y prospérer et répondre à vos vues. Plus vous les varierez, moins vous aurez à craindre les effets de l'intempérie des saisons. D'ailleurs le mélange dans la nourriture convient aux animaux comme aux hommes. Entremêlons donc les ressources de nos bestiaux. Pour les bêtes à laine, par exemple, à un repas de vesce, faisons succéder un repas de pommes de terre, ou de navets, ou de choux, ou de carottes; à celui-ci, un raffour de trèfle, sainfoin ou de luzerne; après ce dernier, distribuons le repas de paille, de froment, ou d'avoine sur-tout; ainsi de suite. Voilà le vrai moyen de bien nourrir un troupeau; et si on joint à cette attention le soin non moins important de le tenir avec propreté dans des bergeries spacieuses et bien aérées, on peut compter sur sa prospérité.

La vesce concourt à maintenir en bon état les chevaux et les bœufs, même pendant la durée des plus grands travaux. Quand on la destine à suppléer l'orge ou l'avoine, il faut la distribuer non battue ou légèrement battue; car c'est la partie farineuse de la graine qui donne le courage et la vigueur, c'est-à-dire, qui nourrit bien. Lorsque la vesce ne doit être employée que comme fourrage simple, pour tenir lieu de foin ou de paille, il convient de n'en présenter aux bestiaux que les tiges et les fanes. On met en réserve la graine qui résulte du battage, pour servir de semence, ou bien pour nourrir les pigeons. Comme on ne sauroit trop prémunir les habitans de la campagne contre leur inclination à prodiguer aux bestiaux les fourrages auxquels ceux-ci ont l'air de donner la préférence, quand on a d'abondantes provisions, nous répèterons ici ce qui a été dit plusieurs fois dans le cours de cet ouvrage : c'est qu'il faut donner peu et souvent à manger aux bestiaux enfermés dans les étables, aux animaux ruminans sur-tout. Nous ajouterons que des distributions peu mesurées de vesce non battue nuiroient aux chevaux mêmes, et qu'elles ne tarderoient pas à les échauffer d'une manière alarmante, par les maladies cutanées qui en résulteroient.

Le même fourrage, semé en automne, et dont nous parlerons incessamment, distribué en verd, ou pâturé dans le champ au commencement du printemps, à l'époque où les herbages ne commencent qu'à pousser, est infiniment avantageux. Il répare en grande partie les effets de la mauvaise nourriture ou de la nourriture trop économisée de l'hiver. Il est d'un prix infini pour le sevrage des agneaux qu'il est si important de conduire au pâturage, séparément de leurs mères, pendant deux mois au moins; il augmente le lait des vaches et des brebis nourrices, et dispose les unes et les autres à passer insensiblement et sans accident, des alimens secs aux autres prairies artificielles. Dans cet état de verd, elle peut concourir avec l'orge ou l'avoine à former l'engrais des bestiaux destinés à la boucherie. En sec, on n'en tireroit pas le même avantage, et toujours à cause de la qualité très-astringente de son fruit, quand il est entièrement dégagé de son eau de végétation.

On a l'habitude, dans quelques parties de la France, dans celles sur-tout où le nombre des bestiaux n'est pas proportionné à la quantité des terres en labour, et dans celles où les matières de la litière sont rares, soit par le peu de produit des champs en paille, soit par le peu de soins qu'on apporte à se procurer toutes les matières végétales qui peuvent la remplacer; on a l'habitude d'enterrer les vesces dans le champ même qui les a produites. Le moment à choisir pour les enfouir est celui où la plante, étant en pleine floraison, présente le plus gros volume auquel elle puisse atteindre. Si on l'enterroit plutôt, il y auroit perte, parce qu'on en obtiendroit une masse d'engrais moins considérable; si on attendoit plus tard, la plante desséchée en partie ne contiendroit plus la quantité suffisante des parties humides par qui la fermentation doit être établie promptement, pour opérer de suite sa conversion en terre végétale. Si la vesce a été clair-semée, si la terre a du fond, il est inutile de faucher pour enfouir. Si au contraire la charrue ne peut pénétrer qu'à un décimètre, par exemple, de profondeur, et si la fane épaisse couvre toute la surface du champ, il est avantageux de la faucher, ou du moins de l'affaisser avec le rouleau avant de l'enfouir; autrement le soc sans cesse embarrassé dans sa marche, forceroit le laboureur à un surcroît de travail long et pénible, et la petite quantité de terre rabattue par le versoir seroit insuffisante pour couvrir la totalité de la plante. Or, on sait que tout ce qui excède la surface du champ, en fait d'engrais, se dessèche à l'air en pure perte, et sans qu'il en puisse résulter le moindre avantage.

Espèces ou variétés. CULTURE.

La botanique compte au moins vingt espèces de vesces, tant annuelles que vivaces et bis-annuelles. Presque toutes sont également propres à la nourriture des bestiaux ; mais il ne paroît pas qu'en France on en ait cultivé d'autres que la vesce commune à semences noires et celle à semences blanches : elles sont annuelles l'une et l'autre. On donne communément la préférence à la première, parce que, produisant un plus grand nombre de tiges, elle fournit un fourrage plus abondant. D'ailleurs, la semence d'un gris noirâtre est moins apparente que la blanche, et les pigeons en détruisent moins au temps des semailles.

Miller, dans son Dictionnaire des Jardiniers, et Thouin, dans le recueil des Mémoires de la Société d'Agriculture de Paris, regrettent qu'on ne cultive pas, dans les pays tempérés de l'Europe, les vesces bis-annuelles et vivaces, dont les qualités, comme fourrage, ne sont pas inférieures à celles des vesces annuelles. Il est vrai que, si ces plantes sont abandonnées à elles-mêmes, elles se couchent sur la terre, et s'étendent à de grandes distances ; leurs tiges, entassées les unes sur les autres, se dépouillent de leurs feuilles, jaunissent par le défaut d'air, et se gâtent par l'humidité. Le seul moyen de remédier à cet inconvénient, seroit d'employer des rames pour soutenir les plantes de cette nature ; mais, où en trouver dans les cantons où le bois est rare ? et dans ceux où il est commun, combien de temps ne faudroit-il pas consacrer à cette opération ? En supposant, enfin, cette main-d'œuvre praticable, comment s'y prendroit-on pour récolter le fourrage ? car les rames formeroient un obstacle insurmontable au jeu de la faux. Le vrai moyen de former d'excellentes prairies artificielles des vesces bis-annuelles, seroit de semer avec elles d'autres plantes douées aussi des qualités propres à faire un bon fourrage, et dont les tiges, s'élevant en lignes droites, auroient, comme les luzernes, les trefles, le sainfoin, les mélilots, etc. assez de consistance pour servir d'appui aux frêles rameaux des vesces. Thouin indique, pour former de telles prairies, d'une part, la vesce bis-annuelle, à plusieurs fleurs sur chaque péduncule sillonné, avec, pour la plupart, douze lobes unis, et en forme de lances sur chaque feuille : *Vicia biennis, pedunculis multifloris, petiolis sulcatis, subdodecaphyllis, foliolis lanceolatis, glabris.* Lin ; et de l'autre, le grand mélilot à fleur blanche : *Trifolium racemosis nudis, dispermis rugosis, acutis, caule erecto.* Lin. Voici ses propres expressions : « La culture du mélilot de Sibérie se rapproche infiniment de celle du trèfle; il peut être semé dès l'automne, sur un seul labour, dans les terres meubles, profondes et de nature sèche; mais dans les terres humides, il est plus sûr de ne le semer qu'au printemps. Ces derniers semis exigent deux labours ; la terre destinée à les recevoir doit être bien divisée avec la herse, et à plusieurs reprises. Les graines du mélilot étant plus petites que celles du trèfle; et la plante tallant davantage, nous estimons qu'il ne faut que la moitié de la quantité de graines qu'on emploie ordinairement pour semer un arpent de trèfle; on peut même l'économiser davantage dans les terres fortes et humides, parce que les plantes y forment des touffes plus considérables. Les semis d'automne peuvent être fauchés quelquefois dès la mi-novembre; après cela, au mois de mai suivant; ensuite, au mois de juillet; et pour la troisième fois, en septembre; et lorsqu'il vient des pluies, et que le temps est doux pendant l'automne, on peut encore obtenir une quatrième coupe en novembre. Les trois premières peuvent être fanées pour faire des fourrages secs; mais la dernière doit être donnée en verd aux bestiaux, parce que l'humidité de la saison ne permet pas de la faire sécher convenablement. Au moyen des coupes réglées à propos, on parvient à conserver cette plante en état de produire pendant plusieurs années. Nous en avons établi une petite culture qui est à la troisième année. (*Thouin*

écrivoit ce mémoire en 1788), et qui est encore très-vigoureuse ; mais si on laisse fleurir la plante, et mûrir ses graines, elle s'appauvrit bientôt, et ne doit plus être considérée que comme bis-annuelle. Cette espèce de mélilot, cultivée seule, nous paroît plus productive que les différentes espèces de trèfle ; mais elle devient d'un rapport bien plus considérable, lorsqu'on la cultive avec la vesce de Sibérie. Ces deux plantes ont toutes les qualités qui peuvent en faire désirer la réunion. 1°. Elles ont le même terme de durée ; 2°. elles poussent en même-temps; 3°. elles fleurissent et grainent dans la même saison; 4°. leurs racines, dont les unes sont pivotantes et les autres traçantes, s'étendent à différentes profondeurs; 5°. l'une produit un fourrage très-délié et fort tendre, tandis que l'autre est plus substantielle et plus solide; 6°. et enfin, la vertu échauffante de l'une est tempérée par la qualité aqueuse de l'autre ».

Nous saisissons ce moment pour communiquer au lecteur une observation que nous avons faite, relativement au mélilot de Sibérie, et qui peut être de quelque utilité. Nous nous procurâmes, il y a environ trois ans, quelques graines de cette plante. Elles furent semées au printemps, dans le voisinage d'un rocher. Nous attendîmes la seconde année pour laisser fleurir la plante, afin d'en obtenir la graine. Ses fleurs commencèrent à s'épanouir dans les premiers jours de juillet, et durèrent pendant les mois d'août et de septembre, époque où elles sont passées sur la plupart des plantes de notre climat, et où les abeilles ne trouvent presque plus de nourriture. Le mélilot donne des fleurs en telle abondance, que les tiges, dont le plus grand nombre s'élevoit à cinq ou six pieds, en étoient couvertes dans presque toute leur longueur; et les abeilles paroissoient tellement friandes du miel qu'elles y récoltoient, qu'elles ne les quittèrent qu'à l'instant de la formation des siliques. C'étoit un spectacle assez curieux que l'empressement qu'elles mettoient à se remplacer les unes les autres, à mesure qu'elles se chargeoient de butin. La provision fut beaucoup plus abondante pendant l'hiver qui suivit cette récolte, qu'elle ne l'avoit été dans les années précédentes. Le mélilot peut donc nous faire jouir du double avantage de récolter beaucoup de miel, et de nous procurer d'excellentes prairies artificielles, soit qu'on le cultive seul ou mêlé avec la vesce de Sibérie.

Cependant, les essais en grand pouvant seuls constater les produits qu'il est permis d'espérer de la culture des nouvelles plantes, et ces essais devant être dirigés par des cultivateurs sages et aisés, c'est eux que nous invitons à tenter, sur-tout dans les parties de l'ouest et du nord de la France, la culture en grand du mélilot et de la vesce de Sibérie. En attendant, gardons-nous de négliger celle de la vesce commune : elle est d'un trop grand secours pour alterner les terres, et pour la suppression des jachères.

Semée au printemps, dans une terre meuble et fraîche, et qui n'a pas rapporté, l'année précédente, des plantes de la même famille, elle donne d'abondantes récoltes, sur-tout si le temps est alternativement mêlé de chaleur et de pluie; car l'humidité est indispensable pour la prospérité de toutes les légumineuses. Il est d'autant plus essentiel de semer de bonne heure, au printemps, que si la jeune plante est surprise par la sécheresse, au moment où elle ne montre encore que ses cotylédons, et avant la formation des feuilles rameuses, elle jaunit et périt en très-peu de temps; il ne faut même alors que quelques heures pour qu'elle devienne la proie du tiquet ou puceron, qui ronge et ses jeunes feuilles et tout l'œil de sa tige. Ce mal est sans remède; car on n'en connoît point d'autres que de recommencer la besogne entière ; c'est-à-dire, de labourer, ou du moins, de herser avec la herse de fer, et semer de nouveau. Plus la saison est avancée, moins on est assuré de la réussite de ce surcroît de travail.

On n'a pas ce dernier inconvénient à redouter quand on sème la vesce en automne; mais, pour son succès, il faut que la terre ait du fonds, qu'elle ne soit pas trop argileuse, ou du moins, que la surface du champ soit inclinée de manière à faciliter l'écoulement des eaux surabondantes. Un nombre suffisant de fossés bien dirigés peut suppléer au défaut de pente. Il est rare que le froid ait assez d'intensité en France, pour que la vesce, semée dans un pareil terrain, immédiatement après la moisson, ne résiste pas à la gelée. La récolte en est d'autant plus abondante, qu'il est de fait que, plus une plante emploie de temps en terre à parcourir les différens périodes de son accroissement, plus elle acquiert de vigueur, plus son produit est considérable. Les vrilles de vesces annonçant, comme on l'a dit plus haut, leur besoin de s'accrocher et de rencontrer des appuis, il est essentiel de joindre à la semence un dixième ou un douzième de seigle ou bien d'orge, ou d'avoine acclimatés aux saisons pendant lesquelles leur végétation doit avoir lieu. Le choix de l'une ou de l'autre est toujours commandé par l'exposition et la nature de la terre, cent vingt-cinq livres de semences de vesce suffisant communément pour couvrir un demi-hectare. Si on sème pendant l'automne, on ajoute aux cent vingt-cinq livres une huitième partie des graminées dont on vient de parler; et quand on juge à propos d'attendre au printemps, le poids de celles-ci peut faire partie des cent vingt-cinq livres de vesce.

Le moment de récolter est, pour l'une et l'autre vesce, quand on la destine à n'être que fourrage, celui où la plus grande partie des siliques est seulement formée. Quant à celle dont on veut extraire la graine, soit pour semence, soit pour la nourriture des pigeons, ou pour être distribuée pendant l'hiver aux bêtes à laine, dans du son ou avec de l'avoine, il faut attendre que les cosses aient acquis la couleur brune, et ne rien négliger pour saisir le temps où le baromètre et les autres indications météorologiques peuvent faire espérer une suite de beaux jours. Moins la plante restera de temps à faner, moins il y aura de perte, meilleur sera le fourrage.

Le champ débarassé (ce sera vers le commencement de messidor), donnez aussitôt un coup de charrue et semez dans les terres meubles des navets ou turneps; dans celles qui auront un peu plus de ténacité, des choux-raves ou des choux-navets. Si le champ a été bien fumé, bien labouré, avant de recevoir la semence de vesce, si les navets ou choux-raves sont ensuite soignés, c'est-à-dire, éclaircis, sarclés et binés à temps; non seulement la récolte des racines sera abondante; mais, dès le printemps suivant, on les remplacera avantageusement, et sur un seul labour, par de l'orge ou de l'avoine dans laquelle on sèmera du trèfle. Celui-ci sera consommé sur pied l'année suivante par les bestiaux de la ferme; mais il faut avoir l'attention de les cantonner et de les faire se succéder les uns aux autres dans l'ordre suivant : les cochons, les bœufs, les vaches, les chevaux, les bêtes à laines. Le cultivateur attentif n'oubliera pas sans doute qu'on ne peut prendre de trop grandes précautions pour introduire plus sûrement les bestiaux dans un champ de trèfle. On ne doit leur en permettre l'entrée, non seulement qu'après l'entière dissipation de la rosée : mais il faut, avant de les y introduire, qu'ils aient fait un repas dans les étables, bergeries ou écuries; dans les premiers jours ils ne feront pour ainsi dire, qu'y passer matin et soir; mais peu ou peu on les y laissera plus long-temps, et de manière que leurs estomacs s'accoutument insensiblement à cette nourriture; loin de leur être alors préjudiciable, elle leur est avantageuse et salutaire. Depuis quinze ans je pratique cette méthode de faire parquer mes bestiaux dans les trèfles, et je dois dire qu'il n'en est résulté aucun accident: ce que j'attribue à la double précaution de ne les y introduire que peu à peu et jamais à jeun. Ceux qui y passent les nuits n'étant pas pressés par le besoin, ne touchent point à la plante avant que le soleil ou le vent n'ait dissipé la rosée. La richesse d'engrais qui résulte d'un tel parcage est immense, et dispose merveilleusement la terre à donner l'année suivante une bonne récolte de froment. Tels sont les avantages qu'on peut attendre de la culture de la vesce, de celle d'automne sur-tout; on ne doit pas compter pour peu celui de contribuer aussi directement à la suppression des jachères.

VESCERON. *Vicia segetum parva*. On les nomme dans quelques endroits *jardeau*. Il est sans doute une variété des vesces, puisqu'il en a la propriété et tous les caractères. Sa graine se conserve plusieurs années dans les champs; mais lorsque la fin du printemps est humide, son germe se développe et croît avec une rapidité telle que la plante devient un véritable fléau.

Elle saisit le blé avec ses vrilles, le surpasse bientôt en hauteur, et le couvrant de ses nombreuses tiges, elle l'accable de son poids et le contraint de verser avec elle. Le blé, privé des bienfaits du soleil, ne croît plus, il languit et finit par pourrir.

Quel moyen peut-on employer pour détruire le vesceron qui s'empare d'une pièce de blé? On n'en connoît point. Dès que cette plante est parvenue à une certaine élévation, il n'est plus possible de pénétrer dans le champ pour sarcler; et si on veut commencer ce travail plutôt, en supposant que la terre soit assez sèche pour le permettre, (ce qui est fort rare) le vesceron est alors si petit que le plus grand nombre des individus échappent à l'œil de l'ouvrier. Le plus certain, c'est de s'opposer à son développement. Pour y parvenir, il faut semer de bonne heure, c'est-à-dire, immédiatement après la moisson. Plus les semailles sont hâtives, moins il faut employer de semences, parce qu'alors chaque pied de blé a le temps de prendre assez de force pour résister aux froids et à l'humidité de l'hiver: et que le blé ayant tallé et couvrant lui-même toute la surface de la terre, il est un obstacle à la germination et à l'accroissement des plantes nuisibles.

Nous ne voyons point un champ dont les herbes nuisibles se sont emparées, que nous ne donnions de nouveaux regrets à la destruction des pigeons. Outre l'avantage qu'on en retiroit, comme abondant, sain, et agréable comestible, ils nous fournissoient

fournissoient le plus actif des engrais ; ils détruisoient les semences des plantes les plus nuisibles à nos récoltes. Un temps viendra où leur utilité sera mieux connue ; il faudra, disoit un cultivateur éclairé, dès 1792, il faudra accorder des primes pour encourager à reconstruire des colombiers et à élever des pigeons ; des peines seront prononcées contre les meurtriers d'un oiseau qui n'auroit pas dû cesser d'être inviolable.

VÉSICATOIRES (*Médecine rurale*). Ce sont des topiques qui irritent et rongent d'une manière lente les parties de la peau sur lesquelles on les applique, si on les laisse trop long-temps ; pour l'ordinaire on n'attend pas qu'ils produisent des effets aussi considérables ; au bout de sept à huit heures on les enlève, s'ils ont fait élever, sur la peau, des vessies remplies de sérosité. On prépare ordinairement les vésicatoires avec le levain, le vinaigre bien fort, et les mouches de cantharides réduites en poudre. La dose des cantharides ne peut qu'être indéterminée ; et son action, plus ou moins forte, se fait sentir plus ou moins tard : les vives douleurs que les malades éprouvent alors, annoncent la nécessité de visiter la partie affectée, et d'enlever les vésicatoires si la peau est élevée en vessies ; alors on enlève la peau en coupant plutôt les vessies, et on applique par dessus une ou deux feuilles de poirée sur lesquelles on étend du beurre frais. On suit la même méthode pour les autres pansemens

Tome X.

Les vésicatoires sont d'une grande ressource dans le traitement des maladies, lors sur-tout qu'il faut imprimer au principe de vie, une autre manière d'être, attirer les humeurs du centre vers la circonférence, et faire une révulsion d'humeurs fixées sur quelques organes.

On peut avancer qu'il y a bien peu de maladies où ces remèdes ne puissent trouver leur application. J'en excepte cependant les maladies inflammatoires : encore trouvent-ils quelquefois leur place sur la fin de ces maladies. On ne sauroit assez en louer l'usage dans les petites véroles et rougeoles de mauvais caractère, dans les fièvres scarlatines malignes, dans les fièvres putrides avec épaississement dans les humeurs, dans les fièvres pestilentielles. On les emploie encore utilement dans les pleurésies et les péripneumonies, lorsque la douleur subsiste et que l'expectoration des crachats est suspendue et abolie ; contre les douleurs de tête, les fluxions sur les dents, sur les oreilles, contre l'épilepsie, la catalepsie, la phrénésie symptomatique.

Ils sont encore très-avantageux dans les maladies pourpreuses, dans le rhumatisme chronique, l'apoplexie, la léthargie, la paralysie, dans la sciatique et la goutte remontée.

Rivière, célèbre médecin de Montpellier, les recommande beaucoup dans les épidémies de fièvres malignes, pestilentielles, quelquefois intermittentes. Mais il ne veut pas qu'on se borne à un seul vési-

L

catoire ; il en fait appliquer jusqu'à cinq ou six sur différentes parties du corps.

On les applique sur presque toutes les parties du corps, à la nuque, sur le gras des jambes, sur la poitrine, enfin sur toutes les parties charnues. On doit éviter avec soin de les placer sur des parties nerveuses, membraneuses, ou aponévrotiques ; l'impression qu'ils pourroient faire sur ces parties, exciteroit, à coup sûr, une inflammation, et même le délire, à raison du rapport qu'il pourroit y avoir entre la partie affectée et la tête.

Les vésicatoires préparés avec la poudre des cantharides occasionnent souvent chez les sujets maigres, des difficultés d'uriner, et même la suppression totale des urines ; il est très-aisé de prévenir ces maux en faisant boire au malade une eau légère de veau, ou de poulet, nitrée, ou en appliquant sur la région du pubis, des cataplasmes d'herbes émollientes.

Quoique les mouches cantharides soient un vésicatoire excellent, on en distingue encore d'autres espèces ; le règne végétal nous en offre un assez grand nombre : on doit y comprendre les feuilles de la chélidoine, de gratiole, les racines de pyrethre d'*arum*, l'ail, l'oignon, les feuilles de renoncules, de figuier, les racines d'ellébore, les graines de moutarde, l'euphorbe, la sabine en poudre, tous ces différens remèdes, réduits en poudre doivent être incorporés avec quelque ingrédient propre à favoriser leur action, en les tenant intimement collés à la peau, tel que la cire jaune, l'onguent de basilicum, la térébenthine et la poix blanche. On doit raser le poil, si la partie sur laquelle il faut l'appliquer en est couverte. On frottera ensuite la partie avec une petite compresse trempée dans le vinaigre. On contient l'emplâtre au moyen de plusieurs circulaires faits avec une bande assez longue pour l'assujétir fortement.   M. AMI.

VESSE-LOUP, *lycoperdon bovista* ou *verrucosum*. Cette plante appartient à la famille des champignons. Tournefort a placé les fougères, les mousses, les algues, et les champignons, dans les seizième et dix-septième classes de son système, qui renferment les plantes dont les parties de la fructification ne peuvent se distinguer à la vue simple. Le chevalier von Linné a aussi composé sa vingt-quatrième classe des plantes dont il n'a pu distinguer les parties de la fructification, ou qu'il n'a distinguées qu'en partie. Il a donné à cette classe, qui renferme entre autres la famille des champignons, le nom de cryptogamie, *nôces cachées*. Michéli, célèbre botaniste de Florence, est le premier qui, à l'aide des microscopes, a eu le courage et la patience d'étudier le mystère de la fécondation dans la plupart des plantes cryptogames. Après lui, Hedwig, naturaliste saxon, Gleditsch, Battara, et le français Bulliard ont confirmé ses heureuses découvertes, ou rectifié les erreurs qui lui sont échappées. Il étoit réservé à Bulliard sur-tout de fixer à jamais les doutes des naturalistes, sur la famille des champignons, en démontrant qu'ils sont absolument des plantes organisées, à peu près comme les végétaux staminifères, ayant des fibres, des vaisseaux, des racines, une fleuraison, des attributs mâles et femelles, des semences, sans le concours desquelles la régénération ne peut avoir lieu: enfin, un premier développement, un accroissement et un dépérissement qui ne s'effectue ordinairement dans tous les corps organisés, qu'après avoir laissé en mourant des êtres semblables à eux, et qui éprouvent les mêmes révolutions. Il n'a rien omis pour applanir les difficultés dont l'étude des champignons étoit hérissée. Après s'être assuré que, si les champignons n'ont pas des fleurs semblables à celles des végétaux staminifères, ils sont pourvus d'organes qui en tiennent lieu, et que ces organes sont constans dans leur forme, leur proportion respective et leur situation ; il en conclut qu'ils peuvent être employés avec succès, pour classer méthodiquement ces végétaux. En effet, après s'être attaché principalement aux caractères généraux que fournissent les graines par leurs diverses situations, il a établi quatre ordres très-distincts, subdivisés en genres. Ce n'est point ici le lieu de les décrire; nous avons cru seulement y devoir donner une idée du beau travail de Bulliard, d'autant plus important qu'il est, pour ainsi dire, entièrement neuf. Nous ajouterons que les vesse-loups forment, dans le système de ce botaniste, le sixième genre du premier ordre des champignons, qui comprend ceux *dont les semences sont renfermées dans leur intérieur.*

Fungosité arrondie ou en toupie, blanchâtre ou cendrée, lisse ou chargée de verrues, convexe ou aplatie au sommet, rétrécie ou allongée à la base, solide dans sa jeunesse, molle, lorsqu'elle est mûre. Les vesse-loups sont ordinairement solitaires, et n'ont jamais une base membraneuse commune à plusieurs individus. Leur chair, en vieillissant, se convertit en poussière formée en grande partie de leurs semences. Elle est retenue dans une enveloppe membraneuse qui se crève ordinairement vers le sommet du champignon. La poussière qui s'en échappe est inflammable à la chandelle, et réputée un astringent utile dans les hémorragies. On peut préparer avec son enveloppe un amadou propre à dessécher les ulcères sanieux. Elles croissent pendant l'été et l'automne dans les bois, dans les terrains secs et sur les pelouses. Leur vie n'est que de quelques jours.

VESSIE. *Médecine rurale.* C'est l'organe destiné à recevoir l'urine. On peut comparer la vessie à une espèce de poche, ou de bouteille membraneuse et charnue, susceptible d'une grande dilatation, tout comme d'un resserrement extrême.

Elle est située au bas de l'abdomen, immédiatement derrière la symphise des os pubis, vis-à-vis le commencement de l'intestin rectum. Sa figure est à peu près un ovale raccourci, plus large en devant et en arrière que de côté et d'autre, plus arrondie en haut qu'en bas, quand elle est vide ; et plus large en bas qu'en haut, quand elle est remplie.

Elle est composée de trois membranes. La première, qui est une continuation du péritoine, est musculeuse. La seconde est nerveuse, et la troisième est veloutée. C'est dans ce velouté qu'on trouve des glandes qui filtrent continuellement un suc propre à lubrifier les parois et à empêcher l'impression des sels de l'urine, qui pourroient exciter l'inflammation de cet organe. Elle est attachée par sa partie supérieure à l'ombilic, au moyen de l'ouraque ; par sa partie inférieure, à l'os pubis, au moyen encore du péritoine ; et par sa partie postérieure, à l'intestin rectum dans les hommes, et à la matrice chez les femmes. La vessie est percée latéralement dans sa partie postérieure, par les deux uretères qui viennent se dégorger dans sa cavité, d'une manière oblique, afin que l'urine ne puisse point refluer vers les reins. On y observe encore une autre ouverture antérieurement qui permet à l'urine de sortir, lorsqu'elle est poussée au dehors.

Mais pour empêcher que l'urine sortît involontairement, la nature a pourvu le col de la vessie d'une infinité de fibres charnues, pour former un véritable sphinter qui retient l'urine et s'oppose à son écoulement continuel, qui auroit lieu sans cet obstacle.

On appelle urèthre ce canal qui perce le col de la vessie ; il s'y forme quelquefois des carnosités. Cela joint au gonflement des vaisseaux variqueux, et de celui de la prostate sont autant d'obstacles qui peuvent s'opposer à l'issue de l'urine, et qu'on ne peut point surmonter quelquefois par la sonde. Quand on a tenté ce dernier moyen, et qu'il n'a eu aucun succès, on doit alors procurer l'issue des urines, en pratiquant la ponction au périné.

La vessie est exposée à de tristes maladies, relativement à sa situation, à sa construction, et à l'urine qu'elle contient. La vessie déplacée et tombée dans les bourses, cause une suppression d'urine. Cet état demande l'opération de la main pour être remise à sa place, et y être maintenue, à la faveur d'un bandage.

Quand la vessie est devenue épaisse, calleuse, ou qu'elle s'est endurcie à la suite de la pierre, et qu'elle donne lieu à une incontinence d'urine, c'est un mal incurable.

La douleur de la vessie qui vient du calcul, de l'acrimonie, ou du défaut de la mucosité, d'une métastase, d'une inflammation, d'un ulcère qu'on reconnoît par l'évacuation du pus, est toujours d'un mauvais augure. Le traitement doit être relatif à la connoissance de la cause. L'hémorragie occasionne quelquefois le pissement du sang ; qui, devenant grumuleux, s'oppose à la sortie de l'urine. On y remédie par l'usage des délayans savoneux, et en introduisant la sonde dans la vessie.

« Le sphacèle du sphincter, ou la paralysie qui produit l'incontinence d'urine, est une maladie incurable. La convulsion de cette partie, suivie de la suppression d'urine, demande les antispasmodiques.

La mucosité qui oint la surface interne de la vessie, devenue plus tenace, donne une urine filamenteuse, avec un sédiment muqueux, ou bouche le conduit urinaire. Son acrimonie ou son défaut occasionne quelquefois tantôt une douloureuse rétention d'urine, et tantôt son incontinence ; quelquefois encore elle est la source de la formation du calcul.

Mais, si la pierre s'engendre dans la vessie, son principe, pour l'ordinaire, se trouve dans les reins. Ensuite, ce calcul passant par les uretères dans la vessie, s'augmente par de nouvelles incrustations journalières. Sa génération doit être prévenue par les meilleurs moyens.

Si, par malheur, ces moyens et les remèdes n'ont pas pu détruire la pierre, il faut alors recourir à l'opération et au meilleur lithotomiste.

La vessie est souvent exposée à recevoir un flux d'humeurs viciées qui détermine une maladie, connue sous le nom de catharre de vessie, qui s'annonce toujours par des symptômes effrayans, et qui disparoît en abandonnant le mal aux soins de la nature. Hoffman est le premier qui a connu cette maladie : et après lui, Lieutaud, qui nous en a laissé une bonne description, dans son traité de *Médecine Pratique*. M. AMI.

VEULE. Ce mot s'applique aux branches, et souvent même à la tige d'un arbre. Dans le premier cas, il est presque le synonyme d'*étiolé*; et dans le second, celui de *rachitique*. On nomme branche veule, celle dont l'écorce n'a point la couleur vive et animée que lui donneroit la libre circulation d'une sève abondante et bien élaborée. Un arbre mal planté, ou placé dans un terrain qui ne lui est pas propre, ne produit que des branches veules; et les plantes semées trop près les unes des autres, et celles qui sont privées des rayons du soleil, et de la libre circulation de l'air, restent veules ou étiolées. Après avoir dégagé la branche veule de tous les obstacles extérieurs qui sembloient s'opposer à sa dilatation, à l'extension de son écorce, (moyen de guérison, qui ne peut même être employé utilement que pendant sa jeunesse) on mettra à découvert la racine qui lui correspond ; on tâchera de découvrir ; dans le chevelu, les parties sèches ou moisies, qui vraisemblablement s'y trouveront; on les coupera jusqu'à la racine saine; on défoncera le dessous de quelques décimètres ; on en tirera la terre, qui sera remplacée par de la terre neuve ou des gazons, pour le soutien desquels on aura placé au fond des tuileaux, ou quelques pierres de grosseur moyenne : cette dernière précaution laissera un libre passage à l'humidité et à la chaleur. Si la branche ne prend pas un nouvel essor dès le printemps suivant, il ne reste plus que de la soustraire entièrement, en la coupant rez la tige, avec l'attention de recouvrir la plaie avec l'onguent de Saint-Fiacre.

Un arbre veule a la tige extrêmement menue, relativement à sa hauteur; ses branches sont courtes, ses feuilles étroites, son écorce sèche et de couleur rougeâtre. Il résulte des meilleures expériences faites sur la végétation, que les plantes puisent leur nourriture, soit dans la terre, par les mille bouches qui terminent le chevelu de leurs racines, soit dans l'atmosphère, par les innombrables suçoirs de leur écorce et de leurs feuilles; que les divers élémens dont se compose la sève, s'élaborent en passant par divers canaux, où ils prennent le caractère séveux; que la sève a un mouvement d'ascension et de descension; que le premier s'opère par la partie ligneuse, et le second par la partie corticale. Pour que la plante acquière tout le développement, toute la vigueur végétative dont elle est susceptible, il faut qu'elle soit dans une position telle qu'elle puisse aspirer par tous ses organes, et par chacun d'eux, dans la proportion prescrite par la nature, la quantité de substance alimentaire qui lui est nécessaire. Si vous plantez un jeune arbre au milieu d'un bocage, ou d'un groupe d'autres arbres parvenus déjà à la force de l'âge, non seulement la bonté, ou la bonne préparation du terrain n'empêchera pas le premier de devenir veule; mais meilleure sera la terre, et plutôt il le deviendra; c'est-à-dire, qu'il prendra plutôt encore une croissance énorme en hauteur, et ridiculement disproportionnée avec sa grosseur. La terre agira sans cesse pour alimenter la sève ascendante; et les têtes touffues des anciens arbres absorberont toute la nourriture aérienne qui devoit former, du moins en grande partie, la sève descendante. Toutes ses fibres corticales auront bientôt perdu leur souplesse, leur élasticité, et devenues sèches; elles ne seront plus propres à remplir aucune des fonctions pour lesquelles la nature les avoit destinées. Si vous avez quelque intérêt à conserver les alentours d'un pareil arbre, arrachez-le au plutôt, pour n'avoir plus sous les yeux le spectacle pénible de la langueur et du rachitisme. S'il est lui-même un arbre précieux, et qu'il vous importe de lui sacrifier les autres, hâtez-vous de les faire arracher; suivez à la piste toutes les racines, pour les extirper soigneusement de la terre; qu'un bon guéret soit maintenu sans cesse au pied du malade, et dans toute la circonférence que peut occuper son chevelu, et tâchez, par de fréquens arrosemens sur ses branches et sur sa tige, de faire recouvrer au tissu cellulaire la souplesse qu'il a perdue. Au reste, après deux ou trois ans de transplantation, tous ces soins mêmes seroient infructueux. Aérez les arbres que vous plantez, et rarement vous en aurez de veules.

VIGNE. Quoique le traité sur la culture de la vigne, et celui qui a pour objet la fabrication des vins, présentent deux sujets très-distincts, il existe cependant entre eux une telle analogie, que souvent elle pouvoit donner lieu à établir les principes des mêmes résultats. La dissemblance dans la manière de les présenter eut été au moins ridicule, puisque les deux travaux devoient concourir à la confection du même ouvrage. Cette réflexion, je l'avoue, m'a donné de fréquentes inquiétudes pendant que je m'occupois de cet article. Si j'avois été à portée de consulter le C. Chaptal, je me serois fait un devoir, sans doute, de subordonner mes idées aux siennes; mais une distance de de deux cents lieux nous séparoit. Cependant les circonstances nous ayant rapprochés, nous nous sommes réciproquement communiqué nos manuscrits, avant de les livrer à l'impression; et j'avoue que ce n'a pas été une foible jouissance pour mon amour-propre, de remarquer un accord parfait dans les mêmes principes, quand nous avons eu à parler des mêmes choses.

N'en pourroit-on pas conclure que si le lecteur croit avoir à se plaindre de rencontrer quelques répétitions dans les deux articles, le travail des deux auteurs acquiert par cela même peut-être quelques droits de plus à sa confiance?

PLAN DU TRAVAIL.

Observations préliminaires.

Chap. I. *Notice historique sur les vignes de France.*
Chap. II. *Des frais de culture et des produits de la Vigne.*
Chap. III. *Histoire naturelle de la Vigne.*
Chap. IV. *Physiologie de la Vigne.*
Chap. V. *Culture de la Vigne.*
Chap. VI. *Des Vignes en treilles.*
Chap. VII. *De la conservation des raisins.*

Observations préliminaires.

Pour peu qu'on ait réfléchi sur les moyens de prospérité qui appartiennent aux différentes nations, on sait déjà que les produits de la vigne occupent le second rang dans l'échelle des richesses territoriales de la France. Ces mêmes produits sont offerts aux hommes, soit pour le commerce de consommation proprement dit, soit pour être employés dans les arts sous cinq formes distinctes. 1°. Son fruit naturel (le raisin) quand il est parvenu au degré d'une maturité parfaite. 2°. Ce même fruit préparé par une lente et soigneuse dessiccation à recevoir dans des caisses un degré de compression tel que, non seulement il présente un poids spécifique très considérable en raison de son peu de volume; mais qu'ainsi disposé il peut être gardé pendant plusieurs années et transporté dans les plus lointaines régions, sans embarras et sans éprouver ni déchet ni aucun genre d'altération. 3°. Le jus exprimé du raisin devient par l'effet d'une fermentation artistement dirigée une liqueur tellement flatteuse au palais et si bien appropriée à la constitution des hommes, qu'il a été employé comme un appât irrésistible pour soumettre des nations invincibles par la force des armes, et que modérément employé, il est un des moyens les moins équivoques de maintenir l'homme en santé et de prolonger pendant plusieurs années la durée de sa force et de sa vigueur. 4°. On obtient du vin, par la distillation, son esprit ardent; et cet esprit plus ou moins rectifié par l'application des moyens chimiques, reçoit les noms d'eau-de-vie, d'esprit de vin, ou alkool. On sait combien ils sont fréquemment employés dans les arts et dans les usages de la vie. 5°. Il est un cinquième produit de la vigne, peut-être plus important encore que les autres, parce que la nécessité d'en user le rapproche davantage de nos premiers besoins : c'est le vinaigre. Il est l'effet de la seconde fermentation que subit le moût du raisin, et qu'on appelle fermentation acéteuse.

Sous tous ses rapports, la vigne est donc une plante bien précieuse, et le sol et le climat qui la produisent douée de toutes les qualités dont elle est susceptible, a donc reçu de la nature une bien grande faveur. On l'a déjà dit, la part que la France a reçue dans cette distribution ne peut être comparée à celle d'aucune autre partie de la terre.

Nous n'avons point à discuter ici sur l'époque à laquelle remonte la connoissance de la vigne cultivée et l'usage du vin. Les auteurs les plus accrédités, confondant sans cesse les traits de l'histoire avec ceux de la fable, ne nous ont transmis sur cette matière que des notions tellement vagues et incertaines, qu'elles nous paroissent au moins inutiles à recueillir dans un ouvrage purement consacré à l'économie rurale (1). Mais ce qu'il importe bien essentiellement de

---

(1) Les uns veulent qu'Osiris, surnommé *Dionysus* parce qu'il étoit fils de Jupiter et qu'il avoit été élevé à *Nysa*, dans l'Arabie heureuse, ait trouvé la vigne dans le territoire de cette ville, et qu'il l'ait cultivée : c'est le bacchus des Grecs. *Voyez* Plutarque, *vie de Camille*.

D'autres, attribuant cette découverte à Noé, pensent que ce patriarche est le type de l'histoire du Bacchus des Grecs, et peut-être même du *Janus* des Latins ; car le nom de ce dernier dérive d'un mot oriental qui signifie *vin*. Au reste il n'est pas douteux que nos végétaux cultivés et nos animaux domestiques ont été trouvés quelque part dans l'état de nature ; et toutes les vraisemblances portent à croire que la culture de la vigne et la fabrication des vins remontent à la haute antiquité. Les arts les plus simples doivent être présumés les plus anciens ; et la simplicité de celui-ci a dû faire concourir de très-bonne heure le hasard et la nature à l'enseigner aux hommes.

Les hommes dans un climat chaud, auront exprimé le jus du raisin pour le convertir en une boisson rafraîchissante. Ce moût, dans quelque circonstance, aura été oublié pendant un jour ou deux seulement, la fermentation s'y sera nécessairement établie ; de là, ce que nous appelons du vin-doux. Que la curiosité ou peut-être même encore, que le hasard ait abandonné, pendant quelques jours de plus, cette nouvelle liqueur à tout l'effet de la fermentation tumultueuse ; de là, le vin proprement dit. Que celui-ci soit resté, pendant un mois ou deux, exposé au contact immédiat de l'air à une température de 18, 20, 25 degrés de chaleur, il n'aura fallu le concours d'aucune autre circonstance pour lui faire éprouver la fermentation acéteuse et, par conséquent, le changer en vinaigre.

connoître,

connoître, ce sont le lieu et le climat d'où elle a été tirée, et comment, de proche en proche, on est parvenu à rendre sa culture si familière aux habitans des régions tempérées de l'Europe. L'absolue nécessité de cette connoissance n'est point particulière à la vigne; elle s'étend à toutes les familles de végétaux, dont se compose notre agriculture ; parce que les plantes partagent avec les animaux cet instinct, ce secret penchant, si j'ose m'exprimer ainsi, qui les rappelle sans cesse vers leur terre natale. Le cultivateur vigneron sur-tout ne peut rien faire de trop pour assimiler le sol sur lequel il travaille, et la température de l'atmosphère dans laquelle il s'exerce, à ceux de cette terre natale dont nous venons de parler. De là, l'indispensable nécessité non seulement de bien choisir, avant de planter, la nature, la forme et la position du terrain, de raisonner le nombre des labours, la manière et le temps de les donner ; mais de savoir prescrire aux ceps une hauteur relative aux circonstances locales, restreindre ou multiplier à propos le nombre et l'étendue des canaux séveux ; enfin, maintenir les sarmens dans un ordre et une direction tels que les vues de la nature, et les efforts du vigneron, se secondent sans cesse mutuellement, les unes pour produire, les autres pour obtenir des baies parvenues au plus haut degré possible de la maturité *vinaire*.

Ce peu de mots renferme tous les principes de l'art du vigneron. Il s'agit de les développer : c'est là

du moins le but que nous nous sommes proposé. Cette tâche est délicate sans doute ; elle l'est en raison du grand intérêt public que les Français doivent attacher à ce sujet ; aussi avons-nous hésité à prendre la plume. Nous ne nous y sommes déterminés qu'après avoir long-temps agi et médité, nous être familiarisés avec le petit nombre de bons ouvrages qui traitent de la culture de la vigne, avec ceux de Rozier, ce célèbre et malheureux citoyen qui a tant fait pour les progrès de l'agriculture française, et que le destin a si rigoureusement traité. Toutes les vraisemblances vouloient qu'il eût rédigé lui-même cet article ; mais la fortune en a autrement ordonné. Toutefois Rozier n'a point cessé d'être ici notre collaborateur ; nous nous sommes fait un devoir d'identifier notre foible travail avec ses utiles travaux ; nous avons religieusement conservé tous ceux de ses principes, ou qui ont été confirmés, ou qui n'ont pas été détruits par les nouvelles découvertes qu'ont faites parmi nous, depuis quelques années, les sciences physiques ; nous avons même cru devoir employer jusqu'à ses propres expressions quand nous avons eu à décrire des objets déjà décrits par lui, ou à manifester des idées qu'il avoit déjà développées lui-même. Qu'un écrivain agricole imagine, ou qu'il préconise des procédés utiles, peu importe ; son droit à l'estime publique sera toujours en raison du bien qu'aura produit son livre.

Je ne terminerai point ce préliminaire sans parler des obligations que j'ai contractées envers un certain nombre de cultivateurs et de savans, dont les uns connus avantageusement par les résultats d'une pratique éclairée, et les autres célèbres par les ouvrages qu'ils ont publiés, m'ont communiqué des notes utiles ou des observations importantes. Pelleport-Jaunac, de la Haute-Garonne ; Desmazières, de Maine et Loir ; G. Thaumassin, de la Côte-d'Or ; Heurtault-Lamerville, du Cher ; Filhot-Maran, de la Gironde ; Béthune-Chârot et Beffroy (1), de l'Aisne ; Musnier, de la Charente ; Chassiron, de la Charente-Inférieure ; Montrichard, du Jura ; Vanduffel et Picamilh, des Basses-Pyrénées ; Sageret, de la Seine ; Jumilhac, de Seine et Oise ; Legrand d'Aussi (2) et Villemorin, de Paris, vous qui m'avez non seulement aidé de vos propres lumières ; mais qui, la plupart, avez porté le zèle jusqu'à emprunter celles de vos amis, pour m'éclairer encore, vous avez tous acquis de justes droits à ma reconnoissance ; et je m'applaudirai long-tems de m'être ménagé l'occasion de vous adresser cet hommage.

Malgré tous les soins que nous nous sommes donnés et les nombreux secours que nous avons reçus pour la confection de ce traité, ce ne seroit pas moins une grande erreur de penser que chaque propriétaire ou cultivateur y doit trouver, quelles que soient, et la position topographique de son vignoble, et la nature du sol, et les autres circonstances locales, géologiques et thermométriques de son terrain, l'indication précise de chacun des procédés à suivre, et tous les renseignemens de détail nécessaires pour atteindre à la perfection de sa culture. Ceux qui ont étudié la marche de la nature dans l'œuvre sublime de la végétation ont sûrement observé combien est grande l'influence qu'exercent sur elles les causes les moins apparentes. La différence qui existe souvent entre les parties constituantes de deux terrains très-rapprochés ; celles qu'établit dans l'atmosphère d'un coteau sa pente plus ou moins rapide, son inclinaison plus ou moins sensible vers l'un ou l'autre des points cardinaux, la forme et la nature des abris, sont autant de moyens qui agissent diversement sur les espèces ou variétés, dont se compose la même famille de végétaux ; et il n'en est point de plus susceptibles de toutes ces impressions que

---

(1) Le citoyen Beffroy a bien voulu déposer en nos mains un mémoire manuscrit, qui a remporté en 1788, le prix proposé par la Société d'Agriculture de Laon, *sur les objets relatifs à l'éducation de la Vigne*.

(2) Non seulement Legrand d'Aussi a trouvé bon que je profitasse, pour la partie historique des vignobles de France, des détails qu'il a publiés sur cette matière dans son bel Ouvrage intitulé : *Histoire de la vie privée des Français* ; mais il a bien voulu tirer de son porte-feuille, et me confier des anecdotes manuscrites qui me paroissent d'un grand prix.

celles qui appartiennent à la vigne. L'agriculture, comme toutes les sciences, a ses principes généraux sans doute ; mais ils se modifient à l'infini dans leur application : aussi l'écrivain qui se borneroit même à ne traiter qu'une de ses branches, l'art du vigneron, par exemple, et qui promettroit de tout enseigner dans son livre, donneroit-il une grande preuve d'inexpérience ou de mauvaise foi ? Et le lecteur, qui se promettroit d'y tout apprendre, annonceroit bien peu de sagacité. La connoissance des lois de la végétation et une pratique raisonnée : voilà les grands maîtres. Nous tâcherons de développer les premières, et d'indiquer ce qu'il importe le plus d'observer pour *bien voir*, et par conséquent pour arriver à l'autre.

Le propriétaire qui travaille sa vigne de ses propres mains, et l'ouvrier vigneron proprement dit ne liront point cet article. Entièrement étrangers à l'étude de la physique végétale, n'ayant aucune idée ni des avantages qu'obtient, ni des jouissances qu'éprouve celui qui médite et qui raisonne ses procédés, ils ne feront encore que ce qu'ils ont vu faire et que ce qu'ils font eux-mêmes depuis long-temps. De là ces pratiques constamment vicieuses dans le choix du terrain et des cépages, dans la plantation, dans la taille, dans le palissage et l'ébourgeonnement ; delà cette foule d'onglets, de chicots, de bois mort, de fausses coupes non-cicatrisées et de chancres qui énervent, qui minent incessamment les plants, et qui amè-

nent sur eux la vieillesse, la caducité et la mort à des époques qui devroient être celles de leur santé, de leur vigueur et de toute leur force productive ; de là enfin la perte de cette antique renommée dont jouissoient, à juste titre, les vins de plusieurs des cantons de la France. On ne se la rappelle plus aujourd'hui qu'avec regret, ou bien on n'en parle plus qu'avec le sourire du dédain. C'est aux propriétaires aisés, à eux seuls qu'est réservé l'honneur de cette grande restauration ; ils l'obtiendront comme leurs ancêtres, si, comme eux, ils ne dédaignent pas de se placer à la tête de leurs exploitations rurales. Leurs succès, leurs erreurs même, voilà le grand livre dans lequel la foule peut lire et apprendre à activer tous nos grands moyens de richesses territoriales. Plus on les considère dans leur nombre et leur diversité, et plus on est frappé d'étonnement et d'admiration, et plus un Français observateur sent se resserrer les liens qui l'attachent à sa partie.

Les Anglais vantent les progrès qu'ils ont faits dans la science agricole ; et c'est à bon droit, il en faut convenir. Mais à quoi attribuer ce brillant essor, ces étonnans succès ? La nature leur auroit-elle donc départi un degré d'intelligence supérieur au nôtre ? Certes, si nous comparons les monumens créés par le génie chez les deux nations, notre orgueil ne recevra aucune atteinte de ce raprochement. Et quant à l'agriculture, est-ce donc à l'excellence du sol, aux bienfaits d'un climat plus heureux, qu'il faut attribuer les grands produits qu'ils obtiennent par la cultivation. Il s'en faut beaucoup, car il n'est, pour ainsi dire, aucune sorte de plante cultivée en Angleterre, que nous ne puissions obtenir en France, et douée de qualités plus éminentes que les leurs. Il est même un grand nombre de végétaux précieux naturalisés parmi nous, et dont ils ont été forcés de faire le pénible sacrifice après de fréquentes, de coûteuses et de vaines tentatives. Par exemple, ils n'ont, ils n'auront jamais ni le mûrier, ni l'olivier, ni le maïs, ni nos excellens fruits, ni sur-tout nos vignes *viniferes*, agricolement parlant (1); car il ne faut pas regarder comme vignes propres au vin ces treilles nommées par eux *vigneries*, qu'ils élèvent à grands frais, dans des serres, qu'ils espalient et entretiennent à plus grands frais encore le long des murailles artistement enduites, surmontées de auvents en vitraux qui reposent au midi sur des espèces de contre-murs en verre ; précautions indispensables chez eux, et pour garantir à-propos les plants du contact de l'air extérieur, et pour introduire et fixer dans l'enceinte qu'ils occupent une plus grande masse de lumière ou une plus grande intensité de chaleur. Même en France, jamais le raisin de

---

(1) On agitoit encore en Angleterre, il n'y a pas long-temps, la question : Si les lieux qui, dans différens comtés, portent encore le nom de vignes, ont réellement été des plantations de vignes destinées à faire du vin. C'est un mémoire du R. Samuel *Pegge*, inséré dans le premier volume de l'*Archæologie* de la société des antiquaires de Londres, sur l'introduction, les progrès et l'état de la culture de la vigne dans la Grande-Bretagne, qui donna lieu à cette discussion. Le doyen Barington, dans ses observations sur les plus anciens statuts, combattit l'opinion de M. Pegge, et soutint que ce qu'on appelloit vignes en Angleterre, n'étoient que des vergers, de potagers, ou enfin, tout ce que l'on vouloit, excepté de véritables vignes. À l'appui de sa réplique, M. Pegge a cité l'itinéraire du docteur Stakeley dans lequel celui-ci prouve incontestablement l'existence d'une vigne près Lhippin-Norton. Il y a eu aussi des plantations de vignes dans le comté de Kent. Enfin Médooc, dans son histoire de l'Echiquier, rapporte qu'il étoit alloué, dans les comptes des shérifs de Northamptonshire et de Leicestershire, une somme pour la culture de la vigne et la livrée du vigneron du roi, à Bockingham. Il ajoute que feu le D. Thomas, doyen d'Ely, lui a communiqué l'extrait suivant des archives de cette église.

	liv.	s.	d.
Exitus vineti	2	15	3
Ditto, *vineæ*	10	12	2
Dix boisseaux du vin de la vigne		7	6
Sept pièces du moût de la vigne	15	1	
Vin vendu	1	12	
Verjus	1	7	
Pour du vin de cette vigne	1	2	
Pour verjus de la même		16	
Pour du vin fait ; mais du verjus.			

Il résulte clairement de cet extrait, dit M. Pegge, dans une lettre adressée à

treille, à quelque maturité qu'il parvienne, quelque flatteur qu'il soit au goût, ne produit une liqueur parfaitement vineuse. Si l'on persistoit à vouloir chercher les heureux résultats agricoles des Anglois dans une température plus égale que la nôtre, dans l'humidité dont leur atmosphère est sans cesse imprégnée, nous citerions pour toute réponse l'exemple de la plupart de nos départemens de l'Ouest, la ci-devant Bretagne entr'autres, qui, sous les rapports du sol et du climat, peut être assimilée à plusieurs comtés aujourd'hui très-fertiles de l'Angleterre, et qui ne peut leur être comparée sous ceux des produits agricoles.

Nous trouverons la source de cette prospérité, 1°. dans l'éducation très-soignée de ceux qui se destinent aux entreprises rurales de quelque importance. Un *Gentelman farmer* initié aux connoissances de son état ceux de ses enfans qui sont destinés à suivre la même carrière, comme, parmi nous, un négociant, un banquier, un armateur, prépare les siens, dès leur jeune âge, aux grandes spéculations commerciales. Placés ainsi de bonne heure au dessus de la routine et des préjugés, les cultivateurs se pénètrent aisément de la grande vérité qu'exprime Columelle quand il dit : *bien misérable est le champ dont le propriétaire est obligé de recourir aux leçons de l'ouvrier qu'il salarie.*

L'aisance dans la fortune, les moyens pécuniaires les laissent toujours à portée de faire avec une sorte de largesse, non seulement les premières avances nécessaires dans une grande exploitation, mais encore les réparations annuelles et les prompts remplacemens que les circonstances exigent, ou que des évènemens imprévus peuvent commander. Le propriétaire ne se contente pas d'encourager ses colons par des paroles, il les éclaire de ses lumières, il partage la gloire et les avantages des succès. La protection directe du gouvernement, l'estime de ses concitoyens, l'agrandissement de sa fortune deviennent l'inestimable récompense de ses soins et de ses travaux assidus. L'accroissement des richesses par l'agriculture est si rare en France, qu'on seroit tenté d'y regarder comme fabuleuses ou du moins comme exagérées les anecdotes anglaises de ce genre, si elles n'étoient appuyées de témoignages irrécusables. Peu après que les défrichemens du Norfolk eurent été commencés, on citoit un monsieur *Marley de Barsham* qui, par son industrie et ses procédés agricoles,

---

M. William Spéechly, que sous la latitude d'Ely (52 degrés 20 minutes) les raisins mûrissoient quelquefois, et qu'alors les religieux en faisoient du vin, et que quelquefois aussi ils ne mûrissoient pas : dans ce dernier cas, on les convertissoit en verjus. Il en est de même aujourd'hui dans Derbyshire. Les treilles qui croissent le long des murailles exposées au Midi, produisent de très-bons raisins quand l'été est chaud ; si la saison est humide et froide, ils ne sont pas mangeables. *A Treatise on the culture of the vine, etc., by William Speechly.*

avoit porté en très-peu d'années son revenu annuel de 4,500 à 20,000 f. L'auteur de l'*Arithmétique politique* fait mention d'un autre cultivateur qui, par les mêmes moyens, et dans un moindre espace de temps encore, avoit octuplé sa rente territoriale. La France ne nous fournit aucun exemple de ce genre à citer; et l'on ne s'en étonne pas, quand on réfléchit que, parmi nous, les grands capitaux ont toujours été absorbés, soit par les spéculations financières, soit par l'agiotage, que les entreprises rurales ont été exclusivement abandonnées aux vains efforts de la classe la moins instruite et la plus pauvre de la nation, que le gouvernement n'a presque jamais rien fait de ce qu'il auroit pû, de ce qu'il auroit dû faire pour les vivifier et les seconder par les puissans effets d'une protection immédiate. Si quelquefois il sembla s'en occuper, ce ne fut que pour les étouffer sous une masse de lois prohibitives ou fiscales. Il est vrai, Sully, pendant son ministère, donna une grande impulsion à l'agriculture française; mais cet élan fut bientôt arrêté par l'obstacle irrésistible que lui opposa le système des parlemens. Colbert, homme d'état sous tant de rapports, fut souvent obligé de sacrifier à l'ignorance et au préjugé les grands principes de l'économie politique. Il lui fallut pour se conformer à l'esprit du temps, ne voir la source des richesses nationales que dans les manufactures; tous ses soins, toutes ses sollicitudes semblèrent ne se porter que vers les moyens d'approvisionner au plus bas prix possible les ouvriers qu'on y emploie.

Le cultivateur fut aussitôt privé de la faculté d'exporter le superflu de sa subsistance, non seulement au dehors de la France, mais même d'une province à l'autre. Cette mesure impolitique amena une baisse nécessaire dans le prix des denrées, et chaque entrepreneur agricole chercha à proportionner le superflu de sa subsistance au petit nombre de consommateurs qu'il lui étoit permis d'approvisionner. Mais la chance des saisons ne répond pas toujours aux calculs des hommes : ce superflu se trouva bientôt soit au dessus, soit au dessous des besoins des manufacturiers; de là un cours très-irrégulier dans le produit des récoltes et dans le prix des denrées, les deux plus grands fléaux que puissent éprouver les manufactures et l'agriculture d'une nation. Un gouvernement peut bien contrarier, mais il n'est pas en son pouvoir d'anéantir l'intérêt naturel des hommes. Si les ministres qui ont dirigé la France, écrivoit, il y a dix ans, un observateur profond (1), eussent adhéré aux grands principes, il est difficile de dire où la prospérité de cet empire se seroit arrêtée. Une population de quarante millions d'habi-

---

(1) *Herrenschwand*, de l'Economie politique. Discours fondamental sur la population.

tans, et un revenu public net de deux milliards ne rempliroient peut-être pas encore la mesure des avantages dont elle jouiroit aujourd'hui ; car, lorsqu'on sait calculer les données de la nature et la force des vrais principes, on voit évidemment les germes d'une pareille grandeur dans le sein de ce puissant Etat. En ce moment même, et sur le pied de sa population actuelle, la France considérée dans une parfaite égalité avec l'Angleterre, devroit avoir un revenu public net de près d'un milliard et demi, l'Angleterre jouissant de ce revenu dans la proportion de sa population. Ce que l'Angleterre a fait avec des avantages naturels inférieurs, la France bien gouvernée l'eût opéré sans doute avec des avantages naturels supérieurs, avec le sol le plus riche et le peuple le plus industrieux. Puisse cette remarque n'être pas perdue pour ceux qui la gouvernent aujourd'hui ! Puisse l'homme d'état, qui compte l'agriculture au nombre de ses attributions ministérielles, la voir sans cesse au rang qu'elle doit occuper ! L'agriculture, les arts, le commerce, voilà l'ordre dans lequel se classent naturellement les diverses branches de notre richesse publique. Leurs rapports sont tellement immédiats, leurs succès réciproques sont tellement dépendans du parfait équilibre qui doit régner entre eux, que tous les efforts de celui qui les dirige seroient infructueux, s'ils ne tendoient incessamment à le créer s'il n'existe pas, ou à le maintenir s'il existe déjà. Toutefois il est hors de doute que l'impulsion première ne peut être donnée à l'ensemble que par l'agriculture, parce qu'elle en est le principe actif. Nous ajouterons encore un souhait à ceux que nous avons déjà formés : puisse l'amovibilité des places parmi nous, et sur-tout des places éminentes, n'être pas un obstacle aux heureux effets des grandes conceptions administratives !

Bernard Palissi avoit dit avant nous : « Il faut qu'vn chascun » mette peine d'entendre son art, » et pourquoy il est requis que les » laboureurs ayent quelque phi- « losophie (1) : ou autrement ils » font qu'auorter la terre et meur- » trir les arbres. Les abus qu'ils » commettent tous les iours ès ar- » bres, me contraignent en parler » icy d'affection ». L'instruction est nécessaire sans doute dans tous les genres de culture ; mais surtout dans celui qui a la vigne pour objet. La vigne n'est point une plante indigène de nos climats. Les divers effets de sa transmigration sont même tellement remarquables qu'en la considérant dans les différentes régions où sa culture est admise, on pourroit dire qu'elle est tantôt un arbre, tantôt un arbrisseau, et quelquefois seu-

---

(1) Ici le mot *philosophie* équivaut à celui *instruction*. Au temps où écrivoit Bernard Palissi, on disoit un philosophe pour désigner un homme instruit. *Voyez* l'ouvrage déjà cité.

lement un humble et timide arbuste. Sa force végétative et sa manière de végéter, les fluides dont elle s'alimente, et l'espèce de terre qui lui sert de réservoir, diffèrent à plusieurs égards de ceux de tous nos autres végétaux. Outre les connoissances générales, il en est donc de particulières, prescrites impérieusement par le mode de son organisation, à ceux qui veulent parvenir à des succès ?

Il n'est pas besoin de recourir à l'autorité des écrivains pour établir la nécessité non seulement d'avoir à sa disposition un assez gros capital, quand on veut jeter les fondemens d'un vignoble, mais même de posséder un revenu indépendant de celui qu'on peut en espérer, quand il est parvenu à son plein rapport. Les frais indispensables de l'établissement d'une vigne, les fréquens travaux, les soins presque minutieux qu'elle exige pendant son enfance, la lenteur avec laquelle elle laisse comme échapper les premiers signes de sa reconnoissance, leur qualité médiocre et le peu de valeur qu'on y attache, justifient assez la première assertion. La preuve de la seconde nous la trouvons dans les vicissitudes de sa reproduction. En effet, il n'est point de produit territorial sujet à autant de variations que celui-ci. Les blés, les prairies, les bois eux-mêmes ont bien à lutter aussi quelquefois et avec désavantage, contre les tempêtes, les débordemens, l'intempérie des saisons ; mais il est rare qu'ils soient atteints de ces fléaux pendant plusieurs années consécutives ; encore l'effet de ces désastres n'est presque jamais tellement accablant que le cultivateur ne trouve dans le reste de ses récoltes quelques moyens d'indemnités, par le surhaussement du prix des denrées qui lui restent ; mais la chance courue par le propriétaire des vignes est tout autrement incertaine. Les vignes ont bien plus à redouter le terrible effet de la grêle et des orages, parce qu'elles y restent plus long-temps exposées ; de l'intensité et de la longueur du froid de nos hivers, parce qu'elles y sont plus sensibles ; du givre qui pèse sur les tiges et sur la partie des sarmens qui sort des aisselles. Par son contact, la congélation se communique de point en point, l'épiderme se soulève, le tissu cellulaire s'écarte, et par son déchirement, produit une solution de continuité dans les canaux conducteurs de la sève, d'où résulte la paralysie partielle de la plante, si elle n'est frappée de mort toute entière. Ce n'est pas tout : souvent les pluies équinoxiales de germinal se prolongent assez pour surprendre la vigne pendant sa floraison, à l'époque des noces végétales ; en interdissant toute communication entre les parties sexuelles, elles sont un obstacle à l'acte de fécondation ; d'où résulte ce qu'on appelle la coulure, c'est-à-dire la stérilité. Des étés humides, les gelées tardives du printemps, les gelées prématurées des automnes sont encore des causes de destruction ou de détérioration des produits de la vigne. Enfin, il est un autre fléau tellement particulier à cette plante, qu'il qu'il ne doit pas même être soupçonné dans les pays où elle n'est pas cultivée en grand ; il est produit par l'abondance excessive de ses récoltes. En effet, quelquefois il arrive que les sarmens sont tellement surchargés de grappes, que le prix des vaisseaux destinés à contenir la liqueur, est double de celui qu'aura le vin qu'ils enfermeront.

Si, dans toutes ou dans chacune de ces circonstances, le propriétaire n'a pas des forces suffisantes pour n'être pas sensiblement atteint, c'est-à-dire, s'il ne peut résister, par des moyens pécuniaires, à la privation d'une ou de plusieurs récoltes consécutives ; s'il ne peut attendre que son vin ait acquis une qualité que souvent le temps seul peut lui donner ; s'il ne peut attendre l'époque, quelquefois assez éloignée, où le surhaussement nécessaire du prix le dédommageroit de ses premières avances, de ses déboursés de culture, des intérêts de ces sommes réunies, et du bénéfice qui doit être la conséquence de son industrie : c'en est fait de lui, de sa famille ; les voilà tous dans la misère, et peut-être pour n'en sortir jamais. Ces exemples ne sont que trop fréquens parmi nous. Aussi, pénétrez dans nos pays vignobles ; c'est là, il en faut convenir, que vous trouverez une nombreuse, une immense population ; mais une population pauvre et misérable. Vous y verrez ces infortunés propriétaires vignerons, qui composent la classe la plus active, la plus exercée aux travaux les plus pé-

Tome X.

nibles de l'art agricole, épuisés de fatigue, dès l'âge de quarante ans, et succomber bientôt après sous le poids d'une vie qu'on peut appeler immodérément laborieuse, parce que les moyens réparateurs ne sont presque jamais proportionnés à l'épuisement des forces. L'état qui voudroit calculer sa grandeur, d'après une telle population, s'exposeroit à tomber dans de bien graves erreurs. La population, sans doute, peut servir de régulateur ou de mètre pour apprécier ou mesurer la puissance des nations. Mais qui ne sait que l'excès de procréation ou le manque de population produisent les mêmes effets ? que dans l'une et l'autre circonstance, un état tend également vers son déclin, et qu'il y a excès de procréation toutes les fois que les moyens d'existence ne sont pas proportionnés au nombre des hommes ?

Si l'on inféroit de ce peu de mots, qu'à mon avis la culture de la vigne est un fléau pour la France, un obstacle à ses richesses, à sa puissance, on supposeroit une pensée bien étrangère à mes véritables pensées ; on me supposeroit un système d'économie politique et rurale, entièrement dissemblable de celui que je professe ; on m'attribueroit d'être en contradiction avec ce que tout le monde voit, avec ce que j'ai déjà dit et ce que je dirai encore dans le cours de cet ouvrage. Au contraire, j'ai cru devoir établir le principe, non pas seulement parce qu'il est incontestable par lui-même, mais parce que son développement peut être

N

une occasion d'éclairer ceux qui, confondant sans cesse les causes avec les effets, ne trouvent de remède au mal dont ils s'allarment, qu'en proposant une question que j'appellerois volontiers un blasphême politique, et qu'ils posent ainsi : Les vignes ne sont-elles pas nuisibles à la prospérité rurale de la France ? Ne seroit-il pas avantageux du moins d'en resteindre la culture ?

Ce même principe est encore, à mon avis, un argument sans réplique contre les projets des partisans exclusifs et irréfléchis des petites cultures, du morcellement, des divisions, et subdivisions à l'infini des propriétés, qui refusent de voir que c'est là, précisément là, que les moyens sont toujours inférieurs à ceux qu'exigeroit une bonne culture.

On peut ranger sous trois classes principales le plus grand nombre des propriétaires de vignes, savoir : les propriétaires résidens non ouvriers, qui font cultiver par autrui et qui récoltent par eux-même ; les propriétaires ouvriers vignerons, et les propriétaires soit absens soit résidens, qui sont dans l'usage d'affermer ou de faire cultiver et de récolter, à moitié fruits. Les premiers en général ne manquent pas, si l'on veut, des moyens strictement nécessaires aux premiers besoins ; mais ils languissent, la plupart, dans un état de gêne, de médiocrité, qui seulement les laisse vivre, si j'ose m'exprimer ainsi. Leur manière d'être n'est pas la pauvreté elle-même ; mais elle l'avoisine de si près, que les enfans ne peuvent aller chercher nulle part l'éducation, les connoissances qui procurent ou du moins qui tiennent lieu de la fortune. A la mort du chef de la famille, le domaine est divisé en autant de parts que l'on compte d'héritiers ; et ceux-ci se trouvent introduits dans la classe des pauvres, par cela même qu'ils sont devenus propriétaires, et qu'ils se reposeront infailliblement sur le genre de reproduction le plus incertain ; car il n'a une valeur positive déterminée que pour ceux qui peuvent le calculer sur le taux moyen de sept années du revenu.

Les ouvriers vignerons ont non seulement à lutter contre les funestes effets des divisions territoriales, bien plus multipliées encore dans cette classe que dans la première, parce que la procréation y est plus grande ; mais encore contre les suites inséparables d'une culture essentiellement négligée. Pressés sans cesse par les besoins, sans cesse obligés de recourir à des salaires, incessamment tourmentés du désir de travailler leur propre héritage, ils se pressent, s'excèdent de fatigues, ne donnent par-tout que des façons incomplètes ; et leur bien, comme celui du voisin qui les a occupés, languit dans le plus mauvais état de culture. Bien plus heureux sont les ouvriers vignerons qui, dégagés de la manie d'être propriétaires, savent borner leur ambition aux seuls bénéfices de leurs entreprises, parce que ceux-ci ne leur manquent jamais.

Que dirons-nous de ceux qui

composent la troisième classe, de ces insoucians et coupables propriétaires, qui abandonnent aveuglément leur patrimoine vignoble, à l'ignorance, à la paresse des ouvriers, ou à l'avidité des fermiers? Aucun genre de propriété n'est moins fait pour un tel abandon, parce qu'aucun n'est plus susceptible d'une prompte dégradation ou de dépérissement total. On peut bien appauvrir, stériliser même en quelque sorte une terre à blé par un mauvais assolement ou la privation des engrais; mais une ou deux années de soins suffisent communément pour lui rendre sa fertilité première. Une vigne livrée à elle-même, pendant une année seulement, est une vigne perdue à jamais. De grands capitaux, en raison de son étendue, et quinze années de travail ne pourront obtenir les mêmes produits d'un terrain qu'elle couvroit. La patrie qui ne peut être indifférente sur les succès ou sur les erreurs des propriétaires, parce qu'elle est intéressée à maintenir ses approvisionnemens au-dedans, et la réputation de ses vins au-dehors; la patrie, dis-je, sera bientôt vengée. Le propriétaire marche vers sa ruine, et sitôt qu'il a manifesté son incurie, quelque riche qu'on le suppose, sa fortune a dû prendre une marche rétrograde. Champier remarquoit, il y a plus de deux siècles, que les vins d'Orléans devoient le renom dont ils jouissoient, à la surveillance, à l'extrême attention que les propriétaires apportoient, soit à la culture des vignes, soit à la fabrication des vins. Ils ne s'en rapportoient qu'à eux seuls; ils formoient de ce travail leur unique occupation, et portoient jusques dans les moindres détails l'œil vigilant du maître. Au lieu que les Lyonnois et les Parisiens, distraits par leur commerce et leurs affaires, achetoient un vignoble plutôt comme un bien agréable que comme un bien utile, et en abandonnoient entièrement le soin à des mercenaires. « D'où vient, dit Liébaut, que rarement vous entendrez dans la conversation un Orléanois ou un Bourguigon se plaindre de ses vignes, et que vous entendrez au contraire un Parisien se plaindre sans cesse des siennes? C'est que l'un y veille lui-même, s'en occupe, tandis que l'autre s'en rapporte à un vigneron ignorant ou fripon ».

Les étrangers ont fait la même remarque sur leur territoires-vignobles. Voulez-vous savoir, dit M. Meiners, en parlant du prix des vignes dans la Franconie, pourquoi cinquante ares (environ un arpent) se vendent cinq cents florins à Veitzhœchheim, pendant que près de Vurtzbourg, la même étendue n'en vaut que cent? C'est que les vignes voisines de Veitzhœchheim sont sous l'inspection et la surveillance immédiate des propriétaires, et que la plus grande partie des vignes de Vurtzbourg sont affermées ou abandonnées à des vignerons intéressés ou négligens; les propriétaires ne les visitent presque jamais. Plusieurs familles de Vurtzbourg ont été ruinées par leurs vignes, parce que cette culture demande des avances et des soins continuels (1).

Heureusement on compte parmi nous, dans nos grands vignobles sur-tout, un certain nombre de cultivateurs pleins de sèle, de lumière et d'activité, qui, en agrandissant leur fortune, conservent et propagent l'antique renommée des vins de France. Puisse la foule des cultivateurs les prendre pour modèle et contribuer aux richesses d'une nation qui, dans ce genre de culture n'a point de rivale! La France seule peut recueillir sur ses collines, sur ses roches garnitiques et calcaires, dans ses sables, pour ainsi dire les plus arides, et sans toucher ni à ses terres a blé, ni à celles qui sont propres aux fourrages; un genre de production par lequel, non seulement elle approvisionne ses habitans d'une boisson agréable et salutaire, mais qui est, par l'effet de leur propre industrie, le genre de commerce d'exportation le plus lucratif et le plus considérable qu'il y ait au monde.

CHAPITRE PREMIER.

Notice historique sur les vignes et les vins de France.

L'Europe est redevable à l'Asie, non-seulement de la civilisation et des arts, mais encore de la plupart de ses graminées, de ses fruits, de ses plantes potagères, et même de la vigne. Les phéniciens, qui parcouroient souvent les côtes de la Méditerrannée, en introduisirent la culture dans les îles de l'Archipel, dans la Grèce, dans la Sicile (2), enfin en Italie et dans le territoire de Marseille. Elle n'avoit encore fait que bien peu de progrès en Italie, sous le règne de Romulus, puisque ce prince y défendit les libations de vin, qui depuis long-temps étoient en usage dans tous les sacrifices des nations asiatiques. C'est Numa qui, le premier, les permit; et Pline ajoute que ce fut un des moyens qu'employa la politique pour propager ce genre de culture. Bientôt après, les produits en devinrent en effet tellement abondans, qu'on put se livrer, et qu'on s'abandonna à l'usage du vin, avec si peu de modération que les dames romaines elles-mêmes ne furent pas sans reproches à cet égard. Les excès dans ce genre les entraînèrent insensiblement à quelques autres qui atteignirent, de plus près encore, l'amour-propre des maris. Ils réclamèrent avec empressement; leurs plaintes et leurs cris se firent entendre de toutes parts. De-là la loi terrible qui portoit peine de mort contre les femmes qui boiroient du vin; et celle moins sévère qui autorisoit leurs parens à s'assurer de leur sobriété en les baisant sur la bouche, par-tout où ils les rencontroient. Ce dernier usage eut aussi ses inconvéniens.

---

(1) Notice historique sur les vins de Franconie et la culture de la vigne dans ces contrées, par *M. Meiners*, à Gottingue, etc.

(2) On dit la *culture*, parce que, dès le temps d'Homère, la vigne croissoit sauvage en Sicile, et probablement même en Italie.

On en vint à mettre tant d'empressement à offrir, d'une part, la preuve de cette abstinence; et, de l'autre, à l'acquérir, que les membres des familles se multiplioient en raison des moyens de se plaire mutuellement, et que bientôt il ne fallut plus, pour se prétendre parent, que se trouver aimable. Ce reproche est au nombre de ceux dont Properce se crut en droit d'accabler son infidèle Cinthie (1).

Les mêmes abus avoient provoqué la même peine dans la république Marseilloise; mais là, comme chez les romains, son extrême sévérité fut un obstacle à son application. On ne tarda pas à fixer, à l'âge de trente ans pour l'un et l'autre sexe, le droit de boire du vin. Bientôt on s'apperçut que c'étoit trop restreindre encore la consommation d'une denrée précieuse, mais devenue si commune que son abondance même étoit un mal : il fallut abandonner à chacun le droit d'en user à son gré.

Cependant la culture de la vigne s'étendoit progressivement dans les Gaules. Elle occupoit déjà une partie des coteaux de nos départemens du Var, des Bouches du Rhône, de l'Hérault et de Vaucluse, du Gard et des Hautes et Basses-Alpes, de la Drome, de l'Isère et de la Lozère, quand Domitien, soit par ignorance, soit par foiblesse, comme le dit Montesquieu, ordonna, à la suite d'une année où la récolte des vignes avoit été aussi abondante que celle des blés chétive et misérable, d'arracher impitoyablement toutes les vignes qui croissoient dans les Gaules : comme s'il y avoit quelque chose de commun entre la manière d'être et de croître de ces deux familles de végétaux! comme si les produits de l'une pouvoient jamais être un obstacle à la récolte de l'autre ! comme si enfin, les terres à vignes n'étoient pas alors, comme aujourd'hui, au moins dans le sol qu'habitoient les Gaulois (2), des terres entièrement impropres à la reproduction des céréales !

Quoi qu'il en soit, nos pères, par cet édit désastreux, se virent condamnés à ne se désaltérer désormais qu'avec de la bière, de l'hydromel ou quelques tristes infusions de plantes acerbes. Cette privation qui remonte à l'année 92 de l'ère ancienne, s'étendit à deux siècles entiers. Ce fut le sage et vaillant Probus qui, après avoir donné la paix à l'empire par ses nombreuses victoires, rendit aux Gaulois la liberté de replanter la vigne. Le souvenir de sa culture et des avantages qu'elle avoit produits ne s'étoit point encore effacé de leur mémoire ; la tradition avoit même conservé parmi eux les détails les plus essentiels de l'art du vigneron. Les plants apportés de nouveau, par la voie du

---

(1) *Quin etiam falsos fingis tibi sæpe propinquos,*
Oscula ne desint qui tibi jure ferant.

(2) Voyez ci-après le § où l'on traite du sol et du climat propres à la vigne.

commerce, de la Sicile, de la Grèce, de toutes les parties de l'Archipel et des côtes d'Afrique, devinrent le type de ces innombrables variétés de cépages qui couvrent encore aujourd'hui les coteaux vignobles de la France. Ce fut un spectable ravissant, au rapport de Dunod (1), de voir la foule des hommes, des femmes et des enfans s'empresser, se livrer à l'envi et presque spontanément à cette grande et belle restauration. Tous en effet pouvoient y prendre part; car la culture de la vigne a cela de particulier et d'intéressant qu'elle offre dans ses détails des occupations proportionnées à la force des deux sexes, à celle de tout âge. Tandis que les uns brisoient les rochers, ouvroient la terre, en extirpoient d'antiques et inutiles souches, creusoient des fosses, les autres apportoient, dressoient et assujettissoient les plants. Les vieillards, répandus dans les campagnes, désignoient, d'après les renseignemens qu'ils avoient reçus dans leur jeunesse, les coteaux les plus propres à la vigne; ivres d'une joie fondée sur l'espoir de partager encore avec leurs enfans la jouissance de ses produits, ils les consacroient religieusement au dieu du vin, élevoient même sur leur cime des temples agrestes en son honneur (2).

Soit que le climat des Gaules eût acquis une plus douce température par le desséchement des eaux croupissantes, par la destruction des vieilles forêts (3); soit que l'art de cultiver se fût perfectionné la vigne n'eut plus pour limites,

---

(1) Histoire des Séquanois.
(2) Dunod, *Histoire des Séquanois*.
(3) Il n'est pas douteux que dans l'espace de deux ou trois siècles, l'accroissement de la population et les travaux de la culture en général n'aient dû contribuer à modérer la rigueur du froid. Il s'en faut beaucoup que l'on puisse juger de la température d'un lieu par sa latitude seulement. Les parties de l'Amérique, par exemple, qui sont placées à une latitude correspondante à celles de la France, de l'Allemagne, de la Prusse, de la Pologne, de la Hongrie sont infiniment plus sujettes que celles-ci aux variations atmosphériques, aux grands froids. Les anciennes descriptions du climat de la Germanie tendent à confirmer que les hivers étoient autrefois beaucoup plus longs, plus rigoureux en Europe qu'ils ne le sont aujourd'hui. Diodore de Sicile nous dit (*liv.* 5), que les grands fleuves qui parcouroient les provinces romaines, le Rhin et le Danube, étoient souvent pris de glace dans toute la profondeur de leurs eaux, et capables de supporter les poids les plus énormes; que les Barbares choisissoient ordinairement la saison rigoureuse pour faire leurs invasions, parce qu'ils transportoient, sans crainte comme sans danger, leurs nombreuses armées, leur cavalerie et leurs pesans charriots par ces grands et solides ponts de glace.

Les naturalistes modernes observent que la renne, cet utile animal, dont les sauvages du Nord tirent les seuls soulagemens à leur vie misérable, est d'une constitution telle que non-seulement elle soutient, mais qu'elle exige le froid le plus excessif. On la trouve sur les rochers du Spitzberg, à 10 degrés du pole; elle semble se récréer dans les neiges de la Laponie et de la Sibérie. Maintenant elle ne peut subsister, encore moins se multiplier dans aucun pays situé au Sud de la mer Bal-

comme autrefois, le Nord des Cévennes ; elle gagna bientôt les coteaux du Rhône, de la Saône, le territoire de Dijon, les rives du Cher, de la Marne et de la Moselle. Dès le commencement du cinquième siècle, c'est-à-dire dans l'espace de deux cents ans, elle avoit fait ces rapides progrès, lorsque les barbares du Nord, attirés par l'appas de la boisson séduisante qu'on en obtient, se précipitant pour ainsi dire les uns sur les autres, comme les flots de la mer, vinrent inonder les terres de l'Empire. La fameuse loi *ad Barbaricum* qui défendoit à toute personne *d'envoyer du vin et de l'huile aux Barbares, même pour en goûter*, étoit tombée en désuétude, ou plutôt les Bourguignons, les Visigots et les Francs ne voulurent plus attendre qu'on leur envoyât de l'une ou de l'autre de ces liqueurs, ils vinrent les chercher eux-mêmes. La comparaison qu'ils firent du vin de la Gaule, avec la bière et l'hydromel dont ils avoient coutume de s'abreuver, détermina presque instantanément les uns à fixer leur séjour dans les contrées où la culture de la vigne étoit déjà établie, les autres à la propager de leurs propres mains dans les cantons où elle n'avoit pas encore pénétré. Leurs efforts furent secondés par les réglemens les plus favorables aux planteurs. La loi salique et celle des visigots vouloient que des amendes fussent décernées contre ceux qui arracheroient un cep ou qui voleroient un raisin. La protection que le gouvernement accordoit à la propriété des vignes, les fit regarder comme un objet sacré. « Chilpéric ayant taxé chaque possesseur des vignes à lui fournir annuellement un amphore de vin pour sa table, il y eut une revolte en Limosin. L'officier chargé de percevoir ce tribut odieux, y fut même massacré ».

Cependant les tentatives de ces divers peuples ne furent pas également heureuses par-tout. Les vignes ne réussirent pas plus sur les côtes de la Manche que sur celles du Pas-de-Calais, quoiqu'elles occupassent, les premieres sur tout, un sol dont la latitude est beaucoup plus méridionale que celles de Coblentz ou de Bonn où le raisin parvient à un degré assez satisfaisant de maturité ; et quoique dans toutes les deux, au moins dans quelques endroits, la nature du terrain ne paroisse pas devoir être défavorable à ce genre de culture. N'est-ce point à une circonstance purement locale et par-

---

tique ; et du temps de César, cet animal, de même que l'élan et le taureau sauvage, habitoient la forêts Hercinie qui ombrageoit une grande partie de la Germanie et de la Pologne. Le Canada est aujourd'hui la peinture exacte de l'ancienne Germanie. Quoique situé sous le même parallèle que le centre de la France et les comtés les plus méridionaux de l'Angleterre, on y éprouve le froid le plus rigoureux ; les rennes y sont en grand nombre, la terre y est couverte de neiges épaisses et durables, et le grand fleuve Saint-Laurent est régulièrement glacé dans une saison où les eaux de la Seine et de la Tamise coulent parfaitement libres. C'est à la culture seule que cette grande différence doit être attribuée.

ticulière aux côtes des haute et basse Normandie, aux parties occidentale de la Picardie et septemtrionale de la Bretagne qu'il faut seulement attribuer le peu de succès des efforts qu'on a tentés à cet égard? Telle est notre opinion; elle est fondée sur une observation qui sera présentée avec quelque développement dans le chap. cinquième au paragraphe intitulé: *Du sol et du climat propres à la culture de la vigne*. On est tellement convaincu aujourd'hui de l'impossibilité d'obtenir du vin passable dans ces territoires que beaucoup de personnes doutent que la vigne y ait jamais été cultivée en grand.

Mais les témoignages de l'histoire ne sont point équivoques sur ce fait; ils sont même assez multipliés. Les environs de Rennes, de Dol, de Dinan, de Monfort, de Fougères et de Savigné ont eu leurs vignobles. L'historien D. Morice en fait mention et ajoute avec une sorte d'humeur qu'ils sont plus propres à fournir du bois, du gland du charbon et du vin. Un gentil-homme Breton, nommé Dulattai, saisissant un jour l'occasion de louer sa patrie, dit devant François Ier., qu'il y avoit en Bretagne trois choses qui valoient mieux que dans tout le reste de la France, les chiens, les vins et les hommes.

Pour les hommes et les chiens, il peut en être quelque chose, reprit le roi, mais pour les vins, je ne puis en convenir, *étant les plus verds et les plus âpres de mon royaume.* Il ne s'agissoit sans doute que de ceux de la Basse-Bretagne.

Une vie de Saint-Filibert, abbé de Jumièges, au pays de Caux, fait mention des vignes voisines de ce monastère. Richard II, duc de Normandie, donna au monastère de Fécamp le bourg d'Argentan qui avoit la réputation de produire de *très-bon* vin. *Très-bon!* sans doute en comparaison des autres vins de Normandie. Il y a eu des vignes à Bouteilles près de Dieppe et à Pierrecourt sous Foucarmont. On voit par les détails de la journée dite l'*Erreur d'Aumale*, que Henri IV y perdit deux cents arquebusiers à cheval qui furent coupés et faits prisonniers, parce que les échalas de la plaine d'en bas, voisine de Neufchâtel, les avoit retardés dans leur reraite (1). Huet (2) fait mention des vignobles voisins de Caen; il en existe encore deux de nos jours dans la même contrée, Colombel et Argence. Nous avons été à portée de goûter le produit de ce dernier crû, et il faut convenir qu'il seroit difficile de préparer pour la cuisine un verjus plus acerbe que ne l'est ce vin. On voit encore des vignes en Picardie; le territoire de Cagni, près d'Amiens, n'est pour ainsi dire qu'un vignoble. On en trouve aussi près de Montdidier et dans quelques autres cantons du département de la Somme; mais la qua-

---

(1) Essai sur le département de la Seine-Inférieure, par S. B. J. Noël.
(2) Antiquités de Caen.

lité

lité des vins qu'ils donnent, diffère peu de celle des crûs de Normandie. Enfin, il n'est pas jusqu'au petit pays de Thérouenne, de quelques degrés plus septentrional qu'Amiens, qui n'ait eu son vignoble ; puisque dans une charte du septième siècle, par laquelle Clotaire III autorise les moines de Saint-Bertin à faire quelques échanges, on remarque que les *vignes* font partie de l'un des lots. On a cru devoir entrer dans quelques détails sur ce fait historique de la végétation, pour dissiper les doutes que la vraisemblance pouvoit autoriser. Il est certain que la vigne végète, mais ne peut produire du vin, même passable, sur la longue côte maritime qui s'étend depuis Calais jusqu'à Nantes. Les cultivateurs de cette grande contrée auroient donné une preuve non équivoque de sagacité, s'ils s'étoient bornés, pour leur boisson, à la nature des bons arbres à cidre, qui leur réussit si bien. Que n'imitoient-ils leurs voisins de la Belgique ? Ceux-ci, constamment dirigés dans leurs entreprises agricoles par un bon esprit et un raisonnement sain, s'en sont tenus à leur antique culture de l'orge et du houblon. En effet, le bon cidre et la bonne bière valent mieux que le vin d'Argence.

Autant ces dernières entreprises vignicoles ont été déplorables, autant furent heureux les essais du même genre qu'on en fit par-tout ailleurs. Car il n'est aucune de nos provinces placées soit à l'orient, soit au midi, soit au centre de la France (1), qui n'ait présenté des sites, des territoires entiers, favorables à la culture de la vigne ; il n'en est aucune qui ne renferme quelques crûs recommandables, et dont les produits en eau-de-vie ou en vin n'aient acquis quelque renom. Il est vrai que, parmi ces réputations, il en est qui n'ont eu qu'un temps, que quelques unes ont même été bornées à une durée éphémère, parce qu'une seule circonstance suffit pour les détruire et les faire oublier. Un changement de propriétaire est suivi communément d'une nouvelle méthode de culture ; cette culture moins bien surveillée, quelque négligence dans l'entretien ou le renouvellement des cépages les mieux appropriés au sol et au climat, quelques soins de moins ou quelque attention omise dans la fabrication des vins, c'en est assez pour discréditer peut-être à jamais les récoltes d'un vignoble. S'il arrive, comme les exemples n'en sont que trop fréquens aujourd'hui, sur-tout dans le voisinage des grandes villes, où la consommation est immense et par conséquent le débit assuré, que le propriétaire sacrifie le système de la qualité à celui de l'abondance, il n'est pas douteux que son crû ne jouira plus désormais de la renommée que lui avoit acquise une toute

---

(1) Il faut peut-être en excepter la Marche (le département de la Creuse). « C'est une remarque curieuse, dit Labergerie, qu'à partir de la ligne de Paris, vers le midi, il y ait des vignes dans tous les départemens, sinon dans celui de la Creuse, qui est entouré de tous côtés par des vignobles ». *Traité d'Agriculture Pratique*, ou *Annuaire des Cultivateurs du département de la Creuse*, etc.

autre manière de le diriger. N'est-ce pas à l'avidité ou à l'incurie des colons qu'il faut attribuer l'oubli dans lequel sont tombés les vins italiens de Massique, de Cécube et de Falerne, tant chantés par Horace et par ses contemporains ?

Toutefois la France produit des vins qui n'ont rien perdu de leur célébrité pendant une succession de quinze siècles ; et combien n'en produit-elle pas qui sont encore ignorés, et auxquels il ne manque que d'être connus pour lutter avantageusement peut-être avec les premiers ? Il en est de la réputation des vins comme de celle des hommes, pour sortir de la foule où l'on reste oublié ; il ne suffit pas d'avoir un mérite réel ; quelquefois encore il faut des circonstances favorables, ou un heureux hasard qu'on ne rencontre pas toujours. A qui, en effet, n'est-il pas arrivé en voyageant, de boire, dans un canton inconnu, des vins délicieux auxquels il ne manque, pour acquérir une renommée, que d'être produits sur des tables somptueuses? Les grands qui accompagnèrent Louis XIV à son sacre, rendirent aux vins de Silleri, d'Hauvillers, de Versenai et de plusieurs autres territoires voisins de Reims, la célébrité qu'ils avoient eue autrefois, et dont ils ont joui depuis. Le vin de la Romanée doit la sienne en partie à de bons procédés de culture et de fabrication, mais surtout à une circonstance heureuse, dont sut habilement profiter, il n'y a guère plus de soixante ans, un nommé Cronambourg, officier allemand au service de France, qui avoit épousé l'héritière de ce vignoble. Les vins de Bordeaux étoient avantageusement connus dès le quatorzième siècle, puisqu'ils étoient déjà l'objet d'exportation le plus avantageux au commerce de l'Aquitaine ; mais la consommation qu'on en fait dans l'intérieur de la France, à Paris sur tout, a triplé depuis quarante ans. Cette espèce de révolution se rapporte à une anecdote assez futile ; mais elle trouve naturellement ici sa place, parce que les conséquences en sont très-importantes au commerce français.

Le maréchal de Richelieu avoit contribué au gain de la bataille de Fontenoi ; il revenoit vainqueur de la campagne de Mahon. Favori de Louis XV, envié des grands, et gâté par les femmes de la cour, il jouissoit dans le monde, non pas d'une considération imposante, mais de cette sorte de célébrité à laquelle on n'est point insensible quand on n'est pas philosophe. Madame de Pompadour qui avoit assez d'esprit pour sentir la nécessité d'attacher quelque éclat à la misérable qualité d'être publiquement la maîtresse du roi, conçut le projet de faire épouser mademoiselle Lenormand sa fille, au duc de Fronsac, fils de Richelieu. Le Maréchal dédaigna cette alliance avec une hauteur qui, en faisant sentir à la favorite toute la bassesse de sa profession, irrita en elle tous les sentimens de la vengeance. Richelieu n'étoit pas un ennemi ordinaire ; cependant elle réussit à l'éloigner de la cour. Il reçut avec le brevet de commandant de

Guienne, l'ordre d'aller établir sa résidence à Bordeaux. On l'y reçut avec un empressement et des honneurs qui, dans des temps moins calmes, auroient pu donner quelque inquiétude au souverain qu'il représentoit. Son palais devint bientôt le rendez vous habituel de tout ce que renfermoit cette belle cité d'hommes riches et bien élevés, de femmes aimables ou jolies. De Gasq, président du parlement, et grand propriétaire dans les vignobles du voisinage, y fut accueilli des premiers et avec une sorte de distinction, parce que le ton aisé de la société, son goût pour le jeu et pour tous les plaisirs, rapprochoient sa manière d'être et ses inclinations de celles du maréchal dont il devint bientôt en effet l'ami particulier. Dans les fêtes magnifiques qu'il s'étoit fait la douce habitude de rendre à ce commandant de la Guienne, auquel il ne manquoit que le titre de roi, car il en avoit tout le faste et presque toute la puissance, de Gasq ne manquoit jamais de donner aux meilleurs vins de Bordeaux qu'il faisoit servir, les noms des crûs où il étoit propriétaire. Ce petit manège assez commun aux possesseurs des denrées de cette nature, lui réussit tellement que bientôt le Maréchal ne voulut, pour ainsi dire, offrir à ses convives, en vins de Bordeaux, que ceux du président; et sitôt que les circonstances lui permirent son retour à Paris, il voulut que ses caves y fussent abondamment pourvues des mêmes vins. Richelieu, si près de la cour, n'osa pas y étaler le faste de la vice-royauté qu'il avoit exercée en Guienne ; mais sa réputation d'homme d'esprit et de bon goût, d'heureux capitaine, d'ancien favori du roi et de courtisan plutôt adroit que servile, lui conserva dans le monde une prépondérance marquée sur les hommes de son rang, qui avoient aussi la manie de vouloir être imités. Les vins de Bordeaux continuérent d'être servis sur la table du maréchal avec une sorte de prédilection, et presque toujours sous le nom de vin de Gasq. A la cour comme à la ville, le nombre de ses imitateurs fut bientôt incalculable. Selon l'usage, pour tout ce qui est de mode, il en fut de même dans la plupart des grandes villes de province; de là, l'étonnante consommation qui s'est faite depuis et qui se fait encore dans l'intérieur de la France, de vins de Bordeaux ou *réputés* de Bordeaux (1).

J'aurois voulu présenter ici avec méthode et placer dans son ordre chronologique la création des principaux vignobles français ; mais les monumens historiques de l'agriculture nationale ne nous fournissent rien d'assez précis à cet égard : quoi qu'on en ait dit, nous n'avons point encore eu de Pline. Je ne puis mieux faire en ce moment que de marcher sur les traces de le Grand d'Aussy qui a extrait avec tant de soin, des livres

---

(1) Voyez le chapitre suivant.

imprimés et manuscrits de nos principales bibliothèques tous les renseignemens qu'il est possible de se procurer sur cette matière, et qui les a présentés avec tant d'art. Au surplus, si le tableau de la nomenclature que nous offrirons au lecteur laisse beaucoup à désirer, quant à la forme, nous ne croyons pas du moins qu'il en soit ainsi pour le fond.

Tout annonce que les vignes se sont propagées parmi nous, à la seconde époque de leur plantation, en partant du midi, du voisinage de Marseille ; cette culture suivit aussitôt deux directions, pour ainsi dire opposées l'une à l'autre ; savoir celle du nord et celle du sud-ouest. La première pénétra par le Dauphiné sur les coteaux du Rhône, les bords de la Saône, et toute cette fameuse côte formée de monticules, qui traverse la Bourgogne du midi au nord ; de là elle s'étendit par le pays des Séquanois (la Franche-Comté), sur la rive gauche du Rhin, sur les coteaux de la Marne, de la Moselle, et sur ceux qui bordent la Seille.

La seconde branche se dirigea par le sud-ouest vers le Languedoc, la Gascogne et la Guienne.

Il est vraisemblable que de ces deux branches principales naquirent des ramifications qui s'étendirent à l'intérieur, en raison de la situation topographique des différentes provinces et des relations qu'avoient entre eux ceux qui les habitoient. C'est ainsi sans doute que les Périgourdins, les Limosins, les Augoumoisins, les Saintongeois, les Rochelois, et peut-être les Poitevins, se procurèrent les plants de vigne et la culture déjà introduits dans la Guienne ; que les habitans de l'Auvergne, du Bourbonnois, du Nivernois et du Berri reçurent les leurs du Lyonnois, pour les transmettre de même aux Tourangeaux, aux habitans du Blaisois et aux Angevins. Le Gatinois, l'Orléanois, l'Isle de France reçurent les leurs des vignobles qui servent de limites aux anciennes provinces de Bourgogne et de Champagne. Les plants furent communiqués et leur culture se propagea avec une rapidité qui semble inconcevable, quand on réfléchit avec combien de lenteur on parvient de nos jours à faire adopter les bons principes et les meilleurs procédés de culture. Il est vrai que dans ces temps reculés les grands propriétaires ne dédaignoient pas de diriger personnellement les exploitations rurales ; et il faut ajouter que les souverains eux-mêmes n'étoient pas étrangers aux détails de l'agriculture, *cette belle science*, dit Olivier de Serres, *qui s'apprend en l'école de la nature qui est prouignée par la nécessité et embellie par le seul regard de son doux et profitable fruit* (1). Les premiers ducs de Bourgogne firent faire beaucoup de plantations pour leur propre compte. On voit, dans plusieurs de leurs anciennes ordonnances, combien ils se flattoient d'être qua-

---

(1) Préface du Théâtre d'Agriculture.

lifiés *seigneurs immédiats des meilleurs vins de la chrétienté, à cause de leur bon pays de Bourgogne, plus famé et renommé que tout autre en croît de vin.* Les princes de l'Europe, dit Paradin (1), désignoient souvent le duc de Bourgogne sous le titre de *Prince des bons Vins.* Quand les papes eurent transporté en France le siége pontifical, en 1308, leur table, celle des cardinaux et des principaux officiers de la cour papale furent toujours fournies de vins aux dépens du monastère de Cluni ; et l'on conjecture que c'étoit du vin de Beaune, parce que Pétrarque, écrivant au pontife Urbain V, et réfutant les différentes raisons qui retenoient les cardinaux audelà des monts, disoit leur avoir entendu alléguer *qu'il n'y avoit point de vin de Beaune en Italie.*

On transportoit à Reims des vins de Bourgogne pour la cérémonie du sacre des rois de France. Lors du couronnement de Philippe de Valois, en 1328, le vin de Beaune y fut vendu 56 francs la queue, somme très-considérable pour ces temps. Les États-généraux assemblés à Paris, en 1369, accordèrent un droit sur l'entrée des vins à Paris, droit plus juste dans sa perception, plus politique et mieux raisonné que celui qui fut établi depuis aux barrières de presque toutes les villes de France. Par celui-là, la taxe étoit la même pour les vins de Normandie que pour ceux de Bourgogne ; mais le premier établissoit une sage distinction entre la somme à percevoir sur les vins destinés à passer sur la table des riches, et celle qu'on imposoit sur ceux qui devoient être consommés par la classe la moins aisée des citoyens. Ce droit d'entrée fut porté à 24 s. ou 120 cent. par queue de vin de Bourgogne, et à 15 s. ou 75 cent. seulement par chaque mesure correspondante sur les vins communs de France. Philippe-le-Bon ne voyageoit point qu'il n'eût à sa suite des vins de ses domaines pour sa provision ; il avoit contracté l'habitude d'en faire passer tous les ans un certain nombre de pièces à Charles-le-Téméraire.

Les rois de France ne négligèrent pas non plus de faire planter des vignes dans leurs domaines. Les capitulaires de Charlemagne fournissent la preuve qu'il y avoit des vignobles attachés à chacun des palais qu'ils habitoient, avec un pressoir et tous les instrumens nécessaires à la fabrication des vins ; on y voit le souverain lui-même entrer, sur cette espèce d'administration, dans les plus grands détails avec ses économes. L'enclos du Louvre, comme les autres maisons royales, a renfermé des vignes, puisqu'en 1160, Louis-le-Jeune put assigner annuellement sur le produit, six muids de vin au curé de Saint-Nicolas. Philippe-Auguste, suivant un compte de ses revenus pour l'année 1200 rap-

---

(1) Annales, liv. 3.

porté par Bussel, possédoit des vignes à Bourges, à Soissons, à Compiègne, à Lâon, à Beauvais, Auxerre, Corbeil, Bétisi, Orléans, Moret, Poissi, Gien, Anet, Chalevane (le seul transport du vin de ce dernier crû coûta cent sols en 1200), Verberies, Fontainebleau, Rurecourt, Milli, Boiscommun dans le Gatinois, Samoi dans l'Orléanois et Auvers dans le voisinage d'Etampes. Le même compte fait mention de vins achetés pour le compte du roi à Choisy, à Montargis, à Saint-Césaire et à Meulan. Ce dernier avoit sans doute été récolté sur la côte d'Evêque-Mont.

Parmi les fabliaux du treizième siècle, publiés par le Grand-d'Aussy, il en est un composé sous le règne du même Philippe-Auguste, et intitulé *la Bataille des Vins*, dans lequel on trouve une liste très-étendue, des vins de France réputés alors les meilleurs. Après avoir parlé génériquement de ceux du Gatinois, de l'Auxois, de l'Anjou et de la Provence, il ajoute que l'Angoumois se vante *à bon droit*, de ceux des environs d'Angoulême, comme l'Aunis de ceux de la Rochelle; l'Auvergne, de Saint-Pourçain (1); le Berry, de Sancerre, de Châteauroux, d'Issoudun et de Buzançais; la Bourgogne, d'Auxerre, Beaune, Beauvoisins, Flavigni et Vermanton; la Champagne, de Chabli, Epernay, Reims, Hauvillers, Sézanne et Tonnerre; la Guienne, de Bordeaux, Saint-Emilion, Tric et Moissac; l'Isle-de-France, d'Argenteuil, Deuil, Marly, Meulan, Soissons, Montmorenci, Pierrefite et Saint-Yon; le Languedoc, de Narbonne, Béziers, Montpellier et Carcassonne; le Nivernois, de Nevers et Vézelai; l'Orléanois, d'Orléans, Orchèse, Jargeau et Samoi; le Poitou, de Poitiers; la Saintonge, de Saintes, Taillebourg et Saint-Jean-d'Angely; la Touraine, de Montrichard.

Depuis l'an 1200, il ne s'est pas écoulé de siècle sans que les noms de plusieurs autres provinces ou de vignobles particuliers à des provinces déjà cités, n'aient augmenté les listes ci-devant rapportées. En 1234, le Pomard est cité par Paradin comme *la fleur des vins de Beaune*; en 1310 une somme fut employée par ordre de Philippe-le-Bel pour faire des expériences sur les vins de Gaillac, de Pamiers et de Montesquieux (2). Eustache Deschamps, mort en 1420, ajoute (3) à la nomenclature précédente les nouveaux noms d'Aï, d'Auxonne, de Cumières, de Dameri, de Germoles, de Givri, Gonesse, Iranci, Pinos, Tournus, Troie, Vertus et Mantes. En 1510, lorsque les ambassadeurs de Maxi-

---

(1) Un autre écrivain du même siècle, parle d'un homme qui étoit devenu fort riche, dit de lui, pour donner une idée de son luxe, qu'il ne buvoit plus que du vin de Saint-Pourçain.

(2) Histoire de Languedoc, par D. Vaisselette.

(3) Poésies manuscrites.

milien traversèrent la France pour se rendre à Tours où étoit Louis XII, la reine leur fit porter à Blois du poisson, de la marée; et *trois barils de vin vieil de Beaulne et d'Orléans*.

Ces dernières citations donnent lieu à plusieurs remarques. On y voit le vignoble de Mantes, quoique très-voisin de la Normandie, si même il ne faisoit partie intégrante de cette province, compté au nombre de nos vignobles les plus distingués. Il est déchu de sa réputation depuis une quarantaine d'années, époque du défrichement du clos vulgairement nommé des *Célestins*. La négligence qu'on a mise à maintenir la renommée des vins de ce canton est d'autant plus fâcheuse, qu'ils sont pour ainsi dire les seuls récoltés dans la partie septentrionale de la France, qu'on puisse assimiler aux vins de Bordeaux, de Cahors et d'autres provinces plus méridionales encore, pour ne rien perdre de leur qualité dans le cours des plus longs trajets en mer. On assure qu'un de nos voyageurs du dernier siècle en transporta jusqu'en Perse, sans qu'il eût éprouvé la moindre altération; et nous savons qu'ils ont été du nombre des vins français les plus recherchés par les Anglais et les Hollandais (1). Les habitans de Mantes et leurs voisins de Dreux ont à leur portée un sol, des expositions, des abris tellement avantageux pour la vigne, qu'ils pourroient être enviés dans des départemens où ce genre de culture jouit depuis long-temps d'une réputation que personne ne conteste.

La liste d'Eustache Deschamps annonce qu'il existoit déjà de son temps une certaine rivalité d'industrie, d'émulation et de renommée entre les vins de Bourgogne et ceux de Champagne; rivalité qui a dégénéré depuis en une lutte assez ridicule, et dont nous parlerons avant de terminer ce chapitre. Le même auteur, en parlant des vins de Gonesse, nous conduit naturellement aux autres vignobles de Paris dont les nomenclateurs ont peu parlé jusqu'ici, quoiqu'ils soient très-anciens, qu'ils aient été peut-être plus multipliés qu'ils ne le sont de nos jours, et qu'ils aient joui d'une réputation à laquelle on auroit peine à croire, si elle n'étoit attestée par une foule de témoignages authentiques. Enfin, on vient de voir les vins d'Orléans mis pour ainsi dire en parallèle avec ceux de Beaune; les temps sont bien changés à leur égard. Cependant ils ont éprouvé tant de vicissitudes dans leur fortune, et la consommation qui s'en fait dans l'intérieur de l'État est si considérable que nous devons rapporter ce qu'ils ont été, parce que ce sera dire ce qu'ils pourroient être en-

---

(1) Quand le commerce est ouvert avec les Anglais et les Hollandais, les uns et les autres chargent à Bordeaux, à Nantes, à la Rochelle, les vins de Bordeaux, du Querci, du Languedoc, de la Basse Navarre et de Bearn; ils embarquent à Rouen, à Dunkerque et à Calais, ceux de Bourgogne, de Champagne et de *Mantes*.

core. Viendront ensuite les détails que le lecteur a droit d'attendre sur les fameux vignobles Bordelais, et sur ceux de quelques autres départemens auxquels les gourmets donnent une attention particulière. Mais avant tout, pour nous conformer à l'espèce d'ordre chronologique que nous avons observé jusqu'ici, le lecteur doit être prévenu que nous touchons à l'époque où les vignes de France furent atteintes d'un fléau dirigé par l'autorité, et non moins impolitique que celui dont elles avoient été frappées sous l'empire de Domitien. S'il fut moins désastreux dans ses effets, c'est que la proscription de vignes ne fut pas universelle comme la première fois. Le même prétexte, une récolte chétive des blés en 1566, détermina l'ordonnance de Charles IX, par laquelle ce prince vouloit qu'il ne pût y avoir désormais que le tiers du terrain de chaque canton occupé par les vignes, et que les deux autres tiers fussent consacrés soit aux prairies soit aux céréales. Encore une fois, est-ce qu'un genre de culture quel qu'il soit ne dépend pas autant, et plus encore, du climat et de la nature du sol que du travail des hommes ? C'est une remarque digne d'attention, dit fort agréablement l'écrivain, que j'ai tant de plaisir à citer et que je copie souvent, parce que je ne pourrois dire aussi bien : « C'est une remarque dont les buveurs sur-tout doivent triompher, que les deux princes qui proscrivirent les vignes en France aient été, l'un l'auteur de la Saint-Barthélemi; l'autre, un des plus abominables tyrans qui aient affligé le monde. ». Ce règlement de Charles IX fut heureusement modifié par Henri III (1). Celui-ci recommanda seulement, en 1577, à ses représentans dans

___

(1) Entre la date de ce règlement et la modification qu'y mit Henri III, il parut une loi très-favorable au commerce des vins. Les bateliers et charretiers, qui s'occupoient du transport des vins, se permettoient, pendant leur route, de boire celui qu'ils conduisoient. Ils remplissoient ensuite les tonneaux avec de l'eau et du sable. Ce désordre étoit si général que, loin de s'en cacher, ils en étoient venus au point de le regarder presque comme un droit. Un nommé d'Arqueville, auquel on avoit rendu du vin ainsi altéré, en prit de l'humeur, intenta procès aux voituriers qui l'avoient amené, et les traduisit au parlement. Le tribunal les condamna comme voleurs, à payer des dommages et intérêts, à faire amende honorable, et à être fustigés. Il prononça même que dorénavant ceux qui se rendroient coupables du même délit, seroient pendus. Cet arrêt fameux, rendu le 10 février 1550, fit beaucoup de bruit et n'arrêta point le mal. La même friponerie reprit bientôt son cours et subsiste encore aujourd'hui, malgré le moyen qu'on a pris, qu'on auroit dû croire suffisant pour la prévenir, celui d'abandonner aux voituriers une ou deux pièces de vin, pour leur consommation, pendant la durée du transport. Souvent persuadés, et presque toujours mal à propos, que le vin mis à leur disposition est le moins bon de la charge, ils goûtent à toutes les pièces qu'on leur a confiées, consomment le meilleur vin et frelatent presque tout le reste. Ce brigandage est un des plus grands obstacles que puisse éprouver le commerce des vins, sur-tout des vins de choix.

les

les provinces, *d'avoir attention qu'en leurs territoires les labours ne fussent délaissés pour faire plants excessifs de vignes.* Enfin, quoique les lumières acquises pendant le cours des deux siècles eussent dû propager les bons principes en économie politique et rurale, il ne fut pas moins défendu, sous le règne de Louis XV en 1731, de faire de nouvelles plantations de vignes, et de renouveler par le travail celles qui seroient restées incultes pendant deux années seulement. Pourquoi contraindre, pourquoi décourager sans cesse le cultivateur et ne pas lui laisser la faculté, pour payer les charges dont on l'accable, de tirer le meilleur parti possible de son champ ? Il en connoît la qualité mieux que personne, mieux que les hommes d'état eux-mêmes.

La plantation des vignes, aux environs de Paris, remonte à des temps bien reculés, puisque l'empereur Julien a donné des éloges aux vins qu'elles produisoient. On a déjà parlé de celles de Montmorency, de Deuil, de Marli, de Gonesse, de Riz et d'Argenteuil. Renaud, comte de Boulogne, en posséda, dans ce dernier territoire, qui passèrent ensuite à Philippe Auguste: lequel les donna à Guérin, évêque de Senlis. Un certain Boileau, qui vivoit sous Philippe-le-Bel, fit présent aux chartreux de Paris d'une vigne située dans le même canton ; et les moines regardèrent ce legs comme si précieux, que, par reconnoissance, ils inhumèrent le donateur dans leur grand cloître (1). Lorsque les économes de la maison du roi avoient fait choix, pour la bouche, d'une certaine quantité de vin, produit dans les enclos des domaines situés à Paris, il faisoient crier la vente du surplus dans les rues; et pendant cette criée, toutes les tavernes de la ville étoient fermées. Une ordonnance de Louis IX, sous l'année 1268, porte: *se li roy met vin à taverne, tuit li autres tavernier cessent ; et li crieurs tuit ensemble doivent crier le vin le roy, au matin et au soir, par les carrefours de Paris.* Liébaut parle avec éloge des vins de Sèvre et de Meudon; l'abbé de Marroles, de ceux de Surêne, Ruel, et St.-Cloud. Ces mêmes vins, dit Pierre Gauthier de Roanne, auxquels il ajoute celui de Riz, font les délices du monarque. C'est de Louis XIV qui parloit, et ce prince étoit alors âgé de trente ans. *Vive le pain de Gonesse*, écrivoit Patin en 1669, *avec le bon vin de Paris, de Bourgogne et de Champagne, sans oublier celui de Condrieux, le muscat du Languedoc, de Provence, de la Ciotat et de St.-Laurent!* Enfin Paumier, médecin normand, qui a écrit sur le cidre et sur le vin, ne parle qu'avec enthousiasme *des vins français:* c'est ainsi qu'il nomme ceux de l'île de France. Il va jusqu'à leur donner la préférence sur ceux de

---

(1) Histoire du diocèse de Paris, *par l'abbé Lebœuf.*

Bourgogne. *Tout ce que peut prétendre celui-ci*, dit-il, *quand il a perdu toute son âpreté, et qu'il est en sa bonté, c'est de ne point céder aux vins français.* Certes, nous ne disconvenons pas qu'il n'y ait beaucoup d'exagération, ou même une partialité ridicule dans ce jugement du docteur Paumier; mais il tend a prouver, avec les autres passages déjà cités, que les vins des environs de Paris ont joui, pendant plusieurs siècles, d'une réputation qui n'existe plus aujourd'hui; et ce qui prouve aussi qu'elle s'est maintenue jusqu'au commencement du dix-huitième siècle, c'est que l'abbé de Chaulieu, dans une pièce de vers écrite en 1702, représente le marquis de la Fare, son ami, allant souvent boire du vin à Surène.

> Et l'on m'écrit qu'à Surène
> Au cabaret on a vu
> La Fare et le bon Silène
> Qui, pour avoir trop bu,
> Retrouvoient la porte à peine
> D'un lieu qu'ils ont tant connu.

La Fare, homme aimable, à talens, accoutumé à ne vivre que dans les sociétés les mieux choisies, qu'aux tables les plus délicatement servies; lui qui contribuoit pour beaucoup au charmes des réunions de l'hôtel de Rambouillet: la Fare n'eût pas donné la préférence aux cabarets, où l'on ne buvoit vraisemblablement que du vin du crû de Surène, si ce vin n'avoit pas eu d'autres qualités que celles qui le caractérisent aujourd'hui.

On chercheroit peut-être vainement, ailleurs que dans les progrès excessifs de la population de Paris, depuis un siècle, la première cause du discrédit où sont tombés les vins de son voisinage. Le nombre des artisans et des ouvriers s'étant multiplié, dans cette grande ville, en raison des besoins de ses habitans riches ou aisés, les tavernes, les cabarets, les guinguettes y sont devenus infinis dans leur nombre. Constamment remplies par des consommateurs d'un goût peu délicat, ils forment un marché permanent; ils sont un débouché, dans tous les momens, ouvert à l'écoulement de la denrée dont nous parlons. Les propriétaires sûrs de la placer avantageusement, en quelque quantité qu'ils en soient pourvus, et de se procurer une reprise avantageuse sur le transport, dont les frais sont presque nuls comparés à ceux qu'entraînent de longs charrois, les ont décidés à porter leurs spéculations sur la quantité plutôt que sur la qualité. L'abondance des engrais, la facilité de se les procurer à bon compte, entr'autres ceux qu'on nomme *boue-de-Paris*, et qui contiennent les principes les plus actifs de la végétation, ont puissamment secondé leurs vues. Il n'a plus fallu ensuite que négliger l'entretien ou la multiplication des plants choisis qui produisent toujours peu, et les sacrifier aux espèces communes ou grossières qui donnent beaucoup pour faire perdre à ces vignobles la célébrité qu'ils avoient acquise et justement méritée. Nous connoissons quelques propriétaires dans les territoires d'Argenteuil et de Sèvre (1), qui s'occupent des moyens de la leur conquérir de nouveau. Puissent les soins qu'ils donnent à cette louable entreprise, et l'intelligence avec laquelle ils la dirigent, être suivis de succès rapides! Ils auroient bientôt de nombreux imitateurs.

Les vignobles d'Orléans n'ont pas joui constamment non plus du même degré de faveur. L'espèce de déchéance, dans laquelle on les a vus tomber, pourroit bien avoir aussi sa source dans l'immense consommation qui s'en fait, non en nature de vin proprement dit, mais après sa conversion en eaux-de-vie, et sur-tout en vinaigre. Sous ces dernières formes, les produits des vignobles de l'Orléanois sont recherchés des nationaux et des étrangers, avec tant d'empressement, que beaucoup de propriétaires auront, sans doute, trouvé peu d'intérêt à maintenir leur ancienne réputation, comme vin. Elle a fait dire autrefois à l'auteur du *siége de Thèbes*:

Et mil muids de vin Orléanois
Aine millor ne but queus ne rois.

Et Louis le Jeune, écrivant de la Terre Sainte à Suger et au comte de Vermandois, régens du royaume pendant son absence, leur prescrit de donner à *son cher et intime ami* Arnould, évêque de Lisieux, soixante mesures de son *très-bon vin d'Orléans*. On présume que ce prince parloit du vignoble de Rébréchien devenu, depuis Henri, une possession des rois de France. Champier dit dans un ouvrage déjà cité, que les habitans de l'Artois et du Hainaut recherchoient les vins de Beaune, mais que les autres habitans de la Flandre leur préféroient ceux de l'Orléanois. L'*Hercule Guépin*, poëme plus que médiocre, composé sur les vins dont nous parlons, indique comme premiers crûs de ce vignoble, Bouc, Cambrai, Chéci, Combleux, Condrai, Fourneaux, la Gabillère, Lécot, Louri, Marigni, Maumenée, Olivet, Ponti, Samai, Saï, Saint-Martin, Saint-Mémin, Saint-Hilaire et Saint-Jean-de-Braies. On lit dans la liste des vins de France, publiée par l'abbé de Marolles (1) au passage sur l'Orléanois, Géuetin, Saint-Mémin, et l'Anvernat, *si noble qu'il ne peut souffrir l'eau, quoique d'ailleurs il soit généreux*. Boi-

---

(1) Voyez sa traduction de Martial. Voici l'ordre dans lequel ce traducteur rapporte les noms des principaux vignobles de France : pour l'Auvergne, Thiers et la Limagne; pour le Berri, Aubigni, Issoudun, Sancerre et Vierzon; pour le Blaisois, St.-Dié, Vineuil et les Grois de Blois (Prépateur et Châteaudun y sont omis mal à propos); pour la Bourgogne, Auxerre, Beaune, Coulanges, Joigni, Iranci, Vermanton et Tonnerre; Pour la Champagne, Aï, Avenai, Chabli, Epernai et Jaucourt; pour le Dauphiné, l'Hermitage; pour la Franche-Comté, Arbois; pour la Guyenne, Bordeaux, Chalosse, Grave et Médoc; pour l'Isle-de-France, Argenteuil, Ruel, St.-Cloud, Soissons et Surène; pour le Languedoc, Frontignan, Gaillac, Limoux; pour le Nivernois, Pouilli et la Charité; pour la Normandie, Mantes; pour l'Orléanois, *lisez* le texte;

leau parle de cet Auvernat d'une manière bien différente, quand il dit :

> Un laquais effronté m'apporte un rouge bord
> D'un Auvernat fameux, qui, mêlé de lignage,
> Se vendoit chez *Crenet* (1) pour vin de l'hermitage ;
> Et qui, rouge et vermeil, mais fade et doucereux,
> N'avoit rien qu'un goût plat, et qu'un déboire affreux.

Hamilton ne s'exprime pas sur ces vins d'une manière plus avantageuse.

> ... Le vin dont les dieux vont buvant,
> Auprès du vôtre en parallèle,
> Paroîtroit du vin d'Orléans.

Ces satiriques ne connoissoient pas sans doute ceux de Saint-Denis-en-Val, de Saint-Jean et de Saint-Y, dont la réputation existoit cependant au temps où ils s'égayoient de cette sorte, et se maintient encore de nos jours. Pierre Gautier de Roanne, parlant des qualités des différens vins de France, dans ses *Exercitationes hygiasticæ*, publiées en 1668, et citées par Tessier (1), entr'autres de ceux d'Orléans, de Bourgogne, de Gascogne, d'Anjou, de Champagne et des environs de Paris, dit que les premiers ont peu de corps, et cependant qu'ils sont généreux, spiritueux, et très-bons à leur seconde année. Il est assez remarquable, ajoute-t-il, que, tout distingués qu'ils sont par un goût

---

pour la Provence, Cassos, la Cioutat et St.-Laurent; pour la Touraine, Amboise, Azai-le-Férou, Bléré, Bouchet, la Bourdaisière, Claveau-la-Folaine, Maillé, Mézières, Montrichard, Mont-Louis, Nazelles, Noissai; Plaudet, St.-Avertin, Vérets, Vernou et Vouvrai.

Le lecteur a sans doute remarqué combien est nombreuse la liste que l'abbé de Marolles nous présente des bons crûs de la Touraine, et combien est resserrée celle de la Bourgogne, de la Champagne et du Bordelais; mais l'auteur étoit Tourangeau.

Olivier de Serres, lui-même, n'a pas été tout à fait exempt de cette petite foiblesse; car, dans la nomenclature qu'il a laissée des principaux vins de France, ceux du Midi s'y trouvent dans une proportion presque ridicule, comparés à ceux de nos départemens du centre et de nord-est. En voici le propre texte : « Les excellens vins blancs d'Orléans, de Couci, de Loudun en Languedoc, d'Anjou, de Beaune, de Joyeuse, de l'Argentière, de Montréal, de Lambras, de Cornas en nostre Vivaretz, de Gaillac, de Rabastens, de Nérac, d'Aunis, de Grave. Les friands vins-clérets de Cante-Perdix, terroir de Beaucaire ; de Castelnau, de Moussen.Giraud, de Baignols, de Montelimar, de Villeneuve, de Berg ma patrie, de Tournon, de Ris, d'Ai, d'Arbois, de Bordeaux, de la Rochelle et autres diverses sortes croissant aux provinces de Bourgogne, d'Anjou, du Maine, de Guyenne, de Gascogne, du Languedoc, du Dauphiné, de la Provence. Sur tous lesquels vins, paroissent les muscats et blanquettes de Frontignan, et Miranaux en Languedoc, dont la valeur les fait transporter par tous les coins de ce royaume ». *Théâtre d'agriculture*.

(1) C'est le nom de celui qui tenoit alors à Paris le fameux cabaret de la *Pomme de Pin*, près le pont Notre-Dame.

(2) Annales de l'Agriculture française, tom. II, pag. 295.

très-agréable, il y ait une défense imposée au grand-maître de la maison du roi très-chrétien, de permettre qu'on serve du vin d'Orléans sur la table de sa majesté, et cet officier promet de s'y conformer sous la foi du serment. Plusieurs autres écrivains ont cité ou répété la même anecdote, mais aucun n'a désigné le titre original où il l'a puisée; ainsi on peut ou révoquer en doute son authenticité, ou se livrer à beaucoup de conjectures, pour assigner un motif à son existence. Ne seroit-il pas possible qu'un prince, ou quelqu'autre personnage important de la Cour, en ait pris d'une manière démesurée ou dans un état douteux de santé, que cette ivresse ait produit quelque grave accident, et qu'un médecin plus adroit que véridique ait jugé convenable de l'attribuer plutôt à la qualité du vin qu'à la foible constitution ou à l'intempérance du buveur?

L'Hermitage, Arbois, et Condrieu ont à peine figuré dans les listes qu'on a parcourues jusqu'ici. Nous avons même pris sur nous de retrancher Condrieu de celle de l'abbé de Marolles, non que ce vignoble ne mérite une mention particulière; mais parce que l'auteur l'a placé dans le Languedoc, tandis qu'il appartient aux Lyonnois.

Le roi, écrivoit Patin en 1666, a fait présent au roi d'Angleterre de deux cents muids de très-bon vin, savoir : de Champagne, de Bourgogne, et de l'Hermitage.

Quant au vin d'Arbois, les mémoires de Sully, ont depuis longtemps fait connoître l'anecdote suivante qui lui est en quelque sorte relative.

« En 1596, le duc de Mayenne, après avoir mis bas les armes et traité avec Henri, se rendit à Monceaux où étoit le roi pour l'assurer de sa fidélité. Celui-ci, en ce moment, se promenoit dans le parc avec Sully. Mayenne s'étant jeté à ses genoux, il le releva, l'embrassa trois fois; puis le prenant par la main, il le mena par les différentes allées du parc, pour lui en faire admirer les beautés. Leste et dispos, il marchoit à grands pas : le duc au contraire qui étoit fort gras, et qui d'ailleurs étoit incommodé d'un sciatique, ne pouvoit le suivre qu'avec une peine infinie. Il suoit à grosses gouttes et souffroit cruellement sans pourtant oser s'en plaindre. Le roi enfin s'en étant apperçu, lui dit : Parlez vrai, mon cousin; n'est-il pas vrai que je vais un peu vîte pour vous? Mayenne répondit qu'il étouffoit, et que si sa majesté eût continué, elle l'eût tué sans le vouloir. Touchez-là, mon cousin, reprit le roi en riant, et lui frappant sur l'épaule : car pardieu, voilà toute la vengeance que vous aurez de moi; et en même temps il l'embrassa de nouveau. Mayenne, pénétré jusqu'aux larmes, fit un effort pour se jeter à genoux une seconde fois. Il baisa la main du roi et lui jura qu'il le serviroit désormais contre ses propres enfans. Or sus, je le crois répartit Henri; et afin que vous puissiez m'aimer et me servir plus long-temps, *je vais vous faire donner deux bouteilles de vin d'Arbois ; car je pense que vous ne le haïssez pas* ».

« Quand Sully, nommé duc et pair, donna pour sa réception un grand repas, le roi vint tout à coup le surprendre, et se placer au nombre des convives. Cependant, dit le duc, comme il avoit faim et qu'on retardoit à servir, il alla en attendant *manger des huitres et boire du vin d'Arbois* ».

Il nous reste à parler maintenant d'un des plus grands et des plus célèbres vignobles de la France, celui de Bordeaux.

La majeure partie des vins recueillis dans le territoire Bordelais ayant été pendant plusieurs siècles, étant encore de nos jours, plutôt un objet de commerce extérieur très-important, que de consommation intérieure, comme nous l'avons déjà observé, il n'est pas surprenant que nos écrivains, desquels ils étoient en général peu connus, n'en aient parlé que d'une manière très-succincte et, pour ainsi dire, en passant. Ausone qui vivoit au quatrième siècle, lui donne des éloges dans plusieurs de ses écrits. Mathieu Pâris, parlant des dispositions de mécontentement et d'aigreur où étoit la Gascogne, en 1251, contre les Anglais, leurs dominateurs, dit que cette province se seroit soustraite dès-lors à l'obéissance de Henri III, si elle n'eût eu besoin de l'Angleterre, pour le débit de ses vins. Il est constaté par un registre des droits de la douane de Bordeaux que, dans le cours de l'année 1350, il sortit du port de cette ville cent quarante et un navires, chargés de treize mille quatre cent vingt-neuf tonneaux de vin (le tonneau est composé de quatre barriques, et chaque barrique contient deux cents pintes), qui avoient produit 5 mille 104 livres, 16 sols, de droits, *monnoie bourdelaise*. En 1372, dit Froissard, on vit arriver à Bordeaux, *toutes d'une flotte, bien deux cents voiles et neufs de marchands qui alloient aux vins*.

Les anciens documens, que nous avons été à portée de recueillir sur ce grand et beau vignoble, se bornent à ce peu de citations ; mais il est d'une telle importance, comme partie du produit territorial de la France, que nous croyons devoir faire connoître, avec quelque détail, les principaux crûs dont il s'est formé.

On les divise d'abord en quatre parties principales ; savoir : I°. le Médoc ; II°. les Graves ; III°. les Palus ; IV°. les Vignes-Blanches. On doit y ajouter trois autres cantons : quoiqu'inférieurs aux premiers, ils occupent un rang distingué dans la liste des principaux vignobles de la France. Ce sont ceux 1°. d'Entre deux-Mers ; 2°. de Bourgeais ; 3°. enfin de Saint-Emilion.

Vignobles Bordelais du premier ordre.

I. Le vignoble du Médoc commence à peu près à la distance de 12 à 14 lieues, nord, au de là de Bordeaux. Il a son exposition au levant et au midi, longeant la rive gauche des rivières de Gironde et de Garonne. Il se termine en deçà de Blanquefort, deux lieues et demie avant Bordeaux. C'est au centre de cette ligne qu'on recueille les vins les plus renommés du pays ; parce que c'est là que sont situés Calon, dans Ste.-Estephe ; Lafitte et Latour, dans Poillac ; Léoville et Grau, dans Saint-Julien, Château-Margaux et Rauzan, dans Margaux : Cantenac termine la chaîne des grands vins de Médoc. Ceux des Châteaux, Lafitte, Latour et Margaux se disputent la priorité ; en effet, depuis long-temps, leurs différens propriétaires obtiennent le même prix de leurs vins. Dans les bonnes années, ils montent jusqu'à 2,500 livres le tonneau ; le *minimum* est de 1,500 liv. lorsque le temps n'a pas été favorable à la végétation de la vigne.

De tous les vignobles du Bordelais, celui du Médoc est le plus heureusement situé. Il cotoye les rivières de Garonne et de Gironde sur lesquelles il domine, ainsi que sur des atterrissemens plus ou moins considérables ; et l'on remarque que la qualité du vin s'amoindrit à mesure que le vignoble s'écarte de la rivière ; Calon, Lafitte, Latour, et Saint Julien sont à une grande élévation au-dessus de la rivière, à cause de l'escarpement du site qu'ils occupent, et néanmoins très-près de ses bords.

Le sol du Médoc présente à sa superficie un sable granitique ou graveleux d'un roux plus ou moins foncé. Les habitans ont remarqué que le gravier qui repose sur un sable gras, et dont la couche est épaisse, produit beaucoup sans que la qualité soit altérée par l'abondance de la récolte ; observation importante, et qu'on a rarement occasion de faire. C'est sur un pareil terrain que sont plantées les vignes de Lafitte, de Latour et de Margaux.

II. Le vin de Grave prend son nom de la nature du terrain qui le produit. Autrefois on désignoit plutôt, sous ce nom, du vin blanc que du vin rouge ; et on étendoit ce nom aux vignobles blancs, jusqu'à Langon, situé à huit lieues de Bordeaux. Aujourd'hui, on nomme indistinctement vin de Grave, les vins blanc et rouge qu'on récolte dans les graves voisines de Bordeaux, jusqu'à la distance de deux lieux de cette ville, tant du côté nord que du côté sud, en s'appuyant à l'ouest.

L'exposition de ce dernier vignoble est moins avantageuse à la vigne que celle du vignoble du Médoc. Il est plus bas, plus exposé l'hiver à l'humidité, plus aride en été, et plus ombragé par les bois et maisons. Le sol, formé d'un sable assez gras, a moins de profondeur que celui du Médoc, et est porté tantôt par de la terre propre à la végétation des Landes, tantôt et plus souvent par un banc de gravier ou de sable qui a beaucoup de profondeur.

A la tête des vins rouges de Grave est celui du château d'Haut-Brion, à une demi-lieue, ouest, de Bordeaux. Il n'a pas même de concurrent dans son vignoble, puisqu'il va, pour ainsi dire, de pair, pour le prix et la qualité, avec les vins de Lafitte, de Latour et de Margaux. Il est, de tous les vins de Bordeaux, celui qui se rapproche le plus des bons vins de

Bourgogne ; il est vif, brillant et léger ; mais il n'a pas le bouquet des vins du Médoc.

Les vins du Haut-Talence occupent le second rang parmi les vins de Grave ; viennent ensuite ceux de Mérignac. Le prix de ces vins de seconde sorte n'approche pas de celui des seconds vins du Médoc.

III. Le vignoble blanc qui porte aussi le nom de Grave est distinct et comme séparé du premier. Quoiqu'entouré de vignes à ceps rouges, il forme, pour ainsi dire, un canton à part. Vers le nord, un seul vignoble blanc jouit d'une réputation avantageuse ; il est dans Blanquefort, à deux lieues, nord-ouest de la ville. Mais on trouve à trois-quarts de lieue, au midi, le canton très-estimé de Saint-Bris, et plus loin, au sud-ouest, celui de Carbonieu. Le terrain de Saint-Bris est un sable granitique léger ; et celui de Carbonien, une grave rousseâtre assise sur une couche d'argile. Ces trois territoires, quoique couverts de vignes à ceps blancs, ne forment cependant pas le vignoble blanc proprement dit, parce que d'une part, ils sont comme enfermés dans les vignes rouges de Grave ; et de l'autre, parce qu'il existe un assez long espace de là au vignoble blanc.

C'est à Castres, à quatre lieues sud de Bordeaux, que commence la chaîne non interrompue des vignobles blancs. Elle s'étend sur la rive gauche de la Garonne jusqu'à Langon, et reprend, vis-à-vis de cette petite ville, sur la rive pour se prolonger, en la descendant, pendant quatre lieues. La Garonne semble enfermer ces éminences par une diagonale qui part de Castres pour aller atteindre Langoiran.

Quoique le vignoble de la partie droite de la rivière soit magnifiquement situé, puisqu'il occupe une chaîne de coteaux très élevés au sud et au sud-ouest, il est bon d'observer que le vignoble de la rive gauche de la Garonne est infiniment supérieur au premier ; car c'est dans ce dernier qu'on récolte les vins de la première qualité ; et il s'y en fabrique peu de médiocre. Il faut donc attribuer à la différence du terrain l'inégalité du mérite dans les produits. Les vignes de la partie gauche occupent un sol assez uniforme dans sa composition, et peu élevé au dessus du niveau de la rivière, en comparaison de celles de la droite. Le terrain est un gravier fin, un sable purement granitique, tandis que celui de la droite n'est qu'une terre argileuse mêlée de pierrailles. Le territoire de Barsac occupe, au centre du grand vignoble de la gauche, un sol unique dans son genre. C'est une couche de terre rouge, argileuse, et presque dépourvue de gravier ; mais elle n'a souvent que trois ou quatre pouces d'épaisseur, et repose sur une roche quartzeuse ou granitique. Ce roc s'étend très-loin ; il traverse la rivière au dessous de son lit et se prolonge, toujours par une inclinaison rapide sous les vignes de la rive droite, où il supporte un banc de coquillages d'huîtres, lequel n'a pas moins de vingt à trente pieds d'épaisseur.

d'épaisseur, sur cette dernière zone est assise la terre argileuse dans laquelle sont plantées les vignes du côté droit.

Entre tous les vins blancs, le vin de Barsac jouit de la première réputation. Il est très-recherché des marchands, parce qu'il est plus propre qu'aucun autre à fortifier les petits vins blancs avec lesquels il se combine très-bien. Les vins de Sauterne, Beaume et Preignac lui disputent le premier rang; ceux de Langon, Cerous et Podensac sont ensuite estimés les meilleurs de la rive gauche. Sur la rive droite viennent d'abord les vins de Sainte-Croix-du-Mont; mais ils n'occupent que la seconde place dans le vignoble blanc.

IV. LES PALUS sont composés de terres grasses et fertiles, qui bordent dans une étendue assez considérable les deux rives de la Garonne et de la Dordogne. Cette contrée prend le nom de Palus, à quatre lieues ou environ de Bordeaux, vers le point où commence le vignoble blanc de la rive gauche de la Garonne, et où finit celui de la rive droite. Le vignoble des Palus descend la Garonne jusqu'au Bec-d'Ambez, où il se replie sur la Dordogne, en se prolongeant jusqu'à Libourne.

Le sol des Palus a été formé par les dépôts successifs de la rivière, qui, en s'élevant dans les grandes marées sur-tout, charrie avec elle et dépose, où elle s'arrête, les terres et les sables que la vague a détachés plus haut. C'est un mélange d'argile et de sable; mais celui-ci y est en très-petite quantité en comparaison de l'argile; aussi, quand le hâle et la sécheresse la surprennent nouvellement imprégnée d'eau, elle se durcit, se gerce et se détache par portions, qui acquièrent la dureté de la pierre. Le *détritus* des nombreuses plantes qu'elle produit, et des vignes elles-mêmes en font une terre beaucoup trop riche pour l'objet auquel on la consacre.

Les bonnes terres paluviennes ont deux ou trois pieds de profondeur; mais cette première couche diminue d'épaisseur, à mesure qu'elle s'éloigne de la rivière. La seconde couche est une argile plus compacte encore que la première et dont la couleur est d'un brun grisâtre; elle repose sur un banc de tourbières, dont la profondeur est inconnue.

Le meilleur vignoble des Palus est celui des Queyries, vis-à-vis de Bordeaux. Le terrain qu'il occupe a moins de liaison, parce que le sable s'y trouve mêlé dans une plus grande proportion qu'ailleurs; il reçoit, en outre, les terres légères que les pluies amènent du coteau par lequel il est dominé. Les Queyries produisent un vin très-coloré, très-vineux, et qui offre le parfum de la framboise. Les qualités qui lui sont particulières, le font rechercher des marchands qui l'emploient à augmenter la force des vins du Médoc, avec lequel ils le mêlent souvent.

Les vins du Montferrant sont les seconds vins des Palus; et ceux d'Ambez occupent le troisième rang. A la gauche des Queyries, en remontant la rivière, on trouve

Tome X.

encore quelques bons crûs.

Il importe d'observer que si les premiers vignobles de Bordeaux, soit en rouge, soit en blanc, sont situés sur la rive gauche de la rivière, les meilleurs vins des palus occupent, au contraire, la rive droite. Ces derniers sont aussi très-précieux pour le commerce; par eux, on communique aux autres de la force et de la couleur. Quand on ne les a pas fait voyager, il faut attendre au moins dix ans, pour les boire dans toute leur bonté; et ils ont par dessus les vins du Querci, du Languedoc, et de la Provence, le mérite d'éprouver, sans en être altérés, la fatigue des plus longs voyages.

Vignobles Bordelois du second ordre.

1°. On appelle *Entre-deux mers*, cette langue de terre qui sépare les rivières de Dordogne et de Garonne, et qui, partant du Bec-d'Ambez, se prolonge vers le levant et le midi, dans une étendue de huit à dix lieues. Les vignes n'y sont point plantées en masse, comme dans les autres vignobles que nous venons de parcourir; on pourroit même dire qu'elles n'y sont qu'un accessoire aux autres genres de culture. Le territoire des premiers vignobles de Bordeaux, des trois premiers surtout, seroit vraisemblablement inculte, ou propre tout au plus à produire du bois, s'il n'étoit planté en vignes; dans l'Entre-deux-mers, au contraire, les seuls coteaux exceptés, le surplus du terrain planté de vignes, pourroit être converti en champs à blé, et même en prairies.

On y cultive les ceps rouges et les ceps blancs; souvent même ils sont mêlés les uns avec les autres. Ces vignes d'Entre-deux-mers produisent aussi des vins qui ont de la qualité; mais le prix en varie peu, et est toujours inférieur à celui des vins récoltés dans les premiers vignobles. Les coteaux y étant très-multipliés, le sol varie beaucoup; il est, en général, composé de terre tantôt forte, tantôt légère; on y trouve d'épaisses carrières de roche quartzeuse, quelquefois des marnières et des bancs de gypse, dont on ne tire aucun parti. Le goût de terroir est plus sensible dans ce vignoble que dans tout autre de ces contrées.

2°. Le vignoble du Bourgeais et du Blayois a produit le vin le plus renommé du Bordelois, après celui de Grave. Sa prééminence étoit telle, il y a cent ans, que celui qui y étoit propriétaire, avoit communément des possessions du même genre dans le Médoc, et que, quand il vendoit sa récolte du Bourgeais, il imposoit au marchand la condition de le débarrasser de celle du Médoc. Le seul motif qu'on puisse donner à cette préférence, c'est que les vignes du Médoc étoient encore jeunes alors. A cette époque, les vins de Bourg, bons par eux-mêmes, propres au commerce et à la consommation intérieure, devoient être recherchés, tandis que ceux du Médoc, encore jeunes et peu connus, pâles et peu liquoreux, attendoient les goûts plus fins et plus exercés, pour être appréciés à leur valeur.

Les vins de Bourg sont estimés

dans le commerce, soit comme vins de côte, soit comme vins de Palus. On les préfère communément à ceux dits d'Entre-deux-mers. Le vignoble de la Palu est à la droite de la Dordogne, non loin de la Gironde, et dominé par celui de la côte; garanti des vents du nord, il est frappé des rayons du soleil au levant et au midi, comme au couchant. Le sol du Bourgeais est formé d'un sable gras dont la couche est profonde et repose sur une chaîne de carrières précieuses pour la construction, parce que les pierres qu'on en extrait se durcissent à l'air.

La côte du Blayois, contiguë à celle du Bourgeais, est séparée du Médoc par la Gironde. Le débit de ses vins est toujours sûr, parce que le prix en est médiocre. Les vignes sont exposées à l'ouest, et la terre qu'elles occupent est humide et blanchâtre.

3°. Il nous reste à parler en dernier lieu des vignobles de Canon et de Saint-Emilion; leur vin a un caractère qui lui est propre, du bouquet et de la qualité. Canon est cette côte qu'on apperçoit par delà la Dordogne, près de Fronsac, à trois quarts de lieue de Libourne. Elle a pour exposition le midi et le couchant.

Saint-Emilion est un autre coteau derrière Libourne, qui reçoit tous les rayons du soleil de midi. La terre qui le couvre est formée par le *détructos* d'une roche à grain très-fin. Les vins de ces deux cantons ont plus de vigueur et de bouquet que ceux de Grave. Celui de Canon, sans avoir le parfum de la trufe, comme celui de Juvançon dans le Béarn, peut lui être comparé sous plusieurs rapports; mais il est beaucoup moins capiteux.

Nous terminons ce chapitre par une remarque assez importante : c'est qu'à Paris comme à Bordeaux, rien n'est plus rare que le vin de Bordeaux de la première qualité, c'est-à-dire, des premiers crûs et d'une bonne année. Les Anglais seuls consomment ordinairement ces premiers vins, parce qu'ils sont assez riches pour satisfaire leur goût. « Depuis vingt ans que j'habite Bordeaux, m'écrit le correspondant qui a bien voulu me communiquer des renseignemens précieux sur les vignobles de cette province, je n'ai pas goûté trois fois des vins de cette première qualité; cependant je suis à portée de les connoître et de m'en procurer quand il y en a. Les vins de l'année 1784 étoient si supérieurs à ceux des autres années, que je n'en ai pas retrouvé de semblables.

Si les premiers vins ne valent pas moins de deux mille livres le tonneau, dans une bonne année, à l'époque de la récolte (et en l'an 6, ils ont été portés jusqu'à deux mille quatre cents) et qu'il faille les attendre six ans, alors ils ont doublé de prix; et si on ajoute à ce capital les intérêts depuis les vendanges, les frais de mise en bouteille et en caisse, ceux du transport, ils vaudront au moins six francs la bouteille; et on n'en vend pas, chaque année, mille bouteilles à ce prix ».

Les propriétaires des vignobles

bordelais, assurés du débit constant de leurs vins, fiers même du haut prix auquel il est porté par les étrangers riches, ne se sont point mêlés aux querelles survenues entre les Bourguignons et les Champenois, au sujet de la suprématie à laquelle chacun des partis s'est cru en droit de prétendre exclusivement. Cette moderne *bataille des vins* n'a point été le sujet d'un fabliau, comme du temps de Philippe - Auguste, mais d'une thèse sérieusement soutenue, et gravement écoutée, en 1652, aux écoles de médecine de Paris. Le candidat à la licence tendoit à prouver sur-tout que le vin de Beaune est la plus saine comme la plus agréable de toutes les boissons. L'aggression eut peu de succès, parce qu'elle ne parut que ridicule. Mais, quarante ans après, la Bourgogne produisit un nouveau champion; le gant est jeté une seconde fois aux Rémois. Ceux-ci le relèvent, et font, à leur tour, soutenir une thèse dans les écoles de leur faculté, où le champion rétorque, contre la Bourgogne, toutes les injures que l'aggresseur avoit prodiguées à la Champagne. Il ne manqua pas d'associer aux autres vignobles célèbres du Rémois les noms d'Aï, Pierri, Versenay, Silleri, Hauvillers, Tassi, Montbre, Vinet et Saint-Thierri qui tous, à son avis, l'emportoient de beaucoup sur les crûs les plus ventés de la Bourgogne.

Enfin, le docteur Salins, doyen des médecins de Beaune, fut chargé de la réplique; et son ouvrage eut un tel succès qu'il fut réimprimé cinq fois dans l'espace de quatre années. Il tend à prouver que les vins de Bourgogne ont la *propriété exclusive* de fournir successivement une excellente boisson pour toutes les saisons de l'année. Il les place dans l'ordre suivant : Pomard, Beaune et Volenai ; les vins blancs de Mulsant, les rosés d'Alosse et de Savigni, puis Chassagne, Santenai, Saint - Aubin, Mergeot et Blegni; enfin, Nuits *qui n'a pas son pareil, et ne peut être assez prisé*. Les médecins conseillèrent à Louis XIV l'usage de ce dernier vin, après une maladie qu'il éprouva en 1680.

Si le docteur Salins avoit plaidé cette cause de nos jours, il n'auroit pas manqué sans doute de rapporter que le petit vignoble de *la Romanée* proprement dit, qui ne consiste qu'en cinq arpens et un quart a été vendu environ quatre-vingt - dix - sept mille francs, en 1772.

Les propriétaires dans les vignobles d'Auxerre et de Joigny, mécontens de ce que les défenseurs des vins de Bourgogne s'étoient bornés à confondre les vins de leur territoire avec les autres bons vins de cette province, mais sans en rien dire de particulier, témoignèrent leur mécontentement d'une pareille injustice. Ils entreprirent à leur tour le panégyrique de leurs vins d'Auxerre, et sous ce nom, ils comprenoient Iranci, Coulanges, les Isles, Chauvent, Côtes Chaudes, la Chenette, la Palette, Migraine, Boivin, Quétard, Clérion, Chaumont, Nantelle, Chapoté, Montembrasc, Saint - Nitasse et

Poiri. Ces vins, à leur avis, étoient au-dessus de tous les autres vins de France. Ils en donnoient pour preuve l'usage qu'en faisoit alors Louis XV, le choix qu'en avoit fait Fagon pour Louis XIV, quand il crut devoir lui interdire ceux de Reims; enfin, ajoutoient-ils, n'est-ce pas de nos vins d'Auxerre, d'Iranci et de Coulanges qu'Henri IV faisoit sa boisson ordinaire ? Circonstance qui donna lieu à des couplets, dont ils ont long-temps répété le refrein.

Auxerre est la boisson des rois;
Heureux qui les boira tous trois !

Ce mot *heureux* rappelle qu'en effet on attribuoit depuis long-temps aux habitans d'Auxerre de trouver quelque bonheur à boire; car ils sont désignés dans un manuscrit du treizième siècle, intitulé *Proverbes*, sous la qualité *de buveurs* d'Auxerre.

Ceux de Joigny disoient, du ton le plus sérieux, *que le bon vin fait faire des enfans mâles*, et que c'est à cette cause qu'on doit attribuer le mode de population de Joigny, où l'on compte moitié plus de garçons que de filles.

Il faut convenir que toutes ces prétentions à la prééminence en faveur de tel ou de tel vin, de la part des propriétaires des crûs les plus renommés de la France, est bien ridicule. Chacun des vins qu'ils produisent n'a-t-il pas un caractère particulier, des qualités qui lui sont propres ? Et les buveurs qui s'établissent juges, quelque bons gourmets et quelque désintéressés qu'on les suppose, n'ont-ils pas aussi chacun une constitution et des habitudes particulières qui ont la plus grande influence sur les jugemens qu'ils portent ? Voyez Dufouilloux, dans sa vénerie : il donne les plus justes éloges au vin de Grave ; et le mot qu'en a dit madame de Sévigné, annonce le peu de cas qu'elle en faisoit. En parlant de monsieur de Lavardin, *c'est un gros mérite*, dit-elle, *qui ressemble au vin de Grave*.

CHAPITRE II.

Des frais de culture et du produit des vignes de France.

La culture des vignes, comme celle des grains, peut être divisée en grande, en moyenne, en petite culture. La première a lieu dans les départemens où le produit des vignes est plutôt destiné à être converti en eaux-de-vie, que consommé en nature de vin, comme dans les ci-devant provinces d'Angoumois, de Saintonge et d'Aunis; dans une partie de celles du Poitou, de l'Anjou, de la Gascogne et du Languedoc. Il n'est pas rare de trouver dans ces contrées des propriétés particulières, en vignes de cent, cent cinquante, deux cents arpens, et plus d'étendue.

La culture moyenne est plus généralement suivie que la grande. Son produit est presque généralement consommé en nature de vin ; et les propriétés particulières dans lesquelles elle est adoptée, ne sont guère composées que de cinq, de huit, douze, quinze et vingt arpens. Telles sont, en général, celles des ci-devant Franche-Comté, Dauphiné, Lyonnois, Bourgogne, Beaujolois, Champagne, Orléanois, Berri, Touraine, Nivernois, partie de l'Anjou et du Poitou.

La petite culture n'embrasse pas, comme les deux autres, des départemens entiers ou presque entiers. Elle est répandue çà et là; elle est en usage dans certains cantons seulement. La rencontre d'un site et d'un genre de terres favorables, ou seulement présumés tels, a quelquefois décidé des cultivateurs intelligens à planter un ou deux arpens en vignes, dans l'espérance de trouver dans leur propre domaine la consommation en vin de leur maison; mais le plus souvent ce projet a été mis à exécution par des spéculateurs qui, sans consulter ni l'exposition, ni la qualité du sol, ont apperçu autour d'eux des débouchés certains pour l'écoulement de la récolte, tels que le voisinage des villes, ou seulement celui de quelques grands ateliers. Il résulte du but, que ces divers planteurs se proposent, une très grande différence dans la manière de cultiver, et dans le mérite de leurs récoltes. Les premiers ne négligent rien pour obtenir un vin de bonne qualité, parce qu'ils le destinent à leur propre consommation. Les autres ne travaillent, au contraire, que pour obtenir des produits abondans, parce que la classe des acheteurs, sur lesquels ils fondent leur spéculation, est toujours assez nombreuse et assez peu gourmette, pour rendre certaine la vente des récoltes les plus abondantes. On l'a déjà dit, et l'expérience le prouve sans cesse. Plus les vins ont de qualités, moins on en recueille; la qualité est presque toujours en raison inverse de la quantité.

Ces divers genres de culture ne présentent pas par-tout une culture riche ou même aisée. On voit dans plusieurs cantons de la plupart de nos départemens, des vignes si mal entretenues, si misérablement travaillées, que l'habitude seule peut faire supporter l'aspect de leur dégradation.

Ici, c'est le salaire qui manque à l'emploi du nombre des bras nécessaires pour opérer une bonne exploitation, pour que les labours soient donnés au temps et saison convenables, et pour que rien ne manque aux accessoires des bonnes façons. Souvent on charge un seul ouvrier du travail d'un homme et demi; c'est à-dire de façonner cinq ou six arpens, tandis que, dans une terre commune propre à la vigne, quatre arpens suffisent à l'assiduité et aux efforts du vigneron le plus laborieux.

Là, ce sont des cépages si mal appropriés au sol, au climat, au local, qu'ils produisent, avec une abondance vraiment désastreuse, des raisins de si mauvaise qualité, qu'on ne peut se débarrasser qu'au plus vil prix du vin qu'on en obtient.

Ailleurs, on ne voit que des plants surannés; la plupart ont peut-être vieilli cinquante ans de trop; aussi, il s'en faut souvent d'un tiers que la valeur de leur récolte ne couvre les frais de leur exploitation. Le propriétaire cultivateur se dissimule trop souvent ses dépenses de détail; et il omet presque toujours dans ses calculs, les reprises auxquelles il doit prétendre, quand il remplit par lui-même les fonctions de fermier ; c'est à dire, quand il s'expose à toutes les chances, ou qu'il court tous les hasards d'une entreprise agricole. L'attention à tout compter, la connoissance de toutes les reprises auxqu'elles il a nécessairement droit, sont d'une telle importance, dans une administration rurale, vignicole sur-tout, que celui qui les néglige dans quelques unes de ses parties, court insensiblement vers sa ruine.

Pour mettre le cultivateur vigneron à portée d'éviter toute méprise, toute omission à cet égard, nous croyons devoir les placer ici, dans tous leurs détails, et faire précéder, par leur énumération, les états raisonnés des dépenses et des produits des principaux vignobles de la France, que nous allons mettre sous les yeux du lecteur.

Les calculs que nous lui présenterons ont été formés avec soins et sur de bons renseignemens. On a opéré pour établir un terme moyen d'après le prix de main-d'œuvre, et la valeur de la denrée, pendant les dix années qui ont précédé la révolution. L'un et l'autre ont été, depuis cette époque, trop variables, trop incertains, pour former une base sur laquelle il fût raisonnable de compter. On peut donc donner assez de confiance aux résultats de ces calculs, pour estimer plus sûrement, d'après eux, que d'après toute autre donnée, et dans presque tous les différens vignobles de la France, le produit brut et le revenu net d'une propriété en vigne, et par conséquent sa véritable valeur foncière, s'il s'agit d'en faire l'acquisition. Car, dans cette circonstance, il suffit de connoître les frais de culture, le produit moyen en quantité, son prix commun et le temps de la durée de la vigne, pour avoir tous les renseignemens qui doivent servir de guide pour rompre ou pour conclure un marché de ce genre.

Celui dont les vues s'étendent par delà son intérêt personnel, et qui goûte quelque plaisir à s'occuper des moyens de richesses propres aux différentes nations, trouvera peut être à tirer de ces états des conséquences assez curieuses sur la quantité de terrain consacrée en France, à la culture de la vigne, sur celle qui pourroit y être ajoutée, sans nuire aux autres productions utiles du sol; sur le revenu qui résulte pour la nation, du produit brut des vignes ; et sur les autres objets de consommation, de commerce et d'industrie, auquel il donne lieu : tels que ceux du bois à brûler pour la fabrication des eaux-de-vie (et même des vinaigres dans les départemens du centre et du nord), de l'exploitation du merrain, des cercles, des osiers pour les façonner en futailles; sur la conversion des lies en tartre, en cendres gravelées, etc.

Nous devons prévenir que nous avons été obligés d'excepter des inventaires ce qu'on appelle les *têtes de vin*, dont la concurrence seule des gens très-riches et des étrangers élève les valeurs au dessus de leur niveau naturel.

Des avances et reprises à faire par le cultivateur.

Le plus sage parti que puisse embrasser un propriétaire de vignes, est celui de les faire valoir par lui même, d'en surveiller la culture avec le plus grand soin, et de ne rien économiser sur les avances annuelles. La terre rend avec usure les trésors qu'on lui confie. Nous avons détaillé plus haut une grande partie des inconvéniens qui résultent du fermage de ces sortes de propriétés.

L'exploitation de celles-ci n'exigeant point, pour emplète des bestiaux, d'instrumens aratoires, de semences, etc., des avances primitives, comme celles des terres à blé; il suffit d'établir, par un calcul simple et précis, 1°. les sommes qu'on dépense annuellement pour cultiver sa vigne; 2°. les reprises auxquelles cette culture donne droit, et auxquelles on ne songe presque jamais.

Les premières consistent 1°. dans le prix qu'on accorde au vigneron, pour les différentes façons qu'il est tenu de donner à chaque arpent ou demi-hectare; 2°. dans les frais d'échalas, pour ceux qui les emploient; 3°. dans ceux des engrais, quand on en fait usage; 4°. dans ceux des fûts qu'on remplit année commune; 5°. dans ceux de la vendange et de la fabrication des vins au pressoir.

Les secondes consistent dans le prélèvement de dix pour cent des avances annuelles, en supposant toujours que le propriétaire réunit en lui la qualité de fermier. Il a droit en outre à une indemnité pour le dédommager des pertes occasionnées par les fléaux extra-ordinaires, tels que la grêle, les insectes, parce que ces accidens ne font point partie des crises communes. On ne peut guère porter cette indemnité au dessous du dixième du produit moyen total.

Voici une autre reprise, non moins juste, non moins intéressante, et dont on ne semble guère s'occuper non plus; c'est celle à laquelle donne droit la dépense du renouvellement indispensable de la vigne. Tout le monde sait que le plant de la vigne se détruit peu à peu comme tous les autres végétaux; comme tout ce qui appartient à la nature. Après une plus ou moins longue durée; suivant la qualité des ceps, la nature du sol et du climat, il faut la replanter. A compter du premier moment de cette opération jusqu'à celui où elle commence à dédommager le propriétaire par une première récolte, il s'écoule au moins cinq ans pendant lesquels on est non seulement privé de tout produit net, mais il faut faire, excepté les frais de vendange, tous les autres frais de culture. Ainsi pour que le propriétaire parvienne à la juste estimation du revenu constant de sa propriété, il est obligé de soustraire du premier produit net qui se trouve après tous les prélèvemens qu'on vient de détailler

tailler le montant des frais de culture de cette jeune vigne pendant cinq années, de même que la privation du revenu pendant le même temps, divisé par le nombre des années que subsiste la vigne. De sorte, par exemple, que si le produit net de la vigne est de 24 francs par arpent ou demi-hectare, si les frais de culture se montent à 60 francs, et s'il convient de renouveler la vigne tous les quarante ans, il faut multiplier ces deux sommes réunies (84 fr.) par cinq ans de non-valeur : ce qui donne 420 francs; diviser ce dernier nombre par 40 : ce qui donne 10 francs 50 centimes ou 10 livres 10 sous, lesquels doivent être prélevés annuellement, si l'on veut trouver l'exacte indemnité du renouvellement de la vigne. On conçoit aisément que si ce renouvellement peut n'avoir lieu, sans perte, qu'après quatre-vingts ans, il suffit de prélever par chaque année la moitié de 10 francs 50 centimes; de même que s'il doit être fait tous les vingt ans, le prélèvement doit se monter au double, c'est-à-dire, à 21 francs, et en un mot, ainsi de suite, en plus ou en moins, à proportion de la durée des plants, dans un état de vigueur tel qu'ils produisent chaque année une récolte avantageuse.

L'omission de ces deux dernières reprises, dans le calcul du produit, a fait trouver des vides désolans à ce petit nombre d'amis de l'ordre qui se plaisent à compter avec eux-mêmes, à se rendre raison de leur dépense et de leur recette; aussi avons-nous eu grand soin de les établir dans chacun des états ou inventaires suivans.

Toutes les mesures agraires en usage dans les ci-devant provinces où sont situés les vignobles dont on parle, y sont réduites au demi-hectare ou au ci-devant arpent commun de France, et la mesure de capacité à la barrique ou au poinçon de deux cent quarante pintes, qui revient à deux hectolitres vingt trois litres des mesures nouvelles.

Pour mettre quelque ordre dans cette suite d'inventaires, on s'est assujetti, autant qu'on l'a pu, à suivre une marche régulière, en partant du midi pour aller au nord.

INVENTAIRES.

DÉPARTEMENT des BOUCHES-DU-RHÔNE (ci-devant *Provence*).
Territoires de *Marseille* et d'*Aix*.
Avances annuelles.

	f.	c.		f.	c.
Salaire du vigneron, par arpent ou demi-hectare	46				
Leur intérêt à dix pour cent	4	50		62	50
Pour indemnité	12				
Produit commun, six barriques ou poinçons et deux-tiers, évalués en tout				120	
Produit net				57	50

Tome X. R

Observations.

Les vignobles de Provence quelque foible que soit la qualité de leur vin, rendoient aux propriétaires un revenu très-supérieur, comparativement à celui des autres vignobles de la France. Cette différence doit être attribuée à deux circonstances particulières à cette contrée.

Premièrement la vigne n'y occupe, dans plusieurs cantons, qu'une partie du terrain ; elle y est plantée en rangs éloignés les uns des autres de cinq à sept mètres (quinze à vingt pieds). Ces espaces sont labourés à bras ou à la charrue, et ensemencés en diverses sortes de grains, dont la récolte sert à payer une grande partie de la culture de la vigne, comme les frais des fumiers, des voitures, pour le transport de la vendange, de la cueillette des raisins, et des travaux au pressoir.

Les Etats de Provence, en second lieu, avoient le privilège, et ils en usoient, il faut en convenir, d'une manière abusive, d'établir des taxes sur les vins qu'on vouloit introduire dans leur province. Il est évident que par le moyen de ces sur-taxes ils se conservoient exclusivement le profit des ventes et des reventes dans le commerce du Levant.

DÉPARTEMENT DU GERS. (Ci-devant *Armagnat*).

Territoire d'*Auch* et de *Lectoure*.

Avances annuelles.

	f. c.	f.
Au vigneron, pour toutes façons, les avances comprises.	18	22
Pour entretien et renouvellement de quatre vieilles futailles.	4	

Produit brut.

Le prix moyen est de 8 francs par pièce, la valeur des quatre. 32

Partage de ce produit.

	f. c.	fr. c.
1°. Pour les avances annuelles.	22	
2°. Intérêt à dix pour cent.	2 20	27 40
3°. Pour indemnité, le dixième du produit total.	3 20	
Produit net.		4 60

DÉPARTEMENS du LOT et de la GARONNE (Ci-devant *Guienne*).

Territoires d'*Agen* et de *Bordeaux*.

Avances annuelles.

	fr. c.	
Pour trois façons de labour à des journaliers.	24	
Pour tailler, épamprer et lier la vigne...	6	} 60 f. c.
Pour quatre barriques, à 6 fr. 50 c. chacune.	26	
Pour frais de vendange et façon du vin...	4	

Produit brut.

Le prix moyen du tonneau de vin marchand, composé de quatre barriques, produit d'un demi-hectare, est de . 100

Partage de ce produit total.

	fr. c.	
1°. Pour les avances annuelles.	60	
2°. Intérêt de dix pour cent.	6	
3°. Indemnité, dixième du produit total. .	10	} 80 50 f. c.
4°. Pour le renouvellement de la vigne qui a lieu au moins tous les cinquante ans, la dépense de culture pendant cinq ans, la privation du revenu pendant ce même temps.	4 50	
Produit net.		19 50

Observations.

On a déjà prévenu qu'il ne s'agiroit point dans ces inventaires des vins *choisis*. Sous le nom de vin *marchand*, on entend à Bordeaux le vin commun, celui qu'on charge ordinairement pour l'Amérique et la Hollande. Au dessous de ces vins sont ceux appelés *petits vins*. Leur qualité inférieure, et la difficulté du transport, parce qu'ils sont fabriqués loin des rivières, oblige, pour l'ordinaire, de les convertir en eaux-de-vie. Ils sont en effet si foibles qu'année commune il n'en faut pas moins de dix mesures pour en obtenir une d'eau-de-vie ; et, après cette conversion, le propriétaire n'obtient pas plus de 5 ou 6 fr. de produit net par barrique, la barrique de deux cents pintes.

Bien différens de prix et de qualité sont les premiers vins de ce fameux vignoble de Bordeaux. Il n'est pas rare qu'ils vaillent 2,000 f. le tonneau ou 500 fr. la barrique. Le tonneau a même été vendu en l'an 6 (1798), et, pour ainsi dire, sortant de la cuve, 2,400 fr. Si on ajoute à ce capital son intérêt jusqu'au moment où le vin aura acquis toute sa bonté (6 ou 7 années) et, en outre, les frais de mise en bouteille, en caisse, et ceux du transport, ce vin reviendra à 5 ou 6 f. la bouteille. Il est vrai que dans le cours d'une année on n'en vend pas mille bouteilles à ce prix.

DÉPARTEMENT de l'*Isère*. (Ci-devant *Dauphiné*.)

Avances annuelles.

	fr. c.	f. c.
Au vigneron, pour façons.	24	
Pour engrais.	6	54
Pour échalas.	12	
Pour frais de vendange.	12	

Produit brut.

On recueille dans l'étendue d'un demi-hectare, neuf charges de vin ; la charge contient cent douze bouteilles, mesure de Paris, et vaut, année commune, 12 fr. 108

Partage de ce produit.

	f. c.	f. c.
1°. Avances annuelles.	54	
2°. Intérêt à 10 pour 100.	5 40	78 60
3°. Indemnité, dixième du produit brut.	10 80	
4°. Pour les frais du renouvellement de la vigne.	8 40	
Produit net.		29 40

DÉPARTEMENT de la *CharenteInférieure*. (Ci-devant *Aunis*.)

Avances annuelles.

	f. c.	f. c.
Pour façon au vigneron.	16	
Pour l'entretien de cinq vieilles futailles à 30 cent. chacune, et leur renouvellement tous les six ans, 75 cent. par an.	5 25	28 75
Pour frais de vendange et la façon du vin à 1 fr. 50 cent. la barrique.	7 50	

Produit brut.

Le prix moyen de la barrique de vin est de 8 f., pour cinq. 40

Partage du produit brut.

	f.	c.	f.	c.
1°. Avances annuelles..........	28	75		
2°. L'intérêt à dix pour cent.......	2	75	35	50
3°. Indemnité, dixième du produit net.	4			
Produit net........................			4	50

DÉPARTEMENT de la *Corrèze*. (Ci-devant *Bas-Limosin*.)

Territoires *du Saillant*, *Allasac* et *Bouttesac*.

Avances annuelles.

	f.	c.	f.	c.
Au vigneron, pour façons.........	38			
Pour échalas.....................	15			
Pour fumage.....................	20		105	
Pour le prix de cinq fûts.........	20			
Pour les frais de vendange et fabrication du vin.	12			

Produit brut.

Le prix moyen est de 30 fr. la barrique; chaque demi-hectare en donne cinq. 150

Partage du produit brut.

	f.	c.	f.	c.
1° Pour les avances annuelles........	105			
2°. Pour leur intérêt à dix pour cent....	10	50		
3°. Pour indemnité, dixième du produit brut.	15		142	50
4°. Pour dédommagement du renouvellement de la vigne qui a lieu très-fréquemment.	12			
Produit net.......................			7	50

Observations.

C'est en quelque sorte mal à propos que nous avons parlé de bénéfice net dans cet inventaire, puisqu'il s'en faut de plus de 25 fr. qu'il n'en existe réellement. Nous n'avons pas rapporté dans la liste de partage la reprise qui résulte du non rapport, pendant cinq ans, de la vigne renouvelée, parce que le produit ne nous a rien offert à retenir. Une pareille culture doit cacher quelque vice, dont on apperçoit la racine dans les traités que les propriétaires ou les vignerons font ordinairement dans la plupart des vignobles de ce département. Le revenu du propriétaire n'est réellement que factice, et la spoliation du vigneron est bien évidemment prouvée. C'est ainsi que dans tous les genres de culture, et spécialement dans celui qui a la vigne pour objet, toutes les fois que l'avidité du maître fait taire la raison, pour obtenir un revenu qui, dans le fait, n'est qu'un revenu apparent ou supposé, le maître et l'ouvrier vigneron qu'il emploie sont essentiellement dupes l'un de l'autre. Dans le cas dont il s'agit, où le propriétaire tire à lui la moitié de la récolte, il croit avoir un produit net de 50 fr., tandis qu'il n'a pas en effet le quart de cette somme; et le malheureux qui a façonné la vigne est obligé, pour vivre, de tailler à fruit le plus qu'il le peut, et par conséquent d'abréger de plusieurs années l'âge de vigueur des plants qui lui ont été confiés.

DÉPARTEMENS du *Puy-de-Dôme* et du *Cantal*.
(Ci-devant *Auvergne*.)

Avances annuelles.

	f.	c.	
Au vigneron pour façons.	33		
Pour échalas.	7		f. a.
Pour fumier ou terreau.	12		104
Pour huit fûts à 4 francs.	32		
Pour frais de vendange et fabrication de vin.	20		

Produit brut.

Le prix moyen du poinçon est de 20 francs; on en récolte huit. 160

Partage du produit brut.

	f.	c.	
1°. Pour les avances annuelles.	104		
2°. Leur intérêt à dix pour cent.	10	40	f. c.
3°. Pour indemnité, dixième du produit brut.	16		138 65
4°. Pour dédommagement du renouvellement de la vigne reconnu nécessaire tous les quarante ans et les cinq années de non jouissance.	8	25	
Produit net.			21 35

Observations.

Le résultat est conforme au prix de ferme usité dans le pays. Le propriétaire trouve dans les 28 fr. qu'il reçoit pour le revenu d'un demi-hectare, les 8 fr. de dédommagement pour le renouvellement de la vigne. S'il les confond comme produit net avec les 21 fr. relatés ci-dessus, il est induit en erreur. Il est fâcheux de rencontrer dans ces mêmes départemens des propriétaires qui louent à moitié fruit, sauf à entrer pour moitié dans la dépense des échalas et des poinçons. Il touche alors 56 fr. 50 cent. de revenu, et tout cet excédant est une vraie spoliation faite à l'ouvrier.

Département du *Rhône*. (Ci-devant *Lyonnois*.)

Territoires de *Limonie, Sainte-Colombe, Saint-Georges-de-Renein, Côte-Rôtie*.

Avances annuelles.

	f.	c.	
Au vigneron, pour façons.	103	50	
Engrais.	103	50	
Pour échalas à 3 fr. le cent.	102		fr. c.
Osier et paille de seigle pour lier la vigne.	30		483
Pour cueillir le raisin et la fabrication du vin.	69		
Pour quinze fûts à 5 fr. la pièce.	75		

Produit brut.

En compensant les plus hauts prix avec les plus bas, le prix de la pièce est de 50 fr. Les quinze produisent. . . . 750.

Partage du Produit brut.

	f.	c.	
1°. Pour les avances annuelles.	483		
2°. Pour l'intérêt de cette somme à dix pour cent.	48	30	fr. c. 606 30
3°. Pour l'indemnité des accidens particuliers; dix pour cent du produit total.	75		
Produit net.			143 70

Observations.

Ce résultat est conforme, de même que le précédent, au prix du fermage des vignes. Mais la méthode de les affermer y est très rare. Pour l'ordinaire les vignes s'y donnent à moitié fruit; et, dans ce cas, si le propriétaire ne paye pas la moitié des frais du provignage, des échalas, de la vendange et des futailles, le métayer est dupe de son marché.

On n'a point fait mention dans cet inventaire du droit de reprise pour le renouvellement de la plantation, parce qu'on est dans l'usage de provigner. Toutefois il ne faut pas taire que les frais du provignage ne sont pas inférieurs à ceux de la replantation.

Département du Jura. (Ci-devant *Franche-Comté*.)

Territoires de *Salins*, *Arbois*, *Poligny*, *Lons-le-Saulnier*.

Avances annuelles.

	f. c.	fr. c.
Au vigneron, pour façons.	36	
Pour le labour du tiercement qui a lieu tous les deux ans et qui se paye chaque année par moitié.	6	100
Pour les fosses du provignage.	12	
Pour les petits échalas de coudrier.	7	
Pour douze demi-poinçons (appelés feuillettes) à 2 fr. 30 centimes.	30	
Pour frais de la vendange et de la façon du vin.	9	

Produit brut.

Le prix moyen de ces vins est de 12 fr. la feuillette; pour douze feuillettes. 144

Partage du produit brut.

	fr. c.	f. c.
1°. Pour les avances annuelles.	100	
2°. Leur intérêt, à dix pour cent.	10	124
3°. Indemnité, dixième du produit brut.	14	
Produit net.		20

Observations.

Le mode d'exploiter ces vignes est encore de les prendre à moitié. Les frais de culture et la moitié de ceux de la vendange montant à 81 fr., tandis que la valeur du produit brut n'est que de 144 fr., dont la moitié ne donne au vigneron que 68 fr. spoliation de 13 fr.; aussi la misère de ces cultivateurs est-elle extrême.

Département du Cher, (Ci-devant *Berri*.)

Territoire de *Vatan*.

Avances annuelles.

	fr. c.	f. c.
Pour façons au vigneron.	25	
Pour fumage des provins.	12	73
Achat de quatre poinçons à 4 fr.	16	
Pour frais de vendange et façon de vin.	20	

Produit

Produit brut.

Le prix moyen du poinçon est de 24 francs; pour quatre · 96

Partage du produit brut.

	fr.	c.	f.	c.
1°. Avances annuelles, ...	73	»		
2°. Intérêt de cette somme à dix pour cent. .	7	30	89	90
3°. Pour indemnité, dix pour cent du produit brut..	9	60		
Produit net.			6	5

Territoire de *Sancerre*.

Nota. Le produit net de chaque demi-hectare de ce vignoble semble se monter jusqu'à 40 fr., parce qu'on ne sépare pas du revenu les justes reprises auxquelles de fortes avances donnent lieu.

DÉPARTEMENT de la NIÈVRE. (Ci-devant *Nivernois*).

Territoires de *Pouilly*, *Irancy* et *Mesvres*.

Avances annuelles.

	fr.	c.	f.	c.
Au vigneron, à raison de 3 fr. 50 cent. par jour; pour dix-neuf journées et demie.	68	25		
Pour trente-neuf bottes d'échalas, à 60 cent. .	22	»		
Pour le fumage des provins.	24	75	267	»
Frais de vendange et façon du vin.	76	»		
Pour dix-neuf poinçons, à 4 fr. pièce.	76	»		

Produit brut.

Le prix commun de ce vin, en prenant un terme moyen entre la valeur du rouge et celle du blanc, est de 22 fr. 50 cent.; pour les dix-neuf poinçons. 427

Partage du produit brut.

	fr.	c.	f.	c.
1°. Avances annuelles.	267	»		
2°. Intérêt de cette somme, à dix pour cent.	26	70	331	70
3°. Indemnité, dix pour cent du produit brut.	38	»		
Produit net.			95	30

Territoire de *Clamecy*.

Avances annuelles.

	fr. c.	f. c.
Au vigneron, pour la façon............	30	
Pour perches et échalas.............	9	
Pour engrais..................	15	94
Pour cinq poinçons à 4 fr. pièce.......	20	
Frais de vendange et façon du vin......	20	

Produit brut.

Cinq poinçons à 30 fr. chacun, la valeur des cinq est de 150

Partage du produit brut.

	fr. c.	f. c.
1°. Avances annuelles................	94	
2°. Pour intérêt, à dix pour cent........	9 40	
3°. Pour indemnité, dixième du produit total.	15	127 50
4°. Pour dédommagement du renouvellement de la vigne, supposé nécessaire tous les quarante ans.................	9 10	
Produit net...................		22 50

DÉPARTEMENT de la CÔTE D'OR. (Ci-devant *Bourgogne*).

Territoires de *Châlons-sur-Saône*, *Beaune*, et *Dijon*.

Avances annuelles.

	fr. c.	f. c.
Au vigneron, pour toutes les façons.....	36	
Engrais et terrotage des provins.......	18	
Pour douze cents échalas, à 1 fr. 50 c. le cent.	18	104
Pour l'achat de trois poinçons.........	12	
Frais de vendange et façon du vin......	20	

Produit brut.

Le prix moyen entre les vins fins et les vins médiocres étant de cent cinquante francs la queue, ou les quatre feuillettes; trois poinçons ou la queue et demie donnent..... 225

Partage du produit brut.

	fr. c.	f. c.
1°. Pour les avances annuelles........	104	
2°. Leur intérêt à dix pour cent........	10	136
3°. Pour l'indemnité; le dixième du produit brut..................	22	
Produit net...................		89

Observations.

Les vins les plus communs, qui sont récoltés dans la Haute-Bourgogne, n'ont souvent que la moitié de la valeur que nous venons d'assigner à ceux d'une meilleure qualité. Le revenu de l'arpent n'en est guère moindre pour cela, parce que le cultivateur se trouve dédommagé par la quantité ; et alors le surcroît des frais ne porte que sur ceux de la vendange.

DÉPARTEMENS de la *Côte-d'Or* et de l'*Yonne*.

(Ci-devant *Bourgogne*.)

Territoires de *Semur* et d'*Avalon*.

Avances annuelles.

	f.	c.	f.	c.
Au vigneron pour façon.	36			
Pour perches et échalas.	12			
Pour le terrotage des provins.	8		83	
Achat de six vieux poinçons.	12			
Frais de vendange et façon du vin.	15			

Produit brut.

Le prix moyen de la queue, qui contient deux poinçons, est de cinquante francs ; pour six poinçons. 150

Partage du produit brut.

	f.	c.	f.	c.
1°. Avances annuelles.	83			
2°. Intérêt de cette somme à dix pour cent.	8	30	106	30
3°. Indemnité, dixième du produit brut.	15			
4°. Pour renouvellement de la vigne, parce qu'on provigne.	»			
Produit net.			43	70

DÉPARTEMENT DE L'YONNE, (même Province).

Territoire d'*Auxerre*.

Avances annuelles.

	f.	c.	f.	c.
Au vigneron, pour façon d'un demi-hectare.	60			
Pour les provins, pour les osiers nécessaires à l'accolage.	12			
Pour cinq cents perches et un mille d'échalas.	26		212	
Pour engrais.	30			
Pour huit fûts à trois francs.	24			
Frais de vendange et façon du vin.	60			

Produit brut.

Cinq poinçons, mesure de Paris. 400

Partage du produit brut.

	fr. c.	f. c.
1°. Avances annuelles.	212	
2°. Intérêt de cette somme à dix pour cent. .	21	273
3°. Pour indemnité, dix pour cent du produit brut.	40	
Produit net.		127

DÉPARTEMENT D'INDRE ET LOIRE. (Ci-devant *Touraine*.)

Avances annuelles.

	f. c.	f. c.
Pour façons d'un arpent, compris la plantation des échalas.	30	
Pour terrotage des provins.	12	
Prix des échalas.	12	89
Achat de quatre fûts, à 5 f. pièce.	20	
Pour les vendanges et la façon du vin. . . .	15	

Produit brut.

Le vin de première qualité de ce territoire est connu sous le nom de vin *noble*. Son prix, année commune, est de 40 fr. le poinçon. 160

Partage du produit brut.

	fr. c.	f. c.
1°. Avances annuelles.	89 "	
2°. Leur intérêt, à dix pour cent.	8 90	113 90
3°. Indemnité, dixième du produit brut. . .	16 "	
4°. Pour le renouvellement, parce qu'on est dans l'usage de provigner.	"	
Produit net.		46 10

Observations.

Le prix du bon rouge de ce département se soutient, parce qu'il suffit à peine pour la consommation de ses habitans les plus aisés. Paris est le débouché des petits vins du même territoire. Ceux-ci proviennent de vignes plantées en cépages de très-mauvais produit pour la qualité, mais qui donnent d'abondantes récoltes. On remarque, dans cette contrée, les cantons de *Vouvray* et de *Roche-Courbon*, dont le vin blanc tient du sol une qualité qui le fait rechercher des étrangers, entr'autres des Hollandais. Ces vignes sont bien plus favorables au propriétaire que celles qui produisent le *rouge-noble*, parce que les frais de culture en sont moindres, le produit double en quantité, et la valeur non moins forte.

DÉPARTEMENT de la *Mayenne*. (Ci-devant *Anjou*.)

Avances annuelles.

	f.	c.		f.	c.
Au vigneron, pour toutes les façons.	24				
Pour engrais.	10		}	52	
Valeur de trois poinçons, à 3 f. chacun.	9				
Frais de vendange et fabrication du vin.	9				

Produit brut.

Le prix moyen du poinçon, étant de 24 fr., le produit total est de. 72

Partage du produit brut.

	f.	c.		f.	c.
1°. Avances annuelles.	52				
2°. Intérêt de cette somme, à dix pour cent.	5	20	}	64	40
3°. Indemnité, dixième du produit total.	7	20			
Produit net.				7	60

Nota. Sans le provignage, le produit net suffiroit à peine aux reprises du renouvellement.

DÉPARTEMENT de LOIR et CHER. (Ci-devant *Blaisois*.)

Territoire de *Blois*.

Avances annuelles.

	f.	c.		f.	c.
Pour façons au vigneron.	43				
Pour les échalas.	14				
Pour engrais.	50		}	153	
Achat de huit poinçons, à 4 francs pièce.	32				
Frais de vendange et de la fabrication du vin.	14				

Produit brut.

Le prix moyen de chaque poinçon étant de 30 fr., pour les huit poinçons. 240

VIG

Partage du produit brut.

	f.	c.		f.	c.
1º Avances annuelles.	153				
2º. Intérêt de cette somme à dix pour cent.	15	30		204	30
3º. Indemnité, dixième du produit total.	24				
4º. Reprises pour le renouvellement à faire tous les cinquante ans.	12				
Produit net.				35	70

Observations.

Il ne s'agit ici que des vins de première qualité, qu'on n'obtient que dans une foible partie de ce territoire, le surplus étant en petite culture, et par conséquent d'un produit net presque nul.

MÊME DÉPARTEMENT.

Territoire du ci-devant *Vendomois*.

Avances annuelles.

	f.	c.		f.	c.
Au vigneron, pour façons.	32				
Dix bottes d'échalas, à 50 centimes.	5			127	
Pour engrais.	20				
Achat de dix poinçons, à 4 francs pièce.	40				
Frais de vendange et de la fabrication du vin.	30				

Produit brut.

Le prix moyen est de 20 francs le poinçon; le produit de dix est de. 200

Partage du produit brut.

	fr.	c.		f.	c.
1º. Avances annuelles.	127				
2º. Intérêt de dix pour cent.	12				
3º. Indemnité, le dixième du produit brut.	20			170	
4º. Frais du renouvellement qui doit avoir lieu tous les quarante ans.	10				
5º. Pour les frais de culture du jeune plant, et pour la non-jouissance pendant cinq ans.	10	30			
Produit net.					30

DÉPARTEMENT du LOIRET. (Ci-devant *Orléanais*.)

Territoires d'*Orléans*.

Avances annuelles.

	f.	c.		f.	c.
Au vigneron pour toutes les façons.	40				
Pour engrais.	12				
Pour les échalas.	10		}	105	50
Acquisition de six poinçons.	25	50			
Frais de vendange et de la fabrication du vin.	18				

Produit brut.

Le prix moyen de chaque poinçon de vin étant de 30 fr. les six nous donnent. 180

Partage du produit brut.

	f.	c.		f.	c.
1°. Avances annuelles.	105	50			
2°. Intérêt de cette somme à dix pour cent.	10	15	}	144	90
3°. Indemnité, dix pour cent du produit brut.	18				
4°. Pour le renouvellement des vignes, qui doit avoir lieu tous les quarante ans, et pour les cinq années de non-jouissance.	11	25			

Produit net. 35 10

MÊME DÉPARTEMENT.

Territoire de *Gien*. (Ci-devant *Sologne*.)

Avances annuelles.

	f.	c.		f.	c.
Au vigneron, pour façons.	29				
Pour échalas, seize bottes à 50 centimes.	8				
Pour engrais.	8		}	69	
Pour l'achat de quatre poinçons, à 4 francs pièce.	16				
Frais de vendange et de la fabrication du vin.	8				

Produit brut.

Le prix moyen du poinçon étant de 25 fr., les quatre donnent pour produit. 100

VIG

Partage du produit brut.

	f. c.	
1°. Avances annuelles.	69	fr. c.
2°. L'intérêt de cette somme à dix pour cent.	6 90	93 40
3°. Indemnité, dixième du produit brut. . .	10	
4°. Pour le dédommagement du renouvellement de la vigne, tous les quarante ans. . . .	7 50	
Produit net.		6 70

MÊME DÉPARTEMENT. (Ci devant *Sologne.*)

Territoire de *Romorantin.*

Avances annuelles.

	f. c.	f. c.
Au vigneron, pour façons.	60	
Pour échalas.	7	
Engrais.	14	153
Achat de douze vieilles barriques.	36	
Frais de vendange et de la fabrication du vin.	36	

Produit brut.

On récolte, année commune, douze poinçons au prix moyen de 20 fr. 240

Partage du produit brut.

	f. c.	f. c.
1°. Avances annuelles.	153	
2°. Intérêt de cette somme à dix pour cent.	15 30	206 30
3°. Indemnité, dixième du produit brut. .	24	
4°. Dédommagement du renouvellement de la vigne tous les quarante ans, et de non-jouissance pendant cinq ans.	14	
Produit net.		33 70

Observations.

Ce produit raisonnable donne lieu à une remarque assez curieuse. Tous les cultivateurs désirent le voisinage des grandes routes ou des rivières navigables, comme moyens de faciliter le transport, et par conséquent

conséquent l'écoulement de leurs denrées. Ici (à Romorantin) il en est tout autrement : les routes y sont si mauvaises, les communications si difficiles, qu'on y éprouve les mêmes obstacles pour recevoir que pour donner. Par cette raison le produit du petit vignoble de ce territoire, étant presque toujours un peu au dessous du besoin de ses consommateurs, donne un revenu passable aux propriétaires.

MÊME DÉPARTEMENT.

Territoires de *Pithiviers* et *Montargis*, (dans le ci-devant *Gâtinois*.)

Avances annuelles.

	f. c.		f. c.
Au vigneron, pour façons.	38	}	
Echalas.	20	}	
Engrais.	12	}	118
Pour l'emplette de six poinçons à 4 fr. pièce.	24	}	
Frais de vendange et de la façon du vin.	24	}	

Produit brut.

Six poinçons de récolte à 25 fr. chacun. 150

Partage du Produit brut.

	f. c.		f. c.
1°. Avances annuelles.	118	}	
2°. Intérêt de cette somme, à dix pour cent.	11 80	}	
3°. Indemnité ; dixième du produit brut.	15	}	152 80
4°. Dédommagement pour le renouvellement de la vigne tous les quarante ans, et les cinq années de non jouissance, environ.	8	}	

Produit net. 8 20

DÉPARTEMENT de la SARTHE. (Ci-devant *Maine*.)

Avances annuelles.

	f. c.		f. c.
Au vigneron, pour façons.	15	}	
Quatre cents provins par demi-hectare.	5	}	
Pour le fumage de ces provins.	8	}	63
Pour cinq busses ou poinçons à 5 fr.	25	}	
Frais de vendange et de la façon du vin.	10	}	

Produit brut.

Le prix moyen du poinçon est de 24 fr.; la valeur des cinq. 120

VIG

Partage du produit brut.

	f. c.		f. c.
1°. Avances annuelles.	63	}	
2°. Intérêt, à dix pour cent, de cette somme. .	6 30	}	81 30
3°. Indemnité; dixième du produit brut. . .	12	}	
Produit net.			38 70

DÉPARTEMENT d'EURE et LOIR. (Ci-devant *Beauce*.)
Territoire de *Chartres*.

Avances annuelles.

	f. c.		f. c.
Façons ordinaires d'un arpent ou demi-hectare, au vigneron.	72	}	
Pour l'excédant des fosses qu'il fait au delà des premières conventions.	8	}	
Fumage des provins.	24	}	202
Échalas.	10	}	
Emplette de huit poinçons à 5 fr. chacun. . .	40	}	
Frais des vendanges et de la façon du vin. . .	48	}	

Produit brut.

Le prix moyen du vin est de 40 fr. le poinçon; la valeur de huit est. 320

Partage du produit brut.

	f. c.		fr. c.
1°. Avances annuelles.	202	}	
2°. Intérêt de cette somme, à dix pour cent. .	20	}	254
3°. Indemnité des risques, dix pour cent du produit brut.	32	}	
Produit net.			66

MÊME DÉPARTEMENT.
Territoire de *Châteaudun*. (Ci-devant *Dunois*.)

Avances annuelles.

	f. c.		f. c.
Au vigneron, pour les façons.	56	}	
Engrais.	12	}	
Échalas, six cents par demi-hectare, à 12 fr. le millier.	7 20	}	119 20
Achat de six poinçons à 4 fr. pièce.	24	}	
Frais de vendange et de la façon du vin. . .	20	}	

Produit brut.

Le prix commun est de 30 fr. le poinçon; la valeur de six. 180

VIG

Partage du produit brut.

	f.	c.		f.	c.
1°. Avances annuelles.	119	20	}		
2°. Intérêt de cette somme à dix pour cent.	11	90	} 160	35	
3°. Indemnité, le dixième du produit brut.	18		}		
4°. Dédommagement du renouvellement et de la non-jouissance.	11	25	}		
Produit net.				19	65

Département de la Seine. (Ci-devant *Isle-de-France*.)
Territoire des *Environs de Paris*.

Avances annuelles.

	f.	c.
Au vigneron, pour toutes les façons qui sont plus multipliées que dans les autres vignobles.	104	
Paille de seigle pour accoler la vigne.	5	
Façon du provignage.	9	
Echalas.	45	
Engrais.	56	
Frais de la vendange et de la façon du vin.	24	
Achat de douze poinçons à 5 fr. pièce.	60	

f. c. } 303

Produit brut.

Le prix moyen de 40 fr. par poinçon, donne pour douze. 480

Partage du produit brut.

	f.	c.		f.	c.
1°. Avances annuelles.	303		}		
2°. Intérêt de cette somme à dix pour cent.	30	30	} 381	30	
3°. Indemnité des fléaux particuliers, dix pour cent du produit brut.	48		}		
Produit net.				98	70

Département de la Marne. (Ci-devant *Champagne*.)

Avances annuelles.

	f.	c.
Au vigneron, pour façons d'un arpent ou demi-hectare.	36	
Pour les provins et façons extraordinaires.	30	
Echalas.	13	50
Engrais transporté par hottées.	18	
Pour couvrir de terres rapportées les racines des provins.	7	
Achat de cinq poinçons à 4 fr. pièce.	20	
Frais de vendange et de la façon du vin.	50	

fr. c. } 174 50

VIG

Produit brut.

Le prix commun des vins ordinaires de Champagne est de 50 fr. la barrique ; le produit total d'un arpent qui en donne cinq est donc de. 250

Partage du produit brut.

	f.	c.	
1°. Avances annuelles.	174	50	f. c.
2°. Intérêt de cette somme à dix pour cent. .	17	45	216 95
3°. Indemnité des risques, le dixième du produit brut.	25		
Produit net.			33 5

Observations.

La différence entre le produit des vins *fins* et des vins communs est immense. Les cantons d'élite, tels que *Sillery*, *Hautvillers*, *Versenay*, *Romant*, etc. ne produisent, année commune, que quatre poinçons par arpent ou demi hectare ; mais leur prix moyen est au moins de 200 fr. pièce. La valeur du produit brut est donc de 800 fr. et les frais de culture n'excédant pas ceux des vignes communes, il résulte des premières un produit net de 528 fr. par arpent. Tel est la différence de profit que donnent les productions destinées à la consommation des gens riches et des étrangers. Il est vrai qu'à peine la dixième partie du territoire de la Champagne produit des vins de la qualité supérieure.

DÉPARTEMENT DE L'AISNE. (Ci-devant *Soissonnois*).

Avances annuelles.

	f.	c.	
Au vigneron, pour façons y compris le provignage.	50		fr. c.
Echalas.	30		
Pour l'engrais et son transport.	17		163
Pour l'emplette de trois fûts qui contiennent chacun trois poinçons, mesure de Paris.	46		
Frais de la vendange et de la façon du vin. .	20		

Produit brut.

Le prix moyen de ces vins est de 25 fr. le muid ; dix muids valent donc. 250

Partage du produit brut.

	f.	c.	
1°. Avances annuelles.	163		f. c.
2°. Intérêt de cette somme à dix pour cent. .	16	30	204 30
3°. Indemnité, dix pour cent du produit brut.	25		
Produit net.			45 70

Observations.

Les frais de culture, dans le territoire Laonois, sont à peu près les mêmes que dans celui du Soissonnois. Les vins du Laonois ont moins de qualité que ces derniers; mais des circonstances locales leur donnent un plus haut prix.

Une lecture attentive de ces divers tableaux doit convaincre que la plus mauvaise méthode de cultiver les vignes, est celle qui se fait à moitié ou par métayers, comme dans une partie des territoires des ci-devant Aunis, Bas-Limosin, Nivernois, Berri, Franche-Comté, etc. Par elle, l'ouvrier meurt de faim, et le propriétaire admet, comme rente, de petites rentrées qui ne forment en effet qu'un revenu apparent, puisqu'il n'introduit au compte des dépenses, ni l'intérêt de ses premières avances, ni aucune des reprises auxquelles il a droit.

Il en est bien autrement de la grande culture dirigée par une main sage et libérale. Celle-ci veut de fortes avances, il est vrai; mais elles ne restent jamais infructueuses. Voyez les inventaires du ci-devant Lyonnois, de la Bourgogne, du département de la Marne, et même du Soissonois; ils vous donneront encore l'occasion de vous assurer qu'il faut être dans l'aisance pour faire cultiver la vigne avec avantage. A qui appartenoit, avant la révolution, la plus grande partie des vignobles les plus célèbres et les plus lucratifs de la France? Aux moines; c'est-à-dire, à la classe la plus aisée des citoyens. Les moyens d'améliorer, de renouveler, ne leur manquoient jamais. Aussi les capitaux, que leurs biens en vignes étoient censés représenter, toutes les avances, toutes les reprises de droit déduites, ne donnoient pas un intérêt au dessous de neuf à douze pour cent, par an; intérêt très-considérable pour des capitaux placés en terres, et immense, quand on considère la foible qualité de celles qui conviennent à la vigne. Qu'on se garde donc bien, comme l'ont fait quelques écrivains irréfléchis, de confondre la culture de la vigne en général, avec le mode de la cultiver; et parce qu'il y a des ouvriers vignerons à la mendicité, et des propriétaires de vignes dans l'indigence, de demander l'arrachage ou la suppression d'une partie de nos vignes. L'intérêt bien entendu des particuliers et de l'état rejette bien loin cet absurde système.

Pour que la proposition fût admissible, il faudroit que le terrain qu'occupent les vignes, manquât à la reproduction d'une denrée plus précieuse, à celle du blé; ou que le vin fût tellement commun en France, que ses habitans, suffisamment abreuvés de cette liqueur, et les demandes des étrangers plus que satisfaites à cet égard, il y en eût un excédant en pure perte pour l'état, comme pour les propriétaires. Mais combien il s'en faut qu'une telle supposition soit vraie, et par conséquent plausible! Faut-il encore répéter que les terres à blé ne sauroient convenir à la vigne, et que le terrain le plus propre à cette plante, est celui qui, dans notre climat, convient le moins à tout autre genre de reproduction? Un arpent de vigne de Lafitte, de Latour, de Margaux en Médoc, ou de Haut-Brion, dans les Graves de Bordeaux; qui rapporte annuellement trois pièces de vin, à raison de 500 ou 600 fr. chacune, (1500 ou 2000 francs les trois) donneroit à peine, en seigle ou en bois, 10 ou 12 francs par an. Par quel végétal utile remplaceroit-on la vigne, dans les territoires d'Arbois, de Condrieu, et sur presque toute la côte du Rhône?

Ajoutons à cela que le terrain, consacré en France à la culture de la vigne, seroit d'une étendue presque double de celle qu'elle y occupe aujourd'hui; que son produit suffiroit tout au plus à la consommation en vin de ses habitans. En prenant pour base de ce produit les vignes dont la culture est soignée, et dont une aveugle parcimonie, ou une pitoyable indigence ne restreint point les frais d'exploitation, on obtient, année commune, sept poinçons par arpent. Mais comme, dans la combinaison de la valeur vénale du produit d'un tel arpent, nous avons soustrait un huitième de chaque propriété, censé employé au renouvellement du vignoble, nous devons borner le rapport à six poinçons et un huitième.

Voyons maintenant quel est le nombre d'arpens ou de demi-hectares employés à cette culture. Plusieurs écrivains se sont occupés de cette importante question, d'autant plus difficile à résoudre, qu'il n'a encore paru aucun travail élémentaire ou méthodique qui puisse diriger une pareille recherche. Toutefois nous adopterons, comme les plus vraisemblables, les calculs résultans des méditations et des travaux de cette classe d'hommes estimables qui auroient tant fait pour les progrès des sciences politiques et pour le bonheur des hommes, s'ils ne s'étoient obstinés à vouloir appliquer indistinctement à tous les pays, à tous les gouvernemens, à la Hollande, comme à la Lombardie, dont les sources de prospérité publique sont d'une nature si différente, un système d'imposition d'autant plus dangereux dans son application, qu'ils la veulent exclusive : ce qui suppose à chacun des membres des sociétés, non pas la même nature de revenu, mais les mêmes moyens de richesse, ou si l'on veut, d'existence. Quoi qu'il en soit, les économistes étant, de tous nos écrivains, ceux qui semblent avoir le plus approché de l'exactitude dans les calculs qu'ils ont faits sur ce sujet, nous en admettrons les résultats. Ils ont porté à un million six cent mille le nombre des arpens employés en France à la culture de la vigne. Cette quantité de terrain, à six poinçons un huitième de produit brut par demi-hectare, donne un total de neuf millions six cent quatre-vingt-huit mille barriques. Nous le porterons à dix millions, moins pour éviter les fractions, que pour faire entrer, dans ce compte rond, l'excédant du produit des vignes qu'on récolte dans les nouveaux départemens du Rhin, la consommation de ses habitans prélevée. En effet, la situation de ce territoire, en très-grande partie, par delà le cinquantième degré de latitude, ne permet pas d'y supposer une exportation de plus de trois cent trente-deux mille barriques.

Nous n'avons pas encore parlé de la Belgique; mais sa réunion à la République ne peut influer sur les conséquences à tirer des calculs dont il s'agit : 1°. parce que son sol n'est point propre à la culture de la vigne; 2°. parce que les deux cent quatre-vingt-dix-neuf centièmes de ses habitans ne consomment que de la bière pour leur boisson. Les autres faisoient partie, comme on le voit dans le premier des tableaux placé ci-dessous, des consommateurs étrangers des vins de France. Il ne nous reste donc plus qu'à nous occuper de la population de la France, telle qu'elle étoit dans l'ancien ordre de choses. Un accord assez général la portoit à vingt-quatre millions d'individus, desquels on doit en déduire quatre pour les enfans hors d'état de boire du vin. On peut supposer que la moitié des autres citoyens en sont privés, ou par indigence, ou parce que d'autres boissons, comme le cidre et la bière, suppléent à celle du vin. Ainsi la consommation du vin se trouvera restreinte aux besoins de dix millions d'individus de l'un et de l'autre sexe.

La consommation habituelle et modérée d'un homme est de deux barriques ou poinçons; la moitié suffit pour celle d'une femme. On en devroit donc consommer annuellement, en France, quinze millions de pièces, dont les deux tiers à l'usage des hommes, et l'autre à celui des femmes. Si on ajoute à cette quantité de vin, celui qu'on emploie à la fabrication des eaux-de-vie et des vinaigres, à l'usage de la pharmacie, des cuisines, et enfin celui qu'on exporte à l'étranger, on trouvera un nouveau déficit de dix huit-cent mille pièces sur ce que devroit être le rapport des vignes de France, soit pour la consommation intérieure, soit pour son commerce du dehors; puisqu'il faudroit pour remplir l'une et l'autre de ces destinations, un produit général d'au moins seize millions huit cent mille pièces; c'est-à-dire, d'une part, la récolte de deux millions huit cent mille arpens, donnant chacun sept barriques; et en outre l'emploi en jeunes ceps, pour le renouvellement des vignes, de trois cent quarante-trois mille autres arpens. Il faudroit donc que la culture de la vigne occupât, sur le sol français, deux millions sept cent quarante-trois mille arpens? tandis qu'un million six cent seulement lui sont consacrés. Dans le premier cas, le produit territorial des vignes de France, converti en argent, chaque arpent produisant sept barriques, et chaque barrique représentant la valeur de quarante-cinq francs vingt-cinq centimes, porteroit cette seule branche de revenu annuel à la somme de sept cent soixante et un millions deux cent soixante-dix mille francs.

Le Gouvernement français doit donc les plus grands encouragemens à la culture des vignes, soit qu'il considère ses produits, relativement à la consommation intérieure, soit qu'il les envisage sous le rapport de notre commerce avec l'étranger, dont il est en effet la base essentielle. Nous lui devons d'avoir déterminé en notre faveur la balance du commerce de l'Europe. En 1790, on exporta du seul port de Bordeaux, plus de trois cent mille pièces de vin de deux cent pintes chacune. On voit, par les registres de la fiscalité, que les droits perçus en France, avant la révolution, sur les vins, eaux-de-vie et liqueurs transportés à l'étranger, par les cinq grosses fermes seulement, se montoient à cinq cent mille francs. Ces mêmes droits s'élevoient, dans les autres provinces, à près de deux millions. Ainsi on peut croire qu'ils entroient pour soixante millions au moins, dans la balance générale du commerce de France.

Les tableaux ci-dessous mettront le lecteur à portée de vérifier ces divers calculs. Le premier offre les détails de l'exportation des vins, eaux-de-vie, liqueurs et vinaigres, en 1778. Les registres de la Douane n'étoient pas tenus partout, il est vrai, avec la même exactitude; mais l'extrait suivant est sorti des cartons du célèbre *Turgot*; et cette circonstance peut lui mériter un degré particulier de confiance.

Le second tableau fait connoître les progrès du commerce français d'exportation, depuis les premières années (1720) jusque vers la fin de ce dix-huitième siècle (1790). On verra qu'il a presque doublé dans un espace de soixante ans; et en comparant les derniers résultats (ceux de 1790) avec les totaux de 1778, consignés à la fin du premier tableau, on s'assure que notre commerce d'exportation en vins, eaux-de-vie, liqueurs, et vinaigres, s'est accru, en douze ans seulement, de dix-huit millions neuf cent quarante-quatre mille deux cent vingt-trois livres.

Nous avons cru qu'il pourroit être agréable ou utile à une certaine classe de lecteurs, de trouver ici les moyens de faire ces rapprochemens : c'est ce qui nous a décidé à publier le tableau par lequel ce chapitre est terminé. Nous en sommes redevables aux profondes recherches et au savoir communicatif du citoyen *Arnould*.

ÉTAT

ÉTAT des quantités de *Vins*, *Eaux-de-Vie*, *Liqueurs*, et *Vinaigres*, exportés de France en 1778.

VINS.	PAYS.	QUANTITÉS.	VALEUR.		TOTAL.
	Allemagne.	422 tonneaux.	126712		
d'Aumont.......	Flandre.	1355 tonneaux $\frac{1}{4}$.	406694	670656	
	Hollande.	457 tonneaux $\frac{1}{2}$.	137250		
d'Aubagne.......	Isles.	78 barriques.	......	4580	
	Allemagne.	10 tonneaux.	4000		
	Angleterre.	1062 muids.	531000		
	Danemarck.	640 tonneaux $\frac{1}{4}$.	233825		
	Espagne.	436 tonneaux.	163300		
de Bordeaux....	Nord.	187 tonneaux.	84150	1365809	
	Portugal.	2040 bouteilles.	5100		
	Etats-Unis.	44 tonneaux $\frac{1}{4}$.	13233		
	Isles.	3022 barriques $\frac{1}{2}$.	302260		
	Guinée.	96 tonneaux.	28941		
	Angleterre.	260 tonneaux $\frac{1}{2}$.	104200		
	Flandre.	225 tonneaux $\frac{1}{2}$.	67650		
	Hollande.	5211 tonneaux $\frac{3}{4}$.	1563526		17412525
	Nord.	2129 tonneaux $\frac{1}{2}$.	638850		
de Haut...	Russie.	23 tonneaux $\frac{3}{4}$.	7125	2990800	
	Suède.	216 tonneaux.	94800		
	Isles.	1612 tonneaux.	483600		
	Guinée.	103 tonneaux $\frac{1}{2}$.	31050		
	Angleterre.	654 tonneaux $\frac{1}{4}$.	719675		
	Flandre.	309 tonneaux $\frac{1}{2}$.	123800		
	Hollande.	9177 tonneaux $\frac{3}{4}$.	3671100		
	Nord.	9121 tonneaux $\frac{1}{4}$.	3648533		
de Ville...	Russie.	104 tonneaux.	41600	12380580	
	Suède.	849 tonneaux.	339600		
	Etats-Unis.	....	1200		
	Isles.	9508 tonneaux.	3724740		
	Guinée.	342 tonneaux $\frac{3}{4}$.	110332		
	Allemagne.	70 muids.	9194		
	Angleterre.	117 muids $\frac{3}{4}$.	45775		
	Danemarck.	34 muids $\frac{1}{8}$.	10254		
de Bourgogne...	Flandre.	1088 pièces $\frac{1}{3}$.	217678	316658	
	Hollande.	22 muids.	6474		
	Nord.	27 muids $\frac{1}{2}$.	8308		
	Russie.	47 muids $\frac{3}{4}$.	14325		
	Suède.	15 muids $\frac{1}{2}$.	4650		
d'Auxerre......	Suisse.	9 pièces $\frac{1}{2}$.	570	1773	
		20 pièces.	1203		594271
	Allemagne.	1540 poinçons.	192500		
de Beaune......	Angleterre.	20 poinçons $\frac{3}{8}$.	2550	246550	
	Flandre.	381 poinçons.	47625		
	Suisse.	31 poinçons.	3875		
	Allemagne.	163 poinçons.	12225		
de Dijon........	Flandre.	112 poinçons.	8400	29290	
	Suisse.	115 poinçons $\frac{1}{2}$.	8665		

VINS.	PAYS.	QUANTITÉS.	VALEUR.	TOTAL.
		De l'autre part....	17412525	
DE BOURGOGNE...	....	*De l'autre part.....*	..594271	
Idem { DE MACON..	Allemagne. Genéve. Suisse.	32 muids ½. 30 muids ½. 10 muids.	6550 605c 2000	5608871
DE NUITS...	Allemagne. Flandre.	283 poinçons. 82 muids ½.	42450 12375	54825
DE CHAMPAGNE.	Allemagne. Angleterre. Danemarck. Flandre. Hollande. Nord. Russie. Suède. Isles.	156 poinçons. 283 muids ½. 66 muids. 843 poinçons ½. 6788 bouteilles. 120 muids ½. 151 muids ½. 4 muids ½. 698 bouteilles.	15606 113402 26425 168675 15248 48295 60500 1900 1396	451447
DE MONTAGNE..	Allemagne. Flandre.	5327 pièces. 376 pièces ½.	533700 81180	614880
Idem { DE RHEIMS.	Allemagne. Flandre. Hollande. Italie. Suisse.	165944 bouteilles. 23894 bouteilles. 8027 bouteilles. 1858 bouteilles. 5298 bouteilles.	248916 35841 12040 2787 7854	307438
DE RIVIÈRE.	Allemagne. Flandre.	34 pièces ½. 281 pièces ½.	4140 33786	37926
DE CHARENTE....	Flandre. Hollande.	190 tonneaux. 148 tonneaux ½.	34185 26694	60879
DE COMTÉ......	Suisse.	172 muids ½.		15472
DE DAUPHINÉ...	Savoie.	231 barriques.		1155
D'ESPAGNE......	Etats-Unis.	3 barriques ½.		1056
DE BARCELONE...	Allemagne. Isles.	580 pipes. 21 pipes.	58000 2100	66100
DE MADÈRE.....	Etats-Unis.	20 pipes.	6000	
FRANÇAIS......	Danemarck. Espagne. Flandre. Hollande. Nord. Portugal. Isles.	55 tonneaux. 20 tonneaux ½. 439 tonneaux ½. 117 tonneaux. 1158 tonneaux ½. 12 tonneaux ½. 229 barriques ½.	13200 3085 65925 17555 173737 1875 11475	286852
DE FRONTIGNAN..	Angleterre.	3 muids ⅙.		1584
DE GÊNES......	Isles.	5 tonneaux.		1000
DE LANGUEDOC...	Suède. Isles.	5203 muids. 33 tonneaux.	520300 9900	530200
			TOTAL.. 20452210	

VINS.	PAYS.	QUANTITÉS.	VALEUR.	TOTAL.
		Ci-contre.........	26452210	
DE LA ROCHELLE	Etats-Unis.	86 tonneaux.	13760	
DE LIQUEURS	Allemagne.	1290 bouteilles.	2599	
	Angleterre.	2 muids $\frac{1}{2}$.	1500	8908
	Isles.	1603 bouteilles.	4809	
NANTOIS	Allemagne.	1261 tonneaux $\frac{1}{2}$.	151410	
	Flandre.	206 tonneaux $\frac{1}{4}$.	24750	180340
	Hollande.	31 tonneaux.	3100	
	Nord.	6 tonneaux.	1080	
DE NAPLES	Isles.	300 veltes.	1200	
D'OLÉRON	Guinée.	13 tonneaux.	1040	
ORDINAIRE	Allemagne.	13940 bouteilles.	6970	
	Angleterre.	26 muids.	4151	
	Danemarck.	5205 muids $\frac{1}{4}$.	520652	
	Flandre.	2605 muids.	260550	
	Hollande.	27 muids $\frac{1}{4}$.	4072	
	Nord.	10467 pots.	10467	1546509
	Russie.	19 muids $\frac{1}{2}$.	2925	
	Suède.	7 muids.	1050	
	Isles.	378 muids $\frac{1}{4}$.	57867	
	Guinée.	44029 pots.	44029	
	Indes.	6345 barriques $\frac{1}{4}$.	634576	
DE PROVENCE	Gênes.	26950 foudres.	2695	
	Savoie.	21217 foudres.	2121	
	Suède.	21980 milleroles.	2198	469534
	Isles.	55667 milleroles.	445336	
	Indes.	1432 milleroles.	17184	
DE QUERCY	Isles.	4 tonneaux.	1200	
DE RÉ	Danemarck.	51 tonneaux.	7650	
	Hollande.	624 tonneaux.	93600	258075
	Nord.	1045 tonneaux $\frac{1}{7}$.	156825	
ROUGE	Espagne.	2442 charges.	37845	
	Flandre.	18 pièces.	2160	
	Hollande.	8288 muids.	828798	
	Italie.	18789 milleroles.	151319	
	Naples.	19570 foudres.	1957	1362541
	Gênes.	4838 milleroles.	38728	
	Levant.	288620 foudres.	28862	
	Nord.	217354 foudres.	217354	
	Savoie.	6559 milleroles.	55518	
DE ROUSSILLON	Italie.	3304 muids.	330400	
DE SAINTONGE	Isles.	10 tonneaux.	1800	
			TOTAL.. 24627517	24627517

MARCHANDISES.	PAYS.	QUANTITÉS.	VALEUR.	TOTAUX.
EAUX-DE-VIE.	Allemagne.	1167 muids $\frac{1}{4}$.	116771	
	Angleterre.	4165 barriques.	555426	
	Danemarck.	1336 barriques $\frac{1}{4}$.	178257	
	Espagne.	1382 pipes.	276403	
	Flandre.	2659 pipes.	531827	
	Genève.	4050 foudres.	1417	
	Hollande.	3723 pipes.	744606	
	Italie.	46450 verges.	155424	
	Levant.	3800 foudres.	1140	
	Nord.	2406 muids.	384300	3552774
	Russie.	155 barriques.	21600	
	Savoie.	53783 foudres.	17962	
	Suède.	36809 veltes.	147239	
	Suisse.	22805 foudres.	7980	
	Etats-Unis.	2256 veltes.	9026	
	Isles.	270263 pots.	270263	
	Guinée.	402 muids.	80418	
	Indes.	2264 ancres $\frac{1}{4}$.	52715	
LIQUEURS.	Angleterre.	1 muids $\frac{1}{2}$.	1050	
	Danemarck.	10274 foudres.	10274	
	Espagne.	49766 foudres.	49766	
	Flandre.		2378	
	Hollande.	22391 foudres.	22391	
	Italie.	34509 foudres.	34509	
	Naples.	9500 foudres.	9500	707447
	Gênes.	1850 foudres.	1850	
	Levant.	42850 foudres.	42850	
	Savoie.	11397 foudres.	11397	
	Suède.	10992 foudres.	10992	
	Isles.	162759 foudres.	489115	
	Guinée.	2829 foudres.	4659	
	Indes.	56 foudres.	16716	
VINAIGRES.	Allemagne.	43 muids.	2144	
	Angleterre.	34 muids.	6870	14121
	Danemarck.	25 tonneaux $\frac{1}{2}$.	3107	
	Espagne.	19 tonneaux $\frac{1}{4}$.	2680	
	Flandre.	43 tonneaux $\frac{1}{4}$.	8726	
	Hollande.	173 tonneaux $\frac{1}{2}$.	28460	
	Italie.	229 milleroles.	1374	141893
	Nord.	144 tonneaux $\frac{1}{4}$.	28915	127772
	Russie.	9 tonneaux $\frac{1}{4}$.	1950	
	Suède.	18 tonneaux.	3450	
	Isles.	261 tonneaux $\frac{1}{2}$.	52267	

ÉTAT des quantités de Vins, Eaux-de-vie et Vinaigres exportés de France, tant à l'Étranger qu'aux Colonies, au commencement et vers la fin du XVIII.e siècle.

AU COMMENCEMENT DU XVIII.e SIÈCLE.						NOMS DES VINS, par ORDRE ALPHABÉTIQUE.	VERS LA FIN DU XVIII.e SIÈCLE.					
Années moyennes, de 1720 à 1725.							Année 1788.					
EXPORTATION A L'ÉTRANGER.			EXPORTATION AUX COLONIES.				EXPORTATION A L'ÉTRANGER.			EXPORTATION AUX COLONIES.		
Muids.	Bouteilles.	Valeurs tot.	Muids.	Bouteilles.	Valeurs tot.	Vignobles de France.	Muids.	Bouteilles.	Valeurs tot.	Muids.	Bouteilles.	Valeurs tot.
"	"	"	8,570	"	281,500l.	d'Aunay, ou vins descendant la rivière de Loire à Nantes, venant de l'Anjou, du Maine, de Touraine, etc.	1,100	"	142,500l.	43,993	"	2,370,400l.
12,000	"	519,500l.	"	"	"	d'Anjou.	8,991	"	509,500	"	"	"
1,407	"	43,000	"	"	"	d'Aunis.	26,525	"	869,500	"	"	"
9,077	"	555,000	"	"	"	de Béarn et Gascogne.	15,465	"	15,706,700	127,652	"	6,278,700
207,993	"	14,900,300	24,035	"	1,395,000	de Bord. et Guienne.	7,305	51,900	1,306,700	"	"	"
7,513	"	1,200,800	"	"	"	de Bourgogne.	"	"	"	"	"	"
255	"	13,500	"	"	"	— d'Arbois.	"	"	"	"	"	"
120	"	30,300	"	"	"	— de Beaune.	"	"	"	"	"	"
96	"	21,000	"	"	"	— de Côte-Rôtie.	363	"	18,800	"	"	"
"	"	"	"	"	"	de Bresse.	9,537	"	431,900	"	"	"
"	"	"	"	"	"	de Bugey.	20,572	"	1,665,600	"	"	"
2,710	30,220	657,500	"	6,500	15,000	de Châlons.	1,208	288,400	851,200	"	"	"
"	"	"	"	"	"	de Champagne.	21,812	"	749,900	"	"	"
"	"	"	"	"	"	de Comté.	2,241	"	125,900	"	"	"
3,283	"	94,000	"	"	"	du Dauphiné.	51,712	"	1,209,100	"	"	"
510	"	10,500	"	"	"	du Languedoc.	164	"	47,000	"	"	"
3,163	"	91,110	"	"	"	du Lyonnois.	7,193	"	234,900	"	"	"
30	"	5,400	"	"	"	Nantois.	30	"	6,500	"	"	"
19,150	"	679,000	"	"	"	d'Orléans.	74,545	"	2,944,500	"	"	"
500	"	15,700	"	"	"	de Provence.	2,488	"	80,500	"	"	"
"	"	"	"	"	"	de Roussillon.	3,744	"	109,300	"	"	"
"	"	"	"	"	"	de Saintonge.	59	"	10,400	"	"	"
"	"	"	98	"	22,700	de Vivarais.	280	"	105,000	582	"	85,500
14	"	6,100	"	"	"	de liqueurs.	157	"	58,600	"	"	"
"	"	"	"	"	"	—étrangers.	"	"	"	"	"	"
269,550	30,220	19,166,200	32,721	6,500	1,712,500	TOTAL des Vins.	387,747	319,500	14,405,800	171,880	"	8,734,600
41,645	"	5,369,300	3,811	"	487,500	Eaux-de-vie.	82,650	"	14,581,200	13,543	"	2,023,400
250	"	33,400	30	"	1,000	et Vinaigres.	7,138	"	128,800	976	"	24,000
311,245	30,220	24,568,900	36,612	6,500	2,220,500	TOTAL des vins, eaux-de-vie et vinaigres.	477,935	319,500	37,166,800	186,399	"	10,882,600

CHAPITRE III.
Histoire naturelle de la Vigne.

LA VIGNE, *vitis vinifera*, est placée par Tournefort dans la 2ᵉ. section de la 21ᵉ. classe, qui comprend les arbres et arbrisseaux, à fleur rosacée, dont le pistil devient une baie ou une grappe composée de plusieurs baies. Selon le système de Linné, elle est classée dans la *Pentandrie monogynie*; c'est-à-dire avec les plantes dont les fleurs hermaphrodites ont cinq étamines et un pistil.

Sa fleur rosacée est composée de cinq pétales qui se rapprochent vers leur sommet, d'un calice, à peine visible, divisé en cinq petits onglets. Du milieu du calice sort le pistil, couronné d'un stigmate obtus. L'embryon devient une baie ronde dans laquelle on trouveroit constamment cinq semences, si une, deux et quelquefois trois d'entr'elles n'avortoient. Elles sont dures, presque osseuses, arrondies, en forme de cœur, vers l'une des extrémités et resserrées en pointe vers l'autre ; elles sont en outre divisées en deux loges dans leur partie supérieure. Les fleurs, disposées en grappes, sont opposées aux feuilles ; et celles-ci, alternes, grandes, palmées, découpées en cinq lobes et dentelées dans leur pourtour, tiennent au sarment par un long pétiole.

Les branches de la vigne, comme celle de la plupart des plantes sarmenteuses, sont armées de vrilles, tournées en spirales ou en forme de tire-bourre, par le moyen desquelles elles s'accrochent aux corps étrangers qu'elles peuvent atteindre, pour se soulever et éviter le contact immédiat de la terre, dont l'humidité pourriroit souvent les baies avant la maturité des semences.

La maîtresse racine plonge en terre où elle se divise en bifurcations, d'où sortent de nouvelles racines si ténues, si déliées, qu'on leur donne le nom de capillaires, de chevelus, de chevelées, etc. Elles s'amincissent même tellement en s'étendant horizontalement, qu'elles finissent par être imperceptibles à l'œil le plus exercé. La première fonction des grosses racines est d'assujettir la plante ; celle des autres, d'aspirer en terre une partie des alimens propres à la nourrir.

De ces racines sort une tige souvent tortueuse et toujours couverte d'aspérités produites par de gros nœuds, plus ou moins distans les uns des autres, et par une écorce de couleur brune, plus ou moins foncée, et si foiblement adhérente au liber, qu'elle s'en détache continuellement, soit par écailles, soit en longs et étroits filamens. Ce fréquent changement des parties corticales annonce que son bois ne peut avoir d'aubier, par conséquent que toute la partie ligneuse du pourtour est d'une grande densité. En effet les tiges de cette plante sont propres, comme les bois les plus durs, à recevoir au tour toutes les formes qu'on veut lui donner, sur-tout quand elles sont vieilles et qu'elles ont acquis le volume auquel elles sont susceptibles de parvenir. Cette vieillesse et ce volume sont quelquefois très-extraordinaires. Un plant de vigne abandonné à la seule nature, placé dans un sol et un climat qui lui conviennent, et qui trouve près de lui des appuis capables de résister à ses élans et aux efforts qu'il fait pour croître, acquiert un volume énorme et parvient à la plus étonnante longévité. Il en est tout autrement de celui que l'on taille, ou dont on retranche les sarmens. La sève employée à leur renouvellement et à leur croissance, se porte rapidement et sans mesure vers les extrémités; ses élémens s'épuisent; les canaux qui la filtroient se dessèchent, et la plante n'a rien d'extraordinaire ni dans son port ni dans sa durée. Il en est ainsi de tous les arbres : ceux qu'on est dans l'usage d'élaguer n'acquièrent jamais le volume de ceux dont les branches vieillissent avec eux.

Les anciens naturalistes et les voyageurs modernes sont d'accord entr'eux sur la longue vie et sur les étonnantes proportions de la vigne dans son état agreste. Strabon qui vivoit au temps d'Auguste, rapporte qu'on voyoit dans la Margiane des ceps d'une si énorme grosseur, que deux hommes pouvoient à peine en embrasser la tige : ils avoient de trois à quatre mètres de circonférence. C'est avec raison, dit Pline (1) que les anciens avoient rangé la vigne parmi les arbres, vu la grandeur à laquelle elle est susceptible de parvenir. « Nous voyons à *Populonium*, ajoute-t-il, une statue de Jupiter, faite d'un seul morceau de ce bois, et qui, après plusieurs siècles, est encore exempte de tout indice de destruction. Les temples de Junon à *Patera*, à *Massilia* (Marseille) à *Metapontum* étoient soutenus par des colonnes de vigne; et actuellement encore la charpente du temple de Diane, à Éphèse, est construite de vignes de Chypre : il n'est point de bois plus indestructible que celui là ». Ce même naturaliste parle ailleurs d'une vigne qui existoit depuis six cents ans.

Les modernes savent que les grandes portes de la cathédrale de Ravenne sont construites de bois de vigne, dont les planches ont plus de quatre mètres de hauteur sur trois à quatre décimètres de largeur. Il n'y a pas long-temps qu'on a vu dans le château de Versailles, et dans celui d'Ecouen, de très-grandes tables construites d'une seule planche de ce bois. Les voyageurs qui ont cotoyé l'Afrique, ou pénétré dans ces contrées, ont vu certaines côtes de Barbarie parsemées de vignes dont les tiges n'ont pas moins de trois à quatre mètres de circonférence. Si leur âge pouvoit être connu, on seroit sans doute étonné de leur grande vieillesse. Miller parlant des vignes d'Italie, dit (2) que dans certains territoires de ce pays il y a des vignes cultivées qui du-

---

(1) Liv. 14, chap. 1.
(2) Diction. des Jardiniers.

rent depuis trois cents ans et qu'on y appelle jeunes vignes celles qui n'ont qu'un siècle. Je trouve dans les notes que j'ai recueillies sur l'âge et la stature de cette plante, que la gelée dont les vignes furent atteintes dans le département du Doubs, dès le commencement de l'automne de 1793, pendant que les grappes pendoient encore aux ceps, le froid fut d'une telle intensité dans cette contrée, qu'il frappa de mort une treille de muscat blanc, plantée au midi et à couvert de toutes parts des vents froids, rue Poitune, à Besançon. On ignoroit son âge, mais sa tige avoit un mètre huit décimètres d'épaisseur ; ses ramaux s'élevoient à quatorze mètres de hauteur et tapissoient une muraille dans la longueur de plus de quarante. La perte de ce phénomène, car en France c'en étoit un, causa une pénible sensation dans toute la province.

La vigne sauvage est moins délicate sur le choix du terrain que sur celui du climat ; elle croît spontanément dans toutes les parties tempérées de l'hémisphère septentrional. On la rencontre assez fréquemment en Europe, dans son état agreste, jusqu'au 45e. degré de latitude. Catesby lui assigne la même ligne de démarcation, dans le nouveau monde. « Non seulement, dit-il (1), elle croît spontanée dans la Caroline, mais dans toutes les parties de l'Amérique septentrionale, depuis le 25e. jusqu'au 45e. degré de latitude. Elle est si commune dans les bois que ses branchages sont souvent un obstacle à la marche des voyageurs, même à celle des chevaux. Elle y surmonte les arbres les plus élevés, et semble quelquefois les étouffer dans ses embrassemens ».

Des espèces, races, variétés, et de leur nomenclature.

La nature propage, par la semence, l'espèce qui lui appartient. Les variétés sont, pour ainsi dire, des jeux de la nature, qui ne se perpétuent pas constamment par la semence ; souvent elles engendrent un grand nombre de variétés nouvelles qui se rapprochent plus ou moins de la souche ou de la mère plante. Voilà pourquoi les botanistes qui n'ont voulu donner que les caractères qui se renouvellent constamment par la semence, n'ont d'écrit, pour les vignes, que la *vitis vinifera*; de même qu'ils ont borné la description du pommier à la *pirus malus* ou à la *pirus communis*.

Les cultivateurs, dont l'art a pour objet, non seulement de multiplier les espèces par la semence, mais de rendre constant les caractères des races ou variétés par le moyen des boutures, des marcottes ou provins, et de la greffe, donnent le nom d'espèces aux individus qu'ils reproduisent par l'une ou par l'autre de ces méthodes, tout comme à ceux qu'ils obtiennent par la semence.

Cependant la loi de la nature

---

(1) Hist. Natur. de la Caroline. Tom. I. pag. 22.

met souvent des bornes au pouvoir de l'art : voilà pourquoi la propagation d'une variété, ou d'une espèce, agricolement parlant, arrive elle-même, après la succession de plusieurs années, soit par l'effet d'un changement de sol et de climat, soit par une culture moins soignée, à dégénérer en une variété nouvelle. On appelle plante dégénérée celle dont les fruits sont d'une qualité inférieure aux fruits du principe dont elle est générée ou dont elle est une reproduction. On ne doit donc pas être étonné de trouver dans nos vignes un nombre presque infini de variétés dans les ceps dont elles sont composés, alors même qu'on supposeroit les souches primitives où les races secondaires avoir été, dans le principe, restreintes à un petit nombre.

En effet, quand les Grecs apportèrent à Marseille les premiers plants de vigne qu'on eût encore vus dans les Gaules, il est vraisemblable que les espèces ou variétés étoient en foible quantité ; ces plants n'avoient encore éprouvé qu'une seule fois l'effet de la transplantation, celle du continent Asiatique, leur berceau, dans les îles de la Grèce. Mais à l'époque où cette plantation fut entièrement renouvelée en deçà des Alpes, les ceps qu'on y transporta pouvoient avoir déjà subi d'étonnantes modifications dans leurs formes et par conséquent, dans les qualités de leurs fruits, parce qu'ils avoient passé de la Grèce en Sicile, de Sicile en Italie, et que cette propagation s'étoit faite en Italie insensiblement, et de contrée en contrée. De tous ces changemens de terrains et de climats n'étoit-il pas déjà résulté des variétés nouvelles ? Et si on ajoute à ces premières causes des variétés les effets des transplantations qui ont dû avoir lieu en France, pour étendre la culture de la vigne depuis les Bouches du Rhône jusqu'aux rives du Rhin et de la Moselle, dans une étendue de deux cent cinquante lieues, qui présente des sols et des climats si divers, on ne peut douter que la plupart de ces plants n'aient éprouvé pendant ce long trajet d'étonnantes diversités dans leur manière d'être, les unes en dégénérant, les autres en se régénérant. Je dis, en se régénérant, parce qu'il est plus que vraisemblable que, même en se rapprochant du nord, certains plants rencontrant un climat *accidentel* plus analogue à leur nature, un sol plus favorable à leur végétation, un genre de culture plus soigné, que dans des points plus méridionaux, ne recouvrent les formes et qualités ou parties des formes et des qualités de leur essence primitive. C'est même à cette faculté de se régénérer que nous croyons devoir attribuer les heureuses métamorphoses opérées sous les yeux de deux observateurs, à l'œil desquels il n'échappe rien de ce qui peut contribuer aux progrès de la physique végétale et de l'agriculture proprement dite, les citoyens Villemorin et Jumilhac. Le premier a vu un cep de *meunier*, et l'on auroit pu croire cette variété une race primitive en la jugeant d'après un caractère qui semble inhérent à sa nature ; savoir, ce duvet, cette matière blanche, cotonneuse, qui recouvre constamment sa feuille sur tous les points ; il a vu, dis-je, un cep de *meunier* porter des sarmens, des feuilles et des fruits de *maurillon précoce*. Peut-on dire que ce meunier dégénéroit en maurillon précoce ? Mais les caractères constans de celui-ci ont été reconnus et décrits par les plus anciens naturalistes agronomes. Il est désigné par Columelle sous le nom de *vitis præcox*, et par les modernes, sous celui de *vitis præcox columellæ*. Les premiers ne font aucune mention spéciale du *meunier* ; ils ne parlent que d'une manière générale des cépages lanugineux ou cotonneux. Ainsi il ne paroît pas vraisemblable que le maurillon précoce soit une dégénération du meunier. J'aimerois croire que celui-ci se régénère, et qu'en redevenant maurillon précoce, il reprend les caractères et les formes de son essence primitive.

Le citoyen Jumilhac a vu de même le meunier devenir maurillon. Il en possède en ce moment un cep qui a trois tiges ; celle du milieu est un maurillon, les deux latérales sont encore meuniers. Celles ci recevront peut-être avec le temps, les attributs de leur espèce.

Il n'est pas douteux qu'un certain nombre d'observations de ce genre, faites sur différens points de la France, donneroient de grandes facilités pour dresser une nomenclature satisfaisante des divers cépages qui s'y sont multipliés ; mais vu l'état actuel de la science, relativement à cette branche importante de notre agriculture, comment se flatter de retrouver les essences primitives, et d'y attacher les variétés qui en proviennent ? Irons-nous les chercher dans nos provinces du midi, en Provence, par où les cépages de la Grèce et de l'Italie ont dû passer pour parvenir au centre et au nord de la France ? Mais la culture de la vigne, trop long-temps négligée dans cette contrée, ne nous laisse pas l'espérance d'y faire d'heureuses découvertes à cet égard. En outre des plants tirés directement de la Crèce ont été introduits au centre de la France, bien postérieurement à ceux qu'on a plantés en Provence ; et déjà il n'existe plus aucune trace de leurs espèces.

En 1420, plusieurs souverains de l'Europe voulurent obtenir des vins de liqueur des vignes qui croissoient dans les territoires de leur domination. Les Portugais avoient introduit, dans l'isle de Madère, des plants de celle de Chypre, dont le vin passoit alors pour le premier de l'Univers ; et cet essai réussit. François Ier., à leur exemple, acheta cinquante arpens de terre aux environs de Fontainebleau, et les consacra à la plantation d'une vigne dont les complants furent directement tirés de la Grèce. Une vigne de la même nature fut en même temps formée à Coucy. Mais où sont aujourd'hui ces plants de la Grèce ? Comment reconnoître seulement les variétés provenant de telle ou telle des races dont ils étoient composés ? Cinq siècles se sont écoulés pendant lesquels dix ou douze renouvellemens et plantations ont été exécutés, c'est-à-dire, beaucoup plus qu'il n'en faut pour rendre les races ou les variétés méconnoissables. En effet, on ne voit plus, aux environs de Fontainebleau, comme dans tout le reste du Gâtinois, que sept ou huit races très-communes dans les autres territoires du centre de la France : ce sont le teinturier, qu'on nomme *pineau* dans le pays, le maurillon hâtif, le chasselas qui mérite, comme comestible, toute la réputation dont il jouit dans cette contrée ; le bourguignon blanc et noir, le gouais, les grands et petits méliers.

En parcourant les noms de ce petit nombre de cépages on voit déjà combien la nomenclature de nos vignes doit être bizarre et confuse. Ici les habitans du Gâtinois donnent le nom de Pineau, race par excellence, qui forme les meilleurs complants de la Bourgogne, du vignoble de Migraine sur-tout, à une espèce qui n'est autre chose que la *vitis acino nigro, rotundo, duriusculo, succo nigro labiá efficienti* de Garidel, et qui n'a guère d'autre mérite, vers le centre et le nord de la France, que de charger en couleur les vins dans lesquels on introduit son jus : ce qui lui a fait donner, en beaucoup d'endroits, les noms de teinturier, de gros noir, noir d'Espagne, etc. Combien d'erreurs du même genre ne pourroit-on pas citer ? On auroit de la peine à donner la raison plausible de la différence des noms adaptés aux mêmes cépages dans nos différens vignobles. Quelques uns, sans doute, ont emprunté les leurs du nom des particuliers qui les ont introduits dans leurs cantons ; d'autres les tiennent de celui des vignobles dont ils ont été tirés, immédiatement à l'époque de leur transplantation dans une autre province, comme le maurillon de Bourgogne est appelé bourguignon en Auvergne, et auvergnat dans l'Orléanois ; sans doute parce que l'Auvergne aura tiré le maurillon directement de la Bourgogne, et qu'ensuite elle l'aura transmis à l'Orléanois. La même raison peut être alléguée pour les races qu'on nomme en différens lieux, le Maroc, le Grec, le Corinthe, le Cioutat, le Pouilli, l'Auxerrois, le Languedoc, le Cahors, le Bordelais, le Rochelois, etc., etc. Mais il en est dont la bizarrerie des noms est telle qu'on chercheroit vainement à leur assigner une origine vraisemblable, et les uns et les autres réunis sont en tel nombre que quelques œnologistes modernes ne craignent pas de le porter à trois mille. Il y a peut-être beaucoup d'exagération dans ce calcul ; mais toujours est-il vrai que souvent on ne s'entend pas d'un myriamètre à l'autre, en parlant de tel ou tel raisin, et cela dans une étendue de pays de plus de cent myriamètres.

Le goût de Rozier pour les sciences, et sa passion pour le bien public, lui avoient inspiré le projet d'un bel établissement, par le moyen duquel il espéroit se mettre à portée de dresser une synonymie qui seroit entendue dans toute la France, de donner des caractères distinctifs qui feroient recounoître chaque race de raisin, de démontrer, par l'expérience, le genre de terrain et l'exposition qui conviennent plutôt à l'une qu'à l'autre ; de déterminer la culture et la taille propres à telle ou telle espèce ; de faire connoître l'espèce de raisin qui mûrira plus complètement, et donnera un meilleur vin, soit au nord, soit au centre, soit au midi de la France; le degré de fermentation qu'exige dans la cuve chaque espèce de raisin ; quelle qualité de vin résulteroit de telle ou telle espèce mise séparément en fermentation; dans quelle proportion on doit mélanger telle ou telle espèce de raisin, pour obtenir un vin d'une qualité supérieure, ou susceptible d'être long-temps conservé ; enfin, quelle espèce de raisin fournit la meilleure eau-de-vie, et en plus grande quantité. Telles étoient les vues de Rozier : voici, pour la remplir, les moyens qu'il se proposoit d'employer. Il nous paroît d'autant plus convenable de les publier dans leurs détails, qu'ils pourroient servir de guide aux personnes éclairées qui auroient le courage de marcher sur les traces de cet homme estimable.

« 1°. Je sacrifierai, écrivoit-il à l'ancien intendant de Guyenne, *Dupré de Saint-Maur*, qui partageoit ses goûts et ses sentimens, je sacrifierai tout le terrain nécessaire à cette opération, au moins six arpens. 2°. Je ferai venir, de deux cents vingt endroits, toutes les espèces de raisin qu'on y cultive. 3°. Pendant les six premières années, je ne pourrai faire autre chose qu'établir, d'une manière invariable, la synonymie des raisins, pour toute la France : voici mes procédés :

» 1°. Planter, province par province, les crossettes que je recevrai. Au pied de chaque crossette, enfoncer une palette de bois, sur laquelle sera écrit le nom donné dans l'endroit, à l'espèce de raisin ; et ajouter un numéro à côté. Le même nom et le même numéro seront inscrits sur un registre à six colonnes. 2°. Je suppose les crossettes plantées dans le courant du mois de décembre 1780. Aucune observation ne sera faite en 1781 : c'est l'année de la reprise de la vigne. 3°. En 1782, commencer trois tailles différentes et faites en différentes terres sur les six crossettes plantées. 4°. En tenir une note sur le registre général, marquer l'époque où la vigne a commencé à pleurer, à bourgeonner, le bouton à s'épanouir ; enfin, décrire botaniquement la forme de la feuille. 5°. En 1783, reprendre les mêmes observations, les comparer avec celles de l'année précédente, et les inscrire sur le registre général. En 1784, revenir sur ses pas, et observer, comme dans les années précédentes. Mais le bois est formé, les feuilles ont un caractère décidé ; ainsi on doit tâcher, par les feuilles seules et par le bois, de distinguer toutes les espèces des différens cantons de la France. 7°. En 1785, toujours répéter les observations de l'année précédente. Ici, la fleur paroît, le raisin mûrit : c'est le cas de déterminer les espèces, d'établir les genres, et de commencer la synonymie. J'appelle cette année l'année de probation. 8°. Enfin, en 1786, qui est l'année de confirmation, reprendre les observations depuis 1781, et, définitivement, constater la synonymie, parce qu'à cette époque, le bois est parfait, la feuille bien dessinée ; la fleur bien caractérisée, et le fruit dans son état de perfection, pour la forme. Voilà le point le plus minutieux et non le moins important enfin déterminé ; et je ne crains plus de n'être pas entendu par-tout, lorsque je parlerai de telle ou telle espèce de raisin.

» Il s'agit actuellement de la culture, du sol, et de l'exposition qui conviennent à chaque qualité de raisin : c'est un nouveau genre de travail. Pour cet effet, 1°. je ferai arracher ce mélange monstrueux de ceps provenus des différens vignobles de la France. 2°. Chaque espèce de raisin sera plantée séparément, 1°. dans un terrain pierreux et élevé ; 2°. dans un terrain graveleux ; 3°. dans de la terre végétale. Chaque plantation sera assez considérable pour donner deux pièces de vin, dont une sera conservée, afin de connoître la qualité et la durée du vin, et l'autre convertie en eau-de-vie, également pour connoître la quantité d'esprit ardent, que l'espèce de raisin peut fournir, et la qualité dont sera cette eau-de-vie.

» 3°. Comme toutes les espèces seront distinguées dans leurs plantations, et que chaque plantation occupera trois sols différens, il sera aisé de constater quel raisin doit être mélangé avec tel autre, et quel sera le résultat de ces mélanges, selon leurs différentes proportions.

» Ce second travail doit encore durer six années. Pendant les trois premières, la vigne ne produit rien ; à la quatrième, son produit est presque nul ; dans la cinquième, il est encore trop aqueux, et n'a ni caractère ni qualité décidés ; ce n'est que sur la sixième qu'on peut asseoir un jugement solide. Pour parvenir à ce point, il faut donc un travail assidu de douze années consécutives ; duquel résulte nécessairement un ouvrage utile à toutes les provinces, parce qu'il est fondé sur l'expérience et sur des observations soutenues.

» La seule objection plausible en apparence contre ce plan, consiste à dire : Vous faites vos observations dans le territoire de Béviers ; le grain de terre y est différent de celui d'Orléans ; ainsi vos principes ne peuvent s'appliquer ni au vignoble d'Orléans, ni aux autres vignobles de la France.

» Je réponds : n'est-il pas démontré qu'en 1753 le vin fut très-bon dans toute la France ? Il ne fut bon que parce que le raisin acquit par-tout une maturité complète ; ainsi, je dois bien mieux juger à Béziers de la qualité du raisin, qu'à Orléans, puisque je suis assuré d'y avoir cette maturité complète. Quant au goût qui provient du terroir, il est indépendant de tous les renseignemens. Les vignes de Bourgogne ne donnent pas à Béziers du vin de Bourgogne ; mais l'expérience prouve que ces vignes y donnent un vin excellent. Il est démontré

montré que tous les plants, venus du nord au midi, gagnent en qualité; donc je puis mieux à Béziers, ou dans les provinces méridionales, juger de la qualité d'un raisin; donc les principes généraux établis sur ces qualités pourront être utiles dans les autres provinces; c'est donc aux propriétaires à en faire l'application sur leur terroir; et il est impossible que ces principes, confirmés par l'expérience, ne vaillent pas mieux qu'une routine sans principes. Au surplus, que l'on consulte les gens de l'art sur l'exactitude de mon raisonnement.

« Ce n'est pas assez d'observer pour communiquer ensuite ses expériences au public par la voie de l'impression : le paysan ne lit pas. Ce n'est donc pas par des livres qu'il faut l'instruire, mais par l'exemple. A cet effet, je m'engage à prendre chez moi en janvier 1784 quatre jeunes paysans; en 1785, autant; et autant en 1786 : ce qui fera le nombre de douze. Ils y resteront trois ans et seront nourris, éclairés, et chauffés gratuitement; leur entretien sera à leurs frais. Ils resteront chez moi pendant trois années; de sorte que ceux entrés en 1784 sortiront en 1787, et ainsi de suite; de cette manière, il y aura toujours huit anciens et quatre nouveaux ».

Il est impossible de tracer un plan plus méthodique que celui-là, et d'imaginer un établissement où l'amour de la science et l'attachement à la chose publique soient plus authentiquement constatés. Rozier ne s'en étoit point tenu à une stérile spéculation; il avoit jeté les fondemens de son travail, il le suivoit avec activité dans la terre qu'il habitoit près Béziers, quand les dégoûts, les contradictions sans nombre qu'on lui fit éprouver, les odieuses tracasseries auxquelles il fut en butte, le forcèrent à s'éloigner du séjour qu'il avoit choisi, et à abandonner son utile établissement.

Dupré de Saint-Maur, secondé par le zèle du citoyen Latapie, en avoit fait commencer un du même genre aux environs de Bordeaux; mais il a eu le sort du premier; il n'existe plus; les effets de la révolution l'ont anéanti. Le sol qui avoit reçu les divers plants de vigne, a passé en des mains étrangères, qui lui ont donné une toute autre destination. Les papiers publics nous ont appris que la société d'Histoire Naturelle du département de la Gironde, provoquoit de nouveau cet établissement; qu'elle désignoit même au gouvernement le lieu qu'elle jugeoit le plus favorable à ses vues. Puissent les moyens de finances, qu'à cet effet on mettra sans doute à sa disposition, répondre à son zèle et à ses lumières!

Il est indubitable qu'un établissement de ce genre, porté au degré de perfection dont il est susceptible, répandroit de grandes lumières sur deux branches importantes d'histoire naturelle et d'économie rurale; mais rempliroit-il toutes les vues de Rozier et de ses estimables émules? J'en doute.

L'annonce de la collection qu'on se proposoit de former à Bordeaux,

Tome X.

a donné lieu à quelques observations très-remarquables. Le citoyen Duchesne, professeur de botanique et d'agriculture, dans le département de Seine et Oise, regarde comme très-utile (1) cette entreprise de cultiver comparativement la collection la plus complète qu'on pourra se procurer des cépages et complants de vigne ; c'est à dire, des races ou variétés individuelles, multipliées au moyen de propagation par bourgeons.

En quelque lieu que cette collection s'exécute, dit-il, *il est probable qu'elle pourra déterminer les essences véritablement différentes, et au moyen d'une bonne concordance, supprimer tous les doubles emplois causés par des équivoques de nomenclature...* Quant à la proposition si importante, ajoute-t-il, de déterminer le mélange des plants qui fait produire à un terrain la plus grande quantité possible du meilleur vin, je doute que des expériences faites à Bordeaux, *puissent rien offrir de concluant pour les vignobles des environs de Mâcon, d'Auxerre ou de Reims.* Pour justifier cette opinion, le citoyen Duchesne rapporte le fait suivant : « Le voisinage des belles plantations de Malesherbes et de Denainvilliers, que j'étois allé visiter, en 1776, m'ayant donné occasion de parcourir le territoire de Puiseau, avec un riche propriétaire du canton, je pris connaissance de la culture que l'on fait dans ce vignoble, *en terre forte et à plat pays*, de deux sortes de raisin ; l'une nommée le gois, célèbre par la grosseur de son grain et de sa grappe ; l'autre, nommé le teint, parce qu'il sert à teindre, ou, si l'on veut, à colorer le vin dont le gois produit la quantité... On n'établit, sur le total de la vigne, qu'un cinquième ou un sixième en plant de teint. Cette proportion suffit pour que le vin du Gâtinois soit employé, comme vin colorant, pour tous les mélanges usités dans le commerce des vins. Les marchands l'achètent à la vue, sans le goûter, et le produit de ces vignes n'en est pas moins un excellent revenu.

Ce propriétaire avoit pour femme la fille d'un habitant d'Auxerre. Ils avoient désiré se procurer, pour leur usage, un vin plus délicat, et vraiment potable. Les meilleurs plants, tirés d'Auxerre, ne produisirent chez eux qu'un stérile feuillage : ils me firent voir le mauvais succès de leur entreprise, et l'ont abandonnée.

« ... Il est donc utile, et même nécessaire, de former en France au moins quatre établissemens semblables à celui de Bordeaux, ou même de les multiplier *dans tous les départemens* où il se trouve des vignobles ; *non pas peut-être pour y refaire le premier travail de la comparaison des essences diverses* ; mais, au moins pour cultiver comparativement celles

---

(1) Voyez les Annales d'Agriculture, publiées par le citoyen Tessier, tomme II, page 420.

qui auront été reconnues différentes »...

Je partage, mais non pas sans restriction, les opinions du citoyen Duchesne. Comme lui, je ne pense pas que ce soit par des expériences faites dans les terroirs de Bordeaux ou *de Béziers*, qu'on obtiendra des résultats applicables aux vignobles placés vers le nord de la France. Aussi peut-on, à notre avis, n'être pas entièrement satisfait de la réponse de Rozier à l'objection très-fondée qu'il suppose lui être faite; savoir : qu'*il n'obtiendra pas à Béziers du vin de Bourgogne. Le grand point*, dit-il, *c'est de faire mûrir le raisin complètement, et cette maturité ne me manquera pas*. Mais parce que tel raisin mûrira *complètement* et *des premiers*, dans une terre végétale et en plaine, aux environs de Béziers, où la chaleur de l'atmosphère maintient, pendant quatre ou cinq mois consécutifs, le thermomètre de Réaumur entre le vingtième et le vingt-huitième degré, est-il sûr que ce même raisin mûrira *complètement* dans les terres crayeuses et marneuses de la Champagne, où la chaleur ne parvient que rarement au vingtième degré, et ne s'y soutient jamais pendant trois jours de suite? Comment croire, après cela, que des expériences faites dans le premier de ces lieux, puissent résulter des règles invariables pour le Soissonnois ou le Laonois ? *Si je ne fais pas du vin de Bourgogne à Béziers*, ajoute Rozier, *du moins j'y ferai de bon vin*. Certes, je le crois bien; car, par-tout où l'on aura le climat, le sol, les sites de Béziers, quel que soit, pour ainsi dire, le plant qu'on y cultivera, pourvu que la culture en soit soignée, et que l'intelligence préside à la fabrication du vin, on en obtiendra de bon; mais je répète, avec le citoyen Duchesne, que des expériences de cette nature, faites à Béziers ou à Bordeaux, n'ont rien de concluant pour les deux tiers des autres vignobles de la France.

L'estimable professeur de Versailles pense, qu'*en quelque lieu* que la collection dont il s'agit s'exécute, il est probable que, par elle, on pourra déterminer les essences véritablement différentes, et parvenir à une bonne nomenclature. Je diffère d'opinion avec lui sur ce point. Le citoyen Duchesne sait, aussi bien que moi, combien le sol et le climat influent sur les qualités des végétaux. Cette influence ne peut s'exercer sur les qualités de leurs produits, qu'en raison des différentes modifications qu'éprouve la sève dans les canaux par lesquels elle dirige son cours. L'élaboration qu'elle subit alors est subordonnée au degré de dilatation de ces conduits, et à la direction qu'ils prennent pour porter et répandre la sève dans toute l'économie de la plante. Celle-ci reçoit elle même toute l'ordonnance de sa charpente, de ses principes alimentaires, suivant les diverses combinaisons qui s'opèrent en eux, par l'action du sol et du climat dans lesquels ils se trouvent. La manière dont la sève circule peut donc n'être pas, et souvent, en effet, n'est pas par-tout la même dans les individus, non seulement de la même espèce, mais de la même race. J'ai observé que cette différence se manifeste jusque dans les formes extérieures de plusieurs variétés de vignes. Le gamet, par exemple, est un raisin très connu dans les deux tiers de nos vignobles. Ce cépage est précieux dans toute l'étendue de la côte du Rhône, parce qu'il produit assez abondamment, et sur-tout parce qu'on y obtient de son jus un excellent vin. La réputation de sa fécondité et des qualités de son fruit, le firent transporter en Bourgogne, il y a cinquante ou soixante ans. Là, il est dénué de toute qualité; le vin qu'on en retire est plat et âpre tout à la fois; il est entièrement dénué de ce parfum qu'on appèle le bouquet, et qui a tant fait pour la réputation des premiers vins de cette province. Aussi ai-je entendu dire à un des propriétaires de ces vignobles distingués, *le gamet tuera la Bourgogne*; expression pleine d'énergie, échappée à la véracité d'un bon cultivateur, d'un excellent père de famille, qui gémissoit sur l'avidité mal entendue de ses concitoyens qui, en sacrifiant le maurillon-pineau au gamet, parce que celui ci est quatre fois plus fécond, s'en laissent imposer par de grandes récoltes, dont il ne peut résulter à la longue qu'un foible revenu. Le prix de leurs vins se soutient; mais ce n'est qu'à la faveur de la vieille réputation de leur vignoble; et elle s'usera infailliblement s'ils ne vont au devant de sa perte.

Il n'y a guère que cinquante ans, comme nous l'avons dit, que le gamet a été introduit en Bourgogne. Pendant cette courte durée, le sol et le climat ont tellement agi sur les formes, que les individus de cette contrée, comparés à ceux de la même essence, qui croissent sur la côte du Rhône, sont tout à fait méconnoissables.

Le sujet gravé, *pl. XVIII*, a été tiré de ce dernier vignoble; il n'a aucune ressemblance avec ses congénères de Bourgogne, et moins encore avec ceux qu'on introduit journellement dans les vignobles des environs de Paris, comme faisant partie des plants de Bourgogne.

Ces observations me font douter qu'il fût possible d'établir une synonymie positive de toutes nos espèces et variétés de vignes, d'après les remarques faites sur les productions d'une ou de deux collections seulement; et comme le citoyen Duchesne, je pense que, pour obtenir de ces établissemens un avantage général, il faudroit les multiplier dans tous les départemens où il se trouve des vignobles.

Mais quand on songe à ce nombre de collections, aux difficultés à vaincre, pour réunir tous les individus dont chacune d'elles devroit être formée, aux soins, on peut dire minutieux, à lui prodiguer sans cesse, et sur-tout pendant ses premières années; au zèle, au talent, à l'activité qu'exige une telle surveillance, et qu'on trouve si rarement réunis dans le même homme; enfin quand on songe au long temps pendant lequel il faudroit observer, pour avoir des résultats certains à communiquer, on est tenté de ne regarder un tel projet que comme un beau rêve. Ne seroit-il donc pas possible d'arriver au même but par une voie plus courte et par des moyens plus simples et plus courts ?

Il me semble qu'un cultivateur exercé à observer, et secondé par quelques habiles artistes, pourroit parvenir, en deux ans, à former un excellent herbier artificiel de toutes nos espèces, races, et variétés de vigne. La collection des champignons et des plantes vénéneuses de la France, par Bulliard, prouve que l'art de graver en couleur est parvenu à un degré de perfection tel qu'il peut transmettre et les contours les plus déliés des formes et les nuances les plus délicates des couleurs.

Nos artistes réunis se mettroient en marche vers le milieu de thermidor, et commenceroient leur travail par celui des vignobles, qui est situé le plus au nord de la France, s'acheminant ainsi de vignobles en vignobles, du nord au midi. Je les fais partir de la région septentrionale, parce que les vendanges étant plus tardives dans celle du sud, ils parviendront assez tôt dans celle-ci, pour y trouver encore les fruits suspendus aux sarmens.

Le cultivateur décriroit un individu entier de chaque race, ou variété qu'il rencontreroit au point du départ, donnant une attention toute particulière aux parties de la plante par lesquelles il est le plus facile de distinguer les différentes essences, telles que les feuilles et les fruits ; et l'artiste en exécuteroit avec le même soin un dessin colorié, en ayant soin de marquer les différences des sarmens de chaque race, ou variétés, et de les rendre sensibles aux yeux, par le moyen du dessin. A mesure que les comparaisons seroient faites, on se débarasseroit de l'ancien sarment, pour le remplacer par celui auquel il a été comparé, et se mettre ainsi à portée de renouveler de suite, et de proche en proche, la même opération, jusqu'au terme du voyage. Ce moyen est peut-être le seul propre à faire connoître l'influence des diverses terres et des différens climats, sur les races et les variétés de la vigne. Tout ce qui a rapport à cette diversité des terrains, des climats et du genre de culture qui y est suivi, formeroit un des principaux objets du travail.

On ne négligeroit pas sur-tout de désigner les plantes qui croissent spontanément dans les vignobles qu'on parcourroit, parce qu'on peut tirer, de cette connoissance, des renseignemens plus certains que par les descriptions les plus exactes. Toutes les dénominations et les innombrables variantes sous lesquelles les cépages sont connus dans tous les cantons où ils pénètreront, seront annotés avec le plus grand soin, puisque ce n'est que par leur concordance qu'on pourra parvenir à en simplifier la nomenclature.

Si les voyageurs étoient parvenus dans le département des Bouches-du-Rhône, vers la mibrumaire, époque ordinaire des vendanges dans ce pays, ils borneroient là leur course, pour la reprendre l'année suivante, vers le milieu de thermidor.

Leur marche nouvelle seroit désormais tracée par les nombreux vignobles qui s'étendent depuis le département du Gard jusqu'à celui des Basses Pyrénées ; et prenant alors la direction du sud au nord, ils reviendroient par les départemens de la Gironde, de la Dordogne, de la Haute-Charente, de la Vienne, et de ceux du centre à celui qui doit être le but de leur voyage. Ce dernier travail se faisant sur des lignes parallèles à celui de l'année précédente, ils se serviroient, pour ainsi dire, de contrôle l'un à l'autre.

Ici le voyage est terminé ; mais l'ouvrage ne l'est pas. Il reste au cultivateur à mettre le plus grand ordre, la plus grande clarté possibles dans la rédaction des nombreuses et intéressantes remarques qu'il a été à portée de faire ; et au dessinateur, à surveiller avec la plus scrupuleuse exactitude la confection des planches dont il a exécuté les dessins. L'une des deux parties négligée, soit le texte, soit la gravure, jetteroit une entière défaveur sur tout l'ouvrage ; car son mérite dépend de l'harmonie qui doit régner entre elles. Mais, cet accord supposé, les résultats d'un tel voyage, tout à la fois botanique et vignicole, formeroient, je crois, un des plus beaux présens que des Français puissent offrir à leur patrie.

Cependant il n'est point encore exécuté, et les établissemens dont Rozier, Dupré de St.-Maur, et la Société d'Histoire Naturelle de Bordeaux se sont occupés, ne sont encore que des projets. Nous sommes donc bien loin de présenter la liste suivante des divers cépages cultivés en France, comme un ouvrage qui ne laisse pas beaucoup à désirer : il est très défectueux. Aussi, toutes nos prétentions, à cet égard, se bornent-elles à ce qu'il soit jugé moins incomplet que ceux du même genre qui ont été publiés avant lui.

Il est précédé d'un tableau dans lequel nous indiquons les signes les plus apparens par lesquels on peut parvenir à distinguer et même à classer le plus grand nombre de nos cépages. Ces signes sont tirés des feuilles (1) et des raisins, comme nous ayant paru plus constans que tous ceux offerts par les autres parties de la plante. La couleur de l'écorce par exemple, et la distance des nœuds sont tellement variables dans les individus de la même espèce, d'un lieu à l'autre, que nous n'avons pas hésité à n'en faire aucun usage.

---

(1) Nous n'entendons pas parler de ces feuilles avortons qui naissent des drageons, des brindilles et de l'extrémité des rameaux, au moment où la sève est sur le point de s'arrêter ; nous parlerons des feuilles parfaites, de celles qui se développent des premières sur les sarmens les plus vigoureux et les mieux nourris. Celles-ci sont les seules dont le dessin soit constant et invariable dans chaque race ou variété.

Tome X. Pl. II.

Meunier.

Liste des races et variétés de vigne le plus généralement cultivées en France.

Vitis sylvestris Labrusca. C. B. P. C'est la vigne sauvage ou non cultivée. Elle croît spontanément dans presque toutes les haies des parties du sud et du sud-ouest de la France. Il est à présumer qu'étant cultivée, elle acquerroit à la longue les qualités dont elle est dépourvue dans son état agreste, qu'on obtiendroit de ses baies le muqueux sucré propre à être converti en vin ; de même que les races que nous cultivons dégénèreroient à la longue en vignes labruches, si l'homme cessoit de leur prodiguer ses soins. On peut donc croire que la vigne *labruche* est la souche de la plupart de nos races vinifères. Ses produits sont foibles et de peu d'apparence, comme ceux de la plupart des végétaux non cultivés. Ses grains sont petits, d'un noir foncé, et couverts d'une fleur qui disparoît sous les doigts quand on les touche. Sa grappe est courte en raison de sa grosseur ; elle est divisée en trois parties, parce que celle du milieu est surmontée de deux petites grappes latérales, en ailes. Le suc qu'on en exprime est d'une couleur rouge foncée et d'un goût très-acerbe, avant sa maturité complète. Ses feuilles, profondément découpées, contractent, avant de tomber, une couleur presque cramoisie.

Vitis præcox Columellæ. H. R. P. C'est le raisin le plus précoce de notre climat. Ses grains prennent la couleur noire, long-temps même avant leur maturité. Ils sont petits, ronds, peu serrés ; leur peau est dure et épaisse ; la pulpe qu'elle enveloppe, sèche, cotonneuse ; son eau peu sucrée, presque insipide ; ses grappes sont petites, de même que les feuilles. Celles-ci sont d'un verd clair en dessus et en dessous, et terminées par une dentelure large ou peu aiguë. Excepté en Provence, ce raisin n'occupe point de place dans les vignobles, parce qu'il n'a d'autre mérite que sa précocité, qui lui a fait donner le nom de *maurillon hâtif*, *raisin précoce*, *raisin de Saint-Jean*, *de la Madeleine*, *de juillet*, *juanens negrès*. C'est peut-être le *tarney-courant* du Bas Médoc ; et l'*amaroy* qu'on y cultive aussi est vraisemblablement une de ses variétés.

Vitis subhirsuta (*acino nigro*) C. B. P. *Vitis lanata* Carol. Steph. *Præd. Rust.* Le plus hâtif après le précédent. Tout annonce qu'il en est généré. Ses grains sont noirs, gros, et médiocrement serrés ; la grappe courte et épaisse, la feuille trilobée, ayant en outre deux échancrures qui formeroient deux semi-lobes, si elles étoient plus profondes. (*Voyez Pl. II.*) Ses feuilles, sur-tout dans leur jeunesse, sont couvertes de toutes parts d'un duvet, d'une matière blanche cotonneuse, qui le fait distinguer de très-loin des autres ceps qui l'entourent. Ce caractère particulier lui a fait donner le nom de *meunier*, dans beaucoup de territoires. Dans d'autres, on le nomme *maurillon ta-*

conné, fromenté, resseau, farineux, noir, savagnien noir, noirin.

VITIS subhirsuta, acino albo. Cette variété blanche ne diffère du précédent que par sa couleur et le volume de sa grappe. Le grain en est aussi plus gros et un peu ovale. Les deux lobes inférieurs de la feuille sont plus prononcés que ceux de la feuille du *meunier* proprement dit. (*Voyez Pl. III.*) On le nomme *savagnien blanc*, *unin blanc*, *matinié*.

VITIS praecox columellae, acinis dulcibus nigricantibus. C'est la race si connue en Bourgogne sous le nom de *maurillon* ou de *pineau*. Il est d'autant plus vraisemblable que c'est à sa couleur noire, ou de maure, qu'il doit sa première dénomination, que plusieurs autres raisins noirs, qui ne sont pas des pineaux, portent dans d'autres grands vignobles de la France le nom de maurillons, de noirs.

Baccius a divisé cette race en trois branches : *ex uvis nigris*, dit-il, *sunt maurillon tres species: una cum ligni materiá ex incisurá valdè rubescit, vite tamen nigrá, rotundiore folio, ac congestis admodùm in racemulo uvis; altera cortice admodùm rubro foliis ficûs instar tripartitis; tertia quam et beccanum vocant, ligno item nigro quod et sarmentis luxuriat et foliis; caducas autem vindemiae tempore producit uvas.*

Nous ne confondrons point ici, quoi qu'en dise Baccius, le franc pineau, assez clairement décrit dans la première partie ce ce passage, avec tous les autres raisins maurillons, parce qu'il a des caractères qui lui sont propres, et qui n'appartiennent qu'à lui. Les autres maurillons forment une même espèce avec le meunier; puisqu'on a vu aussi sur le même cep des feuilles et des fruits de l'un et de l'autre.

Le maurillon dont sont composées en plus grande partie les vignes de bons plants en Bourgogne, a la grappe d'une grosseur médiocre, la baie peu grosse aussi, les grains peu serrés et assez agréables au goût. Son écorce est rougeâtre; sa feuille légèrement divisée en cinq lobes (*voyez Pl. III, fig. 2*), et la dentelure de son limbe très-régulière. Le cep, les sarmens, la feuille et le fruit n'annoncent pas une forte végétation. Noms vulgaires : *le maurillon noir*, *l'auvernat*, *le pineau*, *le bourguignon*, *le pimbart*, *le manosquin*, *la merille*, *le noirien*, *le gribulot noir*, *le massoutel*.

VITIS praecox acino rotundo, albo, flavescenti et dulci. Le maurillon blanc à la grappe plus allongée que le précédent. Ses grains sont presque ronds, et forment une grappe composée de grapillons. La feuille, sans être entière, n'est pas lobée, comme la variété suivante; mais la dentelure de son limbe est très-prononcée; elle est verte en dessus, blanchâtre et drapée en dessous, et soutenue par un pétiole gros, long, et rouge. (*Voyez Pl. IV.*)

Cette variété ne diffère guère de la précédente que par sa forme, ayant trois lobes très-marqués et deux

1. Meunier blanc. 2. Morillon noir.

Morillon blanc.

SIGNES CARACTÉRISTIQUES
LES PLUS APPARENS,

Tirés des FEUILLES et des RAISINS, pour faire distinguer les espèces, ou les variétés de la Vigne.

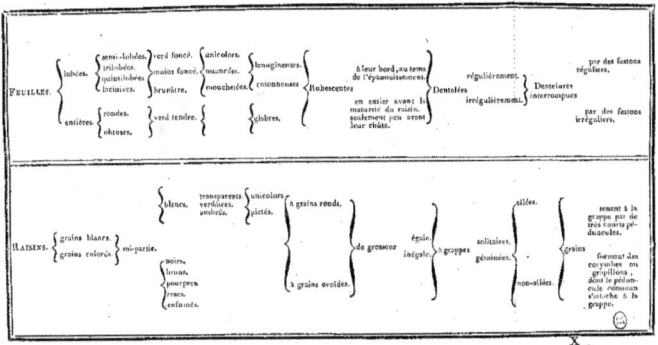

1. Morillon blanc lobé. 2. Pineau.

Bourguignon noir.

Griset blanc.

deux semi-lobes (*Voyez Pl. V, F 1*). Noms vulgaires : *mélier, daunerie, maurillon blanc, daune,* et quelquefois aussi *mornain*, quoiqu'il y en ait d'autres races du même nom.

VITIS *acinis minoribus, oblongis, dulcissimis confertim botri adnascentibus.* Cette phrase de *Garidel* décrit parfaitement le franc pineau, le maurillon par excellence. Les grappes en sont petites et de forme un peu conique, portées par un pédoncule très court ; le grain oblong et serré à la grappe, rouge-incarnat à l'orifice ; son bois menu, allongé, tirant sur le roux ; les nœuds sont éloignés les uns des autres ; on remarque une teinte de rouge dans le bois, lorsqu'on le coupe transversalement. La feuille, portée sur un pétiole long, courte et rouge, est semi-lobée des deux côtés ; la dentelure du limbe assez délicate ; elle est d'un verd un peu foncé en dessus et pâle en dessous, des deux côtés couverte, à sa naissance, d'un léger duvet que n'a pas le maurillon. (*Voyez Pl. V, F 2*). Elle produit peu, mais son fruit est excellent au goût, et produit les vins les plus délicats de la Bourgogne. Il porte les noms de *bon plant, raisin de Bourgogne, pineau, franc pineau, maurillon noir, pinet, pignolet.* On croit que c'est aussi le *bouchit* ou le *rinaut* des Basses Pyrénées, et *le chauché* noir de Bordeaux.

VITIS *acino minus acuto, nigro et dulci.* Le *Bourguignon noir.* Cette variété fait encore partie des maurillons noirs. Il a, par

Tome X.

la forme de son grain, quelque analogie avec le précédent ; mais il est moins oblong en proportion de sa grosseur, et beaucoup moins serré à la grappe qui est rouge ; bois tirant sur le brun, et noué d'assez près. La feuille un peu obtuse à sa pointe, est légèrement divisée en cinq parties très-régulièrement dentelées ; son pétiole court et très-rouge, sa grappe ailée. (*Voyez Pl. VI.*) Noms vulgaires : *Bourguignon noir, plant de roi, damas, grosse-serine, pied-rouge, côte-rouge, boucarès, étrange gourdoux.*

VITIS *acinis dulcibus et griseis.* Griset blanc, grappe courte, inégale dans sa forme, médiocrement grosse ; grains ronds, assez serrés, d'une saveur douce et parfumée. Ce raisin est grisâtre ; on le croit une variété du franc pineau. Il y avoit autrefois des vignes entières formées de ce cépage ; il forme encore une grande partie du bon vignoble de Pouilli (*voyez Pl. VII.*) On le nomme *pineau gris, ringris malvoisic, pouilli, griset blanc, le joli, le gennetin fromentau, auvernat gris, bureau,* etc.

VITIS *serotina, acinis minoribus, acutis, flavo-albidis, dulcissimis.* Ce raisin a été beaucoup plus commun dans les vignobles de France, qu'il ne l'est aujourd'hui. Il y en avoit même qui n'étoient, pour ainsi dire, formés que de ce cépage ; entr'autres, celui de Prépatour, près de Vendôme. Son grand parfum donnoit au vin qu'on en formoit un caractère particulier. Mais, produisant très-peu, on a né-

Y

gligé de le renouveler. Sa grappe est courte, plutôt petit que gros ; il est d'un blanc tirant sur le jaune ; sa couleur est plus fortement ambrée du côté du soleil ; il se couvre, vers le temps de la maturité, de petits points briquetés qui lui laissent un caractère naturel constant. Sa feuille n'est point lobée ; mais sa dentelure est assez profonde, très-régulière, et forme, vers sa hauteur, trois grands festons prédominans. (*V. Pl. VIII, fig.* 1). On le croit encore une variété du pineau ; aussi porte-t-il dans quelques vignobles le nom de *maurillon blanc* ; on le nomme aussi *sauvignon, sauvignen, servignen, sucrin, fié,* etc.

VITIS *acino nigro* (*et albo*) *rotundo, molli minùs suavi*. Viganne, Rochelle noire et blanche, faigneau, morvègue sont les noms vulgaires, synonymes d'une race très-commune dans les vignes du nord-est de la France. Toutefois ce n'est pas celle que recherchent, passé la rive droite de la Loire, ceux qui préfèrent la qualité à la quantité du produit. La viganne ou rochelle noire a la feuille divisée en cinq lobes, les supérieurs plus profonds que les inférieurs ; le limbe est terminé par une profonde dentelure sur-festonnée, et portée par un long pédoncule ; elle est d'un beau verd en dessus, cotonneuse et blanchâtre en dessous. Cette feuille est très-remarquable par l'élégance de sa forme. (*Voyez Pl. VIII, fig.* 2.)

VITIS *acino nigro, rotundo, duriusculo, succo nigro labia inficienti*. Le teinturier. Cette espèce a des signes caractéristiques, non seulement par la forme de son fruit et de ses feuilles, mais encore par la couleur rouge très-foncée du jus exprimé de ses baies, et par la couleur presque incarnat que contractent ses pampres, long-temps avant que le fruit ait acquis sa maturité. Sa grappe est inégale et ailée ; elle se termine en cône tronqué ; ses grains sont ronds et inégaux. Sa feuille profondément dentelée est divisée en cinq lobes ; elle présente quelque chose de rustique à l'aspect. (*Voyez Pl. IX*). On ne cultive ce cépage que pour donner de la couleur au vin. Cuvé seul, il donne une liqueur âpre, austère et de mauvais goût. Il est beaucoup trop commun dans les vignes des ci-devant orléanois et gâtinois. Noms vulgaires : *teinturier, tinteau, gros-noir, mouré, noir d'Espagne, teinturin, noireau, morieu, portugal, alicante,* etc.

VITIS *uva perampla, acinis nigricantibus majoribus*. Ce raisin a quelque ressemblance avec le précédent, parce que son jus est rougeâtre ; mais il est d'une qualité bien supérieure pour le vin. Les baies et les grappes en sont beaucoup plus grosses, le bois plus fort, et sa feuille a beaucoup plus d'ampleur. On cultive deux variétés de celui-ci. La première n'a que deux lobes ; la seconde en a quatre. (*Voy. Pl. X, fig.* 1 *et* 2). Noms vulgaires : *Ramonat, neigrier, gros noir d'Espagne,* raisin d'Alicante, raisin de Lombardie, etc. C'est le cépage qui produit le vin d'Oporto.

1. Morillon blanc. 2. Rochelle.

Teinturier.

1. Negrier. 2. Negrier échiqueté.

Raisin Perle.

Tome X. Pl. XII.

Mornain blanc.

Tome X. Pl. XIII.

1. Mornain blanc. 2. Meslier.

1. Rochelle verte. 2. Rochelle blonde.

Vitis pergulana, uva perampla acino oblungo, duro, majori et subviridi. La baie de ce raisin est oblongue. Le pétiole de chacune des baies est long, sa grappe formée de plusieurs grappillons depuis le haut jusqu'en en bas; on diroit qu'elle a de la peine à supporter le poids des baies: ce qui lui donne une forme allongée. La feuille seroit très-régulièrement dentelée si, outre les deux lobes qui divisent sa partie supérieure, il n'y avoit un semi-lobe dans la partie inférieure du côté droit. (*Voyez Pl. XI*). Noms vulgaires: *raisin perle, rognon de coq, pendoulau, barlantine*, etc.

Vitis uva longiori, acino rufescenti et dulci. Ce raisin, dont la grappe ressemble beaucoup, au premier coup-d'œil, au chasselas, et qui en porte en effet le nom dans quelques territoires vignobles, en diffère à plusieurs égards. La couleur qu'il contracte du côté où il est frappé par le soleil, est plutôt rousse que jaune; ses feuilles naissantes ne se font point remarquer par cette espèce d'auréole, couleur de rose, dont sont teintes les jeunes feuilles du chasselas. Ses baies sont rondes, charnues, espacées, et mûrissent assez bien, même au nord de la France, (*Voyez Pl. XII*). Son jus est doux et agréable. La feuille, très-palmée, est portée sur un pétiole commun, rouge jusqu'à sa moitié. Cinq nervures roses à leur naissance; elle est divisée en cinq lobes assez profonds et très-échancrés dans son pourtour; verd pâle en dessus, blanchâtre en dessous, et garnie d'un léger duvet (*Voy. Pl. XIII, fig.* 1.). Noms vulgaires: *meslier, mornain blanc, mornachasselas, blanc de bonnelle*, etc.

On en trouve, dans les vignes, une variété différant très-peu de la précédente par la forme et la qualité de son fruit; mais beaucoup par sa feuille. Celle-ci a deux semi-lobes à sa partie supérieure. Sa partie inférieure n'est divisée que par deux échancrures plus profondes que le surplus de la dentelure (*Voy. même Pl. fig.* 2.).

Vitis acino rotundo, albido, dulco-acido. Ce raisin est de grosseur moyenne; peau molle, grains serrés. Parvenus au plus haut degré de maturité, ils ont un goût acide douceâtre peu agréable. Il produit presque toujours avec une sorte d'abondance, et il est réputé très-avantageux pour la fabrication des eaux-de-vie. La feuille, divisée en quatre lobes principaux, plus deux semi-lobes, est très-épaisse, assez verte en dessus, cendrée en dessous et recouverte d'un duvet très-court. Bois jaune, noué très-près; pétiole rouge, court et rond, terminé par cinq nervures; celle du milieu beaucoup plus grosse que les quatre autres (*Voy. Pl. XIV, fig.* 1.). Noms vulgaires: *rochelle verte, sauvignon verd, folle blanche, meslier verd, roumain, blanc berdet, enrageat*.

La rochelle blonde, qui paroît être une génération de la précédente, n'a que deux lobes placés dans sa partie supérieure. L'inférieure est entière. (*Voyez même Pl., fig.* 2.) La couleur de son feuillage est d'un verd beaucoup moins foncé, de même que son fruit.

VITIS apiana, acino rotundo et fumoso. On trouve deux sortes de muscadet enfumé dans beaucoup de nos vignobles, le grand et le petit. La feuille du premier est portée par un gros et long pétiole qui se partage en cinq nervures ; gros verd, verd blanchâtre en dessous, mais sans duvet. Tout le limbe en est légèrement découpé ; une seule échancrure remarquable sur le côté droit. La grappe n'est pas forte ; la baie d'une couleur indécise entre le blanc et le rose tendre. (*V. Pl. XV.*) Noms vulgaires: *gros muscadet, muscat fumé, muscadère fromenté.*

Les feuilles du petit muscadet sont moins grandes ; elles sont lobées dans leur partie supérieure, et la dentelure du limbe est plus aiguë que dans la précédente. (*Voyez Pl. XVI, fig.* 1.) Cette variété porte aussi les noms de *muscadère et muscadine.*

La FEUILLE ronde, qu'on appelle aussi *bourguignon blanc, pineau blanc, picarneau, mélé, gueuche blanc, menu gouche,* etc. Les baies de ce raisin sont un peu oblongues et tellement serrées à la grappe, que dans les terrains fertiles, il n'est pas rare de voir tomber les moins adhérens pour faire place aux autres. La maturité du fruit est annoncée par la couleur jaune dont il se dore. La feuille est ample, non lobée, et portée sur un pétiole qui se divise en trois rainures principales. Elle est d'un verd plus pâle en dessous qu'en dessus. Le dessous est finement drapé. (*V. Pl. XVI, fig.* 2.)

Le GOUAIS ou *gouet blanc*, connu encore sous les noms de *gros blanc, bourgeois, mouillet, verdin blanc, gouas, plant - madame,* etc., est un gros raisin composé de baies plus grosses, en général, que celles du muscat, avec lequel il auroit plus de ressemblance, si ces mêmes baies étoient plus serrées à la grappe. (*Voyez Pl. XVII.*) Feuille entière ou non lobée, entourée d'un large feston inégal, et portée sur un péduncule grisâtre et assez menu. (*Voyez Pl. XVIII, fig.* 1.)

Le GAMÉ noir, *saumorille, chambonat* donne presque par-tout des produits abondans, mais de qualités très-diverses. Dans certains fonds, à de certaines latitudes, son fruit concourt heureusement à la fabrication des meilleurs vins ; dans d'autres, les cultivateurs jaloux de conserver la réputation de leurs récoltes, ou de leur acquérir un renom qu'elles n'ont pas, ont soin d'extirper ce plant de leurs vignes. Tout annonce dans le gamé la plus riche végétation. Le bois en est gros, les nœuds assez espacés mais gros aussi ; feuille épaisse, verd foncé, non lobée, festonnée à grands traits, et les festons inégalement dentelés. Le péduncule et le pétiole en sont gros et bien nourris. (*Voyez Pl. XVIII, fig.* 2.)

Muscadet Malvoisie.

1. Petit Muscadet. 2. Bourguignon blanc.

Tome X. Pl. XVII.

Le Gouais.

Bulk Sculp.

Tome X.   Pl. XVIII.

1. Gouais blanc. 2. Gamé noir.

Petit Gamé.

1. Grand noir. 2. le Cahors.

Chasselas. Chasselas doré Bar-sur-Aube.

Le petit Gamé, connu dans quelques vignobles sous les noms de *gouai noir*, de *gueuche noire*, de *noir*, de *verreau*, etc., ressemble, par la forme de sa grappe et de ses baies, au bon maurillon; mais il n'en a ni le goût ni la douceur; il est très-noir. Deux semi-lobes divisent sa feuille en trois parties; la dentelure de la partie supérieure plus inégale que celle des parties inférieures. (*Voyez pl. XIX.*)

Le Mansard, le damour, le grand noir, le verd-gris. Ce raisin est d'une grosseur considérable, et prend une forme pyramidale assez régulière. Il n'est pas rare d'en voir de neuf à dix pouces de longueur sur quatre à cinq de diamètre; ses grains sont gros et médiocrement serrés; son bois est gros et brun ou noirâtre; la feuille grande, épaisse, très-verte, et assez légèrement dentelée; eu égard à son ampleur. (*Voyez pl. XX, fig 1.*)

Le Murleau, mourlot, le languedoc, le coq, le cahors, le troyen, l'ardounet, le balzac. Ce cépage annonce beaucoup de vigueur par la grosseur de son bois et celle de ses nœuds; la feuille n'a rien d'extraordinaire dans ses proportions; mais elle est lobée dans sa partie supérieure, et très-remarquable par la délicatesse et l'inégalité de la dentelure de son limbe. (*Voyez pl. XX, fig 2.*) La grappe est ailée, d'un beau noir velouté, et composée de baies médiocrement serrées vers le bas.

Vitis acino medio, rotundo ex albido flavescente..... Chasselas doré, Bar-sur-Aube. Grosse grappe formée de grains inégaux. Peau dure, jaunâtre dans la maturité, et prenant une couleur ambrée sur les parties frappées par les rayons du soleil. Feuilles assez profondément découpées; dentelure large et peu aiguë; très long pétiole. (*Voyez pl. XXI.*)

La Blanquette ou la Donne, cépage assez commun dans les vignobles de la Gironde, de la Dordogne et de la Charente, sont vraisemblablement une variété du chasselas. C'est un très-bon raisin à manger; mais il produit un vin foible et sans corps.

Vitis acino medio, rotundo, rubello. Chasselas rouge; variété du précédent; la grappe et les grains en sont moins gros, teints de rouge du côté du soleil, verd-clair du côté de l'ombre.

Vitis acino rotundo, albido, moschato. Chasselas musqué; grain rond et presque aussi gros que celui du chasselas doré; mais, il ne s'ambre point au soleil, et conserve, dans sa parfaite maturité, sa couleur de verd-blanc. Sa feuille est moins grande que celle du chasselas doré; elle est d'un verd plus foncé. Les découpures en sont profondes. Pétiole très-long.

Les chasselas, bien exposés, mûrissent parfaitement, même au nord de la France, et le fruit en est excellent. La maturité du chasselas musqué est plus tardive, de quinze jours, que celle du chasselas doré.

Vitis folio laciniato, acino me-

dio, rotundo, albido. La Ciotat, raisin d'Autriche. Si on classe ce raisin d'après la couleur et le goût de ses grains, il doit faire partie de la race des chasselas. Placé à la même exposition, il mûrit à la même époque. Sa grappe est moins grosse, et le grain est moins rond que ceux du chasselas. Il est remarquable par ses feuilles palmées et lacinées en cinq pièces, lesquelles sont portées d'abord par un pétiole commun qui souvent se partage en cinq pour servir de support aux cinq parties de la feuille en se prolongeant jusqu'à leur extrémité. Quelquefois les feuilles partent du pétiole commun. (*V. pl. XXII.*)

VITIS *apii folio, acino medio, rotundo rubro.* Ciotat. C'est une variété du précédent; mais les grains de celui-ci sont rouges, et sa feuille ressemble bien plus que celle du Ciotat blanc, à la feuille d'ache ou de persil, signe par lequel Bauhin le caractérise; on le nomme à Bordeaux, *Persillade.*

VITIS *apiana, acino medio, subrotundo, albido, moschato.* Muscat blanc; le Lunel. Les grains sont gros, ovales, et prennent la couleur ambrée du côté du soleil. Ses grappes sont longues, étroites et se terminent en pointe, les grains qui les forment étant très-serrés. Ce raisin ne parvient guère que dans nos départemens du midi, à une maturité parfaite. Sa feuille est d'un verd plus foncé que celle du chasselas, et divisée en cinq parties très-prononcées. La dentelure et les festons du limbe sont irréguliers. (*Voyez pl. XXIII.*)

VITIS *apiana, acino medio, rotundo rubro, moschato.* Muscat rouge. Il a le mérite de mûrir plus aisément que le précédent, parce que ses grains sont moins serrés. Ce mérite tient cependant à un défaut, à la délicatesse de sa fleur qui coule facilement. Il est moins parfumé que le muscat blanc. Sa grappe est allongée, et le pédoncule qui la soutient est remarquable par sa grosseur.... Les grains frappés du soleil sont d'un rouge éclatant, presque pourpre. Ses feuilles qui ressemblent aux précédentes, rougissent en automne. (*Voyez pl. XXIV.*)

VITIS *apiana, acino magno, oblongo, violaceo, moschato.* Muscat violet, le Madère. Seconde variété du muscat. Ses feuilles sont presque entièrement conformes à celles du muscat blanc; mêmes proportions, même nombre de lobes, échancrures ou dentelures du limbe pareilles. Les grains sont gros, un peu allongés; leur enveloppe est dure, d'une couleur violette assez foncée et fleurie.

Nous trouvons la description de la même variété du *vitis apiana acino violaceo*, dans un œnologiste anglois, et nous observons que le grain, selon lui, en est petit et rond. Chez nous, il est gros et oblong; c'est cependant la même variété, puisque les autres signes caractéristiques sont communs; par exemple, cette fleur violette dont les grains sont couverts, et dont nous avons aussi parlé; mais telle est, il ne faut pas se le dissimuler, l'influence du sol et du climat sur la

Cioutat.

Tome X.
Pl. XXIII.

Muscat blanc.

Hulk direx.

Muscat rouge.

Muscat d'Alexandrie. Passe-longue musquée. Passe-musquée.

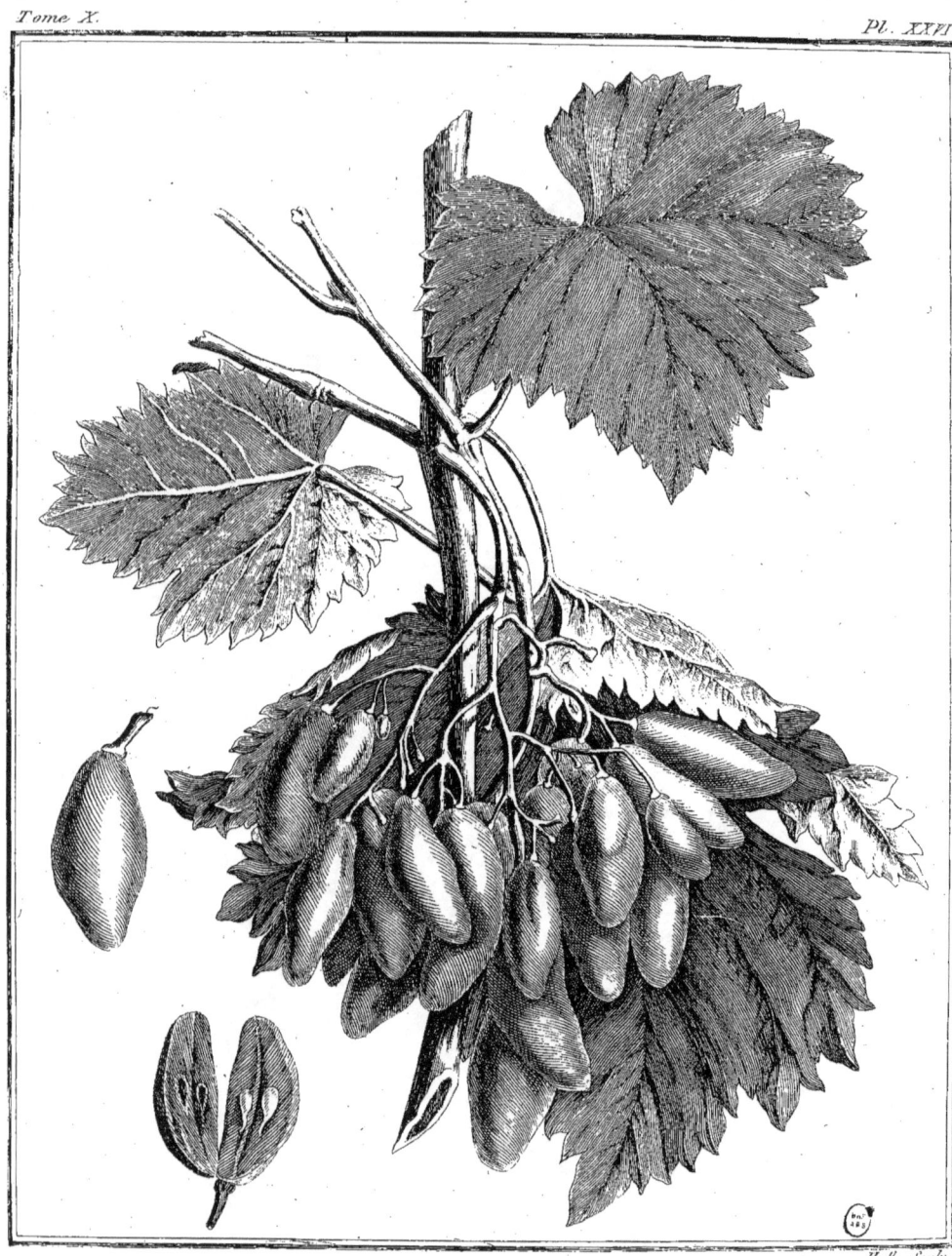

Raisin de Maroc. Cornichon blanc.

vigne; que les variétés même reproduisent d'autres variétés. Au Cap, il porte le nom de *raisin noir de Constance.*

VITIS apiana, acino magno, subrotundo, nigricante moschato. Ce muscat, d'une saveur très-musquée quand il est parvenu à sa maturité, qui n'a guère lieu que dans nos provinces méridionales, où même il est à propos de le cultiver en treille, ressemble peu, pour les formes, aux autres muscats. Ce qui forme dans ceux-ci les grandes échancrures des feuilles, est à peine remarquable dans celui-là. La denteluré du limbe est presque nulle; mais les festons en sont très-remarquables et assez aigus. Les grains sont très-gros, ovales, réguliers, un peu plus renflés vers le bas que vers l'insertion du péduncule, et forment, sans être serrés les uns contre les autres, de très-belles grappes. Leur parfaite maturité s'annonce par une belle couleur ambrée. (*Voyez Pl. XXV.*) Ce raisin se nomme *muscat d'Alexandrie, passe-longue-musquée, passe-musquée, malaga.*

VITIS acino maximo, cordiformi, violaceo. Raisin de Maroc, raisin d'Afrique, maroquin, barbarou. Les grains inégaux, en forme de cœur, et d'un violet indécis, composent de très-grosses grappes. Toute la plante annonce une végétation vigoureuse, gros sarmens et grandes feuilles; celles-ci profondément découpées et entourées d'une dentelure longue et aiguë. Dans notre climat, cette race est sans qualité.

VITIS acino longissimo, cucumeri-formi, albido. La forme de ce raisin est très-remarquable; on lui a donné le nom de *cornichon*, parce que son grain est courbé et pointu vers ses extrémités; cependant il a plus de ressemblance avec une vessie de poisson qu'avec tout autre objet auquel on puisse le comparer. Il a souvent jusqu'à un demi-décimètre de longueur, et le tiers de diamètre dans sa partie la plus renflée, où gissent une ou deux semences terminées en pointe, de fort peu moins longues que la baie n'a de diamètre. La réunion de plusieurs grappillons, à longs pétioles, forme une grappe peu volumineuse.

La feuille de cette vigne est grande et presque entière; la découpure de son limbe très-inégale. (*Voyez Pl. XXVI.*)

Le fruit jaunit à l'époque de sa maturité; on en connoît une variété dont les baies sont d'un rouge indécis ou briqueté.

VITIS acino minimo, rotundo albido sinè mulcis. C'est le corinthe blanc qu'on nomme aussi *passe, raisin de passe, passerille.*

Les Grecs, et après eux les Italiens et les Espagnols, ont ainsi nommé les espèces de raisins dont ils tordoient la queue encore attachée aux sarmens, pour les faire sécher. La passe musquée et le raisin de corinthe étoient préférés aux autres espèces pour cet usage. Le même moyen est employé aujourd'hui dans quelques uns de nos vignobles, dans ceux sur-tout où l'on cultive le muscat et où l'on fabrique des vins de liqueurs, comme à Lunel, à Frontignan, à Rivesaltes, etc.

La grappe du corinthe est ailée, longue et formée de petits grains qui ne se compriment point les uns les autres. L'enveloppe de la baie est fleurie et se colore comme celle du chasselas, du côté du soleil. La feuille, grande étoffée, d'un verd peu foncé en dessus et cotonneuse dans sa partie inférieure, est divisée en cinq parties ; mais les échancrures en sont peu profondes. Son limbe plutôt découpé que dentelé, présente des pointes longues et aiguës. (*Voyez Pl. XXVII.*)

On connoît une variété avec pepins, nommée aussi *corinthe*; les baies de celle-ci sont si transparentes, qu'au temps de leur maturité on compte facilement ses semences à travers leur enveloppe.

Vitis acino majore, ovato è viridi flavescente, Burdigalensis dicta. Cette race qu'on nomme ordinairement *verjus, grey, grégeoir* dans les départemens du centre et du nord de la France, parce qu'elle n'y mûrit pas et qu'on ne l'emploie guère qu'à extraire sa liqueur pour former le verjus, d'un si grand usage dans la cuisine, est aussi connue sous les noms de *bordelais* et *bourdelas*. Dans la liste que j'ai sous les yeux de tous les cépages cultivés aux environs de Bordeaux, je ne vois que le *prunelas* ou *chalosse*, appelé à Clairac *œil de tourd*, qui puisse lui être assimilé. Mais il mûrit si complètement dans le territoire de Bordeaux, que le grain se détache souvent de la grappe avant la vendange. Les bons économes ne manquent pas de recommander aux vendangeurs de le ramasser exactement. Ses grains oblongs, sont très-gros et composent des grappillons qui forment par leur réunion de très-grosses grappes. Sa feuille est ample, presque ronde et très-sensible à la gelée : c'est peut-être à cet extrême délicatesse qu'il faut attribuer son peu de maturité dans les contrées où les gelées sont hâtives.

Un pepin de ce raisin semé, il y a plusieurs années, dans le jardin très-connu du chevalier Jansen, à Chaillot, près Paris, a produit une variété dont le fruit parvient à la maturité la plus complète ; ses sarmens poussent avec une vigueur extrême et couvrent déjà une grande étendue de muraille. Le fruit de cette variété est excellent ; elle porte, on ne sait pas trop pourquoi, le nom de *vigne aspirante*.

Vitis acino rotundo, medio, bipartito nigro, bipartito albido. Raisin d'Alep, raisin suisse. Grain panaché, sujet à dégénérer, quelquefois tout noir, plus souvent tout blanc. En automne, ses feuilles sont panachées de rouge, de verd et de jaune, à peu près comme les laitues d'Alep. Ce raisin est plutôt un objet de curiosité que d'économie.

CHAPITRE IV.
Physiologie de la vigne.

Avant de décrire les parties organiques,

Corinthe blanc.

ganiques de la vigne et de désigner les fonctions que chacune d'elles est appellée à remplir pour concourir à l'ensemble de la statique végétale de cette plante, il est bon d'indiquer les moyens qu'emploie la nature pour opérer l'œuvre de la végétation. Le cultivateur qui les ignore, toujours incertain dans sa marche, ne peut être redevable qu'au hasard de ses succès, quand il a le bonheur d'en obtenir. Outre les lois générales de la végétation, il en est qui sont en quelque sorte particulières à certaines familles de plantes, dans lesquelles l'industrie des hommes a contrarié jusqu'à un certain point l'ordre général des choses, soit en déplaçant les unes du sol et du climat qui leur avoit été originairement assigné, soit en cherchant à obtenir de quelques autres des résultats que la nature ne les avoit pas spécialement destinées à produire. La vigne a éprouvé cette double contradiction; de là l'indispensable nécessité, pour ceux qui entreprennent de la cultiver, de connoître non seulement les premiers élémens de la physique végétale; mais aussi l'organisation particulière de cette plante; autrement on se flatteroit en vain de lui appliquer les différens modes de culture qui lui conviennent.

La terre n'est pas seulement destinée à servir de support aux plantes, elle est encore le réservoir dans lequel les plantes puisent par les suçoirs de leurs racines une partie des alimens nécessaires à leur nutrition. Je dis une partie, parce que l'atmosphère est aussi un dépôt de substances alimentaires pour les végétaux, qui les aspirent par les pores de leurs écorces et par les trachées de leurs feuilles.

L'eau mise en évaporation par la chaleur est tout à la fois principe et véhicule du principe nutritif des plantes. Elle en est le principe, puisque les deux élémens dont elle est formée, l'oxygène et l'hydrogène sont eux-mêmes élémens de la sève; elle en est le véhicule, puisque après avoir dissous le carbone qui sert à la formation des parties fibreuses et ligneuses des plantes, elle l'introduit en elles sous forme gazeuse ou aériforme.

Le carbone provient de la décomposition des matières animales et végétales. La manière dont la sève et le carbone circulent, s'élaborent et se modifient dans les plantes par le moyen de la chaleur et de la lumière qui s'y combinent avec eux, établit non seulement les différences qui existent entre les familles, les espèces et les variétés; mais c'est encore à elle qu'il faut attribuer la diversité qu'on remarque dans les formes des végétaux et dans la différence de saveur de leurs fruits.

La terre la plus propre à la végétation, en général, est celle dont le mélange de la silice, de l'alumine et de la calcaire est dans une proportion telle qu'elle puisse s'imprégner facilement d'humidité et la conserver de manière à ce que celle-ci, sans cesse et insensiblement évaporée par la chaleur, suffise à la nutrition des plantes, jusqu'à

ce que de nouvelles pluies renouvellent le réservoir. Si de trop longues sécheresses le laissoient épuiser, les plantes languissent et meurent bientôt.

Pour constituer un bon sol végétatif, il ne suffit pas que le dessus de la terre soit composé dans les proportions dont on vient de parler, il faut encore que cette première couche ait une sorte de profondeur. Quand elle n'est épaisse que de quelques centimètres, et qu'elle repose sur le tuf ou sur une argile trop compacte, il ne s'établit point de dépôt ; et les principes alimentaires qu'elle contenoit sont bientôt épuisés par les plantes qu'on lui confie.

A la longue, les bonnes terres s'effritent aussi ; et l'on ne peut esperer d'en tirer un avantage continuel sans y déposer de temps en temps de nouveaux principes alimentaires, de l'oxygène, de l'hydrogène et du carbone. On les trouve réunis en assez grandes masses sous des formes peu volumineuses dans les parties excrémentielles des animaux et dans la terre végétale proprement dite. On emploie utilement aussi certains minéraux, non comme engrais, mais comme amandement des terres. Tels sont les craies, et les marnes qui, par le moyen du mouvement fermentatif que leur impriment l'humidité et la chaleur, atténuent et divisent les molécules terrestres et en rendent la masse plus perméable aux substances élémentaires de la sève.

LA SÉVE est un corps humide, onctueux, qui ne prend de forme et ne contracte de goût que dans le sujet qu'elle pénètre. La fluctuation qu'elle y éprouve consiste dans un mouvement d'ascension pendant le jour et de descension pendant la nuit. Ses principes sont aspirés pendant le jour par les racines ; et la chaleur du soleil favorise leur ascension dans toutes les parties du végétal. Lorsque cet astre disparoît de dessus notre horison, l'air devient plus frais, condense les vapeurs et les contraint, pour ainsi dire, de redescendre vers les racines où elles restent comme suspendues sur celles qui tendent à s'élever de la terre. Les canaux de la plante resteroient vides, si les feuilles par leurs trachées n'aspiroient alors les gaz répandu dans l'atmosphère ; c'est par ce mouvement continuel, et par le dépôt de ces substances primitives, que la vigne croît, pousse ses sarmens, donne des fleurs et des fruits. Cette abondance de nourriture lui deviendroit funeste, si la nature ne lui avoit pas ménagé, comme aux autres plantes, les moyens de se débarrasser de la portion superflue, par la transpiration.

La transpiration des plantes est toujours en raison de l'étendue de la surface de ses feuilles. Celle de la vigne est au moins dix-sept fois plus abondante que celle de l'homme, et s'exécute par les sarmens, les feuilles, les fleurs, et les fruits. Le froid et l'humidité la suppriment, et la chaleur du jour l'augmente. La transpiration qui a lieu pendant la nuit est peu sensible, comparée à celle du jour. Elle est très-peu abondante pendant les jours pluvieux ; mais deux ou trois jours après la pluie, si le temps est chaud, elle est extrêmement forte. Le docteur Hales a démontré cette transpiration par les expériences les mieux suivies et les mieux constatées. « Entre le 28 juillet et le 25 août, dit il (1), je pesai soir et matin, pendant douze jours, un pot dans lequel étoit un cep de vigne des plus vigoureux. Je couvris le pot de ce cep avec une platine mince de plomb, et je cimentai bien toutes les jointures, en sorte qu'aucune vapeur ne pouvoit s'échapper ; mais l'air, par le moyen d'un tuyau de verre fort étroit qui avoit neuf pouces de longueur, et qui étoit fixe près de la plante, communiquoit librement du dedans au dehors sous la platine de plomb. Je cimentai aussi sur la platine un tuyau de verre de deux pouces de longueur, et d'un pouce de diamètre ; j'arrosai la plante par le moyen de ce tuyau ; et ensuite je fermai l'ouverture avec un bouchon de liège ; je bouchai de même le trou au fond du pot.

» La plus grande transpiration de ce cep, en douze heures de jour, fut de six onces deux cents quarante quatre grains; sa moyenne, de cinq onces quarante-six grains, ou neuf pouces et demi cubiques.

» La surface des feuilles se trouva de dix-huit à vingt pouces carrés. Divisant donc 9 ½ pouces cubiques par l'aire des feuilles 1820, je trouvai, pour la hauteur solide de l'eau que transpiroit la vigne en douze heures de jour $\frac{1}{111}$, de pouce.

» L'aire de la coupe transversale de la tige étoit d'un quart de pouce ; donc la vitesse de la sève dans la tige, est à la vitesse de la sève à la surface des feuilles, comme 1820, multipliés par 4, c'est-à-dire, comme 7280 sont à 1. La vitesse réelle du mouvement de la sève dans la tige, est donc $\frac{7280}{111}$, ou environ 38 secondes de pouces ».

Tous les accidens, toutes les maladies qui bouchent les pores, interceptent ou suspendent la transpiration de la vigne, comme le rougeot et la chute prématurée des feuilles, font périr la vigne, ou sont un obstacle à la maturité de son fruit.

LA RACINE est ordinairement proportionnée à l'étendue de la plante ou de l'arbre; c'est la partie inférieure qui la tient fixée en terre. Les racines de la vigne sont plutôt latérales et chevelues que pivotantes : elles partent de l'insertion supérieure du bourgeon de la tige, qui est enterrée. Une cuticule ou surpeau, et une peau, les recouvre ; le tout forme une sorte d'écorce brune. On trouve sous cette peau un muqueux gluant et limoneux, qui revêt les parois du parenchyme. Le parenchyme est un tissu cellulaire, ou substance pulpeuse, contenant un fluide, qui est la sève. La cuticule et la peau, formant

---

(1) Statique des Végétaux. Chap. VII, pag. 15.

l'écorce, recouvrent la partie ligneuse, et la partie ligneuse enveloppe la moelle, qui est le centre de la racine. La moelle est presque imperceptible dans les racines chevelues. La racine de la vigne est creusée par le bout, percée d'une infinité de petits trous, ou pores, disposés comme ceux d'une grille d'arrosoir. Ces pores sont plus nombreux que ceux de la partie ligneuse. Les premiers prennent leur direction de long en large; ceux du corps ligneux ne s'étendent qu'en long. La racine, de même que toutes les autres parties de la vigne, est un composé de vaisseaux lymphatiques, de trachées et d'un tissu cellulaire.

Les racines de la vigne ont peu de volume, relativement à l'étendue du cep cultivé. Ses sarmens s'emportent quelquefois, au point de paroître très disproportionnés à la hauteur et à la grosseur de la tige; d'où on infère que cette plante pompe plus de matières nutritives par ses feuilles que par ses racines. Celles-ci ne sont pas moins destinées à pomper une partie des sucs nécessaires à l'accroissement de toute la plante, par la force de succion dont elles sont douées. C'est, sans doute, dans ces premiers tuyaux capillaires que la sève reçoit le premier degré de son élaboration, qui augmente à mesure qu'elle parcourt les canaux de la tige, du sarment, et des feuilles, pour donner ensuite de l'accroissement à la cuticule et à la peau qui la recouvre. Là, elle trouve de nouvelles filières qui la perfectionnent. Mieux élaborée encore, elle pénètre la partie destinée à devenir du bois, et prend, en effet, la forme et la consistance ligneuse. La portion excédante se corromproit, et auroit bientôt gangrené toute la plante, si elle n'étoit sans cesse repoussée par de nouvelles portions qui, en y affluant continuellement, forcent la première à rétrograder dans le parenchyme de l'écorce, où elle se combine avec les nouvelles substances qu'elle rencontre, pour se porter ensuite jusqu'aux dernières extrémités des sarmens.

Le cep est un prolongement de toutes les parties de la racine; son bois est spongieux et peu compact quand il est verd; mais ses pores se resserrent, et il acquiert de la dureté en séchant. On distingue à la surface de cep plusieurs enveloppes desséchées, et qui se détachent partiellement. Cette manière d'être dans son écorce lui est commune avec la plupart des autres plantes sarmenteuses, entre autres, avec les clématites. On a compté jusqu'à cinq et six parcelles d'écorces sur un même cep, et toujours une nouvelle sous les débris des anciennes. Cette écorce se renouvelle tous les ans. On distingue dans toute sa longueur et dans ses contours, la direction des fibres longitudinales de la partie ligneuse qu'elle recouvre. Si on coupe transversalement ce corps ligneux, la moelle paroît au centre; les parties fibreuses s'élancent jusqu'à la circonférence, en décrivant une ligne presque droite. Là, elles s'implantent dans l'écorce, où elles impriment leur partie saillante, très-visible dans le bois de la seconde année. Les interstices qui séparent ces lignes, sont parsemés de pores assez grands pour être vus dans le jeune bois, sans le secours de la loupe ou du microscope. La partie qui renferme ces pores est plus rouge que celle des fibres. On ne voit point, dans l'intérieur du cep, les couches concentriques qui indiquent, comme dans les autres arbres, le nombre d'années de leur accroissement ; on n'y rencontre point d'aubier ; d'où l'on conclut que le cep transpire peu, et peut-être ne transpire-t-il point du tout.

L'ÉCORCE du sarment, ou plutôt sa peau corticale, est une continuation de celle du cep et de la racine : elle est lisse ; mais on y remarque de petites proéminences formées par les extrémités des fibres ligneuses et longitudinales dont nous venons de parler ; elles y sont plus sensibles en automne et en hiver, que dans les autres saisons. La partie ligneuse du sarment est mince, et conserve la même direction dans ses fibres, que celles du cep et des racines. Les yeux ou bourgeons sont alternativement placés sur le nouveau bois ; ils naissent à l'endroit où il se forme une espèce de nœud, et le raisin sort toujours du côté opposé à celui de la feuille. La vigne, différant des autres arbres, à cet égard, ne donne son fruit que sur le bois nouveau, et seulement dans les bourgeons inférieurs du sarment.

LA MOELLE ou axe du corps ligneux existe dans le sarment, dans le cep et dans la racine ; elle est très-abondante, très-volumineuse dans le sarment, plus resserrée dans le cep ; et, quoiqu'à peine visible dans ses racines chevelues, elle y existe cependant. La partie ligneuse la recouvre et lui sert d'enveloppe. Elle est composée de vaisseaux plus larges et moins serrés que ceux de l'écorce ou du bois ; ils se dessèchent peu à peu, à mesure que la plante vieillit et que le bois acquiert plus de consistance.

La moelle a toujours plus de volume dans les parties dont l'accroissement est rapide, que dans celles où il s'opère lentement ; aussi celle du sarment est-elle beaucoup plus volumineuse que celle du cep. Les vaisseaux de la moelle étant plus distendus que ceux du bois et de l'écorce, ils élèvent la sève avec plus de rapidité et en quantité plus grande, pour fournir des sucs nécessaires à l'accroissement du sarment ; aussi, quand le bois est formé, les tuyaux moelleux se resserrent-ils, parce que le bois n'exige plus alors autant de nourriture. On pourroit établir en règle générale sur la transpiration, qu'elle est plus forte dans les plantes dont la moelle présente un plus grand volume : la vigne, le sureau, le tournesol, le maïs, etc., en sont la preuve.

L'ŒIL ou BOURGEON est une continuation de l'écorce, du corps ligneux et de la moelle. Il est enveloppé, pendant l'hiver, par trois ou quatre folioles coriaces, prolongement de l'écorce. Ces folioles membraneuses ont à leur superficie la couleur du sarment, et sont un peu vertes en dedans ; elles recouvrent le bourgeon en forme de toit. Sous cette première enveloppe, il en existe une seconde, formée d'une espèce de matière cotonneuse, rousse, et très-épaisse dans la partie supérieure du bourgeon : elle le couvre jusqu'au point de son insertion au sarment. Cette espèce d'enveloppe feuillée, improprement dite calice du bourgeon, s'entr'ouvre aux premières chaleurs du printemps, et elle tombe quand le bourgeon commence à pousser, c'est-à-dire, à excéder la longueur de ses membranes. Le bourgeon qui doit éclore l'année suivante, est toujours placé à la base d'une feuille. Si le bourgeon est pointu dans son premier épanouissement, il ne produira que du bois et des feuilles ; s'il affecte, au contraire, une forme presque carrée ou ressemblante à deux OO qui se touchent, c'est un bourgeon à fruit. Le bouton de la fleur est même apparent avant que les feuilles aient indiqué la direction qu'elles doivent prendre, avant qu'elles aient commencé à se développer. Il est la première partie réellement distincte dans le bourgeon qui pousse. Des folioles duvetées, et non encore déployées, l'environnent de toutes parts.

Le bourgeon est le rudiment du bois nouveau, des feuilles, des vrilles, des fleurs et des fruits ; il comprend toutes les parties d'une nouvelle plante. C'est sur lui que le vigneron fixe ses plus douces espérances, sur-tout quand il est placé sur un fort et vigoureux courson. L'enveloppe qui le recouvre et l'enferme comme dans une bourse, le garantit de la rigueur du froid pendant l'hiver. La matière cotonneuse qui est en-dessous sert encore à garantir le bourgeon des effets des rosées froides, des gelées blanches, pendant qu'il pousse et jusqu'à ce que les feuilles aient acquis assez de développement pour le protéger avec efficacité.

Le PÉTIOLE qui supporte les feuilles est un prolongement de même nature que les parties du sarment. L'expansion ou épanouissement de son extrémité constitue la feuille ; et les fibres du corps ligneux créent les nervures saillantes répandues dans toute l'étendue de la surface inférieure des feuilles. Les interstices de ces nervures sont remplis par un tissu cellulaire ou parenchyme qui est de même nature que celui du sarment, et qui contient des vésicules pleines d'air, et des vaisseaux absorbans. La feuille est recouverte, à l'extérieur, par une épiderme mince, transparente et sans couleur ; sa partie supérieure est souvent lisse et polie, d'un verd plus foncé que l'intérieur ; celles-ci est parsemée d'une infinité de petits trous, et couverte assez communément d'une substance cotonneuse, blanchâtre, plus ou moins épaisse suivant l'espèce de raisin ; elle est rougeâtre dans la feuille du *teint* ou *teinturier*. La couleur de la feuille est due au parenchyme verd qu'on découvre sous l'épiderme,

La feuille est placée alternativement le long du sarment, et de manière que l'une est opposée à l'autre. On pourroit dire que la feuille est une tige aplatie.

Les fonctions des feuilles de la vigne sont très-importantes et très-étendues dans son économie végétale. Elles conservent les fleurs avant leur développement, elles croissent avec rapidité et facilitent par cela même la prompte croissance du sarment. Leur partie lisse et polie supérieure garantit l'inférieure, et les vaisseaux absorbans sont destinés à pomper l'humidité de l'air et toutes les substances aériformes qui les entourent. Les feuilles font pendant le jour la fonction d'organes excrétoires en débarrassant le cep, par la transpiration, d'un suc inutile ou surabondant. Ces mêmes feuilles sont, pendant la nuit, des racines qui, par les petites bouches de leur surface inférieure, pompent l'air, l'humidité, et les gaz répandus dans l'atmosphère. Par ce moyen elles introduisent l'air dans toutes les parties de la plante; et l'air agit sur la sève à peu près comme sur la masse de notre sang quand nous l'avons respiré. Cet air, cette humidité et les sucs superflus dont la vigne ne s'est pas débarrassée par la transpiration pendant le jour, descendent vers les racines pendant la nuit, et sont reportés durant le jour aux sarmens, aux vrillés, aux feuilles, aux fleurs et aux fruits. Les feuilles sont tellement utiles à la nutrition de la plante, elles concourent d'une manière si distincte à la maturité du fruit, que si un coup de soleil les dessèche et en dépouille le cep, le raisin se fane; s'il n'est que verjus à cette époque il restera verjus, et toute la plante languira pendant le reste de l'année, en supposant même qu'elle survive à cet accident. Les feuilles procurent la nourriture à la plante par l'aspiration; elles transpirent les sucs superflus; elles font partie du laboratoire dans lequel la sève se modifie; elles conservent le bourgeon pour l'année suivante. Cette dernière assertion est si bien prouvée, que si, dans le printemps, on coupe la feuille qui le garantit, et quand elle commence à se développer, ce même bourgeon qu'elle défendoit devient infructueux. Ce n'est pas tout, si on enlève toutes les feuilles d'un sarment avant qu'il ait donné sa fleur, ce sarment ne porte aucun fruit.

LES VRILLES DE LA VIGNE forment avec les sarmens des angles droits, et sont opposées aux feuilles. Ce sont des productions filamenteuses composées des mêmes vaisseaux que ceux du sarment. Elles ont la faculté particulière de se rouler en spirale et de s'attacher au corps même qu'elles peuvent atteindre.

Le cep pousse promptement des sarmens très-longs, chargés de feuilles et de fruits. Ce bois encore tendre et à peine ligneux succomberoit bientôt, soit par son propre poids, soit par la violence des vents, si la nature, toujours attentive à conserver ses productions, n'avoit donné à la vigne ces vrilles ou mains, c'est-à-dire les moyens de s'accrocher pour se soutenir.

Quelques personnes ont cru que les vrilles ne sont qu'un produit de la coulure, et que, par l'effet d'un accident, elles n'existent qu'en remplacement des grappes. Ils n'avoient pas observé sans doute que les vrilles ne poussent que dans la moitié supérieure du sarment, c'est-à-dire là où le fruit ne se montre jamais, puisqu'on ne le trouve que dans la moitié inférieure. La sève trop peu élaborée vers les extrémités de la plante, parce qu'elle y arrive avec trop d'abondance, ne produit point de raisin ; elle n'est propre qu'à être convertie en partie ligneuse.

La fleur de la vigne est soutenue par un pédoncule qui se divise en plusieurs parties. Celles-ci se prolongent pour former la grappe. Au dessous de la corolle est le calice qui renferme les organes de la fructification avant l'épanouissement de la fleur, de la même manière que les follicules membraneuses contenoient le bourgeon, les feuilles et le fruit : les pétales sont les défenseurs ou les conservateurs des parties de la génération. L'étamine ou poussière fécondante est la partie mâle de la génération ; elle s'échappe dans l'épanouissement de la fleur et se porte sur le stigmate, qui est l'orifice de la partie femelle de la génération. Ce sommet est criblé de petits trous par où cette poussière fécondante s'introduit jusqu'à sa base où elle rencontre le germe, autrement dit embryon, qu'elle féconde aussitôt. Cet acte donne naissance aux pepins ou semences qui seroient constamment destinés à reproduire la vigne, si l'industrie humaine n'avoit trouvé des moyens plus prompts de la multiplier dans les crossettes, les chevelus, et les provins.

Les semences de la vigne sont enfermées dans le grain du raisin. Ce grain contient en outre deux substances très-opposées, la pulpe et la résine colorante qui se manifestent au temps de la maturité. Celle-ci adhère à la peau membraneuse environnante : la pulpe forme le muqueux, le suc du raisin, et n'est point colorée. La couleur que l'on voit extérieurement est due à la résine adhérente intérieurement à la pellicule. Le raisin est blanc, noir, rouge, enfumé, suivant la couleur de cette résine. Elle conserve une espèce d'âcreté malgré la maturité du fruit.

La connoissance de la structure et de l'usage des différentes parties de la vigne ne doit point être considérée comme un objet de vaine curiosité, puisqu'elle doit avoir une grande influence sur la manière de la diriger et de la cultiver ; car il appartient à la théorie d'indiquer les règles de la bonne pratique. Quand nous considérons par exemple, combien est poreux le bois de la vigne, le volume de sa moelle et le peu d'adhérence de sa peau extérieure, nous nous faisons l'idée des principes qui doivent nous guider dans sa taille. La force et la rapidité avec lesquelles s'élance la sève nous disent assez qu'elle se convertiroit entièrement en bois, si on n'arrêtoit

toit ou du moins si on modéroit le cours de sa marche ; son inclination à se porter directement à l'extrémité des sarmens n'indique-t-elle par la nécessité de tailler horizontalement, pour la forcer de refluer vers les boutons à fruit ?

La vigne n'ayant ni liber ni couche corticale, la sève monte également des racines à l'extrémité supérieure des ramaux par toutes les parties du bois, au lieu de passer, comme dans les autres arbres, entre l'écorce et la partie ligneuse ; d'où il suit que la vigne seule peut être greffée sans avoir besoin du point de contact de deux écorces. Mais tous ces détails seront plus amplement développés dans le chapitre suivant.

CHAPITRE V.
Culture de la Vigne.

SECTION PREMIÈRE.
Du climat et du sol.

J'observe deux sortes de maturité dans les raisins ; la maturité *botanique* et la maturité *vinaire*, si j'ose m'exprimer ainsi. J'appelle maturité botanique, celle par laquelle les pepins ou semences contenues dans la baie, acquièrent toutes les qualités nécessaires au développement du germe qu'ils contiennent, c'est-à-dire, à la reproduction de la plante. Ce degré de maturité parfaite, pour les pepins, a lieu à une époque où le suc de la pulpe qui les enferme, n'est encore que du verjus. La vigne s'accommode de presque toutes les terres ; et elle n'est guère plus délicate sur le choix du climat, quand elle n'est destinée qu'à se reproduire ; aussi est-elle spontanée, comme nous l'avons dit, dans presque toutes les parties de l'hémisphère septentrional, depuis le 25e jusqu'au 45e degré de latitude. On la trouve éparse çà et là, dans la plupart de nos départemens méridionaux ; dans celui des Landes, c'est elle qui forme presque toutes les haies qui bordent les rives de l'Adour.

L'homme a su tirer de ce végétal un produit bien autrement avantageux que celui qu'il lui offroit comme plante seulement forestière. Il a réussi à convertir le jus de ses baies en la plus précieuse des liqueurs, en vin. Mais cette conversion ne s'opère que par la fermentation vineuse ; et la fermentation vineuse ne peut s'établir, et parvenir au point qui produit un vin de qualité, qu'après que le suc pulpeux du raisin a reçu les degrés de maturité par lesquels il se forme en lui le principe sucré, d'où résultent le muqueux-doux, le muqueux-doux-sucré. De la plus ou moins grande abondance du principe sucré, de la plus ou moins grande concentration du muqueux-doux-sucré dans le raisin, tous soins relatifs égaux d'ailleurs dans la fabrication des vins, dépendent les différentes qualités qu'on observe en eux, depuis les plus communs jusqu'à, ceux qu'on nomme vins de liqueur (1). Toute-

---

(1) C'est pour obtenir cette concentration qu'on laisse faner le raisin sur la

fois il ne faut pas confondre le goût douceâtre avec le principe sucré. On mange, tous les jours, des raisins d'une saveur très agréable, et qui sont peu propres à produire de bon vin. Il en est d'autres aussi, dans lesquels le principe sucré est enveloppé de manière à n'imprimer au palais qu'une saveur austère, et qui n'en contiennent pas moins, et quelquefois éminemment, les qualités vinaires. Ce principe est généralement plus marqué dans les pommes que dans les raisins; celles dont on obtient le meilleur cidre, sont pour l'ordinaire, d'une amertume, d'une austérité détestables au palais.

Ce n'est que par la culture qu'on peut parvenir à obtenir dans le raisin le principe sucré, le muqueux-doux-sucré. Cet effet de la culture est peut-être plus frappant sur la vigne, que sur tous les autres végétaux qui sont l'objet de nos travaux agricoles. On a vu qu'abandonnée à la nature seule, ses semences elles-mêmes ne mûrissent pas en deçà du 45e. degré de latitude; par conséquent qu'elle y est incapable de se reproduire; et l'on sait que, soignée par les hommes, elle devient susceptible d'acquérir, jusqu'au 52e., toutes les qualités qui la rendent propre à donner de bons vins: par exemple les vins de Moselle.

C'est donc à cette fin d'obtenir le muqueux-doux-sucré, c'est-à-dire le plus haut degré possible de maturité dans le raisin, que doivent tendre les travaux du cultivateur vigneron, dans toutes et dans chacune des façons, qui composent ce genre de culture.

Pour que le raisin parvienne à sa maturité, il faut que la sève ou que les élémens de la sève qui circulent dans la plante, soient dans une juste proportion avec l'intensité et la durée de la chaleur atmosphérique. C'est cette chaleur qui élabore la sève, la modifie et opère en elle les combinaisons par lesquelles elle se convertit, dans le fruit, en principe sucré. Si la plante ne contient pas une abondance de sève capable de résister à l'action de la chaleur, les effets de celle-ci se font remarquer aussitôt, jusque sur la partie ligneuse de la plante; elle en dessèche les organes, elle crispe et resserre les canaux par lesquels la sève étoit répandue dans toutes les parties du végétal; les feuilles languissent, se replient, tombent, et dès lors toute végétation est nécessairement interrompue. Si le fruit étoit

---

paille, dans le département du Haut-Rhin, pour faire le *vin de paille*, et à Rivesaltes, sur le cep même, pour fabriquer le vin muscat. On suit cette dernière méthode dans les isles de Candie, de Chypre, et en Espagne. Il est des endroits où l'on enlève la plus grande partie de feuilles du cep, quand le raisin approche de sa parfaite maturité. Les vins d'Arbois, de Château-Châlons, sont de tous les vins de France qui approchent le plus en qualité, les bons vins de liqueur d'Italie: à Arbois, à Château-Châlons, on ne vendange que sur la mi-nivôse, ou du moins qu'après que les gelées ont fait tomber les feuilles.

déjà formé, il reste au point où il étoit quand la chaleur l'a saisi.

Si, au contraire, la disproportion de la chaleur avec l'abondance de la sève, est en sens inverse ; si la chaleur n'a pas la puissance, par son intensité et sa durée, d'élaborer la sève à mesure qu'elle est formée, et qu'elle se porte aux extrémités des sarmens ; si l'action des rayons solaires est insuffisante pour faire prendre aux nouvelles pousses la consistance ligneuse, et, par ce moyen, forcer la sève de refluer vers les grappes ; enfin, s'ils ne peuvent modérer le cours de ce fluide qui s'élance vers les sommets, avec une force et une rapidité supérieures, d'après les belles expériences de Hales et de Bonnet, à celles du sang jaillissant de l'artère crural d'un cheval, on obtient, il est vrai, des feuilles charnues, des pampres verdoyantes, des tiges d'une longueur et d'un diamètre étonnans, des grappes en profusion, enfin, tout ce qui annonce une végétation vraiment luxurieuse ; mais aussi une végétation entièrement vaine, sous les rapports de l'économie. On cultive la vigne pour le raisin ; mais le raisin qui est le produit d'une telle vigne, ne parvient jamais à son entière maturité ; le principe sucré ne s'est point formé ; ainsi, la liqueur qu'on en extraira ne sera point susceptible de contracter la bonne fermentation vineuse.

De ces deux disproportions, dont l'une consiste dans une quantité de sève insuffisante, et l'autre, dans une quantité de sève surabondante, relativement au degré de chaleur, la dernière est sans doute la plus commune dans le climat que nous habitons. Mais on ne peut établir des lois particulières que d'après des principes généraux ; et ce sont ces développemens qui nous conduiront, je pense, à des conséquences certaines. Il faut que le vigneron sache pourquoi sa récolte est presque toujours nulle vers la cîme de son coteau, et pourquoi l'abondante moisson qu'il cueille à la base, lui donne souvent des produits d'une si misérable qualité. Il faut en outre rectifier l'opinion de quelques personnes qui croient que, par-tout les terres les plus sèches sont les plus propres à la culture de la vigne, que la terre même *stérile* lui convient mieux qu'aucune autre.

Les principes nutritifs de la vigne sont les mêmes pour cette plante que pour les autres végétaux, l'oxygène, l'hydrogène, le carbone ; ainsi, où le dépôt d'humidité n'est pas établi, la vigne ne prospère point. Elle ne végéteroit pas mieux dans notre climat sur une montagne de sable pur, assise sur le roc, qu'elle ne croît dans les sables de l'Arabie. Plusieurs faits (1) viennent à l'appui de ces assertions : nous en rapportons quelques uns.

Près d'Ispahan, en plaine et

---

(1) Pendant les grandes sécheresses de l'été, les habitans de Beaune se réunissent dans les temples, et invoquent le ciel, afin d'en obtenir la pluie qu'ils jugent indispensable pour la maturité du raisin.

dans un bon sol, le citoyen Olivier a vu entretenir la fraîcheur, ou renouveler l'humidité au pied des vignes, par des arrosemens en irrigation. Ce territoire de la capitale de la Perse est entre le 34e. et le 35e. degré de latitude; sa chaleur moyenne est d'environ 28 degrés; et la plus forte s'y fait sentir depuis la moitié de messidor jusqu'à la mi-fructidor, époque ordinaire des vendanges dans ce pays.

Dans les étés très chauds et très-secs, on arrose aussi la vigne à Téhéran : latitude 38 degrés. Cependant la neige y couvre ordinairement la terre pendant deux mois de l'hiver; sa fonte devroit donc y former des dépôts d'humidité; mais les bancs argileux y sont placés sans doute à de trop grandes profondeurs, pour produire ces bienfaisantes rosées qui revivifient sans cesse les plantes, dans nos climats européens, dans ceux même qui sont à des latitudes plus méridionales que Téhéran, comme Malaga, etc.

Le citoyen Fleurian, compagnon de voyage de Dolomieu, aux îles Lipari, nous a dit avoir vu, sur la montagne de l'île de Stromboli, la vigne cultivée dès la plaine, et s'étendre jusqu'à six cents mètres au dessus du niveau de la mer; elle est plantée dans une terre volcanique, et soutenue à cette hauteur par des *roseaux*. Ils la protègent contre la violence des vents qui sont fréquens et très-impétueux dans cette contrée. Remarquez que le roseau *arundo donax* ne végète point sans une assez forte dose d'humidité.

On sait que, dans les belles plaines de la Lombardie, la vigne mûrit très bien accolée au peuplier; et le peuplier, *populus nigra*, ne vient point dans les terres sèches. Enfin, il est constant que la vigne ne végète point où il n'y a pas de dépôts d'humidité, et que ces dépôts ne se forment point dans les contrées où il ne pleut pas.

Dans nos climats tempérés de l'Europe, vers le centre et le nord de la France sur-tout, ce ne sont pas, comme nous l'avons déjà observé, les alimens séveux qui manquent à la végétation de la vigne; mais le degré de chaleur n'y est pas indistinctement par-tout dans une exacte proportion avec leur abondance. C'est là ce qui force les cultivateurs vignerons, et sans que la plupart d'entr'eux s'en doutent, à faire choix, dans de telles latitudes, d'expositions particulières, de sites privilégiés, où ils trouvent un climat convenable pour la culture de la vigne; car ce n'est pas la latitude seule qui décide la température d'un lieu. La nature du terrain, la position des montagnes, les vents, le voisinage ou l'éloignement de la mer, des rivières, des forêts, n'y contribuent, pour ainsi dire guère moins, que le plus ou moins d'élévation du pole.

En creusant la terre, on remarque qu'elle est composée de lits et de couches, dont l'épaisseur et la direction sont assujetties à des dispositions régulières et constantes. Les argiles, les sables, les schistes, les rocs vifs, les grès étendus, les marnes, les pierres à chaux, sont posés par bancs. L'assise de terre végétative est toujours à la surface d globe; elle recouvre toutes les autres couches. Aucune n'est placée suivant sa pesanteur spécifique; les plus pesantes se trouvent souvent sur les plus légères; il n'est pas rare de rencontrer des rochers massifs qui ont des sables ou des glaises pour support. La disposition de ces couches sert à recueillir et à distribuer régulièrement les eaux de pluie, à les contenir en différens endroits, à les verser par les sources qui ne sont proprement que l'interruption et l'extrémité d'un aqueduc naturel formé par deux lits de matières propres à voiturer l'eau. Elle est contenue par les couches de glaise qui règnent dans une grande étendue du globe; et la pente de ces couches lui procure un écoulement. Suivant leur position, les eaux séjournent donc ou près de la surface de la terre ou à de très grandes profondeurs. Leur plus ou moins grande distance de la surface d'une contrée quelconque, le plus ou le moins d'éloignement de la mer, des fleuves, des rivières, des sources, des forêts, respectivement à cette contrée, augmente ou diminue la quantité des vapeurs qui flottent dans son atmosphère. Ces vapeurs condensées forment les nuages, que les vents transportent et font circuler dans tous les climats. Ils s'élèvent en se dilatant ou s'abaissent en se condensant; suivant la température de l'atmosphère qui les soutient. S'ils rencontrent, dans leur course, l'air plus froid des montagnes, ou bien ils y tombent en flocons de neige, en brouillards, en rosées, conformément à leur état de densité et à leur élévation; ou bien ils s'y fixent et s'y résolvent en pluie.

De même que les nuages sont assujettis à l'impulsion des vents, les vents eux-mêmes sont subordonnés, dans leurs cours, à de certaines circonstances locales. Réfléchis par les montagnes, leurs effets s'étendent d'abord à de très grandes distances, parce que leur direction dépend du premier courant qui les produit, et des ouvertures plus ou moins resserrées par lesquelles ils sont dirigés. Ces courans d'air sont en général très variables; cependant il est des lieux dans lesquels ils sont en quelque sorte périodiques, et comme assujettis à certaines saisons, à certains jours, à certaines heures. Olivier a remarqué, en Perse, que les vents y viennent fréquemment de la terre pendant la nuit, et de la mer pendant le jour. Au reste, les montagnes, les différentes bases du terrain changent la direction des vents; elles peuvent en atténuer ou en accélérer la rapidité; aussi la position d'une chaîne de montagnes décide-t-elle souvent de l'été et de l'hiver entre deux parties d'une contrée qu'elle traverse. Toutes ces circonstances particulières, auxquelles il faut ajouter le plus ou le moins d'élévation d'un lieu, relativement au niveau de la mer, le plan plus ou moins incliné de la surface, doivent être prises en grande considération, parce qu'elles entrent pour beaucoup dans la formation de la température qui y règne.

Des expériences et des faits tirés de la culture et de la végétation de la vigne, confirment cette théorie qui nous met elle-même à portée de remonter aux causes de certains effets très-simples, très-naturels, et qui sont autant de phénomènes pour les cultivateurs qui ne se sont jamais livrés à l'étude de la géographie physique.

A Téhéran, où l'on est souvent forcé d'arroser la vigne pendant les grandes sécheresses de l'été, comme nous l'avons déjà dit, on l'enterre vers la fin de l'automne pour la garantir des fortes gelées de l'hiver. Qui peut nécessiter des procédés si opposés, dans le même sol? ou plutôt, comment à une telle latitude la température peut-elle éprouver des variations si extrêmes?

Il est facile de répondre à cette question. Si les vents conducteurs des gelées et des frimas règnent dans ces contrées pendant plusieurs mois de l'hiver; si la couche de terre végétative a beaucoup de liaison, si elle est glaiseuse et plus propre à maintenir les eaux, à les conserver, qu'à les laisser s'infiltrer, il est tout naturel que le froid y acquiert assez d'intensité pour produire des gelées d'autant plus sensibles et nuisibles à ces vignes, qu'elles jouissent pendant la plus grande partie de l'année d'une température très-chaude, le thermomètre y descendant rarement alors au dessous de 25 et 26 degrés.

Mais, ajoutera-t-on, si la terre végétative a tant de consistance, elle conserve l'humidité; si elle conserve l'humidité, pourquoi ces arrosemens pendant l'été?

Pourquoi? Parce que cette couche de la superficie, dans laquelle, en effet, l'argile se trouve dans une assez forte proportion avec les autres terres, n'a peut-être pas un demi-mètre d'épaisseur; qu'elle repose sur un banc de sable dont on ne connoît pas le diamètre, et que le dépôt d'eau se trouve placé à une telle profondeur, que ses émanations tendent inutilement à monter jusqu'aux racines des plantes; parce qu'une couche de terre argileuse qui n'a qu'un demi-mètre d'épaisseur, et qui est exposée à une chaleur adurante, comme celle de 26 degrés, a bientôt perdu par la vaporisation toute l'humidité dont elle étoit imprégnée, si les vapeurs souterraines ne peuvent parvenir à la renouveler proportionnément à la déperdition qui s'en fait. Elle arrive ainsi en peu de tems à un état de siccité qui seroit mortel pour les plantes si l'art ne venoit à leur secours, s'il n'employoit, pour les conserver, le moyen des arrosemens.

Ce procédé d'enterrer ou de couvrir la vigne pour la préserver des gelées pendant l'hiver, n'est point inconnu dans notre climat; il est en usage dans quelques cantons du Haut-Rhin, mais seulement dans les vignes de la plaine, et dans des terres assez compactes pour être propres à la reproduction des blés (1). Cette couche de terre végétative a sans doute peu

---

(1) Ce procédé n'a lieu que sur les vignes de deux, trois ou quatre ans de

d'épaisseur, et le banc de terre légère, aréneuse et infiltrante n'est pas éloigné de la surface; autrement le raisin n'y mûriroit pas. A cette latitude qui est entre le 48 et le 49.ᵉ degré, l'action des rayons solaires est bien moins puissante que dans le territoire de Téhéran pour opérer la prompte évaporation de l'humidité: aussi les plantes y sont rarement en souffrance. Il est présumable d'ailleurs que le dépôt souterrain des eaux y tient la place qu'il doit occuper, pour la renouveler dans une proportion convenable pour la nourriture de la plante, et pour la maturité du raisin, puisqu'on y récolte de bons vins. Sur une ligne presque parallèle, mais cependant un peu plus méridionale, à Bellay-Montreuil près Saumur, dans le ci-devant Anjou, il existe un vignoble en terre plus forte encore que celle dont nous venons de parler, et dont les vins ont de la qualité. Je pourrois citer cent exemples de vignes qui ont de la réputation ou qui méritent d'en avoir, et qui croissent dans des terres, dont la première couche a suffisamment de consistance ou de liaison pour produire de bonnes récoltes de blé; ce qui ne peut être attribué qu'aux dispositions des couches inférieures et à leurs effets sur la couche supérieure: ce qui prouve aussi que ce ne sont pas les terres infertiles proprement dites, qui conviennent *le mieux* à la culture de cette plante. Passons aux abris considérés comme cause secon-

plantation, ou sur le bois de pareil âge des vieilles vignes, que des circonstances particulières ont forcé de renouveler, et les coupant au rez-terre. Un bois plus vieux ne se prêteroit que difficilement à prendre le pli qu'on est obligé de lui donner pour le coucher; d'ailleurs le bois des jeunes vignes, ou le jeune bois des vieilles vignes, étant plus poreux, plus dilaté que celui des vignes anciennes, contient beaucoup plus d'humidité, et par cela même est d'autant plus sensible aux gelées, ou susceptible d'être gelé.

On coupe d'abord tous les liens qui attachent la vigne à l'échalas; on émonde légèrement le cep, on le courbe à huit ou dix centimètres de terre, et avec les plus grandes précautions, pour éviter les déchirures et les plaies. Après l'avoir couché, on le fixe avec des crochets de bois, et on le couvre ou de paille, de blé ou de seigles, ou avec de vieilles tiges de fèves de marais. On donne, autant qu'il est possible, la préférence à cette dernière matière, parce qu'ayant plus de corps, elle se tient plus aisément soulevée. Les vignerons les plus économes ou les moins aisés, se contentent de jeter quelques pelletées de terre sur les ceps couchés. Cette manière a peu d'inconvéniens quand l'hiver est sec; mais s'il est pluvieux, le bois s'attendrit, il devient plus sensible aux gelées du printemps, et s'affoiblit quelquefois tellement, qu'on est obligé de le renouveler dès l'année suivante. Quelquefois aussi le vigneron attend la neige, et avant qu'elle ait été durcie par la gelée; il couche et fixe les tiges et les sarmens sur la terre, et se contente d'amonceler sur eux quelques tas de neige. Ce dernier procédé ne réussit pas moins que les autres, quand l'hiver se passe sans de fréquentes alternatives de gelées et de dégels. Dans tous les cas, au retour des vents qui annoncent le printemps, on arrache les piquets, on soulève légèrement les ceps, et on les abandonne, pendant huit ou dix jours, à l'action de l'air qui les sèche; on achève ensuite de les redresser pour les tailler et les attacher aux échalas.

daire, mais très-puissante de la température.

Les vins de Perpignan, de Collioure, de Rivesaltes sont assez connus. Placés dans le ci-devant Roussillon, ils se trouvent entre le 41 et le 42ᵉ degré de latitude. Le raisin y parvient à une telle maturité qu'il en résulte, à volonté, des vins de liqueur. Le département de l'Arriège, le ci-devant pays de Foix, est contigu à celui des Pyrénées; et le vin qu'on y récolte, bien loin d'être un vin de liqueur, n'est pas même passable pour l'ordinaire de la table. A quelle cause attribuer des qualités si diverses dans les produits de deux territoires si rapprochés, sinon à la base du terrain et aux abris? Les vignobles du Roussillon ont à l'*est* et au *sud-est* la Méditerranée. Aucune élévation remarquable dans le terrain ne contrarie, vers ces points, la direction des rayons solaires; ils en sont également frappés dans toute leur étendue. Ils ont au midi le commencement de la chaîne des Pyrénées; une contre-chaîne de montagnes, de seconde ou de troisième origine, forme autour d'eux une espèce d'enceinte de l'*ouest* au *nord-ouest*; de sorte qu'ils sont à couvert, d'une part, des chaleurs brûlantes du midi plein; et de l'autre, de toutes les émanations froides et humides qui pourroient les atteindre par le nord et le nord-ouest. Les vignes de l'Arriège, au contraire, sont entièrement ouvertes de ces deux côtés; elles sont privées de la chaleur vers le soleil levant, par les mêmes montagnes qui protègent celles du Roussillon, du côté du nord et de l'ouest. De plus, le vent d'est, très-fréquent dans ces contrées, leur porte, et répand sur elles tous les principes de froidure, dont il se pénètre en traversant les sommets constamment neigés de cette partie des monts Pyrénées. Tels sont les effets des abris et des différentes positions des montagnes dans la même latitude, et, pour ainsi dire, sur le même territoire.

Le célèbre cultivateur anglais, Arthur Young, a inséré dans son voyage agricole en France, ouvrage qui contribuera plus, quoiqu'on en dise, et malgré les erreurs qu'il contient, au progrès de notre agriculture, que les trois quarts de ceux que nous possédons sur cet art; parce qu'à force de nous répéter le sens de ce vers de Virgile:

O fortunatos nimiùm sua si bona norint!

« ils seroient trop heureux, s'ils connoissoient tous leurs moyens de prospérité », nous commençons enfin à le comprendre: Arthur Young a inséré dans son ouvrage, une carte dans laquelle il a ingénieusement tracé trois lignes, du midi au nord, dont chacune indique la limite de la culture de trois familles de végétaux très-précieux à l'économie rurale: l'olivier, le maïs, et la vigne. La ligne de démarcation de la culture de la vigne part de Guérande, vers les confins de la ci-devant Bretagne, et se prolonge obliquement, en passant à quatre ou cinq lieues au nord-ouest de Paris, jusqu'à Coucy,

Concy, trois lieues au nord de Soissons. Toute cette grande étendue de l'ouest de la France, qui renferme la Picardie, les deux Normandies et presque toute la Bretagne, n'est point propre, en effet, à la culture de la vigne; tandis que la partie de l'est, qui est aux mêmes latitudes, renferme des vignobles du premier rang, puisqu'elle contient une portion de la Franche-Comté, presque toute la Bourgogne et la Champagne entière. Arthur Young en conclut qu'il y a une différence considérable entre le climat des parties orientale et occidentale de la France. Il estime que le côté oriental est plus chaud de deux degrés et demi que le côté occidental : il ne nous donne point la raison de cette différence. Quelques personnes, à la vérité, l'ont attribuée au voisinage de la mer; mais cette allégation est vague et d'autant moins satisfaisante que, sur les côtes de la même mer, on voit les vignes amener leurs fruits au plus haut degré de la maturité. Telles sont celles de l'Aunis, des îles de Ré et d'Oleron, du riche territoire du Médoc et de celui du département des Landes. La vigne est cultivée, près de Bayonne, jusque dans les dunes de sable qui bordent la mer, et elle n'y est sujette à aucun autre inconvénient qu'à être ensevelie sous des tourbillons de sable mouvant.

Si l'on jette les yeux sur la carte, si l'on observe attentivement la position de ces provinces, respectivement à celle des îles britanniques et à toutes les régions du nord de l'Europe, on voit d'un coup-d'œil, combien la température de ces mêmes régions doit avoir d'influence sur le climat de cette partie du territoire français. Elle forme un vaste promontoire qui s'avance à plus de 75 myriamètres en mer, si l'on prend pour sa base, d'un côté St-Valery, et de l'autre, les sables d'Olonne; Brest est à sa pointe. Cette pointe se prolonge jusqu'à peu de distance de celle du cap Lézard; de sorte que toute la contrée, depuis Dunkerque jusqu'à Brest, seroit abritée par l'Angleterre, si le détroit de Calais n'étoit une issue par laquelle pénètre une partie des vents du nord-ouest, contraints par les montagnes du nord de l'Ecosse, de refluer vers nos parages; après s'être associés et combinés, un peu en deçà des Orcades, avec ceux du plein nord, déjà imprégnés de l'humidité et de tous les principes de froidure dont ils ont dû nécessairement se charger, en parcourant les montagnes de glace de la Laponie, les frimas de la Norwège, les brumes de la Baltique et celles de la mer du Nord. Ces vents arrivent sur nos côtes avec d'autant plus d'impétuosité, et le froid qu'ils recèlent est d'autant plus sensible, qu'ils ont été plus comprimés dans leur passage, entre les côtes de France et d'Angleterre, au détroit de Calais. Les nuages portés ou poussés par eux, s'amoncèlent sur les montagnes du pays Breton, et s'y résolvent fréquemment en pluies froides et d'autant plus sensibles aux végétaux délicats, qu'il est des temps où la latitude reprend, en quelque sorte, son influence naturelle; où les vents du midi pénétrant, à leur tour, dans ces contrées, exposent les plantes aux alternatives du chaud et du froid, plus funestes pour elles qu'une température rigoureuse, mais constante (1). On rencontre cependant, dans l'étendue de ces pays, quelques climats accidentels, certains vallons dont les abris se trouvent si heureusement disposés, qu'on y cultive avec succès des plantes encore plus délicates que la vigne.

On sait, par exemple, que la plus grande partie des melons, dont sont approvisionnés les marchés de Paris, viennent d'Harfleur. On trouveroit aussi, dans le voisinage d'Avranches, quelques situations favorables à la vigne. Mais à quoi bon ces petites vignes isolées? les propriétaires n'en tirent aucun avantage; le raisin y devient presque toujours, avant sa maturité, la proie des oiseaux ou des picoreurs.

Au reste, les montagnes de sable granitique de la Bretagne qui seroient propres, sans doute, à la vigne, si le climat répondoit à la nature du sol, ne sont cependant pas entièrement inutiles à ce genre de culture; elles se trouvent, pour ainsi dire, placées en première ligne, pour couvrir et protéger les vignobles de l'Anjou, du pays Nantais et de l'Aunis.

Concluons de ces faits que les abris et la base du sol contribuent plus à former la température d'un lieu, que sa latitude elle-même; que les climats et la nature du terrain, variant à l'infini, les nuances doivent être infinies aussi dans la qualité des produits des végétaux; que c'est une grande erreur, par conséquent, de croire qu'on puisse récolter du vin de Bourgogne où la Bourgogne n'est pas. Cependant on a vu quelques ri-

_____

(1) On pourroit conclure, dit *Catesby*, de ce que les vignes croissent spontanément dans presque toutes les parties de l'Amérique septentrionale, que ces pays sont aussi propres à sa culture que l'Espagne, l'Italie, la France, dont la latitude est la même; mais les efforts qu'on a faits jusqu'ici dans la Virginie et la Caroline, prouvent que le climat n'est point doué de ces heureuses qualités qui, dans les parties parallèles de l'Europe, produisent de si bons vins. Les saisons sont plus égales dans l'ancien monde que dans celui-ci; on n'y éprouve point ces alternatives subites de chaud et de froid qui, dans la Caroline, flétrissent les jeunes pousses et, tour à tour, excitent ou arrêtent la sève du printemps. D'ailleurs l'humidité qui règne fréquemment à l'époque où les raisins mûrissent, crève l'enveloppe des grains et les pourrit: cette difficulté n'a point encore été vaincue. *Hist. nat. de la Caroline*, Tom. I.

Un français, Pierre Legaud, de la Lorraine, a depuis assez long-temps essayé la culture de la vigne à Springmill, 8 milles de Philadelphie. Il a choisi un coteau qui présente du sud-est au sud-ouest; il a tiré des plants de France, d'Espagne, de Portugal; ses dépenses et ses soins sont infructueux, les produits n'ont aucune qualité; le seul dédommagement qu'il trouve, c'est de vendre du plant à quelques autres cultivateurs qui, vraisemblablement ne seront pas plus heureux que lui.

ches propriétaires se livrer aux plus excessives dépenses pour exécuter cette ridicule entreprise ; on en a vu, non pas se borner seulement à tirer des plants de certains crûs affectionnés par eux, mais en faire charroyer des terres dans leurs domaines situés à 50 ou 60 myriamètres du lieu où ils les faisoient charger. Les richesses de tous les potentats, la puissance de tous les peuples du monde, seroient insuffisans pour former seulement un demi-hectare de terre conforme, dans tous les points, à celle du petit vignoble de Morachet, et dont les vertus seroient les mêmes pour donner les mêmes qualités à ses produits. Il faudroit, chose impossible, retrouver à la même latitude, le même climat, les mêmes abris : il faudroit y transporter non seulement la couche supérieure de terre, mais encore toutes les couches inférieures, et peut-être jusqu'à 25 mètres de profondeur ; les ranger ensuite dans l'ordre où la nature les a disposées à Morachet ; laisser à chaque couche sa même épaisseur et donner au plant de chacune de ces couches, son même degré d'inclinaison. Mais cessons de nous occuper d'une telle chimère qui seroit beaucoup mieux placée dans une féerie que dans un ouvrage élémentaire.

Notre opinion sur la grande influence des couches inférieures de la terre, relativement aux végétaux qu'on cultive à sa surface, étonnera peut-être quelques personnes ; mais comment expliqueroit-on autrement une foule de faits, dont plusieurs du même genre se retraceront infailliblement à la mémoire du lecteur, dès que nous l'aurons mis sur la voie ?

Le petit vignoble de Morachet est situé dans le voisinage de Poligny, et distingué en trois parties, sous les dénominations de Morachet, de chevalier Morachet, de troisième Morachet. Chacune de ces parties n'est séparée de l'autre que par un sentier. D'ailleurs elles forment un ensemble dont l'exposition est la même sur tous les points ; même nature de terrain, quant à la couche supérieure ; mêmes espèces de vignes ; mêmes façons dans la culture ; même époque de vendanges ; mêmes soins et mêmes procédés dans la fabrication des vins. Jugeons maintenant, par les prix des récoltes, de la différence de leurs qualités. Quand une pièce de vin du premier Morachet se vend 1,200 fr., la même mesure récoltée sur le chevalier en vaut 800, et celle du troisième, 400 seulement.

Pendant qu'Arthur Young parcouroit les vignobles de Champagne, quelques propriétaires lui désignèrent certains hectares, plantés en vignes, qui ne valoient que 600 francs ; et d'autres, très-voisins des premiers, dont le prix s'élevoit à une somme cinq ou six fois plus forte, quoique l'exposition n'en fût pas différente, et que la nature du terrain semblât être parfaitement la même dans les uns et dans les autres.

Cette remarque n'avoit point échappé à Bernard Palissi. Dans son dialogue entre Théorique et Pratique, il fait dire à celle-ci : « Je t'ai baillé, par exemple, les » vignes de *la Foye-Moniaut* qui » sont entre S.-Jean d'Angeli et » Niort, lesquelles vignes appor- » tent du vin qui n'est pas moins » estimé qu'hipocras ; et, *bien près* » *de là*, il y a autres vignes des- » quelles le vin ne vient jamais à » parfaite maturité, lequel est » moins estimé que celui de rai- » sinettes sauvages ; par là tu peux » penser que les terres ne sont » semblables en vertus, combien » qu'elles soient *voisines et qu'elles* » *se ressemblent en couleur et en* » *apparence* (1) ».

Nous pensons qu'on peut rapporter à la différence de nature et de position des couches inférieures de terre, celle qu'on observe dans la qualité des produits d'un sol si égal, d'ailleurs, dans toutes ses parties extérieures. Ne suffiroit-il pas, pour cela, que le dépôt des eaux souterraines fût plus ou moins profond, plus ou moins incliné dans une portion que dans l'autre? ou que certains blancs intermédiaires, entre la couche d'argile et la couche supérieure, se prêtassent, plus ou moins facilement, à l'ascension des vapeurs subterranées? Cette opinion, seulement fondée sur la vraisemblance, n'est encore, il est vrai, qu'un problème ; et nous convenons que, pour le résoudre de la manière la plus satisfaisante, il faudroit des connoissances bien autrement étendues que les nôtres, sur la minéralogie et la géologie de l'intérieur de la terre. Aussi regarderions-nous comme un ouvrage très-utile à l'agriculture, une bonne géographie souterraine. Nous n'entendons pas parler d'un livre tel qu'il en existe déjà quelques uns, dans lesquels on se contente de dire : ici commence, là finit le filon d'une telle ou telle mine ; à telle distance, vous trouverez une carrière de marbre ou une assise de craie, ou une mine de charbon de terre qui se prolonge jusqu'à tel endroit, son plan ayant tel ou tel degré d'inclinaison. Pour nous autres cultivateurs, il faut entrer dans beaucoup plus de détails. Nous demandons à connoître tout à la fois le nombre, l'épaisseur, les dimensions, la nature et le plan des bancs intermédiaires, des différentes terres, et l'ordre suivant lequel ils sont placés, depuis la couche supérieure jusqu'à celle qui forme le premier réservoir des eaux souterraines. Alors nous n'aurions plus à craindre de nous livrer à des essais dont les fâcheux résultats n'ont que trop souvent justifié notre lenteur et notre timidité à les entreprendre ; et, dans ce moment ci, nous serions à portée de décider une question sur laquelle on n'ose présenter ses idées qu'avec une grande réserve, parce qu'elles ne sont encore étayées que sur des vraisemblances. Il s'agit de savoir si le voisinage des rivières est

---

(1) Voyez ses œuvres, éd. de Faujas de Saint-Fond, p. 175.

avantageux ou nuisible à la vigne. Les réponses que nous avons reçues à cette question, de la part des cultivateurs qui ont bien voulu nous communiquer les lumières que nous avons réclamées de leur zèle, sont en pleine contradiction les unes avec les autres; et toutes n'en sont pas moins fondées sur l'expérience, et d'après de bonnes observations. Une partie de ces cultivateurs disent: Tout ce qui tend à favoriser l'humidité, comme le voisinage des rivières, etc., est préjudiciable à la vigne; soit parce qu'en lui communiquant une sève surabondante, elle est un obstacle à la maturité de son fruit; soit parce qu'elle l'expose aux gelées, le fléau le plus fréquent et le plus redoutable auquel elle puisse être exposée. D'autres observateurs tirent, de la proximité des rivières, des conséquences entièrement opposées aux premières. Le peu d'humidité qui s'exhale, disent-ils, ne peut servir qu'à l'entretien de la sève, que faire partie de la nourriture essentielle de la plante. Ces vapeurs la rafraîchissent doucement, réparent ou tempèrent les effets des grandes chaleurs, ramollissent l'enveloppe du grain, facilitent sa dilatation et disposent le muqueux à la maturité.

En effet, quand le cours de l'Ebre, au rapport de Pline (1), se fut éloigné d'Émus, ville de la Thrace, les vignes du voisinage eurent bientôt perdu leur réputation, parce que la chaleur desséchoit la plante avant la maturité du raisin. On récolte le Tokai dans les vignes qui croissent sur le Teysse; les vins célèbres de l'Hermitage, de Côte-Rôtie, de Condrieu, sont produits sur les coteaux qui bordent le Rhône; la Dordogne, la Garonne; et les autres grandes rivières qu'elles reçoivent, ne contribuent pas peu aux bonnes qualités des vins de la Guienne; la Loire, la Marne et la Seine, ne voient, pour ainsi dire, que des vignes dans toute l'étendue de leur cours; et la fameuse côte qui traverse la Bourgogne, domine une plaine arrosée par la Saône.

Ne seroit-il pas possible que ces deux opinions fussent également fondées en principes? c'est-à-dire que par-tout où les vapeurs souterraines procurent aux plantes une quantité suffisante de nourriture, proportionnée à leurs besoins et à l'action de la lumière et de la chaleur sur la sève, l'humidité provenant du voisinage des rivières, fût surabondante, et par conséquent nuisible; et que là, au contraire, où le sol est très-sec ou imperméable à ces mêmes vapeurs, par la nature de quelques unes des couches intermédiaires, les émanations des rivières fussent un bienfait pour la vigne, et vraiment un moyen de prospérité? Mais il est une circonstance essentielle pour en assurer le bon effet: c'est que les vignes dominent la rivière, qu'elles soient assez élevées pour n'être atteintes par les

---

(1) Lib. 17, cap. 4 et 5.

émanations humides, qu'après que celles-ci ont, en quelque sorte, été combinées avec l'air atmosphérique. Les vapeurs épaisses, nébuleuses, non encore raréfiées, sont les causes les plus prochaines des brouillards, des frimas, des gelées; aussi ne peut-on être trop attentif à choisir, pour leur culture, un terrain éloigné de tout ce qui peut les produire et les conserver; tels que les sources ou les eaux stagnantes, les taillis et les hautes futaies, les bocages, les bruyères, les genetières, les landrières, les prairies naturelles ou artificielles, je dirois même les champs cultivés en céréales; il n'est pas jusques aux clôtures en haies vives, jusques aux arbres épars, qui ne puissent être la cause d'un fléau pour les vignes. Les propriétaires de celles qui sont situées dans les ci-devant Angoumois et Saintonge, ont souvent à gémir sur la médiocrité de leurs récoltes, après en avoir admiré la préparation au moment où la fleur est prête à s'épanouir; mais une abondante rosée survient, la plante se pénètre d'humidité; l'effet du vent est nul pour la dissiper, parce que les grands végétaux y sont un obstacle à sa circulation; le froid devient plus piquant au lever du soleil; il saisit et condense les molécules aqueuses; il les convertit en glace; et les jeunes bourgeons et toutes les parties de la fructification sont entièrement désorganisés par l'impression des premiers rayons du soleil. On connoît la cause du mal, on ne la détruit pas; et on se plaint!

Ne perdons jamais de vue ce précepte de Virgile:

.... Denique apertos
Bacchus amat colles.....

« La vigne se plaît sur des collines découvertes ». On diroit que la nature a pris plaisir à former pour elle cette belle chaîne de collines qui traverse la Bourgogne. Elles tiennent les unes aux autres par des vallées dont la pente est si douce, qu'elle est à peine remarquable. Tournées au sud-est, elles présentent, dans leur union, la forme d'un arc détendu, par lequel les vignobles qu'elles renferment se trouvent, d'une part, à couvert des froids piquans du nord, des vents orageux du nord-ouest et des pluies froides et fréquentes de l'ouest; de l'autre, ils jouissent plus long-temps qu'à toute autre exposition, des regards du soleil; circonstance d'autant plus heureuse, qu'une grande masse de lumière, et une chaleur durable sont les premiers agens qu'emploie la nature pour l'élaboration de la sève; aussi leur sommes-nous redevables de la qualité des vins de Volney, de Pomard, d'Alosse, de Pernaud, de Savigny, d'Aunay, de Nuits, de Chambertin, de Mulsaut, de Morachet, Sillery, Versenay, Epernay, Moussy, Pierri, etc., etc.

Il peut cependant résulter de très-graves inconvéniens de cet aspect à l'est. Pour peu que la superficie du terrain soit disposée à conserver l'humidité; si le sol est à découvert, du côté du sud-ouest; s'il est avoisiné par des objets propres à produire des brumes, ou à empêcher leur prompte vaporisation, comme ceux que nous avons cités plus haut, le cultivateur ne vit que de craintes et d'anxiétés, parce qu'en effet les premiers rayons du soleil levant sont les agens des désastres de la gelée. Cette exposition peut donc être préférée à toute autre, vers nos contrées méridionales, où la base du terrain, et les circonstances locales répondent, en général, à la latitude; mais elle ne peut être indifféremment adoptée par-tout. En approchant du nord, l'aspect du midi semble convenir davantage à la vigne, du moins sous le rapport de sa conservation. Le soleil, pendant les premières heures du jour, ne porte ses rayons sur elle qu'obliquement; leur effet suffit pour évaporer la rosée, pour sécher la plante; elle n'est pénétrée par la chaleur qu'insensiblement; et quand celle-ci est parvenue à son plus haut degré diurne d'intensité, la première cause du mal à redouter, l'humidité, a, depuis assez long temps, cessé d'exister. On seroit embarrassé, peut-être, pour citer un aussi grand nombre de vins délicats produits à cette exposition, qu'à celle de l'est et du sud-est; cependant il en est, puisque les côtes de Dizi, de Mareuil, d'Hautvillers, d'Aï, etc., ont le plein midi pour aspect. L'exposition au couchant convient à si peu de localités, qu'il est à peine nécessaire d'en parler. La vigne y reçoit les vents les plus fâcheux, ceux du nord-ouest. Le soleil n'y fait sentir ses rayons qu'au moment où sa foiblesse les rend sans effet. S'ils agissent encore sur la sève, ce n'est que pendant quelques heures seulement; la nuit vient bientôt effacer jusqu'à la trace de leur impression. De plus, l'évaporation de l'humidité ne commence que très-tard, à cet aspect; la condensation de l'air y maintient les vapeurs dans la basse région; la vigne s'y trouve constamment plongée dans une atmosphère nébuleuse, et ses fruits ne mûrissent jamais.

Après les collines à pentes douces, à sommets arrondis, et celles qui, terminées par un plateau, présentent un cône tronqué, on a recours, pour planter la vigne, aux coteaux plus élevés; car l'homme ne rencontre pas par-tout les choses ou les formes qui conviendroient le plus à ses besoins, ou qui agréeroient davantage à ses caprices. Les pentes les moins rapides sont à préférer, parce que les travaux de la culture y sont moins pénibles; que les ravins s'y forment moins facilement; et que les éboulemens y sont plus rares. Le sol des coteaux est plus inégal que celui de toute autre site; plus ils ont de rapidité, plus les inégalités de la terre sont frappantes. La pluie, dont l'action tend sans cesse à combler les vallées, en affaissant les cimes, entraîne sur le milieu, ensuite vers le bas, tout l'humus dont elles étoient revêtues avant le défrichement, de manière à laisser souvent le tuf à découvert. Aussi, la plupart de ces hauteurs, même celles plantées en vignes, offrent-elles l'aspect de la stérilité dans le terrain, et du rachitisme dans les plantes. Les tiges sont minces, à moitié déracinées, les sarmens frêles, courts et menus. Les fruits, qui y sont suspendus, sont plutôt des grappillons que des grappes; et leurs feuilles sembleroient plutôt appartenir à l'érable commun, *acer campestre*, qu'à la vigne. Ce terrain est trop maigre; la pente de la couche argileuse, suivant l'inclinaison de toutes les autres couches, a trop de rapidité pour transmettre de l'humidité aux racines; elles ne trouvent donc là que la quantité essentielle de nourriture qu'il leur faut pour ne pas mourir; et cela ne suffit pas. Ces hauteurs, exposées aux effets des orages violens, sont souvent battues par les vents, frappées par la grêle, et éprouvent, même à l'aspect du plein midi, des froids plus piquans et plus dangereux que si elles avoient l'exposition du nord.

Vers la base de la montagne, la vigne est sujette à des inconvéniens tout contraires et non moins fâcheux. L'atmosphère y est toujours humide; les bonnes terres s'y sont amoncelées dans une proportion désastreuse pour cette plante, parce qu'elle s'y repaît d'une surabondance de nourriture qui fait tourner à bois tous ses produits, ou qui fait passer les raisins à la pourriture, avant qu'ils aient atteint l'époque de leur maturité.

Le milieu du coteau est donc la position par excellence. La vigne n'y trouve point de quoi satisfaire son intempérance naturelle; elle n'y pâtit point non plus dans une disette absolue. Non seulement sa végétation s'y maintient dans les bornes que l'art tend à lui prescrire; mais par l'action et la réaction des rayons du soleil, c'est-à-dire, par leur incidence et leur réflexion, le vin y acquiert des qualités qu'on ne trouve jamais dans celui qui est récolté aux deux autres extrémités. On observe que si le vin du bas de la montagne, qu'on nomme le clos Vougeot, vaut trois cents francs, les deux hectolitres, celui du milieu se vend neuf cents, et celui du haut, six cents seulement.

La nature des terres regardées comme les plus propres à la culture de la vigne, varie comme les climats dans lesquels cette culture est introduite : nous ne parlerons ici que des couches supérieures du sol, pour ne donner dans aucune conjecture hasardée. L'expérience démontre que, dans les départemens méridionaux, la vigne se plaît et prospère dans les terres volcaniques, dans les grès et dans les sables granitiques, mêlés de terre végétale et de quelques portions d'alumine. Vers le centre de la France, elle réussit dans les schistes ardoisés, et sur-tout dans les roches calcaires qui se délitent facilement au contact de l'air. Au nord, on préfère le sable gras, combiné avec la terre calcaire, mais par-tout on peut faire usage de la réunion presque monstrueuse des terres et des pierres de tous les genres, pourvu que cette masse soit très-perméable à l'eau, et quelle retienne très-peu d'humidité. On regarde comme une qualité essentielle des bonnes terres à vigne,

leur

leur mélange avec les quartz, les cailloux et les gros graviers. Les rayons du soleil pénètrent ces pierres ; elles s'approvisionnent, en quelque sorte, de chaleur pendant le jour, et la dispensent aux plantes pendant la nuit. Ce n'est pas tout : dans une terre excessivement poreuse, elles servent encore, par l'effet de leur poids et de leur masse, à modérer la trop prompte évaporation de l'humidité.

Au reste, c'est plus par leurs productions végétales que par tout autre moyen qu'on peut connoître les qualités du sol et la température du climat. Par-tout où le cultivateur verra prospérer, entr'autres, le figuier, *ficus carica*, l'amandier à noyau tendre, *amygdalus communis* ; où il verra le pêcher, *amygdalus persica*, donner de beaux et de bons fruits, sans le secours de la greffe, il pourra conclure que la terre et l'exposition où croissent ces plantes seront favorables à la culture de la vigne.

Section II.

De la préparation du terrain ; du choix des plants ; de leur espacement, et des différentes manières de planter.

Le cultivateur, après avoir fixé son choix sur une pièce de terre analogue à celles dont nous venons de parler, par la nature du son grain, par sa position, et par les abris qui doivent la protéger contre tous les genres d'intempérie, s'occupera, non pas seulement de la défricher à la charrue, à la houe, ou à la bêche, mais de la défoncer, et d'en retourner la terre jusqu'à un décimètre au dessous du point sur lequel reposera chaque base de son plant. Plus le terrain est sec, plus on approche du midi, et plus le défoncement doit avoir de profondeur ; d'une part, parce que l'humidité est nécessaire à la formation ou à la reprise des racines ; de l'autre, parce que les racines y doivent être plus multipliées, et les plants plus espacés que vers les contrées septentrionales ; mais il faut que la vigne trouve par-tout une terre meuble, divisée, et que ses racines puissent aisément pénétrer. A proportion que le défoncement s'exécute, on dégage le terrain des pierres les plus grosses ; on les réunit en petits tas à la surface du sol, pour en former ensuite des terrasses de deux mètres de largeur, si la rapidité de la pente est telle qu'il faille employer ce moyen pour soutenir les terres, comme à Côte-Rôtie, et s'épargner le travail excessivement pénible, de reporter annuellement à la cime celles qui auroient été entraînées au bas de la montagne. On peut encore employer ces pierres à former un mur de clôture à pierres sèches ou liées, selon leurs formes ou leurs dimensions ; car nous proscrivons de nos vignobles, non seulement les arbres épars, de quelque nature qu'ils soient, parce qu'ils préjudicient aux ceps par leur ombrage, par leurs racines, et par l'humidité qu'ils conservent autour d'eux ; mais nous en éloignons spécialement les haies vives. Au défaut de pierres, il vaudroit mieux se borner à creuser un fossé large et profond ; et si sa crête est en dehors de l'enceinte, on peut tout au plus se permettre d'y planter un rang d'aubépin, *cratægus oxiacantha*, qu'on a soin de maintenir à la hauteur d'un mètre seulement.

On rencontre des sols propres à la culture de la vigne, mais qui présentent, au premier aspect, des difficultés insurmontables pour les mettre en valeur. Ce sont des roches presque nues, mais tendres, qui s'écaillent et s'effleurissent à l'air. L'action de la bêche, de la tranche, de la houe, est insuffisante pour la diviser, pour en atténuer convenablement les parties. Il ne faut pas se déconcerter avant d'en avoir fait l'essai ; souvent, avec le secours de la mine, des leviers, des maillets, on vient à bout, avec beaucoup moins de peines et de dépenses qu'on ne l'auroit supposé, de convertir ces roches en excellents crûs de vin, très-propres à dédommager amplement le propriétaire de ses avances et de tous les frais d'exploitation. Un particulier des environs d'Anduse, département du Gard, possédoit dans son domaine une roche calcaire nue, dont il ne savoit que faire. Il prit le parti, il y a environ quarante ans, de faire jouer la mine et de la faire éclater. On en brisa ensuite les pierres à coups de maillet, pour les réduire à la grosseur des noisettes ou des pois. La roche ainsi brisée, fut mise sur un plan incliné, suivant la nature du lieu : il y planta la vigne, qui, à la grande surprise de tous, produisit et produit encore le meilleur vin du pays. Lorsque ces débris de pierres sont échauffés par les rayons du soleil, il seroit impossible d'en supporter la chaleur et d'y marcher pieds nus. Ce lieu se nomme Soubeiran ; il est voisin de Ganjac.

Si le terrain qu'on se propose de mettre en vigne est déjà en rapport, la meilleure préparation qu'on puisse lui donner, c'est d'y cultiver, pendant deux ou trois ans, des plantes potagères, des légumineuses, des racines, des tubercules, donnant la préférence à celles dont la culture exige plusieurs labours, comme les haricots, les pommes de terre, etc. Les façons qu'on est obligé de leur donner, les engrais par lesquels on prépare la terre à les faire prospérer, l'ameublissent, la divisent, l'enrichissent. Le fumier, en général si contraire à la vigne, l'ennemi des bonnes qualités de son fruit, répandu ainsi d'avance, ne se fait plus remarquer que par ses bons effets ; il s'est dégagé de l'excès de son acide carbonique ; il n'est plus, en quelque sorte, que de la terre végétale, combinée avec le fonds du terrain ; et, dans cette nature, il convient à la vigne dans tous ses âges, et sur-tout dans celui de son enfance.

Les terres qui ont donné, pendant plusieurs années de suite, de bonnes récoltes de sainfoin, *hedysarum onobrychis*, ou de luzerne, *medicago sativa*, ont aussi reçu une excellente préparation pour la vigne. De tous les végétaux admis dans notre agriculture, il n'en est même aucun de plus propre à succéder à une vigne que sa vieillesse a forcé d'arracher, et qu'on se propose de renouveler au bout de quelques années. L'arrachage et l'extraction des racines de la vigne, exécuté avec soin (et cet article est de la plus grande importance) dispose merveilleusement le terrain à recevoir les semences de ces deux excellens fourrages; celles-ci, à leur tour, le nettoient des plantes parasites et gourmandes, en le couvrant de toute l'épaisseur de leurs tiges touffues. Leurs racines, qui plongent profondément dans la terre, en divisent encore les molécules; ces plantes, enfin, par leur longue durée, donnent à toute la masse du terrain le tems de se revivifier et de s'imprégner de nouveau des principes alimentaires de la vigne. Au reste, qu'on prépare, pour la cultiver, soit une terre neuve ou en friche, soit une terre déjà en rapport, l'article essentiel est qu'elle soit assez divisée dans son étendue et dans sa profondeur, pour que les racines naissantes puissent la pénétrer aisément, et sans que leur direction naturelle en soit contrariée.

On crée, on renouvelle, on perpétue une vigne par le moyen des crossettes, des boutures, des plants enracinés, des marcottes et des provins. On pourroit aussi faire usage des semis; mais cette dernière voie paroît trop lente. Duhamel assure qu'un pied de vigne élevé de pepin n'avoit encore produit chez lui aucun fruit, au bout de douze années de culture.

La crossette, qu'on nomme aussi chapon, est une partie de sarment poussé dans l'année, et à laquelle est jointe une petite portion du bois de la pousse précédente. Sans cette annexe, la crossette seroit une bouture, puisqu'elle seule établit la différence. Plusieurs cultivateurs les emploient indistinctement, parce qu'ils n'ont fait aucune remarque qui fût particulière à la manière d'être ou de végéter de chacune d'elles, ou qui ne fût commune à toutes les deux. En effet, il seroit difficile d'assigner une fonction particulière à ce vieux bois qui forme la crossette : il ne donne jamais de racines; il n'est point susceptible de recevoir la communication du mouvement végétatif : à peine il est enfoncé en terre, qu'il tend à la décomposition. Il n'est là vraisemblablement que pour attester les bonnes qualités de la bouture à laquelle il est joint. « Les anciens, dit Olivier de
» Serres, ont commandé qu'en
» cueillant les crossettes ou mail-
» lots, leur soit laissé du vieux
» bois : non que cela de soy serve
» à la fertilité; mais afin que par-
» là l'on fust bridé de ne planter
» que des œils les plus profitables,
» lesquels sont tousiours les plus
» proches du tronc. Ainsi ce vieux
» bois y demeurant, l'on ne peut
» être trompé en cela. Autrement,
» Il seroit facile, d'une longue cros-
» sette, en faire, par tromperie,
» deux ou trois, contre l'intention
» de tout bon vigneron ». En parlant du choix des plants et de la manière de les mettre en place, nous emploierons donc indistinc-

tement les mots de crossettes et de boutures, pour désigner ceux qui ne sont garnis d'aucune racine.

Le plant enraciné est un jeune cep, élevé dans une pépinière où il a été placé deux ans plutôt sous la forme de crossette ou de bouture; et où il a reçu les mêmes façons que les arbres élevés dans les pépinières les mieux soignées. Il est cependant un moyen plus court, plus simple, et moins dispendieux de se procurer du plant enraciné. Choisissez, en floréal, un sarment fort et vigoureux; enlevez les yeux les plus voisins du cep; inclinez doucement son extrémité supérieure dans une petite fosse que vous aurez préparée au dessous pour la recevoir; recouvrez-la de terre; assujettissez contre une gaulette la partie extérieure de ce sarment, et vous en obtiendrez un plant enraciné, que vous séparerez du cep, à la fin de l'automne ou de l'hiver suivant. Ayez surtout l'attention de ne pas couder le sarment : il doit être plié, non en équerre, mais un peu plus qu'un demi-cercle. Une coudure trop rapprochée meurtrit, brise, déchire les canaux séveux; y forme des obstructions; elle est un obstacle aux progrès de la végétation.

La marcotte est une partie de sarment qu'on couche et qu'on fixe dans un panier rempli de terre. L'extrémité du sarment sort du panier à la hauteur de deux ou trois nœuds. La partie du bois enterrée pousse des racines par les rugosités voisines de l'insertion des bourgeons que renferme le panier. Le succès de cette manière de se procurer du plant enraciné est certain sans doute; elle est bonne à employer dans les jardins, pour former des treilles, pour entourer des quarrés; mais n'est-elle pas trop minutieuse quand on travaille en grand?

Les anciens préféroient le plant enraciné à la crossette. Nous connoissons quelques grands vignobles en France, où cette méthode est adoptée exclusivement à toute autre. Cependant on ne peut se dissimuler qu'elle n'ait de grands inconvéniens, qu'elle ne soit même souvent impraticable. Dans les lieux, par exemple, où l'on est forcé d'employer le rhingar, la taravelle ou plantoir de fer, pour ouvrir la terre, comment introduire, sans les pelotonner, sans les presser, sans les mutiler, ces touffes chevelues? Il faudroit à chacune une ouverture de quatre ou cinq décimètres en largeur et en profondeur pour les étaler, les disposer, les asseoir dans le sens et selon les dimensions que la nature leur a données. On dira peut-être qu'en retranchant aux plants leurs racines chevelues, on les soulage; que c'est le moyen de leur en faire pousser de meilleures. Ce raisonnement est faux. Ce n'est point l'arbre qui nourrit les racines; mais elles sont indispensables à sa végétation; l'arbre croît et profite selon que ce principe de vie est abondant et agissant; le retranchement de ses racines, loin de le soulager, nuit essentiellement à sa croissance. Dire que les nouvelles racines qu'on oblige une plante à pousser, sont préférables à celles que l'on coupe, c'est encore avancer un paradoxe. Les racines écourtées emploient un temps infini à reprendre, ne rapportent que tard, ne profitent que foiblement, et finissent souvent par mourir avant la reprise. Quand vous plantez, contentez-vous, en général, de raccourcir jusqu'au vif celles qui sont mortes, chanciées, ou cassées.

Les plants enracinés de la vigne sont plus délicats que les jeunes arbres des autres familles de végétaux. En supposant des fosses ou des tranchées assez profondes, assez ouvertes pour les contenir sans qu'ils soient à la gêne, leurs racines s'y trouveront encore déplacées. La nourriture et les suçoirs ne seront plus dans la même direction; il faudra un assez long-temps, pour que les circonstances par lesquelles le suc nourricier et les bouches des racines capillaires tendoient à se rapprocher mutuellement s'établissent de nouveau. D'ailleurs, le plant enraciné est communément tiré des pépinières; on forme ces pépinières dans les jardins, c'est-à-dire, dans des terres bien supérieures en qualité à celles dans lesquelles on les transplante pour former une vigne. Dans les pépinières il reçoit des engrais, et même des arrosemens au besoin. Une fois converti en vigne, il est tout-à-coup sevré de ces avantages, et il doit être d'autant plus sensible, que son penchant naturel le porte à se substanter, on peut le dire, jusqu'à l'indiscrétion.

Pour peu, en outre, qu'il s'écoule de temps entre l'arrachage et la transplantation, les racines les plus ténues, et ce sont les plus agissantes, se dessèchent et perdent cette souplesse qui leur est si nécessaire pour remplir les fonctions auxquelles elles sont destinées. Si l'ouvrier n'a pas l'attention, trop gênante, trop minutieuse pour qu'on y puisse compter, de rendre à chaque individu le genre d'exposition qu'il avoit dans la pépinière, de donner celle du nord au côté qui a déjà été accoutumé à son action, et au midi, celle dont les pores ont déjà été dilatés par la chaleur; la plante succombera bientôt, il lui faudra du moins beaucoup de temps pour qu'elle s'acclimate de nouveau. Ainsi, quoiqu'au premier apperçu, on puisse croire qu'il y ait à gagner du temps en préférant les plants enracinés aux plants de bouture, parce que dans les premiers les racines sont déjà formées, et qu'il ne s'agit que de leurs reprises, tandis que dans les seconds elles ont à se développer et à accroître, ce n'en est pas moins une erreur. L'expérience prouve que ce temps de la reprise des chevelus est tout aussi long dans les plants enracinés, que celui de leur formation dans les crossettes ou les boutures. Celles-ci n'ont encore contracté aucune habitude; très-mobiles dans leur manière d'être, quand elles faisoient encore partie du cep, dont on les a détachées; elles ont été accoutumées, dès leur naissance, à recevoir indistinctement de toutes parts les impressions de la chaleur et de la froidure. Le prompt et l'entier succès de la plantation en bouture dépend entièrement de la bonne préparation de la terre, des soins qu'on donne aux différens procédés de détail qu'exige la plantation, et du bon choix des plants.

Une bonne crossette doit être prise sur un cep fort et vigoureux, âgé de huit ou dix ans au plus, dans les terrains où la vigne ne subsiste que pendant vingt-cinq ou trente années ; et de vingt à trente dans ceux où elle se soutient en bon état pendant environ un siècle. Quand la mère souche n'a pas fourni la moitié de sa carrière, elle est encore douée de toute son énergie végétative. Il faut être assuré qu'elle produit des fruits gros et bien nourris ; il faut que son bois soit fort, sain, sans tare, sans cassure, qu'il ait lui-même porté du fruit dans l'année, parce qu'alors sa fécondité n'est pas équivoque ; et qu'il ait assez de longueur, pour qu'après en avoir retranché une partie de l'extrémité supérieure, qui doit être rebutée, le surplus puisse plonger en terre à la profondeur de trois à cinq décimètres, selon la nature du sol et du climat, et excéder de deux nœuds au moins la surface du terrain. Le propriétaire ne peut être sûr que toutes ces conditions se trouvent réunies, s'il n'a fait lui-même le choix des plants, dont il se propose de former sa vigne. Les friponneries qui se commettent, et les erreurs dans lesquelles on tombe journellement à cet égard devroient en effet l'éclairer assez sur ses propres intérêts, pour ne pas abandonner à l'ignorance ou à la mauvaise foi, ce point indispensable pour le succès d'une entreprise si longue, si dispendieuse, si délicate. Le vigneron a-t-il de la probité ? il vous trompera en se trompant lui-même, quoi qu'il en dise, sur le choix des espèces. Quand la vigne est dégarnie de son fruit, et dépouillée de ses feuilles, il est extrêmement difficile de distinguer les individus qui appartiennent à telle ou telle race. Si l'ouvrier a acquis ce genre de connoissance, ce n'est pas à vous servir qu'il en fera usage ; il coupera indistinctement tout ce qui se trouvera sous sa main pour avoir plutôt expédié la besogne. Propriétaires, si vous êtes jaloux de faire une bonne plantation, ne vous en rapportez donc qu'à vous-mêmes, qu'à vos propres yeux sur le choix des plants que vous voulez vous procurer. Parcourez vos vignes ou celles des voisins avec lesquels vous aurez traité, pendant que les grappes sont encore pendantes aux sarmens, c'est-à-dire quelques jours avant les vendanges ; choisissez alors sur chaque cep de l'espèce qui vous convient, le sarment le plus sain et le plus vigoureux ; marquez-le avec un brin d'osier, avec une étiquette d'ardoise ; et ne permettez de planter dans le temps que les plants ainsi désignés. Quand on achète les crossettes, on est bien plus sûr encore d'être trompé qu'en les faisant cueillir à la journée. On trouve des marchands de ce genre dans presque tous les vignobles ; ils ne manquent pas de garantir, en belles paroles la bonté de leur fourniture ; ils la livrent ; on les paie dans l'année, mais on ne peut la juger exactement qu'après la troisième ou la quatrième feuille, quand il n'est plus temps de la réparer, ou du moins quand le remplacement est devenu si coûteux, si pénible, qu'il y auroit, pour ainsi dire, de la folie à l'entreprendre. Tirez vos plants de loin, et ce sera bien autre chose encore ; l'inconvénient attaché à la déloyauté des fournisseurs n'en sera que plus certain, et vous aurez à supporter, en outre, la peine d'une erreur trop commune et trop chèrement payée ; car : ç'en est une, il ne faut pas le laisser ignorer plus long-temps à ces cultivateurs dont le zèle surpasse les lumières, de ne vouloir adopter, pour former des vignes nouvelles, ou pour en renouveler d'anciennes, que des plants tirés des vignobles les plus renommés de la France, à quelqu'éloignement qu'on en soit, et quelque différence qu'il y ait entre le sol et le climat de ceux-ci, comparés à la température et au grain de terre dans lequel on se propose d'exécuter une plantation. On voit des propriétaires dans nos départemens du centre et de l'ouest, se pourvoir à grand frais du muscadet de Champagne, du maurillon de Bourgogne, du verdet de Guienne, etc. voilà ce que nous appelons une erreur trop chèrement payée. En effet, et nous ne nous lassons point de le répéter ; aucune plante n'est aussi sujette à varier dans ses formes et dans la qualité de ses produits que la vigne. Telle espèce réussit dans une province, tandis qu'elle est défectueuse dans une autre. Elle est si mobile dans ses caractères, que quelque différence dans la chaleur de l'atmosphère, dans la nature du terrain, dans l'exposition, suffit pour opérer sur elle des modifications qui la rendent, pour ainsi dire, méconnoissable dans ses formes et dans la qualité de ses produits, quand on les compare après quelques années de culture dans un territoire où elle a été récemment admise avec ce qu'ils sont dans celui où elle s'est naturalisée par la succession de plusieurs siècles. Ce seroit mal à propos qu'on voudroit lui appliquer, non botaniquement, mais économiquement parlant, ce principe des physiciens, que les plantes gagnent à être transportées du nord au midi, et qu'elles perdent à passer du midi au nord. Les vignes cultivées aujourd'hui dans le nord-est et dans le nord de la France, n'y sont elles pas parvenues par le midi ? et la plupart de nos vins les plus délicats, les plus recherchés, ne sont-ils pas des produits de ces contrées ? Supposons qu'un cultivateur de la Touraine, par exemple, se procure des marcottes de Bordeaux, de la Bourgogne, ou de la Champagne ; qu'il les plante séparément, et qu'il donne à chacune de ces nouvelles colonies les façons et les soins de culture les plus analogues à ceux qu'elles auroient reçus dans leur pays natal, et voyons quels en seront les résultats. La vigne bordelaise mûrira douze ou quinze jours plus tard, la première année, que les anciennes vignes de la contrée, parce qu'elles se seront trouvées à une température moins chaude et moins soutenue que celle dans laquelle ont été élevés les ceps dont elles tirent leur origine ; et, par la raison inverse, la vigne de Champagne parviendra à sa maturité douze ou quinze jours plus tôt que les vignes de la Touraine. L'année suivante, le temps de la maturité des uns et des autres se rapprochera davantage. Les différences seront moins sensibles à la troisième année ; enfin, après huit ou dix ans de transplantation, l'époque de la maturité, la saveur dans les fruits, tout se rapprochera ; quelques années de plus encore, et les caractères apparens et les qualités des produits se confondront tellement, qu'il n'y aura, pour ainsi dire, d'autre moyen de les distinguer que par le souvenir de la place que les vignes étrangères doivent occuper. Pourquoi d'ailleurs aller chercher au loin des races qu'on a si près de soi? car il n'existe aucun grand vignoble en France où ne se trouvent tout acclimatées les espèces ou variétés qu'on veut tirer d'ailleurs. Elles peuvent n'avoir, il est vrai, ni les mêmes noms, ni la même saveur, ni les mêmes qualités, ni les mêmes caractères apparens ; qu'importe ? Elles n'y existent pas moins. Si c'est par l'effet de leur dégénération ou de leur régénération, qu'elles sont devenues en quelque sorte méconnoissables, vous pouvez vous attendre aux mêmes mutations dans les nouveaux individus que vous voudriez introduire dans votre domaine ; vous éprouverez, à cet égard, ce que mille autres ont éprouvé avant vous. En voici un exemple très-frappant. Nous le citons de préférence, parce que le lieu d'où le propriétaire tira ces plants de faveur, est peu éloigné de celui où il jugea à propos de les replanter, et que cette circonstance est très-digne d'attention.

En 1774, le comte de Fontenoy, propriétaire en Lorraine, homme assez heureusement né pour avoir le goût des choses utiles, et assez riche pour pouvoir s'exercer impunément à des essais coûteux, forma le projet d'établir une vigne de Champagne dans sa terre de Champigneulle. Quelques observateurs lui représentèrent inutilement que le sol n'étant pas celui de Champagne, il ne récolteroit que du vin de Lorraine. Les marcottes furent tirées de la montagne de Reims ; on les planta sur un coteau, à la plus heureuse exposition ; aucun soin, aucune dépense ne furent épargnés, ni dans la plantation ni dans la culture de cette jeune vigne. Ses premiers fruits semblèrent, en effet, donner quelques espérances de succès ; ils avoient une autre saveur que ceux des vignes voisines ; mais, après sept ou huit ans, cette saveur particulière disparut, et vingt années ne s'étoient pas encore écoulées qu'il ne restoit plus d'autre privilège à cette vigne, que de porter le nom de plant de Reims.

Cependant on a transporté au Cap, nous objectera-t-on, du plant de Bourgogne, et ce plant a bien fait ; il y a réussi : il ne s'agit que d'interpréter ce mot *réussi*, et de s'entendre sur la nature de ce succès. Si, par le moyen de ce plant de de Bourgogne, et après vingt-cinq ou trente ans de culture, on étoit parvenu à obtenir, de cette plantation au Cap, du vin qui eût le bouquet, la légèreté, la délicatesse des premiers vins de Bourgogne; ce seroit sans doute un terrible argument à opposer à notre opinion sur la facilité qu'a la vigne de dégénérer ou de se régénérer facilement, en passant d'un climat dans un autre. Mais si ce plant de Bourgogne n'a prospéré au Cap que pour y donner un vin épais et sirupeux, comme les anciens vins de ce territoire; si le maurillon, dont la grappe est de grosseur moyenne et ses grains petits et peu serrés en Bourgogne, donne au Cap des grappes d'un volume considérable, et garnies de grains gros et serrés; si le muqueux qu'on en exprime est tellement épais, que, pour lui faire contracter la fermentation spiritueuse, il faille le diviser, en le mélangeant avec de l'eau, ce fait viendra tout entier à l'appui de ceux que nous avons déjà rapportés; et il y vient effectivement, parce que nous venons de présenter les vrais résultats de cette transplantation.

Le moyen le plus simple, le moins coûteux et le plus sûr, est donc de se pourvoir, autour de soi, dans ses propres vignes, ou dans celles de ses plus proches voisins, des plants nécessaires pour exécuter la plantation qu'on se propose de former; de porter son choix sur les seules races connues pour produire le meilleur vin du canton, et, par conséquent, de les réduire à un très-petit nombre.

Ces mélanges monstrueux des raisins de toutes les espèces, de toutes les races, de toutes les variétés, tels qu'on les voit dans presque tous les vignobles de la France, puisqu'on ne peut guère excepter que les premiers crûs de Champagne et de Bourgogne, ne laissent aucun goût décidé au vin; les divers principes de cette réunion sont trop opposés pour que les résultats en soient bons; ils ôtent au vin toutes ses qualités et ne lui en donnent aucune.

A mesure que vous formez vos crossettes, ayez soin de les classer. Etablissez d'abord, dans votre collection, deux grandes divisions, les cépages blancs et les cépages colorés. Les espèces ou variétés colorées, mûrissant dix ou douze jours plus tôt que les blanches, ne doivent ni être confondues ensemble dans la plantation, ni occuper, indistinctement, les différentes places du coteau, celles-ci variant dans leur température, comme la vigne, selon son espèce, dans les époques de sa végétation. Subdivisez avec le même soin deux grandes divisions; mais n'oubliez pas qu'on ne peut être trop discret à ne pas multiplier les races. Il suffit qu'il y en ait une ou deux tout au plus qui dominent, et celles-ci doivent former au moins les deux tiers en nombre, dans chacune des deux grandes divisions; quand à celles que vous jugerez convenables d'y ajouter, pour former le troisième tiers, faites en sorte qu'elles soient de nature à se rapprocher, le plus possible, des premières, relativement à la qualité et à l'époque de leur maturité.

On peut séparer les plants des ceps, dès que le bois de l'année a acquis sa maturité : ce qu'on reconnoît par le dépouillement de ses feuilles, par le resserrement de ses fibres, par la diminution de son volume, par une sorte de sécheresse dans la moelle, qui annonce la cessation de tout mouvement apparent de la sève. Le bois est mûr presque par-tout, vers la fin de l'automne; et l'on peut dès-lors s'occuper de la plantation dans nos départemens méridionaux. Si on y attendoit le printemps, il arriveroit souvent que les jeunes individus, ne trouvant pas autour d'eux l'humidité nécessaire, ou pour la formation de la sève, ou pour donner de l'impulsion à celle qui est restée inerte en eux, languiroient d'abord et succomberoient aux premières chaleurs qui se feroient sentir. L'hiver est rarement assez rigoureux dans ces contrées, pour que, même dans cette saison, il ne s'établisse pas vers l'extrémité inférieure des brins plantés, une sorte de mouvement qui, s'il ne donne pas naissance à des racines apparentes, les dispose du moins à en produire d'une manière presque spontanée, dès les premiers beaux jours.

Vers le nord, il en est tout autrement. Planter avant l'hiver, c'est risquer de faire un travail inutile ; l'humidité pourrit la partie enterrée des plants ; et les deux yeux qui doivent excéder la surface du terrain, reçoivent quelquefois de telles atteintes des gelées, qu'ils ne peuvent plus se développer en bourgeons. Le commencement du printemps est l'époque qu'on préfère pour y planter la vigne. Nous serions peut-être d'avis qu'on renvoyât au même temps la formation des crossettes, si, de remettre tous les travaux aux mêmes époques, n'étoit le vrai moyen de n'en bien exécuter aucun.

En supposant qu'on soit forcé de tailler les boutures, long-temps avant d'en pouvoir faire usage, il ne faut pas négliger les moyens de les conserver jusque-là fraîches et saines. Les crossettes en boutures étant liées en petits faisceaux, et chacun de ceux-ci portant l'étiquette qui doit servir à constater son espèce ou sa race quand il s'agira de planter, on les transporte à la cave, où on les enfouit dans du sable un peu humide ; les deux ou trois nœuds de la partie supérieure restant à l'air. On se contente, dans quelques vignobles, d'ouvrir, dans un terrain sec, quelques tranchées de quatre ou cinq décimètres de profondeur ; leur largeur et leur longueur sont indifférentes ; il suffit de les proportionner au volume qu'elles doivent contenir. On y couche le plant ; on donne à chaque lit l'épaisseur d'un décimètre, et on le couvre ensuite avec la terre tirée du fossé. Si on y range les boutures, de manière à ce qu'elles soient isolées les unes des autres, et qu'elles ne se touchent, pour ainsi-dire, par aucun point, on remarquera avec plaisir, en les tirant de terre un peu tard, au commencement de floréal, qu'il est déjà sorti plusieurs petites racines des yeux du gros bout. Il est rare qu'un plant ainsi préparé, et dont la plantation est soignée, ne réussisse pas. Avant de décrire les diverses méthodes dont on se sert pour mettre les plants à demeure, nous parlerons avec quelque étendue de l'une des circonstances les plus importantes de la plantation, de l'espacement des ceps.

Nos principes, à cet égard, sont opposés à ceux des œnologistes français qui nous ont précédé, à ceux entr'autres que publia M. Maupin en 1763, dans un ouvrage, assez connu des cultivateurs, intitulé *Nouvelle méthode de cultiver la vigne*, etc. Cet écrivain ne consulte ni la différence des climats, ni la variété des terres, ni la nature des espèces; il établit en principe que « la vigne étant
» une plante vivace dont les racines s'étendent et s'allongent considérablement, il estime qu'*en
» quelque sorte de terre que ce
» soit*, on ne peut mettre les ceps
» à moins de quatre pieds de distance en tout sens les uns des
» autres. Dans les *terres fortes*,
» ajoute t-il, sur-tout dans celles
» qui *sont humides*, je les aimerois autant à *cinq* qu'à quatre.
» Il est évident 1°. que *par-tout,
» dans tous les pays* et *dans
» toutes les terres*, le grand espacement des ceps emploie beaucoup moins d'échalas que si les
» vignes étoient plus serrées et
» épaisses, comme elles le sont
» généralement: ce qui est un premier objet d'économie; 2°. que
» la culture des vignes espacées
» est beaucoup plus libre que si
» elles ne l'étoient pas; 3°. que
» les ceps espacés doivent être
» beaucoup plus forts, plus robustes que ceux qui ne le sont pas,
» et de là, qu'ils ont besoin beaucoup moins souvent d'être provignés et fumés : ce qui est un
» second objet d'économie; 4°. que
» l'espacement, qui donne des ceps
» plus vigoureux dans une espèce
» de terre, doit les donner aussi
» plus vigoureux *dans toutes les
» autres*, et que, quoique la vigueur soit plus ou moins grande,
» à raison des différentes qualités
» des terres, elle est cependant toujours beaucoup plus considérable que si les ceps étoient bien
» moins écartés: c'est une vérité qui
» ne peut être contestée, et de laquelle résulte, *clair comme le
» jour*, la convenance générale de
» l'espacement des ceps ou de ma
» nouvelle méthode, *pour toutes
» les terres sans exception*. J'ai
» donc eu raison de dire que ma
» nouvelle méthode de cultiver la
» vigne, dans laquelle les ceps sont
» beaucoup plus écartés que dans
» l'usage ordinaire, convient *à
» toutes les terres* et *à tous les
» pays*, puisque les effets et les
» avantages en seront incontestablement par-tout les mêmes ».

Il est impossible, je pense, dénoncer un plus grand nombre d'erreurs, en aussi peu de lignes. S'il étoit question de plantes forestières ou de nos grands arbres fruitiers indigènes, on pourroit ne pas raisonner autrement. S'il ne s'agissoit que d'obtenir beaucoup de bois, de larges feuilles, une grande abondance de raisins ou plutôt de *raisinettes*, pour nous servir de l'expression de Bernard Palissi ; si, en un mot, nous ne cultivions la vigne que pour obtenir la maturité botanique de son fruit, nous souscririons volontiers à la doctrine de Maupin. Mais il entend parler et nous parlons aussi de raisins propres à nous donner un suc propre à être converti, non en verjus, non en piquette, mais en vin, en bon vin. Ne nous faut-il pas, pour cela, le muqueux doux-sucré ? c'est-à-dire un degré de maturité tel, dans le raisin, qu'on l'attendroit vainement dans les trois quarts de nos vignobles si on appliquoit indistinctement *partout* les principes de cet œnologiste sur l'espacement des ceps. Nous l'avons déjà dit plusieurs fois, et c'est ici le cas de le répéter encore, cette maturité du raisin ne s'obtient que par une juste proportion entre la quantité de sève circulante dans la plante et l'intensité de la chaleur atmosphérique, exerçant sur elle sa puissance. Si vous procurez à la plante plus de sève que les rayons du soleil n'en pourront élaborer, elle ne vous donnera que de mauvais fruits ; et, vu son intempérance naturelle, la sève circulera en elle avec excès et d'une manière disproportionnée à la chaleur, si vous vous conformez à la méthode de Maupin, qui ne tend qu'à lui fournir par-tout, sans règle et sans mesure, les moyens d'absorber la plus grande quantité possible d'élémens séveux.

Ne seroit-il pas plus conforme aux lois de la saine physique de dire : par-tout où vous pouvez obtenir dans le raisin assez de maturité pour que le mucilage se convertisse en muqueux doux-sucré, même en laissant une grande distance entre les ceps, ne négligez pas ce moyen ; vous en obtiendrez des récoltes plus abondantes, vous prolongerez la durée de votre vigne, les frais de culture seront plus modérés, et votre vin n'en aura pas moins les bonnes qualités qu'il doit avoir. Mais si vous cultivez la vigne à une température moins chaude, dans une terre plus féconde, ou à une exposition plus incertaine que nous ne venons de la supposer, gardez-vous d'espacer les ceps de la même manière, parce que vous devez chercher à diminuer leurs dimensions, pour restreindre d'autant plus ses facultés *absorbatoires*. Vos récoltes seront moins abondantes, il est vrai, mais elles auront toutes les qualités qu'elles sont susceptibles d'acquérir, parce que vous aurez eu le bon esprit de ménager une juste proportion entre la quantité des élémens séveux et la somme de chaleur que vous avez eue, pour ainsi dire, à votre disposition, pour les élaborer.

Les partisans du système de M. Maupin nous répondront peut-être que notre raisonnement n'est fondé que sur la théorie, que nos raisons ne sont que spécieuses ; et qu'elles doivent disparoître devant l'expérience. Ils nous citeront en conséquence une lettre de feu M. de Fourqueux, adressée à l'auteur lui même, dans laquelle ce magistrat rend compte des résultats d'un essai qu'il a fait sur le grand espacement des ceps, dans la terre de son nom, située près de Saint-Germain-en-Laye. La voici :

« Je voudrois bien, monsieur, » pouvoir vous donner avec exac- » titude le détail que vous me » demandez sur le produit de la » vigne que je fais cultiver suivant » vos principes ; mais je n'ai pu » me trouver chez moi, depuis » quatre ans, dans le temps des » vendanges. Je ne puis donc vous » communiquer que les observa- » tions générales que j'ai faites, par » moi-même, dans les premières » années...... La récolte de la » partie éclaircie a été constam- » ment pendant cinq ou six ans, » plus abondante d'un cinquième » que celle de la partie voisine, » où les ceps étoient cependant » trois ou quatre fois plus nom- » breux.

» J'ai remarqué que la maturité » des raisins étoit *plus tardive* » dans les rayons clairs, quoique » mieux exposés à l'air et au so- » leil. La vigueur des ceps, l'a- » bondance de la sève, et la gros- » seur des grappes de raisins, » étoient la cause de cet effet fâ- » cheux, dans les années tardives » et dans les climats froids comme » le mien.

» Dans des terrains plus légers » et des expositions chaudes, cet » inconvénient ne seroit d'aucune » importance ; mais je suis con- » vaincu que cette culture, infi- » niment meilleure que celle du » pays, pourroit être sensible- » ment perfectionnée, sur-tout » pour la taille, que nos vignerons » en général exécutent sans prin- » cipes, comme le reste ».

Il nous semble que cette lettre, loin de combattre notre opinion, ne fait au contraire que la justifier. Le passage suivant n'a pas échappé sans doute à l'attention du lecteur: *J'ai remarqué que la maturité des raisins étoit plus tardive dans les rayons clairs, quoique mieux exposés à l'air et au soleil ; la vigueur des ceps, l'abondance de la sève, et la grosseur des grappes, étoient la cause de cet effet fâcheux, dans les années tardives, et dans les climats froids comme le mien.*

Certes, nous n'avons pas voulu dire autre chose ; et ce seroit perdre du temps, que de chercher à démontrer que tout l'esprit de cette lettre, loin d'être une arme à opposer à nos principes sur l'espacement proportionel des ceps, est un des meilleurs moyens que nous puissions employer pour les étayer. Au surplus, il nous est parvenu des renseignemens particuliers sur la continuation ou les suites de la même expérience, qui serviront à fixer irrévocablement l'opinion sur cette importante partie de la culture de la vigne. Nous en sommes redevables au citoyen Abeille, un des hommes les plus éclairés de notre temps, et l'un des plus zèlés pour la propagation des connoissances utiles. Feu M. de Fourqueux lui avoit communiqué verbalement deux observations très-remarquables sur la méthode de Maupin, relativement à l'éloignement réciproque des ceps : l'une, que son procédé rendoit, en effet, les ceps plus vigoureux, les grappes plus grosses, les raisins plus abondans; l'autre, que la maturité étoit plus tardive. Ce seroit sans doute, nous a dit le citoyen Abeille, un grand inconvénient dans les pays un peu septentrionaux; mais qui, ne pouvant avoir lieu dans les contrées plus méridionales, n'ôteroit pas l'espérance d'améliorer une grande partie de nos vignobles. C'est sous ce point de vue, qu'il devient intéressant de constater les effets que cette méthode a produits à Fourqueux. En conséquence, il s'est donné la peine d'adresser au citoyen Fourqueux fils, les questions suivantes, auxquelles celui-ci a bien voulu donner les réponses que nous imprimons à côté.

Questions.

De quelle nature est le terrain sur lequel la vigne est plantée ? est-il sablonneux ou pierreux ? c'est-à-dire, le sable fin ou un peu gros, le sable gros et un peu cailloureux, ou la terre proprement dite dominent-ils sensiblement l'un sur l'autre? Enfin, le terrain a-t-il beaucoup ou peu de fond ?

Quelle est son exposition par rapport au midi ?

Quelle étendue de terrain a-t-on soumis à l'expérience ?

Quelle est la distance entre les ceps, suivant la méthode ordinaire du pays, et celle qu'ils ont entre eux, suivant la méthode de M. Maupin?

Réponses.

« Mon père avoit essayé la méthode de M. Maupin, pour la vigne, en deux endroits de son parc. Ces deux terrains ne sont ni cailloureux, ni sableux; ils sont plutôt de terre proprement dite ».

« L'un des deux essais étoit en pente, au midi, mais dans la partie, pour ainsi dire, la plus basse de la colline. Le terrain en est bon, et a beaucoup de fond. L'autre essai étoit en pente au nord; la terre a moins de fond.

» L'expérience a été faite au midi, sur dix ou douze perches seulement; et celle au nord sur une vingtaine ».

« Mon vigneron ne se rappelle pas la distance à laquelle étoient plantés les ceps, ni la distance des rayons; mais comme on a suivi exactement la méthode présentée par M. Maupin, cette distance se trouve consignée dans son ouvrage ».

Les différences remarquées par M. de Fourqueux sur l'abondance du produit et sur le retardement de la maturité du raisin, se sont-elles soutenues? ou bien des causes locales inconnues ont-elles ramené la portion en expérience au même degré de fécondité et de maturité que les autres parties de la vigne ?

En cas de succès quelconque, cet exemple a-t-il été imité dans le pays par d'autres propriétaires de vigne?

« Notre climat étant très-froid,
» même au midi, les essais ont été
» si peu productifs, que mon père
» a lui-même détruit ce qui étoit
» au nord ; et mon vigneron, qui
» est le même que du temps de
» mon père, m'a fait détruire,
» il y a quatre ou cinq ans, l'essai
» fait au midi, attendu que la gelée,
» presque tous les ans, et le man-
» que constant de maturité, ren-
» doient le produit extrêmement
» inférieur à celui de la culture du
» pays.

« Personne n'a répété cette ex-
» périence dans le pays ; et mon
» vigneron, qui est lui-même pro-
» priétaire, n'a jamais été tenté de
» l'essayer chez lui ».

» Ce qui a paru le plus constant dans cette expérience, c'est
» que l'isolement des ceps les exposoit encore plus à l'inconvénient
» des gelées, et s'opposoit à la maturité de ce qui leur étoit échappé,
» de sorte que si, comme je l'ai entendu dire à mon père, chaque
» cep isolé portoit plus de grappes, cette culture n'auroit encore
» d'avantage que dans un climat beaucoup plus chaud que celui-ci.
» Par le rapprochement de nos ceps, suivant la culture du pays,
» ils se préservent mutuellement de quelques coups de froidure ; et
» quant à la chaleur nécessaire à la maturité du fruit, elle se con-
» centre mieux là où les ceps sont tellement rapprochés que l'air
» circule peu autour d'eux. Je vois ici tous les ans, dans mon petit
» coin de vigne, que la partie extérieure est toujours moins belle
» que l'intérieure, et je pense que c'est précisément parce que les
» premiers rangs manquent de l'abri qu'ils portent à ceux qui les
» suivent ».

Ces réponses sont claires, précises, authentiques ; il ne peut y avoir d'équivoque dans leurs conséquences ; l'expérience est d'accord avec la théorie : elles se réunissent pour prouver incontestablement que la vigne ne doit pas être espacée également par-tout et dans toutes les terres; qu'à mesure qu'on approche du nord, ou que quand on cultive au midi dans une température moins chaude, par l'effet de quelque cause locale, qu'elle ne devroit l'être, vu la latitude, il convient de diminuer, dans une sage proportion, par le rapprochement des ceps, le volume qui résulteroit autrement de son essor naturel. Ce n'est qu'ainsi qu'on peut parvenir à mettre des bornes au nombre infini de leurs trachées et de leurs canaux d'aspiration, de fixer ou de concentrer autour d'eux la chaleur nécessaire à la maturité de leur fruit. Enfin, en les multipliant eux-mêmes, on multiplie les abris qui peuvent les garantir de la gelée. En supposant qu'en Roussillon, en Provence, en Languedoc, on dût, sauf les exceptions dont nous avons parlé, les espacer, par exemple, de deux mètres, cette distance, en Guienne, pourroit être restreinte de plus d'un quart; en Touraine de moitié; aux environs de Paris des trois quarts; et que vers Reims, Soissons, Laon, ce fût assez de les éloigner l'un de l'autre de trois à quatre décimètres. Les règles particulières à cet égard ne peuvent être prescrites que par l'expérience, par l'étude des localités. Au nord, comme au midi, on rencontre des sites plus ou moins heureux, des veines de terre plus ou moins favorables qui, ayant une grande influence sur la température, doivent guider le cultivateur dans la résolution qu'il prend. Mais ces connoissances ne doivent pas se borner à celles du lieu; elles doivent s'étendre à la nature de chaque race de vigne dont il se propose de former sa plantation, afin de les placer d'une manière conforme à son intérêt. Le cépage qui mûrit le plus difficilement est toujours celui qui annonce le plus de vigueur dans sa végétation : il doit être planté dans la partie la moins féconde du coteau. Les espèces ou variétés blanches mûrissant constamment les dernières, n'occuperont jamais le bas de la pente; elles y pourriroient avant de mûrir. Réservez cet emplacement à la race qui annonce le moins de force végétative, à celle qui est plus recommandable par la qualité que par le volume et par l'abondance de ses fruits : elle abusera moins que toute autre de la bonté du terrain auquel vous l'aurez confiée.

La plantation de la vigne s'exécute de trois manières; soit en formant un trou avec le rhingar, le plantoir de fer ou la taravelle; soit en creusant des fosses isolées, soit en ouvrant des tranchées ou rayons parallèles d'une extrémité à l'autre du champ. La nature du terrain et la forme de sa surface indiquent celle qui doit être préférée. Dans les roches tendres, sur les coteaux escarpés, pierreux, graveleux, ou cailouteux, la taravelle est le seul instrument dont on puisse faire usage. La description qu'en donne Olivier de Serres est très-exacte: « Cet instrument ressemble aux » grands terraires des charpen-» tiers. Il est composé d'une barre » de fer longue de trois pieds et » grosse comme le manche du » hoyau, le bout entrant en terre » estant arrondi en pointe, bien » forgé et acéré : l'autre regar-» dant en haut, est attaché à une » pièce de bois transversante, fai-» sant le tout la figure d'un T, » pour le tenir avec les mains; et » afin que la taravelle n'enfonce » trop dans terre; mais justement

» ment elle y entre selon la résolution que vous aurez prise d'y enfoncer le complant, un arrêt sera mis à la pièce de fer entrant dans terre et l'endroit remarqué à cette cause; lequel arrêt étant aussi de fer servira en outre à y mettre le pied dessus pour, pressant en bas, aider aux mains à faire entrer la taravelle dans terre, au cas qu'on la rencontre dure et forte ».

L'ouvrier, pour ouvrir le trou destiné à recevoir la crossette, doit diriger la taravelle de façon que les ceps en s'élevant contractent une inclinaison un peu contraire à celle du terrain. La distance qu'on s'est déterminé à laisser entr'eux, doit régler la profondeur de la plantation; car pour être conséquent dans un système de culture, il faut chercher à faire correspondre le volume et la quantité des racines avec ceux des branches. Il est possible qu'à une température très-favorable à la vigne, il soit avantageux d'enfoncer les plants jusqu'à quatre ou cinq décimètres, et qu'ailleurs il suffise de l'enterrer à deux et demi ou à trois. Quoi qu'il en soit, on le taillera de manière à ce qu'il n'en reste hors de terre qu'un ou deux nœuds; plus on lui laisseroit d'élévation, et plus on l'exposeroit à l'effet des intempéries. C'est toujours du nœud le plus voisin de la surface de la terre que part la tige. Si quelque cause le détruit ou l'empêche d'épanouir, il suffit de découvrir avec le doigt l'œil inférieur qui l'avoisine, et celui-ci le remplace aussitôt.

Le vigneron porteur de la taravelle est aussi pourvu d'une mesure qu'il applique d'un trou à l'autre, pour les ouvrir à la distance prescrite par le maître; et il suit dans son opération les lignes parallèles qui, d'avance, auront été tracées au cordeau, et de manière que la plantation présente un quinconce parfaitement régulier. Cette forme laisse plus libres que toute autre, les mouvemens des ouvriers, soit qu'ils taillent, qu'ils palissent, qu'ils labourent ou qu'ils vendangent; elle donne aussi plus de facilité pour transporter, étendre et égaliser les engrais.

A mesure que chaque trou est formé, un second ouvrier qui suit le premier, tire chaque brin du vaisseau plein d'eau où il a séjourné depuis sa formation, si elle est récente, ou depuis son extraction des fossés, si elle est ancienne, et l'introduit dans ce même trou. Une troisième personne l'y assujettit, non en piétinant, selon l'usage ordinaire, mais en remplissant le surplus de l'ouverture de quelques poignées de terreau ou de terre végétale; il ne s'agit pas de donner aux parois de ces trous la dureté d'une muraille; mais seulement d'empêcher la formation ou détruire les interstices qui sépareroient les molécules de la terre autour du plant. Quelques cultivateurs jaloux de ne négliger aucun des moyens propres à assurer le succès de leur plantation, font répandre dans chaque trou un peu d'eau de mare ou mieux encore de jus de fumier. Il affaisse convenablement la terre et la rappro-

Tome X.   E e

che avec égalité de toutes les parties de la bouture.

On a quelquefois à planter dans des terres, à des expositions très-favorables à la vigne, où la taravelle ne pourroit être employée, parce que le terrain trop mouvant combleroit le trou avant qu'on eût eu le temps d'y introduire la bouture; il en est d'autres dont la surface est tellement hérissée de roches, qu'il est impossible d'y ouvrir des tranchées ou des rayons. On se borne alors à pratiquer des fouilles d'espace en espace, de quatre à cinq décimètres de profondeur et d'ouverture. On jette au fond la terre la plus émiée de la surface dans une épaisseur de quelques centimètres, puis on y place le plant bouture ou chevelu plus ou moins perpendiculairement, suivant la nécessité de multiplier ou de restreindre la qualité des racines. On recouvre d'abord avec le surplus de la première terre qui n'a pas été employée au fond de la fosse; on emploie ensuite celle de la seconde fouille; et celle de la troisième devient la couche supérieure.

Quand le terrain est en pente douce, quand la terre a plus de liaison et de consistance qu'il n'en faudroit pour ce genre de culture, on plante ordinairement dans des tranchées ou rayons, ouverts d'un bout à l'autre de la pièce. On donne, ou plutôt on doit donner à ces fossés des dimensions en profondeur et en largeur relatives aussi à l'espacement des ceps; c'est-à-dire, à la nécessité d'augmenter ou de diminuer le nombre des racines. Dès que la première tranchée est ouverte, occupez-vous de sa plantation, afin que rien ne s'oppose à l'ouverture de la seconde et de celles qui doivent la suivre. Si vous craignez que votre terre ne soit pas assez mûre, assez divisée, il faut y suppléer en répandant une plus grande quantité de terreau dans les tranchées; car la plus mauvaise des méthodes est celle qui contraint de revenir pendant deux ou trois années de suite sur le même terrain pour en terminer la plantation; c'est prolonger la jeunesse de la vigne, et la forcer par conséquent à ne donner pendant long-temps qu'un vin sans qualité. N'allez pas non plus former deux rangs de ceps dans le même rayon, en inclinant les uns à droite, les autres à gauche, et forçant ainsi les racines à se réunir, à se pelotonner, à s'étouffer ou à se chancir mutuellement. Dressez votre plant au milieu du fossé; et s'il est enraciné donnez à le placer les mêmes soins, la même attention qu'exigent tous les jeunes arbres qu'on replante. Faites en sorte que votre plantation achevée, le terrain soit uni dans toute son étendue. Ces éminences qui forment entr'elles de petits sillons ne sont que des réservoirs d'humidité et les moyens de favoriser les gelées. Ayez toujours à votre disposition un certain nombre de marcottes pour remplacer les plants qui viendroient à périr pendant les trois premières années de la plantation. Enfin n'oubliez pas, en cantonnant, pour ainsi dire, vos divers cépages, ch

formant de chacune des races des colonies séparées, que vous évitez par ce moyen la nécessité de revenir à plusieurs reprises sur le même terrain pour y faire la vendange. « Les espèces, dit Olivier
» de Serres, seront plantées et dis-
» tinguées par quarreaux, trauer-
» sans la vigne, accommodant le
» naturel de chaque espèce à la
» qualité de la terre et du soleil,
» selon les diuersités qu'on remar-
» que en tout lieu, afin que plus
» elles profitent, et plus facilement
» soyent gouuernées, que mieux
» on les aura appropriées, même
» au tailler, où l'interest est très-
» grand s'il n'est fait comme il faut;
» pour ce que l'une doit estre
» couppée tost, l'autre tard; celle-
» ci court, celle-là long, chose difficile
» à faire quand la vigne est
» confusément plantée par l'ignorance
» rance des vignerons, qui, sans
» voir la feuille des vignes, n'en
» peuuent guère bien discerner
» les espèces. Le marrer ou houer
» par ces diuisions est aussi rendu
» plus aisé sur-tout si estans
» égales, les ouuriers y peuuent
» trouuer leur besogne taillée :
» cela reuenant à l'utilité du maistre,
» tre, qui, par ces petites portions,
» tions, auec jugement et moins
» de crainte d'estre trompé, peut
» faire trauailler ses gens, que si
» les espèces des raisins y estayoint
» tayoint confusément amoncelées
» lées ».

SECTION III.

De la hauteur des ceps ; de la taille ; du palissage ; de la rognure ; de l'ébourgeonnement et de l'épamprement.

La vigne ne varie pas moins dans sa hauteur que dans son espacement. Les hautains que les anciens nommoient *vignes arbustives*, sont communs en Italie, en Espagne, et dans nos départemens de la Provence, du Languedoc, dans la partie orientale du Dauphiné, dans le Bigorre, la Navarre et le Béarn. Ce genre de culture est suivi en France, non généralement, mais d'espace en espace, depuis les Pyrénées et les bords de la Méditerranée, jusques aux frontières de la Bourgogne. On entend par hautain, proprement dit, un cep lié contre le pied d'un arbre, dont les sarmens se confondent avec ses branches. De toutes les manières de cultiver la vigne, il n'en est aucune de plus pittoresque, de plus agréable aux yeux. « Je fis à pied et lentement, dit Baretti (1), la plus grande partie du chemin qui conduit de Mollis, de Reys jusqu'à Barcelonne, jouissant d'une perspective assez belle pour rappeler l'idée des Champs-Elysées. C'étoit une suite non interrompue de vignes soutenues par des mûriers régulièrement plantés ; les branches de vignes y pendent par-tout en festons d'un arbre à l'autre. J'en ai vu de pareilles dans les duchés de Mantoue et de

---

(1) Voyage d'Espagne, tome IV, page 73.

Modène, avec cette seule différence qu'en Italie, les vignes sont accolées à des ormes ». Wright décrit, avec la même complaisance, le spectacle qu'offrent celles-ci à l'œil du voyageur. Le sol de la Lombardie (1) est uni et riche; il contient de superbes pâturages, des champs fertiles et beaucoup de mûriers blancs destinés tout à la fois à produire la nourriture des vers à soie, et à servir de support aux vignes qui montent jusqu'à l'extrémité de leurs branches. Ce pays est le plus beau de l'Italie, si l'on en excepte la campagne des environs de Naples. On y voit peu de bois propres à la charpente; mais seulement des ormes et des peupliers qui servent aussi d'appui à la vigne. Les chemins qui traversent cette contrée, sont larges, unis et bordés de haies taillées et soignées avec la plus grande exactitude. De ces haies sortent, d'espace en espace, à la distance de quarante ou cinquante verges les uns des autres, des arbres autour desquels monte la vigne. Après s'être entrelacée dans leurs branches, elle en sort pour se former en guirlandes qui pendent d'arbre en arbre au-dessus des haies. Les sarmens s'étendent ensuite à droite et à gauche; on les soutient avec des pieux ou des poteaux plantés parallèlement aux arbres; et ils forment alors des espèces d'auvents, des toits obliques qui règnent des deux côtés des chemins, et au dehors comme au dedans. Cette architecture naturelle s'étend dans presque toute la Lombardie.

La plupart de nos hautains de Provence présentent un spectacle non moins agréable, non moins pittoresque. L'œil du voyageur, peu accoutumé à ce genre de plantation, promène avec plaisir ses regards sur les différentes productions du sol: tout y annonce l'ordre symétrique d'un jardin. Ici un rang d'oliviers forme une espèce d'espalier; le verd pâle de leurs feuilles contraste merveilleusement avec celui du blé qui croît à leurs pieds; la vigne forme un peu plus loin un autre espalier, ou bien elle y est plantée en masse. Quelques particuliers la marient aussi avec l'amandier ou l'ormeau, et les sarmens se mêlant avec leurs branches, forment des têtes singulières et touffues; d'autres, enfin, laissent la vigne sans soutien, et, dans un sol fécond, elle pousse des jets forts et vigoureux, qui s'entrelacent les uns dans les autres. Il faut convenir que ces mélanges de diverses récoltes forment un ensemble charmant; mais que d'abus décrits en peu de mots! car il ne s'agit pas ici du coup-d'œil: c'est la production qui nous intéresse. Nous y reviendrons tout-à-l'heure.

La seconde espèce des hautains diffère de la première par le genre de son appui; au lieu d'arbres, on donne pour support à la vigne des perches qui, par leur entrelacement, forment des treillages perpendiculaires, qui s'élèvent souvent jusqu'à deux ou trois mètres.

---

(1) Voyage d'Italie, tome I, page 31.

L'entretien de ces vignes est extrêmement dispendieux; il est même impossible par-tout où le bois est rare.

Dans la troisième espèce de hautains, on laisse croître le cep, depuis huit décimètres jusqu'à un mètre et demi de hauteur, et on lui donne pour appui un échalas long de deux mètres, auquel on attache les sarmens pour les empêcher de retomber sur terre et d'ombrager les grappes ; ou bien, dans les sites exposés aux grands vents, à des orages violens, et sur les coteaux rocailleux et pierreux, on réunit d'espace en espace trois échalas liés ensemble par le haut et séparés, vers le bas, en forme de trépied. On attache les sarmens de différens ceps à chacune des branches du trépied, qui se servent mutuellement de soutien et empêchent les sarmens de se briser, et les grappes de se meurtrir; ils permettent d'ailleurs la libre circulation de l'air dans toute l'étendue de la plantation. Ce genre de culture, en vignes hautes, est assez commun depuis les bords de la Méditerranée jusqu'aux environs de Lyon ; c'est à Côte-Rôtie, à Condrieu, et dans les vignobles voisins qu'il est dirigé avec le plus de soin.

On compte deux sortes de vignes, moyennes ou basses. Les premières, appelées vignes courantes et rampantes, ont sept à huit décimètres de hauteur, et les sarmens qui en sortent se soutiennent d'eux-mêmes, ou du moins on ne leur donne aucun appui; elles sont communes en Dauphiné, en Provence, en Gascogne, en Poitou, en Anjou et dans les deux départemens de la Charente. Dans la partie du ci-devant Aunis, qui borde les rivages de l'Océan, ces vignes sont nommées rampantes, avec d'autant plus de raison que, pour les soustraire à l'impétuosité des vents, on ne laisse que quelques centimètres de hauteur à chaque tige, et que ses rameaux, avec leurs feuilles et leurs fruits, se traînent pour ainsi dire sur la terre. Enfin, les vignes basses, et ce sont les plus communes, depuis les frontières de la Bourgogne et le milieu de la Touraine, jusqu'aux départemens les plus septentrionaux de la France, ont des tiges hautes d'un décimètre cinq centimètres à huit décimètres, selon leur espacement et leur grosseur. Elles sont liées à un échalas d'abord au pied de la tige; puis l'ouvrier réunissant en paquets tous les sarmens de l'année, les attache ou plutôt les garotte pêle-mêle avec les feuilles, les vrilles, les faux bourgeons, les gourmands (car la vigne a aussi les siens), et souvent une partie des grappes, vers l'extrémité supérieure de l'échalas, par un ou plusieurs liens de paille ou d'osier.

On pourroit demander aux cultivateurs de tous ces différens vignobles, s'ils ont appris par l'expérience à devoir préférer l'une de ces méthodes aux autres ; ou bien, si la hauteur qu'ils donnent aux ceps leur a été indiquée par leurs ancêtres ; en un mot, si ce n'est pas par coutume, plutôt que par raisonnement, qu'ils se décident ? Il faut qu'ils sachent que le vin qu'on retire du raisin d'un cep lié à un arbre, n'égalera jamais en bonté celui d'une vigne basse ; que le fruit des hautains ne mûrit jamais aussi bien que celui des vignes basses, parce que celui-ci est placé de manière à recevoir la réverbération du soleil, qui est au moins aussi chaude que le soleil même. Le plan incliné des coteaux le réfléchit mieux que toute autre exposition ; d'ailleurs, le raisin enfermé dans les têtes des arbres, est trop couvert par leurs feuilles et par les siennes propres, pour éprouver le contact des rayons. Deux raisons peuvent avoir donné lieu à ce genre de culture. On aura reconnu que la vigne, plantée dans un bon terrain, pompe trop de sève par ses racines, et qu'il falloit occuper cette sève à pousser des bois vigoureux, afin de l'atténuer et d'en faciliter l'élaboration ; mais on n'avoit pas encore observé que la vigne pompe pendant la nuit l'humidité répandue dans l'atmosphère ; que cette humidité, aspirée par les trachées, descend alors vers les racines, où elle se réunit avec le surplus des principes séveux, qui ne s'est pas élevé pendant le jour, et que la transpiration n'a pu dissiper. L'absorption par les plantes est toujours en raison de la plus ou moins grande surface que présentent les feuilles. Ainsi, plus une vigne a d'étendue, plus elle a de surface ; plus elle a de surface, plus elle pompe d'humidité pendant la nuit, et plus elle augmente, par conséquent, le volume de ses principes séveux ; de-là la trop grande aquosité du vin ; delà son peu de qualité, son peu de durée.

Peut-être aura-t-on cru aussi ne pouvoir mieux faire que de suivre l'exemple des Italiens, qui ont cultivé la vigne avant nous ; mais on n'a pas fait attention que la chaleur est plus vive, plus forte, plus soutenue en Italie que dans nos provinces les plus méridionales, et qu'excepté dans un très-petit nombre de crûs, les vins de ces contrées sont communs et peu propres à être conservés.

La culture dans laquelle on adopte la seconde espèce des hautains, est moins vicieuse que la première. Dans celle-ci, la vigne présente moins de surface : on est obligé d'étendre horizontalement, souvent même de courber les sarmens ; la sève ne montant plus alors en ligne droite, elle est moins véhémente dans sa course ; quand elle parvient aux bourgeons, elle est en moindre quantité et mieux élaborée. Le défaut de cette culture ne consiste que dans la trop grande élévation de ses branches à fruit : et l'expérience prouve que, même dans nos provinces les plus méridionales, le raisin qui vient à la hauteur de plus de deux mètres, ne donne que des vins sans caractère et sans durée. Quel est donc le juste point d'élévation auquel le cultivateur arrêtera les tiges de sa vigne, et d'après quels principes se conduira-t-il à cet égard ? D'après ceux qui l'ont dirigé dans l'espacement, lors de la plantation. Dès qu'il a cru devoir restreindre le volume de ses plantes, par rapport à leur grosseur, pour ne leur faire aspirer qu'une quantité de sève relative à la chaleur de son climat, il est évident qu'il doit tendre au même but dans le sens de leur élévation. On ne peut avoir d'autre objet, dans cette opération, que de chercher à augmenter la chaleur en raison du besoin qu'on en a pour produire la maturité du raisin. Plus le raisin est rapproché de la surface de la terre, (pourvu toutefois qu'il ne soit pas en contact avec elle ; car cette circonstance lui fait perdre toutes ses qualités.) plus il est rapproché de la terre, plus est sensible la réverbération, plus est forte la chaleur. Sur un plan très-incliné, dans les pentes très-escarpées, on peut donner plus de hauteur et plus de distance aux ceps que sur un sol uni ou modérément incliné, parce que la coupe presque verticale du terrain réfléchit horizontalement les rayons, à peu près comme les murailles sur lesquelles on espalie. On pourroit objecter que plus les grappes sont près de terre, et plus elles sont exposées aux gelées. Cela est vrai; mais la gelée est un malheur, un malheur accidentel; il est commun à toutes les plantes exotiques, que l'intérêt nous porte à cultiver en plein champ. Il est quelques moyens préservatifs qu'il ne faut pas sans doute négliger d'employer ; mais celui-ci ne peut être de leur nombre ; car, enfin, il nous faut tendre à obtenir, avant tout, une maturité constante ; et nous ne pourrions l'espérer dans plus de la moitié de nos vignobles, si nous voulions y faire usage d'un tel expédient.

Il paroît que trois sortes de vignes peuvent s'accommoder de nos divers climats de France On peut les désigner sous les noms de vignes moyennes, vignes basses et vignes naines. Les premières conviendroient parfaitement à la température de nos provinces méridionales, en les bornant à la hauteur d'un mètre cinq ou six décimètres, y compris les bifurcations ou mères branches. Les secondes, qui ne doivent pas s'élever jusqu'à un mètre, se plaisent et réussissent dans nos vignobles du centre, et nos départemens septentrionaux, où la culture de la vigne est introduite, ne peuvent admettre que la vigne naine. Nous supposons toujours qu'il peut y avoir par-tout des exceptions fondées sur des causes locales, ou sur la nature de certains cépages. Il appartient à la sagacité du cultivateur de saisir ces différences et de les faire tourner à son profit.

Si les brins qui ont formé une nouvelle plantation ont été bien choisis, si la culture en a été soignée, les deux yeux qu'on a laissés apparens pousseront, dès la première année, chacun un sarment. Ce nouveau bois a-t-il de la consistance ? est-il proportionné à celui du maître brin qui l'a produit ? est-il mûr ? on peut déjà le tailler. Dans le cas contraire, attendez que la végétation de sa seconde année lui ait donné plus de force. Nous n'avons point à redouter encore la multiplicité des organes qui aspirent, puisque nous n'aurons de long-temps que du bois à espérer.

La taille a pour objet, sur la vigne faite ou en rapport, d'empêcher la dissémination de la sève et la formation d'une quantité infinie de sarmens, de brindilles, de chiffones et de feuilles qui sortiroient en foule de tous ses yeux, étendroient la surface de chaque cep d'une manière démesurée et multiplieroient au delà de toute proportion ses facultés d'aspiration. En le débarrassant du bois qu'on appelle superflu, on concentre la sève dans une partie des sarmens qu'on juge les plus propres à produire de beaux, de bons fruits, des fruits mûrs. Par la même opération, sur la vigne qui est encore dans l'enfance, on emploie toute la sève à nourrir le brin qui doit être converti en souche et devenir une tige capable de produire le nombre de bras ou de mères-branches relatif à la hauteur et au volume qu'on se propose de laisser prendre au cep.

La première taille de la vigne n'entraîne aucun embarras; elle est facile : Il ne s'agit que d'enlever en entier le jet le plus élevé des deux yeux mis à découvert dans la plantation, et de rogner le second près du tronc, immédiatement au dessus du premier œil. L'année suivante, si la vigne est destinée à devenir une vigne moyenne, on taillera sur trois sarmens, et on enlèvera les autres rez de la souche; si elle ne doit être qu'une vigne basse, on ne laissera subsister que deux flèches ou coursons. Un seul suffit à la vigne naine, et c'est sur le sarment le plus bas qu'il doit être formé. Dans tous les cas, on ne laisse sur chaque flèche que l'œil le plus voisin du tronc. À la troisième taille, on donne un bourgeon de plus à chaque tête; et le nombre des têtes ou mères-branches doit être ménagé de manière que la vigne moyenne en ait au moins trois et rarement plus de quatre; même quand elle est parvenue au plus haut point d'élévation qu'on veut lui prescrire. Deux mères-branches suffisent à la vigne basse, et ce n'est jamais que du tronc ou de la souche que doivent partir immédiatement les sarmens à fruit ou les flèches de la vigne naine, préférant toujours les plus bas, mais de façon que les raisins ne touchent pas par terre. A quatre ans, la vigne bien plantée a déjà de la force; elle commence à donner du fruit; on peut tailler à deux yeux sur les deux ou trois sarmens le plus vigoureux. La cinquième taille demande encore quelques ménagemens particuliers; coupez à deux yeux seulement sur le bois le plus fort; bornez à un seul bourgeon le produit du sarment inférieur et ne laissez pas en tout au delà de cinq flèches. Le jeune plant est enfin devenu une vigne faite. Les mêmes principes qui ont dirigé jusqu'ici le cultivateur dans la façon de la taille, le guideront de même dans la suite, toutefois avec cette différence que les ceps ayant acquis plus de vigueur, il peut porter dans la taille non pas moins d'attention, mais une attention moins minutieuse. Nous opèrerons donc désormais d'après les principes qui nous ont guidés jusqu'ici; mais nous n'oublierons pas qu'ils se modifient dans leur application,

application, plus encore dans l'exercice de la taille que dans toutes les autres façons dont se compose la culture de la vigne. Faut-il tailler court ou long, laisser peu ou beaucoup de coursons? On ne peut se régler à cet égard que sur les climats, les expositions, la nature des terrains, la vigueur plus ou moins grande des sujets, la qualité particulière du bois suivant la température de l'année et les évènemens de l'année précédente. On doit considérer l'âge des vignes, la distance des ceps, la nature et l'espèce des raisins. En Bourgogne, le maurillon ne veut pas être taillé comme le gamet; en Guienne, la folle et le muscat demandent chacun un genre particulier de taille. La vigne trop chargée s'épuise bientôt; trop déchargée, elle ne produit que du bois. Dans nos climats chauds du midi un cep de vigne moyenne, élevé d'un mètre cinq à six décimètres, éloigné dans la même proportion des autres ceps, garni de trois ou quatre branches mères qui lui donnent la figure d'un triangle ou celle d'un cul-de-lampe, peut supporter cinq ou six flèches sur chacune de ses branches, et chacune de ces flèches peut être garnie sans inconvénient de quatre à six yeux. Les vignes basses dont l'espacement est beaucoup moindre et dont la tige ne doit être divisée qu'en deux parties, est assez chargée de deux ou trois flèches sur chaque branche; chaque flèche portant un, deux et trois yeux, selon la grosseur du bois et sa franchise. Le cep de la vigne naine n'est point bifurqué;

il est moins espacé; il ne présente que la forme d'un arbrisseau; trois ou quatre flèches taillées à un ou deux yeux seulement, sont une charge proportionnée à ses forces. Une vigne vieille demande les mêmes soins, la même attention que si elle étoit encore dans l'enfance; elle veut être taillée court et souvent ravalée. Le besoin de la rajeunir donne un grand prix aux jets, quoique d'abord stériles, qui naissent vers le bas de la souche; on ne peut apporter trop de soins à leur conservation, puisque quand on est obligé de rabaisser, c'est sur leur seul produit que repose tout l'espoir du vigneron. Non seulement la vieillesse, mais le nombre des accidens auxquels la vigne est exposée, fait souvent une loi de cette mesure. Par exemple, qu'une vigne ait été entièrement maltraitée par la gelée, et qu'on ne puisse plus compter sur ses arrières bourgeons, on coupera jusque sur la souche l'ancien et le nouveau bois. Des vers blancs auront attaqué et rongé la racine; la vigne aura jauni et dépéri; on ne peut être alors trop attentif à la tailler court. Si dans l'année même, des gelées de floréal et de prairial ont fatigué ou détruit les bourgeons, il faut ravaler sur ceux qui sont restés sains, et l'année suivante rabattre sur le seul bon bois qui a poussé des sous-yeux ou qui a percé de la souche. Si au contraire l'année précédente la vigne a coulé et que la sève n'ayant point été employée à produire du fruit, ait fait des pousses démesurées, on ne risque rien alors de l'allonger et de la charger amplement, sauf à la ménager à la taille suivante si on la trouve fatiguée. Dans les années sèches, la vigne fait peu de bois; alors taillez court, chargez peu si l'hiver a été rigoureux; si le bois et les boutons en bourre ont gelé en partie, ne vous hâtez pas de retrancher le bois gelé, on peut encore espérer une récolte sur les arrières bourgeons. Peu après que la température sera devenue plus douce, examinez les bois qui ont souffert et les yeux qui sont éteints, tirez sur les bons bois et sur les bons yeux, dussiez-vous même allonger plus que de coutume, sauf à ravaler l'année suivante et à asseoir la taille sur le bois qui aura poussé immédiatement de la souche.

Quelle est la saison la plus favorable à la taille ? Cette question est encore à résoudre ; ni les vignerons, ni les œnologistes ne sont d'accord entr'eux sur ce point. Il ne faut pas s'en étonner, parce que les uns et les autres ont toujours généralisé leurs principes et constamment raisonné d'après les évènemens particuliers aux lieux, aux expositions, au sol, au climat, dans lesquels les premiers ont travaillé et sur lesquels les seconds ont observé. Au reste, le différend dont il s'agit ne peut embrasser que deux saisons, l'automne et le printemps. Les partisans de la taille d'automne se déterminent d'après les considérations suivantes : 1°. Ce travail fait en automne, laisse plus de temps pour vaquer à la foule des occupations que prescrit le retour du printemps; 2°. toutes les variations de l'atmosphère qui peuvent imprimer du mouvement à la sève (et elles sont assez communes dans les hivers ordinaires) concourent à l'avancement de la vigne ; elles portent déjà de la nourriture dans les vaisseaux et dans les rudimens des bourgeons ; dès les premiers beaux jours ceux-ci se développent. Cette espèce de précocité s'étend à tous les périodes de la végétation ; la vigne y gagne au moins quinze jours de chaleur ; de là un bois plus tôt formé et mieux aoûté ; de là des fruits plus mûrs ; de là une maturité qui précède le retour des premières gelées, dont l'effet est de resserrer les fibres du bois, de sécher les feuilles, de durcir l'enveloppe de la pulpe, et, par conséquent, d'arrêter tout-à-coup la circulation de la sève, et d'empêcher la formation du muqueux-doux-sucré.

Ceux qui se font une loi de suivre le système opposé se fondent sur les désastres occasionnés par les hivers rigoureux, dont les effets sont bien autrement sensibles pour la vigne taillée dès l'automne, que pour celle qui ne recevra cette façon qu'après les grandes gelées. Le bois de la vigne est moelleux et spongieux, ses pores sont très-ouverts ; elle est abondante en sève ; en la taillant l'hiver, la gelée, les frimas, le givre, les neiges, les brouillards morfondans et toutes les humidités froides, entrant par toutes les ouvertures faites à la plante, se congèlent et pénètrent jusque dans son intérieur. Les gelées printanières ont aussi bien plus d'action sur les jeunes bourgeons, que sur les boutons encore revêtus de leur bourre.

Les raisons dont on s'autorise pour suivre chacune de ces méthodes sont incontestables. Le talent consiste à savoir les modifier l'une par l'autre. En effet, ici, la taille d'automne doit être préférée; là, on ne doit admettre que celle du printemps ; telle race veut être taillée tôt, telle autre demande à l'être tard. Le cultivateur a le plus grand intérêt à obtenir dans le même temps la maturité de tous les différens cépages ; et cependant les uns sont précoces, les autres sont tardifs ; retarder la végétation des uns, avancer celle des autres, les connoître tous, et les diriger tous vers la même fin, est une partie essentielle de l'art de les cultiver. Il y a plus de deux siècles qu'Olivier de Serres professoit la même doctrine. « Quant » au temps de la taille, il sera limité » par le fonds de la vigne et es- » pèces des complants, selon » l'adresse du planter. Si la vigne » est assise en coustau chaud, de » terre maigre et séche, et composée » de races ayant petite mouëlle, » sera couppée le plustost qu'on » pourra après que ses feuilles » seront tombées ; au contraire, » le plus tard, celle qui est posée » en plate campagne, de terre » grasse, humide et froide, fournie » de complant de grosse » mouëlle. Et où qu'elle soit assise, » ny de quelles espèces complan- » tée, tousiours on choisira vn » beau iour pour la tailler, non » importuné de froidures ny d'hu- » midités. C'est pourquoy en vn » endroit faudra mettre la serpe » deuant l'hyver, et en l'autre » après. Le plustost est limité au » mois d'octobre, le plus tard en » celui de mars. Ceci est tout as- » seuré, que la taille primitiue » cause abondance de bois aux » uignes : et la tardiue, au con- » traire, n'en fait produire que » bien peu. L'obseruation de ces » deux contrariétés est dutout » nécessaire ». Il ne nous reste plus qu'un mot à ajouter sur cet article important de la culture de la vigne : si on taille trop tôt, c'est-à-dire, avant la chute entière des feuilles, avant que le bois ait acquis le terme de sa maturité, il ne restera pas aux plants trois ans d'existence. Ce fait est constaté par l'expérience et par une longue suite d'observations. Si on taille trop tard, après que la sève a repris son cours, la plus grande partie s'en dissipera en pleurs, en pure perte pour la végétation. L'époque redoutable par-tout pour la taille est celle des grands froids, parce qu'alors, comme le dit encore Olivier de Serres, *les froidures pénètrent dedans la vigne par ses grosses entrées.* Dans tous les cas, l'ouvrier doit choisir un beau jour et se pourvoir d'une serpette bien tranchante, pour éviter de faire éclater le bois. La coupure, comme pour former le haut d'une crossette, doit présenter la forme d'un bec de flûte ; elle résulte en effet du coup de poignet par lequel la serpette est tirée de bas en haut. Il est essentiel que la taille soit faite à un centimètre de distance de l'œil le plus voisin, et du côté qui lui est opposé. Par cette double attention, on évite que l'effet de la gelée, par laquelle le bois pourroit être surpris, ne s'étende jusqu'à la bourre ; on la préserve aussi de la chute de l'eau ou des pleurs dirigés vers elle par le talus de la coupure. Quand on voit le vigneron muni, pendant la façon de la taille, d'une ample provision d'onguent de Saint-Fiacre, pour couvrir les plaies qu'il est souvent obligé de faire à la souche, et employer adroitement le dos de sa serpette pour enlever les mousses naissantes, pour applanir les excavations qui servent d'asyle aux insectes malfaisans ou à leur ponte, on peut le juger un homme attentif et soigneux. Le maître peut se reposer jusqu'à un certain point sur sa vigilance. S'il commet quelques erreurs, elles seront plutôt l'effet de son peu d'instruction que de sa bonne volonté. N'espérez jamais autant du vigneron auquel vous aurez donné vos vignes à bail que du journalier que vous payerez bien. Le fermier ne fera rien pour ménager votre vigne, pour en prolonger la durée ; il fera tout pour en hâter la destruction : son intérêt le veut ainsi. Il taillera indifféremment sur le fort et le foible ; il n'a d'autre but que d'obtenir des récoltes abondantes ; vous serez bien heureux si la taille de sa dernière année de jouissance ne met pas un terme très-prochain à la vôtre ; car il ne taillera vraisemblablement qu'à vin ou qu'à mort, expressions qui sont synonymes quant à l'effet.

La nature a pourvu la partie supérieure des sarmens de la vigne de vrilles ou de tenons pour s'accrocher aux plantes voisines, se soulever à mesure que celles-ci croisent elles mêmes, et, par ce moyen, maintenir à une certaine distance de la terre les grappes suspendues à la partie inférieure des rameaux. La température de nos climats ne nous permettant pas de leur présenter des arbres ou des arbrisseaux pour supports, nous sommes obligés de les accoler à des pieux qu'on nomme échalas, pesseaux ou charniers formés de bois mort. La façon de les dresser et de les disposer les uns et les autres, n'est rien moins qu'indifférente pour la qualité des fruits de la vigne. L'ouvrier a prescrit, en quelque sorte, par la forme de la plantation et par l'exécution de la taille, la quantité de principes nutritifs destinés à être convertis en sève ; par le palissage, il dirige la marche de cette sève, il donne aux canaux qu'elle parcourt une direction plus ou moins propre à en faciliter l'élaboration. La plus mauvaise de toutes les méthodes de palisser, et malheureusement la plus commune, est celle par laquelle on contraint la sève de se porter verticalement de bas en haut, attachant et la tige et les sarmens à un pieu perpendiculairement planté près d'eux. La sève s'élance alors, et avec une rapidité étonnante, vers l'extrémité supérieure des pousses nouvelles. Elle ne peut ni séjourner, ni refluer vers les grappes ; elle est entièrement convertie en bois nouveau, et consommée par la formation de ces sommités qui, bientôt réunies en paquets, formeront ces têtes ridicules qui ombragent la terre, soustrayent les grappes à la lumière, aux regards bienfaisans du soleil, concentrent l'humidité sous leur ombrage, y appellent les gelées ou la pourriture, et sont enfin un obstacle funeste à la circulation de l'air. Quelle différence entre la qualité du fruit d'une vigne ainsi échalassée, et celui d'une vigne dont les rameaux ont reçu une direction oblique ou plutôt horizontale, par leur adossement à une sorte de bâti sur lesquels ils prennent la forme d'un contr'espalier! La sève est alors d'autant mieux élaborée qu'elle circule avec moins de véhémence ; elle est répartie de toutes parts dans une heureuse proportion ; toute la plante participe à l'influence, de l'air la nuit comme le jour ; il en résulte des fruits mieux nourris et une plus prompte maturité. Au reste cette méthode de palisser les vignes n'est rien moins que nouvelle ; les anciens l'employoient fréquemment ; ils donnoient à ces sortes de vignes le nom de *vites jugnatæ jugo simplici*, parce que la réunion des perchettes transversales aux pieux perpendiculaires leur donnoit de la ressemblance au joug militaire qui se faisoit en plantant verticalement deux lances sur lesquelles on attachoit horizontalement la troisième. Elle est même toujours en usage dans plusieurs vignobles de la Provence, du Languedoc, de la Franche-Comté, de la Guienne, de la Bourgogne et du Dunois. Le défaut qu'on remarque dans quelques uns de ces espaliers est de maintenir les fruits à une trop grande élévation, et dans d'autres de diriger les rameaux des plantes plutôt obliquement qu'horizontalement ; il vaut mieux en effet leur faire décrire une ligne arrondie ou demi-circulaire que seulement oblique. La plantation en échiquier, telle que nous l'avons conseillée, présente de grandes facilités pour exécuter ce genre de palissage. Elle permet de former les rangées en spirale, de les dresser en ligne droite ou oblique, suivant que l'une ou l'autre direction est prescrite par la pente plus ou moins rapide du terrain et par son exposition. La première est indispensable sur un plan très-incliné, parce qu'elle multiplie naturellement les soutiens de la terre. Evitez soigneusement de former des lignes palissées transversalement, c'est-à-dire qui présenteroient leur plan aux premiers regards du soleil, si la vigne a l'exposition de l'est ou du sud-est. Ses premiers rayons dardés sur toutes les lignes qui lui seroient parallèles, causeroient infailliblement la destruction de tous les jeunes bourgeons, pour peu qu'ils eussent été frappés par la gelée. Les cultivateurs savent que ce n'est pas le froid proprement dit qui détruit la grappe naissante, mais les rayons qui l'atteignent, après avoir traversé les cristaux de la gelée. Dans un site de cette nature, et dans tout autre où quelque cause que ce soit favorise l'humidité, établissez vos espaliers de bas en haut. Il en est tout autrement au plein midi.

A cette exposition, la vigne peut se présenter sans danger et dans toute son étendue aux regards du soleil; les lignes peuvent être parallèles à cet astre; avant de les frapper directement ses rayons ont échauffé l'atmosphère; la gelée n'existe plus, l'humidité du matin est dissipée, la plante elle-même est pénétrée d'assez de chaleur pour n'avoir plus à redouter celle du milieu du jour, quelque adurante, pour ainsi dire, qu'elle puisse être. Des cultivateurs de bonne foi nous objecteront sans doute que cette méthode d'espalier les vignes, quelque avantageuse qu'on la suppose, ne peut être généralement admise, parce que la cherté du bois ne permet pas de la mettre en pratique dans un grand nombre de pays vignobles. Je les prie de réfléchir qu'il suffiroit souvent pour palisser de la moitié du bois qu'on emploie en échalas, que c'est plutôt un autre disposition du bois qu'on emploie, un mode différent de le dresser, qu'une augmentation de bois, qu'elle exige. Le palissage des vignes est introduit depuis plusieurs siècles dans une partie de nos départemens méridionaux, où le bois est généralement plus cher que par-tout ailleurs, et où l'on donne même plus d'élévation à ces sortes de bâtis que l'intérêt, bien entendu du propriétaire ne l'exigeroit; ainsi ce seroit plutôt une diminution qu'un surcroît de dépense pour eux, qu'apporteroit la méthode dont nous parlons ici. Quant aux vignes moyennes dont on dispose les maîtresses branches

en équerre ou en gobelet, et dont on assujettit les sarmens, en leur faisant décrire un demi-cercle, à des échalas en trépied, parce que la nature du terrain ne permet pas, comme sur la côte du Rhône, de les introduire dans la terre, nous les avons déjà données pour exemple à ceux qui travaillent sur un sol et à des expositions analogues; ainsi la consommation du bois y reste dans la même proportion. Il ne s'agit donc que de ces vignes basses dans lesquelles un échalas, planté droit, soutient un cep avec tous ses accessoires. Dans la méthode proposée, nous dira-t-on, il faudra que le nombre d'échalas excède de beaucoup celui des ceps. Examinons cela. Combien de fois n'avons-nous pas vu de ces échalas sortir de terre de près de deux mètres, et auxquels étoient accolés des sarmens qui, après la rognure, ne s'élevoient pas à la moitié de cette hauteur? Toute la partie des échalas qui les dépasse n'est-elle pas en pure perte? pourquoi n'en convertiroit-on pas un seul en deux? Enfoncez ensuite chacun des pieux entre deux ceps ou à la distance d'un mètre trois ou quatre décimètres l'un de l'autre; et attachez transversalement, avec un brin d'osier, deux gaulettes; l'une vers le milieu, l'autre vers le haut de ces deux pieux. Les gaulettes peuvent être de tous bois, de noisetier, de châtaignier, d'aune, de bouleau, de peuplier, de saule et de toutes leurs variétés; rien n'empêche qu'on ne les forme du bois de la vigne elle-même. Il résulte souvent de la taille, des sarmens qui ont plusieurs centimètres de grosseur; ils ont alors toute la force nécessaire pour soutenir le foible poids dont on les chargera. Si un seul sarment étoit trop court, pourquoi n'en réuniroit-on pas deux, par un lien d'osier? Il ne s'agit pas ici de construire des treillages bien correctement maillés comme les espaliers et les contr'espaliers de nos jardins de luxe; il ne faut que fournir un point d'appui à de foibles rameaux, et les empêcher de ramper sur terre. N'est-on pas obligé de détruire et de reconstruire chaque année ces bâtis? Point du tout. Ayez l'attention de former vos pieux de bois sain, de cœur de chêne ou de châtaignier, et, après en avoir aiguisé en pointe et charbonné l'extrémité qui doit être enterrée, d'enduire la partie supérieure de deux couches de couleur à l'huile la plus commune, et seulement dans la hauteur de quelques millimètres; et vous aurez des pieux qui résisteront, pendant plus de vingt ans, à toutes les intempéries. La durée des perchettes transversales sera bien moindre, il est vrai. Chaque année, il en faudra même renouveler un certain nombre; mais pouvant les former du bois le plus commun, et, pour ainsi dire, de tout âge, la dépense de leur renouvellement partiel est très-inférieure à celle qu'entraînent annuellement l'arrachage et la remise en place des échalas ordinaires, les cassures qui se font, la perte occasionnée par le fréquent aiguisement, et les avaries et les déchets qu'ils éprouvent dans leur entassement en plein air, où ils deviennent même très-souvent la proie des voleurs.

Il nous reste à parler de l'échalassage des vignes naines, comme celles de Champagne, et de nos vignobles les plus septentrionaux. Le peu de distance qu'on y laisse, d'un cep à l'autre, ne permet guère de les palisser. Cependant, il est encore possible de donner à leurs rameaux une direction oblique et même demi-circulaire. Il suffit de dresser perpendiculairement l'échalas entre deux ceps, de tirer de droite et de gauche un bourgeon de chaque cep, après qu'il a jeté son premier feu, et qu'il a acquis assez de force pour résister à son déplacement. On fait passer ces deux sarmens l'un sur l'autre; on les attache sur le pieu, sans les serrer, et au point où ils se croisent. Si l'un ou si tous les deux se prolongent au delà de l'échalas, de manière à s'étendre sur le cep voisin, rien n'empêche qu'au moyen d'un osier attaché à leur extrémité, on ne leur fasse décrire une courbe en liant l'autre bout de l'osier à la tige ou à laisselle des branches du cep qui se présente naturellement à la main du vigneron. On ne négligera pas de mettre un certain ordre dans l'arrangement et la distribution des rameaux, commençant à employer les moins longs, et suivant l'ouvrage de bas en haut. Il n'est pas nécessaire de répéter, sans doute, combien sont grands les avantages de ces différens modes d'espalier la vigne, comparés à la méthode de la dresser verticalement. Celle-ci est tellement défectueuse, qu'on devroit même lui préférer la culture sans échalas, par-tout où les rameaux peuvent se soutenir d'eux-mêmes et ne pas ramper sur terre; encore, dans ce dernier cas, auroit-on la ressource dont on ne profite pas assez généralement sur les côtes de l'Aunis et des îles qui les avoisinent, d'assujettir les sarmens sur des fourchettes de bon bois, à la hauteur de trois à quatre décimètres. Il est beaucoup de vignobles dans lesquels on trouve des parties de terrain où on pourroit se passer et d'échalas et de palissades. Combien de coteaux couverts de vignes, dont les cimes arides et pierreuses fournissent si peu d'alimens séveux qu'on ne laisse à la taille qu'une ou deux flèches sur chaque cep ? Il en naît des rameaux minces et courts qui portent des grappes de bonne qualité, mais petites et proportionnées à la foiblesse du plant qui les produit. A quoi bon les échalasser ? On conçoit que, vers le milieu du coteau, où la végétation est forte, que vers le bas où elle est quelquefois même luxurieuse, il faut donner un appui aux sarmens ; mais sur la hauteur, où ils ne manquent pas d'air, où ils se soutiennent d'eux-mêmes, leur fournir des échalas, n'est qu'une dépense inutile et du temps perdu. L'usage de les employer, répond-t-on, est introduit dans la contrée; et on en met par-tout. Voilà le mal. L'agriculture ne fera de vrais progrès que quand les cultivateurs se rendront compte des motifs qui déterminent les diverses pratiques de leur art.

N'est-ce pas l'irréflexion seule qui leur fait commettre tant d'erreurs, relativement à la rognure, à l'ébourgeonnement et à l'épamprement de leurs vignes ? Par-tout où ces différentes façons sont d'usage, nécessaires ou non, non seulement on les étend indistinctement à toutes les parties du vignoble, à toutes les races, à tous les individus ; mais on les donne à des époques fixes. Cependant elles ne devroient avoir lieu que là où elles sont nécessaires, et quand elles sont indispensables ; et le temps et la nécessité de les employer ne peuvent être prescrits positivement que par l'état de l'atmosphère et par la manière dont le temps s'est comporté. Il est vrai de dire encore que si elles sont utiles à certaines espèces, à certains individus, il en est aussi pour lesquels elles ne sont qu'une maladroite mutilation.

Nous avons dit dans le chapitre de la physiologie de la vigne, que cette plante absorbe bien plus de principes nutritifs, qui se convertissent en sève, par ses pampres que par ses racines, et que l'absorption qu'elle en fait est d'autant plus grande, comparativement à la même fonction dans les autres végétaux, que ses feuilles sont plus nombreuses et qu'elles présentent des surfaces plus étendues. A peine ses premiers bourgeons ont-ils paru, que si la température est douce et l'atmosphère un peu humide, ils croissent avec une étonnante rapidité. Les grappes ne tardent pas à paroître ; le vigneron les contemple avec allégresse ; elles sont l'objet de de tous ses soins; il craint qu'elles ne manquent de nourriture; il ne voit qu'avec effroi le prolongement presque démesuré des sarmens; il craint que toute la sève ne se convertisse en bois, que les grappes n'en soient affamées, et que le raisin ne profite pas. Que fait-il alors? il prend le parti de rogner l'extrémité du bourgeon, pour forcer la sève de refluer vers la grappe. Elle reflue en effet, mais c'est pour s'échapper par tous les yeux inférieurs, et donner naissance à une foule des brindilles, de faux bourgeons et de branches chiffonnes que bientôt après le vigneron retranche, de crainte que tous ces rejetons ne vivent encore eux-mêmes aux dépens de la grappe : c'est ce qu'on nomme ébourgeonner. Enfin, dans les mêmes vues, et pour donner de l'air au fruit, il opère sur les feuilles, vers la fin de l'été, un troisième retranchement qu'on appelle épamprer. Il résulte de très-bons effets de tous ces procédés quand ils sont mis en usage à propos, qu'ils sont employés avec discernement sur des sujets jeunes et vigoureux, plantés dans un sol fécond, et à température plutôt douce que chaude; seulement le cultivateur se trompe quand à leur effet. Ce n'est pas parce que la sève manquera au raisin, quel que soit le volume des branches et des feuilles du cep qui le porte, qu'il est quelquefois utile d'en retrancher une partie; mais au contraire, parce qu'il résulteroit de tous ces nombreux produits de la végétation, une sève tellement abondante, que

Tome X.

la chaleur commune seroit insuffisante, dans la plupart de nos climats, pour l'élaborer et la convertir en muqueux-sucré. S'il en étoit autrement, les plants les plus petits ou les plus vieux, les foibles cépages, les races les plus délicates gagneroient, dans les terres les plus arides, à supporter ces diverses façons; cependant l'on sait, par expérience, qu'ils n'y survivroient pas long-temps. S'il en étoit autrement, on rogueroit, on ébourgeonneroit, on effeuilleroit dans les climats les plus chauds où la végétation de la vigne est bien autrement active et luxurieuse que dans nos vignobles du centre et du nord de la France; et cependant ces divers procédés y sont inconnus. On n'arrête point la vigne, on ne l'ébourgeonne point, on ne l'effeuille point en Sicile, en Italie, en Espagne, ni même en Provence, en Languedoc, en Guienne, en Angoumois, ni sur la côte du Rhône; et le raisin n'y acquiert pas moins le volume et le degré de maturité qui conviennent pour la perfection de ce fruit : c'est que la chaleur du soleil y supplée dans ces contrées. Au reste, si vous êtes obligés de l'employer dans toute l'étendue ou dans une partie de votre domaine, sur tous les individus ou sur quelques uns seulement, employez la serpe pour roguer et pour ébourgeonner, et les ciseaux pour effeuiller. N'imitez pas, pour donner la première de ces façons, ces maladroits cultivateurs qui empoignent d'une main plusieurs bourgeons à la fois, les compriment en paquet, et, de

G g

l'autre, les tordent et les déchirent impitoyablement; de là une foule d'éclats, d'esquilles, de filamens et de lambeaux qui empêchent la plaie de se cicatriser. Si vous coupez le bourgeon net, au milieu d'un nœud, cette plaie sera bientôt fermée. N'arrêtez pas votre vigne avant qu'elle ait fleuri, avant même que son fruit soit noué, vous l'exposeriez trop au danger de la coulure. En contrariant le cours de la sève, au moment d'une crise délicate, vous l'obligez de rétrograder vers la grappe; et le plus souvent la coulure, n'est due qu'à la surabondance de sève qui se porte vers elle. Les vignerons ne suivant aucune règle particulière, sur l'époque de la rognure, on ne doit pas être surpris de ce que les vignes coulent si fréquemment. Puis leur manière de rompre au hasard les bourgeons, mutile souvent les grappes; car tous ces bourgeons réunis et rompus à tort et à travers, ne sont pas de la même longueur. Il importe assez peu qu'un sarment reste long; mais on fait grand tort à celui qu'on rabaisse outre mesure. Quand on rabat trop bas les mieux nourris, ils repoussent nécessairement de toutes parts des rejetons ou de faux bourgeons desquels résultent quelquefois des grappes nuisibles, parce qu'elles sont trop tardives. En donnant le coup de serpette, pour détruire ces brindilles, opérez toujours de bas en haut, pour éviter de faire des éclats ou d'éteindre le bouton voisin. Quand aux tenons ou vrilles, il importe assez peu de les retrancher ou de les laisser subsister. Les expériences comparatives, faites à cet égard, n'ont donné aucun résultat positif.

On effeuille les vignes, et pour modérer le cours de la sève, et pour procurer au raisin le contact immédiat des rayons du soleil et lui faire prendre, ou cette belle couleur dorée, ou ce velouté pourpre, indices de la saveur et souvent de la formation du muqueux-sucré. Cette opération est très-délicate; elle doit être faite à plusieurs reprises et ne commencer que quand le raisin a acquis presque toute sa grosseur. Si on effeuille trop, le raisin sèche et pourrit avant de parvenir à son point de maturité, sur-tout dans les automnes pluvieux, parce qu'alors le muqueux-doux, noyé dans une trop grande quantité de véhicule aqueux, ne peut plus se rapprocher, et dans un temps sec, il se fane, se ride; la rafle même se sèche. Ce n'est pas tout, les bourgeons encore verts qui ne sont pas aoûtés ne mûriront point; ceux qui commencent à l'être cesseront de profiter; et les boutons n'ayant point reçu, de la part des feuilles, leur complément de végétation, ou avorteront l'année suivante, ou s'ils font éclore des grappes, elles couleront.

En 1763, le raisin ne mûrit dans presque aucun de nos vignobles; les meilleurs cantons de Bourgogne et de Champagne ne donnèrent que du vin médiocre. Quelques vignerons mirent tout leur raisin à découvert, et d'autres effeuillèrent sagement. Celui des premiers mûrit moins que celui des derniers. Il faut donc mettre beaucoup de prudence en effeuillant, commencer par peu, aller toujours en augmentant, et s'arrêter, dès que l'on s'apperçoit que la pellicule du raisin commence à se rider et le grain à se ramollir : cet indice est certain.

Section IV.
Des labours, des engrais et du goût de terroir.

Il est utile, et même indispensable, de donner des labours à la vigne. Les labours divisent la terre, la rendent perméable à l'humidité et susceptible d'être pénétrée par les rayons du soleil; ils la nettoyent d'une foule d'herbes dans lesquelles la vigne se perdroit, pour ainsi dire, si l'on n'avoit le soin de les extirper, et à plusieurs reprises, dans le courant de l'année. Une vigne non labourée n'est qu'une chétive plantation forestière ; les lichens et les mousses ne tardent pas à couvrir ses tiges qui, dès-lors, ne donnent plus que des rameaux frêles, des feuilles étroites et minces. Ses fruits ne mûrissent jamais, et ressemblent dans tous les points à ceux des vignes incultes qui croissent dans les haies de nos provinces méridionales. Sans les labours, un jeune plantier ne prendroit pas même racine; et, dans le nord de la France, une vigne faite ne vivroit pas trois ans sans labours.

Cependant, il ne faut pas appliquer à la vigne tous les avantages qu'on attribue, dans les autres genres de culture, à la fréquence des labours. La vigne est une plante vivace qui, bien cultivée, est susceptible de prospérer dans le même terrain pendant une longue suite d'années. A peine est-elle sortie de l'enfance, que tout le chevelu qui part de son colet, s'étend en tout sens, mais à peu de profondeur, dans toute l'étendue de la terre qu'on lui a consacrée. Les racines de la partie inférieure plongent et pénètrent plus avant en terre ; le fer du laboureur ne peut les atteindre, mais elles contribuent beaucoup moins que les premières à la nutrition de la plante, parce que celles-ci sont frappées par la lumière, et qu'elles trouvent à leur portée les substances alimentaires que l'air dépose à la surface de la terre. Aussi devroit-on proscrire par-tout l'usage introduit dans quelques vignobles d'ébarber les ceps, c'est-à-dire, de racler la souche avec un instrument tranchant, pour en détacher tous ces précieux filamens, qu'on traite comme des gourmands ou des parasites, tandis qu'ils sont les premiers moyens employés par la nature pour opérer la végétation, et qu'ils doivent être considérés comme les organes les plus utiles à la plante. Non seulement il est absurde de l'en dépouiller, mais il ne faut pas ignorer qu'ils ne veulent être, ni fréquemment mis à découvert, ni sans cesse tourmentés et dérangés de leurs fonctions. Il peut résulter d'aussi graves inconvéniens du trop de labours que des labours donnés à contre-temps, à de certaines époques de la végétation, et pendant ou immédiatement après certaines manières d'être du temps. On est quelquefois surpris de ce qu'une vigne jeune et vigoureuse tombe tout-à-coup dans un état de longueur. On voit ses feuilles pâlir et s'incliner, la croissance du raisin s'arrêter; on attribue le mal dont elle est atteinte à de mauvais vents qui n'ont pas soufflé ; à des insectes qui n'ont pas paru; à la privation des engrais dont elle n'avoit pas besoin: le cultivateur s'alarme, voit la cause de ce mal partout où elle n'est pas ; car le plus souvent il est l'effet d'un labour donné mal-à-propos, ou en temps inopportun.

Trois labours au moins sont nécessaires à la vigne, et paroissent suffire à sa prospérité. Le premier doit avoir lieu d'abord après la taille, sitôt que le terrain est débarrassé des sarments qu'elle a supprimés. S'ils étoient encore attachés aux ceps, ils seroient un obstacle continuel à l'exécution du travail; l'ouvrier perdroit son temps et ne trouveroit à s'en dédommager, qu'en faisant une mauvaise besogne. Le premier labour peut donc avoir lieu, dans les climats chauds, dès la fin de l'automne, c'est-à-dire, là où il est avantageux que l'humidité de l'hiver pénètre jusqu'aux racines inférieures de la plante ; autrement la terre, dont elles sont entourées, se maintiendroit constamment compacte ou en poussière, selon sa nature. Dans les vignobles où la taille a lieu à la fin de l'hiver, le labour ne peut la suivre de trop près, afin que la terre soit essorée non seulement avant l'épanouissement de la fleur, mais même, si cela est possible, avant l'apparition du bourgeon. La terre nouvellement remuée se couvre de vapeurs qui provoquent les gelées ; on courroit risque d'en voir frapper les productions nouvellement écloses. Le labour ne doit pas être d'égale profondeur dans toutes les terres, ni sur toutes les parties du même coteau. Les terres un peu compactes veulent être remuées plus profondément que les terres sèches et pierreuses; vers le bas des pentes où les racines sont beaucoup plus enterrées qu'on ne le désireroit, il faut pénétrer plus avant que sur les crêtes où les racines resteroient à nu, si on ne modifioit ce travail avec intelligence. Labourez dans les vallons et dans les terres liées jusqu'à un décimètre de profondeur; mais ne donnez que six ou sept centimètres de guéret aux terres légères et dans les pentes escarpées. Les meilleures vignes étant presque toujours en côte, l'ouvrier doit se placer en travers pour exécuter le labour. De haut en bas, l'attitude seroit trop gênante ; il ne pourroit la supporter. S'il travailloit de bas en haut, il attireroit toutes les terres sur la partie basse, vers laquelle elles ne se portent d'elles mêmes que trop facilement : il ne peut que résulter de nombreux inconvéniens de la manie de déchausser les racines de la vigne avant l'hiver, de les mettre à découvert pour ramener la terre qui les couvre entre deux rangées de ceps, où on lui donne la forme d'un sillon très-bombé. Cette plante est originaire des climats chauds de l'Asie; le froid est son ennemi le plus redoutable; disposer ses racines de manière à être mises en contact avec la glace, le givre, les frimas, c'est lui préparer un traitement tout-à-fait opposé à sa nature. Loin de tourmenter ses racines, en exécutant le labour, il faut au contraire, que l'instrument qu'on emploie ne fasse, pour ainsi dire, que planer sur la terre qui avoisine le cep de plus près. La forme de l'instrument dont on se sert doit varier comme la nature du terrain. La bêche, par exemple, ne peut pénétrer un sol rude et pierreux; d'ailleurs, la surface de son tranchant est trop étendu pour qu'on ne risque pas sans cesse de meurtrir un grand nombre de racines. On en fait usage cependant dans quelques uns de nos vignobles du nord; et nous convenons l'avoir vu employer en terre douce avec tant de dextérité, qu'il en résultoit un excellent travail; mais les ouvriers aussi adroits, aussi soigneux que ceux par qui elle étoit dirigée, sont, en général, si rares, qu'on ne peut en conseiller l'usage pour le labour des vignes. L'effet de la fourche est presque nul dans un sol propre à cette plante; la terre s'échappe de tous côtés à travers les branches qui la composent. Le crochet n'est pas dangereux, mais il exécute mal; il ne remue pas assez la terre; il ne la déplace pas; il ne fait que la sillonner. De tous les instrumens de labour, le plus propre à celui de la vigne, c'est la houe. Mais la houe se modifie de trois ou quatre manières; savoir: la houe commune ou presque quarrée, la houe triangulaire ou en forme de truelle, la houe bifurquée et la houe à trois branches. Il s'agit de bien appliquer, et pour la commodité de l'ouvrier et pour la perfection du travail, l'une de ces formes à l'espèce de terre qu'on laboure; et, comme la nature de la terre varie souvent dans le même vignoble, dans la même vigne, il est rare qu'une seule de ces formes suffise pour bien exécuter le labour d'une vigne d'une certaine étendue. La houe commune est préférable aux autres dans une terre douce; la houe triangulaire convient aux terres grouetteuses; et celles à deux ou trois divisions, aux terres plus ou moins pierreuses ou caillouteuses.

Pour commencer le premier labour, je suppose la vigne en pente et ayant l'exposition du sud; l'ouvrier se place au plus haut point du coteau et de manière à s'acheminer en travers de la pente, comme je l'ai déjà dit. S'il a le midi à sa droite, il tire la terre un peu obliquement de bas en haut et, par conséquent, de droite à gauche. Quand il est au bout de la première rangée, il revient au point sur ses pas pour commencer la seconde, mais il entre sur-le-champ dans la deuxième. Ayant dans cette position le soleil à sa gauche, il tire la terre obliquement à lui de bas en haut et de droite à gauche. Ce travail étant exécuté dans toute l'étendue de la vigne, sa surface doit présenter une suite non interrompue de petits sillons qui se prolongent en serpentant depuis la cime jusqu'au bas de la côte. Leur aspect rappelle les flots d'une nappe d'eau soulevée par un orage.

On donne le second labour d'abord après que le fruit est noué. On y procède comme au premier, à la seule différence que le vigneron se place pour le commencer, sur le point où il avoit fini le travail de la première rangée, au lieu d'avoir le midi à sa droite, il l'a à sa gauche; il conserve aux sillons qu'il crée leur ligne d'obliquité, mais dans un sens opposé au premier. Il tire la terre de gauche à droite, et de manière à ce que la partie qui étoit creuse devienne bombée à son tour. Ce second labour est nommé, dans plusieurs vignobles, binage, premier binage, raclet, premier raclet; mais ces expressions sont impropres, parce qu'elles donnent l'idée d'un travail plus léger, plus superficiel qu'il ne doit être. Le second labour n'est guère moins important que le premier: la terre n'est par-tout complètement remuée qu'après l'avoir reçu.

Le troisième est plutôt, en effet, un binage, un sarclage, qu'un labour proprement dit; aussi peut-il être exécuté avec plus de promptitude et avec un instrument moins lourd. Il a pour objet d'étendre la terre, d'égaliser la surface, d'extirper les herbes dont les pluies du solstice favorisent la germination et l'accroissement et d'attirer les rosées. Les gelées n'étant plus à craindre, il est bon que la terre se pénètre d'humidité pour la restituer aux plantes qui en sont alors d'autant plus avides que c'est le moment où le raisin va prendre de la grosseur. Les circonstances météorologiques ne sont rien moins qu'indifférentes pour la perfection des labours de la vigne; aussi doit-on les avancer ou les retarder de quelques jours, suivant l'état du ciel. Un labour donné immédiatement après de longues pluies est désastreux dans les terres un peu compactes. On ne coupe alors la terre que par mottes qui, au premier coup de chaleur, se durcissent en pierres; n'étant plus divisée, elle est privée de la qualité spongieuse qui la rend propre à s'imprégner des substances aériennes qu'elle doit tenir en réserve pour le besoin des ceps. Si la terre est trop sèche, si la chaleur est excessive quand on donne le troisième labour, on favorise l'évaporation du peu d'humidité subterrannée qui rafraîchissoit encore les racines, on expose la plante à la brûlure; les feuilles jaunissent, tombent, la végétation s'arrête; le fruit ne grossit plus; il se dessèche et ne peut mûrir. C'est à la suite d'une pluie douce, et après que le raisin a tourné, qu'il est plus avantageux de donner le troisième labour. On dit, après que le raisin a tourné, parce que pendant la durée de cette seconde crise de la végétation, la vigne doit être impénétrable à tous. La nature veut opérer ce travail, comme celui du nouement, seule, dans le silence, et, pour ainsi dire, dans le mystère.

Le dernier labour a sur-tout pour objet de purger la terre de

toutes les herbes qui consommeroient une partie de la substance nutritive de la vigne, qui attireroient sur elle une humidité surabondante et favoriseroient les gelées d'automne. Celles-ci ne sont pas moins funestes que les printanières. Les gelées du printemps détruisent une partie de la récolte; celles de l'automne la détériorent en entier, parce qu'elles sont un obstacle à la maturité du fruit. Aussi, indépendamment des labours, Olivier de Serres donne-t-il au cultivateur le conseil de visiter souvent sa vigne « pour
» prévenir le dommage qu'elle
» pourroit recevoir des larrons, du
» bestail, des vents, du traisner
» des raisins par terre, du crois-
» sement des herbes et autres évé-
» nemens; la secourant, selon les
» occurences, jusqu'à la vendange.
Les différentes familles des herbes ne croissent pas indistinctement à toutes les températures. Celles qui se plaisent à l'ombre des bois, sur le bord des ruisseaux, dans les prairies, ne sont pas à redouter pour nos vignes; mais il en est d'autres, et nous en comptons trente espèces au moins qui préfèrent à tout un sol sec, graveleux, un air chaud, en un mot, le genre de terre et la température propres à nos vignes. Toutes sont dangereuses comme parasites, comme attractives de l'humidité et des gelées; et il en est un certain nombre dont les émanations communiquent au vin un goût déplaisant et que l'art de le fabriquer n'est point encore parvenu à détruire.

Les plantes qui croissent le plus communément dans nos vignobles sont les merculiales, *mercurialis annua*, *mercurialis perennis*; l'arroche, *chenopidum vulvariæ*; les chiendents, *triticum repens*, *panicum dactylon*; l'oreille de souris, *myosatis arvensis polygoni folio*; le mouron, *anagallis arvensis*; la fumeterre, *fumaria officinalis*; la pariétaire, *parietaria officinalis*; la crapaudine, *sideritis hirsuta*; l'épurge, *euphorbia lathyrus*; le laiteron, *sonchus oleraceus*; la vermiculaire, *sedum acre*; l'orpin ou la joubarbe des vignes, *sedum telephium*; la morgeline, *alsine media*; le pourpier-aroche, *atriplex patula*; le porreau, *allum porrum*; la scabieuse, *scabiosa arvensis*; les liserons, *convolvuli*; les aristoloches, *aristolochia clematitis*, *aristolochia longa*; la morelle, *solanum nigrum*; le pissenlit, *leontodon toroacum*; la piloselle, *hieracium pilosella*; les soucis, *calendulæ*; les chardons, *cardui*; la mâche, *valeriana locusta*; l'héliotrope, *heliotropum europeum*; la roquette, *bunias erucago*; la rave, *brassica rapa*; la ronce, *rubus fructicosus*; le coquelicot, *papaver rhœas*; la fougère, *pteris aquilino*; le pas-d'âne, *tussilago farfara*. Parmi ces plantes il en est dont les racines traînantes comme les chardons, les liserons, sont tellement vivaces que, pour peu qu'il en reste quelque partie adhérente à la terre, tout individu se renouvelle en peu de jours. Le cultivateur vigilant ne peut se dispenser de les porter hors de sa vigne à mesure qu'il laboure ou qu'il sarcle. Il en est d'autres qui auroient bientôt repris racines si on ne les arrachoit qu'à demi, ou si on ne les enfouissoit pas en entier; le remuement imparfait de la terre leur serviroit de culture. Quant à celle dont la tige est molle, la feuille charnue, la racine peu velue, il suffit d'un coup de houe ou de binette pour les détruire sans retour; couchées sur la terre, exposées aux rayons du soleil, elles perdent en un instant le mouvement végétatif et tous les moyens de le recouvrir. Il n'est pas douteux que le labour à la main a de grands avantages pour nettoyer le terrain et pour le retourner dans tous les sens sur celui qu'on exécute avec la charrue ou l'araire. Le cultivateur armé de sa houe pénètre la terre autant et pas plus qu'il ne le veut; il évite aisement d'atteindre la souche ou les racines des ceps; il ne casse point les rameaux; il ne froisse aucune grappe; maître absolu de tous ses mouvemens, il dirige à son gré l'instrument dont il se sert. Le labour à la charrue est plus expéditif et moins coûteux, il est vrai; mais combien il est imparfait! de combien d'accidens n'est-il pas suivi? La terre renversée par bandes, n'est jamais complètement remuée; le plus souvent le soc n'arrache pas, mais il déplace et replante les herbes qu'il importe essentiellement de détruire: quelle que soit l'adresse de celui qui le dirige, quelque attention, quelque bonne volonté qu'il mette à bien faire, entrez dans la vigne quand il en est sorti, parcourez son ouvrage, et vous trouverez à peine quelques sillons parfaits; vous verrez des ceps renversés, des racines en l'air, des grappes détachées, des rameaux épars, et vos yeux n'appercevront qu'une foible partie du mal; les meurtrissures, les déchiremens faits aux souches et aux racines sont innombrables; mais la terre les soustrait à vos regards. Les inconvéniens, les imperfections du labourage de la charrue sont trop évidens pour que les propriétaires qui l'emploient, essaient même de se les dissimuler. Mais ils allèguent pour se justifier, la rareté des bras, quoiqu'il n'y en ait guère moins d'oisifs dans nos provinces méridionales qu'ailleurs. Nous trouvons d'amples dédommagemens des vices de nos labours, disent les cultivateurs de ces contrées, dans la maturité de nos raisins, favorisée par une température plus chaude et dans l'absence des gelées, fléaux dont sont frappées si souvent les vignes du centre et du nord de la France. Il faudroit un meilleur raisonnement pour justifier un pareil abus; plus un climat est propre à un genre de culture, plus on doit mettre de soins à le seconder. Et puis, quand on considère la négligence d'un grand nombre de ces propriétaires à faire un meilleur choix de cépages, à diminuer des trois quarts le nombre des races ou des variétés qui peuplent leurs vignes, le peu d'attention qu'ils mettent dans la fabrication de leurs vins, on a bien le droit de soupçonner leurs calculs

culs d'inexactitude. Est-il vraisemblable qu'il puisse y avoir du bénéfice à mal façonner son bien, ou à ne le façonner qu'à demi, surtout dans les pays où la nature est si bien disposée, comme dans nos départemens méridionaux, à seconder les efforts du cultivateur? Les mêmes raisons peuvent être employées à combattre le système des vignerons du nord, qui croient gagner beaucoup à beaucoup fumer leurs vignes. Par ce moyen ils obtiennent, à la vérité, des récoltes plus abondantes, plus de vin ; mais un vin sans qualité, qui n'est jamais de garde, et qui rappelle souvent quand on le boit l'odeur des substances dégoûtantes qui l'ont produit. Comment peut-on croire qu'il y ait de l'avantage à détériorer sa récolte, à faire perdre aux productions de son domaine la réputation dont elles jouissoient, ou à les priver de celle qu'elles sont susceptibles d'acquérir? Comment peut-on s'imaginer qu'il y ait du bénéfice à fabriquer un vin qu'on est forcé de vendre tout chaud, au sortir de la cuve, quand on pense que souvent sa valeur seroit quintuplée après deux ou trois ans de garde?

Le fumier communique à la vigne une nourriture trop abondante. Le suc nourricier, réduit en gaz, et reçu par les orifices des racines capillaires et par les trachées des feuilles, pénètre et circule dans les conduits séveux, forme la charpente de la plante, et lui fournit la substance des jets, des feuilles, des fleurs, et des fruits; plus le suc nourricier est abondant plus le diamètre des vaisseaux se distend ; et le cours de la sève est d'autant plus rapide, que les canaux qu'elle parcourt ont plus de capacité ; ainsi la sève circule moins élaborée ; il n'en peut résulter qu'un vin plat, insipide, dénué des principes de l'alkool. D'ailleurs cette abondance de la récolte, cette brillante végétation ne sont, en quelque sorte, qu'illusoires, parce qu'elles ne peuvent être que passagères. Dans les vignobles où la méthode de fumer est introduite, on ne fume guère que tous les dix ans. Il n'est pas douteux que l'effet des fumiers est très-remarquable pendant les trois ou quatre premières années qui suivent leur introduction dans la vigne ; mais une année de plus, et les ceps languissent déjà. Ne trouvant plus ni la même nourriture, ni la nourriture abondante à laquelle on les avoit accoutumés, ils souffrent de cette privation et souvent en succombent. On perd ainsi une partie de ses plants par trop ou trop peu de nourriture.

Le fumier, composé de litières nouvellement sorties des étables et des écuries, doit être absolument proscrit des vignes, de même que les dépôts des voieries et les gadoues ; mais la vigne peut recevoir, et souvent il est avantageux de lui donner des amendemens ou des engrais qui suppléent à la maigreur de la terre, à son épuisement, ou à ce qu'elle laisse à désirer, pour le plus grand avantage de ce genre de culture. Aucun engrais ne paroît lui mieux convenir que la terre végétale proprement dite ;

Tome X.

H h

elle résulte de la décomposition des végétaux. Les mousses, les feuilles, les gazons mêlés ensemble, réunis en grandes masse, et abandonnés pendant deux ans à l'effet de la fermentation, forment cet engrais par excellence. Cependant, comme il est souvent impossible de se procurer, en quantité suffisante ces principes du meilleur des amendemens, les cultivateurs les plus intelligens ont recours aux terres qui résultent du curage des rivières, des étangs, des fossés, aux balayeurs des chemins et des rues; ils en forment des monceaux composés alternativement d'une couche de ces sortes de terres, et d'une couche de vieux fumier de bœufs ou de vaches, de chevaux ou de bergeries; ils laissent hiverner ce mélange, le remuent ensuite à la bêche, dans tous les sens et à plusieurs reprises pendant une année, après laquelle ils le transportent dans les vignes. Les qualités des différens engrais étant très-inégales, on ne doit se déterminer pour la préférence qu'on donne à l'un sur les autres, que d'après la nature et l'exposition du terrain qui doit le recevoir. Tel engrais seroit mortel pour les ceps d'un vignoble, pour ceux qui sont placés dans certaines parties d'une vigne, et qui, d'ailleurs, dans le même canton, dans d'autres parties de la même vigne ranimeroit la végétation, revivifieroit les plants, les rajeuniroit en quelque sorte. On amende les parties les moins sèches des vignes en y répandant du sable; et sur-tout du sable des ravins, parce qu'il est constamment mêlé d'humus; avec des coquillages, des marnes et autres substances calcaires; on peut leur donner pour engrais les cendres, la suie, la colombine, la poulnée, et même les matières fécales; mais il est indispensable que celles-ci aient été long-temps exposées à l'air, et qu'elles soient réduites en poudrette. Tous doivent être mêlés en général avec de bonnes terres franches, pour en rendre l'effet moins actif et plus durable. S'il est des circonstances où il soit avantageux de les distribuer seuls et sans aucun mélange, comme sur des terres excessivement humides, vu leur conversion en vigne, on ne doit les répandre qu'à la main, par poignée, comme on sème le blé. La terre végétale seule est capable de ranimer pour plusieurs années la végétation des ceps qui languissent dans les terrains maigres et vers la crête des coteaux les plus élevés. Ainsi le grand art d'amender et de fumer réside dans la connoissance de l'effet des différens engrais, et dans leur application proportionnée au besoin des différentes espèces de terres. En les composant, en les mêlant avec des terres franches ou végétatives, dans la mesure d'une moitié, d'un tiers ou d'un quart; et même en n'employant que du sable, de la marne, ou seulement de la terre, on modifie à volonté l'effet de tous. Quelques cultivateurs ont employé des raclures de cornes, dans la proportion de vingt hectolitres par demi-hectare; quelques vignerons des environs de Metz font usage des ongles des pieds de mouton ; un nommé Lambert, cultivateur de vignes, dans le voisinage de Couson, se servoit des retailles des étoffes de laine qu'il achetoit aux tailleurs et aux frippiers. Toutes ces matières ont réussi, comme engrais de la vigne ; elles contiennent en effet beaucoup d'hydrogène et de carbone, deux des principaux agens de la végétation ; enfouies dans la terre, leur décomposition est lente, presqu'insensible, et ne peut guère entraîner d'autre inconvénient que de communiquer au vin quelque goût particulier ; mais la difficulté de s'en procurer en quantité suffisante pour les grandes exploitations, ne nous permet pas de nous en occuper ici particulièrement, parce que nous n'avons en vue que d'établir les principes généraux de la culture des vignes.

L'automne est le temps qu'on choisit ordinairement pour le transport des engrais. Le cultivateur est moins pressé de travail pendant cette saison que dans les autres ; les terres, les engrais sont moins pesants et plus faciles à charroyer, parce qu'ils n'ont pas encore été pénétrés par l'humidité des pluies. On les transporte à dos d'ânes, de mulets ou de chevaux, dans des paniers dont le fond est à charnière d'un côté et tenu clos de l'autre, par le moyen d'une cheville. Il suffit de la tirer pour que, par l'effet du poids, le fond s'ouvre et la décharge s'opère. On laisse l'engrais ainsi amoncelé, d'espace en espace ; et la combinaison achève de s'opérer entre les différentes parties dont il est composé, en attendant le moment de l'étendre. Dans les vignes à pentes douces, on emploie les voitures à ce transport ; et, de toutes celles que nous connoissons, il n'en est point de plus commode pour terrer ou terrotter non seulement les vignes mais tous les champs, à quelque sorte de culture qu'ils soient consacrés, que le petit tombereau à bascule et en forme de trémie, qu'on nomme *Perronet*, du nom du célèbre ingénieur qui l'a inventé. Un enfant de quatorze ou quinze ans peut le charger, le conduire et le décharger avec la plus grande facilité. On pénètre dans la vigne par les allées qui ont dû être formées au temps de la plantation, soit pour séparer entr'elles les races et les variétés des cépages, soit pour exporter la vendange. Elles servent aussi de dépôt aux engrais jusqu'à ce qu'ils soient répartis dans les massifs avec des hottes ou des paniers ; travail dont les femmes et les enfans s'occupent à mesure qu'on taille et immédiatement avant le premier labour. En le donnant, on mêle l'engrais avec la terre, pour faciliter leur combinaison ; on l'enfouit pour le soustraire à l'air ; autrement il attireroit l'humidité et favoriseroit les gelées. On doit l'étendre le plus également qu'on le peut sur toute la surface du terrain, et non par poignées au pied des ceps : ce n'est pas à un ou deux centimètres de la souche que sont placés les orifices des racines ; elles se sont traînées bien au delà ; d'ailleurs, elles savent s'étendre, se détourner, s'il le faut, et aller chercher l'engrais par-tout où il se trouve.

La méthode de fumer la vigne tout à la fois est à réformer. D'abord, le besoin d'engrais n'est pas par-tout le même; et s'il résulte quelqu'accident de celui qu'on a employé, comme des obstructions dans les canaux séveux, une végétation forcée ou quelque mauvais goût au vin, n'étant que partiel, l'effet en sera, pour ainsi dire, insensible. Il est donc préférable de n'amender annuellement qu'une certaine quantité de terre, et de renouveller les engrais plus souvent et avec discrétion, que d'en employer beaucoup à la fois et seulement tous les dix ans.

Les fumiers frais, les engrais tirés des voieries, les matières fécales non encore converties en poudrette, ne sont pas les seules substances qui impriment au vin un mauvais goût, et que, par une expression impropre, on nomme généralement goût de terroir. La vigne est douée d'une telle force d'aspiration, qu'elle attire, pompe et s'assimile toutes les substances vaporisées, suspendues dans l'air, ou combinées avec l'eau qui sert de véhicule à ses principes nutritifs. On devroit distinguer, je crois, deux sortes de goût de terroir; goût naturel, goût artificiel de terroir. Le premier est dû à la dissolution, à la vaporisation d'une partie des substances minérales et métalliques qui composent le sol de certains vignobles. Ces dissolutions, ces vaporisations opérées par l'action continuelle de l'air, par la chaleur, et par l'humidité atmosphérique, se confondent avec les élémens de la sève, s'introduisent avec eux dans les plantes, et restent suspendues dans toutes les parties qui les composent. Tel est sans doute le principe du goût de terroir naturel, et qu'on désigne dans certains vins, sous les noms de pierre à fusil, de goût de truffe, de violette, de framboise, etc. Ces goûts sont inhérents à la nature du sol et indépendans de la volonté et du travail des hommes; d'ailleurs ils sont plutôt remarqués comme une qualité, que comme un vice dans le vin. Mais il n'en est pas ainsi du goût de terroir artificiel. On peut attribuer celui-ci à plusieurs causes différentes. Tantôt il est dû aux émanations odorantes de la corolle, et quelquefois même des feuilles de quelques plantes qui croissent dans certains crûs de vignes et qu'on néglige de détruire à temps, telles que l'aristoloche, le souci, la verveine, la mercuciale, la ronce, etc. Tantôt il résulte des parties gazeuses des fumiers frais, des excrémens humains, des engrais tirés des voieries et de ceux formés des plantes grasses qui croissent sur les bords de la mer. Quelquefois il s'uffit qu'une vigne soit exposée à la fumée d'un four à chaux, d'un fourneau de charbon ou de quelque usine où l'on consomme du charbon de terre, pour que la vigne s'en imprègne et transmette au vin un goût détestable. Les vignes plantées sur des coteaux situés sous le vent de ces fumées sont beaucoup plus susceptibles de s'imprégner de leur odeur, que celles de la plaine. Cette différence doit être attribuée sans doute à l'effet de l'ascension naturelle de la fumée qui, portée par le vent, est retenue, et pour ainsi-dire, condensée par l'opposition que la coupe verticale et l'élévation du terrain forme à sa raréfaction. Ce fait est constant et reconnu par tous les propriétaires de vignobles voisins des fours à chaux. Il suffit de voir s'élever un de ces fours, pour que l'alarme se répande aux environs, dans la crainte bien fondée de la détérioration du vin et de la diminution de plus de la moitié de son prix.

Il paroît 1°. que c'est vers l'époque où le raisin touche à sa maturité et que l'enveloppe de ses baies et toutes les parties de la plante sont parvenues au plus haut degré de leur dilatation que les substances fuligineuses s'implantent, pour ainsi-dire, dans la pellicule des grains et dans le tissu cellulaire des rafles; aussi les habitans de Beaune, qui ont un si grand intérêt à conserver à leur vin toutes ses qualités et toute sa délicatesse, se font-ils une loi de ne brûler dans les rues, pendant les quinze jours qui précèdent la vendange, ni feuilles, ni paille, ni chenevottes, de peur que la fumée n'imprime quelque mauvais goût au vin.

2°. Que le goût de certaines substances gazéifiées auxquelles l'eau ou les élémens de la sève ont servi de véhicule, pour les introduire dans la plante, est masqué dans le fruit par le muqueux-sucré et mis à nu dans le vin par l'effet de la fermentation, puisqu'on ne l'apperçoit pas dans le fruit lorsqu'on le mange. Henckel a remarqué que des grains, pour la récolte desquels on avoit employé des excrémens humains, avoient donné une bière du plus mauvais goût. Le célèbre Rouelle a analysé à plusieurs reprises, devant ses élèves, des vins fabriqués sur les côtes de l'Aunis, où le raisin traîne sur la terre, et où l'on fume les vignes avec des plantes marines, et il en a constamment obtenu, et dans une assez forte proportion, du muriate de soude en nature.

3°. Que ce n'est pas seulement dans la rafle ou dans la pellicule des grains que résident certains principes, qui donnent le goût de terroir, puisque plusieurs de ces mêmes vins ne subissent la fermentation qu'après l'égrappement; et que, dans d'autres, la fermentation ne s'établit dans le moût qu'après avoir été séparé des pellicules du raisin.

4°. Que les principes du goût de terroir se modifient diversement dans les plantes, suivant la diversité des races et la variété des cépages, et peut-être aussi, suivant les circonstances qui accompagnent la fermentation. On a observé que, dans le beau vignoble de Sauterne, dont les vins blancs sont si estimés et dont le goût particulier est celui de la pierre à fusil, le peu de vin rouge qu'on y recueille a un goût de terroir très-fort et très-désagréable; il a de l'amertume, une sorte de saveur alumineuse qui diminue, il est vrai, à mesure que le vin vieillit, mais qui ne se perd jamais en entier. Les émanations des plantes qui croissent et qui meurent dans ce sol, celles des fumiers et des engrais qu'on répand sur le terrain, doivent être absorbées par les vignes blanches comme par les vignes colorées ; cependant, comme l'effet en est très-différent dans le vin blanc et dans le vin rouge, n'est-il pas naturel de conclure ou qu'elles se modifient diversement dans ces deux sortes de cépages, pendant la végétation, ou que la dissemblance de leurs résultats provient de la différence des procédés qu'on emploie dans la fabrication de l'un et de l'autre de ces vins ?

La lenteur que met la nature dans ses œuvres, ne contribue pas peu, sans doute, à leur perfection. Aussi sommes-nous très-portés à croire que les substances minérales et métalliques qu'elle détache insensiblement de la masse du sol, pour être ensuite combinées avec les élémens de la sève, dans une juste mesure, et avec la sagesse qui préside à toutes ses opérations, sont les vrais principes du goût de terroir que nous avons appelé naturel, et que souvent on devroit nommer parfum. Nous pensons encore que les gaz qui s'échappent, pour ainsi dire par flots de certaines plantes parasites, de certains engrais ou des engrais mal composés, mal appropriés au sol, sont la cause du goût de terroir artificiel et l'origine de la saveur quelquefois détestable, inhérente aux vins de certains crûs. Ces observations qui ne sont pas étrangères, sans doute, à un certain nombre de cultivateurs, avertissent tous les vignerons qu'ils ne peuvent mettre trop de soins dans la composition des engrais, trop de circonspection dans leur distribution ; et enfin, qu'on ne peut être trop attentif, trop diligent à sarcler, à héserber les vignes.

Section V.

Des accidens et des maladies qui surviennent à la vigne, et des différens moyens de la renouveler.

Souvent les élémens, les hommes, et les animaux, semblent s'être concertés, pour porter de funestes atteintes à la vigne, sur-tout vers les contrées du nord. Dans les régions méridionales, où les gelées sont rares, où la chaleur atmosphérique permet de donner un grand espacement aux ceps, où leur végétation est active et vigoureuse, sans que l'abondance de la sève soit un obstacle à la maturité du fruit, elle est à l'abri des maladies et des accidens, ou du moins leur effet est peu sensible ; mais, dans les pays septentrionaux, il en est tout autrement, parce que la vigne y est nécessairement foible et délicate. Il n'est pas douteux qu'une plante robuste s'apperçoit à peine d'une atteinte qui sera mortelle pour un individu de la même espèce, moins fort, moins vigoureux. Maupin qui avoit fait cette observation, en tiroit une conséquence très-avantageuse, au premier apperçu, en faveur de son système. Mais nous avons prouvé par le raisonnement et par l'expérience, que, si la vigne étoit espacée par-tout, comme il le prescrit, le raisin ne mûriroit pas dans les deux tiers de nos vignobles. Il faut donc avoir recours à d'autres moyens, du moins pour les pays où celui-ci est impraticable. Nous avons taché de recueillir ceux qui ont été mis en usage jusqu'ici avec quelque succès, pour les présenter au lecteur. Tous ne sont pas également satisfaisans ; mais on n'en peut espérer de meilleurs que du temps, des remarques, et du zèle des bons observateurs.

Les accidens les plus graves, occasionnés par l'intempérie des saisons, sont les gelées du printemps, et la coulure. Ceux qui sont l'effet des déchirures aux racines, des blessures aux tiges, d'une séve surabondante, doivent être attribués à la négligence, à la maladresse ou à l'aveugle cupidité des hommes ; la voracité de quelques insectes donne lieu aux autres.

« Les gelées sont aucunement
» destournées de la vigne, dit Oli-
» vier de Serres, si en les prene-
» nant on fait, en plusieurs lieux
» d'icelle, des grosses et espesses
» fumées auec des pailles humides
» et des fumiers demi-pourris,
« lesquelles rompans l'air dissoluent
» ses nuisances. ».

Plusieurs personnes ont fait, de nos jours cette expérience, et elle a pleinement réussi. Voici les détails du procédé qu'emploie le citoyen Jumilhac, l'un de nos cultivateurs les plus éclairés. La gelée n'étant vraiment dangereuse, que lorsque le soleil levant frappe sur les nouveaux bourgeons de la vigne et les brûle, le grand art est de diriger la fumée de manière à intercepter ses rayons, jusqu'à ce que l'atmosphère soit assez échauffée pour résoudre la gelée en rosée.

La vigne du citoyen Jumilhac, située dans le département de Seine-et-Oise, entre Orléans et Paris, est exposée à l'ouest ; une montagne de sablons la garantit de l'est ; au nord, elle a un mur pour abri, et elle est ouverte au midi. Le propriétaire fait ramasser des herbes et des roseaux ; on les mêle avec de mauvais foin et de la paille mouillée ; on en forme, vers l'est, des rondes de cinquante en cinquante pas ; on en place de même dans les allées intérieures de la vigne et le long de ses bords. Le propriétaire fait veiller quand il présume que le froid du matin peut être redoutable ; si la rosée n'est pas sensible vers le milieu de la nuit, c'est un pronostic certain de la gelée. Alors une heure avant le lever du soleil, il fait mettre le feu aux tas d'herbes ; on a soin de leur faire donner peu de flamme, mais beaucoup de fumée. Si le vent souffle, il vient ordinairement du nord-ouest ou du nord-est. On porte alors toute l'attention de ce côté, afin que la fumée se répande sur tous les points de la vigne. S'il ne fait point de vent, on ne s'occupe qu'à former beaucoup de fumée du côté de l'est, pour combattre les rayons du soleil. Le 23 mai 1793, le citoyen Jumilhac lutta contre eux, depuis trois heures du matin jusqu'à huit heures, sans que le soleil pût pénétrer dans sa vigne. La fumée étoit si épaisse, que les habitans d'un village éloigné de sa demeure d'environ trois kilomètres, n'appercevoient le soleil que comme on le voit quand il est prêt à percer un nuage. Pour constater, de la manière la plus certaine, l'effet de cette expérience, le citoyen Jumilhac avoit privé de la fumée une planche entière de sa vigne, adossée au mur qui la garantit du nord. Aucun bourgeon de cette partie n'échappa au désastre de la gelée, et ceux du surplus furent presque tous conservés. Cependant ce vignoble gela en entier, le 31 mai de la même année, parce que la personne qui avoit été chargée de veiller, crut appercevoir de la rosée, à une heure du matin ; elle se reposa sur cette apparence, s'endormit et se réveilla trop tard pour combattre le fléau.

Ce moyen de la fumigation contre la gelée est pénible et coûteux à employer ; cela est vrai : il suppose une vigilance constante, beaucoup de sagacité, un zèle vraiment actif ; mais son effet est certain. Nous n'en pouvons pas dire autant des expédiens qui ont été employés jusqu'ici pour prévenir la coulure. Cependant, il est bon d'observer que l'époque de l'ébourgeonnement peut contribuer puissamment à la prévenir ou à la favoriser.

Les étamines constituent les parties mâles de la génération des plantes, et le pistil, les parties femelles. Les unes et les autres sont placées, dans la vigne, au centre de la même corolle. C'est de l'union des sexes que résulte la fructification ; et pour que cette union s'opère parfaitement, la ténuité des parties exige les circonstances les plus favorables dans le temps. Une pluie longue et froide, un vent impétueux et chaud, le dérangent nécessairement. Le froid resserre toutes les parties de la génération ; l'eau empâte les unes et bouche les autres ; la chaleur dessèche les vapeurs fécondantes, le vent les entraîne et les disperse. Dans l'un ou l'autre de ces cas, la fleur avorte, et l'avortement de la fleur produit toujours la coulure. Quand cet accident est produit par la cause dont nous venons de parler, il n'est aucun moyen de le prévenir ou de le réparer ; il faut se soumettre, et n'attendre de dédommagement que de la récolte subséquente. Mais il n'arrive que trop souvent, sur-tout dans la vigne, que la coulure a lieu, même après la fécondation parfaite ; c'est-à-dire, que le fruit étant noué, se détache du petit pédoncule par lequel il tient à la rafle, et disparoît. Cet accident est l'effet d'une végétation trop active, ou d'une sève trop abondante. Cette sève, portée avec violence et rapidité vers les parties très-délicates de la grappe, ne donne pas le temps aux embryons de se l'approprier ; elle les chasse, pour ainsi dire, comme par l'effet d'une impulsion spontanée, et les remplace en se changeant, et en se prolongeant en bois. Cette théorie paroît évidemment confirmée par l'expérience suivante. Aussitôt que les fruits d'un cep sont noués, enlevez adroitement, avec une petite lame bien tranchante, sur le vieux bois

bois qui porte immédiatement un nouveau bourgeon, une portion de la substance corticale, jusqu'à la partie ligneuse, et seulement de la hauteur de quelques millimètres. Ayez soin que toute la partie ligneuse soit mise circulairement à découvert, mais sans être endommagée, sans avoir reçu la moindre atteinte. Recouvrez-la ensuite, en remplacement des pellicules et du liber enlevés, avec un fil de coton ou de laine, et vous serez bientôt à portée de vérifier l'effet de ce procédé. Quelque commun qu'ait été le mal de la coulure dans les autres parties de la vigne, vous verrez que la branche mise en expérience en aura été tout-à-fait exempte ; et cela, parce que la solution de continuité, dans la partie corticale, ayant nécessairement ralenti le flux de la sève, a permis à la grappe de tourner à son profit tout ce qui s'en est porté vers elle. Malheureusement ce procédé exige trop de temps et des soins trop minutieux pour pouvoir être exécuté en grande exploitation, ou ailleurs que dans les jardins et sur des treilles spécialement affectionnées ; mais il jette un grand jour sur la marche de la sève dans les végétaux, et met à découvert une des principales causes de la coulure des raisins. En conséquence, le citoyen Beffroy accuse fortement d'impéritie les vignerons qui ébourgeonnent la vigne pendant la floraison, parce qu'ils font refluer la sève vers les grappes. Il résulte des expériences comparatives que ce cultivateur a faites, en ébourgeonnant la vigne, et en taillant le pê-

cher à trois différentes époques de leur végétation ; savoir, avant, pendant et après la floraison ; que le fruit de l'une et de l'autre espèce de ces végétaux a constamment coulé, quand les retranchemens ont été faits pendant la fleur.

Une vigne n'a pas été frappée par une gelée récente, son fruit n'a pas coulé, et cependant elle présente un aspect affligeant ; quoique jeune, elle a l'air de languir ; les pétioles sont mous ; les feuilles sont penchées ; quelques unes même pâlissent ; son fruit est fané, quand il devroit être lisse et rebondi ; quelquefois la plus grande partie des ceps annonce une végétation saine et vigoureuse ; mais il en est un certain nombre qui annonce de la souffrance ; ainsi le mal peut être général ou n'être que partiel. Il importe de se rappeller l'état du temps et la manière dont les saisons se sont comportées pendant l'année précédente, si les circonstances météorologiques n'ont pas été favorables à la végétation, si les ouvrages ont été faits à contretemps, si on a tourmenté la terre, si le fruit et les sarmens ont été nourris d'humidité ; et si, au temps de la taille dernière, on n'a pas rabattu sur le vieux bois, on aura commis une grande faute. Quand les sarmens ont été frappés de la grêle, les boutons voisins de la blessure ne peuvent donner que de foibles rejetons : c'étoit encore le cas de tailler à quelques centimètres au dessous des plaies. Si, après les vendanges, on n'a pas eu le soin de couper les liens qui attachent les rameaux aux pieux, aux perches, aux échalas, la neige, le givre, les frimas y séjournent, et leur contact produit des gerçures et des ulcéres qu'il est important de retrancher au temps de la taille.

Les engrais non mûrs, encore visqueux ou répandus en trop grande abondance, obstruent les conduits de la sève, et la plante ne tarde pas à succomber, si l'on ne s'empresse de modérer l'effet de cette nourriture trop substantielle. Le seul moyen de remédier efficacement ou mal, c'est de transporter promptement dans la vigne, du sable sec, du gravier, de la terre de bruyère, des débris de bâtimens, ou des décombres de carrières.

Le procédé qu'on emploie le plus communément pour provigner, cause à la vigne de fréquentes maladies. Ce plancher de vieux bois que l'on construit, pour ainsi dire, entre deux terres, finit enfin par se corrompre, par pourrir. Il n'est plus alors qu'un levain pestilentiel, qui se communique aux plantes voisines, et sur-tout à celles qui adhèrent encore par leurs racines, aux vielles mères souches en état de décomposition. Vous voyez souffrir un cep; le siége de la maladie n'est point apparent; hâtez-vous de le déchausser, de fouiller la terre; suivez la trace du vieux bois; ce ne sera souvent qu'à un ou deux mètres de distance du provin que vous trouverez la vraie, la seule cause du mal; elle réside dans la partie chancie de l'ancienne souche, qui communique à la jeune un sac morbilique; séparez-les l'une de l'autre; extirpez la première du terrain, n'y laissez subsister aucune de ses parties. Quant à la seconde, examinez attentivement toutes ses racines; s'il en est quelques unes d'ulcérées, ne craignez pas de retrancher jusqu'au vif, et recouvrez le chevelu sain qui reste avec la terre émiée de la surface du sol.

Quelque attentif que soit le vigneron, il est rare que le fer qu'il emploie au labour ou au sarclage, n'atteigne quelque tige. Il en résulte des blessures d'autant plus dangereuses, que souvent il s'en extravase abondamment une substance limphatique, qui n'est autre chose que la sève destinée à la reproduction de toutes les parties de la plante. La blessure est ancienne ou nouvelle. Dans le premier cas, le suintement est médiocre; on l'étanchera facilement avec l'onguent de Saint-Fiacre, ou seulement avec de l'argile. J'ai éprouvé que de la suie, ou de la fine poussière de charbon, mêlée avec du savon mou, et réduite en consistance de pâte, étoit un remède efficace. Il est plus difficile d'arrêter l'écoulement d'une plaie récente, parce qu'il est plus rapide. L'application de l'onguent dont on vient de parler, celle de la cire molle, du goudron, et même d'un fer chaud, est quelquefois insuffisante. Alors dépouillez de sa première enveloppe extérieure, toute la partie du cep qui avoisine la blessure; pompez-en l'humidité avec un linge usé, ou mieux encore, avec une éponge, et enveloppez la branche ou la tige blessée d'un morceau de vessie ou de baudruche, enduit de poix, en forme d'emplâtre ; on assujettit cet appareil avec un gros fil ciré ; on le laisse subsister pendant un mois. Le point important est de soustraire la blessure au contact de l'air.

Les bévues des hommes, l'intempérie des saisons ne sont pas les seuls ennemis que la vigne ait à combattre. Plusieurs genres d'insectes lui font une guerre presque continuelle, sur-tout dans les régions septentrionales, parce que la plupart ne résistent point aux fortes chaleurs des contrées du midi. Les plus nuisibles de ces insectes sont le ver de la vigne, deux espèces de charançons, le gribouri, les hannetons, les limaçons.

I. Le ver de la vigne, *sphinx elpenor*. Il y a apparence que son œuf est déposé dans le temps que le grain est encore très-petit et très-tendre, puisque la piqûre que l'insecte a faite pénètre jusqu'au pepin, et que le pepin même en est quelquefois profondément creusé ; mais, pour l'ordinaire et presque toujours, il en porte l'empreinte.

Le grain dans lequel le ver a été déposé, ne parvient pas à la même maturité que les grains voisins ; il mûrit à moitié et se dessèche sans pourrir. L'endroit de la piqûre du papillon ressemble à une piqûre d'épingle extrêmement fine ; tous les environs sont légèrement bleuâtres ; la peau est lisse ; le dessous de cette peau bleuâtre est calleux, dur ; la piqûre est au centre. L'œuf éclos et devenu ver se nourrit d'abord de la chair du grain, dont il sort en élargissant la piqûre qui ressemble alors à celle d'une grosse épingle. Ce ver aussitôt après sa sortie, se file de petits conduits semblables à des tubes qui ont des communications les uns avec les autres, pour se porter aux grains voisins de sa retraite, qu'il pique et dont il tire une nourriture plus agréable que celle du grain qui lui a servi de berceau, puisque les premiers approchent de leur maturité. Peut-être a-t-il besoin d'une nourriture plus acide dans les premiers jours de son existence, puisqu'il creuse un peu tout autour de lui, et qu'il ne sort de son berceau que lorsque le raisin approche de maturité. Il est aisé de distinguer le grain qui a été son berceau, des grains dont il se nourrit ensuite. La piqûre de ceux-ci est toujours vers le pédoncule du grain, tandis que celle des premiers est placée sur la rondeur du grain. Peut-être que la peau trop tendre ne présente pas assez de prise aux petites serres de l'insecte ; mais que vers le pédoncule il trouve un retour, une espèce de gouttière sur laquelle ses serres ont plus d'action.

On ne rencontre presque jamais cet insecte sur les raisins dont les grains sont très-espacés ; il est sans doute nécessaire que les grains soient serrés pour pouvoir étendre leurs soies, se ménager des communications. Peut-être est-ce aussi la raison pour laquelle ils attaquent le grain vers le pédoncule, ne pouvant se glisser entre les grains, et par conséquent étant obligés d'établir leurs galeries dans les différentes ramifications de la grappe.

On ne doit pas être surpris si la pourriture n'affecte qu'une seule partie du raisin; et si on examine attentivement on verra sous ces grains pourris les galeries soyeuses de l'insecte, qui les attachent les uns aux autres.

Cet insecte est-il la cause de la pourriture? Il l'occasionne; mais il n'en est que la cause secondaire. Dans les années chaudes et sèches, il n'y a point de pourriture; plus l'automne est humide, plus la pourriture est complète. Dans les temps de pluie, les feuilles, les racines portent dans le raisin une sève trop abondante, trop délayée, trop aqueuse; l'écorce sans cesse renouvelée, s'amincit, se ramollit, et l'insecte la perce facilement. Dans les années sèches, au contraire, le grain est moins aqueux, l'écorce est plus dure, plus coriace, et l'insecte ne peut le pénétrer. Quand le raisin est trop chargé d'humidité, on voit souvent une gerçure longitudinale s'étendre le long de l'enveloppe, et la pulpe du grain est à découvert; alors le raisin pourrit aussitôt, parce que cette pulpe est exposée à l'air. C'est à tort qu'on attribue ce mal aux vers; ils en profitent, il est vrai, pour vivre plus commodément; mais ils n'en sont pas les auteurs, puisqu'ils ne creusent le grain qu'autant qu'il le faut pour pouvoir s'y introduire, aller butiner, entrer et sortir à leur aise; mais le trou est toujours rond. On doit distinguer ce trou de celui que font les oiseaux, quoiqu'il soit également rond. Celui que font les oiseaux est évasé, plus large à l'écorce que vers la base, et il est rare que la pourriture en soit la suite. L'oiseau ne coupe pas, ne mâche pas, mais il suce, il pompe le suc, et la quantité de la substance aqueuse étant diminuée, l'écorce s'allonge, va jusqu'au pepin où elle adhère alors, et le fruit se conserve. Les cerises, les grains de raisin becquetés sont même plus doux, plus sucrés, plus agréables que les autres, parce que ces animaux ont élevé une grande partie de l'eau surabondante de la végétation, et que la substance muqueuse-sucrée s'est plus rapprochée. Il ne fait point dans ces fruits une reproduction de nouvelle chair, mais un simple prolongement de la peau qui recouvre la chair.

Le *sphinx elpenor* se tient enfermé dans le grain pendant la nuit; pendant la rosée du matin, dans les temps froids, on le voit quelquefois se promener au soleil sur le raisin; mais au moindre bruit, au plus léger mouvement il se cache avec promptitude.

II. L'urbec et le becmore sont deux insectes très-nuisibles à la vigne. 1°. Le becmore à étuis rouges, *rhinomacer niger, elitris rubris, capite thoraceque aureis, probiscide longitudine ferè corporis*. Geoffroy; c'est le même que le *curculio Bacchus* de Fabricius. 2°. Le charançon nommé par Linné *curculio betulæ, longi-rostris, thorace autrorsùm sæpè spinoso, corpore viridi aurato, subtùs concolore*. Ces deux charançons paroissent sur la vigne lorsque le bourgeon a environ deux décimètres de longueur; ils s'attachent aux feuilles nouvelles, les roulent, les tournent en spirale et pondent dans les replis qu'ils ont formés, deux œufs extrêmement petits. On trouve souvent enfermés, dans ces espèces de cornets, le mâle et la femelle. Les deux œufs ne sont jamais ensemble, mais dans des circonvolutions différentes. La nature qui veille toujours à la conservation des espèces, a donné à ces insectes l'instinct de couper le bourgeon à moitié ou aux deux tiers, avant d'en rouler les feuilles, parce que si la sève s'y répandoit avec trop d'activité, ils ne leur trouveroient pas la flexibilité nécessaire pour les contourner à leur gré. La forte incision qu'ils font aux bourgeons est le principe du mal, puisqu'elle détruit l'espoir de la récolte. La larve de ces charançons n'est pas moins funeste aux vignes que l'insecte parfait, parce qu'elle se nourrit, comme lui, du bourgeon et du pédoncule des feuilles. Ces insectes sont connus des vignerons sous les noms d'*urbec*, *urbère*, *coupe-bourgeons*, *diableau*, *bêche*, *lisette*, *velours-vert*, *destraux*, etc.

III. Un gribouri, que Fabricius a désigné sous le nom de gribouri de la vigne, *crytocephalus vitis*; Linné le range dans les chrysomèles. Quelques écrivains ont confondu le gribouri avec les charançons dont on vient de parler ; mais la manière dont ils attaquent la vigne est très-différente. Le gribouri ronge les feuilles, fend les grains du raisin ; mais il ne coupe ni le bourgeon, ni les pédoncules. Lorsque la vigne est attaquée par le gribouri, ses feuilles sont percées comme un crible ; son bois maigrit, il est peu nourri ; son fruit est rare et mal conditionné.

IV. Le hanneton *scarabœus stridulus et arboreus vulgaris*. Sa larve connue sous les noms de *ver blanc*, de *turc*, de *man* est beaucoup plus funeste à la vigne que l'insecte dans son état de perfection. Le charançon n'est, pour ainsi dire, qu'éphémère, mais le hanneton emploie plusieurs années à parcourir le cercle de ses diverses métamorphoses. Après sa fécondation, la femelle creuse un trou dans la terre avec sa queue, et s'enfonce à la profondeur d'un mètre huit centimètres ; elle y pond ses œufs, quitte son repaire, se nourrit encore pendant quelque temps avec les feuilles des arbres et disparoît bientôt après. Vers la fin de l'été les œufs sont éclos ; il en est sorti de petits vers qui se nourrissent de gazon, de racines et sur-tout du chevelu de la vigne. Ils interrompent par leurs morsures la communication des vaisseaux qui portent une partie de la sève dans les plantes. On devine aisément la présence de cet insecte au pied de la vigne, par la couleur rougeâtre que contractent ses feuilles et par la précocité de son fruit. A l'âge de trois ans le ver du hanneton a pris une telle croissance qu'il n'a pas moins d'un décimètre de longueur et six ou sept centimètres de grosseur. Sa métamorphose de larve en scarabée a lieu au mois de prairial, vers la fin de la quatrième année de son existence. Si on fouille la terre à cette époque, on y trouve non seulement des hannetons tout formés, mais aussi des vers de son espèce de différens degrés de grandeur.

V. Le limaçon ou escargot. Les vignerons le nomment le limaçon des vignes ; mais il ne diffère en rien du limaçon commun *chochlea terrestris*. C'est un ver oblong, ovipare, sans pieds ni os intérieurs, enfermé dans une coquille d'une seule pièce, d'où il sort et où il rentre à son gré. Cette coquille change de couleur à mesure que l'insecte vieillit. Le limaçon rend de tous les endroits de son corps, et particulièrement de ses parties inférieures, une humeur visqueuse et grasse qui les retient sur les corps qu'il parcourt et qui l'empêche d'être pénétré par l'eau. Pour ménager une liqueur si précieuse, il a grand soin d'éviter les ardeurs d'un soleil brûlant qui la dessècheroient ; aussi habite-t-il communément les lieux frais. Sa coquille lui sert de demeure ; il la porte par-tout avec lui, et ne semble la tenir que par le gonflement de ses parties charnues ; car on ne découvre point le ligament, le muscle tendineux qui attache les autres testacées à leurs coquilles. On remarque sur le côté droit du cou du limaçon, une ouverture qui est en même temps le conduit de la respiration, la vulve de l'anus ; c'est de là que sortent au besoin, et dans le même individu, les parties masculine et féminine de la génération. L'acte de l'union intime n'a lieu pleinement qu'après qu'un limaçon en a rencontré un autre de sa même espèce, de sa même grosseur et d'une coquille dont la couleur soit entièrement conforme à la sienne. Leur réunion s'annonce par des mouvemens préliminaires assez vifs et après s'être mutuellement assurés d'une parfaite intelligence. Ils ont un genre d'agacerie fort singulière, dit Valmont de Bomare. Il sort entre les parties mâles et femelles une espèce d'aiguillon, fait en fer de lance à quatre appendices, qui se termine en une pointe très-aiguë et assez dure, quoique friable. Quand les deux limaçons tournent l'un vers l'autre la fente de leur cou et se touchent par cet endroit, l'aiguillon de l'un pique l'autre ; et la mécanique qui fait agir le petit dard est telle qu'il abandonne en même temps la partie à laquelle il étoit attaché, de manière qu'il tombe par terre, ou que le limaçon piqué l'emporte. Celui-ci se retire aussitôt ; mais peu de temps après il revient, rejoint l'autre, le pique amoureusement à son tour ; et l'accouplement s'accomplit, et les deux limaçons se fécondent l'un l'autre par une action réciproque et simultanée. Environ dix-huit jours après ils pondent, par l'ouverture de leur cou, une grande quantité d'œufs qu'ils cachent en terre avec beaucoup de soin et d'industrie. Aux approches de l'hiver le limaçon s'enfonce lui-même dans la terre, ou bien il se retire dans quelque trou, quelquefois seul, mais ordinairement en compagnie. Il forme alors, avec sa bave, à l'ouverture de sa coquille, un petit couvercle blanchâtre assez solide, par lequel il se met à l'abri des injures de l'air et de la rigueur du froid. Il demeure ainsi tapi, sans mouvement, et sans prendre de nourriture, pendant cinq ou six mois, jusqu'à ce que le printemps ait ramené les beaux jours et la verdure. Avec l'appétit tous ses besoins renaissent ; il ouvre sa porte et va chercher de tous côtés à réparer ses forces épuisées. Les bourgeons et les nouvelles feuilles de la vigne provoquent son appétit. Il cause du dégât, non seulement par les parties qu'il absorbe pour lui servir d'aliment, par la rupture des fibres et des canaux séveux ; mais la substance muqueuse qu'il laisse sur les bourgeons et les feuilles qu'il parcourt, obstrue les trachées, bouche les pores, et est un obstacle à l'aspiration et à la transpiration de la plante.

La grosseur de cet insecte et la lenteur de sa marche permettent d'en faire la chasse aisément. Il craint la chaleur, cherche l'ombre ; il se plait à l'humidité. Dès que le soleil est parvenu à une certaine hauteur, vers six ou sept heures du matin, en été, il se tapit sous les feuilles les plus basses et les plus épaisses des sarmens, et y reste immobile jusqu'à ce que ses besoins, la fraîcheur et la rosée de la nuit l'invitent à recommencer ses courses et son pillage. Dans les terrains calcaires le vigneron rencontre souvent, en donnant les labours, des pierres plates et d'un volume assez considérable. Il est obligé de les tirer de la terre parce qu'elles sont un obstacle à la direction que veulent prendre les racines. S'il avoit l'attention d'en former d'espace en espace, de petits tas, en les plaçant de champ les unes contre les autres, les limaçons choisiroient leur ombrage pour retraite ; et il n'en échapperoit aucun à la recherche qu'on en feroit. Cette chasse ne pouvant être accompagnée d'aucune circonstance périlleuse, puisqu'un sac et une ficelle sont les seuls instrumens qu'elle exige, peut être confiée à des enfans. Ils se porteroient avec d'autant plus de plaisir à l'exécuter, qu'elle seroit tout à la fois un sujet d'exercice et un moyen de se procurer un aliment qui n'est pas dédaigné par-tout ; car si les limaçons de la vigne ne conviennent pas aux estomacs débiles des citadins, ceux des habitans des campagnes s'en accommodent impunément.

Il n'est pas aussi facile de détruire le ver de la vigne. Cet insecte est si petit qu'à peine on peut l'appercevoir ; il a la vue si perçante, l'ouïe si fine, tant de souplesse et d'agilité dans ses mouvemens, qu'il est en garde contre toute surprise, et qu'il a l'art de se soustraire à tous les pièges. Heureusement il est polyphage, et par cela même, moins nuisible qu'il ne paroît l'être.

Le lieu où le charançon se loge et dépose ses œufs, est très-apparent. Le mâle, la femelle et leur progéniture sont enfermés dans des feuilles roulées et à demi desséchées. Il s'agit de les couper, de les réunir dans un tablier, de les transporter hors de la vigne et d'y mettre le feu. Ceux qui se contentent de les piétiner, à mesure qu'elles tombent, prennent une peine inutile; parce que les insectes et leurs œufs échappent à l'effet de ce mouvement. Il faudroit même, pour assurer la destruction de ces animaux et de celle du hanneton, un concours de zèle et de bonne volonté, tel, que tous les habitans d'un canton choisissent le même jour pour faire cette chasse. Si un particulier s'en occupe sans être secondé par ses voisins, il en est pour la perte de son temps. Les insectes ne connoissent point de bornes à leurs domaines; ils passent rapidement d'une propriété dans une autre.

Les larves de l'urbec, du becmore, du gribouri et du hanneton redoutent l'impression de l'air et sur-tout les vicissitudes de l'atmosphère; elles ne résistent pas plus aux froids qu'aux chaleurs. C'est pour jouir, sans doute, d'une température égale, qu'elles vont établir leur demeure dans l'intérieur de la terre. Ne pouvant se nourrir que des racines qu'elles rencontrent, elles se portent sur celles de la vigne, avec d'autant plus d'avidité, que la bonne culture n'en souffre point d'autres dans un vignoble. Si une vigne souffre, si on ne peut attribuer sa langueur à aucun vice dans ses façons, on déchausse un certain nombre des ceps les plus fatigués; on cherche dans les bifurcations des racines, dans les houpes les plus chevelues, et l'on y découvre assez ordinairement la cause du mal. Ce sont six, sept vers et plus, de différentes espèces, occupés à les meurtrir, à les déchirer, à se nourrir de leur substance. Dans ce cas, les lois de la bonne culture, non seulement autorisent, mais prescrivent un labour pour l'hiver suivant. Le seul remuement de la terre, pendant la saison rigoureuse, entraînera la destruction de plusieurs myriades de ces insectes.

On a remarqué 1°. qu'ils se logent, de préférence, dans les portions de terre nouvellement engraissées de fumiers frais, onctueux et peu consommés; 2°. que s'ils rencontrent, sur leur route, des racines de plantes herbacées ou potagères, comme celles du fraisier, de la laitue, de la fève de marais, *vicia faba*, ils dédaignent les racines ligneuses de la vigne, pour se porter sur celles-ci. Cette double observation n'est point restée sans effet. Les cultivateurs soigneux en profitent pour tendre des pièges et pour composer des appâts, afin de les attirer et de les surprendre. Les uns font distribuer dans les allées intérieures de leurs vignes des tas de fumier convenablement espacés. La chaleur qui s'y établit et les substances visqueuses qu'ils contiennent, attirent les insectes; vers la fin de l'hiver on y met le feu et l'on détruit la plupart de ces animaux destructeurs. Les cendres sont réservées pour amender les parties les plus basses de la vigne. D'autres forment autour de leurs vignes, et sur les plates-bandes des allées intérieures, un cordon de fèves de marais, comme l'appât le plus propre à les attirer.

En

En effet, dès que les racines de ces plantes ont acquis une certaine étendue, les vers de presque toutes les espèces, entre autres ceux du hanneton, abandonnent la vigne pour s'y jeter. Leur présence s'annonce par la mollesse des tiges qui se laissent aller, et par la flétrissure des feuilles. Un coup de bêche suffit pour arracher la plante, et entraîner avec elle, hors de terre, tous les insectes qui la dévoroient. Ceux-ci, exposés à l'ardeur du soleil, ne tardent pas à succomber.

Si la nature a multiplié les insectes nuisibles aux plantes, elle a en même temps donné à ceux-ci des ennemis beaucoup plus redoutables que toutes les vengeances de l'homme. Toutes les larves, par exemple, ont un ennemi puissant dans un insecte du genre des coléoptères, le bupreste, *buprestes*. Il est un peu plus gros que le hanneton; sa robe verte est ornée de raies longitudinales, ou de petits points de la couleur de l'or. Cet insecte ne touche ni aux racines, ni aux autres parties des végétaux; mais il attaque vigoureusement toutes les espèces de vers : ceux de son espèce ne sont pas même à l'abri de sa voracité. Il ne faut pas s'en laisser imposer par son agilité, par sa parure brillante. Il ne faut les prendre qu'avec précaution, parce qu'ils contiennent une liqueur âcre, caustique, et brûlante, capable d'occasionner une cuisson et une douleur assez vive, si elle jaillissoit dans l'œil ou sur les lèvres. Cet insecte se nomme vulgairement *jardinière*, *catherinette*, etc.

Tome X.

Le cultivateur le plus soigneux est souvent obligé de remplacer des ceps qui périssent, ou par vétusté (car la durée de la vie n'est pas la même pour toutes les races de la vigne), ou par des accidens imprévus, ou par des causes qu'il n'a été en son pouvoir ni de prévenir, ni de détruire. Souvent encore il a intérêt à substituer à certains cépages, des espèces plus analogues à son climat, et à la nature de son terrain.

Dans le premier cas, si la vigne est jeune, des marcottes rempliront naturellement son objet; si la vigne étoit âgée, les marcottes viendroient difficilement à bien; l'ombrage des anciennes souches les étoufferoit; les vieilles racines gagneroient de vitesse celles de la nouvelle plante, pour s'emparer de la terre destinée aux dernières. Le provignage est le grand moyen que les cultivateurs ont imaginé pour regarnir les espaces vides, dans les vignes d'un certain âge. Il est connu dans la plupart de nos vignobles; mais Rozier a relevé les fautes nombreuses que l'on commet dans la pratique commune, et lui a substitué une meilleure méthode : nous en ferons connoître, ci-après, les détails.

Dans le second cas, c'est-à-dire quand on veut seulement remplacer une espèce par une autre, on a recours à la greffe.

L'art de greffer la vigne est ancien, quoique plusieurs papiers publics nous l'aient annoncé comme une découverte nouvelle, il y a douze ou quinze ans. Il consiste à couper net le cep à cinq centi-

K k

mètres en terre, quand la sève commence à se mouvoir, et à le fendre par le milieu dans un espace sans nœuds. On insère dans cette fente deux entes taillées en coin par le gros bout, et plus épais d'un côté que de l'autre. Le plus épais, garni de sa peau extérieure, doit s'adapter de façon que son *liber* coïncide avec celui du sujet. Après avoir lié la greffe avec un osier, on la butte de terre pour la garantir de l'action du soleil. Quand cette opération est bien faite, quand le sujet est bon, il en résulte des pousses vigoureuses, et que, dès la seconde année, on peut tailler assez long.

On connoît plusieurs autres méthodes de greffer la vigne; mais elles appartiennent plutôt à l'art du jardinier qu'à celui du vigneron. Au reste, il n'en est point de plus sûre que celle-ci; encore son succès dépend-il et de l'adresse de la personne qui l'exécute, et de plusieurs circonstances qu'il ne faut pas ignorer. Le citoyen Beffroy nous a communiqué les détails les plus satisfaisans sur cette opération.

La greffe réussit mal sur la vigne, dans les terrains très-caillouteux et arides, parce que le soleil la dessèche avant qu'elle soit prise; par la même raison, elle prend très-difficilement dans un sol qui n'a pas de fond ; hors ces deux cas, elle réussit également dans toute sorte de terre, pourvu qu'on la fasse bien, en saison convenable, par un bon temps, sur des sujets vigoureux, avec des greffes soigneusement conservées, et qu'on choisisse des espèces analogues.

Pour que la greffe soit bien faite, il faut que le sujet soit sain, qu'il n'y ait pas de nœuds à la place que l'on fend, que la fente soit égale et nette, que la coupe du tronçon soit vaste, et que la greffe soit taillée à trois yeux. Le premier œil doit toucher le sujet, le second se trouver à fleur de terre, et le troisième tout-à-fait hors de terre. Il faut encore que la greffe soit taillée en forme de coin, à commencer au-dessous de l'œil le plus bas, jusqu'à environ trois ou quatre centimètres en descendant, et en diminuant d'épaisseur ; que la peau de la greffe touche celle du sujet sur autant de points qu'il est possible, et enfin que le tronc soit serré avec un osier mince et souple, pour fixer la greffe.

La saison convenable pour greffer la vigne, est celle où la chaleur a imprimé le mouvement à la sève, depuis germinal jusqu'en prairial, suivant le climat.

Le temps favorable est celui où le ciel est nébuleux, quand le vent tient du sud-est au sud-ouest. Si le vent du nord règne, gardez-vous de greffer ; si le temps est disposé à une grande sécheresse, ne greffez pas non plus ; un soleil ardent, un vent froid dessécheroient l'intérieur de l'anastomose, ou arrêteroient le cours de la sève : il n'y a point d'arbres, d'arbustes ou d'arbrisseaux plus sensibles que la vigne, aux variations de l'atmosphère.

Si le temps est décidément pluvieux, il ne faut pas greffer ; l'eau s'infiltreroit dans l'incision de la greffe, et délaveroit le gluten qui doit unir la greffe au sujet.

Le bon choix des sujets consiste à les prendre sains et pourvus de bonnes racines.

Pour se procurer de bonnes greffes il faut les couper, comme une crossette, avec un peu de vieux bois. Il ne sert pas à la greffe proprement dite, mais il concourt à sa conservation jusqu'au moment de la mettre en place. On doit les couper par un temps sec et froid, pendant que la sève est privée de tout mouvement. La fin de l'automne paroît être l'époque la plus favorable pour les cueillir. On les conserve dans un cellier, ou dans une cave où la chaleur et la gelée ne puissent pénétrer. On les enfonce par le gros bout dans un sable un peu humide, et jusqu'à la profondeur d'un décimètre au moins. Ving-quatre heures avant de les employer, on les tire du dépôt pour plonger dans l'eau toute la partie qui étoit enfoncée dans le sable. On doit tirer la greffe du tiers inférieur du rameau, c'est-à-dire plus près du vieux bois que de l'extrémité supérieure. Il faut la tailler avant de la porter aux vignes, et avec la précaution de l'y transporter dans l'eau claire, afin de ne pas interposer des corps étrangers entre la greffe et le sujet.

Pour que les espèces soient analogues, il faut que le nourricier ne soit pas d'une race plus délicate que le nourrisson. Evitez, tant que vous le pourrez de greffer les blancs sur les noirs ; il réussissent, mais sans aucun avantage ; on est plus sûr du succès en greffant les couleurs sur elles-mêmes. Aucun arbre ne prend la greffe plus vite que la vigne ; dès l'année suivante elle pousse vigoureusement et dédommage le propriétaire, pendant plusieurs années de ses soins et de sa dépense.

Quelques auteurs ont écrit que la greffe de la vigne étoit nuisible à la qualité du vin ; mais ils n'en ont jamais fourni la preuve ; ils n'ont jamais donné des raisons plausibles de cette assertion. Il est assez prouvé, au contraire, que la greffe perfectionne le fruit sur lequel on la pratique. Le marron d'inde paroît avoir été jusqu'à présent le seul qui se soit montré rebelle à ce moyen d'amélioration ; encore perd-il un peu de son amertume, lorsqu'il a été greffé plusieurs années de suite sur lui-même. Peut-être qu'en variant la manière d'opérer et y revenant toujours, on parviendroit, à force de temps, à l'adoucir entièrement. Aucun fruit greffé sur un sujet sauvage ne perd de sa qualité pour prendre celle du fruit sauvage ; un fruit acerbe, au contraire, greffé sur lui-même s'améliore et perd son âcreté.

La greffe prend sur la vigne avec tant de facilité, et s'anastomose si parfaitement, qu'aucune autre espèce d'arbre ne paroît mieux qu'elle, destinée par la nature à ce moyen de perfection ; et l'on voudroit que cette opération altérât la qualité du raisin, tandis qu'elle bonifie celle des autres fruits ! cela n'est pas possible. Greffez du muscat sur un chasselas, et comparez la qualité de son fruit à celle du muscat non greffé, vous conviendrez que la production de la greffe l'emporte ; faites la même épreuve avec du maurillon sur du chasselas ; et vous verrez que la greffe ajoute à la qualité du raisin. On sait bien que les raisins des jeunes greffes ne produisent pas d'aussi bon vin, que ceux des mêmes espèces anciennement greffées ; mais cette différence ne dépend pas de la greffe proprement dite ; elle ne doit être attribuée qu'à la différence d'âge dans les sujets. Au surplus, il n'est point de moyen plus simple et plus prompt de changer une mauvaise espèce en une bonne, et, nous ajouterions, de rajeunir les vieux ceps, si l'art de provigner nous étoit inconnu.

Avant de décrire les meilleurs procédés du provignage, il est bon de faire connoître les vices de ceux qu'on emploie le plus généralement dans nos vignobles. On se contente presque par-tout de coucher un sarment, en laissant subsister le cep. Le père, qu'on nomme la mère en plusieurs endroits, en souffre, et on ne regarnit qu'une seule place vide. Il est de fait que la sève suit plus facilement et plus librement une route qui lui est déjà connue qu'elle ne s'en forme une nouvelle. Les branches gourmandes des arbres, les sarmens qui s'emportent lorsque leurs vrilles s'attachent à des supports qui les forcent de s'élever verticalement, en sont la preuve. Le cep, dont on couche un rameau, est comme un arbre auquel on laisse une mère branche ; elle attire presque toute la substance de la tige ; et, si cet arbre pousse quelques rejetons, leur force, leur vigueur, ne sont jamais comparables à celles des jets gros et robustes de la mère branche. Supposons un cep qui ait trois branches ou trois cornes ; chacune de ces cornes aura sa flèche, laquelle doit produire du bois et des raisins. Or, comment ce cep pourra-t-il répondre à votre attente, s'il nourrit un provin ? Celui-ci ne tire-t-il pas naturellement la meilleure partie de la substance du cep ? ne dérobe-t-il pas aux autres jets un bien qui leur appartenoit en propre, qui leur étoit nécessaire ? en favorisant l'un ne préjudicie-t-on pas aux autres ? On dira que le sarment une fois couché reçoit de la terre, par ses racines, des sucs suffisans pour n'être plus à charge au cep auquel il tient, et que, semblable à la crossette que l'on met en terre pour former une nouvelle plantation, il se suffit à lui-même, et n'exige plus aucun secours étranger. Mais, qui entretient ? qui nourrit ce sarment jusqu'à ce qu'il n'ait plus besoin du cep ? n'est ce pas par la communication continuelle et progressive de la substance même du cep, qu'il acquiert la force de pousser des racines ? Ce fait est si bien démontré, que si vous séparez au printemps le provin de sa mère nourrice, il mourra en moins de huit jours. La communication de la sève étoit donc établie, nécessaire, indispensable ? C'est en floréal, prairial, messidor et ainsi successivement, que le provin produit les racines qui le mettent en état de pouvoir se soutenir, l'année suivante, par lui-même. Il faut donc que, jusqu'au moment où il ne devra plus rien aux autres, il partage avec eux la plus grande partie de leurs sucs nourriciers. On s'apperçoit bien, dès la récolte suivante, de l'effet de cette fatale division; le raisin de toutes les branches du cep est maigre et peu nourri; il est moins vigoureux lui-même, et il se dépouille de ses feuilles long-temps avant les autres ceps qui l'avoisinent. On ne peut admettre aucune comparaison entre la première manière de végéter d'une crossette et celle d'un provin. La crossette est mise en terre ou venant d'être coupée sur le cep, et après avoir trempé quelques heures dans l'eau, ou après avoir été coupée depuis quelque temps et conservée dans un sable ou dans une terre un peu humide. Dans le premier cas elle commençoit à être en sève; l'eau avoit ouvert ses pores et lui avoit communiqué l'humidité nécessaire pour la conserver en terre; les conduits séveux, plus dilatés, ont facilement absorbé les vapeurs nourricières de la terre; et les racines ont poussé. Dans le second, les rudimens des racines commençoient à paroître; elles n'ont eu qu'à se développer. Mais le provin n'est qu'un sarment sans préparation; il fait tous ses efforts pour produire des racines, mais il n'en produira jamais s'il est séparé du cep aussitôt qu'enterré. Le provin tire donc pendant long-temps toute sa nourriture du cep; et si la mère-souche n'est pas détruite par la soustraction de sa substance, au moins elle en sera épuisée. Ce mal n'arriveroit pas si, quand on veut provigner on couchoit le cep entier; alors le cep ne vit plus pour lui, mais seulement pour conserver l'existence des rameaux qui doivent le reproduire. Il est vrai que, dans quelques cantons, on couche le cep entièrement; mais on ne lui donne jamais une fosse assez profonde. On se contente d'égratigner la terre à la profondeur d'un décimètre et demi ou deux, de faire décrire au cep une ligne inclinée, au lieu de le déchausser jusqu'à ses racines; non seulement il est contraint, forcé, et gêné, dans cette posture, mais il est sans cesse exposé à être mutilé par l'instrument des labours. On se propose, dans cette opération, de faire pousser au vieux bois enterré, une quantité suffisante de racines propres à nourrir le jeune bois et à l'amener à l'état de cep; et il arrive qu'en couchant ainsi négligemment une mère-souche, elle pousse peu de racines, qu'elles s'étendent toutes à la surface du peu de terrain qu'on a remué, et qu'elles sont par conséquent exposées à toutes les intempéries des saisons. Au reste, il n'est pas un vigneron de bonne foi qui ne convienne que ces sortes de provins ne sont jamais de longue durée et qu'ils sont incapables de retarder la ruine d'une vigne.

Si vous avez une place à regarnir ou si vous voulez substituer un bon plant à un mauvais, ouvrez une fosse de quatre ou six décimètres de profondeur, suivant l'élévation des ceps ; sa largeur doit dépendre du nombre des tiges que vous aurez à remplacer ou à coucher. Il est impossible d'en prescrire la forme ; c'est au vigneron qu'il appartient de la juger ; mais on ne sauroit couper trop perpendiculairement ses bords, sans exposer le terrain à écrouler par l'effet des gelées et des pluies. La terre ayant été enlevée avec soin et ménagement au pied du cep, les racines séparées et détachées, on défoncera la base de la fosse, et l'on couchera horizontalement le cep dans le milieu ou sur l'un des bords de la fosse, suivant les circonstances et la nécessité, et l'on disposera les sarmens dans les angles pour remplacer les ceps qui ont péri ou qu'on a jugé à propos de supprimer. En dressant les sarmens contre les parois de la fosse, on évitera scrupuleusement de les couder. Ils seront légèrement recouverts de terre ; mais cependant assez bien assujettis pour que les vents ou telle autre cause ne leur fasse pas perdre la direction qu'on leur a donnée. Une fois disposés et fixés à la place qu'ils doivent occuper, on jettera par dessus le peu de terre qui les recouvre, quelques pelletées de bon terreau. Ayez l'attention, quand vous donnerez le premier labour à la vigne de ne pas combler cette fosse, afin d'obliger les racines qui pousseront à chaque œil du sarment couché, à aller chercher leur nourriture plutôt dans l'intérieur qu'à la surface de la terre. Cette observation est sur-tout importante pour les vignes plantées dans le rocher, dans les sables et les graviers. Si les fosses étoient trop tôt remplies, les racines s'étendroient dans cette terre meuble et y seroient plus exposées aux rigueurs des gelées et de la sécheresse. Taillez le provin à deux ou trois yeux sitôt que vous l'aurez dressé, et ne négligez pas de planter le tuteur formé de vieux bois, qui doit servir de soutien aux bourgeons que vous en obtiendrez, et à leur faire prendre la direction que vous jugerez à propos de leur prescrire. Nous demandons que le pieu ou l'échalas soit de vieux bois, parce qu'on emploie communément à cet usage le chêne et le châtaignier, et que lorsqu'ils sont verds ils communiquent à la terre et de suite au jeune plant une substance acre, amère qui souvent le fait périr. On peut suppléer à la vieillesse du bois en le faisant tremper dans l'eau pendant quelques mois. Par l'effet de l'immersion il est dégagé de cette substance acrimonieuse qui nuit à la vigne. N'oubliez jamais de faire écorcer les bois que vous emploierez à former des échalas, n'importe de quelque espèce ils soient. On voit souvent des pieux de saule, refendus en quatre, prendre racines, pousser des branches et vivre en parasités ; en les dépouillant de leur écorce, on les prive de la faculté de végéter ; d'ailleurs, les insectes piquent l'écorce, y déposent leurs œufs ; il en sort des vers qui se nourrissent de la substance du bois et y forment des galeries ; l'humidité les pénètre, s'unit à la sciure du bois, la fait pourrir, et pourrit en même temps l'échalas.

Telle est la bonne méthode pour provigner. En la suivant avec exactitude, on regarnit promptement et sûrement les places vides ; on substitue aux mauvais plants, des plants meilleurs ; on s'assure de la qualité et de la durée de son vin ; on fume, on amende insensiblement sa vigne, et sans altérer la qualité de la récolte. Mais si le propriétaire ne surveille pas lui-même ce travail, il sera mal exécuté. En général, le vigneron sûr la bonne foi duquel on se repose aveuglément, ne provigne que dans les endroits où les fosses sont faciles à creuser, parce que l'ouvrage est plus tôt expédié, et le salaire plus aisément gagné. S'il provigne dans le rocher, la fosse ne sera pas assez profonde : il fait souvent des provins inutiles pour profiter du cep qu'il remplace ; n'étant pas occupé en hiver, il provignera pendant que la terre est couverte de neige, ou quand sa surface est gelée. Si le paiement des provins fait partie des frais généraux de la main-d'œuvre, il n'en fera presque pas, ou du moins il n'entreprendra d'en faire que dans le terrain le plus facile à creuser. Ce sera bien autre chose, si vous exigez de lui quelques changemens dans sa manière ordinaire de procéder, si vous voulez l'assujettir à une innovation, quelque bien entendue qu'elle soit. Non seulement il ne donnera pas à son travail les soins de détail qui en assureroient le succès ; mais, pour vous en dégoûter vous-même, il emploiera tous les moyens qui lui sembleront propres à l'empêcher. Rozier nous a transmis à ce sujet une anecdote qu'il importe aux propriétaires de connoître.

Un particulier, dans le Lyonnois et dans un canton où le vin est précieux, cultivoit une vigne de hauteur moyenne. Cette vigne étoit déjà vieille ; il auroit fallu bientôt l'arracher. Rozier lui proposa de la renouveler par le provin. Le maître fit tailler sa vigne en conséquence, et abattre quelques divisions sur chaque cep, afin d'obtenir des autres des sarmens forts et vigoureux. A la fin de l'automne suivant, Rozier lui envoya deux vignerons experts dans ce genre de travail. Ceux du particulier ne tardèrent pas à chercher chicane aux nouveaux venus ; le maître parla : les aggresseurs se turent. Les nouveaux venus travaillèrent, et les provins furent commencés. On se doute bien que les épigrammes ne furent pas oubliées ; le maître tint bon, et l'ouvrage fut achevé. Cependant un des anciens vignerons du maître vint lui dire avec un air inquiet, que la plupart des ceps avoient perdu, pendant la nuit, la direction qui leur avoit été donnée, et même que plusieurs s'étoient relevés. Les vignerons étrangers affirment que cela ne peut être, à moins qu'il ait employé l'artifice. Le maître, pour s'assurer du fait, et voyant que les ceps couchés ne se relevoient point pendant le jour, fit applanir le terrain voisin de plusieurs fosses, par un domestique de confiance, exact et discret. Le lendemain, nouvelles plaintes, nouveaux sarcasmes, nouveaux ceps redressés : la trace des pieds indiqua heureusement la fourberie. Le maître alla lui-même la nuit suivante faire le guet dans un des coins de sa vigne. Les ouvriers ne tardèrent pas à venir commencer la même opération ; mais les ceps cessèrent bientôt d'être élastiques, et leur élasticité passa dans la canne du maître. Si ce propriétaire n'avoit pas voulu se convaincre par lui-même du stratagême, non seulement il auroit renoncé à cette méthode, mais sa pratique eût été réputée impossible dans le pays : cette opinion s'y seroit transmise de père en fils, et le bien ne s'y seroit jamais fait. L'exemple donné par ce particulier, est suivi maintenant dans tout le canton.

Quant à l'époque la plus propre à former des provins, Olivier de Serres l'indique en deux mots : « Le temps de prouigner est celuy » même du planter, auec remar- » que des circonstances représen- » tées des lieux chauds et froids, » secs et humides ».

La vieillesse d'une vigne, l'époque prochaine de sa destruction, s'annoncent par la foiblesse de ses pousses, par le peu de surface que présentent ses feuilles, par la rareté et la petitesse de ses grappes. Quand elle a cessé, pendant deux ou trois années consécutives, de dédommager le propriétaire de toutes ses avances, de quelque nature qu'elles soient, et quand on ne peut raisonnablement imputer sa stérilité ni à l'intempérie des saisons, ni aux ravages des insectes, ni aux vices de sa culture, il faut bien l'attribuer à sa vieillesse ; mais avant d'en ordonner l'arrachage dans les pays où, pour obtenir la maturité du raisin, on est forcé de n'espacer les ceps que de cinq à sept décimètres, on doit employer un moyen de la restaurer, de la vivifier, qui n'a presque jamais été mis en usage sans succès. Il consiste à dédoubler les plants, à conserver l'un, à supprimer l'autre, ainsi de suite, alternativement, et de manière que la plantation n'en conserve pas moins la forme du quinconce. Par cette méthode, on peut prolonger d'un tiers la durée d'une vigne déjà vieille. Les racines conservées vont insensiblement occuper la place de celles qu'on a retranchées ; et une moitié des plants tourne ainsi à son profit toute la nourriture qu'elle étoit obligée de partager avec l'autre. Ce n'est pas ici le cas de redouter l'effet d'un grand espacement ; les organes des vieilles plantes ont perdu leur souplesse ; les canaux qui filtrent la sève ne sont plus susceptibles de se dilater comme dans la jeunesse ; la sève deviendra plus abondante, il est vrai ; mais son cours sera modéré ; la plante ne recouvrera de sa vigueur que peu à peu, et de manière que la qualité de ses produits n'en soit point altérée.

Je termine ici ce traité. La plupart de ceux qui ont écrit avant moi sur la culture de la vigne, en France, n'ont guère enseigné que l'art de se procurer beaucoup de raisins,

raisins. Ce n'étoit pas la peine de faire des livres pour remplir une pareille tâche ; car la vigne est tellement vivace de sa nature, que, secondée par la nature la plus ordinaire, les accidens à part, elle donne les récoltes les plus abondantes. Ne voulez-vous que du raisin en quantité ? plantez en bonne terre, fumez souvent, labourez trois ou quatre fois l'année, taillez long ; et vous ne saurez où loger votre récolte. J'ai suivi une marché différente ; je me suis encore plus occupé de la qualité des fruits que de leur abondance, dans l'espoir de me conformer davantage au goût des cultivateurs qui lisent. Quelques uns regretteront peut-être de ne pas trouver ici tous les procédés, toutes les méthodes applicables à la culture de la vigne, dans toutes les circonstances, dans tous les terrains, à toutes les expositions. Mais les modifications dont cette culture est susceptible, sont tellement multipliées qu'il nous eût semblé absurde d'entreprendre de les désigner. Au reste, elles dérivent toutes des principes généraux ; et nous avons tâché de les établir clairement.

Je n'ai parlé ni des tranchées à faire dans les vignobles pour faciliter l'écoulement des eaux, ni des maladies auxquelles la vigne est exposée dans les terrains humides, parce que je n'ai pas dû présumer qu'on fît choix d'un sol de cette nature pour ce genre de culture.

SECTION VI.

De la vigne en treille, de la récolte et de la conservation des raisins (1).

Cette manière de disposer les ceps de la vigne, en les adossant à un mur, présente de grands avantages pour les pays sur-tout où la vigne en grande culture ne peut parvenir, ou ne parvient que difficilement à sa maturité. Comme la vigne est douée d'une force de végétation qui la rend susceptible de croître dans toutes sortes de terre, comme en la dirigeant contre un mur on lui procure la réverbération des rayons du soleil, qui double l'intensité de la chaleur atmosphérique, il n'existe peut-être pas une propriété rurale, même dans les contrées les plus septentrionales de la France, où l'on ne puisse se procurer des raisins très-bons à manger. Mais c'est toujours en vain, il ne faut pas se le dissimuler, qu'on a cherché à

---

(1) La vigne en tonelle ne mûrit que très-difficilement dans les climats de la France. On réunit tous les jets pour les dresser au berceau ; mais ils forment un buisson qui ne permet pas aux rayons du soleil de frapper le raisin, de parvenir jusqu'à lui. Le raisin éprouve à peine l'action de l'air ; il est caché par les feuilles ; et elles sont placées d'une manière si confuse qu'elles se nuisent mutuellement. Cette manière de diriger la vigne n'est seulement admissible que dans les régions brûlantes, et où les terres sont excessivement sèches, parce que le berceau y sert à maintenir et à condenser autour de la plante le peu de vapeur et d'humidité qui s'exhale.

obtenir des vins de quelque qualité, des raisins produits par des treilles, même quelque douce, quelque agréable, quelque parfumée qu'en fût la saveur. Il faut pour la formation du muqueux-sucré qu'on ne doit pas confondre, comme nous l'avons déjà dit tant de fois, avec le muqueux-doux; il faut que toute la plante nage, pour ainsi dire, et pendant un temps assez long, dans un bain de chaleur qui paroît n'exister réellement, au moins dans nos climats, que près de la terre.

La couleur de la terre n'est pas d'un blanc éclatant comme celle d'un mur crépi à chaux et à sable, ou enduit de plâtre; ses pores sont plus écartés que ceux des matières dont on construit les murs, et par conséquent elle ne réfléchit pas les rayons du soleil avec autant de force que ceux-ci; mais elle se pénètre de leur chaleur pendant le jour, et elle la transmet aux plantes pendant la nuit. Il paroît qu'une chaleur durable est plus propre au développement du principe sucré qu'une chaleur plus forte, mais de moindre durée; aussi avons-nous observé que les murs en terre et en brique sans enduits, sont plus favorables à la maturité des fruits en général, que ceux formés de grosses matières, crépis à chaux et à sable, ou recouverts de plâtre.

Un mur servant de clôture ou de pignon, et qui a l'exposition du sud-est ou du sud, ou sud-ouest, peut être également propre à l'espaliement d'une vigne. On rejette 1°. l'aspect du soleil levant, parce que la vigne y seroit trop fréquemment exposée aux gelées; 2°. celle du couchant, parce quelle ne jouiroit pas assez long-temps de ses regards bienfaisans; 3°. celle du nord, parce que le raisin n'y mûriroit presque jamais. Le propriétaire doit se régler dans le choix des trois premières expositions dont on vient de parler, d'après la nature du sol et la température moyenne du climat qu'il habite. Plus sa demeure se rapproche des régions humides et froides, moins sa terre est divisée, plus il doit rechercher le soleil et la lumière. Le même principe le dirigera dans le choix des cépages propres à former les treilles. Les maurillons, le pineau, le sauvignon, la donne, le muscadet enfumé, le ciotat, le grec, l'africain, le malvoisie, le bordelais, les muscats, les chasselas, sont tous de très-bons raisins, quand ils sont parvenus à leur point; mais ils ne mûrissent pas tous à la même température. Le bordelais, par exemple, qui produit un excellent raisin dans la ci-devant Guienne, ne donnent dans le climat de Paris, même en treille, que du verjus; et il n'y est guère connu que sous ce nom. Les muscats, cultivés en plein champ dans nos départemens méridionaux, y rapportent des fruits exquis; et les mêmes cépages, quoique dirigés en espalier, ne mûrissent que difficilement et très-rarement dans nos provinces du centre. Le climat a une telle influence sur les variétés et les races de la vigne, que telle qui est précoce dans un lieu, respectivement à ses congénières, est plus tardive qu'elles dans un autre. Au nord de la Loire, les races blanches mûrissent ordinairement les dernières; et en s'approchant du midi on voit leur maturité précéder celle des cépapages colorés. Cependant il en est une espèce, parmi celles que nous avons nommées, dont les produits peu recommandables, il est vrai, pour être convertis en vin, jouissent de la réputation la mieux méritée, comme fruits de table, comme comestibles. Je parle du chasselas : il réunit la double qualité, et de le disputer, pour la saveur, aux raisins les plus exquis, et d'être si peu délicat sur le climat, que, dirigé en treille, placé à une bonne exposition et cultivé avec soin, il prospère sur presque tous les points de la France. On connoît la renommée des chasselas de Montreuil, de Fontainebleau, de Tomeri. Ce genre de culture réussit si bien dans ces endroits, à ceux qui s'en occupent, que quelques personnes pensent qu'ils emploient des moyens particuliers, dont ils font un mystère aux étrangers ; mais c'est une erreur : ils n'ont d'autre secret que de donner à cette culture tous les soins de détail dont elle est susceptible. Nous avons vu dans le beau jardin planté à Ris, par l'ancien musicien *Cupis*, des treilles de chasselas bien soignées ; le raisin qu'elle produisoit formoit la principale branche du revenu de cet artiste, et ne le cédoit à celui de Fontainebleau, ni pour la qualité, ni pour l'abondance de la récolte, ni pour sa valeur vénale, mais Cupis et ses successeurs cultivoient par eux-mêmes ; ils mettoient la main à l'œuvre et travailloient, pour ainsi dire sans relâche, sur-tout depuis le moment où le raisin étoit tourné, jusqu'à celui de la cueillette.

Quelles que soient les espèces de raisin dont vous vous proposez de former une ou plusieurs treilles, n'hésitez pas à leur consacrer exclusivement un mur ou une grande partie de mur.

L'usage de planter alternativement un cep de vigne, un pêcher ou un poirier est très vicieux. Il n'y a pas un bon écrivain sur le jardinage qui ne le condamne. Pour vouloir trop avoir on n'a rien ou presque rien. Les racines de ces diverses plantes se rapprochent, se mêlent les unes avec les autres et se nuisent mutuellement. La vigne, comme plus vivace, affame tellement celles qui l'avoisinent qu'elle finit par les stériliser et les détruire. On cherche en vain à justifier cette méthode en disant qu'on se borne à tirer de chaque cep un seul cordon qui, adossé au chaperon, occupe peu de place et par conséquent ne peut nuire aux arbres, dont il ne fait que le couronnement. Mais on ne réfléchit pas que cette tige en cordon se garnit d'un large et épais feuillage qui formant une espèce d'auvent par dessus l'arbre, lui ravit les bienfaits des pluies et des rosées, lui donne de l'ombre et s'oppose au renouvellement de l'air indispensable pour sa respiration. D'ailleurs les pampres forment des gouttières sur les branches et sur les fruits des arbres à noyaux, qui, lors des grandes averses, cavent et carient leurs blessures ou leurs cicatrices, et font extravaser la sève de tous les côtés, où elle se montre peu après en consistance de gomme. Le mauvais effet de ces cordons dominant d'autres arbres est très-remarquable. Il est peu d'agriculteurs qui n'aient été à portée de voir les bras d'une treille arrêtés, par exemple, perpendiculairement à l'axe d'un pêcher dirigé à Montreuil. On voit que toutes les branches qui partent du côté surmonté par la vigne sont basses, foibles et languissantes, et que toutes celles du côté opposé sont fortes, vigoureuses, d'une belle venue et disposées à prendre l'essor de l'indépendance ; elles dépasseroient bientôt le cordon de la vigne si le jardinier n'avoit soin de les incliner quand il les palisse. Ce fait prouve assez qu'en persistant à prolonger des cordons de vigne au dessus des espaliers, on s'obstine seulement à mal faire.

Si le mur que vous avez choisi pour y adosser une vigne n'est pas construit en terre, en pisé ou en briques bien jointes, faites le revêtir d'un bon enduit de plâtre ou crépir de mortier à chaux et à sable. Il est important que toutes les crevasses, que tous les trous disparoissent ; ils serviroient de retraite aux insectes nuisibles à la vigne : et vous aurez assez d'autres ennemis à combattre, d'ailleurs les surfaces unies sont les plus favorables à la maturité des fruits. Comme nous n'avons point à redouter la surabondance de la sève pour ce genre de culture, parce que nous nous procurons par le moyen du reflet toute la chaleur qui lui est nécessaire, nous ne craignons ni la multiplication des racines, ni le nombre des feuilles, ni le volume et l'étendue qu'elles donneront à la plante. Cependant puisqu'elle doit être soumise à la taille, il faut fixer un terme au prolongement de ses branches mères. Le degré d'élévation du mur et l'espèce de la vigne doivent servir de règle pour l'espacement des ceps. Plus le cep est destiné à couvrir de surface en hauteur, moins on doit laisser prendre d'étendue à ses bras ou à ses branches horizontales. Par exemple, si le mur est bas, s'il n'est élevé que d'un mètre cinq décimètres, on ne pourra tirer de l'arbre que deux cordons, un à droite, l'autre à gauche ; mais ils pourront être prolongés jusqu'à cinq mètres chacun, et leurs pieds être, par conséquent, espacés du double. Si le mur est élevé de deux mètres, les cordons de la vigne seront doublés sans inconvénient ; elle produira deux branches horizontales de chaque côté ; la branche supérieure plus élevée que l'inférieure d'environ cinq à six décimètres : dans ce cas on placera les ceps à sept mètres les uns des autres. Enfin si le mur est porté à une élévation d'un tiers, de moitié ou de plus encore, et si l'on présume pouvoir tirer des tiges trois, quatre ou cinq cordons, il faudra rapprocher les ceps dans la même proportion et ne pas oublier que plus on les force à s'élever, que plus on présente à la sève de différentes routes à parcourir en sens vertical, plus tôt on doit arrêter sa marche en largeur ou dans les conduits placés horizontalement. Mais soit que vous espaciez vos ceps de dix, de sept ou de cinq mètres, n'oubliez pas qu'il est des espèces plus vivaces les unes que les autres. La végétation du pineau, du muscadet, du sauvignon, du ciotat, du grec est beaucoup moins forte que celle des muscats, des chasselas, de la donne et du bordelais. La différence qui existe entre leurs diverses manières de végéter et de croître est très-remarquable. Les premiers portent comparativement aux autres, des grappes et des grains petits, des feuilles minces et étroites, et leur substance moelleuse occupe peu de place. On présume assez qu'il y auroit de l'inconséquence à vouloir obtenir autant de produits des unes que des autres ; ainsi, en restreignant à une moindre étendue les branches des ceps les plus délicats, on peut les rapprocher davantage les uns des autres dans la plantation.

Je suppose votre mur prêt et vos espèces déterminées. Si le terrain dans lequel vous voulez planter est sec et léger, ou calcaire, ou s'il repose sur un banc de marne, faites creuser, en brumaire, à deux décimètres de la muraille, des trous de sept décimètres de profondeur et d'un mètre carré d'ouverture ; si la terre est humide, argileuse, de simples trous seroient insuffisans ; les racines auroient trop de peine à la pénétrer ; faites faire une tranchée d'environ un mètre en tous sens ; garnissez le fond d'une couche de pierres, de gravois, de cailloux et de gros sable. Cette couche donnera une issue aux eaux ; elle assainira le terrain ; mais il sera bon de la recouvrir de même que la terre du fond ; dans des trous simples, de quelques travers de doigts de bonne terre végétative, mêlée d'un tiers de marne et d'un tiers de sable de ravins. Évitez toute parcimonie dans les frais d'une telle plantation ; si rien n'y manque, elle aura la durée des siècles. Placez vos marcottes ou vos plants, quels qu'ils soient, au lieu et à la distance que vous aurez déterminés, et ne permettez pas qu'on piétine la terre dont on les recouvre ; celle qui formoit la surface du sol doit être la première employée. Dès la première année chaque cep vous donnera plusieurs pousses, dont une au moins assez forte pour devenir une bonne tige. Si, par l'effet de quelque circonstance imprévue, aucun des sarmens nouveaux d'un cep ne répondoit à votre attente, dans la première année, faites-les tous disparoître au temps de la taille. La pousse de la seconde année vous donnera le jet que vous attendez ; laissez le subsister seul : enlevez sur la souche tous les brins qui partageroient sa nourriture, et quand il sera parvenu à la hauteur de plus d'un mètre, taillez vers la fin de l'automne tout ce qui excède cette mesure ; éteignez tous les yeux inférieurs, et ne laissez subsister que les deux boutons les plus voisins de la taille : il en sortira deux bourgeons qui, étant tirés l'un à droite, l'autre à gauche, vous les fixerez à la muraille et dans une direction parfaitement horizontale, avec des loques que vous serez libre de remplacer ensuite par de simples crochets de bois. Ces rameaux formeront la première division de la tige, et suffiront pour former une treille à deux branches. Les deux points d'où elles partent, ne sont pas géométriquement placés vis-à-vis l'un de l'autre; mais il ne s'en faut ordinairement que de la distance d'un bouton à l'autre: cette petite irrégularité est à peine remarquable. Pour vous procurer deux nouvelles divisions supérieures, ménagez des deux sarmens qui sortiront sur chaque branche des deux yeux les plus voisins de chaque coudure; laissez-les croître verticalement; taillez-les après la maturité du bois, à la hauteur de quatre ou cinq décimètres; éteignez, comme vous l'avez déjà fait sur le sarment dont vous avez formé une tige, tous les yeux inférieurs à celui qui avoisine la taille, et il sortira de même de celui-ci un rameau qui, appliqué horizontalement au mur, formera une double branche à chacun des côtés de la tige. Si la hauteur du mur permet de donner encore plus d'élévation à la treille, en multipliant ses branches, on peut répéter le même procédé trois, quatre, cinq fois, et tout autant qu'on en a besoin. Le cep étoit-il déjà fort au moment de la plantation? c'est une avance précieuse: il donnera du fruit dès la première année. A la quatrième, il couvrira une grande étendue de muraille, et produira une récolte abondante. Toutes les grappes sont portées par le jeune bois qui sort des branches horizontales; et c'est sur ce bois de l'année qu'on exécute la taille. Le cultivateur opérant ici sur un sujet sain, et presque toujours très-vigoureux, il est moins assujetti aux petites précautions, que s'il travailloit sur les plants foibles et délicats de nos vignes en grande culture. Qu'il se garde cependant de tirer indiscrètement à fruit: s'il commettoit cette imprudence pendant quelques années de suite, il ruineroit sa treille; il faudroit bientôt, si non l'arracher, du moins supprimer tout le vieux bois pour se procurer des mères branches nouvelles, et quelques récoltes extraordinaires qu'on auroit obtenues, ne dédommageroient pas d'une privation absolue pendant trois ou quatre ans. On peut tailler sur les espèces les plus vivaces, à trois et quatre nœuds, et à un ou deux tout au plus sur les races délicates, à proportion de leur force. Il est à propos de supprimer de temps en temps, sur les unes et sur les autres, le bois de l'année, et celui de deux ans qu'on prévoit devoir jeter de la confusion dans l'ensemble des produits, ou les multiplier avec excès. Quelques amateurs du jardinage possèdent des treilles dirigées avec l'art et dans l'ordre dont nous venons de donner le modèle. Il faut les avoir vues pour se faire une idée de la fraîcheur d'une pareille décoration, de la beauté des fruits et de la richesse des récoltes, sur-tout quand les soins du cultivateur viennent seconder à propos les dispositions naturelles de ces sortes de vignes. On ne peut lui offrir de meilleur exemple à cet égard, que la pratique des habitans de Fontainebleau et de Tomeri. A peine le fruit est noué, qu'ils appliquent des échelles aux murailles, et s'en servent deux fois le jour pour observer jusqu'aux moindres effets de la végétation. Armés de ciseaux et d'une broche de fer un peu courbée vers l'un de ses bouts, on les voit occupés, tantôt à retrancher le petit pédoncule des grains qui ont coulé, tantôt à supprimer les grains mêmes qui paroissent de foible venue, ou qu'on suppose devoir mettre obstacle, par leur pression, au développement des mieux nourris. Souvent le cultivateur enlève d'un coup de ciseaux quatre ou cinq centimètres de la base de la grappe, parce qu'elle parvient rarement au même degré de maturité que la partie supérieure, et qu'elle absorbe en vain une certaine quantité de sève. Il n'est pas une seule grappe qui échappe, dans le cours de la journée, à leurs soins attentifs, on pourroit dire à leur sollicitude, et ils prolongent cet exercice jusqu'au moment de la cueillette. Plus l'époque de la maturité s'approche, plus ils redoublent de vigilance. La broche dont nous avons parlé leur sert à arracher les grains pourris, ou ceux qui ont été attaqués par quelques insectes. Ils en font usage aussi pour tirer hors des branches les grappes que les rayons du soleil ne pourroient frapper, et pour écarter les feuilles qu'ils ne croient pas devoir supprimer, mais qui empêcheroient le raisin de contracter cette belle couleur d'ambre dans les races blanches, et ce beau velouté noir ou pourpré dans les espèces colorées, qui sont un témoignage non équivoque de la saveur douce et de la bonté du fruit. On exécute chacun de ces procédés avec autant de promptitude que de légèreté. On évite soigneusement de ne porter que le moins possible la main sur les grappes, afin de ne pas les priver de cette espèce de duvet aérien qu'on nomme fleur, et qui est une qualité pour le raisin comme pour la pêche.

Les habitans de Fontainebleau n'ont guère à redouter les atteintes des insectes et des oiseaux. Presque toutes leurs treilles sont placées près des habitations, et dans des cours pavées (1), assez proprement tenues pour que les insectes scarabées n'y puissent trouver d'asyle. Quant aux oiseaux, la présence presque continuelle du cultivateur suffit pour les écarter.

Il est certain que celui qui possède de vastes enclos, ou qui est

---

(1) Le pavé y produit un autre bien. Autant il seroit déplacé sur un terrain humide, argileux, parce qu'il faciliteroit la pourriture des racines, autant il est avantageux sur la terre aréneuse et excessivement sèche de ce canton. Le pavé, en mettant obstacle à l'évaporation de l'humidité souterraine, la retient au pied des plantes, et, par ce moyen, en favorise puissamment la végétation.

obligé de partager ses soins entre plusieurs genres de culture, ne peut mettre la même assiduité dans la direction et l'entretien de ses treilles, qui sont plutôt pour lui un objet d'agrément que d'utilité : mais il ne falloit pas laisser ignorer que les succès extraordinaires qu'obtiennent les habitans de Montreuil, de Fontainebleau, et de Tomeri, tiennent aux grands soins qu'ils donnent à cette sorte de culture ; et il faut convenir aussi qu'ils y sont provoqués par un grand intérêt. Revenons aux ennemis des treilles.

Plus elles sont éloignées de la maison, moins on les visite, et plus le raisin est exposé à devenir leur proie. Les rats et les loirs, les mouches, les oiseaux, ceux à gros bec sur-tout, lui font une guerre continuelle. Les grains les plus doux, les plus mûrs, ou les plus prêts de la maturité, sont constamment l'objet de leur choix : ils ne s'y trompent jamais. On tend des assommoirs, des quatre-de-chiffre, pour détruire les petits quadrupèdes ; on suspend de distance en distance des fioles aux trois quarts remplies d'eau sucrée ou miellée, pour attirer et noyer les mouches. Pour soustraire le raisin à la voracité des oiseaux, on a imaginé d'introduire les grappes, ou dans des sacs de papier huilé, ou dans des sacs de crin. Mais ces divers moyens ne sont pas sans inconvéniens. Les sacs de papier huilé sont un obstacle à la circulation de l'air, à l'action des rayons du soleil ; le raisin qu'ils enferment mûrit mal, et n'est jamais coloré. Ce n'est pas tout ; les rats attaquent, mangent ou déchirent ces sacs ; et quand ils restent entiers, ils communiquent au raisin un goût de rancidité. Le tissu des sacs de crin est moins serré, l'air pénètre à travers leur tissu ; mais le soleil n'atteint pas le fruit qu'ils contiennent. Agités par les vents, pendant les orages et les tempêtes, les pointes dont leur intérieur est hérissé frappent incessamment les grains, les meurtrissent, et les disposent, par toutes ces petites plaies, à contracter promptement la pourriture. Le raisin ainsi conservé ne peut donc être un fruit de garde ; mais, sous cette enveloppe de crin, il n'est pas même à l'abri de l'attaque des merles et des geais. Quand aucune autre récolte ne couvre plus la terre, à l'époque où le raisin est le seul fruit qui pende encore aux arbres, ces oiseaux, pressés sans doute par la faim, dirigés par l'instinct que la nature leur a départi, devinent, on ne sait comment, que ces sacs recèlent un aliment précieux ; ils les attaquent à coups de bec avec une vigueur, avec un acharnement qui leur assure toujours la victoire, si un coup de fusil tiré à propos ne les frappe de terreur, et ne les disperse. Quelque mobiles que soient les épouvantails, quelque forme grotesque qu'on leur donne, quelque soin que l'on prenne de les changer souvent, les oiseaux s'y habituent, et ne tardent pas à les braver. Mais j'ai vu des treilles voisines même des grands bois, où ces animaux sont plus nombreux que par-tout ailleurs, entièrement garanties de leurs attaques, par l'attention l'attention qu'on avoit de tirer quelques coups de fusils le long des murs, à trois différentes époques de la journée, le matin à une demi-heure de soleil, vers midi, et le soir, une ou deux heures avant le coucher de cet astre. On répète ces explosions pendant quelques jours de suite ; on étend d'abord quelques uns de ces petits picoreurs sur la place ; et cet exemple ne reste pas sans effet.

On connoît le plus haut point de maturité auquel le raisin puisse parvenir dans le climat que l'on habite, par la couleur des grains, par la pâleur des feuilles, et surtout par le dessèchement du pédoncule et de la rafle. Tandis que la queue du raisin et sa grappe sont encore verds, c'est une preuve que la sève y circule et qu'elle parvient jusqu'au grain ; ainsi il n'est pas encore parvenu au degré de maturité auquel il est susceptible d'atteindre. Mais dès que la rafle et son pédoncule sont devenus de couleur brune, dès qu'ils ont pris une consistance tout-à-fait ligneuse, ils ne filtrent plus de sève, ils n'ont plus rien à communiquer au fruit : il est temps de le cueillir. Nous avons cité quelques bons vignobles, il est vrai, où l'on est dans l'usage de laisser le raisin aux ceps assez long-temps encore après cet indice de sa maturité, pour lui faire perdre son eau surabondante, pour concentrer encore le muqueux-sucré. Mais le raisin de treille est destiné à être conservé dans le fruitier: c'est là qu'il doit se perfectionner. Si on le laissoit exposé aux premières gelées, son enveloppe

Tome X.

durciroit; il seroit beaucoup moins agréable à manger.

Soyez encore plus délicat sur le choix d'un beau jour pour récolter le raisin, que pour cueillir tout autre fruit, car, pour se conserver, il veut être rentré très-sec. A mesure que le coup de ciseaux sépare les grappes de la treille, et que vous en avez détaché avec une aiguille tous les grains suspects, étendez légèrement les grappes sur des claies garnies d'un lit de mousse très-sèche ; ne les touchez que le moins possible ; isolez-les sur la claie, et quand elle sera couverte d'une simple couche de fruit, faites-la transporter à la maison, comme sur une civière, par deux personnes qui éviteront avec soin les heurts et les secousses. Déposez successivement toutes vos claies en lieu sec, sans toucher au raisin. Il est sans doute inutile de dire qu'elles doivent être placées l'une à côté de l'autre, et non les unes par dessus les autres. Si la journée du lendemain est belle, sereine, si les nuages n'interceptent point les rayons du soleil, on portera de nouveau, et avec les mêmes précautions, les claies dans le jardin ; le raisin y sera exposé à la plus forte chaleur de la saison ; après quelques heures on retournera légèrement les grappes, et quand elles seront dégagées de toute humidité extérieure, on les introduira dans le fruitier.

Le lieu le plus propre à leur conservation doit être sec et d'autant moins aéré que l'humidité s'introduit d'autant plus que l'air pénètre plus aisément ou se renou-

M m

velle plus souvent. Tous les moyens de conserver le raisin, de même que les autres fruits, sont bons, dès qu'ils les mettent à couvert de l'action de l'air, puisque c'est elle qui d'abord le flétrit pour le corrompre bientôt après. Les méthodes suivantes sont incontestablement les plus sûres.

1°. Suspendez les grappes à des cordeaux ou à des gaulettes de bois très-sec, et de manière qu'elles ne se touchent ni les unes ni les autres. Quelques personnes portent l'attention jusqu'à fixer les grappes aux cordeaux ou aux gaulettes, avec des fils attachés au petit bout de la grappe. Par ce moyen elles procurent à chaque grain un isolement précieux pour sa conservation. Cette manière de garder le raisin est la plus simple et la plus commune ; toutefois quand les circonstances locales se trouvent d'accord avec les soins du surveillant, et que celui-ci ne laisse séjourner à la grappe aucun grain entaché, il n'est pas rare de posséder d'excellens raisins après sept et huit mois de récolte.

2°. Faites faire une ou plusieurs caisses d'un mètre en tout sens, selon la quantité de raisins qu'on veut conserver; faites garnir leur intérieur de gaulettes ou de ficelles auxquelles vous suspendrez les grappes, sans qu'elles puissent se toucher. Fermez ces caisses ; appliquez un enduit de plâtre sur toutes les jointures ; faites les transporter à la cave et recouvrir de deux ou trois décimètres de sable fin et très-sec. Le raisin se conserve ainsi très-long-temps ; mais sitôt que chaque caisse est entamée, il en faut promptement consommer le fruit.

3°. Choisissez un hectolitre qui ait contenu de bon vin ; arrangez-y les grappes comme ci-dessus ; refoncez cette pièce ; introduisez-la dans une seconde futaille ; remplissez de vin tout le vide qui les sépare l'une de l'autre, et bouchez exactement. Cette méthode est dispendieuse; mais elle conserve le raisin pendant une année presque entière.

4°. On prend des cendres de sarmens bien tamisées ; on les détrempe en consistance de bouillie claire; on y plonge les grappes à différentes reprises, jusqu'à ce que la couleur des grains ne soit plus apparente ; on les range ensuite dans une caisse, sur un lit des mêmes cendres, non mouillées ; on les recouvre d'un second rang; celui-ci d'une couche de cendres sèches, et ainsi de suite, jusqu'à ce que la boîte soit remplie. Après l'avoir soigneusement fermée, on la dépose à la cave. Pour servir le fruit, il suffit de le plonger à plusieurs reprises dans de l'eau fraîche; la cendre s'en détache facilement et il s'est conservé aussi beau, aussi frais qu'au moment où on l'a cueilli. Cette méthode permet de faire usage d'une partie des raisins sans nuire à la conservation du surplus.

5°. On ensevelit quelquefois le raisin dans de la menue paille bien sèche, lit par lit ; il se conserveroit très bien ainsi, s'il n'étoit exposé aux ravages des souris.

6°. Si l'on veut borner ses soins

à la conservation d'un petit nombre de raisins, il suffit de les isoler sur une planche, et de couvrir chaque grappe avec un vase creux de verre ou de faïence; par exemple, avec des cloches à melons; on les enveloppe, on les surmonte d'une couche de sable fin, et le fruit s'y conserve exempt de toute espèce d'atteinte.

Nous terminerons cet article par la description d'un procédé très-ingénieux, employé par un jardinier de la ci-devant Lorraine, pour servir sur la table, même après l'hiver, des ceps garnis de feuilles et de fruits, aussi frais qu'au commencement de l'automne.

Munissez-vous, avant la taille, d'une caisse de trois décimètres de grandeur et de profondeur. Ménagez dans le fond un trou assez grand pour introduire dans cette caisse un sarment qui, par la grosseur de ses nœuds, vous promette du fruit. Faites supporter cette caisse à la hauteur de la branche choisie, par deux crochets fixés dans le mur, ou par des appuis de fenêtre, s'il s'en trouve à portée. Taillez le sarment à deux ou trois yeux au dessus de la caisse, et remplissez-la d'assez bonne terre. Arrosez abondamment et souvent, car cette terre en caisse se dessèche très-vite. Le rameau prend racine, et pousse bientôt des bourgeons chargés de belles grappes. Quelque temps avant leur maturité, on sépare cette marcotte de la treille, en coupant la mère branche de celle-ci rez le dessous de la caisse; on retranche toutes les parties des nouveaux sarmens qui sont supérieurs à la grappe la plus élevée; et l'on transporte cette plante, avant les gelées, dans un lieu où elle soit à l'abri des grands froids. Il suffit alors de l'arroser de temps en temps pour posséder, en germinal ou même en floréal, des grappes de raisin couronnées de feuilles, et aussi fraîches qu'au moment où on les cueille à la treille. Il résulte quelques autres avantages de ce procédé. 1°. Il en résulte, pour l'année suivante, un plant chevelu dont la bonté n'est pas équivoque. 2°. Il est un moyen facile et immanquable de propager certaines espèces qu'on ne provigne que difficilement. Il ne s'agit, pour cela, que de retirer au printemps le cep de sa caisse, avec la motte, et de le remettre en pleine terre. Il souffre si peu de cette transplantation, que, dès l'automne suivant, il est chargé de fruits comme l'année d'auparavant. Enfin, il peut être employé avec le même succès à produire des raisins très-précoces. Mais alors, au lieu de remettre le cep en pleine terre, il faut le faire passer, et toujours en motte, dans une caisse plus grande, la conserver dans un lieu et à une exposition convenables, l'arroser fréquemment, et tailler le bois très-court. Si le plant est du chasselas, il mûrira dès le commencement de messidor. Cette expérience a réussi à tous ceux qui l'ont faite avec soin.

ARTICLE VIN.

Chap. Ier. *Du vin considéré dans ses rapports avec le sol, le climat, l'exposition, les saisons, la culture.*

Art. Ier. *Du vin considéré dans ses rapports avec le climat.*

Art. II. *Du vin considéré dans ses rapports avec le sol.*

Art. III. *Du vin considéré dans ses rapports avec l'exposition.*

Art. IV. *Du vin considéré dans ses rapports avec les saisons.*

Art. V. *Du vin considéré dans ses rapports avec la culture.*

Chap. II. *Du moment le plus favorable pour la vendange, et des moyens d'y procéder.*

Chap. III. *Des moyens de disposer le raisin à la fermentation.*

Chap. IV. *De la fermentation.*

Art. Ier. *Des causes qui influent sur la fermentation.*

Art. II. *Phénomènes et produits de la fermentation.*

Art. III. *Préceptes généraux sur l'art de gouverner la fermentation.*

Art. IV. *Etiologie de la fermentation.*

Chap. V. *Du temps et des moyens de décuver.*

Chap. VI. *De la manière de gouverner les vins dans les tonneaux.*

Chap. VII. *Maladies du vin, et moyens de les prévenir et de les corriger.*

Chap. VIII. *Usages et vertus du vin.*

Chap. IX. *Analyse du vin.*

Vues générales.

Il est peu de productions naturelles que l'homme se soit appropriées comme aliment, sans les altérer ou les modifier par des préparations qui les éloignent de leur état primitif: les farines, la viande, les fruits, tout reçoit, par ses soins, un commencement de fermentation avant de servir de nourriture; et il n'est pas jusqu'aux objets de luxe, de caprice ou de fantaisie, tels que le tabac, les parfums, auxquels l'art ne donne des qualités particulières.

Mais c'est sur-tout dans la fabrication des boissons, que l'homme a montré le plus de sagacité: à l'exception de l'eau et du lait, toutes sont son ouvrage. La nature ne forma jamais de liqueurs spiritueuses; elle pourrit le raisin sur le cep, tandis que l'art en convertit le suc en une liqueur agréable, tonique et nourrissante, qu'on appelle Vin.

Il est difficile d'assigner l'époque précise où les hommes ont commencé à fabriquer le vin. Cette précieuse découverte paroît se perdre dans la nuit du temps; et l'origine du vin a ses fables, comme celle de tous les objets qui sont devenus pour nous d'une utilité générale.

Athénée prétend qu'*Oreste*, fils de *Deucalion*, vint régner en Ethna, et y planta la vigne. Les historiens s'accordent à regarder *Noé* comme le premier qui a fait du vin dans l'Illyrie; *Saturne*, dans la Crète; *Bacchus*, dans l'Inde; *Osyris*, dans l'Egypte, et le roi *Gerion*, en Espagne. Le poëte, qui assigne à tout une source divine, aime à croire qu'après le déluge, Dieu accorda le vin à l'homme pour le consoler dans sa misère, et s'exprime ainsi sur son origine:

Omnia vastatis ergò cùm cerneret arvis
Desolata Deus, nobis felicia vini
Dona dedit, tristes hominum quo munere fovit
Reliquias; mundi solatus vite ruinam.
Præd. Rust.

Il n'est pas jusqu'à l'étymologie du mot *vin* sur laquelle les auteurs n'aient produit des opinions différentes : mais, à travers cette longue suite de fables, dont les poëtes, presque toujours mauvais historiens, ont obscurci l'origine du vin, il nous est permis de saisir quelques vérités précieuses ; et, dans ce nombre, nous pouvons placer, sans crainte, les faits suivans :

Non seulement les premiers écrivains attestent que l'art de fabriquer le vin leur étoit connu, mais ils avoient déjà des idées saines sur ses diverses qualités, ses vertus, ses préparations, etc. : les dieux de la fable sont abreuvés avec le *nectar* et l'*ambroisie*. *Dioscoride* parle du *cœcubum dulce*, du *surrentinum austerum*, etc. ; *Pline* décrit deux qualités de vin d'*Albe*; l'un doux et l'autre acerbe. Le fameux *Falerne* étoit aussi de deux sortes, au rapport d'*Athénée*. Il n'est pas jusqu'aux vins mousseux, dont les anciens avoient connoissance : il suffit du passage suivant de *Virgile*, pour s'en convaincre.

.... *Ille impiger hausit*
Spumantem pateram..............

En lisant ce que les historiens nous ont laissé sur l'origine des vins que possédoient les anciens Romains, il paroîtra douteux que leurs successeurs aient ajouté aux connoissances qu'ils avoient en ce genre. Ils tiroient leurs meilleurs vins de la Campanie, (aujourd'hui *Terre de Labour*) dans le royaume de Naples. Le Falerne et le Massique étoient le produit de vignobles plantés sur des collines tout autour de Montdragon au pied duquel coule le Garigliano, anciennement nommé *Iris*. Les vins d'Amiela et de Fondi se récoltoient près de Gaëte ; le raisin de Suessa croissoit près de la mer, etc. Mais, malgré la grande variété de vins que produisoit le sol d'Italie, le luxe porta bientôt les Romains à rechercher ceux d'Asie ; et les vins précieux de Chio, de Lesbos, d'Ephèse, de Cos, et de Clazomène, ne tardèrent pas à surcharger leurs tables.

Les premiers historiens, dans lesquels nous pouvons puiser quelques faits positifs sur la fabrication des vins, ne nous permettent pas de douter que les Grecs n'eussent singulièrement avancé l'art de faire, de travailler, et de conserver les vins : ils les distinguoient déjà en *protopon* et *deuterion*, suivant qu'ils provenoient du suc qui s'écoule du raisin, avant qu'il ait été foulé, ou du suc qu'on extrait par le foulage lui-même. Les Romains ont ensuite désigné ces deux qualités sous les dénominations de *vinum primarium* et *vinum secundarium*.

Lorsqu'on lit avec attention tout ce qu'*Aristote* et *Galien* nous ont transmis de connoissances sur la préparation et les vertus des vins les plus renommés de leur temps ; il est difficile de se défendre de l'idée que les anciens possédoient l'art d'épaissir et de dessécher certains vins pour les conserver très-long-temps : *Aristote* nous dit expressément que les vins d'Arcadie se desséchoient tellement dans les outres, qu'il falloit les racler et les délayer dans l'eau, pour les disposer à servir de boisson : *ita exsiccatur in utribus, ut derasum bibatur.* *Pline* parle de vins gardés pendant cent ans, qui s'étoient épaissis comme du miel, et qu'on ne pouvoit boire qu'en les délayant dans l'eau chaude, et les coulant à travers un linge : c'est ce qu'on appelloit *saccatio vinorum*. *Martial* conseille de filtrer le Cœcube.

Turbida sollicito transmittere Cœcuba sacco.

Galien parle de quelques vins d'Asie, qui, mis dans de grandes bouteilles qu'on suspendoit au coin des cheminées, acquéroient, par l'évaporation, la dureté du sel. C'étoit-là l'opération qu'on appelloit *fumarium*.

C'étoit sans doute des vins de cette nature, que les anciens conservoient au plus haut des maisons, et dans des expositions au midi : ces lieux étoient désignés par les mots *horreum vinarium, apotheca vinaria*.

Mais tous ces faits ne peuvent appartenir qu'à des vins doux, épais, peu fermentés, ou à des sucs non altérés et rapprochés ; ce sont des extraits plutôt que des liqueurs ; et, peut-être, n'étoit-ce qu'un *résiné* très-analogue à celui que nous formons aujourd'hui par l'épaississement et la concentration du suc du raisin.

Les anciens connoissoient encore des vins légers qu'ils buvoient de suite ; *quale in Italiâ quod Gauranum vocant et Albanum, et quæ in Sabinis et in Tuscis nascuntur.*

Ils regardoient le vin récent comme chaud au premier degré ; le plus vieux passoit pour le plus chaud.

Chaque espèce de vin avoit une époque connue et déterminée, avant laquelle on ne l'employoit point pour la boisson : *Dioscoride* détermine la septième année comme un terme moyen pour boire le vin. Au rapport de *Galien* et d'*Athénée* le Falerne ne se buvoit, en général, ni avant qu'il eût atteint l'âge de dix ans, ni après celui de vingt. Les vins d'Albe exigeoient vingt ans d'ancienneté ; le *surrentinum*, vingt-cinq, etc. *Macrobe* rapporte que *Cicéron* étant à souper chez *Damasippe*, on lui servit du Falerne de quarante ans, dont le convive fit l'éloge en disant qu'il portoit bien son âge : *benè inquit, ætatem fert. Pline* parle d'un vin servi sur la table de *Caligula* qui avoit plus de cent soixante ans. *Horace* a chanté un vin de cent feuilles, etc.

Depuis les historiens Grecs et Romains, on n'a pas cessé de publier des écrits sur les vins ; et si nous considérons que cette boisson est une des branches de commerce les plus considérables de l'Europe, en même temps qu'elle fait la principale source de la richesse de plusieurs nations situées sous divers climats, nous serons moins étonnés du grand nombre d'écrits publiés sur ce sujet, que de la foiblesse avec laquelle on a traité une matière si intéressante.

J'avoue que j'ai été frappé moi-même de cet excès de médiocrité; et j'ai cru en trouver la cause dans la fureur qu'ont eue presque tous les auteurs de ne voir jamais qu'un pays, qu'un climat, qu'une culture; et de prétendre convertir en principe général ce qui n'est souvent qu'un procédé essentiellement dépendant d'une localité.

D'un autre côté, la science qui devoit perfectionner les arts en les éclairant n'existoit pas encore; la théorie de la fermentation, l'analyse des vins, l'influence des climats n'étoient pas rigoureusement calculés; et c'est néanmoins à ces connoissances que nous devons les principes invariables qui doivent assurer les pas de l'agriculteur dans les procédés de la *vinification*; c'est à elles seules que nous devons cette langue scientifique à l'aide de laquelle tous les hommes, tous les pays communiquent entr'eux.

Il me paroît que dans l'art de fabriquer le vin, comme dans tous ceux qui doivent être éclairés par les vérités fondamentales de la physique, on doit commencer par connoître parfaitement la nature de la matière même qui fait la base de l'opération, et calculer ensuite avec précision l'influence qu'exercent sur elle les divers agens qui sont successivement employés.

Alors on se fait des principes généraux qui dérivent de la nature bien approfondie du sujet; et l'action variée du sol, du climat, des saisons, de la culture, les variétés apportées dans les procédés des manipulations, l'influence marquée des températures, etc., tout vient s'établir sur ces bases. Ainsi je n'irai pas proposer aux agriculteurs du midi les procédés de culture et les méthodes de vinification pratiquées dans le nord; mais je déduirai de la différence des climats la cause de la différence que présentent les raisins sur ces divers points; et la nature bien connue des raisins de chaque pays me fera sentir la nécessité d'en varier la fermentation.

CHAPITRE Iᵉʳ.

Du Vin considéré dans ses rapports avec le sol, le climat, l'exposition, les saisons, la culture, etc.

Ce n'est pas assez de savoir que la nature du vin varie sous les différens climats, et que la même espèce de vigne ne produit pas par-tout indistinctement la même qualité de raisin. Il faut encore connoître la cause de ces différences pour pouvoir se faire des principes, et savoir non seulement ce qu'il est, mais prévoir et annoncer ce qui doit être.

Ces causes sont toutes dans la différence des climats, dans la nature et l'exposition du sol, dans le caractère des saisons et les procédés de culture. Nous dirons successivement ce qui est dû à chacun de ces divers agens; et nous en déduirons des conséquences naturelles, tant sur la nature de la terre que réclame la vigne, que sur le genre de culture qui paroît lui convenir le mieux.

Les principes généraux que nous

allons établir en parlant de chacune de ces causes en particulier, reçoivent beaucoup d'exceptions : on le sentira facilement si l'on réfléchit que l'action de l'une de ces causes peut être contractée par la réunion de tous les autres agens qui masquent ou détruisent son effet naturel. Ainsi la bonté du sol, la convenance du climat, la qualité de la vigne, ne peuvent contrebalancer l'effet de l'exposition, et présenter du bon vin là où, d'après l'exposition considérée isolément, on le jugeroit devoir être de mauvaise qualité. Mais nos principes n'en sont pas moins rigoureux; et la seule conséquence qu'on peut tirer de ces contradictions apparentes, c'est que, pour avoir le vrai résultat, il faut tenir compte de l'action de toutes les causes influentes, et les considérer comme les élémens nécessaires du calcul.

ARTICLE Ier.

Du vin considéré dans ses rapports avec le climat.

Tous les climats ne sont pas propres à la culture de la vigne : si cette plante croît et paroît végéter avec force dans les climats du nord, il n'en est pas moins vrai que son fruit ne sauroit y parvenir à un degré de maturité suffisant ; et il est une vérité constante, c'est qu'au delà du 50e. degré de latitude le suc du raisin ne peut pas éprouver une fermentation qui le convertisse en une boisson agréable.

Il en est de la vigne par rapport au climat, comme de toutes les autres productions végétales. Nous trouvons vers le nord une végétation vigoureuse, des plantes bien nourries et très-succulentes, tandis que le midi ne nous offre que des productions chargées d'arome, de résine, et d'huile volatile : ici tout se convertit en *esprit*; là tout est employé pour la *force*. Ces caractères, très-marqués dans la végétation, se répètent jusque dans les phénomènes de l'animalisation, où l'*esprit*, la *sensibilité* paroissent être l'appanage des climats du midi, tandis que la *force* paroît être l'attribut de l'habitant du nord.

Les voyageurs anglois ont observé que quelques végétaux insipides du Groënland acquéroient du goût et de l'odeur dans les jardins de Londres. *Reynier* a vu que le mélilot, qui a une odeur pénétrante dans les pays chauds, n'en conservoit aucune en Hollande. Tout le monde sait que le venin très-exalté de certaines plantes et de plusieurs animaux s'éteint et s'émousse progressivement dans les individus qui s'en nourrissent dans des climats plus voisins du nord.

Le sucre lui-même paroît ne se développer d'une manière complète dans quelques végétaux que dans les pays chauds; la canne à sucre, cultivée dans nos jardins, ne fournit presque plus de principe sucré; et le raisin est lui-même aigre, âpre, ou insipide au delà du 50e. degré de latitude.

L'arome ou le parfum du raisin, ainsi que le principe sucré, sont donc le produit d'un soleil pur et et constant. Le suc aigre ou acerbe qui se développe dans le raisin dès les premiers momens de sa formation, ne sauroit être convenablement élaboré dans le nord: ce caractère primitif de verdeur existe encore, lorsque le retour des frimas vient glacer les organes de la maturation.

Ainsi dans le nord le raisin, riche en principes de putréfaction, ne contient presque aucun élément de fermentation spiritueuse; et le suc exprimé de ce fruit, venant à éprouver les phénomènes de la fermentation, produit une liqueur aigre dans laquelle il n'existe que la proportion rigoureusement nécessaire d'alkool, pour interrompre les mouvement d'une fermentation putride.

La vigne, ainsi que toutes les autres productions de la nature, a des climats qui lui sont affectés: c'est entre le 40 et le 50e. degré de latitude, qu'on peut se promettre une culture avantageuse de cette production végétale. C'est aussi entre ces deux termes que se trouvent les vignobles les plus renommés et les pays les plus riches en vins, tels que l'Espagne, le Portugal, la France, l'Italie, l'Autriche, la Styrie, la Carinthie, la Hongrie, la Transylvanie et une partie de la Grèce.

Mais, de tous les pays, celui sans doute qui présente la situation la plus heureuse, c'est la France: nul autre n'offre une aussi grande étendue de vignobles, ni des expositions plus variées; nul ne présente une aussi étonnante variété de température. On diroit que la nature a voulu verser sur le même sol toutes les richesses territoriales, toutes les facultés, tous les caractères, tous les tempéramens; comme pour nous présenter dans le même tableau toutes ses productions. Depuis la rive du Rhin jusqu'au pied des Pyrennées, presque par-tout on cultive la vigne; et nous trouvons, sur cette vaste étendue, les vins les plus agréables comme les plus spiritueux de l'Europe. Nous les y trouvons avec une telle profusion, que la population de la France ne sauroit suffire à leur consommation; ce qui fournit des ressources infinies à notre commerce, et établit parmi nous un genre d'industrie très-précieux, la distillation et le commerce des eaux-de-vie.

D'un autre côté, l'énorme variété des vins que possède la France, établit, dans l'intérieur et au dehors, une circulation d'autant plus active, qu'il est plus facile au luxe et à l'aisance d'en réunir toutes les qualités.

Mais, quoique le climat frappe ses productions d'un caractère général et indélébile, il est des circonstances qui modifient et brident son action; et ce n'est qu'en écartant avec soin ce qu'apporte chacune d'elles, qu'on peut parvenir à retrouver l'effet du climat dans toute sa pureté. C'est ainsi que, quelquefois, nous verrons, sous le même climat, se réunir les diverses qualités de vin, parce que le terrain, l'exposition, la culture, modifient et masquent l'action immédiate de ce grand agent.

D'un autre côté, il est des plants

de vigne qui ne laissent pas le choix de les cultiver indistinctement sous telle ou telle latitude. Le sol, le climat, l'exposition, la culture, tout doit être approprié à leur nature inflexible ; et la moindre interversion apportée dans ce caractère naturel, en altère essentiellement le produit. C'est ainsi que les vignes de la Grèce, transportées en Italie, n'ont plus donné le même vin ; et que les vignes de Falerne, cultivées au pied du Vésuve, ont changé de nature. L'expérience nous confirme, chaque jour, que les plants de Bourgogne, transportés dans le midi, n'y fournissent plus un vin aussi délicat et aussi agréable.

Il est donc prouvé que les qualités qui caractérisent certains vins ne peuvent pas se reproduire sur plusieurs points : il faudroit pour cela l'influence constante des mêmes causes ; et, comme il est impossible de les réunir toutes, il doit nécessairement s'en suivre des changemens et des modifications.

Concluons de ce qui précède, que les climats chauds, en favorisant la formation du principe sucré, doivent produire des vins très-spiritueux, attendu que le sucre est nécessaire à sa formation. Mais il faut que la fermentation soit conduite de manière à décomposer tout le sucre du raisin ; sans cela, on n'auroit que des vins liquoreux et très-doux, ainsi qu'on l'observe dans quelques climats du midi, et dans tous les cas où le suc sucré du raisin se trouve trop rapproché pour éprouver une décomposition complète.

Les climats plus froids ne peuvent donner naissance qu'à des vins foibles, très-aqueux, quelquefois agréablement parfumés ; le raisin dans lequel il n'existe presque pas de principe sucré, ne sauroit fournir à la formation de l'alkool qui fait toute la force des vins. Mais comme d'un autre côté, la chaleur produite par la fermentation de ces raisins, est très-modérée, le principe aromatique se conserve dans toute sa force, et contribue à rendre ces boissons très-agréables, quoique foibles.

ARTICLE II.

Du vin considéré, dans ses rapports, avec le sol.

La vigne croît par-tout : et, si l'on pouvoit juger de la qualité du vin par la vigueur de la végétation, ce seroit aux terrains gras, humides, et bien fumés, qu'on en confieroit la culture. Mais l'expérience nous a appris que presque jamais la bonté du vin n'est en rapport avec la force de la vigne ; l'on diroit que la nature, jalouse de répartir et d'affecter à chaque qualité de terre, un genre particulier de production, a réservé les terrains secs et légers pour la vigne, et a confié la culture des grains aux terres grasses et bien nourries.

Hic segetes, illic veniunt feliciùs uvae.

C'est par une suite de cette admirable distribution, que l'agriculture couvre de produits variés la surface de notre planète ; et il ne s'agit que de ne pas intervertir l'ordre naturel, et d'appliquer à chaque lieu la culture qui lui convient pour obtenir presque par-tout des récoltes fécondes et variées.

Nec verò terræ ferre omnes omnia possunt:
Nascuntur steriles saxosis montibus orni;
Littora myrthetis lœtissima : denique apertos
Bacchus amat Colles......

Les terres fortes et argileuses ne sont pas du tout propres à la culture de la vigne : non seulement les racines ne peuvent pas s'étendre et se ramifier convenablement dans ce sol gras et serré; mais la facilité avec laquelle ces couches se pénètrent d'eau, l'opiniâtreté avec laquelle elles la retiennent, nourrissent un état permanent d'humidité qui pourrit la racine, et donne à tous les individus de la vigne, des symptômes de souffrance qui en assurent bientôt la destruction.

Il est des terres fortes qui ne partagent pas les qualités nuisibles qui appartiennent aux terrains argileux dont nous venons de parler. Ici la vigne croît et végète librement; mais cette force même de la végétation nuit encore essentiellement à la bonne qualité du raisin, qui parvient difficilement à maturité, et fournit un vin qui n'a ni esprit, ni parfum. Néanmoins ces sortes de terrains sont quelquefois consacrés à la vigne, parce que l'abondance supplée à la qualité, et que très-souvent il est plus avantageux à l'agriculteur de cultiver en vigne que de semer des grains. D'ailleurs, ces vins foibles, mais abondans, fournissent une boisson convenable aux travailleurs de toutes les classes, et présentent de l'avantage pour la distillation, attendu qu'ils exigent peu de culture, et que la quantité supplée essentiellement à la qualité.

Il est encore connu de tous les agriculteurs, que les terrains humides ne sont pas propres à la culture de la vigne. Si le sol, sans cesse humecté, est de nature grasse, la plante y languit, se pourrit, et meurt; si au contraire le terrain est ouvert, léger, et calcaire, la végétation peut y être belle et vigoureuse, mais le vin qui en proviendra ne peut manquer d'être aqueux, foible, et sans parfum.

Le terrain calcaire est, en général, propre à la vigne : aride, sec et léger, il présente un support convenable à la plante; l'eau, dont il s'imprègne par intervalles, circule et pénètre librement dans toute la couche; les nombreuses ramifications des racines la pompent par tous les pores; et, sous tous ces rapports, le sol calcaire est très-favorable à la vigne. En général, les vins récoltés sur le calcaire sont spiritueux, et la culture y est d'autant plus facile, que la terre y est légère et peu liée. D'ailleurs, il est à observer que ces terrains arides paroissent exclusivement destinés pour la vigne; le manque d'eau, de terre végétale, et d'engrais, repousse jusqu'à l'idée de toute autre culture.

Mais il est des terrains plus favorables encore à la vigne : ce sont ceux qui sont à la fois légers et caillouteux ; la racine se glisse aisément dans un sol que le mélange d'une terre légère, et d'un caillou arrondi, rend très-perméable ; la couche de galets qui couvre la surface de la terre la défend de l'ardeur desséchante du soleil ; et, tandis que la tige et le raisin reçoivent la bénigne influence de cet astre, la racine, convenablement abreuvée, fournit les sucs nécessaires au travail de la végétation. Ce sont des terrains de cette nature qu'on appelle, dans divers pays, *terrains caillouteux, pays de grès, vignobles pierreux, sablonneux*, etc.

Les terres volcanisées nourrissent encore des vins délicieux. J'ai eu occasion d'observer que, dans plusieurs points du midi de la France, les vignes les plus vigoureuses, les vins les plus capiteux, étoient le produit des débris des volcans. Ces terres vierges, long-temps travaillées dans le sein du globe par des feux souterrains, nous présentent un mélange intime de presque tous les principes terreux ; leur tissu, à demi-vitrifié, décomposé par l'action combinée de l'air et du feu, fournit tous les élémens d'une bonne végétation ; et le feu, dont ces terres ont été imprégnées, paroît passer successivement dans toutes les plantes qui leur sont confiées. Les vins de *Tockai*, et les meilleurs vins d'Italie, se récoltent dans des terrains volcaniques ; le dernier évêque d'*Agde* a défriché et planté en vignes le vieux volcan de la montagne au pied de laquelle cette ville antique est située. Ces plantations forment, en ce moment, un des plus riches vignobles du canton.

Il est des points, sur la surface très-variée de notre globe, où le granit ne présente pas cette dureté, cette inaltérabilité qui font en général le caractère de cette roche primitive ; il y est pulvérulent, et n'offre à l'œil qu'un sable sec plus ou moins grossier : c'est dans ces débris que, sur plusieurs points de la France, on cultive la vigne : et, lorsqu'une exposition favorable concourt à en aider l'accroissement, le vin y est de qualité supérieure. Le fameux vin de l'Hermitage se récolte dans de semblables débris. Il est aisé de juger, d'après les principes que nous avons posés, qu'un sol, tel que celui qui nous occupe en ce moment, ne peut qu'être favorable à la formation d'un bon vin : ici nous trouvons à la fois cette légèreté de terrain qui permet aux racines de s'étendre, à l'eau de s'infiltrer, à l'air de pénétrer ; cette croûte caillouteuse qui modère et arrête les feux du soleil ; ce mélange précieux d'élémens terreux dont la composition paroît si avantageuse à toute espèce de végétation.

Ainsi l'agriculteur, plus jaloux d'obtenir une bonne qualité qu'une grande abondance de vin, établira son vignoble dans des terrains légers et caillouteux, et il ne se déterminera pour un sol gras et fécond, que dans l'intention de sacrifier la bonté à la quantité (1).

ART. III.

Du vin considéré par rapport à l'exposition.

Même climat, même culture, même nature de sol, fournissent souvent des vins de qualités très-différentes : nous voyons, chaque jour, le sommet d'une montagne dont la surface est toute recouverte de vignes, offrir, dans ses divers aspects, des variétés étonnantes dans le vin qui en est le produit. A juger des lieux par la comparaison de la nature de leurs productions, on croiroit souvent que tous les climats, toutes les espèces de terre, ont concouru à fournir des produits qui, par le fait, ne sont que le fruit naturel des terrains contigus, et différemment exposés.

Cette différence dans les produits, provenant de la seule exposition, se laisse appercevoir dans tous les effets qui dépendent de la végétation : les bois coupés dans la partie d'une forêt qui regarde le nord, sont infiniment moins combustibles que ceux de même espèce élevés sur les côtés du midi. Les plantes odorantes et savoureuses perdent leur parfum et leur saveur dès qu'elles sont nourries dans des terres grasses exposées au nord. *Pline* avoit déjà observé que les bois du midi de l'Apennin étoient de meilleure qualité que ceux des autres aspects ; et personne n'ignore ce que peut l'exposition sur les légumes et sur les fruits.

Ces phénomènes, sensibles pour tous les produits de la végétation, le sont sur-tout pour les raisins : une vigne tournée vers le midi produit des fruits très-différens de ceux que porte celle qui regarde le nord. La surface plus ou moins inclinée du sol d'une vigne, quoique dans la même exposition, présente encore des modifications infinies. Le sommet, le milieu, le pied d'une colline donnent des produits très-différens ; le sommet découvert reçoit à chaque instant l'impression de tous les changemens,

---

(1) Quoique les principes que nous venons d'établir soient prouvés par presque toutes les observations connues, il ne faut pas cependant en conclure que les résultats soient sans exception ; *Creuzé Latouche* a observé (Mémoire lu à la Société d'Agriculture de la Seine, le 26 germinal an 8), que les vignobles précieux d'Aï, Epernai, et Hautvillers sur la Marne, ont les mêmes expositions, le même sol que les terres à blé qui les environnent. Notre observateur pense bien qu'on a tenté de convertir en vigne les terres à blé ; mais il est probable que les expériences n'ont pas été heureuses, et que, par conséquent, il y a là des raisons de différence que l'inspection seule ne peut pas juger.

Au reste, comme l'observe le même agriculteur, la terre primitive dans les vignobles du premier rang en Champagne, se trouve recouverte d'une couche artificielle qu'on forme avec un mélange de gazon et de fumier consommé, de terres communes prises aux bas des coteaux, et quelquefois d'un sable noir et pourri. Ces terreaux se portent dans les vignes toute l'année, excepté le temps des vendanges.

de tous les mouvemens qui surviennent dans l'atmosphère ; les vents fatiguent la vigne dans tous les sens ; les brouillards y portent une impression plus constante et plus directe ; la température y est plus variable et plus froide ; toutes ces causes réunies font que le raisin y est, en général, moins abondant, qu'il parvient plus péniblement et incomplètement à maturité, et que le vin qui en provient a des qualités inférieures à celui que fournit le flanc de la colline, dont la position écarte l'effet funeste de la plupart de ces causes. La base de la colline offre, à son tour, de très-graves inconvéniens : sans doute la fraîcheur constante du sol y nourrit une vigne vigoureuse ; mais le raisin n'est jamais ni aussi sucré, ni aussi agréablement parfumé que vers la région moyenne ; l'air qui y est constamment chargé d'humidité, la terre sans cesse imbibée d'eau, grossissent le raisin, et forcent la végétation au détriment de la qualité.

L'exposition la plus favorable à la vigne est entre le levant et le midi ;

Opportunus ager tepidos qui vergit ad æstus.

Les collines situées au-dessus d'une plaine dans laquelle coule une rivière d'eau vive, donnent le meilleur vin ; mais il convient qu'elles ne soient pas trop resserrées :

. . . . apertos
Bacchus amat Colles. . . . . . .

L'exposition du nord a été regardée de tout temps comme la plus funeste : les vents froids et humides ne favorisent point la maturation du raisin : il reste constamment aigre, acerbe, point sucré, et le vin ne peut que participer de ces mauvaises qualités.

L'exposition du couchant est encore assez peu favorable : la terre, desséchée par la chaleur du jour, ne présente plus vers le soir aux rayons obliques du soleil, devenus presque parallèles à l'horizon, qu'un sol aride et dépourvu de toute humidité : alors le soleil qui, par sa position, pénètre sous la vigne, et darde ses feux sur un raisin qui n'est plus défendu, le dessèche, l'échauffe, le mûrit prématurément, et arrête la végétation avant que le terme de l'accroissement et l'époque de la maturité soient survenus.

Rien n'est plus propre à faire juger de l'effet de l'exposition, que de voir par soi-même ce qui se passe dans une vigne dont le terrain inégal est semé çà et là de quelques arbres : ici toutes les expositions paroissent réunies sur un même point ; aussi tous les effets qui en dépendent s'y présentent-ils à l'observateur. Les ceps abrités par les arbres poussent des tiges longues et minces, qui portent peu de fruit, et le mènent à une maturité tardive et imparfaite. La portion la plus tardive de la vigne est, en général, plus dégarnie ; la végétation y est moins robuste ; mais le raisin y est de meilleure qualité que dans les bas-fonds. C'est toujours sur la partie la plus exposée au midi qu'on rencontre le meilleur raisin (1).

Art. IV.
Du vin considéré par rapport aux saisons.

Il est de fait que la nature du vin varie selon le caractère que présente la saison; et ses effets se déduisent déjà naturellement des principes que nous avons établis en parlant de l'influence du climat, du sol et de l'exposition, puisque nous avons appris à connoître ce que peuvent l'humidité, le froid et la chaleur, sur la formation et les qualités du raisin. En effet, une saison froide et pluvieuse, dans un pays naturellement chaud et sec, produira sur le raisin le même effet que le climat du nord; cette interversion dans la température, en rapprochant ces climats, en assimile et identifie toutes les productions.

La vigne aime la chaleur, et le raisin ne parvient à son degré de perfection que dans des terres sèches et frappées d'un soleil ardent: lorsqu'une année pluvieuse entretiendra le sol dans une humidité constante et maintiendra dans l'atmosphère une température humide et froide, le raisin n'acquerra ni sucre ni parfum, et le vin qui en proviendra sera nécessairement foible, insipide, abondant. Ces sortes de vins se conservent difficilement: la petite quantité d'alkool qu'ils contiennent ne peut pas les préserver de la décomposition; et la forte proportion d'extractif qui y existe, y détermine des mouvemens qui tendent sans cesse à les dénaturer. Ces vins tournent au *gras*, quelquefois à l'*aigre*; mais le peu d'alkool qu'ils renferment ne leur permet même pas de former de bons vinaigres: ils contiennent tous beaucoup d'acide malique, ainsi que nous le prouverons par la suite; c'est cet acide qui leur donne un goût particulier, une aigreur qui n'est point acéteuse et qui fait un caractère plus dominant dans les vins, à mesure qu'ils sont moins spiritueux.

L'influence des saisons sur la vigne est tellement connue dans tous les pays de vignoble que, long-temps avant la vendange, on prédit quelle sera la nature du vin. En général, lorsque la saison est froide, le vin est rude et de mauvais goût: lorsqu'elle est pluvieuse, il est foible, peu spiritueux, abon-

---

(1) Les principes généraux que nous venons d'établir sur l'influence de l'exposition reçoivent bien des exceptions: les fameux vignobles d'Epernai et de Versenai, dans la montagne de Reims, sont exposés au plein nord, dans une latitude tellement septentrionale pour les vins, que c'est dans ces lieux même que se termine tout-à-coup le règne de la vigne sous ce méridien.

Les vignobles de Nuits et de Beaune, ainsi que les meilleurs de Baugenci et Blois, sont au levant; ceux de la Loire et du Cher sont au nord et au midi indistinctement; les bons coteaux de Saumur sont au nord, et parmi les meilleurs vins d'Angers, on en trouve à toutes les expositions. (Observations de Creuzé-Latouche, lues à la Société d'Agriculture de Paris).

dant, et on le destine d'avance (au moins dans le midi) à la distillation, parce qu'il seroit à la fois difficile à conserver et désagréable à boire.

Les pluies qui surviennent à l'époque ou aux approches de la vendange, sont toujours les plus dangereuses ; alors le raisin n'a plus assez de temps ni assez de force pour en élaborer les sucs ; ils se remplit et ne présente plus à la fermentation qu'un fluide très-liquide qui tient en dissolution une trop petite quantité de sucre, pour que le produit de la décomposition soit fort et spiritueux.

Les pluies qui tombent dans les premiers momens de l'accroissement du raisin lui sont très-favorables : elles fournissent à l'organisation du végétal l'aliment principal de la nutrition ; et si une chaleur soutenue vient ensuite en faciliter l'élaboration, la qualité du raisin ne peut qu'être parfaite.

Les vents sont constamment préjudiciables à la vigne ; ils dessèchent les tiges, les raisins et le sol ; ils produisent, sur-tout dans les terres fortes, une couche dure et compacte qui s'oppose au passage libre de l'air et de l'eau, et entretiennent par ce moyen, autour de la racine, une humidité putride qui tend à la corrompre. Aussi les agriculteurs évitent-ils avec soin de planter la vigne dans des terrains exposés aux vents ; ils préfèrent des lieux tranquilles, bien abrités, où la plante ne reçoive que l'influence bénigne de l'astre vers lequel on la tourne.

Les brouillards sont encore très-dangereux pour la vigne ; ils sont mortels pour la fleur, et nuisent essentiellement au raisin. Outre des miasmes putrides que les météores déposent trop souvent sur les productions des champs, ils ont toujours l'inconvénient d'humecter les surfaces, et d'y former une couche d'eau d'autant plus aisément évaporable, que l'intérieur de la plante et la terre ne sont pas humectés dans la même proportion ; de manière que les rayons du soleil, tombant sur cette couche légère d'humidité, l'évaporent en un instant ; et au sentiment de fraîcheur déterminé par cet acte de l'évaporation, succède une chaleur d'autant plus nuisible que le passage a été brusque. Il arrive encore assez souvent que des nuages suspendus dans les airs, en concentrant les rayons du soleil, les dirigent vers des points de la vigne qui en sont brûlés. On voit encore dans les climats brûlans du midi, que quelquefois la chaleur naturelle du soleil, fortifiée par l'effet de la réverbération de certaines roches ou terrains blanchâtres, dessèche les raisins qui y sont exposés.

Quoique la chaleur soit nécessaire pour mûrir, sucrer et parfumer le raisin, ce seroit une erreur de croire que, par sa seule action, elle peut produire tous les effets desirables. On ne peut la considérer que comme un mode nécessaire d'élaboration, ce qui suppose que la terre est suffisamment pourvue des sucs qui doivent fournir à son travail. Il faut de la chaleur, mais il ne faut pas que cette chaleur

chaleur s'exerce sur une terre desséchée ; car, dans ce cas, elle brûle plutôt qu'elle ne vivifie. Le bon état d'une vigne, la bonne qualité du raisin, dépendent donc d'une juste proportion, d'un équilibre parfait entre l'eau qui doit fournir l'aliment à la plante, et la chaleur qui seule peut en faciliter l'élaboration.

ART. V.
Du vin considéré par rapport à la culture.

Dans la Floride, en Amérique, et dans presque toutes les parties du Pérou, la vigne croît naturellement. Dans le midi même de la France, les haies sont presque toutes garnies de vignes sauvages ; le raisin en est toujours plus petit, et quoiqu'il parvienne à maturité, il n'a jamais le goût exquis que possède le raisin cultivé. La vigne est donc l'ouvrage de la nature ; mais l'art en a dénaturé le produit en en perfectionnant la culture. La différence qui existe aujourd'hui entre la vigne cultivée et la vigne sauvage, est la même que celle que l'art a établie entre les légumes de nos jardins, et quelques-uns de ces mêmes légumes croissant au hasard dans les champs.

Cependant la culture de la vigne a ses règles comme elle a ses bornes. Le terrain où elle croît demande beaucoup de soin ; il veut être souvent remué, mais il refuse des engrais nécessaires à d'autres plantations. Il est à noter que toutes les causes qui concourent puissamment à activer la végétation de la vigne, altèrent la qualité du raisin;

et ici, comme dans d'autres cas assez rares, la culture doit être dirigée de telle manière que la plante reçoive une nourriture très-maigre, si l'on désire un raisin de bonne qualité. Le célèbre *Olivier de Serres* nous dit à ce sujet que par décret public, le fumier est défendu à Gaillac, de peur de ravaller la réputation de leurs vins blancs, desquels ils fournissent leurs voisins de Tolose, de Montauban, de Castres et autres ; et par ce moyen, se priver de bons deniers qu'ils en tirent, où consiste le plus liquide de leur revenu.

Il est cependant des particuliers qui pour avoir une plus abondante récolte, fument leurs vignes : ceux-ci sacrifient la qualité à la quantité. Tous ces calculs d'intérêt ou de spéculation appartiennent aux seuls propriétaires. Les élémens du calcul dérivent presque tous de circonstances, de conditions, de particularités, de positions inconnues à l'historien ; et, par conséquent, il lui est impossible, il seroit au moins téméraire de juger ses résultats. Il nous a suffi de connoître le principe ; c'est à l'agriculteur à faire entrer ces données dans sa conduite.

Le fumier qui paroît le plus favorable à l'engrais de la vigne, est celui de pigeon ou de volaille : on rejette avec soin les fumiers puants et trop pourris, attendu que l'observation a prouvé que le vin en contractoit souvent un goût fort désagréable.

Dans les îles d'Oléron et de Ré, on fume la vigne avec le *varec* :

le vin en est de mauvaise qualité, et conserve l'odeur particulière à cette plante. Le citoyen *Chassiron* a observé que cette même plante décomposée en terreau, fume la vigne avec avantage, et augmente la quantité de vin, sans nuire à la qualité. L'expérience lui a appris encore que la cendre du varec fait un excellent engrais pour la vigne. Cet habile agriculteur croit que les engrais végétaux ne présentent pas le même inconvénient que ceux des animaux ; mais il pense avec raison que ces premiers ne servent avantageusement, que lorsqu'on les emploie à l'état de terreau.

La méthode de cultiver la vigne en échalas, est moins une mode qu'un besoin commandé par le climat. L'échalas appartient aux pays froids, où la vigne a besoin de toute la chaleur d'un soleil naturellement foible. Ainsi, en l'élevant sur des bâtons perpendiculaires au terrain, la terre découverte reçoit toute l'activité des rayons ; et la surface entière du cep en est complètement frappée. Un autre avantage que présente la culture en échalas, c'est de permettre que les ceps soient plus rapprochés, et de multiplier le produit sur la même surface de terrain. Mais, dans les climats plus chauds, la terre demande à être garantie de l'ardeur dévorante du soleil ; le raisin a besoin lui-même d'être soustrait à ses feux ; et pour atteindre ce but, on laisse ramper la vigne sur le sol : alors elle forme presque par-tout une couche assez touffue, pour dérober la terre et une grande partie des raisins à l'action directe du soleil. Seulement, lorsque l'accroissement du raisin est à son terme, et qu'il n'est plus question que de le mûrir, on ramasse en faisceau les diverses branches du cep ; on met à nu les grappes de raisin ; et, par ce moyen, on en facilite la maturation. Dans ce cas, on produit véritablement l'effet que produisent les échalas ; mais on n'a recours à cette méthode, que lorsque la saison a été pluvieuse, lorsque les raisins sont trop abondans, ou bien lorsque la vigne existe dans un terrain gras et humide. Il est des pays où l'on effeuille la vigne, ce qui produit à peu près le même effet ; il en est d'autres où l'on tord le pédoncule du raisin pour en déterminer la maturité, en arrêtant la végétation. Les anciens, au rapport de *Pline*, préparoient ainsi leurs vins doux : *ut dulcia præterea fierent, asservabant uvas diutius in vite, pediculo intorto.*

La manière de tailler la vigne influe encore essentiellement sur la nature du vin. Plus on laisse de tiges à un cep, plus les raisins sont abondans ; mais aussi moindre en est la qualité du vin.

L'art de travailler la vigne, la manière de la planter, tout cela influe puissamment sur la qualité et la quantité du vin. Mais ce point de doctrine a été savamment discuté dans l'article *vigne* de cet ouvrage, par mon collaborateur le citoyen *Dussieux*, et je me fais un devoir d'y renvoyer le lecteur.

Pour bien sentir tout l'effet de la lecture sur le vin, il me suffiroit d'observer ce qui se passe dans une vigne abandonnée à elle même: on y verra que le sol, bientôt recouvert de plantes étrangères, acquiert de la fermeté et n'est plus que très-imparfaitement accessible à l'air et à l'eau. Le cep n'étant plus taillé pousse de foibles rejetons, et fournit des raisins qui diminuent en grosseur, d'année en année, et parviennent péniblement à maturité. Ce n'est plus cette plante vigoureuse dont la végétation annuelle couvroit le sol à une grande distance. Ce ne sont plus ces grappes de raisin bien nourries, qui nous présentoient un aliment sain et sucré. C'est un individu rabougri, dont les fruits, aussi foibles que mauvais, attestent l'état de langueur et de dépérissement où il se trouve, qui a produit tous ces changemens? le manque de culture.

Nous pouvons donc regarder la bonne qualité de terrain comme l'ouvrage de la nature: tout l'art consiste à le remuer, à le tourner à plusieurs reprises et à des époques favorables. Par ce moyen, on le nettoye de toutes les plantes nuisibles, on le dispose à mieux recevoir l'eau et à la transmettre plus aisément à la plante; on fait pénétrer l'air avec plus d'aisance; et, sous tous ces rapports, on réunit toutes les conditions nécessaires pour une végétation convenable. Mais lorsque, par des spéculations particulières, on a intérêt à obtenir un vin abondant, et qu'à cette considération, on peut sacrifier la qualité, alors on peut fumer la vigne, donner au cep plus de rejetons, et réunir toutes les causes qui peuvent multiplier le raisin.

CHAPITRE II.
Du moment le plus favorable pour la vendange, et des moyens d'y procéder.

Olivier de Serres observe, avec beaucoup de raison, que *si la vigne, au cours de son maniement, requiert beaucoup de science et d'intelligence, c'est en ce point de la vendange où ces choses sont nécessaires, pour, en perfection de bonté et d'abondance, tirer les fruits que dieu par là nous distribue*. Ce célèbre agronome ajoute que les récoltes de tous les autres fruits peuvent se faire *par procureur, ou autre intérêt ne peut advenir qu'en la quantité, demeurant toujours la qualité semblable à elle-même; mais que la récolte du vin demande l'œil et la présence du propriétaire*. C'est à la nécessité bien sentie de diriger et de surveiller toutes les opérations de la vendange, qu'il rapporte l'habitude où l'on est d'abandonner les villes pour se porter dans les campagnes, à l'époque de la récolte des vins.

Les temps ne sont pas éloignés, où nous avons vu que, dans presque tous les pays de vignobles, l'époque de vendanges étoit annoncée par des fêtes publiques, célébrées avec solemnité. Les magistrats, accompagnés d'agriculteurs intelligens et expérimentés, se transportoient dans les divers cantons de vignobles pour juger de la maturité du raisin; et nul n'avoit le droit de le couper, que lorsque la permission en étoit solemnellement proclamée. Ces usages antiques étoient consacrés dans les pays renommés par leurs vins; leur réputation étoit regardée comme une propriété commune. Et malgré qu'un tel usage entraînât quelque inconvénient, c'est peut-être à sa religieuse observation que nous devons d'avoir conservé, dans toute son intégrité, la réputation des vins de Bordeaux, de Bourgogne, et autres pays de la France. On appellera, si l'on veut, un tel règlement *servitude*; on invoquera, pour le proscrire, le droit sacré de *propriété*, de *liberté*, etc.; on fera reposer la garantie de l'intérêt général sur l'intérêt du propriétaire, je n'entreprendrai pas de discuter, en ce moment, une question aussi sérieuse, mais j'observerai seulement que l'établissement de tels usages en paroît démontrer la nécessité, parce qu'il suppose des causes qui l'ont rendu nécessaire. J'ajouterai que leur abolition a mis la fortune publique à la merci de quelques particuliers; que l'individu qui coupe prématurément ses raisins, force ses voisins à l'alternative d'une vendange précoce ou d'une spoliation assurée; que l'étranger n'ayant plus de garantie pour ses achats, retire ses ordres parce qu'il ne sait plus où reposer sa confiance. L'individu ne voit jamais que le moment; il appartient à la société de prévoir l'avenir. Elle seule peut conserver et perpétuer cette confiance, sans laquelle le commerce n'est qu'une lutte pénible entre le fabricant et le consommateur.

Tout le monde convient que le moment le plus favorable à la vendange, est celui de la maturité du raisin; mais cette maturité ne peut être connue que par la réunion des signes suivans.

1°. La queue verte de la grappe devient brune.

2°. La grappe devient pendante.

3°. Le grain de raisin a perdu sa dureté; la pellicule en est devenue mince, et *translucide*, comme l'observe *Olivier de Serres*.

4°. La grappe et les grains de raisin se détachent aisément.

5°. Le jus du raisin est savoureux, doux, épais et gluant.

6°. Les pepins des grains sont vides de substance glutineuse, d'après l'observation d'*Olivier de Serres*.

La chute des feuilles annonce plutôt le retour de l'hiver, que la maturité du raisin; aussi regardons-nous ce signe comme très-fautif, de même que la pourriture que mille causes peuvent décider, sans qu'aucune nous permette d'en déduire une preuve de la maturité. Cependant lorsque les gelées forcent les feuilles à tomber, il n'est plus permis de différer la vendange, parce que le raisin n'est plus susceptible de mûrir. Un plus long séjour sur le cep ne pourroit qu'en décider la putréfaction.

En 1769, les raisins encore verds, dit *Rozier*, ont été surpris par les gelées des 7, 8 et 9 octobre. Ils n'ont plus rien gagné à rester sur le cep jusqu'à la fin du mois, et le vin a été acide et mal coloré.

Il est des qualités de vin qu'on ne peut obtenir qu'en laissant dessécher, sur le cep, les raisins qui doivent le fournir. C'est ainsi qu'à Rivesaltes, dans les îles de Candie et de Chypre, on laisse faner le raisin avant de le couper. On dessèche le raisin qui fournit le Tockai; on procède de même pour quelques autres vins liquoreux d'Italie. Les vins d'Arbois et de Château-Châlons, en Franche-Comté, proviennent de raisins qu'on ne vendange que vers les premiers jours de nivôse. A Condrieu, où le vin blanc est renommé, on ne vendange que vers le milieu de brumaire. En Touraine, et ailleurs, on fait le *vin de paille*, en cueillant les raisins par un temps sec et un soleil ardent ; on les étend sur des claies, sans qu'ils se touchent ; on expose ces claies au soleil, et on les enferme lorsqu'il est passé ; on enlève avec soin les grains qui pourrissent ; et, lorsque le raisin est bien fané, on le presse et on le fait fermenter.

Olivier de Serres nous dit expressément que l'expérience a prouvé que *le point de la lune pour vendanger est toujours le meilleur en sa descente qu'en sa montée, pour la garde du vin.* Néanmoins il convient qu'il vaut mieux consulter le temps que la lune lorsque le raisin est mûr ; et nous sommes parfaitement de son avis.

Mais il est des climats où le raisin ne parvient jamais à maturité : tels sont presque tous les pays du nord de la France ; et alors on est forcé de vendanger un raisin verd, pour ne pas l'exposer à pourrir sur le cep : l'automne humide et pluvieux ne pourroit qu'ajouter à la mauvaise qualité du suc. Tous les vignobles des environs de Paris sont dans ce cas : aussi les vendanges y sont-elles plus avancées que dans le midi, où le raisin ne discontinue pas de mûrir, quoique la chaleur du soleil aille toujours en décroissant.

Lorsqu'on a reconnu et constaté la nécessité de commencer la vendange, il y a encore bien des précautions à prendre avant d'y procéder. En général, il ne faut en risquer le travail que lorsque le sol et les raisins sont secs ; et que, d'un autre côté, le temps paroît assez assuré pour que les travaux ne soient pas interrompus. *Olivier de Serres* recommande de ne vendanger que lorsque le soleil a dissipé la rosée que la fraîcheur des nuits dépose sur le raisin : ce précepte, quoique généralement vrai, n'est pas d'une application générale ; car en Champagne on vendange avant le lever du soleil ; et on suspend les travaux vers les neuf heures du matin, à moins que le brouillard n'entretienne l'humidité toute la journée : ce n'est que par ces soins qu'on y obtient des vins blancs et mousseux. Il est connu en Champagne qu'on obtient vingt-cinq tonneaux de vin au lieu de vingt-quatre, lorsqu'on vendange avec la rosée, et vingt-six avec le brouillard. Ce procédé est généralement utile par-tout où l'on désire des vins très-blancs et bien mousseux.

A l'exception des cas ci-dessus, on ne doit couper le raisin que lorsque le soleil a dissipé toute l'humidité de dessus la surface.

Mais, s'il est des précautions à prendre pour s'assurer du moment le plus convenable à la vendange, il en est encore d'indispensables pour pouvoir y procéder. Un agriculteur intelligent ne livre point à des mercenaires peu exercés ou maladroits, la coupe du raisin ; et comme cette partie du travail de la vendange n'est pas la moins importante, nous nous permettrons quelques réflexions à ce sujet.

1°. Il convient de prendre un nombre suffisant de vendangeurs pour terminer la cuvée dans le jour : c'est le seul moyen d'obtenir une fermentation bien égale.

2°. Il faut préférer les femmes de l'endroit même, et n'employer que celles qui ont déjà contracté l'habitude de ce travail. Les élèves qu'on fait en ce genre doivent être peu nombreux.

3°. Les travaux doivent être dirigés, et surveillés par un homme sévère et intelligent.

4°. Il doit être défendu de manger dans la vigne, tant pour éviter que des débris de pain et autres alimens ne se mêlent à la vendange, que pour conserver à la cuve les raisins les plus mûrs et les plus sucrés.

5°. Il convient de couper très-court les queues des raisins, et c'est avec de bons ciseaux qu'il faut faire cette opération ; dans le pays de Vaud, on détache la grappe avec l'ongle du pouce droit ; en Champagne, on se sert d'une serpette ; mais ces deux derniers moyens ont l'inconvénient d'ébranler la souche.

6°. Il ne faut couper que les raisins sains et mûrs : tout ce qui est pourri doit être rejeté avec soin, et ceux qui sont encore verds doivent être abandonnés sur la souche.

On vendange en deux ou trois reprises dans tous les lieux où l'on est jaloux de soigner la qualité des vins. En général, la première cuvée est toujours la meilleure. Il est néanmoins des pays où l'on recueille presque tous les raisins indistinctement, et en un seul temps; on exprime le tout sans trier, et l'on a des vins très-inférieurs à ce qu'ils pourroient être, si de plus grandes précautions étoient apportées dans l'opération de la vendange. Le Languedoc et la Provence nous offrent par-tout des exemples de cette négligence ; et je ne vois d'autre cause de cette conduite que la trop grande quantité de vin, qui repousse des soins minutieux, lesquels deviendroient au reste inutiles pour la très-grande partie des vins qu'on destine à la distillation. On doit aux agriculteurs de ces climats, la justice de convenir que les vins destinés à la boisson sont traités avec bien plus de précautions. Il est même des cantons où l'on vendange en plusieurs reprises, sur-tout lorsqu'il est question de fabriquer des vins blancs. Cette méthode se pratique dans plusieurs vignobles des environs d'*Agde* et de *Béziers*. Ces réflexions nous confirment encore dans l'idée que chaque localité doit avoir des procédés propres, qu'il est toujours dangereux d'ériger en principes généraux.

Mourgues a consigné une observation dans les journaux de physique, qui établit la nécessité, dans plusieurs cas, de vendanger en deux temps: en 1773, les vins furent très-verds en Languedoc, parce qu'un vent d'est très-violent et très-humide, qui souffla les 12, 13 et 14 juin, fit couler la vigne qui étoit en fleur; les brouillards qui survinrent les 16 et 17, et la chaleur qui leur succédoit, dès les sept heures du matin, finirent par dessécher et brûler la fleur fatiguée ou rompue. Les vents chauds qui régnèrent à la fin de juin, firent sortir une infinité de nouveaux raisins; la vendange fut faite du 8 au 15 octobre; la fermentation fut prompte et vive, mais de courte durée; le vin fut verd et peu abondant. Le volume ne rendoit pas. On eût obvié à cette mauvaise récolte en triant le raisin et vendangeant en deux reprises.

Lorsqu'il est question de trier les raisins mûrs, on peut généralement se conduire d'après les principes suivans: ne couper que les raisins les mieux exposés, ceux dont les grains sont également gros et colorés; rejeter tout ce qui est abrité et près de la terre; préférer les raisins mûris à la base des sarmens, etc.

Dans les vignobles qui fournissent les diverses qualités de vins de Bordeaux, on trie les raisins avec soin; mais la manière de trier les raisins rouges diffère de celle qu'on suit pour trier ler raisins blancs: dans les tries des rouges on ne ramasse les grains ni pourris ni verds; dans celles des blancs, on ramasse le pourri et le plus mûr, et les tries ne se recommencent que quand il y a beaucoup de grains pourris. Cette opération est tellement minutieuse dans certains cantons, tels que *Sainte-Croix*, *Loupiac*, etc., que les vendanges y durent jusqu'à deux mois. Dans le Médoc on fait deux tries pour les vins rouges; à Langon, on en fait trois ou quatre pour le raisin blanc; à Sainte-Croix, cinq à six; à Langoiran, deux à trois, et deux dans tous les Graves. C'est ce qui résulte des renseignemens qui m'ont été fournis par le citoyen *Labadie*.

Dans quelques pays on redoute une vendange composée de raisins parfaitement mûrs. On craint alors que le vin ne soit trop doux; et on y remédie en y mêlant de gros raisins moins mûrs. En général le vin n'est mousseux et piquant que lorsqu'on travaille des raisins qui n'ont pas acquis une maturité entière; c'est ce qu'on pratique dans la Champagne et ailleurs.

Il est encore des pays où le raisin ne parvenant jamais à une maturité absolue, et ne pouvant par conséquent développer cette portion de principe sucré, nécessaire à la formation de l'alkool, on procède à la vendange avant même l'apparition des frimas, parce que le raisin jouit encore d'un principe acerbe qui donne une qualité toute particulière au vin. On a observé, dans tous ces endroits, qu'un degré de plus vers la maturité produit un vin de qualité très-inférieure.

7°. Lorsque le raisin est coupé, on doit le mettre dans des paniers et avoir l'attention de ne pas les employer d'une trop grande capacité pour éviter que les raisins ne se tassent et que le suc ne coule à pure perte. Néanmoins, comme il est bien difficile que le raisin soit transporté de la vigne dans la cuve, sans l'altérer par la pression, et conséquemment sans l'exprimer plus ou moins, on ne doit se servir du panier que pour recevoir les raisins à mesure qu'on les coupe; et dès qu'il est plein, on doit le vider dans un baquet ou une hotte, pour en effectuer commodément le transport jusqu'à la cuve. Ce transport se fait sur charrette, à dos d'homme, ou à dos de mulet : les localités décident de l'emploi de l'un ou l'autre de ces trois moyens. La charrette, plus économique sans doute, a l'inconvénient de fouler les raisins par une suite nécessaire des secousses qu'elle éprouve ; le mouvement du cheval est plus doux, plus régulier et ne fatigue pas sensiblement la vendange ; la hotte est employée dans tous les pays où le raisin est peu mûr, et ne risque pas de s'écraser.

CHAPITRE III.
Des moyens de disposer le raisin à la fermentation.

Le raisin mûr pourrit sur le cep : et nous pouvons regarder comme un pur effet de l'art, la faculté de convertir le suc doux et sucré de ce fruit en une liqueur spiritueuse: c'est par la fermentation de ce suc exprimé que s'opère ce changement. La manière de disposer les raisins à la fermentation varie dans les divers pays: mais, comme les différences apportées dans une opération aussi essentielle, reposent sur des principes, j'ai cru convenable de les faire connoître.

Pline (*de bieo vino apud græcos clarissimo*) nous apprend qu'on cueilloit le raisin un peu avant la maturité ; qu'on le séchoit à un soleil ardent , pendant trois jours, en le retournant trois fois par jour , et que le quatrième on l'exprimoit.

En espagne, sur-tout dans les environs de Saint-Lucar, on laisse les raisins exposés pendant deux jours à toute l'ardeur du soleil.

En Lorraine, dans une partie de l'Italie, dans la Calabre, et l'île de Chypre, on sèche les raisins avant de les presser. C'est, sur-tout, lorsqu'on se propose de fabriquer des vins blancs , liquoreux , qu'on dessèche le raisin pour en épaissir le suc et modérer par là la fermentation.

Il paroît que les anciens connoissoient non seulement l'art de dessécher les raisins au soleil, mais qu'ils n'ignoroient pas le procédé employé

employé pour cuire et rapprocher le moût : ce qui leur avoit fait distinguer trois sortes de vins cuits, *passum*, *defrutum*, et *sapa*. Le premier se faisoit avec des raisins desséchés au soleil ; le second s'obtenoit en réduisant le moût par moitié, à l'aide du feu ; et le troisième provenoit d'un moût tellement rapproché, qu'il n'en restoit plus que le tiers ou le quart. On peut consulter, dans *Pline* et *Dioscoride*, des détails très-intéressans sur toutes ces opérations. Ces méthodes sont encore usitées de nos jours ; et nous verrons, en parlant de la fermentation, qu'on peut la diriger et la gouverner d'une manière avantageuse en épaississant une portion du moût, qu'on mélange ensuite avec le reste de la masse : nous verrons encore que ce moyen est infaillible pour donner à tous les vins un degré de force que la plupart ne sauroient acquérir sans cela.

Une grande question a long-tems divisé les agriculteurs : savoir s'il est avantageux d'égrapper ou de ne pas égrapper les raisins. L'une et l'autre des deux méthodes ont des partisans ; et chacune des deux peut citer des écrivains de mérite en sa faveur. Je pense qu'ici, comme dans beaucoup d'autres cas, on a été peut-être trop exclusif ; et, en ramenant la question à son véritable point de vue, il nous sera facile de terminer le différend.

Il est de fait que la grappe est âpre et austère ; et l'on ne peut pas nier que les vins qui proviennent de raisins non égrappés, ne participent de cette qualité ; mais il est des vins foibles et presqu'insipides, tels que la plupart de ceux qu'on récolte dans les pays humides, où la saveur légèrement âpre de la grappe relève la saveur naturelle de cette boisson : c'est ainsi que dans l'Orléanois, après avoir commencé à égrapper le raisin, on a été forcé d'abandonner cette méthode, parce qu'on a observé que les raisins qu'on faisoit égrapper fournissoient des vins qui tournoient plus aisément au gras. Il résulte encore des expériences de *D. Gentil*, que la fermentation marche avec plus de force et de régularité dans du moût mêlé avec la grappe, que dans celui qui en a été dépouillé ; de manière que, sous ce rapport, la grappe peut être considérée comme un ferment avantageux, dans tous les cas où l'on pourroit craindre que la fermentation ne fût lente et retardée.

Dans les environs de Bordeaux, on égrappe avec soin tous les raisins rouges, lorsqu'on se propose d'avoir du bon vin ; mais on modifie encore cette opération d'après le degré de maturité du raisin : on égrappe beaucoup lorsque la vendange est peu mûre, ou lorsqu'elle a été gelée avant la cueillette ; mais lorsque le raisin est très-mûr, on égrappe avec moins de soin. *Labadie* observe, dans les renseignemens qu'il m'a fournis, qu'il faut même laisser de la grappe pour faciliter la fermentation.

On n'égrappe point les raisins blancs ; et l'expérience a prouvé que les raisins égrappés fournissoient des vins moins spiritueux, et plus faciles à graisser.

Sans doute la grappe n'ajoute ni au principe sucré, ni à l'arome; et, sous ce double point de vue, elle ne sauroit contribuer, par ses principes, ni à la spirituosité, ni au parfum du vin ; mais sa légère âpreté peut avantageusement corriger la foiblesse de quelques vins : en outre, en facilitant la fermentation, elle concourt à opérer une décomposition plus complète du moût, et à produire tout l'alkool dont il est susceptible.

Sans nous écarter du sujet qui nous occupe, nous pouvons encore considérer les vins sous deux points de vue, d'après leurs usages : ils sont tous employés ou à la boisson, ou à la distillation. On exige dans les premiers des qualités qui seroient inutiles aux seconds. Le goût, qui fait presque tout le mérite des uns, n'ajoute nullement aux qualités des autres. Ainsi, lorsqu'on destine un vin à être brûlé, on ne doit s'occuper que des moyens d'y développer beaucoup d'alkool ; peu importe que la liqueur soit âpre ou non : dans ce cas, ce seroit peine perdue que d'égrapper le raisin. Mais, si le vin est préparé pour la boisson, il faut alors tâcher de lui concilier une saveur agréable avec un parfum exquis ; et, à cet effet, on évitera, on écartera avec soin tout ce qui pourroit altérer ces précieuses qualités. D'après cela, il est nécessaire de soustraire la grappe à la fermentation, de trier le raisin, de le nettoyer avec précaution.

C'est probablement d'après la connoissance de ces effets, que l'expérience remet chaque jour sous les yeux de l'agriculteur, plutôt que par une suite du caprice ou de l'habitude, qu'on égrappe les raisins dans certains pays, et qu'on n'égrappe pas dans d'autres; vouloir tout réduire à une seule méthode, c'est méconnoître à la fois l'effet de la grappe dans la fermentation, et la différence qui existe dans les diverses qualités de raisins. Dans le midi, où le vin est naturellement généreux, la grappe ne pourroit qu'ajouter une âpreté désagréable à une boisson déjà trop forte par sa nature : aussi tous les raisins destinés à former des vins pour la boisson, sont-ils égrappés, tandis que ceux qui sont réservés pour la distillation fermentent avec leur grappe. Mais, ce qui pourra paroître bien étonnant, c'est que dans le même canton, sur divers points de la France, nous voyons des agronomes qui égrappent, et se louent de leur méthode, lorsqu'à côté, des agriculteurs également habiles repoussent cet usage, et cherchent, comme les autres, à appuyer leurs procédés par le résultat de leurs expériences. L'un fait un vin plus délicat, l'autre l'obtient plus fort : tous deux trouvent des partisans de leur boisson. C'est ici une affaire de goût qui ne contredit point les principes que nous avons posés.

En général, pour égrapper le raisin, on se sert d'une fourche à trois becs que l'ouvrier tourne et agite circulairement dans la cuve où sont déposés les raisins : par ce mouvement rapide, il détache les grains de la grappe, et ramène celle-ci à la surface, d'où il l'enlève avec la main.

On peut égrapper encore avec un crible ordinaire, formé de brins d'osier, séparés l'un de l'autre d'environ un centimètre et demi, et surmonté d'un bourrelet d'osier serré, haut environ d'un décimètre.

Mais qu'on égrappe ou qu'on n'égrappe pas, il est indispensable de fouler le vin pour en faciliter la fermentation; et on y procède généralement à mesure que la vendange arrive de la vigne. Le procédé est à peu près le même partout: cette opération s'exécute le plus communément dans une caisse carrée, ouverte par le haut, et d'environ un mètre et demi de largeur. Tous les côtés sont formés de listeaux de bois qui laissent entr'eux un assez petit intervalle, pour que le grain de raisin ne puisse pas y passer. Cette caisse est placée sur la cuve, et elle est soutenue par deux poutres, qui reposent sur le bord de la cuve elle-même. On verse la vendange dans la capacité de la caisse, à mesure qu'elle arrive; et de suite un ouvrier la foule fortement et également par le moyen de gros sabots ou de forts souliers, dont ses pieds sont armés. Il exécute cette opération en s'appuyant des deux mains sur les bords de la caisse, et piétinant avec rapidité sur la couche de la vendange. Le suc qu'il en exprime coule dans la cuve à travers les interstices que laissent entr'eux les listeaux; la seule pellicule du raisin reste dans la cage; et du moment que l'ouvrier reconnoît que tous les grains sont exprimés, il soulève une planche qui forme une partie d'un des côtés de la caisse, et pousse le marc avec le pied dans la cuve. Cette porte glisse dans deux coulisses formées par deux listeaux appliqués perpendiculairement sur une des surfaces latérales. A peine l'ouvrier a-t-il nettoyé la caisse de ce premier produit, qu'il introduit de nouveaux raisins pour les fouler de la même manière; et il opère de la sorte jusqu'à ce que la cuve soit pleine, ou que la vendange soit terminée.

Il est des pays où l'on foule le raisin dans des baquets. Cette méthode est peut-être meilleure quant à l'effet que la première, mais elle est plus lente, et ne paroît pas pouvoir être employée dans des pays de vignobles considérables.

Il est encore des pays où l'on verse la vendange dans la cuve à mesure qu'elle arrive de la vigne; et dès que la fermentation commence à s'y établir, on enlève avec soin le moût qui surnage pour le porter dans des tonneaux où s'en opère la fermentation. Le résidu est ensuite exprimé sous le pressoir pour former un vin généralement plus coloré et moins parfumé.

En général, quelque méthode qu'on adopte pour le foulage du raisin, nous pouvons réduire aux principes suivans ce qui concerne cette opération importante.

Le raisin ne sauroit éprouver la fermentation spiritueuse si, par une pression convenable, on n'en extrait pas le suc pour le soumettre à l'action des causes qui déterminent le mouvement de fermentation.

Il suit de cette vérité fondamentale que, non seulement l'on doit employer les moyens convenables pour fouler les raisins, mais que l'opération ne sera parfaite qu'autant que tous les grains le seront également ; sans cela la fermentation ne sauroit marcher d'une manière uniforme : le suc exprimé termineroit sa période de décomposition, avant même que les grains qui ont échappé au foulage eussent commencé la leur ; ce qui dès-lors présenteroit un tout, dont les élémens ne seroient plus en rapport. Cependant, si on examine le produit du foulage déposé dans une cuve, on se convaincra facilement que la compression a été toujours inégale et imparfaite ; et il suffit de réfléchir un instant sur les procédés grossiers employés pour fouler le raisin, pour ne plus s'étonner de l'imperfection même des résultats.

Il paroît donc que, pour donner à cette portion très-intéressante du travail de la vendange le degré de perfectionnement convenable, il faudroit soumettre à l'action du *pressoir* tous les raisins à mesure qu'on les transporte de la vigne. Le suc en seroit reçu dans une cuve, et là on l'abandonneroit à la fermentation spontanée. Par ce seul moyen, le mouvement de décomposition s'exerceroit sur toute la masse d'une manière égale ; la fermentation seroit uniforme, et simultanée pour toutes les parties ; et les signes qui l'annoncent, l'accompagnent, ou la suivent, ne seroient plus troublés ni obscurcis par des mouvemens particuliers.

Sans doute, le moût débarrassé de son marc et de la grappe, produiroit un vin moins coloré, plus délicat, et d'une conservation plus difficile ; mais si les inconvéniens surpassoient les avantages de cette méthode, il seroit aisé de les prévenir en mêlant le marc exprimé avec le moût.

C'est par une suite des principes que nous venons de développer, que l'on doit avoir l'attention de remplir la cuve dans vingt heures. En Bourgogne, les vendanges se terminent dans quatre ou cinq jours. Un temps trop long entraîne le grave inconvénient d'une suite de fermentations successives qui, pour cela seul, sont toutes imparfaites : une portion de la masse a déjà fermenté, que la fermentation commence à peine dans une autre portion. Le vin qui en résulte est donc un vrai mélange de plusieurs vins plus ou moins fermentés. L'agriculteur intelligent et jaloux de ses produits doit donc déterminer le nombre des vendangeurs, d'après la capacité connue de sa cuve ; et lorsqu'une pluie inattendue vient suspendre les travaux de sa récolte, il doit laisser fermenter séparément ce qui se trouve déjà ramassé et déposé dans la cuve, plutôt que de s'exposer quelques jours après à en troubler les mouvemens, et à en altérer la nature par l'addition d'un moût aqueux et frais.

CHAPITRE IV.
De la Fermentation.

Le moût n'est pas encore dans

la cuve qu'il commence à fermenter; celui qui s'écoule du raisin par la pression ou les secousses qu'il reçoit dans le transport travaille et *bout* avant qu'il soit parvenu dans la cuve : c'est un phénomène dont on peut aisément se rendre témoin, en suivant les vendangeurs dans les climats chauds, et examinant avec attention le moût qui sort du raisin et reste confondu avec lui dans le vase qui sert à le transporter.

Les anciens séparoient avec soin le premier suc qui ne peut provenir que des raisins les plus mûrs, et coule naturellement par l'effet de la plus légère pression exercée sur eux. Ils le faisoient fermenter séparément, et en obtenoient une boisson délicieuse, qu'ils appeloient *Protopon. Mustum sponte defluens, antequam calcentur uvæ. Baccius* nous a décrit un procédé semblable, pratiqué par les Italiens : *qui primus liquor, non calcatis uvis, defluit, vinum efficit virgineum, non inquinatum fæcibus : lacrymam vocant Itali, cito potui idoneum fit et valdè utile.* Mais cette liqueur-vierge ne forme qu'une partie du suc que le raisin peut fournir, et il n'est permis de le traiter séparément que lorsqu'on veut obtenir un vin peu coloré et très-délicat. En général, on mêle cette première liqueur avec le reste du produit du foulage, et on livre le tout à la fermentation.

La fermentation vineuse s'exécute constamment dans des cuves de pierre ou de bois. Leur capacité est, en général, proportionnée à la quantité de raisins qu'on récolte dans un vignoble. Celles qui sont construites en maçonnerie sont, pour l'ordinaire, fabriquées avec de la bonne pierre de taille ; et les parois intérieures en sont souvent revêtues d'un contre-mur bâti en briques liées et assemblées par un ciment de pouzzolane ou de terre d'eau-forte. Les cuves en bois demandent plus d'entretien, reçoivent les variations de température avec plus de facilité, et exposent à plus d'accidens.

Avant de déposer la vendange dans une cuve, on doit avoir l'attention de la nettoyer avec le plus grand soin : ainsi on lave la cuve avec de l'eau tiède, on la frotte fortement et on en enduit les parois avec de la chaux à deux ou trois couches. Cet enduit a l'avantage de saturer une partie de l'acide-malique qui existe abondamment dans le moût, ainsi que nous le verrons par la suite.

Comme tout le travail de la vinification se fait dans la fermentation, puisque c'est par elle seule que le *moût* passe à l'état de *vin*, nous croyons devoir envisager cette question importante, sous plusieurs points de vue. Nous nous occuperons d'abord des causes qui contribuent à produire la fermentation ; nous examinerons ensuite ses effets ou son produit, et nous terminerons par déduire de nos connoissances actuelles, quelques principes généraux, qui pourront diriger l'agriculteur dans l'art de la gouverner.

Art. I.er
Des causes qui influent sur la fermentation.

Il est reconnu que, pour que la fermentation s'établisse et suive ses périodes d'une manière régulière, il faut des conditions que l'observation nous a appris à connoître. Un certain degré de chaleur, le contact de l'air, l'existence d'un principe doux et sucré dans le moût : telles sont, à peu près, les conditions jugées nécessaires. Nous tâcherons de faire connoître ce qui est dû à chacune d'elles.

1°. *Influence de la température de l'atmosphère, sur la fermentation.*

On regarde assez généralement le dixième degré du thermomètre de *Réaumur*, comme celui qui indique la température la plus favorable à la fermentation spiritueuse : elle languit au dessous de ce degré, et elle devient trop tumultueuse au dessus. Elle n'a même pas lieu à une température trop froide ou trop chaude. *Plutarque* avoit observé que le froid pouvoit empêcher la fermentation, et que celle du moût étoit toujours proportionnée à la température de l'atmosphère (quest. nat. 27). Le chancelier *Bacon* conseille de plonger les vases contenant le vin, dans la mer, pour en prévenir la décomposition ; et *Boile* rapporte (dans son *Traité du Froid*) qu'un français, pour garder son vin à l'état de moût, et lui conserver cette douceur qui plaît à certaines personnes, le mettoit dans des tonneaux, au sortir du pressoir, fermoit hermétiquement le tonneau, et le plongeoit dans un puits ou une rivière. Dans tous ces cas, non seulement on tenoit la liqueur dans une température peu favorable à la fermentation, mais on la garantissoit du contact de l'air ; ce qui éteint ou au moins modère et ralentit la fermentation.

Un phénomène extraordinaire, mais qui paroît constaté par un assez grand nombre d'observations, pour mériter toute croyance, c'est que *la fermention est d'autant plus lente que la température est plus froide*, au moment où se font les vendanges. Rozier a vu, en 1769, que du raisin cueilli les 7, 8 et 9 octobre, est resté dans la cuve jusqu'au 19, sans qu'il parût le moindre signe de fermentation ; le thermomètre avoit été le matin, à un degré et demi au dessous de zéro, et s'étoit maintenu à — 2. La fermentation n'a été complète que le 25, tandis que de semblables raisins, récoltés le 16, à une température beaucoup moins froide, ont terminé leur fermentation les 21 ou 22. Le même fait a été observé en 1749.

C'est d'après tous ces principes qu'on conseille de placer les cuves dans des lieux couverts ; de les éloigner des endroits humides et froids ; de les recouvrir pour tempérer la fraîcheur de l'atmosphère ; de réchauffer la masse en y introduisant du moût bouillant ; de faire choix d'un jour chaud pour cueillir les raisins, ou de les exposer au soleil, etc.

II°. *Influence de l'air dans la fermentation.*

Nous avons vu dans l'article précédent qu'on peut modérer et retarder la fermentation en soustrayant le moût à l'action directe de l'air, et en le tenant exposé à une température froide. Quelques chimistes, d'après ces faits, ont regardé la fermentation comme ne pouvant avoir lieu que par l'action de l'air atmosphérique ; mais un examen plus attentif de tous les phénomènes qu'elle présente dans ses divers états, nous permettra d'accorder une juste valeur à toutes les opinions qui ont été émises à ce sujet.

Sans doute l'air est favorable à la fermentation : cette vérité nous est acquise par la réunion et l'accord de tous les faits connus. Car sans lui, sans son contact, le moût se conserve long-temps sans changement, sans altération. Mais il est également prouvé que, malgré que le moût, enfermé dans des vases bien clos, y subisse très-lentement ses phénomènes de fermentation, elle ne se termine pas moins à la longue; et que le vin qui en est le produit n'en est que plus généreux. C'est là ce qui résulte des expériences de D. *Gentil*.

Si l'on délaie un peu de levure de bière et de mélasse dans l'eau, qu'on introduise ce mélange dans un flacon à bec recourbé, et qu'on fasse ouvrir le bec du flacon sous une cloche pleine d'eau et renversée sur la planchette de la cuve hydropneumatique, à la température de 12 à 15 degrés du thermomètre, j'ai constamment vu paroître les premiers phénomènes de la fermentation, quelques minutes après que l'appareil a été placé; le vide du flacon ne tarde pas à se remplir de bulles et d'écume; il passe beaucoup d'acide carbonique sous la cloche; et ce mouvement ne s'appaise que lorsque la liqueur est devenue spiritueuse. Dans aucun cas je n'ai vu qu'il y eût absorption d'air atmosphérique.

Si, au lieu de donner une libre issue aux matières gazeuses qui s'échappent par le travail de la fermentation, on s'oppose à leur dégagement en tenant la masse fermentante dans des vaisseaux clos, alors le mouvement se ralentit, et la fermentation ne se termine que péniblement et par un temps très-long.

Dans toutes les expériences que j'ai tentées sur la fermentation, je n'ai jamais vu que l'air fût absorbé. Il n'entre ni comme principe dans le produit, ni comme élément dans la décomposition ; il est chassé au dehors des vaisseaux avec l'acide carbonique qui est le premier résultat de la fermentation.

L'air atmosphérique n'est donc pas nécessaire à la fermentation ; et, s'il paroît utile d'établir une libre communication entre le moût et l'atmosphère, c'est parce que les substances gazeuses qui se forment dans la fermentation, peuvent alors s'échapper aisément en se mêlant ou se dissolvant dans l'air ambiant. Il suit encore de ce principe que, lorsque le moût sera disposé dans des vases fermés, l'acide carbonique trouvera des obstacles insurmontables à la volatilisation ; il sera contraint de rester interposé dans le liquide ; il s'y dissoudra en partie ; et, faisant effort continuellement contre le liquide et chacune des parties qui le composent, il ralentira et éteindra presque complètement l'acte de la fermentation.

Ainsi, pour que la fermentation s'établisse et parcoure ses périodes, d'une manière prompte et régulière, il faut une libre communication entre la masse fermentante et l'air atmosphérique ; alors les principes qui se dégagent par le travail de la fermentation, se versent commodément dans l'atmosphère qui leur sert de véhicule ; et la masse fermentante peut, dès ce moment, éprouver sans obstacle les mouvemens de dilatation et d'affaissement.

Si le vin fermenté dans des vases fermés, est plus généreux et plus agréable au goût, la raison en est qu'il a retenu l'arôme et l'alkool qui se perdent en partie dans une fermentation qui se fait à l'air libre ; car, outre que la chaleur les dissipe, l'acide carbonique les entraîne dans un état de dissolution absolue, ainsi que nous le verrons par la suite.

Le libre contact de l'air atmosphérique précipite la fermentation et occasionne une grande déperdition des principes en alkool et arome, tandis que, d'un autre côté, la soustraction à ce contact ralentit le mouvement, menace d'explosion et de rupture, et la fermentation n'est complète qu'à la longue. Il est donc des avantages et des inconvéniens de part et d'autre : peut-être seroit-il possible de combiner assez heureusement ces deux méthodes, pour en écarter tout ce qu'elles ont de vicieux ? Ce seroit là, sans contredit, le complément de la vinification. Nous verrons par la suite que quelques procédés pratiqués dans divers pays, soit pour fabriquer des vins mousseux, soit pour conserver à certains vins un parfum agréable, nous permettent d'espérer les plus heureux résultats des travaux qui pourroient être entrepris à ce sujet par des mains habiles.

III°. *Influence du volume de la masse fermentante, sur la fermentation.*

Malgré que le jus du raisin fermente en très-petite masse, puisque je lui ai fait parcourir toutes ses périodes de décomposition dans des verres placés sur des tables, il n'en est pas moins vrai que les phénomènes de la fermentation sont puissamment modifiés par la différence des volumes.

En général, la fermentation est d'autant plus rapide, plus prompte, plus tumultueuse, plus complète que la masse est plus considérable. J'ai vu du moût déposé dans un tonneau ne terminer sa fermentation que le onzième jour, tandis qu'une cuve qui étoit remplie du même, et en contenoit douze fois ce volume, avoit fini le quatrième jour ; la chaleur ne s'éleva dans le tonneau qu'à 17 degrés, elle parvint au 25°. dans la cuve.

C'est

C'est un principe incontestable que l'activité de la fermentation est proportionnée à la masse: mais il ne faut pas en conclure qu'il soit constamment avantageux de faire fermenter en grand volume, ni que le vin provenant de la fermentation établie dans de plus grandes cuves ait des qualités supérieures ; il est un terme à tout, et des extrêmes également dangereux, qu'il faut éviter. Pour avoir une fermentation complète, il faut craindre de l'obtenir trop précipitée. Il est impossible de déterminer quel est le volume le plus favorable à la fermentation : il paroît même qu'il doit varier selon la nature du vin et le but qu'on se propose. S'il est question de conserver l'arome, elle doit s'opérer en plus petite masse que s'il s'agit de développer toute la partie spiritueuse, pour fabriquer des vins propres à la distillation. J'ai vu monter le thermomètre à 27 degrés dans une cuve qui contenoit trente muids de vendange (mesure du Languedoc). A la vérité, dans ce cas, tout le principe sucré est décomposé ; mais il y a déperdition d'une portion d'alkool par la chaleur et le mouvement rapide que produit la fermentation.

En général, on doit encore varier la capacité des cuves selon la nature du raisin : lorsqu'il est très-mûr, doux, sucré, et presque desséché, le moût est épais, pâteux, etc. la fermentation s'y établit difficilement ; et il faut une grande masse de liquide pour décomposer pleinement le suc sirupeux: sans cela, le vin reste li-

Tome X.

quoreux, douceâtre, et nauséabond ; ce n'est qu'après un long séjour dans le tonneau que cette liqueur arrive au degré de perfection qu'elle peut atteindre.

La température de l'air, l'état de l'atmosphère, le temps qui a régné pendant la vendange, toutes ces causes et leurs effets doivent toujours être présens à l'esprit de l'agriculteur, pour qu'il en déduise des règles de conduite capables de les guider.

IV°. *Influence des principes constituans du moût sur la fermentation.*

Le principe doux et sucré, l'eau et le tartre, sont les trois élémens du raisin qui paroissent influer le plus puissamment sur la fermentation ; c'est non seulement à leur existence qu'est due la première cause de cette sublime opération, mais c'est encore aux proportions très-variables entre ces divers principes constituans qu'il faut rapporter les principales différences que nous présente la fermentation.

1°. Il paroît prouvé, par la nature comparée de toutes les substances qui subissent la fermentation spiritueuse, qu'il n'y a que celles qui contiennent un principe doux et sucré qui en soient susceptibles ; et il est hors de doute que c'est sur-tout aux dépens de ce principe que se forme l'alkool.

Par une conséquence qui découle naturellement de cette vérité fondamentale, les corps, dans lesquels le principe sucré est le plus abondant, doivent fournir la

Qq

liqueur la plus spiritueuse : c'est au reste ce qui est encore confirmé par l'expérience. Mais on ne sauroit trop insister sur la nécessité de bien distinguer le *sucré proprement dit*, d'avec le *principe doux*. Sans doute le sucre existe dans le raisin ; et c'est sur-tout à lui qu'est dû l'alkool qui résulte de sa décomposition par la fermentation ; mais ce sucre est constamment mêlé avec un corps doux plus ou moins abondant, et très-propre à la fermentation ; c'est un vrai levain qui accompagne le sucre presque par-tout ; mais qui, par lui-même ne sauroit produire de l'alkool. De là vient que lorsqu'on veut faire fermenter le sucre pour obtenir du *taffia*, on l'emploie à l'état de sirop dit de *vezou*, parce que alors il contient le principe doux qui en facilite la fermentation.

La distinction entre le principe doux et sucré et le sucre proprement dit a été très-bien établie par *Deyeux*, dans le *journal des pharmaciens*.

Ce principe doux est presque inséparable du principe sucré dans les produits de la végétation : et ces deux principes sont si bien combinés dans quelques cas, qu'on ne peut les désunir *complètement* qu'avec peine : c'est ce qui s'opposera, peut être encore long-temps, à ce qu'on extraie pour le commerce le sucre de plusieurs végétaux, qui en contiennent. La canne à sucre paroît être celui de tous les végétaux où cette séparation est le plus facile. Bien des faits nous portent à croire que ce principe doux est voisin par sa nature du principe sucré ; qu'il peut même, avec des circonstances favorables, se changer en sucre ; mais ce n'est pas ici le moment de discuter ce point intéressant de doctrine.

Un raisin peut donc être très-doux, très-agréable à la bouche, et produire néanmoins un assez mauvais vin, parce que le sucre peut bien n'exister qu'en très-petite quantité dans un raisin en apparence très-sucré : c'est la raison pour laquelle les raisins les plus doux au goût ne fournissent pas toujours les vins les plus spiritueux. Au reste, il suffit d'un peu d'habitude pour distinguer la saveur vraiment sucrée d'avec le goût doux que présentent quelques raisins. C'est ainsi que la bouche habituée à savourer le raisin très-sucré du midi, ne confondra pas avec lui le chasselas, quoique très-doux, de Fontainebleau.

Nous devons donc considérer le sucre comme le principe qui donne lieu à la formation de l'alkool par sa décomposition, et le corps doux et sucré, comme le vrai levain de la fermentation spiritueuse. Il faut donc, pour que le moût soit propre à subir une bonne fermentation, qu'il contienne ces deux principes dans de bonnes proportions : le sucre seul ne fermente point, ou du moins la fermentation en est très-lente et incomplète. Le mucilage pur ne fournit point d'alkool : ce n'est qu'à la réunion de ces deux subsstances qu'on devra une bonne fermentation spiritueuse (1).

2°. Le moût très-aqueux éprouve de la difficulté à fermenter, comme le moût trop épais. Il faut donc un degré de fluidité convenable, pour obtenir une bonne fermentation, et c'est celui que présente le suc exprimé du raisin parvenu à une maturité parfaite.

Lorsque le moût est très-aqueux, la fermentation est tardive, difficile, et le vin qui en provient est foible et très-susceptible de décomposition. Dans ce cas, les anciens connoissoient l'usage de cuire le moût: ils faisoient évaporer par ce moyen l'eau surabondante, et ramenoient la liqueur au degré d'épaississement convenable. Ce procédé, constamment avantageux dans les pays du nord, et généralement partout où la saison a été pluvieuse, est encore pratiqué de nos jours. *Maupin* a même contribué à faire accorder plus de faveur à cette méthode, en prouvant, par des expériences nombreuses, qu'on pouvoit s'en servir avec avantage dans presque tous les pays de vignobles. Néanmoins ce procédé paroît inutile dans les climats chauds; il n'y est tout au plus applicable, que dans les cas où la saison pluvieuse n'a pas permis au raisin de parvenir à un degré de maturité convenable, ou bien lorsque la vendage se fait par un temps de brouillard et de pluie.

Il est des pays où l'on mêle du plâtre cuit à la vendage pour absorber l'humidité excédante qu'elle peut contenir. L'usage établi dans d'autres endroits, de dessécher le raisin avant de le faire fermenter, est fondé sur le même principe. Tous ces procédés tendent essentiellement à enlever l'humidité dont les raisins peuvent être imprégnés, et à présenter un suc plus épais à la fermentation.

3°. Le jus du raisin mûr contient du tartre qu'on peut y démontrer par le simple rapprochement de cette liqueur, ainsi que nous l'avons observé; mais le verjus en fournit encore une plus grande quantité, et il est généralement vrai que le raisin donne d'autant moins de tartre, qu'il contient plus de sucre.

Le marquis de Bullion a retiré d'un litre de moût, environ un décagramme et demi (4 gros) de sucre et deux grammes de tartre (demi-gros). Il paroît, d'après les expériences de ce même chimiste, que le tartre concourt, ainsi que le sucre, à faciliter la formation de l'alkool. Il suffit d'augmenter la proportion du tartre et du sucre dans le moût, pour parvenir à obtenir trois fois plus d'esprit ardent.

Ce même chimiste a encore éprouvé que le moût privé de son

---

(1) Il est des corps muqueux qui subissent la fermentation spiritueuse; mais il est probable que ces corps muqueux contiennent du sucre qu'il est d'autant plus difficile d'en extraire, que sa proportion y est moindre.

tartre ne fermente pas, mais qu'on peut lui redonner la propriété de fermenter en lui restituant ce principe.

Environ cent vingt litres d'eau (120 pintes), trois kilogrammes de sucre (100 onces), sept hectogrammes de crême de tartre (une livre et demie) ont resté trois mois sans fermenter; on y a ajouté environ huit kilogrammes (16 livres) de feuilles de vigne pilées, et le mélange a fermenté avec force, pendant quinze jours. La même quantité d'eau, et les feuilles de vigne mises à fermenter, sans sucre et sans tartre, il n'en est résulté qu'une liqueur acidulée.

Sur cinq cents litres de moût (500 pintes), cinq kilogrammes de cassonnade (10 livres) et deux kilogrammes de crême de tartre, la fermentation s'est bien établie, et a duré quarante-huit heures de plus que dans les cuvées qui ne contenoient que le moût simple; le vin provenant de la première fermentation a fourni une pièce et demi eau-de-vie, à 20 degrés, aréomètre de Baumé, sur sept pièces, sur lesquelles la distillation avoit été établie; tandis que le vin, qui étoit fait sans addition de sucre ni de tartre, n'a produit qu'un douzième eau-de-vie de même degré.

Les raisins sucrés demandent sur-tout qu'on y ajoute du tartre; il suffit à cet effet de le faire bouillir dans un chaudron avec le moût pour l'y dissoudre. Mais, lorsque les moûts contiennent du tartre en excès, on peut les disposer à fournir beaucoup d'esprit ardent en y ajoutant du sucre.

Il paroît donc, d'après ces expériences, que le tartre facilite la fermentation, et concourt à rendre la décomposition du sucre plus complète.

Art. II.
Phénomènes et produits de la fermentation.

Avant de nous occuper avec détail des principaux phénomènes que nous offre la fermentation, nous croyons convenable de tracer d'une manière rapide, la marche qu'elle suit dans ses périodes.

La fermentation s'annonce d'abord par de petites bulles qui paroissent sur la surface du moût; peu à peu on en voit qui s'élèvent du centre même de la masse en fermentation et viennent crever à la surface: leur passage à travers les couches de liquide en agite tous les principes, en déplace toutes les molécules; et bientôt il en résulte un siflement semblable à celui qui est produit par une douce ébullition.

On voit alors très-sensiblement s'élever, à plusieurs pouces au-dessus de la surface liquide, de petites gouttes qui retombent de suite. Dans cet état, la liqueur est trouble, tout est mêlé, confondu, agité, etc., des filamens, des pellicules, des flocons, des grappes, des pepins nagent isolément, sont poussés, chassés, précipités, élevés, jusqu'à ce qu'enfin ils se fixent à la surface, ou se déposent au fond de la cuve. C'est de cette manière, et par une suite de ce mouvement intestin; que se forme à la surface de la liqueur, une croûte plus ou moins épaisse, qu'on appelle le *chapeau de la vendange.*

Ce mouvement rapide, et le dégagement continuel de ces bulles aériformes, augmentent considérablement le volume de la masse. La liqueur s'élève dans la cuve au-dessus de son niveau primitif; les bulles qui éprouvent quelque résistance à la volatilisation par l'épaisseur et la ténacité du chapeau, se font jour par des points déterminés, et produisent une écume abondante.

La chaleur augmentant en proportion de l'énergie de la fermentation, dégage une odeur d'esprit de vin, qui se répand dans tout le voisinage de la cuve ; la liqueur se fonce en couleur de plus en plus ; et, après plusieurs jours, quelquefois seulement après plusieurs heures d'une fermentation tumultueuse, les symptômes diminuent, la masse retombe à son premier volume, la liqueur s'éclaircit, et la fermentation est presque terminée.

Parmi les phénomènes les plus frappans, et les effets les plus sensibles de la fermentation, il en est quatre principaux qui demandent une attention particulière : la production de chaleur, le dégagement du gaz, la formation de l'alkool, et la coloration de la liqueur.

Je dirai, sur chacun de ces phénomènes, ce que l'observation nous a présenté jusqu'ici de plus positif.

1°. *Production de chaleur.*

Il arrive quelquefois dans les pays froids, mais sur-tout lorsque la température est au-dessous du 10ᵉ. degré, que la vendange déposée dans la cuve n'éprouve aucune fermentation, si, par des moyens quelconques, on ne parvient à en réchauffer la masse ; ce qui se pratique en y introduisant du moût chaud, en brassant fortement la liqueur, en échauffant l'atmosphère, en recouvrant la cuve avec des étoffes quelconques.

Mais, du moment que la fermentation commence, la chaleur prend de l'intensité ; quelquefois il suffit de quelques heures de fermentation pour la porter au plus haut degré. En général elle est en rapport avec le gonflement de la vendange ; elle croît et décroît comme lui, comme on peut s'en convaincre par des expériences que je joindrai à cet article.

La chaleur n'est pas toujours égale dans toute la masse ; souvent elle est plus intense vers le milieu, sur-tout dans les cas où la fermentation n'est pas assez tumultueuse pour confondre et mêler, par des mouvemens violens, toutes les parties de la masse : alors on foule de nouveau la vendange ; on l'agite de la circonférence au centre, et on établit sur tous les points une température égale.

Nous pouvons établir comme vérités incontestables, 1°. qu'à température égale, plus la masse de la vendange sera grande, plus il y aura d'effervescence, de mouvement et de chaleur. 2°. Que l'effervescence, le mouvement, la chaleur, sont plus grands dans la vendange où le suc du raisin est accompagné de pellicules, de pepins, de rafles, etc., que dans le suc du raisin, ou dans le moût séparé de toutes ces matières. 3°. Que la fermentation peut produire depuis 12 jusqu'à 28 degrés de chaleur, (du moins je l'ai vue en activité entre ces deux extrêmes).

2°. *Dégagement de Gaz.*

Le gaz acide carbonique qui se dégage de la vendange, et ses effets nuisibles à la respiration, sont connus depuis que la fermentation est connue elle-même. Ce gaz s'échappe en bulles de tous les points de la vendange, s'élève dans la masse et vient crever à la surface. Il déplace l'air atmosphérique qui repose sur la vendange, occupe par-tout le vide de la cuve, et déverse ensuite par les bords, en se précipitant dans les lieux les plus bas à raison de sa pesanteur. C'est à la formation de ce gaz, qui enlève une portion d'oxigène et de carbone aux principes constituans du moût, que nous rapporterons par la suite les principaux changemens qui surviennent dans la fermentation.

Ce gaz, retenu dans la liqueur par tous les moyens qu'on peut opposer à son évaporation, contribue à lui conserver l'arome et une portion d'alkool qui s'exhale avec lui. Les anciens connoissoient ces moyens, et ils distinguoient avec soin le produit d'une fermentation *libre* ou *clause*, c'est-à-dire, faite dans des vaisseaux ouverts ou dans des vaisseaux fermés. Les vins mousseux ne doivent la propriété de mousser, qu'à ce qu'ils ont été enfermés dans le verre, avant qu'ils aient complété leur fermentation. Alors ce gaz, lentement développé dans la liqueur, y reste comprimé jusqu'au moment où, l'effort de la compression venant à cesser par l'ouverture des vaisseaux, il peut s'échapper avec force.

Ce gaz acide donne à toutes les liqueurs qui en sont imprégnées, une saveur aigrelette ; les eaux minérales, appelées *eaux gazeuses*, lui doivent leur principale vertu. Mais ce seroit avoir une idée peu exacte de son véritable état dans le vin, que de comparer ses effets à ceux qu'il produit par sa libre dissolution dans l'eau.

L'acide carbonique qui se dégage des vins, tient en dissolution une portion assez considérable d'alkool. Je crois avoir été le premier à faire connoître cette vérité, lorsque j'ai enseigné qu'en exposant de l'eau pure dans des vases placés immédiatement au-dessus du chapeau de la vendange, au bout de deux à trois jours, cette eau étoit imprégnée d'acide carbonique, et qu'il suffisoit de l'enfermer dans des bouteilles débouchées, et de l'abandonner à elle-même pendant un mois, pour obtenir un assez bon vinaigre. En même temps que le vinaigre se forme, il se précipite dans la liqueur des flocons abondans qui sont d'une nature très-analogue à la fibre. Lorsque, au lieu de se servir d'eau pure, on emploie de l'eau qui contient des sulfates terreux, telle que l'eau de puits, on voit se développer, au moment de l'acétification, une odeur de gaz hydrogène sulfuré qui provient de la décomposition de l'acide sulfurique lui-même. Cette expérience prouve suffisamment que le gaz acide carbonique entraîne avec lui de l'alkool et un peu de principe extractif; et que ces deux principes, nécessaires à la formation de l'acide nitreux, en se décomposant ensuite par le contact de l'air atmosphérique, produisent l'acide acéteux.

Mais l'alkool est-il dissout dans le gaz, ou se volatilise-t-il par le seul fait de la chaleur ? On ne peut décider cette question que par des expériences directes. *D. Gentil* avoit observé en 1779, que, si on renversoit une cloche de verre sur le chapeau de la vendange en fermentation, les parois intérieures se remplissoient de gouttes d'un liquide qui avoit l'odeur et les propriétés du premier phlegme qui passe, lorsqu'on distille l'eau-de-vie. *Humboldt* prouve que, si l'on reçoit la mousse de Champagne sous des cloches, dans l'appareil des gaz, et qu'on les entoure de glace, il se précipite de l'alkool sur les parois, par la seule impression du froid. Il paroît donc que l'alkool est dissous dans le gaz acide carbonique; et c'est cette substance qui commnnique au gaz vineux une portion des propriétés qu'il a. Il n'est personne qui ne sente, par l'impression même que fait sur nos organes la mousse du vin de Champagne, combien cette matière gazeuze est modifiée, et diffère de l'acide carbonique pur.

Ce n'est pas le moût le plus sucré qui fournit le plus d'acide gazeux; et ce n'est pas lui non plus qu'on emploie pour fabriquer ordinairement des vins mousseux. Si l'on suffoquoit la fermentation de cette espèce de raisins en l'enfermant dans des tonneaux ou bouteilles, pour lui conserver le gaz qui se dégage, le principe sucré qui y abonde ne seroit pas décomposé, et le vin en seroit doux, liquoreux, pâteux, désagréable. Il est des vins dont presque tout l'alkool est dissous dans le principe gazeux : celui de Champagne nous en fournit une preuve.

Il est difficile d'obtenir du vin à la fois rouge et mousseux, attendu que, pour pouvoir le colorer, il faut le laisser fermenter sur le marc, et que, par cela même, le gaz acide se dissipe.

Il est des vins dont la fermentation lente se continue pendant plusieurs mois : ceux-ci, mis à propos dans des bouteilles, deviennent mousseux. Il n'est même à la rigueur que cette nature de vins qui puisse acquérir cette propriété : ceux dont la fermentation est naturellement tumultueuse, terminent trop promptement leur travail, et briseroient les vases dans lesquels on essaieroit de les renfermer.

Ce gaz acide est dangereux à respirer : tous les animaux qui s'exposent imprudemment dans son atmosphère y sont suffoqués. Ces tristes évènemens sont à craindre, lorsqu'on fait fermenter la vendange dans des lieux bas, et où l'air n'est pas renouvelé. Ce fluide gazeux déplace l'air atmosphérique, et finit par occuper tout l'intérieur du cellier. Il est d'autant plus dangereux, qu'il est invisible comme l'air ; et l'on ne sauroit trop se précautionner contre ses funestes effets. Pour s'assurer qu'on ne court aucun risque en pénétrant dans le lieu où fermente la vendange, il faut avoir l'attention de porter une bougie allumée en avant de sa personne : il n'y a pas de danger tant que la bougie brûle ; mais, lorsqu'on la voit s'affoiblir ou s'éteindre, il faut s'éloigner avec prudence.

On peut prévenir ce danger, en saturant le gaz à mesure qu'il se précipite sur le sol de l'atelier, en disposant sur plusieurs points du lait de chaux ou de la chaux vive. On peut parvenir à désinfecter un lieu vicié par cette mortelle moffète, en projettant sur le sol et contre les murs de la chaux vive délayée et fusée dans l'eau. Une lessive alkaline caustique, telle que la lessive des savonniers, l'ammoniaque, produiroient de semblables effets ; dans tous ces cas, l'acide gazeux se combine instantanément avec ces matières, et l'air extérieur se précipite pour en occuper la place.

3°. *Formation de l'alkool.*

Le principe sucré existe dans le moût, et en fait un des principaux caractères : il disparoît par la fermentation, et est remplacé par l'alkool qui caractérise essentiellement le vin.

Nous dirons, par la suite, de quelle manière on peut concevoir ce phénomène, ou cette suite intéressante de décompositions et de productions. Il ne nous appartient dans ce moment que d'indiquer les principaux faits qui accompagnent la formation de l'alkool.

Comme le but, et l'effet de la fermentation spiritueuse, se réduisent à produire de l'alkool, en décomposant le principe sucré, il s'en suit que la formation de l'un est toujours en proportion de la destruction de l'autre, et que l'alkool sera d'autant plus abondant que le principe sucré l'aura été lui-même ; c'est pour cela qu'on augmente à volonté la quantité d'alkool, en ajoutant du sucre au moût qui paroît en manquer.

Il suit toujours de ces mêmes principes, que la nature de la vendange en fermentation se modifie et change à chaque instant : l'odeur, le goût, et tous les autres caractères varient d'un moment à l'autre. Mais, comme il y a dans le travail de la fermentation une marche très-constante, on peut suivre tous ces changemens, et les présenter comme des signes invariables des divers états par lesquels passe la vendange.

1°. Le moût a une odeur douceâtre qui lui est particulière ; 2°. la saveur en est plus ou moins sucrée ; 3°. Il est épais et sa consistance varie, selon que le raisin est plus ou moins mûr, plus ou moins sucré. J'en ai éprouvé qui a marqué 75 degrés à l'aréomètre, et j'en ai vu d'autre qui ne donnoit que 40 à 42. Il est très-soluble dans l'eau.

A peine la fermentation est elle décidée, que tous les caractères changent

changent; l'odeur commence à devenir piquante par le dégagement de l'acide carbonique; la saveur encore très douce est néanmoins déjà mêlée d'un peu de piquant; la consistance diminue; la liqueur qui, jusque-là n'avoit présenté qu'un tout uniforme, laisse paroître des flocons qui deviennent de plus en plus insolubles.

Peu à peu la saveur sucrée s'affoiblit et la vineuse se fortifie; la liqueur diminue sensiblement de consistance; les flocons détachés de la masse sont plus complètement isolés. L'odeur d'alkool se fait sentir même à une assez grande distance.

Enfin arrive un moment où le principe sucré n'est plus sensible; la saveur et l'odeur n'indiquent plus que de l'alkool; cependant tout le principe sucré n'est pas détruit, il en reste encore une portion dont l'existence n'est que masquée par celle de l'alkool qui prédomine, comme il conste par les expériences très-rigoureuses de *D. Gentil*. La décomposition ultérieure de cette substance se fait à l'aide de la fermentation tranquille qui se continue dans les tonneaux.

Lorsque la fermentation a parcouru et terminé toutes ses périodes, il n'existe plus de sucre; la liqueur a acquis de la fluidité, et ne présente que de l'alkool mêlé avec un peu d'extrait, et le principe colorant.

4°. *Coloration de la liqueur vineuse.*

Le moût qui découle du raisin qu'on transporte de la vigne à la cuve avant qu'on l'ait foulé, fermente seul, donne le *vin vierge*, le *protopon* des anciens qui n'est pas coloré.

Les raisins rouges, dont on exprime le suc par le simple foulage, fournissent du vin blanc toutes les fois qu'on ne fait pas fermenter sur le marc.

Le vin se colore d'autant plus que la vendange reste plus long-temps en fermentation.

Le vin est d'autant moins coloré que le foulage a été moins fort, et qu'on s'est abstenu avec plus de soin de faire fermenter sur le marc.

Le vin est d'autant plus coloré que le raisin est plus mûr et moins aqueux.

La liqueur que fournit le marc qu'on soumet au pressoir est plus colorée.

Les vins méridionaux, et, en général, ceux qu'on récolte dans les lieux bien exposés au midi, sont plus colorés que les vins du nord.

Tels sont les axiomes pratiques qu'une longue expérience a sanctionnés. Il en résulte deux vérités fondamentales : la première, c'est que le principe colorant du vin existe dans la pellicule du raisin; la seconde, c'est que ce principe ne se détache et ne se dissout complètement dans la vendange, que lorsque l'alkool y est développé.

Nous nous occuperons en temps et lieu de la nature de ce principe colorant, et nous ferons voir que, malgré qu'il se rapproche des résines par quelques propriétés, il en diffère néanmoins essentiellement.

Il n'est personne qui, d'après ce court exposé, ne puisse se rendre raison de tous les procédés usités pour obtenir des vins plus ou moins colorés, et qui ne sente déjà qu'il est au pouvoir de l'agriculteur de porter dans ses vins la teinte de couleur qu'il désire.

ART. III.
Préceptes généraux sur l'art de gouverner la fermentation.

La fermentation n'a besoin ni de secours ni de remèdes, lorsque le raisin a obtenu son degré de maturité convenable, que l'atmosphére n'est pas trop froide, et que la masse de la vendange est du volume requis. Mais ces conditions, sans lesquelles on ne sauroit obtenir de bons résultats, ne se réunissent pas toujours; et c'est à l'art qu'il appartient de rapprocher toutes les circonstances favorables, et d'éloigner tout ce qui peut nuire pour obtenir une bonne fermentation.

Les vices de la fermentation se déduisent naturellement de la nature du raisin qui en est le sujet, et de la température de l'air qui peut être considéré comme un bien puissant auxiliaire.

Le raisin peut ne pas contenir assez de sucre pour donner lieu à une formation suffisante d'alkool: et ce vice peut provenir ou de ce que le raisin n'est pas parvenu à maturité, ou de ce que le sucre y est délayé dans une quantité trop considérable d'eau, ou bien encore de ce que, par la nature même du climat, le sucre ne peut pas suffisamment s'y développer. Dans tous ces cas, il est deux moyens de corriger le vice qui existe dans la nature même du raisin : le premier consiste à porter dans le moût le principe qui lui manque : une addition convenable de sucre présente à la fermentation les matériaux nécessaires à la formation de l'alkool; et on supplée par l'art au défaut de la nature. Il paroît que les anciens connoissoient ce procédé, puisqu'ils mêloient du miel au moût qu'ils faisoient fermenter. Mais, de nos jours, on a fait des expériences très-directes à ce sujet; et je me bornerai à transcrire ici les résultats de celles qui ont été faites par Macquer.

« Au mois d'octobre 1776, je me suis procuré assez de raisins blancs, *pineau* et *mélier*, d'un jardin de Paris, pour faire vingt-cinq à trente pintes de vin. C'étoit du raisin de rebut; je l'avois choisi exprès dans un si mauvais état de maturité, qu'on ne pouvoit espérer d'en faire un vin potable; il y en avoit près de la moitié dont une partie des grains et des grappes entières étoient si verts qu'on n'en pouvoit supporter l'aigreur. Sans autre précaution que celle de faire séparer tout ce qu'il y avoit de pourri; j'ai fait écraser le reste avec les rafles, et exprimer le jus à la main; le moût qui en est sorti étoit très-trouble, d'une couleur verte, sale, d'une saveur aigredouce, où l'acide dominoit tellement qu'il faisoit faire la grimace à ceux qui en goûtoient. J'ai fait dissoudre dans ce moût assez de sucre brut, pour lui donner la saveur d'un vin doux assez bon ; et, sans chaudière, sans entonnoir, sans fourneau, je l'ai mis dans un tonneau, dans une salle au fond d'un jardin, où il a été abandonné. La fermentation s'y est établie dans la troisième journée et s'y est soutenue, pendant huit jours, d'une manière assez sensible, mais pourtant fort modérée. Elle s'est appaisée d'elle-même après ce temps.

» Le vin qui en a résulté, étant tout nouvellement fait et encore trouble, avoit une odeur vineuse assez vive et assez piquante ; la saveur avoit quelque chose d'un peu revêche, attendu que celle du sucre avoit disparu aussi complétement que s'il n'y en avoit jamais eu. Je l'ai laissé passer l'hiver dans son tonneau, et l'ayant examiné, au mois de mars, j'ai trouvé que, sans avoir été soutiré ni coulé, il étcit devenu clair ; sa saveur quoique encore assez vive et assez piquante, étoit pourtant beaucoup plus agréable qu'immédiatement après la fermentation sensible ; elle avoit quelque chose de plus doux et de plus moelleux, et n'étoit mêlée néanmoins de rien qui s'approchât du sucre. J'ai fait mettre alors ce vin en bouteille ; et l'ayant examiné au mois d'octobre 1777, j'ai trouvé qu'il étoit clair, fin, très-brillant, agréable au goût, généreux et chaud, et en un mot, tel qu'un bon vin blanc de pur raisin, qui n'a rien de liquoreux, et provenant d'un bon vignoble, dans une bonne année. Plusieurs connoisseurs, auxquels j'en ai fait goûter, en ont porté le même jugement, et ne pouvoient croire qu'il provenoit de raisins verts dont on eût corrigé le goût avec du sucre.

» Ce succès qui avoit passé mes espérances, m'a engagé à faire une nouvelle expérience du même genre, et encore plus décisive par l'extrême verdeur et la mauvaise qualité du raisin que j'ai employé.

» Le 6 novembre de l'année 1777, j'ai fait cueillir de dessus un berceau, dans un jardin de Paris, de l'espèce de gros raisins qui ne mûrit jamais bien dans ce climat-ci, et que nous ne connoissons que sous le nom de verjus, parce qu'on n'en fait guère d'autre usage que d'en exprimer le jus avant qu'il soit tourné, pour l'employer à la cuisine en qualité d'assaisonnement acide ; celui dont il s'agit commençoit à peine à tourner, quoique la saison fût fort avancée, et il avoit été abandonné dans son berceau comme sans espérance qu'il pût acquérir assez de maturité pour être mangeable. Il étoit encore si dur, que j'ai pris le parti de le faire crever sur le feu pour pouvoir en tirer plus de jus : il m'en a fourni huit à neuf pintes. Ce jus avoit une saveur très-acide dans laquelle on distinguoit à peine une très-légère saveur sucrée. J'y ai fait dissoudre de la cassonade la plus commune, jusqu'à ce qu'il me parût bien sucré ; il m'en a fallu beaucoup plus que pour le vin de l'expérience précédente, parce que l'acidité de ce dernier moût étoit beaucoup plus forte. Après la dissolution de ce sucre, la saveur de la liqueur quoique très sucrée n'avoit rien de flatteur, parce que le doux et l'aigre s'y faisoient sentir asssez vivement et séparément, d'une manière désagréable.

» J'ai mis cette espèce de moût dans une cruche qui n'en étoit pas entièrement pleine, couverte d'un simple linge; et la saison étant déjà très-froide, je l'ai placé dans une salle où la chaleur étoit presque toujours de 12 à 13 degrés, par le moyen d'un poêle.

» Quatre jours après, la fermentation n'étoit pas encore bien sensible; la liqueur me paroissoit tout aussi sucrée et tout aussi acide; mais ces deux saveurs commençant à être mieux combinées, il en résultoit un tout plus agréable au goût.

» Le 14 novembre, la fermentation étoit dans sa force; une bougie allumée introduite dans le vide de la cruche, s'y éteignoit aussitôt.

» Le 30, la fermentation sensible étoit entièrement cessée, la bougie ne s'éteignoit plus dans l'intérieur de la cruche, le vin qui en avoit résulté étoit néanmoins très-trouble et blanchâtre; sa saveur n'avoit presque plus rien de sucré; elle étoit vive, piquante, assez agréable, comme celle d'un vin généreux et chaud, mais un peu gazeux et un peu vert.

» J'ai bouché la cruche et l'ai mise dans un lieu frais pour que le vin achevât de s'y perfectionner par la fermentation insensible pendant tout l'hiver.

» Enfin, le 17 mars dernier 1778, ayant examiné ce vin, je l'ai trouvé presque totalement éclairci; son reste de saveur sucrée avoit disparu ainsi que son acide. C'étoit celle d'un vin de pur raisin assez fort, ne manquant point d'agrément, mais sans aucun parfum ni bouquet, parce que le raisin que nous nommons verjus n'a point du tout de principe odorant ou d'esprit recteur; à cela près, ce vin qui est nouveau, et qui a encore à gagner par la fermentation que je nomme insensible, promet de devenir généreux, moelleux et agréable ».

Ces expériences me paroissent prouver avec évidence que le meilleur moyen de remédier au défaut de maturité des raisins est de suivre ce que la nature nous indique, c'est à dire, d'introduire dans leur moût la quantité de principe sucré nécessaire qu'elle n'a pu leur donner. Ce moyen est d'autant plus praticable, que non seulement le sucre, mais encore le miel, la mélasse et toute autre matière saccarine d'un moindre prix, peuvent produire le même effet, pourvu qu'ils n'aien tpoint de saveur accessoire désagréable qui ne puisse être détruite par une bonne fermentation.

Bullion faisoit fermenter le jus des treilles de son parc de Belléjames en y ajoutant quinze à vingt livres de sucre par muid; le vin qui en provenoit étoit de bonne qualité.

Rozier a proposé depuis long-temps de faciliter la fermentation du moût, et d'améliorer les vins par l'addition du miel dans la proportion d'une livre sur deux cents de moût. Tous ces procédés reposent sur le même principe ; savoir, qu'il ne se produit pas d'alkool, là où il n'y pas de sucre ; et que la formation de l'alkool, et conséquemment la générosité du vin est constamment proportionnée à la quantité de sucre existant dans le moût ; d'après cela, il est évident qu'on peut porter son vin au degré de spirituosité qu'on désire, quelle que soit la qualité primitive du moût, en y ajoutant plus ou moins de sucre.

Rozier a prouvé (et l'on peut parvenir au même résultat en calculant les expériences de *Bullion*) que la valeur du produit de la fermentation est très-supérieure au prix des matières employées ; de sorte qu'on peut présenter ces procédés comme objets d'économie, et comme matière à spéculation.

Il est encore possible de corriger la qualité du raisin par d'autres moyens qui sont journellement pratiqués. On fait bouillir une portion du moût dans une chaudière, on le rapproche à moitié, et on le verse ensuite dans la cuve : par ce procédé, la partie aqueuse se dissipe en partie, et la portion de sucre se trouvant alors moins délayée, la fermentation marche avec plus de régularité, et le produit en est plus généreux : ce procédé, presque toujours utile dans le nord, ne peut être employé dans le midi, que lorsque la saison a été très-pluvieuse, ou que le raisin n'y est pas assez mûr.

On peut parvenir au même but en faisant dessécher le raisin au soleil, ou l'exposant, à cet effet, dans des étuves, ainsi que cela se pratique dans quelques pays de vignobles.

C'est peut-être encore par la même raison, toujours dans l'intention d'absorber l'humidité, qu'on met quelquefois du plâtre dans la cuve, ainsi que le pratiquoient les anciens.

Il arrive quelquefois que le moût est à la fois trop épais et trop sucré ; dans ce cas, la fermentation est toujours lente et imparfaite ; les vins sont doux, liquoreux et pâteux, et ce n'est qu'après un long séjour dans les bouteilles, que le vin s'éclaircit, perd le *pâteux* désagréable, et ne présente plus que de très-bonnes qualités. La plupart des vins blancs d'Espagne sont dans ce cas-là. Cette qualité de vin a néanmoins ses partisans, et il est des pays où, à cet effet, l'on rapproche le moût par la cuisson ; il en est d'autres où l'on dessèche le raisin par le soleil ou dans les étuves, jusqu'à lui donner presque la consistance d'un extrait.

Il seroit aisé dans tous les cas de provoquer la fermentation, soit en délayant, à l'aide de l'eau, un moût trop épais, soit en agitant la vendange à mesure qu'elle fermente : mais tout cela doit être subordonné au but qu'on se propose d'obtenir ; et l'agriculteur intelligent variera ses procédés selon l'effet qu'il se proposera d'obtenir. On ne doit jamais perdre de vue que la fermentation doit être gouvernée d'après la nature du raisin, et conformément à la qualité de vin qu'on désire obtenir. Le raisin de *Bourgogne* ne peut pas être traité comme celui de *Languedoc*; le mérite de l'un est dans un bouquet qui se dissiperoit par une fermentation vive et prolongée ; le mérite de l'autre est dans la grande quantité d'alkool qu'on peut y développer ; et ici, la fermentation dans la cuve doit être longue et complète. En *Champagne*, on cueille le raisin destiné pour le vin blanc mousseux dès le matin, avant que le soleil en ait évaporé toute l'humidité ; et, dans le même pays, on ne coupe le raisin destiné à la fabrication du vin rouge, que lorsque le soleil l'a fortement frappé et bien séché. Ici, il faut de la chaleur artificielle pour provoquer la fermentation ; là, la nature du moût est telle, que la fermentation demanderoit à être modérée. Les vins foibles doivent fermenter dans les tonneaux; les vins forts doivent travailler dans la cuve. Chaque pays a donc des procédés qui lui sont prescrits par la nature même de ses raisins ; et il est extraordinairement ridicule de vouloir tout soumettre à la même règle. Il importe de connoître bien la nature de son raisin et les principes de la fermentation : à l'aide de ces connoissances, on se fera un système de conduite qui ne peut qu'être très-avantageux, parce qu'il est fondé, non sur des hypothèses, mais sur la nature même des choses.

Dans les pays froids où le raisin est peu sucré et très-aqueux, il fermente difficilement ; on provoque la fermentation par deux ou trois moyens principaux ; 1°. à l'aide d'un entonnoir en fer-blanc, qui descend par un bec très-large à quatre pouces du fond de la cuve, on introduit du moût bouillant dans la cuve. On peut en verser deux seaux sur trois cents bouteilles de moût. Ce procédé, proposé par *Maupin*, a produit de bons effets.

2°. On remue et agite la vendange de temps en temps : ce mouvement a l'avantage de rétablir la fermentation, quand elle a cessé ou qu'elle s'est ralentie, et de la rendre égale sur tous les points.

3°. On recouvre la vendange avec des couvertures, de même que la cuve.

4°. On échauffe l'atmosphère du lieu dans lequel la cuve a été placée.

Il arrive souvent que le mouvement de la vendange se ralentit, ou que la chaleur est inégale dans les divers points : c'est pour obvier à ces inconvéniens, sur-tout dans les pays froids où ils sont plus fréquens, qu'on foule la vendange de temps en temps. *D. Gentil* a fait deux cuvées de dix-huit pièces chacune avec des raisins provenant de la même vigne, et cueillis en même temps ; le grain fut égrappé et écrasé ; égalité de suc de part et d'autre ; la vendange mise dans des cuves égales ; les jours, mais sur-tout les nuits et les matinées, étoient très-froides.

Au bout de quelques jours, la fermentation commença : on s'apperçut que le centre des cuves étoit très chaud et les bords très-froids ; les cuves se touchoient, et toutes deux éprouvoient la même température. On en fit fouler une avec un rabot à long manche ; on poussa vers le centre, qui étoit le foyer de la chaleur, la vendange des bords qui étoit froide ; on foula à plusieurs reprises, et on entretint par ce moyen la même chaleur dans toute la masse. La fermentation fut terminée, dans la cuve foulée, douze à quinze heures plus tôt que dans l'autre. Le vin en fut incomparablement meilleur ; il étoit plus délicat, avoit une saveur plus fine, étoit plus coloré, plus franc. On n'eût point dit qu'il provenoit de raisin de même nature.

Les anciens mêloient des aromates à la vendange en fermentation pour donner à leurs vins des qualités particulières. *Pline* raconte qu'en Italie il étoit reçu de répandre de la poix et de la résine dans la vendange ; *ut odor vino contingeret, et saporis acumen*. Nous trouvons, dans tous les écrits de ce temps-là, des recettes nombreuses pour parfumer les vins. Ces divers procédés ne sont plus usités. J'ai cependant de la peine à croire qu'on n'en tirât pas un grand avantage. Cette partie très-intéressante de l'œnologie mérite une attention particulière de la part de l'agriculteur. Nous pouvons même en présager d'heureux effets, d'après l'usage pratiqué dans quelques pays de parfumer les vins avec la framboise, la fleur sèche de la vigne, etc.

Darcet m'a communiqué les faits suivans, que je m'empresse de publier ici, comme pouvant donner lieu à des expériences propres à avancer l'art de la vinification :

« J'ai pris, dit-il, un demi-
» tonneau qu'on nomme un demi-
» muid, je l'ai d'abord rempli de
» suc de raisin non foulé et tel
» qu'il a coulé de lui-même du
» raisin porté de la vigne dans le
» pressoir ; aussi n'a-t-il que très-
» peu de couleur.

» Ce tonneau contenoit environ
» cent cinquante pintes ; j'en ai
» pris environ trente pintes qu'on
» a évaporées et concentrées à peu
» près à un huitième du volume
» de la liqueur ; on y a ajouté
» quatre livres de sucre commun
» et une livre de raisins de ca-
» rême, qu'on a eu la précaution
» de déchirer ; ensuite on a re-
» versé le tout encore un peu
» chaud, dans le tonneau, qu'on
» a achevé de remplir avec du
» même moût, qu'on avoit gardé
» à part. On a ajouté dans le ton-
» neau un bouquet d'une demi-
» once de petite absinthe sèche et
» bien conservée ; on a légèrement
» couvert le tonneau de sa bonde
» renversée : la fermentation n'a
» pas tardé à s'y établir, et s'est
» faite d'une manière franche et
» vive.

» Outre cette pièce de moût,
» j'ai aussi fait fermenter une
» dame-jeanne du même, d'en-
» viron vingt-cinq à 30 pintes,

» avec environ demi-once de sucre
» par pinte : ce vin a très-bien
» fermenté dans cette cruche, et
» il m'a servi pour remplir, pen-
» dant la fermentation et après
» le premier soutirage, qui a été
» fait dans le temps ordinaire, et
» répété un an après ; ensuite il
» a été mis en bouteilles, après
» l'année révolue, ou dans l'hiver
» suivant.

» Ce vin a été fait en septembre
» 1788, par un beau temps et une
» assez bonne année.

» Ce vin s'est très-bien con-
» servé, même en vidange dans
» une bouteille, il ne s'est ni aigri
» ni troublé au bout de plusieurs
» jours. J'en ai encore deux ou
» trois bouteilles ; il commence à
» passer ».

ART. IV.

Etiologie de la fermentation.

Les phénomènes et les résultats de la fermentation sont d'un intérêt si puissant aux yeux du chimiste et de l'agriculteur, qu'après les avoir envisagés sous le point de vue de la pure pratique, il ne nous est pas permis de ne pas les considérer sous le rapport de la science.

Les deux phénomènes qui paroissent mériter le plus d'attention de la part du chimiste sont la disparution du principe sucré et la formation de l'alkool.

Comme dans la fermentation il n'y a pas absorption d'air, ni addition d'aucune matière étrangère, il est évident que tous les changemens qui se font dans cette opération ne peuvent être rapportés qu'à la soustraction des substances qui se volatilisent ou qui se précipitent.

Ainsi, en étudiant la nature de ces substances, et connoissant leurs principes constituans, il nous sera aisé de juger des changemens qui ont dû être apportés dans la nature des premiers matériaux de la fermentation.

Les matériaux de la fermentation sont le principe doux et sucré délayé dans l'eau. Ce principe est formé de sucre et d'extractif.

Les substances qui se volatilisent sont le gaz acide carbonique ; et celles qui se précipitent sont une matière analogue à la fibre ligneuse mêlée de potasse.

Le principal produit de la fermentation est l'alkool.

Il est évident que le passage du principe sucré à l'alkool ne pourra être conçu qu'en calculant la différence que doit apporter dans le principe sucré la soustraction des principes qui forment le gaz acide carbonique qui se volatilise et le dépôt qui se précipite.

Ces principes sont sur-tout le carbone et l'oxigène : voilà donc déjà du carbone et de l'oxigène enlevés au principe sucré par les progrès de la fermentation ; mais à mesure que le principe sucré perd de son oxigène et de son carbone, l'hydrogène qui en forme le troisième principe constituant, restant le même, les caractères de cet élément doivent prédominer et la masse fermentante doit parvenir au point où elle ne présentera

sentera plus qu'un fluide inflammable.

A mesure que l'alkool se développe, le liquide change de nature; il n'a plus les mêmes affinités ni conséquemment la même vertu dissolvante. Le peu de principe extractif qui reste, après avoir échappé à la décomposition, se précipite avec le carbonate de potasse ; la liqueur s'éclaircit, et le vin est fait.

La fermentation vinaire n'est donc d'abord qu'une soustraction continue de charbon et d'oxigène, ce qui produit d'un côté l'acide carbonique, et de l'autre, l'alkool. Le célèbre *Lavoisier* a soumis au calcul tous les phénomènes et résultats de la fermentation vineuse, en comparant les produits de la décomposition avec ses élémens. Il a pris pour base de ses calculs les données que lui a fournies l'analyse, tant sur la nature que sur les proportions des principes constituans avant et après l'opération : nous transcrirons ici les résultats qu'a obtenus ce grand homme.

MATÉRIAUX

De la fermentation pour un quintal de sucre.

	livres.	onces.	gros.	grains.
Eau...	400	"	"	"
Sucre...	100	"	"	"
Levûre de bière en pâte, composée de : { Eau........	7	3	6	44
{ Levûre sèche.	2	12	1	28
TOTAL...................	510	"	"	"

Détail des principes constituans des matériaux de la fermentation.

Livres.	onces.	gros.	grains.		livres.	onces.	gros.	grains.
407	3	6	44	d'eau composée de :				
				hydrogène.....	61	1	2	71,40
				oxigène.......	346	2	3	44,60
100	"	"	"	Sucre composé de				
				hydrogène.....	8	"	"	"
				oxigène.......	64	"	"	"
				carbone.......	28	"	"	"
2	12	1	28	Levûre sèche, composée de :				
				carbone.......	"	12	4	59,00
				azote..........	"	"	5	2,94
				hydrogène....	"	4	5	9,30
				oxigène.......	1	10	2	28,76
				TOTAL............	510	"	"	"

Tome X.

VIN

RÉCAPITULATION
Des principes constituans des matériaux de la fermentation.

		liv.	onc.	gros.	grains		liv.	onc.	gros.	grains
Oxigène...	de l'eau...	340	″	″	″					
	de l'eau de la levûre.	6	2	3	44,60		411	12	6	1,36
	du sucre..	64	″	″	″					
	de la levûre sèche....	1	10	2	28,76					
Hydrogène.	de l'eau...	60	″	″	″					
	de l'eau de la levûre.	1	1	2	71,40		69	6	″	8,70
	du sucre...	8	″	″	″					
	de la levûre.	″	4	5	9,30					
Carbone...	du sucre...	28	″	″	″		28	12	4	59,00
	de la levûre.	″	12	4	59,10					
Azote.....	de la levûre.	″	″	″	″		″	″	5	2,94
	Total................						510	″	″	″

TABLEAU
Des résultats obtenus par la fermentation.

liv.	onc.	gros.	grains			liv.	onc.	gros.	grains
35	5	4	19	d'acide carbonique, composé............	d'oxigène.................	25	7	1	34
					de carbone...............	9	14	2	57
408	15	5	14	d'eau composée.....	d'oxigène.................	347	10	″	59
					d'hydrogène..............	61	5	4	27
57	11	1	58	d'alkool sec, composé.	d'oxigène combiné, avec l'hydrogène................	31	6	1	64
					d'hydrogène combiné, avec l'oxigène................	5	8	5	3
					d'hydrogène combiné, avec le carbone..................	4	″	5	″
					de carbone................	16	11	5	63
2	8	″	″	d'acide acéteux, sec, composé............	d'hydrogène..............	″	2	4	″
					d'oxigène.................	1	11	4	″
4	1	4	3		de carbone................	″	10	″	″
				de résidu sucré, composé............	d'hydrogène..............	″	5	1	67
1	6	″	50		d'oxigène.................	2	9	7	27
					de carbone................	1	2	2	53
				de levûre sèche, composée............	d'hydrogène..............	″	1	2	41
					d'oxigène.................	″	13	1	14
					de Carbone...............	″	6	2	30
					d'azote...................	″	″	2	37
510	″	″	″			510	″	″	″

VIN

RECAPITULATION

Des résultats obtenus par la fermentation.

liv.	onc.	gros.	grains.		liv.	onc.	gros.	grains.
				de l'eau................	347	10	»	59
409	10	»	54	de l'acide carbonique......	25	7	1	34
d'oxigène...........				de l'alkool...............	31	6	1	64
				de l'acide acéteux.........	1	11	4	»
				du résidu sucré............	2	9	7	27
				de la levûre..............	»	13	1	14
				de l'acide carbonique......	9	14	2	57
28	12	5	59	de l'alkool...............	16	11	5	63
de carbone.........				de l'acide acéteux.........	»	10	»	»
				du résidu sucré............	1	2	2	53
				de la levûre..............	»	6	2	30
				de l'eau................	61	5	4	27
				de l'eau de l'alkool........	5	8	5	3
71	8	6	66	combiné avec le carbone, dans l'alkool............	4	»	5	»
d'hydrogène........				de l'acide acéteux.........	»	2	4	»
				du résidu sucré............	»	5	1	67
				de la levûre..............	»	2	2	41
»	»	2	37					
d'azote............				....	»	»	2	37
510	»	»	»		510	»	»	»

En réfléchissant sur les résultats que présentent les tableaux ci-dessus, il est aisé de voir clairement ce qui se passe dans la fermentation vineuse : on remarque d'abord que sur les cent livres de sucre qu'on a employées, il y en a 4 livres 1 once 4 gros 3 grains qui sont restées dans l'état de sucre non décomposé, en sorte qu'on n'a réellement opéré que sur les 95 livres 14 onces 3 gros 69 grains de sucre, c'est-à-dire, sur 61 livres 6 onces 45 grains d'oxigène, sur 7 livres 10 onces 6 gros 6 grains d'hydrogène, et sur 26 livres 13 onces 5 gros 19 grains de carbone. Or, en comparant les quantités, on verra qu'elles sont suffisantes pour former tout l'esprit de vin, tout l'acide carbonique et tout l'acide acéteux qui ont été produits par la fermentation.

Les effets de la fermentation vineuse se réduisent donc à séparer en deux portions le sucre qui est un oxide, à oxigéner l'une aux dépens de l'autre pour en former de l'acide carbonique ; à désoxigéner l'autre en faveur de la première, pour en former une substance combustible qui est l'alkool. En sorte que s'il étoit possible de combiner ces deux substances, l'alkool et l'acide carbonique, on reformeroit du sucre. Il est à remarquer au surplus, que l'hydrogène et le carbone ne sont pas à l'état d'huile dans l'alkool ; ils sont combinés avec une portion d'oxigène qui les rend miscibles à l'eau ; les trois principes, l'oxigène, l'hydrogène et le carbone, sont donc encore ici dans une espèce d'état d'équilibre ; et, en effet, en les faisant passer à travers un tube de verre ou de porcelaine rougi au feu, on les recombine deux à deux, et on retrouve de l'eau, de l'hydrogène, de l'acide carbonique, et du carbone.

Nous croyons devoir présenter ici pour terminer l'article *fermentation*, le résultat de quelques expériences faites avec soin, en *Languedoc*, par *Poitevin*, et, en *Bourgogne*, par *D. Gentil*. Elles m'ont paru précieuses en ce qu'elles offrent à l'œil, non seulement tous les résultats de la fermentation, mais même le résultat de l'influence de la température, de la masse, de la nature du raisin sur la fermentation elle-même.

Expériences

Sur la Fermentation vineuse, par POITEVIN.

C'est en 1772, et aux environs de Montpellier que ces expériences ont été faites; deux cuves ont servi à ces opérations. La première contenant environ 6 kilolitres, et la seconde environ 20 kilolitres.

La première, cotée A, fut remplie avec des raisins provenant de vignes de différens âges, la plupart situées sur des coteaux exposés au midi. Les vignes qui ont fourni à la seconde B, étoient situées dans la plaine.

Les cuves étoient bâties en pierre de taille, et leur enduit étoit formé de chaux et de pouzzolane ; elles étoient exposées au midi ; le cellier étoit ouvert en plusieurs endroits et bien aéré. Les raisins ont été égrappés avec beaucoup de soin.

L'été avoit été très-chaud et très-sec, ce qui a avancé la maturité du raisin ; des pluies considérables survenues en septembre, et qui ont duré, par intervalles, jusqu'au 5 octobre ; des brouillards fréquens, des temps couverts, des vents presque toujours au sud ou sud-est, toutes ces causes réunies ont détruit une partie des raisins. Les espèces qui ont la peau la plus fine ont subi une fermentation putride ; on a jetté les raisins qui étoient pourris.

OBSERVATIONS MÉTÉOROLOGIQUES.

OCTOBRE 1772.

JOURS du MOIS.	VENTS.		THERMOMÈTRE EXPOSÉ AU NORD.			ÉTAT DU CIEL.
	Matin.	Soir.	à 8 heures du matin.	à midi.	à 8 heures du soir.	
10	E. foible.	S.	12 ½	17 ½	13 ½	Nuages.
11	E. foible.	S.	14	18	13	Beau temps.
12	N. O.	N. O.	13	17	13	Beau avec nuages.
13	N. O.	N. O.	12	16	13	Nuages.
14	N. O.	N. O.	13	17	12 ½	Nuages et vent frais.
15	N. O.	S.	12	16 ½	12	Beau temps, vent frais.
16	N.	S.	13	16 ½	12	Beau temps.
17	S. O.	N.	13	17	13	Beau temps.
18	S. O.	N.	12 ½ 13	16 ½	12 ½	Couvert le matin, beau le soir.
19	N.	S. O.	12	17 ½	13	Idem.
20	N.	S. O.	12 ⅔	17	13	Beau temps.
21	N.	S. O.	13	17 ½	13 ½	Nuages le matin, beau le soir.
22	S. E.	S. E.	13	17 ½	13 ½	Pluie le matin, orage avec tonnerre le soir ; nuages le soir.
23	S. E.	S. E.	12 ½	13 ⅔	14	Pluie et quelques tonnerres.
24	S. E.	S. E.	14 ½	16	14	Pluie et tonnerre le matin, couvert et vent fort le soir.
25	S. E.	S. E.	13 ½	13	13	Couvert, vent et un peu de pluie.
26	N.	S. E.	12 ½	16 ½	13	Beau temps.
27	N.	S. E.	12	14 ½	12 ½	Beau avec nuages, couvert, grand vent, pluie pendant la nuit.
28	N. O.	N. O.	12	12	15	Beau temps.

OBSERVATIONS SUR LA CUVE *A*,

OCTOBRE 1772.

On a cessé de porter dans cette cuve le 6, l'effervescence étoit déja forte ce jour-là; l'observation n'a pu être commencée que le 11.

JOURS du MOIS.	HEURES de L'OBSERVATION.	TEMPS que le thermomètre a resté dans la cuve.	CHALEUR de la cuve.	TEMPÉRATURE du CELLIER.	REMARQUES.
11	9 du matin.	25 minutes.	$26\frac{2}{4}$	14°	Très-forte effervescence.
11	midi.	25 minutes.	$26\frac{2}{4}$	14	
11	soir.	5 heures.	$26\frac{1}{4}$	14	
12	matin.	fixe depuis la veille.	$25\frac{1}{4}$	$13\frac{1}{2}$	Moindre.
12	soir.	fixe.	24	$13\frac{1}{2}$	
13	soir.	fixe.	24	$13\frac{1}{2}$	L'effervescence paroît détruite, le marc est affaissé, le vin est assez coloré.
14	soir.	fixe.	$23\frac{1}{4}$	14	
15	soir.	2 heures.	22	$12\frac{1}{2}$	

Cette cuve a été vidée le 16 au matin. Le thermomètre a marqué $21\frac{1}{2}$ dans un tonneau qu'on venoit de remplir, et 14 dans le cellier. L'effervescence étoit très-sensible dans le tonneau.

VIN

OBSERVATIONS SUR LA CUVE B.

OCTOBRE 1772.

JOURS du MOIS.	HEURES de L'OBSERVATION.	TEMPS que le thermomètre reste dans la cuve.	CHALEUR de LA CUVE.	TEMPÉRATURE du CELLIER.
15	matin.	2 heures.	$28\frac{2}{4}$	$12\frac{2}{4}$
15	midi.	30 minutes.	$28\frac{1}{4}$	14
15	soir.	50 minutes.	$23\frac{1}{4}$	$12\frac{1}{4}$
16	matin.	2 heures.	$28\frac{1}{4}$	14
16	midi.	30 minutes.	$28\frac{1}{4}$	$14\frac{2}{4}$
16	soir.	50 minutes.	$28\frac{1}{4}$	14
17	midi.	fixe.	28	15
17	7 h. $\frac{1}{2}$ du soir.	fixe.	$27\frac{3}{4}$	14
18	matin.	Id.	$27\frac{3}{4}$	14
19	matin.	Id.	$27\frac{3}{4}$	14
19	soir.	Id.	27	14
20	matin.	Id.	$26\frac{1}{4}$	14
21	Id.	Id.	$25\frac{1}{4}$	$13\frac{3}{4}$
22	Id.	Id.	$24\frac{1}{4}$	13
23	Id.	Id.	$23\frac{1}{4}$	$12\frac{3}{4}$
24	Id.	Id.	$22\frac{3}{4}$	$13\frac{1}{4}$
25	Id.	Id.	$22\frac{1}{4}$	$12\frac{1}{4}$
26	Id.	Id.	$25\frac{1}{4}$	12

Le 27 au soir, la cuve a été vidée ; la température du vin dans un tonneau qu'on venoit de remplir, étoit de $21\frac{1}{2}$; celle du cellier étoit de 13. Le thermomètre ne marquoit plus que 20 degrés, le lendemain matin. L'effervescence étoit sensible dans les tonneaux.

VIN

EXPÉRIENCES

SUR LA FERMENTATION VINEUSE,

Par D. GENTIL.

EXPÉRIENCE I.re Trois muids remplis du moût tiré d'une cuve dont les raisins noirs et blancs avoient été écrasés. Ce moût étoit destiné à faire du vin paillet.

(*Nota*. Le thermomètre a toujours été celui de Réaumur.)

OCTOBRE 1779.

JOURS du Mois.	HEURES.	TEMPÉRATURE		RÉFLEXIONS ET CONSÉQUENCES.
		du lieu.	de la liqueur.	
2	6	10	11	— Le *maximum* de la chaleur a été de 13 degrés, elle a diminué dès le troisième jour de la fermentation, puisqu'à 9 heures du soir, elle n'étoit qu'à 12 degrés.
	11	10	13	
	4	12	13	
3	7	10	13	
	10	9	13	
	9	9	12	
4	12	9	11	— Le 6, l'effervescence n'a plus été sensible, la liqueur étoit encore sucrée.
	7	9	10	
5	9	9	10	
	7	10	10	— Ce vin a été tiré au clair en janvier, et au mois de mai, le thermomètre étant à 10 degrés, l'aréomètre y marquoit 11,
6	12	10	10	
	10	10	10	

EXPÉRIENCE

EXPÉRIENCE IIe. 11 muids de moût provenant d'environ deux tiers de raisins noirs, et un tiers de raisins blancs, très-égrappés et foulés avant d'être mis dans la cuve, de manière qu'au moins les deux tiers étoient écrasés. Cette cuve contenoit 11 muids de moût, et le marc de 14 muids.

Nota. La jauge étoit graduée d'un pouce, et demi pouce. Le degré étoit d'un pouce.

OCTOBRE 1779.

JOURS du MOIS.	HEURES.	TEMPÉRATURE du lieu.	TEMPÉRATURE de la liqueur.	JAUGE.	OBSERVATIONS ET CONSÉQUENCES.
2	11	10	10	5	—Le marc s'est élevé depuis le n°. 5 de la jauge, jusqu'à 10, où il s'est maintenu pendant 87 heures, malgré que la chaleur ait diminué.
	4	12	15	6	
	10	9	16	6	
3	7	10	17	6	
	10	9	19	7	
4	6	9	21	8	— La saveur sucrée n'a disparu que 2 heures avant le tirage, c'est-à-dire que cette saveur a resté depuis le *maximum* de la fermentation, pendant 85 h.
	8	9	21	9	
4	9 soir.	9	22	10	
5	5	9 $\frac{1}{2}$	22	10	
	8	9 $\frac{1}{2}$	22	10	
	9	10	21	10	
6	6	7	21	10	—Le marc a donné sous le pressoir une liqueur sensiblement douce et sucrée. Le vin étoit très-foncé en couleur.
6	9 $\frac{1}{4}$	9 $\frac{1}{4}$	20	10	
	12	10	18	10	
	3	9 $\frac{1}{2}$	19	10	
	7	9 $\frac{1}{2}$	19	10	— Les bords de la cuve étoient plus froids que le centre. Si on eût foulé, l'opération eût été plus prompte et plus exacte.
7	9 soir.	11	19	10	
8	7	10	17	10	
	12		17	10	

338 VIN

EXPÉRIENCE IIIe. Une cuve renfermant trois muids raisins égrappés, dont $\frac{2}{4}$ noirs et mûrs, le reste blanc, mais mûr, les $\frac{2}{3}$ foulés et écrasés, la vendange sortant de la vigne, et faite en temps couvert.

OCTOBRE 1779.

JOURS du Mois.	HEURES.	TEMPÉRATURE du lieu.	TEMPÉRATURE de la liqueur.	PHÉNOMÈNES.
9	5 soir.	11 $\frac{1}{2}$	10	
10	10	9	9	
11	10	8 $\frac{1}{2}$	12	
12	10 $\frac{1}{2}$	9	15	— La vendange a été foulée.
	4 $\frac{1}{3}$	9	15	— La vendange froide près des bords a été foulée.
13	5 soir.	11	16 $\frac{1}{2}$	— La lumière s'éteint.
14	6	8 $\frac{1}{2}$	14	— Saveur douce, sucrée ; odeur vineuse.
	6 $\frac{1}{2}$	11	15	— Douce, sucrée ; odeur vineuse, lumière à peine trouble.
15	9	8	14	— Lumière éteinte, peu sucré, vineux : on a foulé.
15	7	11	14 $\frac{1}{2}$	— Idem.
16	9 $\frac{1}{2}$	10	13 $\frac{1}{2}$	— Vineux, lumière ne s'éteint pas.
	1 $\frac{1}{2}$	10	13	— Sans sucre, un peu dur ; odeur d'alkool.
	7	11	13	— Sans sucre, dur, odeur d'alkool ; lumière ne s'éteint pas.
17	10	11 $\frac{1}{2}$	12	— Idem.
	7	3 $\frac{1}{2}$	12	— Idem.
18	9	8 $\frac{1}{2}$	11	— Plus dur, grossier, la lumière point éteinte.
	6 $\frac{1}{2}$	12	10 $\frac{1}{2}$	— Idem.
19	8 $\frac{1}{2}$	12	10 $\frac{1}{2}$	— Idem, mais acerbe.
	7	12	12	— Idem.
20	8	11	11 $\frac{1}{4}$	— Idem.
	7	12	11 $\frac{1}{4}$	— Idem.
21	11	12	11	— Toujours plus acerbe.
	7	12	11	— Idem.
22	9	11 $\frac{1}{2}$	11	— Dur, acerbe, sans force, ou plat.
	6	13	11 $\frac{1}{2}$	— Idem.
23	11	10	10 $\frac{1}{2}$	
	7	11	10 $\frac{1}{2}$	— Plus désagréable et grossier : le vin a été tiré de la cuve, transvasé, et mis à la cave.

VIN

Expérience IVᵉ. Un muid rempli aux trois quarts de grains de raisins entiers, avec leurs grappes; un quart a été égrappé; moitié de cette vendange sortoit de la vigne, et l'autre de la cuve, où elle étoit restée 36 heures, sans avoir éprouvé de fermentation sensible.

OCTOBRE 1779.

JOURS du Mois.	HEURES.	TEMPÉRATURE		PHÉNOMÈNES.
		du lieu.	de la liqueur.	
9	4 soir.	11 $\frac{1}{2}$	10	
10	10	9	12 $\frac{1}{2}$	
	4	11	13 $\frac{1}{2}$	
11	10	8 $\frac{1}{2}$	14	— Sifflement, bouillonnement, lumière trouble.
	5	9	15	— Lumière trouble.
12	10	7	16 $\frac{1}{2}$	— *Id.* foulé ensuite, froid entre la vendange et les bords du muid.
	5	9	16	— *Idem*, et foulé ensuite.
13	9	9	16	— *Id.* Enlevé le quart du marc qui formoit la croûte, pour y placer des instrumens de physique.
	5	11	15	— Bords froids, odeur vineuse, lumière trouble.
	6	8 $\frac{1}{2}$	13	— Sucré, mais effervescent, odeur vineuse, lumière trouble.
	6	11	13	— Plus de sucre, effervescent, odeur vineuse.
	10	10	13	— Sans sucre, saveur dure, odeur vineuse.
15	9	8	12 $\frac{1}{2}$	— *Idem.*
	7	11	12	— Apre et dur.
17	10	11	11	— *Idem.*
	7	9 $\frac{1}{2}$	11 $\frac{1}{4}$	— *Idem.*
18	9	8 $\frac{1}{2}$	11	— Dur, austère.
	6	12	10	— Plus dur, plus grossier.
19	8	10	10 $\frac{1}{4}$	— *Idem.*
	7	12	12	— *Idem.*
20	8	11	11	— *Idem.*
	7	12	11	— *Idem.*
21	11	12	11 $\frac{1}{2}$	— *Idem.*
	7	12	11 $\frac{1}{2}$	— *Idem.*
22	9	11 $\frac{1}{2}$	11	— *Idem.*
	6	13	11 $\frac{1}{2}$	— *Idem.*
23	11	10	11	— Très-dur, très-acerbe, plat.
	7	11	10 $\frac{1}{2}$	— Le vin a été tiré du muid, transvasé, et mis en cave.

EXPÉRIENCE V°. Cette expérience a été faite sur un muid rempli de moût, tiré d'une cuve dont la vendange n'avoit pas été foulée exprès, et qui n'avoit pas éprouvé la plus légère fermentation. Ce moût, sorti naturellement du raisin, provenoit de $\frac{2}{3}$ noirs, bien mûrs, et $\frac{1}{3}$ blancs moins mûrs. C'étoit donc la première goutte du raisin, ou *mère-goutte*.

OCTOBRE 1779.

JOURS du MOIS.	HEURES.	TEMPÉRATURE du lieu.	TEMPÉRATURE de la liqueur.	PHÉNOMÈNES.
9	6	11 $\frac{1}{2}$	10	
10	10	9	11	
	4	11	11 $\frac{1}{2}$	— Surface couverte de petites bulles et d'écume.
11	10	8 $\frac{1}{2}$	11	— Bulles et écume.
	5	9	11	— Bulles plus grosses, écume augmentée.
12	10	7	9	— Idem, mais encore plus sucré.
	5	9	9	— Plus sucré dans le bas, effervescence peu sensible, lumière trouble.
13	9	9	9	
14	6	8 $\frac{1}{2}$	9	— Sucré dans le haut, effervescence, odeur vineuse.
	6	11	10	— Idem.
15	9	8	10	— Idem.
	7	11	10 $\frac{1}{2}$	— Idem.
16	9	10	11	— Idem.
	7	10	11	— Idem, sucré dans le haut.
17	10	11	11	— Idem.
	7	9 $\frac{3}{4}$	11	— Idem.
18	9	8 $\frac{3}{4}$	10	— Idem.
	6	12	10	— Sucré dans le haut, un peu dans le milieu, peu dans le fond.
19	8	10	10 $\frac{1}{4}$	— Idem.
	7	12	12	— Sucré dans le haut, peu dans le milieu, point dans le fond.
20	8	11	11 $\frac{1}{2}$	— Idem.
	7	12	12	— Point de sucre dans le milieu ni dans le fond.
21	11	12	12	— Idem.
	7	12	12	— Un peu de sucre dans le haut, plus d'effervescence, très-vineux.
22	9	11 $\frac{1}{2}$	11 $\frac{1}{2}$	— Idem.
	6	13	11 $\frac{1}{2}$	
23	11	10	10	— Idem.
	7	11	10 $\frac{1}{2}$	— Le vin a été tiré, transvasé, mis en cave.

VIN

EXPÉRIENCE VIe. Expérience faite à Morveaux, sur un muid de raisins blancs nommés *Albane* et *Fromenteau*, espèces dont le vin est considéré dans le pays. Les raisins étoient très-mûrs, et cueillis par un temps sec et chaud. Les trois quarts et demi furent égrappés, et moitié de la totalité fut écrasée.

OCTOBRE 1779.

JOURS du MOIS.	HEURES.	TEMPÉRATURE du lieu.	de la cuve.	PHÉNOMÈNES.
24	4 soir.			
	4			
	4 soir.	14		— La liqueur ne fermentoit pas; on l'a portée à la cuisine près du feu; elle a été remuée et agitée pour la troisième fois.
	10			
26	4	12		— La vendange a été foulée pour la quatrième fois.
	7	13		— Effervescence sensible; élévation des grains.
	10			— Effervescence plus forte, croûte élevée de 4 pouces.
	11	14 $\frac{1}{2}$	14	— Croûte élevée de 5 pouces, sifflement, bouillonnement, épanchement de la liqueur par le haut.
	12 $\frac{1}{2}$	15	14	— Lumière trouble.
	2 $\frac{1}{4}$	15	14 $\frac{1}{4}$	— *Idem*, mais la vendange foulée, la lumière n'a pas souffert.
26	3 $\frac{1}{2}$	15 $\frac{1}{4}$	15	— Lumière souffrante.
	5	15	15	— Lumière souffrante, foulé; lumière souffrante encore.
	11	15	15	— *Idem*.
27	4	15	15 $\frac{1}{4}$	— *Idem*.
	7	14	16	— *Idem*.
	9	14	18	— Bougie éteinte entre les bords et la vendange, non au centre. Après avoir foulé, la bougie ne s'est éteinte nulle part.
	11 $\frac{1}{4}$	14	18 $\frac{1}{2}$	— *Idem*.
	1	15	18 $\frac{1}{2}$	— Bougie éteinte par-tout, foulé; bougie éteinte, ajouté un seau de vendange qu'on en avoit tiré par le haut lorsqu'elle reversoit.
	37 minutes.	15	18 $\frac{1}{2}$	— La bougie s'est éteinte sur toute la surface. Les vapeurs, rassemblées en petites gouttes dans une cloche de verre renversée sur la vendange, depuis 1 heure jusqu'à 3 heures 7 minutes, s'élevoient à 5 pouces contre les

Suite de la VIe. EXPÉRIENCE.

JOURS du MOIS.	HEURES.	TEMPÉRATURE du lieu.	de la cuve.	PHÉNOMÈNES.
	$5\frac{1}{4}$	$14\frac{1}{4}$	19	parois. Le haut de la cloche étoit sec. Les gouttelettes rassemblées étoient diaphanes, claires comme l'eau, douces et sucrées, après quoi on a foulé. — La bougie s'est éteinte sur toute la surface, à la distance de 2 pouces de hauteur ; la surface étoit unie, les gouttelettes ont paru à près de 6 pouces de hauteur dans l'intérieur de la cloche ; elles étoient douces et miellées ; on a foulé la vendange, qui ensuite a éteint pourtant la chandelle à plus de 2 pouces ½ de hauteur ; la liqueur du bas du muid étoit sucrée, trouble, et vineuse.
	$8\frac{1}{4}$	15	2	— Idem.
	8	15	2	— On a foulé, après quoi la bougie s'est éteinte.

CHAPITRE V.

Du temps et des moyens de décuver.

De tout temps les agriculteurs ont mis un très-grand intérêt à pouvoir reconnoître, à des signes certains, le moment le plus favorable pour *décuver*. Mais ici, comme ailleurs, on est tombé dans le très-grand inconvénient des méthodes générales. Ce moment doit varier selon le climat, la saison, la qualité des raisins, la nature du vin qu'on se propose d'obtenir, et autres circonstances qu'il ne faut jamais perdre de vue.

Il nous convient donc de poser des principes plutôt que d'assigner des méthodes : c'est, je crois, le seul moyen de maîtriser les opérations, et de mener de front cet ensemble de phénomènes dont la connoissance et la comparaison deviennent nécessaires pour motiver une décision.

Il est des agriculteurs qui ont osé déterminer une durée fixe à la fermentation, comme si le terme ne devoit pas varier selon la température de l'air, la nature du raisin, la qualité du vin, etc.

Il en est d'autres qui ont pris pour signe de décuvage, l'affaissement de la vendange, ignorant sans doute que la presque totalité des vins du nord auroit perdu ses propriétés les plus précieuses, si l'on tardoit à décuver jusqu'à l'apparition de ce signe.

Nous voyons des pays où l'on juge que la fermentation est faite lorsqu'après avoir reçu le vin dans un verre, on n'apperçoit plus ni mousse à la surface, ni bulles sur les parois du vase. Ailleurs, on se contente d'agiter le vin dans une bouteille, ou de le transvaser à plusieurs reprises dans des verres pour s'assurer s'il existe encore de la mousse. Mais, outre qu'il n'y a pas de vins nouveaux qui ne donnent plus ou moins d'écume, il en est beaucoup dans lesquels on doit conserver ce reste d'effervescence, pour ne pas perdre une de leurs principales propriétés.

Il est des pays où l'on enfonce un bâton dans la cuve; on le retire promptement, et on laisse couler le vin dans un verre où l'on examine s'il fait un cercle d'écume, s'il *fait la roue.*

D'autres enfoncent la main dans le marc, la portent au nez, et jugent, à l'odeur, de l'état de la cuve: si l'odeur est douce, on laisse fermenter; si elle est forte, on décuve.

Nous trouvons encore des agriculteurs qui ne consultent que la couleur pour se régler sur le moment du décuvage; ils laissent fermenter jusqu'à ce que la couleur soit suffisamment foncée. Mais la coloration dépend de la nature du raisin; et le moût, sous le même climat et dans le même sol, ne présente pas toujours la même disposition à se colorer; ce qui rend ce signe peu constant et très-insuffisant.

Il s'ensuit que tous ces signes pris isolément, ne sauroient offrir des résultats invariables, et qu'il faut en revenir aux principes si l'on veut s'appuyer sur des bases fixes.

Le but de la fermentation est de décomposer le principe sucré; il faut donc qu'elle soit d'autant plus vive, ou d'autant plus longue que ce principe est plus abondant.

Un des effets inséparables de la fermentation, c'est de produire de la chaleur et du gaz acide carbonique. Le premier de ces résultats tend à volatiliser et à faire dissiper le parfum ou bouquet qui fait un des principaux caractères de certains vins. Le second entraîne au dehors, et fait perdre dans les airs un fluide qui, retenu dans la boisson, peut la rendre plus agréable et plus piquante. Il suit de ces principes que les vins foibles, mais agréablement parfumés, exigent peu de fermentation, et que les vins blancs dont la principale propriété est d'être mousseux ne doivent presque pas séjourner dans la cuve.

Le produit le plus immédiat de la fermentation, c'est la formation de l'alkool; il résulte immédiatement de la décomposition du sucre: ainsi, lorsqu'on opère sur des raisins très-sucrés; tels que ceux du midi, la fermentation doit être vive et prolongée parce que ces vins, destinés pour la distillation, doivent produire de suite tout l'alkool qui peut résulter de la décomposition de tout le principe sucré. Si la fermentation est lente et foible, les vins restent liquoreux et ne deviennent secs et agréables qu'après le long travail des tonneaux.

En général, les raisins riches en principe sucré doivent fermenter long-tems. Dans le Bordelais, on laisse se terminer la fermentation : on ne décuve que lorsque la chaleur est tombée.

D'après ces principes et autres qui découlent de la théorie précédemment établie, nous pouvons tirer les conséquences suivantes :

1°. Le moût doit cuver d'autant moins de temps, qu'il est moins sucré. Les vins légers appelés *vins de primeur*, en Bourgogne, ne peuvent supporter la cuve que 6 à 12 heures.

2°. Le moût doit cuver d'autant moins de temps qu'on se propose de retenir le gaz acide, et de former des vins mousseux : dans ce cas, on se contente de fouler le raisin et d'en déposer le suc dans des tonneaux, après l'avoir laissé dans la cuve, quelquefois 24 heures, et souvent sans l'y laisser séjourner. Alors, d'un côté, la fermentation est moins tumultueuse ; et, de l'autre, il y a moins de facilité pour la volatilisation du gaz ; ce qui contribue à retenir cette substance très-volatile, et à en faire un des principes de la boisson.

3°. Le moût doit d'autant moins cuver qu'on se propose d'obtenir un vin moins coloré. Cette condition est sur-tout d'une grande considération pour les vins blancs dont une des qualités les plus précieuses est la blancheur.

4°. Le moût doit cuver d'autant moins de temps que la température est plus chaude, et la masse plus volumineuse, etc. : dans ce cas la vivacité de la fermentation supplée à sa longueur.

5°. Le moût doit cuver d'autant moins de temps, qu'on se propose d'obtenir un vin plus agréablement parfumé.

6°. La fermentation sera, au contraire, d'autant plus longue que le principe sucré sera plus abondant et le moût plus épais.

7°. Elle sera d'autant plus longue, qu'ayant pour but de fabriquer des vins pour la distillation, on doit tout sacrifier à la formation de l'alkool.

8°. La fermentation sera d'autant plus longue que la température a été plus froide lorsqu'on a cueilli le raisin.

9°. La fermentation sera d'autant plus longue, qu'on désire un vin plus coloré.

C'est en partant de tous ces principes, qu'on pourra concevoir pourquoi, dans un pays, la fermentation dans la cuve se termine en vingt-quatre heures, tandis que dans d'autres elle se continue douze ou quinze jours ; pourquoi une méthode ne peut pas recevoir une application générale ; pourquoi les procédés particuliers exposent à des erreurs, etc.

D. *Gentil* admet comme signe invariable de la nécessité de décuver la disparition au goût du principe doux et sucré. Cette disparition, ainsi qu'il l'observe, n'est qu'apparente, qu'apparente, et le peu qui reste, dont la saveur est masquée par celle de l'alkool qui prédomine, termine sa décomposition dans les tonneaux. Il est encore évident que ce signe, qui n'est pas du tout applicable au vin blanc, ne peut pas servir non plus pour les vins qui doivent rester liquoreux.

Les signes déduits de l'affaissement du chapeau, de la coloration des vins, nous offrent semblables inconvéniens; et il faut en revenir aux principes de doctrine que nous avons établis ci-dessus. Il n'est que ce moyen de ne pas errer.

Presque toujours un agriculteur prévoyant prépare ses tonneaux aux approches de la vendange, de manière qu'ils soient toujours disposés à recevoir le vin sortant de la cuve. Les préparations qu'on leur donne se réduisent aux suivantes :

Si les tonneaux sont neufs, le bois qui les compose conserve une astriction et une amertume qui peuvent se transmettre au vin, et l'on corrige ces défauts en y passant de l'eau chaude et de l'eau-sel à plusieurs reprises : on y agite ces liqueurs avec soin, et on les y laisse séjourner assez long-temps, pour qu'elles en pénètrent le tissu et en extraisent le principe nuisible. Si le tonneau est vieux et qu'il ait servi, on le défonce; on enlève avec un instrument tranchant la couche de tartre qui en tapisse les parois, et on y passe de l'eau chaude ou du vin.

En général, les méthodes les plus usitées pour préparer les tonneaux se bornent à ce qui suit :

Tome X.

1°. Lavez le tonneau avec de l'eau froide ; puis, mettez-y une pinte d'eau salée et bouillante ; bouchez-le et agitez-le en tout sens. Videz-le, et laissez bien couler l'eau ; dès que l'eau aura coulé, ayez une ou deux pintes du moût qui fermente, faites-le bouillir, écumez-le, et jettez ce liquide bouillant dans le tonneau; bouchez, agitez et faites couler.

2°. On peut substituer du vin chaud aux préparations ci-dessus.

3°. On peut encore employer une infusion de fleurs et feuilles de pêcher, etc. etc.

Lorsque les tonneaux ont contracté quelque mauvaise qualité, telle que moisissure, goût de punaise.... il faut les brûler : il est possible de masquer ces vices, mais il seroit à craindre qu'ils ne reparussent.

Les anciens Romains mettoient du plâtre, de la myrrhe et différens aromates dans les tonneaux où ils déposoient leurs vins en les tirant de la cuve. C'étoit ce qu'ils appelloient *conditura vinorum*. Les Grecs y ajoutoient un peu de myrrhe pilée ou de l'argile. Ces diverses substances avoient le double avantage de parfumer le vin, et de le clarifier promptement.

Les tonneaux convenablement préparés sont assujettis sur la banquette qui doit les supporter : on a l'attention de les élever de quelques centimètres au-dessus du sol, tant pour prévenir l'action d'une humidité putride, que pour faciliter l'extraction du vin qu'ils doivent contenir. On les dispose par rangs parallèles dans le même cellier, ayant soin de laisser un intervalle suffisant pour pouvoir commodément circuler, et s'assurer qu'aucun d'eux ne perde et ne *transpire*.

C'est dans les tonneaux ainsi préparés qu'on dépose la vendange, dès qu'on juge qu'elle a suffisamment cuvé : à cet effet, on ouvre la cannelle de la cuve qui est placée à quelques pouces au dessus du sol, et on fait couler le vin dans un réservoir pratiqué ordinairement par-dessous, ou dans un vaisseau qu'on y adapte à dessein de le recevoir ; le vin est de suite puisé dans le premier réservoir, et porté dans le tonneau où on l'introduit à l'aide d'un entonnoir.

La liqueur qui surnage le dépôt de la cuve, se nomme *surmoût* en Bourgogne. On soutire le surmoût avec soin, on le met dans des tonneaux de cent vingt pots, ou dans des demi-tonneaux de soixante. Ce surmoût donne le vin le plus léger, le plus délicat et le moins coloré.

Lorsqu'on a fait écouler tout le vin que peut fournir la cuve, il n'y reste que le chapeau qui s'est affaissé presque sur le dépôt. Ce marc est encore imprégné de vin, et en retient une quantité assez considérable qu'on en extrait en le soumettant au pressoir. Mais, comme le chapeau qui a été en contact avec l'air atmosphérique a assez constamment contracté un peu d'acidité, sur-tout lorsque la vendange a cuvé long-temps ; on a grand soin d'enlever et de séparer le chapeau pour l'exprimer séparement, ce qui donne un vinaigre de très-bonne qualité.

On se borne donc à porter le dépôt de la cuve sous le pressoir, et on met le vin qui en découle avec celui qui est déjà dans les tonneaux ; après quoi on ouvre le pressoir, et, avec une pelle tranchante, on coupe le marc à trois ou quatre doigts d'épaisseur tout autour ; on jette au milieu ce qui est coupé, et on presse derechef ; on coupe encore, et on pressure pour la troisième fois.

Le vin qui provient de la première *taille* ou *coupe* est le plus fort, celui qui provient de la troisième est le plus dur, le plus âpre, le plus vert, le plus coloré.

Quelquefois on se borne à une première taille, sur-tout lorsqu'on veut employer le marc à la fermentation acéteuse ; souvent on mêle le produit de ces diverses coupes dans des tonneaux séparés pour avoir un vin coloré et assez durable ; ailleurs, on le mêle avec le vin non pressuré, lorsqu'on désire de donner à celui-ci de la couleur, de la force et une légère astriction.

En *Champagne*, on mêle le vin de l'*abaissement* qui est celui du premier pressurage, avec ceux qui proviennent des tailles suivantes.

Le vin de presse est d'autant moins coloré, qu'on a pressé plus foiblement, plus promptement. On nomme ces vins-là en Champagne *vins gris*. On appelle *œil de perdrix* le vin qui provient de la première et de la seconde taille, et on donne le nom de *vin de taille* au produit de la troisième et quatrième : celui-ci est plus coloré, mais il ne laisse pas que d'être agréable.

Le marc, fortement exprimé, prend quelquefois la dureté de la pierre. Ce marc a divers usages dans le commerce.

1°. Dans certains pays, on le distille pour en extraire une eau-de-vie qui porte le nom d'*eau-de-vie de marc*. Elle est connue en Champagne, sous le nom d'*eau-de-vie d'Axine*; elle a mauvais goût. Cette distillation est avantageuse sur-tout dans les pays où le vin est très-généreux, et où les pressoirs serrent peu.

2°. Aux environs de Montpellier, on met le marc dans des tonneaux, où on le foule avec soin, et on le conserve pour la fabrication du verd-de-gris (Voyez mon mémoire à ce sujet, Annales de chimie, et Mém. de l'Institut).

3°. Ailleurs, on le fait aigrir, en l'aérant avec soin, et on extrait ensuite le vinaigre par une pression vigoureuse. On peut même en faciliter l'expression en l'humectant avec de l'eau.

4°. Dans plusieurs cantons, on nourrit les bestiaux avec le marc : à mesure qu'on le tire du pressoir, on le passe entre les mains pour diviser les pelotons, on le jette dans des tonneaux défoncés, et on l'humecte avec de l'eau pour le détremper; on recouvre le tout avec de la terre forte, mêlée de paille, on donne, à cette couche d'enduit environ deux décimètres d'épaisseur. Lorsque la mauvaise saison ne permet pas aux bestiaux d'aller aux champs, on détrempe environ trois kilogrammes de ce marc, dans de l'eau tiède, avec du son, de la paille, des navets, des pommes de terre, des feuilles de chêne ou de vigne qu'on a conservées exprès dans l'eau : on peut ajouter un peu de sel à ce mélange dont les animaux mangent deux fois par jour. On leur en fait le matin et le soir dans un baquet ; les chevaux et les vaches aiment cette nourriture, mais il faut en donner modérément à ces dernières, parce que le lait tourneroit. Le marc des raisins blancs est préféré parce qu'il n'a pas fermenté.

5°. Les pepins contenus dans le raisin servent encore à nourrir la volaille; on peut aussi en extraire de l'huile.

6°. Le marc peut être brûlé, pour en obtenir l'alkali : quatre milliers de marc fournissent cinq cents livres de cendres qui donnent cent dix livres alkali sec.

CHAPITRE VI.

De la manière de gouverner les vins dans les tonneaux.

Le vin déposé dans le tonneau n'a pas atteint son dernier degré d'élaboration. Il est trouble et fermente encore : mais, comme le mouvement en est moins tumultueux, on a appelé cette période de fermentation, *fermentation insensible*.

Dans les premiers momens que le vin a été mis dans les tonneaux, on entend un léger sifflement qui provient du dégagement continu des bulles de gaz acide carbonique qui s'échappent de tous les points de la liqueur; il se forme une écume à la surface qui déverse par le bondon, et on a l'attention de tenir le tonneau toujours plein pour que l'écume sorte et que le vin se dégorge. Il suffit dans les premiers instans d'assujettir une feuille sur le bondon, ou d'y mettre une tuile.

A mesure que la fermentation diminue, la masse du liquide s'affaisse; et on surveille cet affaissement avec soin pour verser du nouveau vin et tenir le tonneau toujours plein; c'est cette opération qu'on appelle *ouiller*. Il est des pays où l'on *ouille* tous les jours, pendant le premier mois; tous les quatre jours, pendant le deuxième; et tous les huit jusqu'au soutirage. C'est ainsi qu'on le pratique pour les vins délicieux de l'Hermitage.

En Champagne, on laisse fermenter les *vins gris* dans les tonneaux, dix à douze jours; et, dès qu'ils ont cessé de bouillir, on ferme les tonneaux par le bondon, en y laissant un soupirail à côté qu'on appelle *broqueleur*. On le ferme huit ou dix jours après, avec une cheville de bois qu'on peut ôter à volonté; dès qu'on les a bondonnés, on doit *ouiller*, tous les huit jours, par le soupirail, pendant vingt-cinq jours; après cela, de quinze en quinze jours pendant un ou deux mois; ensuite tous les deux mois, aussi long-temps que le vin reste dans la cave. Lorsque les vins n'ont pas assez de corps, et sont trop verts, ce qui arrive dans les années humides et froides; ou lorsqu'ils ont trop de liqueur, ce qui arrive dans les années trop chaudes et sèches; 25 jours après qu'ils ont été faits, on roule les tonneaux cinq ou six tours pour bien mêler la lie; on répète cette manœuvre tous les huit jours pendant un mois; le vin s'améliore par ce moyen.

La fermentation des vins de Champagne qu'on destine à être mousseux est très-longue; on croit qu'il peut mousser constamment, pourvu qu'on le mette en bouteilles, depuis la vendange jusqu'en mai (prairial), et que, plus on est près de la vendange, mieux il mousse. On assure encore qu'il mousse toujours si on le met en bouteilles, depuis le dix jusqu'au quatorze mars. Le vin ne commence à mousser qu'un mois et demi après qu'il a été mis en bouteilles. Le vin de la montagne mousse mieux que celui de la rivière; lorsqu'on met le vin en flacons, en juin et juillet, (messidor et thermidor) il mousse peu; et pas du tout si c'est en octobre et novembre, (brumaire et frimaire) après la récolte.

En Bourgogne, dès que la fermentation s'est ralentie dans le tonneau, on le bouche et on perce un petit trou, près du bondon, qu'on ferme avec une cheville de bois qu'on appelle *faucet*. On le débouche de temps en temps pour laisser évaporer le reste du gaz.

Dans les environs de Bordeaux, on commence à ouiller, huit à dix jours après avoir déposé les vins dans les tonneaux. Un mois après on les bonde et on ouille tous les huit jours; dans le principe, on bonde sans effort, et peu à peu on assujettit la bonde, sans courir aucun risque.

On y tire les vins blancs à la fin de frimaire et on les souffre ; ils demandent plus de soin que les rouges, parce que contenant plus de lie, ils sont plus disposés à graisser.

On ne tire au clair les vins rouges qu'à la fin de ventôse ou de germinal. Ceux-ci tournent plus aisément à l'aigre que les blancs ; ce qui force de les conserver dans des celliers plus frais pendant les chaleurs.

Il est des particuliers qui, après le second tirage, font tourner les barriques, la bonde de côté, et conservent ainsi le vin hermétiquement fermé, sans avoir besoin de l'ouiller, attendu qu'il n'y a pas déperdition. Ils ne tirent alors le vin au clair que tous les ans, à la même époque, jusqu'à ce qu'ils trouvent avantageux de le boire. Par-tout les procédés usités sont à peu près les mêmes ; et nous nous garderons bien de multiplier des détails qui ne seroient que des répétitions.

Lorsque la fermentation s'est appaisée, et que la masse du liquide jouit d'un repos absolu, le vin est fait. Mais il acquiert de nouvelles qualités par la clarification : on le préserve par cette opération du danger de *tourner*.

Cette clarification s'opère d'elle-même par le temps et le repos : il se forme peu à peu un dépôt dans le fond du tonneau et sur les parois, qui dépouille le vin de tout ce qui n'y est pas dans une dissolution absolue, ou de ce qui y est en excès. C'est ce dépôt qu'on appelle *lie*, *fœces*, mélange confus de tartre, de principes très-analogues à la fibre, et de matière colorante.

Mais ces matières, quoique déposées dans le tonneau et précipitées du vin, sont susceptibles de s'y mêler encore par l'agitation, le changement de température, etc. : et alors, outre qu'elles nuisent à la qualité du vin qu'elles rendent trouble, elles peuvent lui imprimer un mouvement de fermentation qui le fait dégénérer en vinaigre.

C'est pour obvier à cet inconvénient qu'on transvase le vin à diverses époques ; qu'on en sépare avec soin toute la lie qui s'est précipité ; et qu'on dégage même de son sein, par des procédés simples que nous allons décrire, tout ce qui peut y être dans un état de dissolution incomplète. A l'aide de ces opérations on le purge, on le purifie, on le prive de toutes les matières qui pourroient déterminer l'acétification.

Nous pouvons réduire au *souffrage* et à la *clarification* tout ce qui tient à l'art de conserver les vins.

SOUFFRAGE DES VINS.

1°. *Souffrer* ou *muter* les vins, c'est les imprégner d'une vapeur sulfureuse qu'on obtient par la combustion des mèches souffrées.

La manière de composer les mèches souffrées varie sensiblement dans les divers atteliers : les uns mêlent avec le souffre des aromates, tels que les poudres de gérofle, de cannelle, de gingembre, d'iris de Florence, de fleurs de thym, de lavande, de marjolaine, etc. et fondent ce mélange dans une terrine sur un feu modéré. C'est dans ce mélange fondu qu'on plonge des bandes de toile et de coton, pour les brûler dans le tonneau. D'autres n'emploient que le souffre qu'ils fondent au feu et dont ils imprègnent des lanières semblables.

La manière de souffrer les tonneaux nous offre les mêmes variétés : on se borne quelquefois à suspendre une mèche soufrée au bout d'un fil de fer; on l'enflamme et on la plonge dans le tonneau qu'on veut remplir, on bouche et on laisse brûler : l'air intérieur se dilate et est chassé avec sifflement par le gaz sulfureux; on en brûle deux, trois, plus ou moins, selon l'idée ou le besoin. Lorsque la combustion est terminée, les parois du tonneau sont à peine acides; alors on y verse le vin. Dans d'autres pays on prend un bon tonneau, on y verse deux à trois seaux de vin, on y brûle une mèche soufrée, on bouche le tonneau après la combustion, et l'on agite en tout sens. On laisse reposer une ou deux heures, on débouche, on ajoute du vin ou *mute* et on réitère l'opération jusqu'à ce que le tonneau soit plein; ce procédé est usité à Bordeaux.

On fait à Marseillan, près la commune de Cette en Languedoc, avec du raisin blanc, un vin qu'on appelle *muet* et qui sert à souffrer les autres.

On presse et foule la vendange, et on la coule de suite sans lui donner le temps de fermenter; on la met dans des tonneaux qu'on remplit au quart; on brûle plusieurs mèches dessus, on ferme le bouchon, et on agite fortement le tonneau jusqu'à ce qu'il ne s'échappe plus de gaz par le bondon lorsqu'on l'ouvre. On met alors une nouvelle quantité de vin, on y brûle dessus et on agite avec les mêmes précautions; on réitère cette manœuvre jusqu'à ce que le tonneau soit plein. Ce vin ne fermente jamais, et c'est par cette raison qu'on l'appelle *vin muet*. Il a une saveur douceâtre, une forte odeur de souffre, et il est employé à être mêlé avec l'autre vin blanc : on en met deux ou trois bouteilles par tonneau : ce mélange équivaut au souffrage.

Le souffrage rend d'abord le vin trouble et sa couleur vilaine; mais la couleur se rétablit en peu de temps et le vin s'éclaircit. Cette opération décolore un peu le vin rouge. Le souffrage a le très-précieux avantage de prévenir la dégénération acéteuse. Quoique l'explication de cet effet soit difficile, il me paroît qu'on ne peut le concevoir qu'en le considérant sous deux points de vue.

1°. A l'aide du gaz sulfureux on déplace l'air atmosphérique, qui sans cela se mêleroit avec le vin, et en détermineroit la fermentation acide.

2°. On produit quelques atomes d'un acide violent qui suffoque, maîtrise et s'oppose au développement d'un acide plus foible.

Les anciens composoient un mastic avec la poix, un cinquantième de cire, un peu de sel et de l'encens qu'ils brûloient dans les tonneaux. Cette opération étoit désignée par les mots *picare dolia.* Et les vins ainsi préparés étoient connus sous les noms de *vina picata.* *Plutarque* et *Hypocrate* parlent de ces vins.

C'est peut-être d'après cet usage que les anciens avoient consacré le sapin à *Bacchus* : on donne encore aujourd'hui au vin rouge affoibli un parfum agréable, en le faisant séjourner sur une couche de copeaux de bois de sapin. *Bacchus* prétend qu'il faut résiner les tonneaux, *picare vasa* au moment de la canicule.

Clarification des Vins.

2°. Outre l'opération du souffrage des vins, il en est une tout aussi essentielle qu'on appelle *clarification.* Elle consiste d'abord à tirer le vin de dessus la lie, ce qui demande des précautions, dont nous nous occuperons dans le moment, et à le dégager ensuite de tous les principes suspendus ou foiblement dissous, pour ne lui conserver que les seuls principes spiritueux et incorruptibles. Ces opérations s'exécutent même avant le souffrage qui n'en est qu'une suite.

La première de ces opérations s'appelle *soutirer, transvaser, déféquer* le vin. *Aristote* conseille de répéter souvent cette manipulation, *quoniam superveniente œstatis calore solent fœces subverti, ac ità vina acescere.*

Dans les divers pays de vignobles on a des temps marqués dans l'année pour soutirer les vins ; ces usages sont sans doute établis sur l'observation constante et respectable des siècles. A l'Hermitage on soutire en mars et septembre (fructidor et ventôse) ; en Champagne le 13 octobre (24 vendémiaire), vers le 15 février (27 pluviôse), et vers la fin de mars (10 germinal).

On choisit toujours un temps sec et froid pour exécuter cette opération. Il est de fait que ce n'est qu'alors que le vin est bien disposé. Les temps humides, les vents du sud les rendent troubles, et il faut se garder de soutirer quand ils règnent.

Baccius nous a laissé d'excellens préceptes sur les temps les plus favorables pour transvaser les vins. Il conseille de soutirer les vins foibles, c'est à dire ceux qui proviennent de terrains gras et couverts au solstice d'hiver ; les vins médiocres, au printemps ; et les plus généreux, pendant l'été. Il donne comme précepte général de ne jamais transvaser que lorsque le vent du nord souffle ; il ajoute que le vin soutiré en pleine lune se convertit en vinaigre.

"La manière de soutirer les vins ne pourra paroître indifférente qu'à ceux qui ne savent pas quel est l'effet de l'air atmosphérique sur ce liquide : en ouvrant la cannelle, ou plaçant un robinet à quatre doigts du fond du tonneau, le vin qui s'écoule s'aère, et détermine des mouvemens dans la lie, de sorte que, sous ce double rapport, le vin acquiert de la disposition à s'aigrir. On a obvié à une partie de ces inconvéniens, en soutirant le vin à l'aide d'un siphon; le mouvement en est plus doux, et on pénètre par ce moyen à la profondeur qu'on veut, sans jamais agiter la lie. Mais toutes ces méthodes présentent des vices auxquels on a parfaitement remédié, à l'aide d'une pompe dont l'usage s'est établi en *Champagne* et dans d'autres pays de vignobles.

On a un tuyau de cuir en forme de boyau long d'un à deux mètres (quatre à six pieds d'environ deux pouces de diamètre). On adapte aux extrémités des tuyaux de bois longs d'environ trois décimètres (neuf à dix pouces), qui vont en diminuant de diamètre vers la pointe; on les assujettit fortement au cuir à l'aide de gros fil; on ôte le tampon de la futaille qu'on veut remplir, et l'on y enchasse solidement une des extrémités du tuyau; on place un bon robinet à deux ou trois pouces (un décimètre) du fond de la futaille qu'on veut vider, et on y adapte l'autre extrémité du tuyau.

Par ce seul mécanisme, la moitié du tonneau se vide dans l'autre; il suffit pour cela d'ouvrir le robinet, et on y fait passer le restant par un procédé simple. On a des soufflets d'environ deux pieds de longs (deux tiers de mètre) compris le manche, et dix pouces de largeur (trois décimètres). Le soufflet pousse l'air par un trou placé à la partie antérieure du petit bout; une petite soupape de cuir s'applique contre le petit trou, et s'y adapte fortement pour empêcher que l'air n'y reflue lorsqu'on ouvre le soufflet; c'est encore à cette extrémité du soufflet qu'on adapte un tuyau de bois perpendiculaire pour conduire l'air en bas; on adapte ce tuyau au bondon, de manière que lorsqu'on souffle et pousse l'air on exerce une pression sur le vin qui l'oblige à sortir du tonneau pour monter dans l'autre. Lorsqu'on entend un sifflement à la cannelle, on la ferme promptement: c'est une preuve que tout le vin a passé.

On emploie aussi des entonnoirs de fer-blanc, dont le bec a au moins un pied et demi de long, (demi-mètre) pour qu'il prolonge dans le liquide et n'y cause aucune agitation.

Le soutirage du vin sépare bien une partie des impuretés, et éloigne par conséquent quelques unes des causes qui peuvent en altérer la qualité; mais il en reste encore de suspendues dans ce fluide, dont on ne peut s'emparer que par les opérations suivantes qu'on appelle *collage* des vins ou *clarification*. C'est presque toujours la colle de poisson qui sert à cet usage, et on l'emploie comme il suit: on la déroule avec soin, on la coupe par petits morceaux, on la fait tremper dans un peu de vin; elle se gonfle, se ramollit, forme une masse gluante qu'on verse sur le vin. On se contente alors de l'agiter fortement, après quoi on laisse reposer. Il est des personnes qui fouettent

fouettent le vin dans lequel on a dissous la colle, avec quelques brins de tige de balais, et forment une écume considérable qu'on enlève avec soin ; dans tous les cas, une portion de la colle se précipite avec les principes qu'elle a enveloppés, et on soutire la liqueur dès que ce dépôt est formé.

Dans les climats chauds, on craint l'usage de la colle, et pendant l'été on y supplée par des blancs d'œufs : dix à douze suffisent pour un demi-muid. On commence par les fouetter avec un peu de vin, on les mêle ensuite avec la liqueur qu'on veut clarifier et on fouette avec le même soin. Il est possible de substituer la gomme arabique à la colle. Deux onces (six à sept décagrammes) suffisent pour quatre cents pots de vin. On la verse sur le liquide en poudre fine et on agite.

Il faut ne transvaser les vins que lorsqu'ils sont bien faits; si le vin est vert et dur, il faut lui laisser passer sur la lie la seconde fermentation, et ne le soutirer que vers le milieu de mai (25 floréal). On pourra même le laisser jusque vers la fin de juin (10 messidor), s'il continue à être vert. Il arrive même quelquefois qu'on est forcé de repasser des vins sur la lie et de les mêler fortement avec elle pour leur redonner un mouvement de fermentation qui doit les perfectionner.

Lorsque les vins d'Espagne sont troublés par la lie, *Miller* nous apprend qu'on le clarifie par le procédé suivant :

On prend des blancs d'œufs, du sel gris et de l'eau salée ; on met tout cela dans un vase commode, on enlève l'écume qui se forme à la surface, et l'on verse cette composition dans un tonneau de vin dont on a tiré une partie : au bout de deux à trois jours la liqueur s'éclaircit et devient agréable au goût; on laisse reposer pendant huit jours et on soutire.

Pour remettre un vin clairet, gâté par une lie volante, on prend deux livres (un kilogramme) de cailloux calcinés et broyés, dix à 12 blancs d'œufs, une bonne poignée de sel ; on bat le tout avec huit pintes de vin (environ sept litres) qu'on verse ensuite dans le tonneau : deux à trois jours après on soutire.

Ces compositions varient à l'infini : quelquefois on y fait entrer l'amidon, le riz, le lait, et autres substances plus ou moins capables d'envelopper les principes qui troublent le vin.

On clarifie encore les vins et on corrige souvent un mauvais goût, en le faisant digérer sur des copeaux de hêtre, précédemment écorcés, bouillis dans l'eau, et séchés au soleil ou dans un four : un quart de boisseau de ces copeaux suffit pour un muid de vin. Ils produisent dans la liqueur un léger mouvement de fermentation qui l'éclaircit dans vingt-quatre heures.

L'art de couper les vins, de les corriger l'un par l'autre, de donner du corps à ceux qui sont foibles, de la couleur à ceux qui en manquent, un parfum agréable à ceux qui n'en ont aucun, ou qui en ont un mauvais, ne sauroit être décrit.

C'est toujours le goût, l'œil et l'odorat qu'il faut consulter. C'est la nature très-variable des substances qu'on doit employer, qu'il faut étudier ; et il nous suffira d'observer que dans toute cette partie de la science de multiplier les vins, tout se réduit 1°. à adoucir et sucrer les vins par l'addition du moût cuit et rapproché, du miel, du sucre, ou d'un autre vin très-liquoreux ; 2°. à colorer le vin par l'infusion des pains de tournesol, le suc des baies de sureau, le bois de campèche, le mélange d'un vin noir et généralement grossier; 3°. à parfumer le vin par le sirop de framboise, l'infusion des fleurs de la vigne qu'on suspend dans le tonneau enfermées dans un nouet, ainsi que cela se pratique en Egypte, d'après le rapport d'*Asselquist*.

On fabrique encore dans l'*Orléanois* et ailleurs des vins qu'on appelle *vins râpés*, et qu'on fait ou avec des raisins égrappés qu'on foule avec du vin; ou en chargeant le pressoir d'un lit de sarmens et d'un lit de raisins alternativement; ou en faisant infuser des sarmens dans le vin. On les laisse fortement bouillir et on se sert de ces vins pour donner de la force et de la couleur aux petits vins décolorés des pays froids et humides.

Quoique les vins puissent travailler en tout temps, il est néanmoins des époques dans l'année auxquelles la fermentation paroît se renouveler d'une manière spéciale, et c'est sur-tout lorsque la vigne commence à pousser, lorsqu'elle est en fleur, et lorsque le raisin se colore. C'est dans ces momens critiques qu'il faut surveiller les vins d'une manière particulière, et l'on pourra prévenir tout mouvement de fermentation en les soutirant et les souffrant ainsi que nous l'avons indiqué.

Lorsque les vins sont complètement clarifiés, on les conserve dans des tonneaux ou dans du verre. Les vases les plus amples et les mieux fermés sont les meilleurs. Tout le monde a entendu parler de l'énorme capacité des foudres d'*Heidelberg* dans lesquels le vin se conserve des siècles entiers sans cesser de s'améliorer; et il est reconnu que le vin se fait mieux dans les futailles très-volumineuses que dans les petites.

Le choix du local dans lequel les vases contenant les vins doivent être déposés, n'est pas indifférent : nous trouvons, à ce sujet, chez les anciens, des usages et des préceptes qui s'écartent pour la plupart de nos méthodes ordinaires, mais dont quelques uns méritent notre attention. Les Romains soutiroient le vin des tonneaux pour l'enfermer dans de grands vases de terre vernissés en dedans; c'est ce qu'ils appelloient *diffusio vinorum*. Il paroît qu'ils avoient deux sortes de vaisseaux pour contenir les vins, qu'ils appelloient *amphore* et *cade*. L'*amphore*, de forme carrée ou cubique, avoit deux anses et contenoit quatre-vingt pintes de liqueur. Ce vaisseau se terminoit par un col étroit qu'on bouchoit avec de la poix et du plâtre pour empêcher le vin de s'éventer. C'est ce que Pétrone nous apprend par ces mots:

Amphoræ vitreæ diligenter gypsatæ allatæ sunt, quarum in cervicibus pittacia erant affixa cùm hoc titulo: FALERNUM OPIMIANUM ANNORUM CENTUM.

Le *cade* avoit la figure d'une pomme de pin; il contenoit moitié plus que l'amphore.

On exposoit les vins les plus généreux en plein air dans ces vases bien bouchés: les plus foibles étoient sagement mis a couvert. *Fortius vinum sub dio locandum, tenuia vero sub tecto reponenda, cavendaque à commotione ac strepitu viarum* (*Baccius*). *Galien* nous observe que tout le vin étoit mis en bouteilles, qu'après cela on l'exposoit à une forte chaleur dans des chambres closes, et qu'on le mettoit au soleil pendant l'été sur les toits des maisons pour le mûrir plus tôt et le disposer à la boisson. *Omne vinum in lagenas transfundi, posteà in clausa cubicula multá subjectá flammá reponi, et in tecta œdium œstate insolari, undè citiùs maturescant, ac potui idonea evadant.*

Pour qu'un vin se conserve et s'améliore il faut le déposer dans des vases et dans des lieux dont le choix n'est pas indifférent à déterminer. Les vases de verre sont les plus favorables, parce que outre qu'ils ne présentent aucun principe soluble dans le vin, ils le mettent à l'abri du contact de l'air, de l'humidité et des principales variations de l'atmosphère. Il faut avoir l'attention de boucher exactement ces vases avec du liège fin, et de coucher les bouteilles pour que le bouchon ne puisse pas se dessécher et faciliter l'accès de l'air. On peut, pour plus de sûreté, couler de la cire sur le bouchon, l'y appliquer avec un pinceau, ou tremper le goulot dans un mélange fondu de cire, de résine et de poix. Il est des particuliers qui recouvrent le vin d'une couche d'huile : ce procédé est recommandé par *Baccius*. On recouvre ensuite le goulot avec des verres renversés, des creusets, des vases de fer-blanc, ou toute autre matière capable d'empêcher que les insectes ou les souris ne se précipitent dans le vin.

Les tonneaux sont les vases le plus employés; ils sont, pour l'ordinaire, construits avec du bois de chêne. Leur capacité varie beaucoup, et ils reçoivent le nom de *barriques, tonneaux,* ou *foudres,* selon qu'elle est plus ou moins forte. Le grand inconvénient des tonneaux, c'est non seulement de présenter au vin des substances qui y sont solubles, mais encore de se tourmenter par les variations de l'atmosphère et de prêter des issues faciles tant à l'air qui veut s'échapper, qu'à celui qui veut pénétrer.

Les vases de terre vernissés auroient l'avantage de conserver une température plus égale, mais ils sont plus ou moins poreux; et, à la longue, le vin doit s'y dessécher. On a trouvé dans les ruines d'*Herculanum*, des vaisseaux dans lesquels le vin étoit desséché. *Rozier* parle d'une urne semblable découverte dans une vigne du territoire de Vienne, en *Dauphiné*, sur le lieu même où étoit bâti le palais de *Pompée*. Les Romains remédioient à la porosité des vases de terre en passant de la cire au dedans et de la poix au dehors; ils en recouvroient toute la surface avec des linges cirés qu'ils y appliquoient avec soin.

Pline condamne l'usage de la cire parce que, selon lui, elle faisoit aigrir les vins: *nàm ceram accipientibus vasis, compertum est vina acescere.*

Quelle que soit la nature des vaisseaux destinés à contenir le vin, il faut faire choix d'une cave qui soit à l'abri de tous les accidens qui peuvent la rendre peu propre à ces usages.

1.º L'exposition d'une cave doit être au nord: sa température est alors moins variable, que lorsque les ouvertures sont tournées vers le midi.

2º. Elle doit être assez profonde pour que la température y soit constamment la même. *In cellis quæ non satis profundæ sunt diurni caloris participes fiunt; vina non diù subsistunt integra.* HOFFMANN.

3º. L'humidité doit y être constante sans y être trop forte; l'excès détermine la moisissure des papiers, bouchons, tonneaux, etc. La sécheresse dessèche les futailles, les tourmente, et fait transsuder le vin.

4º. La lumière doit y être très-modérée: une lumière vive dessèche; une obscurité presque absolue pourrit.

5º. La cave doit être à l'abri des secousses. Les brusques agitations, ou ces légers trémoussemens déterminés par le passage rapide d'une voiture sur un pavé, remuent la lie, la mêlent avec le vin, l'y retiennent en suspension et provoquent l'acétification. Le tonnerre et tous les mouvemens produits par des secousses, déterminent le même effet.

6º. Il faut éloigner d'une cave les bois verts, les vinaigres et toutes les matières qui sont susceptibles de fermentation.

7º. Il faut encore éviter la réverbération du soleil qui, variant nécessairement la température d'une cave, doit en altérer les propriétés.

D'après cela, une cave doit être creusée à quelques toises sous terre; ses ouvertures doivent être dirigées vers le nord; elle sera éloignée des rues, chemins, ateliers, égouts, courans, latrines, bûchers, etc.; elle sera recouverte par une voûte.

CHAPITRE VII.

MALADIES

Du vin, et moyens de les prévenir ou de les corriger.

Il est des vins qui s'améliorent en vieillissant, et qu'on ne peut regarder comme parfaits que long-temps après qu'on les a fabriqués. Les vins liquoreux sont dans ce cas-là, ainsi que tous les vins très-spiritueux; mais les vins délicats tournent à l'*aigre* ou au *gras* avec une telle facilité, que ce n'est qu'avec les plus grandes précautions qu'on peut les conserver plusieurs années.

Le premier vin de primeur, connu en Bourgogne, est celui de *Volney*, à six kilomètres de *Beaune*. Ce vin si fin, si délicat, si agréable, ne peut soutenir la cuve que douze, seize ou dix-huit heures, et va à peine d'une vendange à l'autre.

Pomard fournit la deuxième qualité de vin de primeur en Bourgogne : il se soutient mieux que le premier ; mais, si on le garde plus d'une année, il devient *gras*, se gâte et prend la couleur *pelure d'oignon*.

Il n'est pas de canton dont le vin n'ait une durée fixe et connue ; et l'on sait par-tout que ce terme doit être rapproché ou éloigné selon la saison qui a régné, et les soins qu'on a apportés dans les travaux de la vinification. On n'ignore point que les vins cueillis avec la pluie, ou provenant de terrains gras, ne sont pas de garde.

Les anciens, ainsi que nous l'apprennent *Galien* et *Athénée*, avoient déterminé l'époque de vétusté, ou l'âge rigoureux auquel leurs divers vins devoient être bus : FALERNUM *ab annis decem ut potui idoneum, et à quindecim usque ad viginti annos ; après ce terme, grave est capiti et nervos offendit.* ALBANI *verò cùm duæ sint species, hoc dulce, illud acerbum, ambo à decimo quinto anno vigent.* SURRENTINUM *vigesimo quinto anno incipit esse utile, quià est pingue et vix digeritur, ac veterascens solùm fit potui idoneum.* TRIBURTINUM *leve est, facile vaporat, viget ab annis decem.* LUBICANUM *pingue et inter albanum et falernum putatur usui ab annis decem idoneum.* GAURANUM *rarum invenitur, at optimum est et robustum.* SIGNIMUM, *ab annis sex potui utile.*

Les soins qu'on apporte à transvaser et à *muter* les vins, contribuent puissamment à leur conservation. Il en est peu qui passassent les mers sans cette précaution. Il importe donc, pour prévenir toutes leurs altérations, de répéter et multiplier ces opérations ; et c'est à cet usage précieux que l'on doit de pouvoir transporter les vins dans tous les climats, et de leur faire éprouver toutes les températures, sans crainte de décomposition.

Parmi les maladies auxquelles les vins sont le plus sujets, la *graisse* et l'*acidité* sont, à la fois, les plus fréquentes et les plus dangereuses.

La *graisse* est une altération que contractent souvent les vins : ils perdent leur fluidité naturelle, et filent comme de l'huile ; on appelle encore cette dégénération, tourner au *gras, graisser, filer*, etc.

Les vins les moins spiritueux tournent au *gras*.

Les vins foibles, qui ont très-peu fermenté, sont les plus disposés à cette maladie.

Les vins foibles, faits avec les raisins égrappés, y sont aussi sujets.

Le vin tourne au gras dans les bouteilles les mieux fermées. On n'en est que trop convaincu dans la *Champagne*, où toute la récolte mise dans le verre contracte quelquefois cette altération.

Les vins gras ne fournissent à la distillation qu'un peu d'eau-de-vie *grasse, colorée, huileuse.*

On corrige ce vice par plusieurs moyens :

1°. En exposant les bouteilles à l'air, et sur-tout dans un grenier bien aéré.

2°. En agitant la bouteille pendant un quart d'heure, et la débouchant ensuite, pour laisser s'échapper le gaz et l'écume.

3°. En collant les vins avec la colle de poisson, et les blancs d'œufs mêlés ensemble.

4°. En introduisant dans chaque bouteille une ou deux gouttes de jus de citron ou de tout autre acide.

Il est évident, d'après la nature des causes qui déterminent la *graisse* des vins, d'après les phénomènes que présente cette maladie, et les moyens qu'on emploie pour la guérir, que cette altération provient du principe extractif qui n'a pas été convenablement décomposé.

Nous voyons un effet semblable dans la bière, dans la décoction de la noix de galle, et dans plusieurs autres cas, où le principe extractif très-abondant se précipite de la liqueur qui le tenoit en dissolution, et acquiert les caractères de la fibre, à moins qu'une fermentation ne le brûle, ou qu'un acide ne le précipite.

L'acescence du vin est néanmoins la maladie la plus commune, on peut même dire la plus naturelle ; car elle est presque une suite de la fermentation spiritueuse. Mais, connoissant les causes qui la produisent, et les phénomènes qui l'accompagnent ou l'annoncent, on peut parvenir à la prévenir.

Les anciens admettoient trois causes principales de l'acidité des vins. 1°. L'humidité du vin ; 2°. l'inconstance ou les variations de l'air ; 3°. les commotions.

Pour connoître exactement cette maladie, il faut rappeler quelques principes, qui seuls peuvent nous fournir des lumières à ce sujet.

1°. Les vins ne tournent jamais à l'aigre, tant que la fermentation spiritueuse n'est pas terminée, ou, en d'autres termes, tant que le principe sucré n'est pas pleinement décomposé. De-là l'avantage de mettre le vin en tonneaux, avant que tout le principe sucré ait disparu, parce qu'alors la fermentation spiritueuse se continue et se prolonge long-temps, et écarte tout ce qui pourroit préparer la décomposition acéteuse. De là, l'usage d'ajouter un peu de sucre dans la bouteille pour conserver le vin sans altération. De là enfin, la méthode très-générale de faire cuire une partie du moût à une chaleur lente et modérée, et d'en mêler dans les tonneaux qu'on veut embarquer. Dans quelques endroits d'Italie et d'Espagne, on fait cuire tout le moût ; et *Bellon* dit que les vins de Crète ne passeroient pas la mer, si on n'avoit pas la précaution de les faire bouillir.

2°. Les vins les moins spiritueux sont ceux qui aigrissent le plus vite. Nous savons par expérience que, lorsque la saison est pluvieuse, le raisin peu sucré, et l'alkool conséquemment peu abondant, les vins tournent très-aisément. Les petits vins du nord aigrissent avec une extrême facilité, tandis que les gros vins généreux, spiritueux, résistent avec opiniâtreté.

Il n'en est pas moins vrai pour cela que les vins les plus spiritueux fournissent le vinaigre le plus fort, malgré que leur acétification soit plus difficile, parce que l'alkool est nécessaire à la formation du vinaigre.

3°. Un vin, parfaitement dépouillé de tout principe extractif, ou par le dépôt qui se fait naturellement avec le temps, ou par la clarification, n'est plus susceptible de tourner à l'aigre. J'ai exposé des vins vieux, dans des bouteilles débouchées, à l'ardeur du soleil des mois d'août et juillet (thermidor et fructidor), pendant plus de quarante jours, sans que le vin ait perdu de sa qualité; seulement le principe colorant s'est constamment précipité sous la forme d'une membrane qui tapissoit le fond de la bouteille. Ce même vin, dans lequel j'ai fait infuser des feuilles de vigne, a aigri en quelques jours. On sait que les vins vieux, bien dépouillés, ne tournent plus à l'aigre.

4°. Le vin ne s'acidifie ou ne s'aigrit que lorsqu'il a le contact de l'air : l'air atmosphérique mêlé dans le vin est un vrai levain acide. Lorsque le vin *pousse*, il laisse échapper ou exhaler le gaz qu'il renferme, et alors l'air extérieur se précipite pour prendre sa place. *Rozier* a proposé d'adapter une vessie à un tuyau qui aboutisse dans la capacité du tonneau, pour juger de l'absorption de l'air et du dégagement du gaz. Lorsqu'elle s'emplit, le vin tend à la *pousse*; si elle se vide, il tourne à l'*aigre*.

Lorsque le vin pousse, le tonneau laisse reverser le vin sur les parois; et lorsqu'on fait un trou avec une vrille, le vin s'échappe avec sifflement et écume : lorsqu'au contraire, le vin tourne à l'aigre, les parois du tonneau, le bouchon et les luts sont secs, et l'air s'y précipite avec effort, dès qu'on débouche.

On peut conclure de ce principe que le vin enfermé dans des vases bien clos, n'est pas susceptible d'aigrir.

5°. Il est des temps dans l'année où le vin tourne à l'aigre plus aisément : ces époques sont le moment de la sève de la vigne, l'époque de sa floraison, et le temps où le raisin prend une teinte rouge. C'est sur-tout dans ces momens qu'il faut le surveiller pour parer à la dégénération acide.

6°. Le changement dans la température provoque encore l'acescense du vin, sur-tout lorsque la chaleur s'élève à 20 ou 25 degrés. Alors la dégénération est rapide et presque inévitable.

Il est aisé de prévenir l'acidité du vin en écartant toutes les causes que nous venons d'assigner à cette altération; et, lorsqu'elle a commencé, on y remédie encore par des moyens plus ou moins exacts que nous allons assigner.

On dissout du moût cuit, du miel ou de la reglisse dans le vin où l'acide se manifeste : par ce moyen on corrige le goût aigre, en le masquant par la saveur douceâtre de ces ingrédiens.

On s'empare du peu d'acide qui a pu se former, à l'aide des cendres, des alkalis, de la craie, de la chaux, et même de la litharge. Cette dernière substance qui forme un sel très-doux avec l'acide acéteux est d'un emploi très-dangereux. On peut aisément reconnoître cette sophistication criminelle, en versant de l'hydro-sulfure de potasse (foie de souffre) dans le vin. Il s'y forme de suite un précipité abondant et noir; on peut encore faire passer du gaz hydrogène sulfuré à travers cette liqueur altérée, il s'y produira pareillement un précipité noirâtre qui n'est qu'un sulfure de plomb.

Les écrits des œnologues fourmillent des recettes plus ou moins bonnes, pour corriger l'acidité des vins.

Bidet prétend qu'un cinquantième de lait écrêmé ajouté à du vin aigri le rétablit, et qu'on peut le transvaser en cinq jours.

D'autres prennent quatre onces (six à sept décagrammes) de blé de la meilleure qualité, le font bouillir dans l'eau jusqu'à ce qu'il crève; et lorsqu'il est refroidi, on le met dans un petit-sac qu'on plonge dans le tonneau et l'on remue bien avec un bâton.

On conseille encore les semences de poireau, celle de fenouil, etc.

Pour sentir la futilité de la plupart de ces remèdes, il suffit d'observer qu'il est impossible de faire rétrograder la fermentation, qu'on peut tout au plus la suspendre, et alors, se saisir de tout l'acide déjà formé, ou en masquer l'existence par des principes doux et sucrés.

Indépendamment de ces altérations, il en est encore d'autres qui, quoique moins communes et moins dangereuses, méritent de nous occuper; le vin contracte quelquefois ce qu'on appelle généralement *goût de fût*. Cette maladie peut provenir de deux causes : la première a lieu lorsque le vin est enfermé dans un tonneau dont le bois étoit vicié, vermoulu, pourri. La deuxième survient toutes les fois qu'on laisse sécher de la lie dans des futailles et qu'on y verse ensuite du vin, malgré qu'on ait alors la précaution de l'enlever. *Willermoz* a proposé l'eau de chaux, l'acide carbonique et le gaz acide-muriatique oxigéné, pour corriger le goût de fût qui appartient au tonneau. D'autres conseillent de coller et de soutirer le vin avec soin, et d'y faire infuser du froment grillé pendant deux ou trois jours.

Un phénomène qui a autant frappé qu'embarrassé les nombreux écrivains qui ont parlé des maladies du vin, c'est ce qu'on appelle les *fleurs du vin*. Elles se forment dans les tonneaux, mais sur-tout dans les bouteilles dont elles occupent le goulot; elles annoncent et précèdent constamment la dégénération acide du vin. Elles se manifestent dans presque toutes les liqueurs fermentées, et toujours plus ou moins abondamment, selon

lon la quantité d'extractif qui existe dans la liqueur. Je les ai vues se former en si grande abondance dans un mélange fermenté de mélasse et de levure de bière, qu'elles se précipitoient par pellicules ou couches nombreuses et successives dans la liqueur. J'en ai obtenu de cette manière une vingtaine de couches.

Ces fleurs, que j'avois prises d'abord pour un précipité de tartre, ne sont plus à mes yeux qu'une végétation, un vrai *byssus*, qui appartient à cette substance fermentée. Il se réduit à presque rien par l'exsiccation, et n'offre à l'analyse qu'un peu d'hidrogène et beaucoup de carbone.

Tous ces rudimens ou ébauches de végétation qui se développent dans tous les cas où une matière organique se décompose, ne me paroissent pas devoir être assimilés à des plantes parfaites; ils ne sont pas susceptibles de reproduction, et ce n'est qu'une excroissance ou un arrangement symétrique des molécules de la matière, qui paroît plutôt dirigée par les simples lois des affinités, que par celles de la vie. De semblables phénomènes s'observent dans toutes les décompositions des êtres organiques.

On a vu, en 1791 et 1792, tout le produit d'une vendange altéré dans les premiers temps par une odeur âcre, nauséabonde, qui disparut à la suite d'une fermentation très-prolongée. Cet effet étoit dû à une énorme quantité de punaises de bois qui s'étoient jetées sur les raisins, et qu'on avoit écrasées dans le foulage.

Tome X.

CHAPITRE VIII.
Usages et vertus du vin.

Le vin est devenu la boisson la plus ordinaire de l'homme, et elle en est en même temps la plus variée. Sous tous les climats, l'on connoît le vin, et l'attrait pour cette liqueur est si puissant, qu'on voit enfreindre chaque jour la loi de prohibition que Mahomet en a faite à ses sectateurs.

Outre que cette liqueur est tonique, fortifiante, elle est encore plus ou moins nutritive; sous tous ces rapports, elle ne peut qu'être salutaire. Les anciens lui attribuoient la faculté de fortifier l'entendement. *Platon*, *OEschyle* et *Salomon* s'accordent à lui reconnoître cette vertu. Mais nul écrivain n'a mieux fait connoître les justes propriétés du vin, que le célèbre *Galien*, qui a assigné à chaque sorte les usages qui lui sont propres, et la différence qu'y apportent l'âge, le climat, etc......

Les excès du vin ont excité, de tout temps, la censure des législateurs. L'usage, chez les Grecs, étoit de prévenir l'ivresse, en se frottant les tempes et le front avec des onguens précieux et toniques. Tout le monde connoît le trait fameux de ce législateur qui, pour réprimer l'intempérance du peuple, l'autorisa par une loi expresse; et l'on sait que *Licurgue* offroit l'ivresse en spectacle à la jeunesse de Lacédémone, pour lui en inspirer l'horreur. Une loi de Carthage prohiboit l'usage du vin pendant la guerre. *Platon* l'interdit aux jeunes gens au dessous de vingt-deux ans;

X x

Aristote, aux enfans et aux nourrices; et *Palmarius* nous apprend que les lois de Rome ne permettoient aux prêtres ou sacrificateurs que trois petits verres de vin par repas.

Malgré la sagesse des lois, et surtout malgré le tableau hideux de l'intempérance, et ses suites toujours funestes, l'attrait pour le vin devient si puissant chez quelques hommes, qu'il dégénère en passion et en besoin. Nous voyons chaque jour des hommes, d'ailleurs très-sages, contracter peu à peu l'habitude immodérée de cette boisson, et éteindre dans le vin leurs facultés morales et leurs forces physiques.

Narratur et prisci Catonis
Saepè mero incaluisse virtus.

L'histoire nous a conservé le trait de *Venceslas*, roi de Bohême et des Romains, qui, étant venu en France pour y négocier un traité avec *Charles VI*, se rendit à *Reims*, au mois de mai 1397 : il s'enivroit chaque jour avec le vin de ce pays, et préféra consentir à tout, plutôt que de ne pas se livrer à ces excès. (*Observations sur l'Agriculture, tom. II, p.* 191.)

La vertu du vin diffère par rapport à l'âge ou vétusté. Le vin récent est flatueux, indigeste, et purgatif: *mustum flatuosum et concoctu difficile. Unum in se bonum continet quod alvum emolliat. Vinum rarum infrigidat — mustum crassi succi est et frigidi.*

Les anciens confondoient ces mots: *mustum et novum vinum.* Ovide nous dit: *qui nova musta bibant. Undè virgo musta dicta est pro intactâ et noveltâ.*

Il n'y a que les vins légers qu'on puisse boire avant qu'ils aien vieilli. Nous en avons donné la raison dans les chapitres précédens. Les Romains, ainsi que nous l'avons observé, pratiquoient cet usage, et ils buvoient de suite, *vinum Gauranum et Albanum, et quæ in Sabinis et in Tuscis nascuntur, et Amineum quod circà Neapolim vicinis collibus gignitur.*

Les vins nouveaux sont très-peu nourrissans, sur-tout ceux qui sont aqueux et point sucrés; *corpori alimentum subgerunt paucissimum,* a dit GALIEN.

Ces mêmes vins déterminent aisément l'ivresse, ce qui tient à la quantité d'acide carbonique dont ils sont chargés. Cet acide, en se dégageant de cette boisson par la température de l'estomac, éteint l'irritabilité des organes, et jette dans la stapeur.

Les vins vieux sont en général toniques et très-sains; ils conviennent aux estomacs débiles, aux vieillards, et dans tous les cas où il faut donner de la force. Ils nourrissent peu, parce qu'ils sont dépouillés de leurs principes vraiment nutritifs, et ne contiennent presque pas d'autres principes que de l'alkool.

C'est de ce vin que parle le poëte, lorsqu'il dit :

.... *Generosum, et lene requiro*
Quod curas abigat quod cùm spe divite
manet

In venas animumque meum, quod verba ministret,
Quod me, Lucane, juvenem commendet amicæ.

Les vins gras et épais sont les plus nutritifs. *Pinguia sanguinem augent et nutriunt.* GALIEN. Le même auteur recommande les vins de *Thérée* et de *Scibellie* comme très-nourrissans : *quod crassum utrumque, nigrum et dulce.*

Les vins diffèrent encore essentiellement par rapport à la couleur ; le rouge est en général plus spiritueux, plus léger, plus digestif ; le blanc fournit moins d'alkool ; il est plus diurétique et plus foible ; comme il a moins cuvé, il est presque toujours plus gras, plus nutritif, plus gazeux que le rouge.

Pline admet quatre nuances dans la couleur des vins : *album, fulvum, sanguineum, nigrum* ; mais il seroit aussi minutieux qu'inutile de multiplier les nuances, qui pourroient devenir infinies, en les étendant depuis le noir jusqu'au blanc.

Le climat, la culture, la variété dans les procédés de fermentation apportent encore des différences infinies dans les qualités et vertus du vin. Nous renverrons à ce que nous en avons déjà dit dans le premier chapitre de cet ouvrage, pour éviter des répétitions fatigantes.

L'art de tempérer le vin, par l'addition d'une partie d'eau, étoit pratiqué chez les anciens : c'est ce qu'ils appelloient *vinum dilutum*. *Pline*, d'après *Homère*, parle d'un vin qui supportoit vingt parties d'eau. Le même historien nous apprend que, de son temps, on connoissoit des vins tellement spiritueux, qu'on ne pouvoit pas les boire, *nisi pervincerentur aquâ, et attenuarentur aquâ calidâ.*

Les anciens, qui avoient sur la fabrication et la conservation des vins des idées saines et exactes, paroissent avoir ignoré l'art d'en extraire l'eau-de-vie, et c'est à *Arnaud de Villeneuve* professeur de médecine à Montpellier qu'on rapporte les premières notions exactes qu'on a eues de la distillation des vins.

La distillation des vins a donné une nouvelle valeur à cette production territoriale. Non seulement elle a fourni une nouvelle boisson plus forte et incorruptible, mais elle a fait connoître aux arts le véritable dissolvant des résines et des principes aromatiques, en même temps qu'un moyen aussi simple que sûr de conserver et de préserver de toute décomposition putride les substances animales et végétales. C'est sur ces propriétés remarquables que se sont établis successivement l'art du *vernisseur*, celui du *parfumeur*, celui du *liquoriste*, et autres, fondés sur les mêmes bases.

CHAPITRE IX.
Analyse du vin.

Nous avons déjà suivi l'analyse du vin dans les tonneaux, puisque nous avons vu qu'il s'en précipitoit successivement du tartre, de la lie, et du principe colorant ; de manière qu'il n'y reste presque plus que de l'alkool, et un peu d'extractif dissous dans une portion d'eau plus ou moins abondante.

Mais cette analyse exacte, qui nous montre séparément les principes du vin, nous éclaire peu sur leur nature, et nous allons tâcher de suppléer par une méthode plus rigoureuse à ce qu'elle a d'imparfait.

Nous distinguerons dans tous les vins un acide, de l'alkool, du tartre, de l'extractif, de l'arome et un principe colorant, le tout délayé ou dissous dans une portion d'eau plus ou moins abondante.

1°. L'ACIDE. L'acide existe dans tous les vins; je n'en ai trouvé aucun qui ne m'en ait présenté quelque indice. Les vins les plus doux, les plus liquoreux rougissent le papier bleu qu'on y laisse séjourner quelque temps; mais tous ne sont pas acides au même degré. Il est des vins dont le caractère principal est une acidité naturelle: ceux qui proviennent de raisins peu mûris, ou qui naissent dans des climats humides, sont de ce genre; tandis que ceux qui sont le produit de la fermentation des raisins bien mûrs et sucrés offrent très-peu d'acide. L'acide paroît donc être en raison inverse du principe sucré, et conséquemment de l'alkool qui est le résultat de la décomposition du sucre.

Cet acide existe abondamment dans le verjus, et se trouve dans le moût quoiqu'en plus petite quantité. Toutes les liqueurs fermentées, telles que le cidre, le poiré, la bière, ainsi que les farines fermentées, contiennent également cet acide, et je l'ai rencontré jusque dans la mélasse; c'est même pour le saturer complètement qu'on emploie la chaux, les cendres, ou d'autres bases terreuses ou alkalines, dans la purification du sucre. Sans cela l'existence de cet acide s'oppose à la cristallisation de ce sel.

Si l'on rapproche le vin par la distillation, l'extrait qui en résulte est en général d'une saveur aigre et piquante. Il suffit de passer de l'eau sur cet extrait, ou même de l'alkool, pour dissoudre et enlever l'acide. Cet acide a une saveur piquante, une odeur légèrement empyreumatique, un arrière goût acerbe, etc.

Cet acide bien filtré, abandonné dans un flacon, laisse précipiter une quantité considérable d'extractif. Il se recouvre ensuite de moisissure, et paroît se rapprocher alors de l'acide acéteux. On le purifie par la distillation d'une grande quantité d'extractif, et il est pour lors moins sujet à se décomposer par la putréfaction.

Cet acide précipite l'acide carbonique de ses combinaisons. Il dissout avec facilité la plupart des oxides métalliques; forme des sels insolubles avec le plomb, l'argent, le mercure, et enlève les métaux à toutes leurs dissolutions par des acides.

Cet acide forme pareillement un sel insoluble avec la chaux. Il suffit de mêler abondamment l'eau de chaux au vin pour en précipiter l'acide qui entraîne avec lui tout le principe colorant.

Cet acide est donc de la nature de l'acide malique. Il est toujours mêlé d'un peu d'acide citrique, car quand on le fait digérer sur l'oxide de plomb, outre le précipité insoluble qui se forme, il se produit un citrate qu'on peut y démontrer par les moyens connus.

Cet acide malique disparoît par l'acétification du vin : il n'existe plus dans le vinaigre bien fait que de l'acide acéteux. Cette transformation de l'acide malique en acide acéteux, explique naturellement pourquoi le vin qui commence à aigrir, ne peut pas servir à la fabrication de l'acétite de plomb: il se fait, dans ce cas, un précipité insoluble, dont la formation m'a singulièrement embarrassé jusqu'au moment où j'en ai connu la raison. Pendant long-temps le citoyen *Berard* mon ami, et associé dans ma fabrique de produits chimiques, a ajouté de l'acide nitritique au vin aigri, pour lui donner la propriété de former, avec le plomb, un sel soluble ; je pensois alors qu'on oxigénoit par ce moyen l'acide du vin, tandis que l'on ne faisoit que hâter la décomposition, et la transformation de l'acide malique en vinaigre.

L'existence, à diverses proportions, de l'acide malique dans le vin, nous sert encore à concevoir un phénomène de la plus haute importance, relatif à la distillation des vins, et à la nature des eaux-de-vie qui en proviennent. Tout le monde sait que, non seulement tous les vins ne donnent pas la même quantité d'eau-de-vie, mais que les eaux-de-vie qui en proviennent, ne sont pas, à beaucoup près, de la même qualité. Personne n'ignore encore que la bière, le cidre, le poiré, les farines fermentées, donnent peu d'eau-de-vie, et toujours de mauvaise qualité. Les distillations soignées et répétées peuvent, à la vérité, corriger ces vices jusqu'à un certain point, mais jamais les détruire complètement. Ces résultats constans d'une longue expérience, ont été rapportés à la plus grande quantité d'extractif contenu dans ces foibles liqueurs spiritueuses : la combustion d'une partie de ce principe par la distillation a paru devoir en être un effet immédiat ; et le goût âcre et empyreumatique, une suite très-naturelle. Mais, lorsque j'ai examiné de plus près ce phénomène, j'ai senti qu'outre les causes dépendantes de l'abondance de ce principe extractif, il falloit en reconnoître une autre, la présence de l'acide malique dans presque tous ces cas: en effet, ayant distillé avec beaucoup de soin ces diverses liqueurs spiritueuses, j'ai constamment obtenu des eaux-de-vie acidules, dont le goût étoit altéré par celui qui appartient essentiellement à l'acide malique : ce n'est qu'en se bornant à retirer la liqueur la plus volatile qu'on parvient à séparer un peu d'alkool libre de toute altération ; encore, conserve-t-il une odeur désagréable qui n'appartient point à l'eau-de-vie pure.

Les vins qui contiennent le plus d'acide malique fournissent les plus mauvaises qualités d'eau-de-vie. Il paroît même que la quantité d'alkool est d'autant moindre, que celle de l'acide est plus considérable. Si, par le moyen de l'eau de chaux, de la chaux, de la craie, ou d'un alkali fixe, on s'empare de cet acide, on ne pourra retirer que très-peu d'alkool par la distillation ; et, dans tous ces cas, l'eau-de-vie prend un goût de feu désagréable, ce qui ne contribue pas à en améliorer la qualité.

La différence des eaux-de-vie, provenant de la distillation des divers vins, dépend donc principalement de la différente proportion dans laquelle l'acide malique est contenu dans ces vins, et l'on n'a pas encore un moyen sûr de détruire le mauvais effet que produit cet acide par son mélange avec les eaux-de-vie.

Cet acide, que nous trouvons dans le raisin, a tous les périodes de son accroissement, et qui ne disparoît dans le vin que du moment qu'il a dégénéré complètement en vinaigre, mériteroit de préférence la dénomination d'*acide vineux*; néanmoins, pour ne pas innover, nous lui conserverons celle d'*acide malique*.

2°. L'ALKOOL. L'alkool fait le vrai caractère du vin. Il est le produit de la décomposition du sucre ; et sa quantité est toujours en proportion de celle du sucre qui a été décomposé (1).

L'alkool est donc plus ou moins abondant dans les vins. Ceux des climats chauds en fournissent beaucoup ; ceux des climats froids n'en donnent presque pas. Les raisins mûrs et sucrés le produisent en abondance, tandis que les vins provenant de raisins verts, aqueux et peu sucrés, en présentent très-peu.

Il est des vins dans le midi qui

---

(1) Je n'agiterai pas la question de savoir si l'alkool est tout formé dans le vin, ou s'il est le produit de la distillation, ou, en d'autres termes, s'il est le résultat de la fermentation, ou celui de la distillation. *Fabroni* a adopté ce dernier sentiment, et s'est fondé sur ce que, ayant mêlé un centième d'alkool à du vin nouveau, il n'y a pu séparer, à l'aide de la potasse, que cette même quantité d'alkool. Mais cette expérience me paroîtroit prouver tout au plus que l'alkool étranger qu'on ajoute au vin, n'entre pas dans une combinaison aussi exacte que celui qui y existe naturellement : il y reste dans un simple état de mélange. Nous observons un phénomène analogue, lorsque nous délayons l'alkool très-concentré par l'addition d'une quantité plus ou moins considérable d'eau; car il est connu dans le commerce que cet alkool affoibli, n'a pas le même goût que l'alkool naturel, qui marque néanmoins le même degré de spirituosité. Je considère donc l'alkool dans le vin, non point comme y existant isolément et dégagé de toute combinaison, mais comme combiné avec le principe colorant, le carbone, l'alkali, l'extractif et tous autres principes constituans du vin ; de manière que le vin est un tout sur-composé, dont tous les élémens peuvent être extraits par des moyens chimiques ; et lorsque, par l'application de la chaleur, on tend à séparer ces mêmes principes, les plus volatils s'élèvent les premiers, et l'on voit passer d'abord un composé très-léger formant *l'alkool*, ensuite l'eau, etc.

La distillation, en extrayant successivement tous les principes du vin, d'après les lois invariables de leur pesanteur et de leurs affinités, rompt et détruit la combinaison primitive qui constitue le vin, et présente des produits qui, réunis, ne sauroient reproduire le corps primitif, parce que la chaleur a tout désuni, et

fournissent un tiers d'eau-de-vie; il en est plusieurs dans le nord qui n'en contiennent pas un quinzième.

C'est la proportion d'alkool qui rend les vins plus ou moins généreux; c'est elle qui les dispose ou les préserve de la dégénération acide. Un vin tourne avec d'autant plus de facilité, qu'il renferme moins d'alkool; la proportion du principe extractif étant supposée la même de part et d'autre.

Plus un vin est riche en esprit, moins il contient d'acide malique; et c'est la raison pour laquelle les meilleurs vins fournissent en général les meilleures eaux-de-vie, parce qu'alors elles sont exemptes de la présence de cet acide qui leur donne un goût très-désagréable.

C'est par la distillation des vins qu'on en extrait tout l'alkool qu'ils contiennent.

La distillation des vins est connue depuis plusieurs siècles; mais cette opération s'est successivement perfectionnée; et, de nos jours, elle a reçu des degrés d'amélioration qui doivent profiter au commerce des eaux-de-vie, et s'appliquer avec avantage à tous les genres de distillation. Les alambics dans lesquels on a distillé, pendant longtemps, étoient des chaudières surmontées d'un long col cylindrique, étroit et coiffé d'une demi-sphère creuse, d'où partoit un tuyau peu large, pour porter la liqueur dans le serpentin. *Arnauld de Villeneuve* paroît être le premier qui nous ait donné des idées précises sur la distillation des vins, et c'est à lui que nous devons la première description de cette forme d'alambic à très-long col, dont nous re-

---

séparé le composé en des principes qui peuvent exister isolément, et qui n'ont presque plus d'affinité entr'eux.

Au reste, peu importe à l'art que l'alkool existe ou n'existe pas dans le vin, le distillateur n'en a pas moins des principes invariables tant sur la qualité que sur la quantité d'alkool que peut fournir chaque vin. Ainsi, que le feu combine les principes de l'alkool, ou qu'il les extraie simplement d'une masse où ils sont combinés, la manière d'opérer et les résultats de l'opération ne sauroient en recevoir aucune modification. Nous voyons la répétition des phénomènes que nous présente la distillation des vins, dans celle de toutes les matières végétales et de leurs produits.

La distillation par le feu n'est pas le seul moyen d'extraire l'alkool du vin. 1°. Le gaz acide carbonique, qui se dégage par la fermentation, entraîne avec lui, et dans un état de dissolution, une quantité assez considérable d'alkool, ainsi que je l'ai déjà prouvé. 2°. Le gaz qui s'échappe du Champagne enlève presque tout l'alkool contenu dans ce vin. 3°. Les vins très-spiritueux agités dans les bouteilles, laissent échapper des bouffées d'alkool très-sensibles. 4°. Les vins qui fournissent le plus d'esprit sont jugés les plus spiritueux au goût. 4°. Tous ces faits ne sauroient se concilier dans l'hypothèse de la formation de l'alkool par la distillation; et paroissent prouver qu'il existe tout formé dans le vin.

On peut encore consulter, dans les Annales de Chimie, l'opinion qu'a publiée *Fourcroy*, sur cette importante matière.

trouvons encore des modèles dans les ateliers de nos parfumeurs.

L'idée où l'on étoit que le produit de la distillation étoit d'autant plus délié, d'autant plus subtil, d'autant plus pur, qu'on l'élevoit plus haut, en le faisant passer à travers des tuyaux plus minces, a dirigé la construction de ces vaisseaux distillatoires. Mais on n'a pas tardé à se convaincre que c'étoit moins les obstacles opposés à l'ascension des vapeurs, que l'art de graduer le feu avec intelligence, qui rendoit le produit d'une distillation plus ou moins pur. On a vu que, dans le premier cas, la force du feu dénature les principes spiritueux, en leur communiquant le goût d'empyreume; tandis que dans le second, ils s'élèvent *vierges*, et passent dans le serpentin, sans altération. D'un autre côté, l'économie, ce puissant mobile des arts, a fait adopter tous les changemens qu'on a faits au procédé des anciens.

Ainsi, successivement la colonne perpendiculaire à la chaudière a été baissée; le chapiteau, aggrandi; la chaudière, évasée; et l'on est parvenu par degré à l'adoption générale des formes suivantes :

Les alambics sont aujourd'hui des espèces de chaudrons à cul plat dont les côtés sont élevés perpendiculairement au fond jusqu'à la hauteur d'environ six décimètres (22 pouces). A cette hauteur, on pratique un étranglement qui en réduit l'ouverture à trois ou quatre décimètres (11 à 12 pouces). Cette ouverture est terminée par un col de quelques pouces de long, dans lequel s'adapte un petit couvercle appelé *chapeau*, *chapiteau*, lequel va en s'élargissant vers sa partie supérieure, et a la forme d'un cône renversé et tronqué. C'est de l'angle de la base de ce chapeau que part un petit tuyau destiné à recevoir les vapeurs d'eau-de-vie, et à les transmettre dans le serpentin auquel il est adapté. Ce serpentin présente six à sept circonvolutions, et est placé dans un tonneau qu'on a soin de tenir plein d'eau, pour faciliter la condensation des vapeurs: ces vapeurs condensées coulent à filet dans un baquet qui est destiné à les recevoir.

Les chaudières sont, pour l'ordinaire, enchassées dans la maçonnerie jusqu'à leur étranglement: le cul seul est exposé à l'action immédiate du feu. La cheminée est placée vis-à-vis la porte du foyer; et le cendrier, peu large, est séparé du foyer par une grille de fer.

On charge les chaudières de vingt-cinq à trente myriagrammes de vin (5 à 6 quintaux); la distillation s'en fait dans huit ou neuf heures, et on brûle, à chaque chauffe ou opération, environ trois myriagrammes de charbon de terre (60 livres).

Tel est le procédé usité en Languedoc, depuis bien long-temps: mais, quoique ancien et généralement adopté, il présente des imperfections qui ne peuvent que frapper un homme instruit dans les principes de la distillation.

1°. La forme de la chaudière établit une colonne liquide très-haute

haute et peu large, qui n'étant frappée par le feu qu'à sa base, est brûlée en cette partie, avant que le dessus soit chaud : alors il s'élève des bulles du fond qui, obligées de traverser une masse de liquide plus froide, se condensent et se dissolvent de nouveau dans la liqueur. Ce n'est que lorsque toute la masse a été échauffée de proche en proche, que la distillation s'établit.

2°. L'étranglement placé à la partie supérieure de la chaudière, et le bombement qu'elle présente dans cet endroit nuisent encore à la distillation : en effet, cette calotte n'étant pas revêtue de maçonnerie, est continuellement frappée par l'air qui y entretient une température plus fraîche que sur les autres points, de manière que les vapeurs qui s'élèvent, se condensent en partie contre la surface intérieure et retombent en gouttes ou coulent en stries dans le bain, ce qui est en pure perte pour la distillation. Il arrive, dans ce cas, ce que nous voyons survenir journellement dans les distillations au bain de sable : les vapeurs qui s'élèvent, venant à frapper contre la surface découverte et toujours plus froide de la cornue, s'y condensent et retombent en stries dans le fond, de manière que la même portion de matière s'élève, retombe, et distille plusieurs fois; ce qui entraîne perte de temps, dépense de combustible, et nuit à la qualité du produit qui s'altère et se décompose dans quelques cas. On peut rendre ces phénomènes très-sensibles en rafraîchissant la partie supérieure d'une cornue au bain de sable, au moment où la distillation est en pleine activité : les vapeurs deviennent de suite visibles dans l'intérieur, et il se condense des gouttes contre les parois, qui ne tardent pas à couler et à se rendre dans la liqueur contenue dans la cornue.

En outre, l'étranglement pratiqué à la partie supérieure de la chaudière forme une espèce d'éolipyle où les vapeurs ne peuvent passer qu'avec effort. Ce qui nécessite l'emploi d'une force d'ascension plus considérable. Ce fait a été convenablement développé par *Baumé*.

3°. Le chapiteau n'est pas construit d'une manière plus avantageuse : la calotte se met presque à la température des vapeurs, qui, fortement dilatées, pressent sur le liquide et en gênent l'ascension.

4°. La manière d'administrer le feu n'est pas moins vicieuse que la forme de l'appareil : par-tout on a un cendrier trop étroit, un foyer très-large, une porte mal fermée, etc. ; de manière que le courant d'air s'établit par la porte et se précipite dans la cheminée, en passant par dessus les charbons. Il faut par conséquent un feu violent pour chauffer médiocrement une chaudière. On engorge la grille d'une couche épaisse et tassée de combustible, de façon qu'elle devient à peu près inutile par le manque absolu d'aspiration.

A présent que nous connoissons les vices de construction dans l'appareil, voyons d'appliquer, pour la perfectionner, les connoissances que nous avons acquises sur la distillation, et sur l'art de conduire le feu.

Il me paroît que tout l'art de la distillation se réduit aux trois principes suivans :

1°. Chauffer à la fois et également tous les points de la masse du liquide.

2°. Ecarter tous les obstacles qui peuvent gêner l'ascension des vapeurs.

3°. En opérer la condensation la plus prompte.

Pour remplir la première de ces conditions, il faut d'abord que la masse liquide soit peu profonde ; ce qui exige déjà que le cul de la chaudière présente une très-grande surface, pour que le feu s'applique à beaucoup de parties.

Le fond de la chaudière doit être légèrement bombé en dedans. Cette forme présente deux avantages : le premier, c'est que, par ce moyen, le combustible se trouve à une égale distance de tous les points, et que la chaleur est égale par-tout ; le second, c'est que, par cette construction, le fond de la chaudière présente plus de force, et que les matières qui peuvent se déposer dans le fond de la liqueur sont rejetées sur les angles qui reposent sur la maçonnerie, et où, par conséquent, le dépôt est moins dangereux. Lorsque ces dépôts se forment dans les parties soumises immédiatement à l'action directe du feu, ils établissent une croûte qui empêche le liquide de mouiller le point de la chaudière qui en est recouvert, et alors le feu brûle le métal. Cet inconvénient n'est plus à craindre du moment que, par la forme bombée du fond de la chaudière, ce dépôt est rejeté sur les angles qui, reposant sur la maçonnerie, sont soustraits à l'action directe du feu.

Il faut faire circuler le feu autour de la chaudière au moyen d'une cheminée tournante ; alors toute la chaleur est mise à profit ; tout le liquide est enveloppé et également chauffé.

Pour que la colonne de vapeurs qui s'élève n'éprouve aucun obstacle dans son ascension, il faut que les parois de la chaudière montent perpendiculairement, et que les vapeurs soient maintenues dans le même degré d'expansion jusqu'à ce qu'elles soient parvenues au réfrigérant. Mais les vapeurs, librement élevées, et condensées par leur contact contre les parois froides du chapiteau, retomberoient dans la chaudière de l'alambic, si ces parois, ne présentoient pas une inclinaison suffisante pour que les gouttes de liquide qui s'y appliquent coulent sur la parois, pour se rendre dans la rigole qui les conduit dans le serpentin. J'ai calculé que cette inclinaison devoit être au moins de 75 degrés par rapport à l'horizon. Il est encore nécessaire que l'eau du réfrigérant soit souvent renouvelée, sans quoi elle prend bientôt la température de la vapeur et ne peut plus servir à la condenser.

Quoique ces principes sur la distillation soient incontestables, il faut néanmoins y apporter quelques modifications, pour facilliter le service: en effet, en donnant à l'orifice de la chaudière tout le diamètre de la base ; le chapiteau présente un évasement très-considérable ; il est par conséquent indipensable de lui donner une grande hauteur pour conserver aux surfaces l'inclinaison de 75 degrés. Cette construction entraîne deux inconvéniens majeurs : le premier, de rendre le chapiteau pesant, lourd et coûteux; le second, de présenter de la difficulté pour donner aux bords supérieurs de la chaudière la force convenable pour résister à l'effort du chapiteau. Ce sont ces premières considérations qui m'ont forcé à porter quelque changement dans la construction ci-dessus, quelque conforme qu'elle parût aux principes. Ces changemens sont tous dans la forme de la chaudière : j'en évase légèrement les côtés en les élevant ; et je les rapproche vers le haut, de manière que le diamètre de l'ouverture réponde à celui du fond. Cette forme remédie aux deux défauts que nous avons notés ci-dessus, et elle a l'avantage de présenter un rebord à la partie supérieure contre lequel les bouillons, provenant d'une ébullition trop forte, viennent se briser pour être rejetés contre le centre de la chaudière.

Indépendamment de ce changement de forme dans la chaudière, j'ai cru qu'on devoit supprimer le réfrigérant dont on revêtoit le chapiteau. Ce réfrigérant a l'inconvénient de rafraîchir les vapeurs, et d'établir un nuage dans l'intérieur qui contrarie leur ascension ultérieure.

On peut observer que, lorsqu'on distille à la cornue et au bain de sable, il suffit d'appliquer un corps froid sur la cornue, pour produire cet effet : on voit de suite se former des stries sur les parois, et la liqueur retomber dans le fond de la cornue elle-même.

Si, dans les temps, j'ai proposé moi-même de conserver le réfrigérant, c'est que je lui attribuois une portion des effets qui appartenoient et dérivoient d'une construction du fourneau bien entendue. Je me suis assuré par la suite qu'on obtenoit un plus grand effet encore en supprimant le réfrigérant. Il y a d'ailleurs plus d'économie et moins d'embarras dans le service.

D'après cela, j'ai pensé que le grand art de condenser les vapeurs se bornoit à agrandir le bec du chapiteau, et rafraîchir avec soin l'eau du serpentin. Par ce moyen, les vapeurs s'échappent de l'alambic avec d'autant plus de facilité qu'elles sont appelées dans le serpentin par la prompte condensation de celles qui les ont précédées.

Ces divers degrés de perfection ont commencé à être introduits dans le Languedoc, il y a douze à quinze ans. Les frères *Argand*, ont puissamment contribué à les faire adopter ; les premiers, ils ont formé des établissemens d'après ces principes, et on a obtenu une telle économie dans le temps et le combustible, qu'on l'évalue aux quatre-cinquièmes, d'après les résultats des expériences comparées qui ont été faites.

J'ai dirigé moi-même plusieurs établissemens du même genre, et d'après ces mêmes principes. Je crois qu'il est difficile de porter plus loin la perfection, et il est à désirer que ces méthodes de distillation deviennent générales.

Mais c'est encore moins à la forme de l'appareil qu'à la construction du foyer et à la sage conduite du feu qu'on doit ces effets extraordinaires. Le bord postérieur de la grille doit répondre au milieu du fond de la chaudière, pour que la flamme qui fuit frappe et chauffe également tout le cul. La distance de la chaudière à la grille doit être d'environ seize à dix-huit pouces, lorsqu'on chauffe avec le charbon de terre, et la cheminée doit être tournante.

Indépendamment de l'économie dans le temps, le combustible, la main-d'œuvre, etc., cette forme d'appareil influe sur la qualité des eaux-de-vie. Elles sont infiniment plus douces que les autres; elles n'ont point le goût d'empyreume qui est presque un vice inséparable des eaux-de-vie du commerce; cette dernière qualité qui les rend si supérieures aux autres, a failli devenir pour elles un motif d'exclusion, parce que les habitans du nord, qui en font leur principale boisson, les trouvoient trop douces. Il a donc fallu les mêler avec de l'eau-de-vie *brûlée* pour les accréditer. On peut aisément leur donner ce goût de feu, en soutenant et prolongeant la distillation au delà du terme. La liqueur qui passe vers la fin sent très-décidément le brûlé.

Il est nécessaire, dans les arts, de se plier au goût, même au caprice du consommateur; et ce qui, chez nous, est rejeté comme de mauvais goût, peut paroître exquis et friand à l'habitant du nord : dans le midi, une sensibilité extrême repousse des boissons brûlantes qui, dans des climats très-froids, pourront être foibles ; *il faut écorcher un moscovite pour lui donner de la sensibilité*, a dit très-ingénieusement MONTESQUIEU.

D'après des expériences comparatives, que j'ai été dans le cas de faire, je me suis convaincu qu'on obtenoit encore un peu plus d'eau-de-vie par ce procédé que par l'ancien. Ce qui provient de ce que l'eau-de-vie sort fraîche de l'appareil, et qu'elle n'éprouve aucune perte par l'évaporation. Aussi les ateliers, dans lesquels ces appareils perfectionnés sont établis, n'ont-ils pas sensiblement l'odeur de l'eau-de-vie.

Lorsqu'on distille des vins, on conduit la distillation jusqu'au moment où la liqueur qui passe n'est plus inflammable.

Les vins fournissent plus ou moins d'eau-de-vie, selon leur degré de supériorité. Un vin très-généreux fournit jusqu'au tiers de son poids. Le terme moyen du produit de nos vins, dans le midi, est d'un quart de la totalité : il en est qui fournissent jusqu'à un tiers.

Les vins vieux donnent une meilleure eau-de-vie que les nouveaux; mais ils en fournissent moins, sur-tout lorsque la décomposition du corps sucré a été terminée avant la distillation.

Ce qui reste dans la chaudière, après qu'on en a extrait l'eau-de-vie, est appelé *vinasse* : c'est le mélange confus du tartre, du principe colorant, de la lie, etc. On rejette ce résidu comme inutile ; néanmoins, en le faisant dessécher à l'air ou dans des étuves, on peut en extraire par la combustion un alkali assez pur.

Il y a des ateliers où l'on fait aigrir la *vinasse* pour la distiller, et en extraire le peu de vinaigre qui s'y est formé.

L'eau-de-vie est d'autant plus spiritueuse, qu'elle est mélangée avec une moins grande quantité d'eau ; et, comme il importe au commerce de pouvoir en connoître aisément les degrés de spirituosité, on s'est long-temps occupé des moyens de les constater.

Le *bouilleur* ou *distillateur* juge de la spirituosité de l'eau-de-vie par le nombre, la grosseur et la permanence des bulles qui se forment en agitant la liqueur : à cet effet, on la verse d'un vase dans un autre ; on la laisse tomber d'une certaine hauteur ; ou bien, ce qui est plus généralement usité, on l'enferme dans un flacon allongé qu'on en remplit aux deux tiers, et on l'agite fortement en en tenant l'orifice bouché avec le pouce ; ce dernier appareil est appelé la *sonde*.

L'épreuve par la combustion, de quelle manière qu'on la pratique, est très-vicieuse. Le règlement de 1729 prescrit de mettre de la poudre dans une cuiller, de la couvrir de liqueur et d'y mettre le feu : l'eau-de-vie est réputée de première qualité, si elle enflamme la poudre ; elle est mauvaise dans le cas contraire. Mais la même qualité de liqueur enflamme ou n'enflamme pas, suivant la proportion dans laquelle on l'emploie ; une petite quantité enflamme toujours, une grande n'enflamme jamais, parce que l'eau que laisse la liqueur, suffit alors pour humecter la poudre, et la garantir de l'inflammation.

On a encore recours au sel de tartre (*carbonate de potasse*), pour éprouver l'eau-de-vie. Cet alkali se dissout dans l'eau et nullement dans l'alkool ; de manière que celui-ci surnage la dissolution qui s'en fait.

Ces premiers procédés, plus ou moins défectueux, ont fait recourir à des moyens capables de déterminer la spirituosité par l'élévation de la gravité spécifique.

Une goutte d'huile versée sur l'alkool se fixe à la surface, ou se précipite au fond, selon le degré de spirituosité de la liqueur. Ce procédé a été proposé et adopté par le gouvernement espagnol, en 1770 ; il a fait l'objet d'un règlement, mais il est sujet à erreur, puisque l'effet dépend de la hauteur de la chute, de la pesanteur de l'huile, du volume de la goutte, de la température de l'atmosphère, des dimensions des vases, etc.

En 1772, cet objet important fut repris par deux physiciens habiles, *Borie* et *Poujet* de *Cette* ; ils ont fait connoître et adopter, par le commerce de Languedoc, un pèse-liqueur auquel ils ont adapté un thermomètre, dont les divers degrés indiquent, à chaque instant, les corrections que doit apporter, dans la graduation du pèse-liqueur, la température très-variable de l'atmosphère.

A l'aide de ce pèse-liqueur, non seulement on juge du degré de spirituosité, mais on ramène l'eau-de-vie à tel degré qu'on peut désirer : à cet effet, on a des poids de diverse pesanteur : le plus pesant est marqué *preuve de Hollande*; le plus léger, *trois-sept* : ainsi, si l'on visse à l'extrémité inférieure de la tige de l'aréomètre le poids *preuve de Hollande*, et qu'on plonge l'instrument dans une liqueur *trois-sept*, il s'enfonce beaucoup trop ; mais on le ramènera au niveau *preuve de Hollande*, en y ajoutant quatre septièmes d'eau.

Si on visse au contraire le poids *trois-sept*, et qu'on plonge l'aréomètre dans une liqueur *preuve de Hollande*, il s'élèvera dans la liqueur au dessus de ce dernier terme, et on le ramènera aisément à ce degré en y ajoutant de l'alkool plus spiritueux.

Lorsqu'on distille des eaux-de-vie pour en extraire l'alkool, on emploie communément le *bain-marie*; alors la chaleur est plus douce, plus égale ; le produit de la distillation, de meilleure qualité ; c'est ce produit qu'on appelle *esprit de vin* dans le commerce.

3°. LE TARTRE. Le tartre existe dans le verjus ; il est encore dans le moût; il concourt à faciliter la formation de l'alkool, ainsi que nous l'avons déjà observé d'après les expériences de *Bullion*. Il se dépose sur les parois des tonneaux par le repos, et y forme une croûte plus ou moins épaisse, hérissée de cristaux assez mal prononcés. Quelque temps avant les vendanges, lorsqu'on dispose les futailles à la recevoir, on défonce les tonneaux, et on détache le tartre pour l'employer dans le commerce à ses divers usages.

Le tartre n'est pas fourni par tous les vins dans la même proportion ; les rouges en donnent plus que les blancs ; les plus colorés, les plus grossiers en fournissent généralement le plus.

La couleur varie aussi beaucoup, et on l'appelle *tartre rouge* ou *tartre blanc*, selon qu'il provient de l'un ou l'autre de ces vins.

Ce sel est peu soluble dans l'eau froide : il l'est beaucoup plus dans l'eau bouillante. Il ne se dissout presque pas dans la bouche, et résiste à la pression de la dent.

On le débarrasse de son principe colorant par un procédé simple, et il porte alors le nom de *crême de tartre*. A cet effet, on le dissout dans l'eau bouillante; et dès qu'elle en est saturée, on porte la dissolution dans les terrines pour la laisser refroidir : il se précipite, par le refroidissement, une couche de cristaux qui sont déjà presque décolorés. On dissout de nouveau ces cristaux dans l'eau bouillante ; on mêle, on délaie dans la dissolution quatre ou cinq pour cent d'une terre argileuse et sablonneuse de *Murviel* près de *Montpellier*, et on évapore ensuite jusqu'à pellicule. Par le refroidissement il se précipite des cristaux blancs qui, exposés en plein air sur des toiles pendant quelques jours, acquièrent cette blancheur qui appartient à la crême de tartre ; les eaux-mères sont réservées pour servir à de nouvelles dissolutions. Telle est, à peu près, la méthode qu'on pratique à Montpellier et dans les environs où sont établies presque toutes les fabrications connues de crême de tartre.

Le tartre est encore employé comme fondant : il a le double avantage de fournir le carbone nécessaire à la désoxigénation des métaux, et l'alkali qui est un des meilleurs fondans connus.

On purifie encore le tartre par la calcination. On décompose et détruit son acide par ce premier moyen, et il ne reste plus que l'alkali et le charbon : on dissout l'alkali dans l'eau, on filtre, on rapproche la dissolution et on obtient ce sel très-connu dans les pharmacies, sous le nom de *sel de tartre*, *carbonate de potasse*.

Le tartre ne fournit guère en alkali que le quart de son poids.

4°. L'EXTRACTIF. Le principe extractif abonde dans le moût : il y paroît dissous à l'aide du sucre : mais lorsque la fermentation dénature le principe sucré, l'extractif diminue sensiblement. Alors une portion presque ramenée à l'état de fibre se précipite ; le dépôt en est d'autant plus sensible, que la fermentation s'est plus ralentie, et que l'alkool est plus abondant ; c'est sur-tout ce qui constitue la lie. Cette lie est toujours mêlée d'une quantité assez considérable de tartre qu'elle enveloppe.

Il existe toujours dans le vin une portion d'extractif qui y est dans une dissolution exacte ; on peut l'en retirer par l'évaporation. Il est plus abondant dans les vins nouveaux que dans les vieux. Ils en paroissent d'autant plus complètement débarrassés qu'ils ont plus vieilli.

Cette lie desséchée au soleil ou dans des étuves, après avoir été fortement exprimée, est ensuite brûlée pour en extraire cette sorte d'alkali appelé dans le commerce *cendres gravelées*. La combustion s'opère dans un fourneau dont on élève les parois à mesure qu'elle se fait ; le résidu est une masse poreuse, d'un gris verdâtre qui forme environ la trentième partie de la quantité de lie brûlée.

C'est cette lie dont on débarrasse les vins par le soutirage, lorsqu'on veut les préserver de la dégénération acide.

5°. L'AROME. Tous les vins naturels ont une odeur plus ou moins agréable. Il en est même qui doivent une grande partie de leur réputation au parfum ou bouquet qu'ils exhalent. Le vin de Bourgogne est dans ce cas-là. Ce parfum se perd par une fermentation trop tumultueuse ; il se renforce par la vétusté. Il n'existe que rarement dans les vins très-généreux, ou parce que l'odeur forte de l'alkol le masque, ou parce que la forte fermentation, qui a été nécessaire pour développer l'esprit, l'a éteint ou fait dissiper.

Cet arome ne paroît pas susceptible d'être extrait pour être porté à volonté sur d'autres substances. Le feu même paroît le détruire; car, à l'exception du premier liquide qui passe à la distillation, et qui conserve un peu de l'odeur particulière au vin, l'eau-de-vie qui vient ensuite n'a plus que les caractères qui lui appartiennent essentiellement.

6°. Le PRINCIPE COLORANT. Le principe colorant du vin existe dans la pellicule du raisin : lorsqu'on fait fermenter le moût sans le marc, le vin en est blanc. Ce principe colorant ne se dissout dans la vendange que lorsque l'alkol y est développé; ce n'est qu'alors que le vin se colore; et la couleur en est d'autant moins nourrie que la fermentation a été plus tumultueuse, ou qu'on a laissé cuver plus long-temps. Cependant la seule expression du raisin, par un foulage fait avec soin, peut mêler au moût une quantité suffisante de principe colorant, pour faire prendre à la masse une couleur assez intense; et lorsqu'on a pour but d'obtenir du vin assez décoloré, on cueille le raisin à la rosée, et on foule le moins possible.

Le principe colorant se précipite en partie dans les tonneaux avec le tartre et la lie; et, lorsque le vin est vieux il n'est pas rare de le voir se décolorer complètement; alors la couleur se dépose en pellicules sur les parois des vases ou dans le fond: on voit comme des membranes nager dans le liquide et troubler la transparence de la liqueur.

Si l'on expose des bouteilles remplies de vin au soleil, quelques jours suffisent pour précipiter le principe colorant en larges pellicules. Le vin ne perd ni son parfum ni ses qualités. J'ai fait souvent cette expérience sur des vins vieux très-colorés du midi.

Il suffit de verser de l'eau de chaux en abondance sur le vin, pour en précipiter le principe de la couleur. Dans ce cas, la chaux se combine avec l'acide malique, et forme un sel qui paroît en flocons légers dans la liqueur. Ces flocons se déposent peu à peu et entraînent tout le principe colorant. Le dépôt est noir ou blanc, selon la couleur du vin sur lequel on opère. Il arrive souvent que le vin est encore susceptible de précipiter malgré qu'il ait été complètement décoloré par un premier dépôt, ce qui prouve que le principe de la couleur a une très-forte affinité avec le malate de chaux. Le précipité coloré est insoluble dans l'eau froide et dans l'eau chaude. Ce liquide ne produit même aucun changement sur la couleur. L'alkool n'a presque aucun effet sur lui, seulement il y prend une légère teinte brune. L'acide nitrique dissout le principe colorant de ce précipité.

Lorsqu'on a réduit le vin à l'état d'extrait, l'alkool qu'on y passe dessus, se colore fortement, de même que l'eau, quoique moins. Mais, outre le principe colorant qui se dissout alors, il y a encore
un

un principe extractif sucré qui facilite la dissolution.

Le principe colorant ne paroît donc pas de la nature des résines; il présente tous les caractères qui appartiennent à une classe très-nombreuse de produits végétaux qui se rapprochent des fécules, sans en avoir toutes les propriétés. Le plus grand nombre des principes colorans sont de ce genre : ils sont solubles à l'aide de l'extractif; et lorsqu'on les dégage de cet intermède, ils se fixent d'une manière solide.

PAR J. A. CHAPTAL, Conseiller d'État, Membre de l'Institut national, et des Sociétés d'Agriculture des départemens de la Seine, Morbihan, Hérault, etc.

VINAIGRE.

Le vinaigre est une liqueur acide produite par le second degré de la fermentation vineuse; on fait du vinaigre non seulement avec le vin proprement dit, mais encore avec le poiré, le cidre, la bière, l'hydromel, le petit-lait, etc. Le premier l'emportant sur tous les autres vinaigres pour l'agrément et pour la force, c'est de celui de raisin dont il sera particulièrement question dans cet article.

Comme il n'y a pas de vin, de quelque nature qu'il soit, qui ne tende journellement à se convertir en vinaigre, et qui ne le devienne en effet au bout d'un temps plus ou moins long, à raison des circonstances, la première idée de faire du vinaigre est sans doute due à l'inattention de quelques vignerons, ou de personnes chargées du gouvernement des celliers; la saveur aigrelette qu'auront contractée les liqueurs vineuses, ne permettant plus de les consommer en boisson, on aura essayé de les faire servir à relever la saveur des mets ou à en prolonger la durée.

Ce qu'il a de positif, c'est que l'origine du vinaigre remonte à la plus haute antiquité. *Pline*, dans son Histoire naturelle (1), ne tarit point en éloges sur l'usage de cet acide, soit comme assaisonnement, soit pour conserver des fruits et des légumes. On l'employoit aux embaumemens: et sans doute que le *cedria* des Égyptiens n'étoit pas autre chose que du vinaigre. Mêlé à l'eau, il servoit souvent de boisson aux légions romaines, sous le nom d'oxycrat. Enfin, il n'existe pas de traité d'économie domestique qui ne fasse mention du vinaigre. A la vérité aucun auteur, avant *Glauber*, n'avoit indiqué un procédé détaillé et complet pour le faire. Faut-il s'étonner si, parmi les artistes qui ont la réputation d'envelopper leurs manipulations des ombres épaisses du mystère, les vinaigriers n'occupent pas une place distinguée, puisqu'autrefois, et même encore aujourd'hui, on dit proverbialement, lorsqu'on ne veut pas révéler quelque chose: *C'est le se-*

---

(1) Lib. XIV, Ch. XX, etc.

cret du vinaigrier. Mais heureusement que cette belle conception de la description des arts et métiers, est parvenue à déchirer le voile, et que la diversité des moyens par lesquels on peut transformer toutes les liqueurs vineuses en vinaigre, est maintenant bien connue.

Nous ne chercherons pas à donner à cet article plus d'étendue qu'il ne doit en avoir : il ne s'agit point de présenter ici l'extrait de l'art du vinaigrier ; il fait partie des Arts et Métiers, imprimés in-4°., à Neufchâtel ; et, en le décrivant, le citoyen *Demachy* a rendu un nouveau service à la chimie. Le lecteur qui désireroit connoître plus en détail tous les procédés de cet art, doit consulter l'édition que nous citons, d'autant plus volontiers que M. *Struve*, membre de la société physique de Berne, y a ajouté des notes intéressantes qui ne laissent pas que d'augmenter l'utilité d'un art borné en apparence. Mais il en est de l'art du vinaigrier comme de beaucoup d'autres, il peut acquérir de la consistance, de l'extension et de la célébrité par le génie d'un seul homme. Nous en avons la preuve par ce qu'a fait le citoyen *Maille*. Graces à son intelligence et à ses travaux, cet acide a passé aux extrémités des deux mondes, avec les noms les plus pompeux et les odeurs les plus agréables ; sur la toilette des dames de toutes les classes. Le citoyen *Acloque*, qui lui a succédé, ne s'occupe pas avec moins de succès à donner à cette branche de commerce national tous les avantages que peut lui communiquer l'industrie éclairée par les sciences.

Mais il s'agit d'exposer ici en quoi consiste la formation, la préparation, la conservation, et les propriétés des différentes sortes de vinaigres usitées en Europe ; et pour ne pas nous livrer à des détails étrangers à cet ouvrage, nous tâcherons de renfermer dans un court espace tous les avantages que ce produit du second degré de la fermentation vineuse peut offrir aux arts et à l'économie.

Réflexions générales sur la théorie du vinaigre.

L'imperfection de la théorie chimique, à l'époque de la publication de tout ce qui a paru de plus méthodique sur l'art de faire le vinaigre, a influé nécessairement sur les principes établis dans ces ouvrages. Ainsi, la théorie de l'acétification, qu'on présenta alors, ne sauroit plus être admise aujourd'hui ; nous croyons inutile d'en donner ici la preuve. Bornons-nous à quelques réflexions générales sur la théorie du vinaigre, que nous a communiquées le citoyen *Prozet*, savant pharmacien, et professeur à Orléans. Il a été à portée, plus qu'aucun chimiste, de suivre avec détail les fabriques de vinaigre, et de saisir tous les phénomènes qui précèdent, accompagnent, et suivent la fermentation acéteuse.

Parmi les différentes altérations dont le vin est susceptible, une des principales est, sans doute, celle qui le change en vinaigre.

Si la température du lieu où

l'on conserve le vin est très-basse ; si les vaisseaux qui le contiennent sont imperméables à l'air, et qu'ils soient exactement pleins, le vin se maintiendra dans le même état, parce qu'il ne sera pas agité de ce mouvement intestin et lent, qui sans cesse l'affine et le perfectionne. Le vin tenu dans un lieu frais, dans des bouteilles exactement fermées, s'y conserve pendant très-long-temps sans aucune altération. La fermentation lente qui se continue dans le vin est donc un mouvement qui, en décomposant le corps muqueux, en unit les principes avec des parties que l'air lui fournit.

Les expériences des chimistes modernes ne laissent aucun doute sur la nature de la portion de l'air ambiant, qui se combine avec les parties du corps muqueux qui n'ont pas encore subi la fermentation vineuse. On sait maintenant que c'est la base de la masse de cette portion atmosphérique qui est la seule propre à entretenir la respiration, et qui, par cette raison, a reçu le nom d'air vital, et depuis celui de gaz oxigène, à cause d'une autre de ses propriétés, qui est de donner naissance à l'acidité dans un très-grand nombre de ses combinaisons. Il paroît que le mouvement de fermentation insensible, qui atténue de plus en plus le muqueux resté dans le vin, tend à mettre à nu le carbone, et à l'unir à l'oxigène de l'air atmosphérique ; aussi observe-t-on qu'à diverses époques de ce mouvement fermentatif, il y a une légère production ou dégagement de gaz acide carbonique. L'art de conserver le vin ne consiste donc qu'à retarder le mouvement intestin de cette liqueur par un abaissement de température, et par l'exactitude à intercepter toute communication avec l'air extérieur.

Mais, si le mouvement lent de fermentation qui, en atténuant les parties du vin, rend leur union plus intime et la liqueur plus homogène, reçoit une accélération par l'élévation de la température, alors, après les avoir divisées presque à l'infini, il les dispose à contracter de nouvelles combinaisons ; et si l'air a un libre accès, il s'établit bientôt de nouveaux centres d'attraction élective. La transposition des principes du vin donne naissance à des êtres nouveaux. L'oxigène, se combinant abondamment avec de l'hydrogène et du carbone, produit l'acide acétique ou vinaigre, tandis qu'une portion de ce même oxigène, s'unissant à la partie extractive du vin et à du carbone surabondant, forment les *fèces* ou *lies* qui se précipitent toujours en plus ou moins grande quantité, suivant l'espèce de vin qui subit la fermentation acéteuse.

D'après ces principes, il est aisé d'apprécier l'assertion de *Bécher*, qui prétend avoir converti du vin en vinaigre très-fort, en le faisant digérer pendant long-temps sur le feu, dans un bouteille fermée hermétiquement. S'il a réellement réussi, ce ne peut être que parce que la quantité du vin étoit très-petite, et que le vaisseau dans lequel il l'a fait digérer étoit très-grand. Alors la masse d'air qui y étoit renfermée, a pu contenir suffisamment d'oxigène pour acidifier le vin employé. Car, sans absorption d'air, il ne peut y avoir d'acidification du vin. C'est une vérité qui a été mise dans le plus grand jour par l'expérience de *Rozier*. Voyez Fermentation acéteuse.

Nous pensons qu'il en est de même de l'expérience de *Homberg* qui assure avoir fait du bon vinaigre en brassant pendant trois jours une bouteille de vin qu'il avoit attachée pour cela au cliquet d'un moulin ; il est également présumable que la majeure partie de la bouteille étoit vide : alors l'agitation violente, en mêlant les molécules de la liqueur avec celles de l'air, en aura multiplié les contacts. Les parties constituantes du vin et celles du gaz oxigène, rapprochées ainsi du centre de leur affinité respective, auront cédé à la tendance qui les porte les uns vers les autres ; elles se seront combinées, et le vin aura été changé en vinaigre.

Ce n'est sûrement pas d'après la connoissance de ce qui se passe dans la fermentation acéteuse que se sont établies les opérations de l'art du vinaigrier. Cet art, qui sans doute est très-ancien puisqu'il est fondé sur les besoins de l'homme, comprend une suite de procédés que l'on a toujours exécutés, plutôt par l'imitation, que d'après les principes d'une pratique éclairée par la théorie. Cependant il est aisé de sentir combien les lumières que fournit la chimie sont essentielles pour les progrès de cet art, et pour l'explication des différences que présente le vinaigre, suivant la nature de la liqueur vineuse, dont il tire son origine.

C'est cette science, en effet, qui nous apprend pourquoi les cidres, qui contiennent toujours des parties muqueuses non encore atténuées, et peu de parties spiritueuses, donnent un vinaigre plus foible que celui qui est fait avec le vin ; pourquoi, parmi les différens vins, ceux qui abondent en parties colorantes extractives, et qui sont foibles, sont bien moins propres à produire un bon vinaigre que ceux qui sont foibles en couleur et très-spiritueux.

Différentes expériences exactes ont prouvé positivement que l'alkool ou esprit de vin contribuoit essentiellement à la formation et à la force du vinaigre ; elles ont démontré que les principes de ce produit de la fermentation vineuse avoient une singulière aptitude à se combiner, puisque dans tous les procédés oxigénans auxquels on les a soumis, il y a toujours eu génération d'acide acétique. C'est à raison de cette disposition de la partie spiritueuse du vin que *Cartheuser* assure qu'on peut augmenter de beaucoup la force du vinaigre, en introduisant dans le vin une certaine quantité d'eau-de-vie, avant de lui faire subir la fermentation acide. *Becher* avoit aussi reconnu la nécessité de la partie spiritueuse du vin pour la formation du bon vinaigre. Il affirme, dans sa physique souterraine, L. 1. Sect. 5, chap. 2, N°. 238, qu'on n'obtenoit qu'un vinaigre foible et imparfait, lorsque, par une coction lente, on faisoit évaporer l'esprit du vin qu'on voûloit changer en vinaigre.

Il est donc facile de concevoir que toute liqueur qui a subi complètement la fermentation spiritueuse doit nécessairement passer d'elle-même à la fermentation acéteuse, si elle se trouve dans les circonstances qui déterminent cette dernière. On sentira également que la manière de disposer et de conduire cette opération doit beaucoup influer sur la qualité du résultat.

Boerrhaave a écrit un procédé très-bon pour faire promptement le vinaigre : il consiste à mêler le vin avec sa lie et son tartre, et à le verser dans deux cuves placées dans un lieu dont la température soit élevée de seize à dix-huit degrés au moins ; à un pied ou environ du fond de ces cuves, on place deux claies, sur lesquelles on met un lit de branches de vigne vertes, et par dessus, des rafles de raisins, jusqu'à la hauteur des cuves. On distribue inégalement la liqueur dans ces deux vaisseaux, de manière que l'un soit plein, tandis que l'autre ne l'est qu'à moitié. Dans l'intervalle de deux à trois jours, la fermentation s'établit dans la cuve demi-pleine. On la laisse aller pendant vingt-quatre heures ; après quoi on remplit cette cuve avec la liqueur de la cuve pleine. La fermentation se développe alors dans cette dernière ; on la modère également au bout de vingt-quatre heures, en la remplissant avec la liqueur de l'autre cuve, et on répète ce changement toutes les vingt-quatre heures, jusqu'à ce que la fermentation soit achevée, ce que l'on reconnoît à la cessation du mouvement dans la cuve demi-pleine ; car c'est dans cette dernière que se fait la combinaison des principes qui constituent le vinaigre.

La théorie du changement du vin en vinaigre, par ce procédé, est très-aisée à développer, d'après les observations de *Guyton Morveau*. En général, dit-il, le vin passe d'autant plus vite à l'état de vinaigre, que la masse est plus petite, qu'elle est plus en contact avec l'air, et qu'elle éprouve plus de chaleur, pourvu cependant que cette chaleur ne soit pas portée à un degré capable de décomposer et de détruire plutôt que de favoriser le mouvement spontané. La pile de rafles et de rameaux, qui demeure exposée à l'air dans le tonneau à moitié vide, présente une grande surface à ce fluide ; la liqueur qui reste adhérente à ces rameaux s'en imprègne par excès ; et de là vient la chaleur qu'elle éprouve, qu'elle communique d'abord à la masse intérieure, et qui se répartit ensuite sur toute celle qu'on y ajoute, quand on juge qu'il est temps de remplir le tonneau.

Cependant on ne peut se dissimuler que, si ce procédé a l'avantage de procurer plus promptement le changement du vin en vinaigre, il n'ait aussi l'inconvénient de dissiper un peu des parties spiritueuses du vin ; car le gonflement, le frémissement, et le bouillonnement qui l'accompagnent, annoncent suffisamment que la chaleur est considérablement augmentée ; et par conséquent, dans un vaisseau ouvert qui présente une grande surface au contact de l'air, il doit y avoir aussi une très-grande évaporation des parties volatiles du vin.

La méthode que suivent les vinaigriers d'Orléans est bien préférable à celle que nous venons de décrire. La fermentation moins rapide, qu'ils excitent dans la liqueur, lui conserve une espèce d'odeur aromatique qui contribue beaucoup à la réputation du vinaigre qu'ils préparent, et qui la mérite, sur-tout par le choix des vins blancs qu'ils y emploient.

Conditions pour faire de bon vinaigre.

Depuis l'époque où la confection du vinaigre est devenue un art sujet à des lois, on a remarqué qu'il falloit plusieurs conditions pour déterminer la fermentation acéteuse et obtenir un résultat parfait ; la première est le contact de l'air extérieur : il s'agit pour la seconde d'une température supérieure à celle de l'atmosphère. La troisième consiste dans l'addition de matières étrangères aux liquides qu'on veut convertir en vinaigre, et qui, dans ce cas, exercent les fonctions de levain. Enfin, la quatrième et principale condition est que les liqueurs vineuses destinées à être transformées en vinaigre, soient les plus abondantes en spiritueux.

Première condition. Il paroît maintenant démontré que l'accès de l'air extérieur pour l'acétification est indispensable ; mais quelques auteurs prétendent aussi que la seule chaleur peut opérer le changement du vin en vinaigre. Ils citent à l'appui de cette assertion l'expérience de *Becher*, de *Sthal* et d'*Homberg* qui ont fait du vinaigre dans des vaisseaux clos. Mais, comme l'a observé le citoyen *Prozet*, ces expériences n'ont pu réussir qu'en raison de l'air contenu dans les vaisseaux où elles se faisoient. A moins qu'on ne suppose que, pendant la durée de cette opération mécanique, une portion de l'eau constituant le vin n'ait éprouvé une décomposition qui ait donné lieu à la séparation de l'oxigène, lequel, comme on sait, est un des principes de ce fluide. L'expérience de *Rozier* prouve irrévocablement la nécessité de la présence de l'air, et elle ne laisse aucun doute sur ce que l'acétification ne soit toujours proportionnelle à la quantité d'air absorbée. D'ailleurs, les connoissances acquises sur la nature du principe acidifiant ont levé tous les doutes.

Deuxième condition. Le concours de la chaleur pour l'acétification est bien reconnu ; mais pour qu'elle opère l'effet désiré, il ne faut pas qu'elle passe de 18 à 20 degrés du thermomètre de Réaumur ; le citoyen *Prozet* connoît un vinaigrier qui, croyant que la chaleur étoit l'unique cause du passage du vin en vinaigre, en avoit conclu que plus il élèveroit la température, et plus son vinaigre seroit acide; en conséquence, il échauffoit son poêle de manière à avoir au moins 30 degrés de chaleur. Cependant son vinaigre étoit constamment très-foible; consulté par le fabricant, le citoyen *Prozet* fit observer que l'élévation de la température qu'il maintenoit dans son atelier, en procurant l'évaporation de la partie spiritueuse du vin, occasionnoit la défectuosité de son vinaigre; le vinaigrier a profité de l'avis, et, depuis, son vinaigre est excellent.

Cette observation ne suffit-elle pas pour démontrer combien sont vicieuses ces méthodes qui prescrivent de chauffer le vin jusqu'à le faire bouillir, dans la vue d'accélérer la fermentation acéteuse ? elles dérangent ses parties constituantes, les dénaturent en dissipant la partie spiritueuse, la seule appropriée pour l'acétification. Or, si dans cette opération, le concours de la chaleur est essentiel comme celui de l'air extérieur, on doit régler l'un et l'autre, car leur absence ou leur excès nuit directement à la perfection du résultat.

Troisième condition. Les moyens employés pour favoriser la fermentation acéteuse, et connus parmi les vinaigriers, sous les noms de *mère de vinaigre*, sont 1°. les lies de tous les vins acides; 2°. les lies de vinaigre; 3°. le tartre rouge et blanc; 4°. un vaisseau de bois que l'on a bien rincé avec du vinaigre ou qui en a renfermé pendant un certain temps, ou le vinaigre lui-même; 5°. du vin qui a été mêlé souvent avec sa lie; 6°. les rejetons des vignes et les rafles de grappes de raisins, de groseilles, de cerises et d'autres fruits d'un goût piquant et acide; 7°. du levain de boulanger, après qu'il est aigri; 8°. les différentes espèces de levûres; 9°. enfin, toutes les substances animales et leurs débris.

Mais de tous ces levains propres à faire du vinaigre, ceux qui appartiennent au règne animal, quoique vantés par plusieurs auteurs, comme les plus actifs et les plus efficaces pour augmenter toute fermentation végétale, ne doivent pas être employés sans beaucoup de circonspection : sans doute, ils peuvent, en petite quantité, faciliter l'acétification, à cause de leur tendance à la décomposition; mais le vinaigre qui en résulte ne sauroit se conserver long-temps : la présence du gaz azote de ce principe de l'animalisation doit nécessairement déterminer de nouvelles altérations, et donner aux fluides qui le contiennent une grande tendance à la putréfaction.

Quatrième condition. Les vinaigriers d'Orléans persuadés, d'après une longue suite d'expériences et d'observations, que le premier et le plus sûr moyen pour obtenir un vinaigre parfait, c'étoit d'y employer du vin de bonne qualité, poussent le choix, à cet égard, aussi loin qu'il peut aller; ils ont remarqué que les vins d'un an sont préférables au vin nouveau, sans doute parce qu'ils sont dépouillés de lie, et que d'ailleurs la plus grande partie de la matière sucrée ayant passé à l'état spiritueux, l'acétification doit s'en mieux faire.

Plusieurs auteurs pensent, au contraire, que les vins tournant à l'aigre sont ceux qu'on doit préférer. Sans doute, il faut bien en tirer parti quand ils sont dans cet état de détérioration; mais il n'en résulte toujours qu'un vinaigre fort médiocre pour l'odeur, le goût et les effets: ils ont éprouvé un commencement d'altération dans leurs principes constituans: enfin, c'est une fermentation étrangère à celle du vinaigre.

Ceux qui partagent cette opinion, et qui regardent les petits vins, les boissons vineuses connues sous le nom de *piquette*, comme les plus propres à faire le vinaigre, sont également dans l'erreur; car il est prouvé que le vin le plus généreux est celui qui produit le plus de vinaigre de qualité supérieure; que le petit cidre, la petite bière, et les autres liqueurs peu abondantes en esprit de vin (alkool), donnent constamment des vinaigres foibles et de peu de durée.

Cependant, quoique l'esprit de vin soit nécessaire à l'acétification, nous sommes éloignés de penser qu'il fasse une des parties constituantes du vinaigre, et que ce dernier soit composé des mêmes principes que le vin. On sait qu'en distillant le vin, la liqueur qui reste au fond de la cucurbite ne produit plus qu'un vinaigre plat, d'une garde difficile. Il est acide, mais dépourvu de ce *gratter* particulier qui le caractérise.

Si, lorsque le vinaigre est parfait on n'y retrouve plus l'eau-de-vie que le vin contenoit avant sa conversion en acide acéteux, ou qu'on y a ajoutée dans la vue d'augmenter sa force, on se tromperoit en imaginant qu'elle est si intimement combinée, qu'il paroît impossible de l'en dégager; mais elle a changé de nature dans l'acétification; et l'on est bien convaincu maintenant que le fluide qu'on a pris pour de l'esprit de vin, et qui s'enflamme en chauffant jusqu'à l'ébullition, le vinaigre radical, est le gaz inflammable, le gaz hydrogène.

D'après les expériences et les vues du citoyen *Chaptal* qui vient de développer dans cet ouvrage, avec le génie qui lui est propre, tous les phénomènes de la vinification, il sera plus aisé encore de juger pourquoi les vins du midi, c'est-à-dire, les plus riches en esprit, produisent les meilleurs vinaigres, et comment, en ajoutant de l'eau-de-vie (alkool) aux vins de bas aloi et aux autres liqueurs vineuses foibles ou passées, on parvient à obtenir un acide plus fort, et d'une garde plus facile.

Mais nous en avons dit suffisamment, pour montrer la différence des effets de la fermentation vineuse et de la fermentation acéteuse; il convient d'exposer les méthodes d'après lesquelles on procède à la conversion du vin en vinaigre, dans diverses contrées, en nous restreignant aux procédés les plus simples et les moins dispendieux, afin que tout bon économe puisse facilement, et à peu de de frais les mettre en pratique suivant ses ressources locales.

Des manipulations pour faire les différens Vinaigres.

Avant d'indiquer les procédés pour faire les vinaigres, avouons-le, quoiqu'il soit vrai qu'il faille de bon vin pour faire de bon vinaigre, comme ce dernier a ordinairement, dans le commerce, une moindre valeur que le vin, malgré les frais des manipulations nécessaires pour l'amener à cet état d'acide, c'est la plupart du temps, des vins qui ne sont pas de débit, comme tels, qu'on emploie communément à l'acétification.

Une remarque qu'on doit aux vinaigriers d'Orléans, c'est que les vins qui ont été soufrés ne sont pas propres à faire du vinaigre. Il y a lieu de penser que cette circonstance dépend de ce que l'acide sulfureux, en arrêtant la fermentation vineuse, a mis obstacle à la formation de la partie spiritueuse et contenue. Nous l'avons déjà dit, la force du vinaigre est toujours en raison de la quantité de cette partie spiritueuse; d'ailleurs, il se peut aussi que les parties muqueuses qui n'ont pas encore pris le caractère vineux, lorsqu'on a arrêté le mouvement qui le détermine, passent subitement à l'état putride dès qu'on produit une chaleur capable d'exciter dans la liqueur une nouvelle fermentation; cela paroît d'autant plus vraisemblable, qu'on ne peut concevoir la cessation du mouvement fermentatif dans le vin, par la présence de l'acide sulfureux, que par la combinaison qui a dû se faire des molécules de cet acide avec celles du muqueux non fermenté. Or, de ce nouvel ordre de choses, il doit nécessairement résulter un être nouveau qui n'est plus susceptible de modifications qui ne sont propres qu'à une de ses parties constituantes.

Premier procédé.

Lorsqu'un vinaigrier s'établit à Orléans, il tâche de se procurer des tonneaux qui aient déjà servi à la fabrication du vinaigre; au défaut de ceux-ci, il en fait construire de neufs. Ces tonneaux nommés *moût de vinaigre*, lorsqu'ils sont abreuvés de cette liqueur, contiennent deux poinçons d'Orléans, ce qui revient à quatre cent dix pintes, mesure du pays, ou à quatre cent soixante-dix litres cinq cent vingt-six millilitres.

Ces tonneaux placés les uns les autres, forment ordinairement trois rangées; la partie supérieure du fond est percée à deux doigts du jable, et cette ouverture a deux pouces de diamètre. Elle reste toujours ouverte afin de laisser un libre accès à l'air et de recevoir au besoin la douille d'un entonnoir courbe qui sert à vider le vin dans la *mère de vinaigre*. Plusieurs vinaigriers ne mettent point de robinet à cette espèce de tonneau, se servent de la même ouverture pour le vider, lorsqu'il est plein, par le moyen d'une pompe ou siphon de fer-blanc. Ces trois rangées de tonneaux étant établies, le vinaigrier procède à la préparation du vinaigre, il commence par imbiber les tonneaux du levain ou ferment qui doit exciter dans le vin la fermentation acéteuse. Pour cet effet, il verse dans chaque *mère* cent pintes ou environ cent douze litres de bon vinaigre bouillant et l'y laisse séjourner pendant huit jours. Ce temps étant écoulé, il ajoute dans chaque *mère* un broc de vin contenant dix pintes, ou environ onze litres. Il continue ainsi de huit jours en huit jours à en verser la même quantité, jusqu'à ce que ses vaisseaux soient pleins; le vinaigrier laisse alors écouler un espace de quinze jours avant de mettre le vinaigre en vente, et il a l'attention de ne jamais vider ces *mères*; elles restent toujours à moitié pleines, afin qu'en les remplissant successivement, elles puissent déterminer le changement du nouveau vin en vinaigre.

Voici les signes auxquels les vinaigriers reconnoissent que leurs mères de vinaigre *travaillent bien*, c'est-à-dire, que la fermentation y est plus acéteuse. Ils ont soin d'introduire, par le trou supérieur, une règle de deux pieds de longueur faite avec une douelle à barrique; ils la plongent dans le vinaigre et la retirent aussitôt; ils examinent le sommet de la partie mouillée, et s'ils y apperçoivent une espèce de ligne blanche, formée par la fleur ou écume du vinaigre en fermentation, ils jugent que la mère travaille; plus la ligne est large et fortement marquée, plus la mère travaille bien et a besoin d'être rafraîchie ; alors ils la chargent plus souvent. Ils attendent, au contraire, et n'ajoutent point de nouveau vin dans celle qui ne donne pas cet indice ou qui le donne foible.

Un soin essentiel qu'il ne faut pas omettre est celui de n'employer qu'un vin très-clair. Pour se procurer cet avantage, le vinaigrier renferme cette liqueur dans des tonneaux où il a établi un râpé de copeaux de hêtre, afin que les surfaces étant plus multipliées, la lie fine puisse mieux y adhérer. C'est de ces tonneaux à râpé qu'il soutire le vin à mesure qu'il en a besoin. Cette pratique suffiroit seule pour détruire l'opinion où l'on est que la lie est un levain propre à exciter la fermentation acéteuse.

L'atelier du vinaigrier étant ordinairement placé dans un lieu très-aéré, la chaleur de l'atmosphère suffit en été pour convertir le vin en vinaigre ; mais en hiver, le vinaigrier a soin d'entretenir une température élevée de 18 degrés au moins, par le moyen d'un poêle qui est établi dans le milieu de l'atelier.

Deuxième procédé.

On achète un baril de vinaigre de la meilleure qualité et on en tire quelques litres pour l'usage domestique qu'on remplace par une même quantité de vin bien clair; l'on bouche simplement le baril avec du papier ou du liège appliqué légèrement : on le tient dans un endroit tempéré, et tous les mois on en soutire la quantité susmentionnée de vinaigre en la remplaçant comme la première fois avec du vin ; le baril toujours ainsi rempli, fournit pendant long-temps du vinaigre de toute perfection, sans qu'il s'y forme de mère ni de dépôt sensible. Il y a encore dans beaucoup de ménages du vinaigre, dont la première fondation remonte au delà de cinquante ans, et qui est exquis.

Troisième procédé.

Avant de mettre les raisins dans la cuve, on en égrappe une partie à proportion du vinaigre qu'on veut faire. On met les grains et le jus dans les cuves à vin, et on dépose les rafles dans un vaisseau, où elles s'échauffent et s'aigrissent pendant que le vin est fait. On retourne ces rafles de temps en temps, pour empêcher qu'elles ne chancissent ou moisissent à la superficie. Quand le vin de la cuve est fait, on le tire ; et au lieu d'en rejeter d'abord une partie sur le marc, comme on le pratique dans quelques pays, on couvre le marc des rafles qui se sont aigries, et on répand sur le tout une partie du vin tiré, à proportion de ce qu'on veut avoir de vinaigre. On mêle bien les rafles avec le marc, avec des crochets ou autrement. Le marc ainsi remanié, l'aigreur des rafles se communique à toute la liqueur. La fermentation s'établit très-promptement, et le vinaigre est d'autant plus fort et plus excellent, que le marc se trouve plus chargé d'esprit. Plus il y a de marc par proportion à la quantité du vinaigre, et plus ce dernier a de force.

Vinaigre de cidre.

Les habitans des cantons à cidre et à poiré font du vinaigre avec ces deux liqueurs. Il suffit pour cela de délayer dans une pièce de huit cent pintes (744 litres), six livres environ (deux kilogrammes 934 grammes) de levûre aigre faite avec du levain, et de la farine de seigle qu'on délaie dans de l'eau chaude, et qu'on verse par le bondon. Après avoir remué le tout avec un bâton on le laisse tranquille, et il est rare qu'au bout de six à huit jours on n'ait un vinaigre de cidre d'une bonne force. Il est urgent de le soutirer dès qu'il est fait, étant plus sujet à devenir vappide que le vinaigre de vin.

Ce qu'on appelle dans la ci-devant Normandie petit cidre ou de la boisson, traitée de la même manière, devient facilement aigrelet, et fait un vinaigre foible à la vérité, mais agréable, préféré par les économes au vinaigre fort.

Plusieurs chimistes ont fait sur le vinaigre de cidre des expériences assez curieuses. Le citoyen *Godde*, ancien commissaire des guerres, et à qui nous devons déjà d'intéressantes observations, a remarqué que particulièrement le vinaigre de cidre en conservoit l'odeur et le goût de même que l'eau-de-vie qu'on en distille, et que cette eau-de-vie transportée en Afrique pour la traite des nègres, a eu la préférence sur l'eau-de-vie de vin, en sorte qu'il est quelquefois arrivé que la dernière s'est vendue moins cher que la première. Le citoyen *Thierry*, pharmacien distingué à Caen a bien voulu, à notre prière, faire l'examen comparatif du vinaigre de vin avec le vinaigre de cidre. Le résultat est que le premier contient cinq huitièmes de plus d'acide acéteux que le second. Il observe que celui-ci, à raison de son prix, qui, année commune, coûte au plus sept centimes la pinte, offriroit un grand avantage dans le commerce. L'exportation s'en fait à Dunkerque, de là probablement il passe en Hollande; le bon marché le fait trouver excellent aux habitans peu aisés des cantons où on le fabrique. Ils l'emploient à confire les cornichons, la perce-pierre ou criste-marine, plante fort abondante sur les côtes, et qui, préparée ainsi, est portée dans l'intérieur de la France, et forme une branche de commerce.

Vinaigre de poiré.

Ce que nous venons de dire du vinaigre de cidre, s'applique d'autant plus naturellement au poiré, que cette liqueur vineuse est encore plus forte que le cidre; mais il existe un autre procédé pour faire l'un et l'autre. C'est sur-tout en Hollande qu'il est mis en pratique. On ramasse les poires qui tombent des arbres, et commencent à se gâter; on les coupe par tranches, et on les met dans un ou plusieurs tonneaux; on verse de l'eau par dessus, et on les expose au soleil.

Pour hâter et faciliter la fermentation, on ajoute du levain, ou mieux encore un peu d'acide tartareux, qui est à fort bon compte en Batavie. Quand le vinaigre est suffisamment acide, on le passse à travers un linge ; on le laisse reposer quelques jours : il se forme un dépôt plus ou moins considérable : on décante le vinaigre, ou bien on le soutire avec un siphon, et on le conserve pour l'usage.

Vinaigre de bière.

C'est celui qui est le plus généralement employé dans le nord de l'Europe, pour tous les usages auxquels le vinaigre est consacré. On peut le préparer avec la bière non fermentée, qu'on laisse travailler jusqu'à ce qu'elle soit arrivée à l'état de vinaigre, ou bien en prenant la bière toute vineuse, qu'on laisse exposée dans une température chaude, ou dont on accélère la fermentation à l'aide d'un levain fait de farine.

On prend parties égales, ou à peu près, de farine de seigle, de farine de blé noir. Cette dernière semence, avant d'être convertie en farine, doit avoir été préalablement mondée de sa tunique ou enveloppe extérieure, ce qui se fait avec beaucoup de facilité, au moyen d'un moulin à huile : la seule attention qu'il faut avoir, c'est de soulever un peu la meule verticale au dessus de la meule horizontale. La première mise alors en action par un cheval, comprime suffisamment le blé noir pour détacher son enveloppe, qu'on enlève ensuite à l'aide d'un van.

On fait bouillir ces farines dans une suffisante quantité d'eau, pendant vingt-quatre heures ou environ, après quoi on verse la liqueur dans des cuves oblongues, à large ouverture, qu'on a soin de ne remplir qu'à demi, et de placer dans un lieu fort accessible à l'air. La température doit être au moins à 12 degrés. On laisse ces liqueurs en repos, ayant soin de les boucher lorsque le soleil est perpendiculaire aux cuves; et quand ce vinaigre est suffisamment oxigéné, ce qui n'est pas très-long, on le soutire par le moyen d'un siphon de fer-blanc, et on le conserve dans des barriques de chêne. Ce vinaigre est blanc et parfaitement clair; les sophisticateurs se servent de baies de sureau, pour lui donner une couleur rouge.

Vinaigre de malt.

On fait en Allemagne beaucoup de vinaigre, soit avec le malt de froment pur, soit avec le malt d'orge mêlé avec le malt de froment. Il y a, comme l'on sait, deux espèces de malt, soit de froment, soit d'orge; savoir, le malt séché à l'air, et le malt séché au four. Ces deux espèces sont nécessaires pour le vinaigre, cependant on emploie le premier en plus grande quantité que le second. La proportion la plus usitée est de prendre deux parties de malt d'orge et une de malt de froment; savoir, de chacun de ces malts, le tiers desséché au four, les deux autres tiers desséchés à l'air. L'expérience prouve que cette proportion est à tous égards la meilleure.

On fait alors bouillir de l'eau dans un grand chaudron; quand elle boue, l'on en met quarante pots dans une cuve; on remue l'eau jusqu'à ce qu'elle ait un peu perdu de sa chaleur; alors, on verse peu à peu, dans cette cuve, le malt grué, et l'on a soin de bien remuer le tout avec des bâtons, jusqu'à ce que tout soit bien défait et bien mêlé avec l'eau; pour lors, on recouvre la cuve; ensuite on fait bouillir de l'eau; on met la pâte de cette cuve dans un cuveau qui a deux pouces de son fond, en eu a un autre percé de trous et recouvert de paille. On verse de l'eau bouillante dessus, on couvre la cuve, on laisse le tout pendant une heure et demie, après quoi, par un robinet placé entre les deux fonds, on soutire la liqueur. On remet sur le malt de l'eau bouillante, et on répète ce procédé plus ou moins de fois avec plus ou moins d'eau, suivant la force que l'on veut donner au vinaigre.

On met dans des tonneaux la liqueur qu'on a soutirée; et, lorsqu'elle est refroidie, et qu'elle a déposé, on la met dans des cuves munies de leurs couvercles: on y ajoute de la lie de bière, on les recouvre, et quand la liqueur a fermenté, qu'elle est claire, et que l'écume s'est bien formée, ce qui arrive au bout d'une dixaine d'heures, on enlève soigneusement l'écume, on met la liqueur clarifiée dans des tonneaux qu'on a rincés avec du bon vinaigre, et on la laisse fermenter, en y ajoutant du levain, ou quelque autre ferment. S'il se forme de nouvelle écume, on la sépare; on obtient par là un très-bon vinaigre.

Vinaigre avec le son de froment.

L'eau sûre qui se forme pour détruire la portion d'amidon que la meule et le blutage n'en ont pu enlever; cette eau, que d'autres ouvriers préparent en délayant du son dans l'eau, est évidemment très-acide, et n'auroit besoin, pour tenir lieu de vinaigre de vin, que d'être plus concentré.

On prend du son de froment, et à son défaut celui de seigle; on en fait une décoction avec de l'eau de rivière, que l'on a soin de passer, pour en séparer toute la partie corticale. On en remplit un tonneau; on y délaie ensuite un levain de huit jours, et la fermentation s'établit en moins de vingt quatre heures. Lorsqu'on s'apperçoit que l'écume qui sort par le bondon commence à s'affaisser, on bouche exactement le tonneau; on laisse déposer la liqueur pendant quelques jours, pour lui donner le temps de s'éclaircir. Lorsqu'on a pris quelques précautions pour ne laisser contracter aucune mauvaise odeur au son, cette liqueur est assez agréable, et sa saveur est vineuse, tirant sur l'aigre; c'est enfin la limonade des habitans de la campagne, lorsque la saison et les travaux demandent l'usage d'une boisson désaltérante.

Du verjus.

Si le hasard est la cause vraisemblable de l'art de convertir en vinaigre les vins qu'on remarquoit tourner à l'aigre, la simple observation a dû, long-temps avant qu'on perfectionnât l'art du vinaigrier, apprendre que certains fruits ou conservent une saveur aigrelette agréable, ou la possèdent avant d'acquérir leur parfaite maturité. Les groseilles, l'épine-vinette, et sur-tout le raisin, avant de tourner, ont ce goût acide.

Parmi les espèces de raisins cultivées, il en est une qui ne parvient jamais, dans nos climats, qu'à une maturité imparfaite; on la nomme *verjus*. Elle est choisie de préférence pour fournir son suc, et voici comment.

Quoique le verjus ne puisse être considéré à la rigueur comme un véritable vinaigre, puisqu'il n'est pas le produit de la fermentation acéteuse, c'est un acide malique plus ou moins pur que la pression sépare des raisins encore verts et qu'on fait dépurer par un léger mouvement de fermentation vineuse.

Il n'est pas difficile à faire; il s'agit seulement de prendre le raisin qui porte ordinairement ce nom, de l'écraser avant sa maturité et de le laisser ainsi fermenter, dans un vaisseau à découvert, environ trois décades; après, on exprime le suc par le moyen d'une presse; on le laisse se dépurer pendant vingt-quatre heures, on le filtre à travers le papier et on le conserve pour les différens usages, en mettant une couche d'huile par dessus.

On fait avec le verjus plusieurs mets assez recherchés. Ils portent son nom. Si on a laissé le verjus exposé au soleil, sur plusieurs assiettes, jusqu'à ce qu'il soit desséché, et que l'extrait qui en résulte, soit conservé dans des bouteilles bien fermées; on peut avec plein un dé de cet extrait faire des œufs délicats au verjus, dans toutes les saisons.

On fait en outre avec le verjus un sirop fort agréable en y faisant fondre vingt-huit onces de sucre (855 gram.) par livre d'acide (480 gram.).

Vinaigre d'hydromel.

On voit que du temps de *Pline*, on lavoit les ruches à miel après les avoir dégarnies, et que l'eau qui avoit servi à cette opération, bouillie et rapprochée par l'évaporation, se convertissoit en un bon vinaigre produit du miel que cette eau avoit enlevé : c'étoit donc un vinaigre d'hydromel.

Il n'est pas douteux qu'en appliquant à l'hydromel vineux toutes les opérations du vinaigrier, on ne parvienne à en préparer un très-bon vinaigre ; il ressemble assez bien à ceux faits avec les vins muscats et autres vins sirupeux.

Le vin de Cannes, laissé trop long-temps à l'air avant d'être exposé au feu, ne tarde pas à fermenter, et c'est même la facilité à s'aigrir qu'il possède, qui a fait donner le nom de vinaigrerie à la portion de l'atelier du fabricant de sucre, où se met en réserve ce vin ou suc de cannes. En un mot, tous les fruits prennent facilement le caractère de vinaigre : le corps muqueux sucré qu'ils contiennent les rend propres à cette préparation. Il n'y a pas jusqu'aux matières mucilagineuses, insipides, qui, traitées d'une certaine manière, ne fournissent une liqueur acide.

Vinaigre de lait.

Quoique le sérum du lait aigri ne puisse être considéré comme un véritable vinaigre, il n'en est pas moins certain que dans une foule de circonstances il ne puisse le suppléer, soit comme assaisonnement, ou pour servir de boisson à l'instar de la limonade. Le procédé de *Scheele*, pour faire du vinaigre de lait, consiste à ajouter six cuillerées à bouche de bonne eau-de-vie, à un pot de lait, à placer le mélange dans une bouteille bien fermée qu'on expose dans un lieu chaud ; on a l'attention de donner de temps en temps issue à l'air dégagé par la fermentation, en débouchant le vase un instant, tous les cinq ou six jours. Le lait, un mois après, se trouve changé en un bon vinaigre qui, passé par un linge, peut être gardé en bouteilles.

Les habitans des campagnes font une liqueur qui approche du vinaigre en faisant fermenter le petit lait, et c'est avec ce vinaigre qu'ils font ce qu'ils appellent le *séré*. En suivant le procédé ci-dessus, il est à présumer qu'avec le petit lait que rend le fromage, on obtiendroit à très-peu de frais, un vinaigre supérieur à celui que fournit le lait pur.

Il est d'observation que pour rendre le vinaigre de lait plus acide et plus clair, les Hollandois des cantons où l'on en prépare, font bouillir leur lait de beurre avec un peu de présure.

On a enchéri depuis sur le procédé de *Scheele*, en ajoutant au mélange, du miel commun. Le fluide qui en résulte se clarifie plus facilement, devient d'une belle couleur et d'une saveur agréable, sur-tout si on y met infuser de l'estragon, de la menthe ou de la fleur de sureau dont il prend mieux encore l'aromate que le vinaigre de vin.

Des acides végétaux substitués au vinaigre.

Depuis que la nature du vinaigre a été mieux connue, on est parvenu à en faire d'excellent avec une foule de matières pures ou mélangées dans lesquelles on ne soupçonnoit pas auparavant l'existence des principes propres à former un acide comparable au vinaigre de vin pour les propriétés économiques.

On sait que le citoyen *Chaptal* a trouvé que de l'eau imprégnée de gaz acide carbonique vineux, donnoit du vinaigre au bout de quelques mois, et qu'il s'en précipitoit un dépôt flocconeux de matière fibreuse moins abondante, à la vérité, que celle qui se trouve toujours formée par la préparation ordinaire de cet acide.

On peut sans doute se procurer encore des vinaigres au moyen des sucs de groseilles, d'épine-vinette, de grenades, d'airelle ou myrtil, des sèves sucrées de certains arbres, enfin, avec toutes les substances gommeuses, mucilagineuses et amylacées; mais nous ne finirions pas, si nous cherchions à étendre le nom de vinaigre aux différentes liqueurs qui ont subi le second degré de la fermentation vineuse, et si nous voulions raconter d'après les voyageurs toutes les ressources, tous les procédés que les nations qu'ils ont visitées, emploient pour obtenir des acides anologues au vinaigre.

On sait que les hollandois consommoient autrefois beaucoup de vinaigre, soit pour leurs fabriques de sel de Saturne et de Verdet distillé, soit pour en approvisionner leurs colonies: mais la rareté des vins dans leurs provinces autorisoit à soupçonner qu'ils avoient le secret de faire le vinaigre sans vin, comme si leur bière ou les matériaux qu'ils y emploient ne suffisoit pas pour donner à l'acétification un assez bon produit. Indépendamment de tous les vinaigres dont il a été question dans cet article, cette nation laborieuse et économe en prépare encore pour sa consommation avec des raisins secs et d'autres fruits; ils associent même différentes substances pour obtenir de nouveaux vinaigres; voici une de ces recettes.

Prenez soixante livres (29 kilog.) de groseilles blanches, cinq livres (2½ kilog.) de sucre demi-blanc, demi-livre (244 gram.) de crême de tartre, cent pintes (93 litres) d'eau de pluie. On écrase les groseilles dans un mortier de bois ou de pierre; on les met dans une suffisante quantité d'eau pour en extraire toute la partie succulente; on passe le tout par un tamis de crain; on le jette dans un tonneau qui puisse contenir les cent pintes; on y ajoute le sucre et la crême de tartre. On mêle bien le tout, et on expose le tonneau au soleil jusqu'à jusqu'à ce qu'il ait fermenté; après cela on bouche bien le vase, et on s'en sert pour l'usage.

Il existoit en Hollande, au moins avant la révolution, des maisons millionnaires qui n'avoient d'autres branches de commerce que la partie des vinaigres qu'ils exportoient dans leurs possessions coloniales. Ces vinaigres étoient assez forts pour supporter les voyages de long cours. La base de ces vinaigres étoit le seigle, et ils y ajoutoient des féveroles, c'est-à-dire des grosses fèves qui se cultivent dans les environs d'Armentières, et que les Hollandois venoient y acheter. Cette branche de commerce seroit très-fructueuse au département de la Somme qui, par sa position, sa culture, et le génie industrieux de ses habitans, ne négligeroit rien pour étendre de plus en plus les débouchés.

Des moyens de conserver le vinaigre.

Comme le vinaigre est le produit d'une fermentation, la manière de gouverner cette fermentation contribue infiniment à la qualité et à la conservation du résultat. Mais malgré le choix du vin et la bonté du procédé employé pour sa transformation en vinaigre, ce dernier peut facilement s'altérer si on néglige l'emploi de quelques moyens, dont nous devons faire connoître les principaux.

Premier moyen. Il consiste à tenir le vinaigre à l'abri de toute l'influence de l'air extérieur, dans des vases propres, bien bouchés, dans un lieu frais, et sur-tout à ne jamais le laisser en vidange; le plus léger dépôt suffit pour l'altérer, même dans des vases parfaitement clos. Il y produit à peu près le même effet que dans les vins sur lesquels ces dépôts ont une action insensible et concourent à faire passer ceux-ci à l'état d'un véritable vinaigre. Pour le conserver dans toutes ses qualités, il faut donc que les vases destinés à le contenir soient fort propres.

Deuxième moyen. C'est le plus simple qu'on puisse employer; il suffit de jeter le vinaigre dans une marmitte bien étamée, de le faire bouillir un moment sur un feu vif, et d'en remplir ensuite des bouteilles avec précaution, pour conserver clair et sain cet acide pendant plusieurs années. Mais le vase dans lequel ce procédé a lieu, pourroit exposer à quelques inconvéniens pour la santé, il vaut mieux recourir à celui que *Schéele* nous a fait connoître. Il consiste à remplir de vinaigre des bouteilles de verre et à placer ces bouteilles dans une chaudière pleine d'eau sur le feu. Quand l'eau a bouilli un quart d'heure on les retire; le vinaigre ainsi chauffé se conserve plusieurs années, aussi bien à l'air libre que dans des bouteilles à demi-pleines.

Troisième moyen. Pour conserver le vinaigre des temps infinis, et le mettre à l'abri des variations de l'air et de la température, il faut en séparer la partie muqueuse extractive par la distillation; mais comme cette préparation devient coûteuse, et que, d'ailleurs, le vinaigre perd nécessairement de son premier goût agréable, qu'on aime à trouver dans l'assaisonnement et les autres usages du vinaigre, il y a grande apparence qu'on ne se décidera point à adopter un moyen coûteux et destructeur de l'odeur.

Quatrième moyen. Le vinaigre employé aux usages économiques, est assez ordinairement foible, comparativement à celui qui provient des vins méridionaux. Ce défaut devient infiniment plus sensible quand on l'a encore affoibli par des plantes aromatiques. L'hiver est la saison qui offre le moyen de convertir en un vinaigre très-fort, du vinaigre ordinaire; c'est de l'exposer suivant le procédé simple donné par *Sthal*, à une ou plusieurs gelées, dans des terrines de grès; on enlève successivement les glaçons qui s'y forment, et qui ne contiennent que les parties les plus aqueuses, qu'on rejette; mais ce procédé élève très-haut le prix du vinaigre, et les personnes peu aisées n'en feront aucun usage: cependant, on pourroit appliquer avec avantage l'action de la gelée à des vinaigres foibles, qui ne sont pas susceptibles de se garder.

Cinquième moyen. L'eau-de-vie, *alkool*, est l'un des puissans moyens pour conserver les vinaigres aromatiques. Le citoyen *Demachy*, dans son *Art du vinaigrier*, conseille à ceux qui forment des provisions de ce vinaigre, d'ajouter sur chaque livre de liqueur une demi-once au plus d'eau-de-vie. Cet esprit ardent rend l'union plus intime entre l'arome et le vinaigre, et garantit celui-ci de l'accident de se décomposer, si, par hasard, les plantes qu'on y a mises fournissent trop de phlegme, malgré leur dessiccation préalable; mais un autre effet de l'alkool sur le vinaigre, c'est de fournir des élémens nécessaires à l'acétification, qui continue dans le vinaigre, à peu près comme quand on ajoute de temps en temps du vin au vinaigre perpétuel.

Sixième moyen. Le sel marin, (muriate de soude) qu'on conseille encore d'ajouter au vinaigre, et sur-tout aux vinaigres composés, pour prévenir leur détérioration, n'opère cet effet qu'en s'emparant de l'eau qu'il contient, et en la mettant dans l'impuissance d'agir sur les différentes substances mêlées avec l'acide acétique, comme elle agiroit nécessairement si elle étoit libre; cependant, il ne faut pas croire que cet effet puisse être durable, puisqu'il est prouvé qu'à la longue, le vinaigre auquel on a ajouté du sel, finit aussi par s'altérer, en présentant cependant dans sa décomposition des phénomènes différens de ceux qui ont toujours lieu quand le vinaigre n'a point été salé; au reste, il seroit peut-être utile de s'assurer, par des expériences exactes, de la quantité de sel qu'il conviendroit d'ajouter à chaque espèce de vinaigre, en suppposant que cette addition pût en prolonger la durée; car toutes ne contenant pas une quantité égale d'eau, il seroit superflu d'en employer toujours dans la même proportion.

Des signes auxquels on reconnoît que le vinaigre est bon, falsifié, ou gâté.

Le meilleur vinaigre doit être d'une saveur acide, mais supportable; d'une transparence égale à celle du vin, moins coloré que lui, conservant, au reste, une sorte de parfum, un montant, un spiritueux, en un mot, un *gratter* qui affecte agréablement les organes. C'est sur-tout en le frottant dans les mains que ce parfum se développe.

La cupidité de certains fabricans de vinaigre, les porte souvent à employer des vins foibles, ou qu'ils savent extraire des lies. Le procédé par lequel ils obtiennent ces derniers, dissipe les parties essentielles à la confection du bon vinaigre. Ces lies épaisses et visqueuses sont versées dans un chaudron placé sur le feu; la chaleur détruit leur viscosité; alors elles sont enfermées dans un sac, et à l'aide d'une presse, on en exprime facilement tout le liquide: Cette espèce de vin est versée sur un râpé de copeaux, pour l'éclaircir. Il est aisé de voir que l'action de la chaleur ayant dissipé le peu d'esprit que ce vin contenoit, il ne peut fournir qu'un vinaigre médiocre et très-foible.

Le fabricant, qui emploie ces moyens, sait très bien que le vinaigre qu'il prépare est inférieur en qualité; mais aussi, il sait en relever la saveur par le moyen des substances âcres, telles que la pyrèthre, le galanga, et sur-tout le piment, ou poivre d'Inde, *capsi-*

cum annuum. L'acheteur qui goûte ce vinaigre, se sent la bouche en feu, et attribue à l'acidité ce qui n'est que l'irritation violente que ces substances excitent sur l'organe du goût. Aussi, lorsqu'on n'est pas parfaitement connoisseur, il ne faut jamais s'attacher à la saveur, quand on achète du vinaigre, parce que les indications qu'elle fournit sont souvent illusoires. La saturation d'une certaine quantité de vinaigre par la potasse, est le moyen le plus sûr que l'on puisse employer pour comparer la qualité des vinaigres. Une once, ou 30 grammes 272 milligrammes de cette liqueur, exige ordinairement 60 grains ou 9 grammes 184 milligrammes de cet alkali, tandis que la même quantité de ces vinaigres sophistiqués qui, par leur saveur brûlante, paroissent si forts, est saturée avec 24 grains ou 1 gramme 172 milligrammes de ce sel.

Lorsque, pour augmenter l'acidité de leur vinaigre, les ouvriers auront employé l'acide sulfurique, il sera facile de démasquer cette faute, en goûtant le vinaigre: il agacera les dents, il exhalera, en le brûlant sur le charbon de terre, l'odeur de l'acide sulfureux. Si on le sature avec la potasse, on en obtiendra, par la cristallisation, au lieu d'une acétite de potasse, un sulphate de potasse.

On falsifie aussi le vinaigre avec l'acide muriatique, (esprit de sel). Cette falsification est assez difficile à reconnoître au goût. On peut s'en assurer par la dissolution d'argent, que l'acide muriatique précipite en blanc; mais il est une falsification presque impossible à reconnoître, plus tolérable, sans doute, puisqu'elle a l'acide propre du vin pour base: elle consiste à faire bouillir dans un vaisseau de terre, du tartre, avec l'acide sulfurique. Cet acide s'unit avec l'alkali, et en sépare l'acide. On obtient par ce moyen une liqueur très-acide, contenant l'acide du tartre à nu, dont quelques gouttes suffisent pour bonifier une certaine quantité de mauvais vinaigre. C'est avec cette liqueur mêlée à l'eau, que l'on fortifie le verjus, le jus de citron, etc.

Il y a une foule d'autres sophistications employées pour procurer au vinaigre une saveur âcre et brûlante, que l'on confond souvent avec la saveur fraîche, acide, forte et pénétrante que doit avoir cet acide, quand il a les qualités requises; mais il convient peut-être de n'en point parler, dans la crainte de les apprendre à quiconque les ignoreroit, d'autant mieux qu'il n'est pas facile d'offrir des pierres de touche pour déceler les fraudes, sans des examens auxquels chacun ne peut se livrer; on reconnoît plus aisément la pureté du vinaigre, en l'exposant simplement à l'air libre.

S'il s'y amasse beaucoup de moucherons, connus sous le nom de mouches à vinaigre, c'est une preuve que le vinaigre est pur, et la quantité de ces moucherons décèle sa force.

Mais, comme nous l'avons déjà dit, le vinaigre, sur-tout celui provenant des vins foibles, ne peut se conserver long-temps en bon état: il s'altère, sa transparence se trouble, et bientôt il se recouvre d'une pellicule épaisse, visqueuse, qui détruit insensiblement sa force, au point qu'on est obligé de le jetter.

Cette espèce de couenne formée à la surface du vinaigre qui s'altère, ne se fait remarquer principalement que dans ceux qui ont été faits avec le suc du raisin, ou dans lesquels on a déterminé la fermentation au moyen des lies de vin ou du tartre; il paroît vraisemblable, d'après cette observation, que c'est ce dernier sel qui contribue à sa formation. Voici une expérience qui semble le prouver.

En mettant en digestion, dans une certaine quantité d'eau, à une douce chaleur, du tartre en poudre, on voit quelquefois se former à la surface du liquide surnageant, une couenne ou pellicule semblable à celle qui recouvre le vinaigre qui s'altère; mais on remarque en même temps, qu'à mesure que la pellicule se forme, le tartre se décompose de manière qu'il est possible d'opérer complètement sa décomposition, en favorisant la production de cette pellicule et l'enlevant à mesure qu'elle a acquis une sorte d'épaisseur: en général, on remarque que les vinaigres à la surface desquels ces pellicules sont voisines de leur formation, deviennent, en effet, troubles, foibles, et ne peuvent plus servir aux usages ordinaires.

Application du vinaigre à la conservation des viandes.

On sait que toutes les substances animales ont une grande tendance vers la fermentation putride, et que dès qu'elles ont commencé à la subir, elles sont déjà en partie décomposées ; par conséquent tellement différentes de ce qu'elles étoient auparavant, qu'on ne reconnoît plus ni leur saveur, ni leur odeur, ni leur consistance naturelle.

Dans le nombre des moyens imaginés pour arrêter ou prévenir ces altérations, le vinaigre tient le premier rang ; aussi, les cuisinières, qui veulent conserver ou améliorer les viandes, ont grand soin de les laisser macérer pendant deux fois vingt-quatre heures dans cet acide pour les rendre plus tendres et corriger ces saveurs rudes et ammoniacales qu'on trouve souvent au gibier, et même à la chair des bestiaux de boucherie, sur-tout au temps du rut ; mais il faut convenir qu'en les sortant de cette espèce de saumure ou marinade, ces viandes n'ont plus la saveur qui leur appartient ; car, quel que soit le moyen qu'on emploie, le vinaigre se fait toujours remarquer, et si quelquefois on en aime le goût, on désireroit le plus souvent qu'il ne fût pas aussi sensible.

Voici un procédé qui conserve fort bien, pendant quelques jours, les substances animales, au milieu des chaleurs excessives de l'été et les préserve de leur tendance naturelle à la corruption ; il nous a paru mériter d'autant mieux de trouver place dans cet ouvrage, qu'il n'est pas aussi connu qu'il devroit l'être. On laisse macérer dans le lait caillé des viandes de toute espèce ; non seulement elles conservent tout leur caractère, mais on remarque qu'elles acquièrent plus de disposition à se cuire, qu'elles deviennent plus délicates et plus faciles à digérer. Cette pratique, adoptée dans les départemens du Haut et Bas-Rhin, offre aux habitans des petites communes rurales où les bouchers ne tuent qu'une fois ou deux fois par décade, l'avantage de manger les viandes dans un état frais.

Des fruits et légumes confits au vinaigre.

Le besoin des acides pour l'homme est si impérieux, qu'il va les chercher avec une espèce d'avidité dans toutes les parties des végétaux ; souvent même en détruisant, par la fermentation, le corps muqueux qui constitue certaines plantes, il parvient à leur donner un caractère aigrelet en les rendant d'un usage plus agréable et plus salutaire : témoin la *sauert-craut* dont la préparation a été décrite à l'article *chou*.

Il paroît que les premiers fruits qu'on a essayé de confire au vinaigre, sont les boutons de fleurs du caprier avant leur épanouissement, et les jeunes fruits d'une variété de comcombre appelée *cornichons*. La manière dont on procède à leur préparation a été décrite aux articles qui traitent de ces deux végétaux, et il y a apparence que c'est à leur imitation qu'on a imaginé ensuite de traiter de la même manière les boutons de capucine, les épis encore tendres du maïs, les haricots verts, les oignons, les culs d'artichauds, les champignons, les cerises et beaucoup d'autres substances végétales également muqueuses : en observant toujours de les faire blanchir dans l'eau bouillante pour, d'une part, combiner leurs principes et les mettre en état de conserver leur forme, et de l'autre, pour mieux prendre le vinaigre. C'est ainsi qu'on parvient à confire ensemble tous les fruits charnus avant l'époque de leur parfaite maturité, et à les présenter sur nos tables, sous le nom de *macédoine*.

On ne peut se dispenser de convenir que les mets aigrelets, loin de les regarder comme des alimens de luxe, ne soient très-salutaires dans certaines circonstances, et que leur usage ne prévienne les maladies inflammatoires ou scorbutiques ; pourquoi les fermiers dédaigneroient-ils de former des provisions de ce genre et d'en distribuer de temps en temps à leurs ouvriers pour assaisonner agréablement leurs mets ? c'est dans cette vue que nous allons rapporter la manière de confire les betteraves qui, dans cet état, sont fort du goût des Allemands, servies sur leurs tables en même temps que le potage.

Betteraves confites au vinaigre.

On expose les betteraves au four, dès que le pain en est ôté ; on les coupe par tranches minces ; on les met dans un pot, et on verse assez de vinaigre pour les recouvrir, ayant la précaution d'y ajouter un peu de sel ; mais comme on remarque que les betteraves confites ainsi ne se conservent pas long-temps, et que le vinaigre en quinze ou vingt jours, a pu cesser d'être acide et a, par conséquent, perdu toute sa force, on a grand soin de n'en confire que peu à la fois ; ou bien lorsque cet inconvénient a lieu, on renouvelle le vinaigre, parce qu'alors il n'agit plus sur le tissu de la racine déjà assez imprégnée et combinée avec l'acide. Cette précaution devient même indispensable si on veut conserver un certains temps en bon état, les fruits confits au vinaigre.

Nous ferons ici cette question : Pourquoi les fruits et les légumes qu'on met confire dans du vinaigre absorbent-ils la partie la plus acide de ce fluide, comme ils absorbent l'alkool, quand c'est l'eau-de-vie qui leur sert de véhicule, et donnent-ils en échange de cette acquisition, l'eau qui les constitue ?

Pour rendre raison de ce phénomène, il suffit de connoître la propriété qu'a l'acide acétique et généralement tous les acides de se porter sur la gélatine, de se combiner avec elle, et souvent même de lui faire prendre la forme concrète. Or, comme tous les fruits qu'on met confire dans le vinaigre contiennent une certaine quantité de gélatine, il ne doit plus paroître surprenant de voir l'acide acétique quitter l'eau avec laquelle il se trouve mêlé dans le vinaigre, pour venir se réunir avec cette gélatine.

Une chose essentielle à remarquer, c'est que dans cette espèce de combinaison, l'acide se trouve toujours en excès, à peu près comme dans certains sels que nous retirons de quelques végétaux. De même que l'excès d'acide de ces sels ne peut être séparé de la base à laquelle il est uni sans opérer la décomposition des sels, de même aussi la séparation de l'excès d'acide dont se surcharge la gélatine, ne peut pas avoir lieu sans décomposer la combinaison dont il s'agit.

Cette propriété qu'a la gélatine de former avec certains acides des combinaisons dans lesquelles l'acide se trouve en excès n'est pas une hypothèse; on peut la prouver par des expériences directes et positives; il nous suffira de citer l'exemple suivant.

Si on mêle une très-petite quantité d'acide sulfurique avec de l'huile de lin, aussitôt cet acide se porte sur la gélatine ou mucilage que contient cette huile; il s'y unit fortement, et forme avec lui un corps qui peu à peu se sépare. Examine-t-on ensuite ce corps? on trouve qu'il est acide, qu'il a absorbé seul tout l'acide qu'on a employé, que l'huile reste douce, et qu'enfin l'adhérence de cet acide avec la gélatine qui lui sert de base est si forte, qu'il est impossible de la rompre sans opérer la décomposition de la combinaison qui s'est faite.

Il ne faut pas douter que les fruits confits dans le vinaigre n'offrent le même phénomène. Tout l'acide acétique en s'unissant avec le corps gélatineux, doit donc nécessairement donner à ces fruits une saveur décidément aigre, tandis que le vinaigre qui les surnage reste à peine acide. C'est peut-être aussi à l'action qui exerce à son tour cette espèce de combinaison, avec excès d'acide, sur toutes les parties des fruits dont elle est environnée, qu'est due la consistance ferme qu'acquièrent assez généralement ces mêmes fruits, lorsqu'on les laisse macérer pendant quelque temps dans le vinaigre.

Au reste, la propriété qu'a la gélatine des fruits d'absorber l'acide acétique, ne lui appartient pas exclusivement, puisqu'on remarque qu'elle a aussi lieu pour la viande.

En effet, et nous l'avons déjà fait observer, on sait qu'en mettant macérer de la viande dans du vinaigre, elle prend assez promptement une saveur acide qu'il est difficile de lui faire perdre en la lavant, même à plusieurs reprises, dans de l'eau chaude.

Nous concluons de ce qui précède, que la propriété qu'ont certains fruits de séparer la plus grande partie de l'acide acétique que contient le vinaigre dans lequel on les fait macérer, ne peut être expliquée autrement qu'en admettant la grande affinité qu'a cet acide avec la gélatine; affinité qui permet que l'acide s'unisse en excès avec cette gélatine, et forme avec elle une espèce de combinaison analogue, sous certains rapports, à celle que nous extrayons de quelques végétaux, et que nous connoissons sous le nom de sels avec excès d'acide.

Des vinaigres aromatiques.

Après avoir parlé de la conservation des viandes et des fruits dans le vinaigre, nous allons indiquer le moyen de charger ce fluide de la partie odorante et sapide des différentes parties de végétaux qu'on emploie souvent en entier, dans leur saison, comme assaisonnement. Les attentions générales que méritent les plantes avant d'être mises à infuser dans le vinaigre, sont d'abord de ne les cueillir que dans le temps de leur vigueur, de les éplucher, de les monder, de les diviser, de les priver de leur humidité surabondante par une dessiccation toujours prompte. Si on les employoit fraîches, leur eau de végétation passeroit bientôt dans le vinaigre en échange de l'acide que celui-ci leur fourniroit, ce qui diminueroit son action et le mettroit bientôt dans le cas de s'altérer. Une autre considération, c'est que le vinaigre blanc doit être employé de préférence aux vinaigres aromatiques; que les plantes n'y séjournent que le moins de temps possible; et que quand une fois l'acide est chargé suffisamment de tout ce qu'il peut en extraire, il faut se hâter de l'en séparer. Voici quelques exemples de ces vinaigres, dont on connoît des recettes sans nombre; mais l'estragon, le sureau et les roses ayant été les premiers végétaux dont on ait fait passer l'odeur dans le vinaigre, il convient de les indiquer d'abord; nous passerons ensuite à des vinaigres plus composés, d'un usage également général.

Vinaigre d'estragon

Après avoir épluché l'estragon on l'expose quelques jours au soleil; on le met dans une cruche que l'on remplit de vinaigre; on laisse le tout en infusion pendant quinze jours. Au bout de ce temps, on décante la liqueur, on exprime le marc et on filtre soit au coton, soit au papier gris, pour être mis ensuite en bouteilles, qu'on tient bien bouchées et dans un endroit frais.

Vinaigre surare.

On choisit des fleurs de sureau au moment de leur épanouissement; on les épluche en ne laissant aucune partie de la tige qui donneroit de l'âcreté. On met ces fleurs à demi-séchées dans le vinaigre, et on expose la cruche bien bouchée à l'ardeur du soleil, pendant deux décades; on décante ensuite; on exprime et on filtre comme ci-dessus.

Si, comme on le recommande dans tous les livres, on laissoit le vinaigre surare sur son marc sans le passer, pour s'en servir au besoin; loin d'avoir plus de qualité, il se détérioreroit bientôt: il convient donc d'en séparer le marc, et de distribuer la liqueur dans des bouteilles.

Vinaigre rosat.

On obtient un vinaigre agréable pour le goût et pour la couleur, avec du vinaigre blanc, dans lequel on a mis infuser au soleil, pendant une décade, des roses effeuillées. Mais il faut avoir soin d'exprimer fortement le marc, de filtrer

filtrer la liqueur, et de la distribuer dans des vases bien bouchés. C'est en suivant ce procédé qu'on prépare un vinaigre d'un goût très-agréable avec des fleurs de vigne sauvage, et l'exposant de la même manière au soleil.

Vinaigre composé pour la salade.

Il arrive souvent que l'on mêle ensemble les trois vinaigres dont il vient d'être question, ou bien que les fleurs dont ils portent le nom sont mises à infuser dans le même vinaigre ; mais voici une composition qui paroît suppléer à ce qu'on appelle vulgairement la fourniture des salades.

Prenez de l'estragon, de la sariette, de la civette, de l'échalotte et de l'ail, de chaque trois onces (environ un hectogramme); une poignée de sommités de menthe, de baume; le tout séché, divisé, se met dans une cruche avec huit pintes (7 litres 44 centilitres) de vinaigre blanc. On fait infuser pendant quinze jours au soleil; au bout de ce temps, on verse le vinaigre, on exprime, on filtre ensuite, et on garde le vinaigre dans des bouteilles parfaitement bouchées.

Vinaigre de lavande.

Dans le très-grand nombre des vinaigres, dont la parfumerie fait commerce, nous n'en citerons qu'un seul; il servira d'exemple pour ceux de ce genre qu'on peut employer à la toilette.

Prenez des fleurs de lavande promptement séchées au four ou à l'étuve; mettez-en demi-livre (244 grammes 573 milligrammes) dans une cruche, et versez par dessus quatre pintes de vinaigre blanc (3 litres 72 centilitres). Laissez le tout infuser au soleil; et après huit jours d'infusion, passez, exprimez le marc fortement, et filtrez à travers le papier. Ce vinaigre de lavande préparé ainsi par infusion, est infiniment plus agréable et moins cher que celui obtenu par distillation. On peut opérer de la même manière pour la préparation du vinaigre de sauge, de romarin, etc.

Vinaigre des Quatre-Voleurs.

La pharmacie a aussi ses vinaigres aromatiques, dont nous nous abstiendrons de présenter la nomenclature. Nous nous arrêterons à celui dit des Quatre-Voleurs, à cause du métier que faisoient ceux qui en donnèrent la recette pour avoir leur grace.

Pour quatre pintes (3 litres 72 centilitres) de vinaigre blanc, l'on prend grande et petite absinthe, romarin, sauge, menthe, rue, de chaque à demi-séché, une once et demie (46 grammes), deux onces (61 grammes) de fleurs de lavande sèche, ail, acorus, cannelle, girofle et muscade, de chaque deux gros (7 grammes), on coupe les plantes, on concasse les drogues sèches, et on les fait infuser au soleil durant un mois dans un vaisseau bien bouché; on coule la liqueur, ou l'exprime fortement, et on la filtre, pour y ajouter ensuite demi-once (15 grammes) de camphre dissous dans un peu d'esprit de vin.

VIN

Propriétés médicales et économiques du vinaigre.

Le vinaigre est d'un grand usage dans la vie ordinaire, comme l'assaisonnement piquant et agréable de beaucoup d'espèces d'alimens. Les arts l'emploient utilement, et d'une manière variée. Combien ne doit-on pas à cet acide de couleurs vives et de nuances brillantes ! mais c'est sur-tout en médecine qu'il est recommandable. Les praticiens les plus expérimentés l'ont placé au rang des remèdes les plus salutaires, administré intérieurement : on l'applique aussi à l'extérieur, seul ou combiné avec d'autres substances.

Les ordonnances de marine, qui prescrivent aux capitaines de vaisseaux de ne se mettre en mer qu'avec une provision considérable de vinaigre pour laver les ponts, entre-ponts et chambres, au moins deux fois par décade, de tremper dans cet acide les lettres écrites des pays suspectés de maladies contagieuses, prouvent assez que de tous les temps on a regardé le vinaigre comme le plus puissant prophylactique, l'antiputride le plus assuré. On sait que dans les hôpitaux il a obtenu, pour les purifier, la préférence sur les substances aromatiques ; mais c'est sur-tout en expansion comme tous les acides, dans l'état de gaz, qu'il forme des combinaisons avec les miasmes, qu'il les détruit, et rend à l'air dans lequel ils étoient comme dissous, sa pureté et son élasticité.

L'efficacité du vinaigre est sur-tout démontrée, lorsque, pour corriger l'air corrompu des chambres où l'on tient les vers à soie, et les préserver des maladies, on en arrose le plancher à diverses reprises. Nous disons arroser, et non jeter sur une pelle rouge, comme cela se pratique journellement, pour chasser les mauvaises odeurs ; car c'est une erreur de croire que, décomposé et réduit ainsi en vapeurs, le vinaigre possède une pareille propriété ; il ne fait, comme les parfums, que surcharger l'air, diminuer son ressort, et rendre encore plus sensible l'odeur infecte qu'on avoit voulu enchaîner. Il faut donc éparpiller le vinaigre sur le sol des endroits qu'on a intention de désinfecter, ou l'exposer dans des vaisseaux à large orifice, et non le vaporiser par le feu.

Quand il règne des chaleurs excessives, les fermiers, qui comptent pour quelque chose la santé des moissonneurs, ajoutent du vinaigre à l'eau pour aciduler leur boisson. On fait avaler un peu de cet acide aux poissons d'eau douce des que l'on craint qu'ils n'aient cette saveur de boue si désagréable ; enfin, uni au sucre et au miel, il forme des sirops dont voici le plus recherché.

Sirop de vinaigre.

Ce sirop est comme celui de groseille, qui, étendu dans une certaine quantité d'eau, offre une boisson rafraîchissante, et d'un goût très-agréable. On le prend avec plaisir dans les chaleurs de l'été ; il désaltère promptement, délicieusement, et à peu de frais. La préparation en est simple, d'une exécution facile ; et il n'y a personne qui ne soit capable de l'exécuter, en suivant exactement ce que nous allons indiquer.

Il faut se servir d'une cruche de grès ; l'on fait infuser dans une pinte et demie ou deux pintes (environ deux litres) de bon vinaigre, autant de framboises, bien mûres et bien épluchées, qu'il pourra y en entrer, sans que le vinaigre surnage. Après huit jours d'infusion, l'on verse tout à la fois et le vinaigre et les framboises, sur un tamis de soie ; on laissera librement passer la liqueur sans presser le fruit. Le vinaigre étant bien clair, et bien imprégné de l'odeur de la framboise, l'on en prend seize onces (489 grammes) et pour ces seize onces, on prend trente onces (917 grammes) de sucre que l'on concasse grossièrement ; on le mettra dans un matras ; on versera le vinaigre aromatisé par dessus ; on bouchera bien le matras et on le placera au bain-marie à un feu très-modéré. Aussitôt que le sucre est fondu, on laisse éteindre le feu, et le sirop étant presque refroidi, on le met en bouteilles qu'il faut avoir soin de bien boucher, et de placer dans un lieu frais.

Nous répèterons en terminant cet article, ce que nous avons dit en le commençant : le vinaigre est agréable au goût et à l'odorat. Il devient indispensable dans une foule de maladies, en état de santé et dans les arts. On doit donc le considérer comme un des produits les plus dignes de fixer l'attention de l'économie rurale et domestique.

PARMENTIER.

VIOLETTE. *Linné* l'a placée dans la syngénésie monogamie. Il la nomme *viola odorata*. Dans Tournefort, elle fait partie de la première section de la classe onzième, *viola martia purpurea, flore simplici odore*.

Fleur : anomale, à cinq pétales inégaux, dont l'arrangement a quelque ressemblance avec celui des papilionacées ; le supérieur droit, grand, échancré, terminé à sa base par un nectar obtus et recourbé ; les deux latéraux opposés, obtus, droits ; les inférieurs grands, réfléchis en dessus ; le calice petit et divisé en cinq pièces ; la corolle ordinairement violette, quelquefois blanche.

Fruit. Capsule ovale, à trois côtés, uniloculaire, trivalve, contenant plusieurs semences ovoïdes.

Feuilles : cordiformes, dentelées en leurs bords ; les radicales pétiolées, les caulinaires pétiolées ou sessiles.

Racine : fibreuse, sarmenteuse, stolonifère, rampante.

Port. Tige de quelques pouces, quelquefois en espèce de hampe, quelquefois rameuse, cylindrique, anguleuse ; les pédoncules des fleurs partent de la tige ou de la racine ; petites stipules qui naissent deux à deux.

Lieu. Les bois, les prés. Vivace.

Propriétés. Fleurs âcres, piquantes au goût, d'une odeur agréable ; les feuilles, la tige, et les racines sont insipides ; la fleur est rafraîchissante, béchique ; la feuille émolliente, relâchante, ainsi que la racine ; la semence diurétique, émétique, hydragogue.

La violette est si commune et si recherchée pour son odeur agréable, qu'il n'est personne qui ne la connoisse; mais il est bon de prévenir qu'une grande quantité de ses fleurs fraîches renfermées dans une chambre close, peut devenir funeste à ceux qui y respirent long-temps.

Cette plante étant du même genre que l'ipécacuanha, on a conclu qu'elle devoit avoir une vertu vomitive comme lui. On a fait des essais, pour s'en assurer, qui ont parfaitement réussis. Le chevalier von-Linné est le premier qui les ait tentés. Coste et Willemet les ont répétés avec le même succès.

Toutes les teintures alkalines verdissent le sirop de violette.

VIOLETTE-PENSÉE, (*Viola tricolor*) est une variété de celle qu'on vient de décrire. Sa racine est fibreuse : il en part des feuilles dont les unes sont arrondies, et les autres oblongues, dentelées sur leurs bords. Ses fleurs sont composées de cinq pétales, peintes de trois couleurs; savoir: de bleu, de pourpre ou de blanc, et de jaune: elles sont inodores. On cultive cette plante dans les jardins, à cause de la beauté de sa fleur. La corolle des violettes-pensées qui viennent spontanément dans les champs, est beaucoup plus petite et de couleurs bien moins éclatantes que celles dont les jardiniers prennent soin.

Strack et *Bucham* assurent que la décoction des feuilles de la pensée, dans du lait, est un spécifique sûr pour détruire la croûte laiteuse à laquelle beaucoup d'enfans sont sujets.

VIORNE, (la) ou *coudre-moinsinne*. Sixième section de la vingtième classe de Tournefort, *Viburnum*. Elle a reçu de Linné le nom de *Viburnum lantana*. Pentandrie trigynie.

Fleur ; monopétale en rosette, divisée en cinq découpures obtuses, réfléchies; le calice petit et à cinq dentelures ; cinq étamines.

Fruit. Baie arrondie, uniloculaire, renfermant une seule semence osseuse.

Feuilles ; pétiolées, simples, cordiformes, ovales, légèrement dentées et sillonnées ; d'un vert blanc en dessus, nerveuses, cotonneuses, blanchâtres en dessous.

Racine ; rameuse, ligneuse, à fleur de terre.

Port. Arbrisseau de six pieds, dont l'écorce est blanchâtre, les branches flexibles, le bois blanc; les fleurs au sommet, blanches, disposées en espèce d'ombelle ; les fruits verts dans les commencemens, rouges avant la maturité ; noirs lorsqu'ils sont mûrs; feuilles opposées.

Lieu. Les baies, les buissons, les bois.

Propriétés. Les fleurs, dans leur maturité, ont un goût astringent ; les feuilles et les baies sont rafraîchissantes et astringentes.

Usages. Les feuilles et les baies se donnent en décotion pour gargarisme.

VIPÈRE. Depuis la publication du sixième volume du *Cours com-*

plet d'*Agriculture*, dans lequel se trouve l'article *morsure*, le célèbre physicien italien *Fontana* a publié les nombreuses expériences qu'il a faites sur le venin de la vipère. Il nous paroît d'autant plus convenable de placer ici une notice succincte de son travail, qu'il est incontestablement prouvé par ses résultats que la morsure d'une vipère n'est point mortelle pour l'homme. Cet article est donc destiné à rassurer les personnes que le hasard ou des circonstances particulières exposeroient à la dent de ce reptile; et sous ce point de vue, on doit lui attribuer une sorte d'importance. Ces détails seront précédés des descriptions de la vipère et de la couleuvre, les deux espèces de serpens les plus communes dans notre climat. Par ce moyen, le lecteur sera à portée de connoître et de distinguer à des signes certains celui de ces deux reptiles qu'il auroit intérêt à ne pas confondre avec l'autre. Ces détails sont empruntés du continuateur de Buffon, La Cépède, non moins recommandable par l'exactitude de ses descriptions que par l'élégance de son style.

Description de la couleuvre commune.

Cet animal, aussi doux qu'agréable à la vue, peut être aisément distingué de tous les autres serpens, et particulièrement des dangereuses vipères, par les belles couleurs dont il est revêtu. La distribution de ces diverses couleurs est assez constante, et pour commencer par celle de la tête, dont le dessus est un peu aplati, les yeux sont bordés d'écailles jaunes et presque couleur d'or, qui ajoutent à leur vivacité. Les mâchoires, dont le contour est arrondi, sont garnies de grandes écailles, d'un jaune plus ou moins pâle, au nombre de dix-sept sur la mâchoire supérieure, et de vingt sur l'inférieure. Le dessus du corps, depuis le bout du museau jusqu'à l'extrémité de la queue, est noir, ou d'une couleur verdâtre très-foncée, sur laquelle on voit s'étendre d'un bout à l'autre un grand nombre de raies, composées de petites taches jaunâtres de diverses figures, les unes allongées, les autres à losanges, et un peu plus grandes vers les côtés que vers le milieu du dos. Le ventre est d'une couleur jaunâtre; chacune des grandes plaques qui le couvrent présente un point noir à ses deux bouts, et y est bordée d'une très-petite ligne noire: ce qui produit de chaque côté du dessous du corps, une rangée très-symétrique de points et de petites lignes noirâtres, placées alternativement. Cette jolie couleuvre parvient ordinairement à la longeur d'un mètre et plus, et alors elle a un décimètre et quelques centimètres de circonférence dans l'endroit le plus gros du corps. On compte communément deux cent six grandes plaques sous son ventre, et cent sept paires de petites plaques sous sa queue, dont la longueur est égale, le plus souvent, au quart de la longueur totale de l'animal. La couleuvre se tient presque toujours cachée; elle cherche à fuir lorsqu'on la découvre, et non seulement on peut la saisir sans redouter un poison dont elle n'est jamais infectée, mais même sans éprouver d'autres résistance que quelques efforts qu'elle fait pour s'échapper. Bien plus, on en a vu devenir assez dociles pour subir une sorte de domesticité. Ce n'est que parce que sa douceur et son défaut de venin ne sont pas aussi bien reconnus qu'ils devroient l'être pour la tranquillité de ceux qui habitent la campagne, que des charlatans se servent encore de ce serpent pour amuser et pour tromper le peuple, qui leur croit le pouvoir particulier de se faire obéir, au moindre geste, par un animal qu'il ne peut quelquefois regarder qu'en tremblant. Ce n'est pas toutefois qu'il n'y ait de certains momens, et même certaines saisons de l'année où la couleuvre, sans être dangereuse, ne montre ce désir de se défendre ou de sauver ce qui lui est cher, si naturel à tous les animaux ; car on a vu quelquefois ce serpent, surpris par l'aspect subit de quelqu'un, au moment où il s'avançoit pour traverser une route, ou que, pressé par la faim, il se jettoit sur une proie, se redresser avec fierté et faire entendre son sifflement de colère. Dans ce moment même on n'auroit rien eu à craindre d'un animal sans venin, dont tout le pouvoir n'auroit pu venir que de l'imagination frappée de celui qu'il auroit attaqué, puisque ses dents mêmes ne sont réellement dangereuses que pour de petits lézards et d'autres foibles animaux qui lui servent de nourriture. Cette impuissance de nuire dans la couleuvre est tellement constatée, que Valmont de Bomare rapporte dans son dictionnaire d'Histoire Naturelle, en avoir vu une si tendrement affectionnée à la maîtresse qui la nourrissoit, qu'elle se jetta à l'eau pour suivre un bateau qui portoit celle-ci ; mais la marée étant remontée dans le fleuve, et les vagues contrariant les efforts du serpent, il succomba bientôt sous leur masse.

Description de la vipère.

La vipère commune est aussi petite, aussi foible, aussi innocente en apparence, que son venin est dangereux. Sa longueur totale est ordinairement de six à sept décimètres. Sa couleur est d'un gris cendré, et le long de son dos, depuis la tête jusqu'à l'extrémité de la queue, s'étend une sorte de chaîne composée de taches noirâtres, de forme irrégulière, et qui, en se réunissant en plusieurs endroits les unes aux autres, représentent une bande dentelée et sinuée en zigzag. On voit aussi de chaque côté du corps une rangée de petites taches noirâtres, dont chacune correspond à l'angle rentrant de la bande en zigzag. Toutes les écailles de dessus du corps sont relevées au milieu par une petite arête, excepté la dernière rangée de chaque côté, où les écailles sont unies et un peu plus grandes que les autres. Le dessous du corps est garni de grandes plaques couleur d'acier, et d'une teinte plus ou moins foncée, ainsi que les deux rangs de petites plaques qui sont au dessous de la queue. La vipère a les yeux très-vifs et garnis de paupières ; et comme si elle sentoit la puissance redoutable du venin qu'elle recèle, son regard paroît hardi ; ses yeux brillent, sur-tout quand on l'irrite ; et alors, non seulement ils s'animent encore, mais le reptile ouvrant sa gueule, darde sa langue qui est ordinairement grise, fendue en deux, et composée de deux petits cylindres charnus, adhérens l'un à l'autre jusque vers les deux tiers de leur longueur. L'animal l'agite avec tant de vitesse qu'elle étincelle, pour ainsi dire, et que la lumière qu'elle réfléchit la fait paroître comme une sorte de petit phosphore. On a regardé pendant long-temps cette langue comme une sorte de dard, dont la vipère se servoit pour percer sa proie : on a cru que c'étoit à l'extrémité de cette langue que résidoit son venin, et on l'a comparée à une flèche empoisonnée. Cette erreur est fondée sur ce que, toutes les fois que la vipère veut mordre, elle tire sa langue et la darde avec rapidité.

Le dessous du museau et l'entredeux des yeux sont noirâtres ; et sur le sommet de la tête, deux taches allongées, placées obliquement, se réunissent à leur base et sous un angle aigu, ayant à peu près la forme d'un V. Cette marque, étant très-apparente, sert à faire distinguer, d'un coup d'œil, la vipère de la couleuvre. La tête de la première va en diminuant de largeur du côté du museau,

où elle se termine en s'arrondissant, et les bords des mâchoires sont revêtus d'écailles plus grandes que celles du dos, et tachetées de blanchâtre et de noirâtre. Le nombre des dents varie suivant les individus ; et il est souvent de vingt-huit dans la mâchoire supérieure, et de vingt-quatre dans l'inférieure ; mais toutes les vipères ont, de chaque côté de la mâchoire supérieure, une ou deux et quelquefois trois ou quatre dents longues de huit ou neuf millimètres, blanches, diaphanes, crochues, très-aiguës et très-mobiles. L'animal les incline ou les redresse à volonté. Communément elles sont couchées en arrière, le long de la mâchoire ; et alors la pointe ne paroît point ; mais lorsque la vipère veut mordre, elle les relève et les enfonce dans la plaie, en même-temps qu'elle y répand son venin. Ce poison est contenu dans une vésicule placée de chaque côté de la tête, au dessous du muscle de la mâchoire supérieure. Le mouvement du muscle pressant cette vésicule, en fait sortir le venin qui arrive par un conduit à la base de la dent, traverse la gaine qui l'enveloppe, entre par la cavité de cette dent par le trou situé près de la base, en sort par celui qui est auprès de la pointe, et pénètre dans la blessure. Ce poison est la seule humeur malfaisante que renferme la vipère ; et c'est en vain qu'on a prétendu que l'espèce de bave, qui couvre ses mâchoires, lorsqu'elle est en fureur, est un venin plus ou moins dangereux ; l'abbé *Fontana* a démontré le contraire.

Le résultat le plus intéressant des expériences de ce célèbre physicien, c'est que la morsure de la vipère n'est absolument point mortelle pour l'homme, et que c'est à tort qu'on a regardé la maladie qu'elle cause, comme une des plus dangereuses et des plus difficiles à guérir. Ainsi, il ne faudra plus recourir à l'amputation, à la succion, à la ligature ; moyens qui, souvent, déterminoient la gangrène. *Geoffroy* et *Hunault*, en examinant la vertu de l'huile d'olive contre la morsure de la vipère dans un mémoire lu à l'Académie en 1737, ont établi que cette morsure n'étoit pas mortelle pour l'homme, vérité à laquelle ajoutent infiniment les expériences de M. l'abbé *Fontana*. De tous les remèdes ceux qui ont été les plus célèbres, sont l'alkali volatil et l'eau de luce ; aussi le physicien de Florence a-t-il multiplié les expériences pour s'assurer de leur effet ; et il conclut que loin d'être utiles, ils aggravent la maladie, et même accélèrent la mort dans certains animaux : tels que le lapin, la grenouille. S'ils ont paru réussir, c'est que la maladie n'étoit pas mortelle, parce que le venin n'étoit pas en assez grande quantité pour tuer. En effet, d'après les expériences de *Fontana*, et le calcul qu'il a établi de la quantité de venin relative à la grandeur de l'animal mordu, il suffiroit, pour donner la mort à un moineau d'un millième de grain du venin de la vipère ; mais il faudroit celui de trois vipères pour tuer un chien pesant soixante livres. Or, l'homme est environ trois fois plus pesant que ce chien, une seule vipère ne peut donc pas le tuer avec une seule morsure ; et comme il n'est peut-être jamais arrivé qu'un homme ait été mordu par plusieurs vipères à la fois ou à plusieurs reprises par la même vipère, peut-être aussi n'est-il jamais arrivé qu'un homme ait été mordu mortellement par ce reptile. L'auteur n'a pu faire ses expériences sur l'homme, mais ayant recueilli toutes les observations d'empoisonnemens causés par la morsure de la vipère, il a remarqué qu'aucune des personnes mordues n'en étoit morte, quoiqu'on ait employé pour les secourir toutes sortes de remèdes, même des vertus les plus opposées, tels que l'alkali volatil et le vinaigre. Quand le travail de *Fontana* n'auroit procuré d'autre bien que la certitude de ne pas courir les risques de la mort par la morsure d'une vipère, on devroit déjà à ce physicien célèbre une reconnoissance éternelle ; car la frayeur et la crainte de la mort ne sont ni moins dangereuses, ni moins funestes que le mal même.

Dans un supplément imprimé à la fin de son second volume, M. l'abbé *Fontana* annonce que la pierre à cautère détruit la vertu malfaisante du venin de la vipère avec lequel on la mêle, et que tout concourt à la faire regarder comme le véritable et seul spécifique contre ce poison.

Il faut commencer le traitement, dit le docteur *Duplanil*, par faire des scarifications sur la partie blessée, parce que si le remède ne pénètre pas dans tous les endroits attaqués

attaqués par le venin, son effet est presque nul. Les scarifications sont d'autant plus nécessaires que les dents de la vipère font des trous si petits qu'ils sont souvent invisibles. Le remède ne pourroit donc pas entrer dans ces plaies, si on ne les dilatoit pas, et même profondément, parce que les dents de la vipère sont longues. La pierre à cautère délayée dans l'eau, de manière que cette dissolution n'étoit que peu caustique et donnée à la dose de trois petites cuillerées à cinq poules qui avoient été mordues à la cuisse par autant de vipères, les a préservées de la mort. Cette expérience a été répétée avec le même succès sur six lapins un peu grands, aux blessures desquels *Fontana* applique, en outre, de la pierre à cautère en poudre. Le venin de la vipère mêlé avec de la pierre à cautère, à doses égales, dont on fait une pâte avec quelques gouttes d'eau et appliquées sur des blessures faites à dessein, n'a jamais communiqué la maladie. M. *Fontana* a répété cette expérience avec la pierre infernale, et elle a réussi, mais non d'une manière aussi constante.

VIPÉRINE. (*Botanique*) ou herbe aux vipères. Selon Tournefort *echium vulgare*. Von-Linné donne le même nom; elle est placée dans sa pentandrie monoginie. Dans la classification du premier de ces botanistes elle fait partie de la section 4e, de la deuxième classe.

Fleur; monopétale, infundibuniforme comme campaniforme, découpée en cinq parties inégales,

les supérieures étant les plus longues ; le calice à segmens inégaux.

Fruit. Quatre semences rapprochées les unes contre les autres, ridées, semblables à la tête de la vipère, d'où est venu le nom de la plante ; car rien n'établit qu'elle soit propre à guérir la morsure de ce reptile.

Feuilles; linguiformes, longues, rudes au toucher, tachetées, placées sans ordre.

Racine; longue, ligneuse, rameuse.

Port. Tige de la hauteur de deux pieds, velue, ronde, ferme, marquetée de points rudes, noirs ou rouges ; les feuilles caulinaires assises, les radicales à pétioles ; les fleurs et épis placés sur un seul côté ; elles sont rouges, ou bleues, ou blanches.

Lieu. Tous les champs ; la plante est bisannuelle.

Propriétés. Elle a les mêmes vertus que la buglose, à laquelle on la substitue, et aux mêmes doses : elle est aussi très-nitreuse.

VITRIOL. Ce qu'on appelle *vitriol*, dans le langage commun, est le *sulfate de fer* des chimistes. Ainsi, les terres *vitriolisées* sont des terres imprégnées de *sulfate de fer*.

Le sulfate de fer peut présenter trois états : 1°. celui de sulfate pur et vierge; 2°. celui de décomposition; 3°. le résidu de la décomposition.

Pour concevoir tous ces passages, il faut remonter par la pensée au premier âge du globe que nous habitons. Nous y verrons, presque par-tout, les matériaux de la formation du sulfate de fer. En effet, les traces des volcans, la présence de l'ocre qu'on observe sur presque toute la surface du globe, annoncent que, dans les premiers temps, la terre contenoit une infinité de pyrites qui se sont successivement décomposées, tantôt en présentant les phénomènes de la combustion, tantôt en produisant seulement de la chaleur, selon qu'elles étoient imprégnées ou non de bitume.

Nous trouvons encore fréquemment des couches de ces pyrites en travail d'une décomposition active; et, lorsqu'on les retire du sein de la terre pour les mettre en contact avec l'air atmosphérique, elles ne tardent pas à *travailler*, à *effleurir*. En très-peu de temps, le soufre est converti en acide sulfurique, et l'on trouve du sulfate de fer à la place du sulfure qui existoit originairement.

La décomposition des pyrites peut s'opérer dans les entrailles de la terre, à l'aide de l'eau qui les abreuve. Ici ce fluide cède son oxigène au soufre qui passe à l'état d'acide sulfurique, tandis que l'hydrogène devenu libre se fait jour à travers les crevasses de la terre et s'enflamme souvent par la chaleur de la décomposition des pyrites.

C'est à des causes semblables que nous devons rapporter une grande partie des phénomènes et des changemens qui surviennent au globe: la théorie des volcans et des tremblemens de terre, la formation des sulfates terreux ou métalliques si communs, si variés sur le globe, l'existence des eaux minérales, tout cela doit son origine à la décomposition des pyrites ou au passage du soufre natif, à l'état d'acide sulfurique.

Lorsque la décomposition de la pyrite se fait à l'air libre, alors il y a chaleur; et, tant qu'elle existe, la terre est stérile, elle est brûlée: c'est alors qu'on peut appeler ces terres *vitriolisées*. Il existe des tourbes pyriteuses qui subissent une semblable décomposition, aussi brûlent-elles les terres sur lesquelles on les répand. Elles pourroient néanmoins leur être utiles, si on les employoit à très-petite dose. La chaleur modérée qu'elles produiroient alors, stimuleroit la végétation.

Le sulfate de fer qui a le contact de l'air et de l'eau, ne sauroit résister long-temps à leur action: ce dernier fluide le dissout, le charrie, et présente des vertus qui en font prescrire l'usage à la médecine: et c'est ce qu'on appelle des *eaux minérales*, *martiales*, *ferrugineuses*.

Mais le fer dissous dans l'acide sulfurique, s'oxide de plus en plus, et il se précipite peu à peu sous la forme d'un oxide jaune qui, par une oxidation progressive, devient rouge. C'est ce qui est connu sous les noms de *terres ochreuses*, *ochre*, *brun-rouge*, *colchotar*.

Ainsi, les diverses couleurs que présentent les terres ne sont dues qu'à divers degrés d'oxidation du fer; et cet état provient de la décomposition graduée du *vitriol*.

Ces terres ferrugineuses sont

généralement propres à la végétation, sur-tout lorsque l'oxide de fer y est mêlé avec une base terreuse convenable.

Le *sulfate de fer* (*vitriol*) a divers usages domestiques qui en font une composition précieuse.

Les décoctions astringentes des végétaux en précipitent le fer en noir : cette propriété connue dans les campagnes y fournit le moyen de teindre grossièrement les étoffes qu'on destine à des deuils. J'ai vu pratiquer cette méthode dans les montagnes du Gévaudan avec assez de succès. Il suffit d'épaissir convenablement cette teinture noire avec de la gomme pour en former de l'*encre à écrire*.

On emploie encore le vitriol comme astringent; mais l'usage qu'on en fait, à ce titre, est généralement pernicieux. On emploie sa dissolution pour faire disparoître ou répercuter les éruptions cutanées, telles que gales, dartres, etc., tant sur les hommes que sur les bestiaux. La saine médecine réprouve cette méthode, à l'aide de laquelle on produit des maux incurables, sous l'apparence d'une guérison miraculeuse. CHAPTAL.

VIVE-JAUGE se dit de l'action importante d'enterrer profondément une couche de fumier de plusieurs pouces d'épaisseur, depuis six, par exemple, jusqu'à vingt et vingt-quatre. C'est par ce moyen qu'on renouvelle les arbres languissans. On les déchausse, on met leurs racines à nu, en apportant toute l'attention possible à n'égratiguer, à ne rompre, non pas seulement les grosses racines, mais les parties les moins apparentes du chevelu. On les laisse passer l'hiver en cet état d'isolement; et, au retour du printemps, on enfouit dessous, et dans les interstices qu'elles laissent entr'elles, le fumier, au moins à demi-consommé, qu'on aura eu soin de placer avant l'hiver sur la terre qui sera sortie de la tranchée ; c'est-à-dire, à quatre ou cinq pieds de distance de la tige de l'arbre, suivant le plus ou le moins d'espace qu'auront parcouru les racines.

On ne peut guère attendre de succès d'une plantation d'asperges que par un premier fumage à vive-jauge. En répétant ce procédé de trois en trois ans, dans un terrain quelconque, il n'est point de terre si mauvaise qu'on la suppose, qui ne finisse par devenir une excellente terre végétative.

VIVIER, *Réservoir*, *Carpière*. C'est un lieu propre à conserver le poisson, pour le prendre facilement au besoin, soit qu'on le destine à être transporté au marché, ou consommé dans la maison. Il n'est aucun propriétaire cultivateur qui ne sente l'agrément de faire servir de temps en temps un plat de poisson à sa famille, et sur-tout de pouvoir se le procurer sans peine et sur-le-champ, à certaines époques de l'année, où les autres provisions du ménage peuvent être insuffisantes. Il n'en est pas des campagnes comme des villes, pour se procurer instantanément, pour ainsi dire, les commodités ou les besoins de la vie;

et par besoins, nous entendons ce genre de superflu dont l'éducation ou l'habitude ont réellement fait des objets de première nécessité. Dans les villes, l'argent suffit pour tout : la halle, la poissonnerie, les boutiques de comestibles, sont des basses-cours, des volières, des viviers, toujours peuplés, tant pour la consommation actuelle que pour l'approvisionnement de l'acheteur. Les mêmes ressources n'existent pas autour de nos maisons rurales. Quelquefois une société de voisins ou d'amis nous survient tout à coup; on voudroit lui faire une réception honorable, et l'on se trouve au dépourvu; vîte, un homme à cheval: on l'envoie à la ville ou au bourg le plus voisin, chercher on ne sait quoi. Il demande, en montant à cheval, ce qu'il doit apporter. Tout ce que vous trouverez, lui répond-t-on ; mais partez vîte ; et le commissionnaire met sa monture au galop, sans savoir, pour ainsi dire, ni où il va, ni pourquoi il se met en route. Mais quand reviendra-t-il ? A quelle heure dînera-t-on, se disent à la fois l'une et l'autre, la cuisinière et la maîtresse ? La première perd la tête ; l'autre s'inquiète ; et, malgré tous ses efforts pour dissimuler son impatience et son embarras, les convives s'en apperçoivent et s'en affligent. Ce n'est pas tout : ce cheval, qui avoit peut-être travaillé toute la matinée, avoit besoin de repos ; ou bien, son travail de l'après-midi étoit indispensable pour achever quelque ouvrage que les variations du temps forceront peut-être de laisser imparfait.

Le père de famille soigneux et prévoyant, doit donc s'appliquer à créer et à entretenir autour de lui tous les petits établissemens d'économie domestique qui le mettent à portée de trouver sur-le-champ, et, en quelque sorte, sous sa main, les divers objets de consommation qui semblent inséparables de ses relations et de sa fortune ; le vivier doit être considéré comme l'un des plus importans. S'il peut être formé dans une eau courante, à une exposition aérée, le poisson en sera meilleur. Le brochet sur-tout en tirera de grands avantages. Cependant on n'est pas toujours voisin d'une rivière, d'un ruisseau ou d'une fontaine ; alors, on est forcé d'établir sa carpière dans des fossés ou dans des pièces d'eau dormante. Non seulement les carpes et les tanches y réussissent, mais elles s'y multiplient mieux que par-tout ailleurs. Ces sortes de viviers sont d'autant plus utiles, qu'on en peut aisément tirer le frai, soit pour peupler des étangs, soit pour donner de la nourriture aux brochets et aux truites, qu'on entretient en d'autres endroits. Au reste, que ce dépôt soit formé dans une eau courante, ou qu'il soit d'eau dormante, il est désirable qu'il soit à portée de l'évier de la cuisine, qu'il en reçoive les eaux, les lavures et les immondices. Les canaux d'écoulement qui lui transmettroient aussi les urines des étables et des écuries, pourroient produire deux grands avantages ; ils rendroient plus salubre l'habitation des animaux de la ferme, et communiqueroient à la chair du poisson qui s'en nourriroit une qualité, un goût, une saveur très-remarquables. Quand vous creuserez un réservoir, donnez à ses bords une pente imperceptible. Non seulement cette précaution empêchera l'éboulement des terres, mais les poissons que vous y mettrez auront plus de facilité pour frayer, pour paître l'herbe qui y croîtra, et pour saisir les insectes qui s'y réuniront en nombre infini. Quelle que soit sa forme et son étendue, gardez-vous de le peupler sitôt qu'il est creusé. Il est nécessaire, avant d'y introduire le poisson, et même d'y faire couler l'eau, que la terre reste exposée à l'air au moins pendant un an. Sans cette précaution de rigueur, vous vous exposeriez indubitablement à perdre votre poisson. On peut profiter de cette première année pour y semer de la graine de foin, qui donnera de la solidité à la terre des talus, et qui formera, dès la seconde année, une bonne nourriture au poisson.

Lorsqu'on prévoit un hiver long et dur, il faut s'occuper de prévenir les accidens dont le poisson seroit frappé pendant le séjour des glaces. Il mourroit de faim si on ne l'approvisionnoit d'avance. Remplissez un ou deux tonneaux, suivant la grandeur du réservoir, de terre glaise pétrie avec de l'orge, et assez battue pour se maintenir dans chaque tonneau, quoique défoncé par les deux bouts. Ces tonneaux descendent au fond de l'eau; et quand la glace les a recouvert, la carpe, la tanche, le poisson blanc, ne manquent pas d'en aller gratter la terre, et d'en avaler le grain, à mesure qu'il s'en sépare. Le poisson se conserve ainsi à l'abri de tout danger, quelque longue et quelque dure que soit la saison des gelées et des glaces.

En été, il ne faut pas négliger de jeter fréquemment dans le vivier des salades, des racines hachées, des morceaux de pain et des boulettes de pommes de terre, cuites et pétries avec des farines ou d'orge, ou de froment, ou de maïs, ou de sarrasin. Mieux on nourrit les poissons, plus leur chair est grasse et délicate. Si on veut entretenir des truites dans des viviers d'eau courante, ou du brochet dans l'eau dormante ou courante, il faut bien se garder de réunir ces espèces voraces avec les carpes et les tanches. Celles-ci seroient bientôt dévorées par les premières. Dans ce cas, on est indispensablement obligé de former dans le vivier plusieurs compartimens en claires-voies.

Olivier de Serre, non moins ingénieux dans ses conceptions économiques, que profond dans les principes qui servent de base à sa doctrine agricole, nous a laissé la description d'un vivier formant la clôture d'une garenne. Cette réunion d'animaux si divers dans un si court espace, et pouvant donner lieu à deux genres de récréations également agréables et utiles, la chasse et la pêche, nous a semblé mériter l'attention des propriétaires assez aisés dans leur fortune pour ne pas craindre de se livrer à l'exécution du plan qu'il propose.

« En coteau un peu relevé, dit-il,

regardant le levant ou le midi, et en terre vigoureuse, plus légère que pesante, est le lieu qu'on se choisira pour garenne. La terre ne sera pas toutefois beaucoup sabloneuse; d'autant qu'en telle les conils (de *cuniculus* lapin) ne se peuvent creuser les tannières à plaisir, la terre s'éboulant à cause de sa légèreté, sans avoir tenue : mais elle doit être fermée, et, pour ce faire, participer quelque peu de l'argile, non toutefois beaucoup, pour ne rendre le creuser trop difficile. Ce sera grand avancement d'œuvre, si le lieu est déjà planté d'arbrisseaux et buissons à ce propres. Mais si par le défaut de nature ou négligence des prédécesseurs il se trouve vuide, il sera fourny d'arbres de la sorte, et plantez en la manière cy-après enseignée, afin qu'en estant formés des taillis forts et épais, les conils y puissent avoir seure retraite, et des vivres en abondance pour s'y entretenir. Il est à souhaiter que la garenne soit près de la maison; tant pour le plaisir de la pouvoir souvent et aisément visiter, et y prendre la fraischeur de l'ombrage, que pour la conservation des conils, qu'on dérobe facilement étans en lieu trop écarté.

» Afin que les conils ne s'enfuyent, il sera nécessaire de fermer la garenne avec de bonnes murailles bien maçonnées à chaux et sable, hautes de neuf à dix pieds, et profondément fondées dans terre, pour oster au conils l'espérance d'en sortir par-dessous les fondemens, comme à cela ils s'efforcent, minant dans terre; tant ils desirent la liberté, se sentant enfermez, jusqu'à ce que ils ayent accoûtumé le lieu. Les hayes ne servent de rien pour retenir les conils à travers desquelles ils passent facilement, quelques fortes et épaisses qu'elles soient, ny aussi les fossés plus larges et profondes qu'on les fasse, hormis qu'ils fussent remplis d'eau : dont la cloison se rend préférable à toute autre, pour les raisons dites cy-après. Au défaut de cette commodité, il se faudra résoudre à la muraille, sans faire autre estat ny des hayes, ni des fossez que pour préserver le bois taillis du dégast des bêtes, sans espérer de pouvoir retenir les conils. Mais si, pour l'incommodité du païs, rare en pierre, vous ne pouvez maçonner de bonnes murailles comme vers Tholoze et en plusieurs autres endroits, où le bâtiment est très-cher, à ce défaut la garenne sera close ou de murailles de terre, selon leur plus commun usage, ou de fossez et hayes tout ensemble : dont à tout le moins le taillis demeurant en sûreté. Et quant aux conils, par coûtume, à la longue, s'y arrêteront pour les bons logis que nous leur dresserons ès terriers à la manière cy-après enseignée.

» Il a déjà été parlé de la capacité de la garenne. Doncques, sans crainte d'excéder, nous la prendrons aussi grande que le lieu le permettra, afin d'avoir des conils sains et délicats au manger, comme tels sont toujours ceux qu'on nourrit en terre spacieuse, lesquels courans à volonté, ne se prennent garde de leur servitude : approchans par-là de la perfection des entièrement sauuages. En grand nombre aussi, la raison voulant que plus produise le grand que le petit lieu : duquel en outre vous tirerez abondance de menu bois de chauffage quand chaque année vous ferez couper du taillis par quartiers selon sa portée; commodité non petite, comparée aux fumiers du colombier, pour, de même qu'eux, ce bois icy tenir lieu de seconde vtilité dans la garenne : suffisant moyen pour satisfaire aux frais de son entretien, les conils restans de liquide reuenu. Néantmoins, pour borner aucunement la garenne, je diray qu'elle sera de raisonnable grandeur pour la fourniture d'une bonne maison, si on y employe sept ou huict arpens de terres, *trois ou quatre hectares*, (consultez le mot MESURES dans le supplément), et telle garenne estant bien gouuernée et entretenuë, rapportera par communes années, les deux cents douzaines de conils, et danantage.

» Reuenant à cloison. Si le lieu et l'eau fauorisent l'entreprise, nous la ferons d'eau viue, pour paruenir où nous desirons ; car, pourvu que le fossé soit fait comme il faut, et comme sera montré, l'eau estant dedans, les conils ne la pourront nullement trauerser. D'ailleurs, ce sera dresser la garenne et le pescher tout ensemble, mettant du poisson dans le fossé, où il se nourrira et se multipliera très-bien : dont le ménage en sera d'autant plus à priser, que mieux tout d'une main l'on se sera accommodé de conils et de poissons. Les conils trauerseront bien l'eau à la nage, mais ils ne pourront ressortir, si la riue extérieure du fossé, au respect de la garenne, est un peu releuée, et droictement taillée à plomb; car les conils estant moüillez, ne peuvent presque rien remonter en haut. C'est pourquoy il sera besoin de façonner diversement les deux bords du fossé ; à scauoir celuy qui est joignant la garenne, en douce pente, sans aucun releuement ; et l'autre de telle sorte qu'il ait le rivage taillé de la hauteur d'vn couple de pieds. Ainsi les conils croyant se sauver en nageant, seront contraints de s'en retourner d'où ils viennent, par la rencontre de la rive taillée sur leur issuë, quand mouillez ne pourront monter le bord du fossé pour en sortir. Tailler droictement les deux bords du fossé, seroit donner la mort asseurée aux conils, d'autant que sautans dans l'eau comme ils font ordinairement en iouant, quelque basse qu'elle soit, si noyeront pour n'en pouuoir ressortir. Comme au contraire, ils auroyent la porte ouuerte pour s'enfuyr si les deux riues estoient en douce pente : ainsi ne faudroit pour ruiner la garenne dès son origine, que manquer en l'un ou en l'autre endroit. Il sera besoin de tenir réparées les ruines qui arriuent à ce bord de fossé droictement taillé, dont la terre, par sa propre pesanteur, s'éboule d'elle-même de jour à autre ; surtout au temps des gelées, afin que, par les bresches qui s'y font à cette occasion, les conils ne trouvent la porte des champs pour s'enfuyr.

Et afin que cela ne soit toujours à recommencer, il sera bon d'y pouruoir vne seule fois en bordant l'extérieur du fossé d'vne muraille de maçonnerie pour tenir ferme en cet endroit : ou ne voulant tant dépenser, en y plantant des oziers prez l'vn de l'autre, afin qu'entreliez ensemble, ils retiennent la terre de s'auailler.

» Si le fossé n'est large que de dix ou douze pieds, ce sera en vain qu'on le fera : d'autant que de cette mesure, les conils la traverseront aisément en un saut, à toutes les fois qu'ils leur prendra l'ennuie de gaigner les champs ; et les poissons ne s'y pourront commodément nourrir, s'il n'y a cinq ou six pieds d'eau. Pour doncques servir à l'un et à l'autre usage, il faut donner au fossé dix-huict pieds de largeur, et six ou sept de profondeur. A laquelle mesure on ne s'arrestera toutesfois, si on ne craint la dépense de l'ouvrage ou l'employ de la terre, puisque le fossé ne pourroit estre trop grand, ny pour garder les conils, ny pour nourrir le poisson, qui sera d'autant plus abondant et d'autant meilleur, que plus ample sera son réceptacle. L'ordonnance de ce pescher aidera aussi beaucoup à la bonté du poisson, lequel fait en long fossé ceignant la garenne, a quelque correspondance avec la riuière naturelle, où le poisson allant de long en se promenant, enuironne la garenne, et retournant toûjours par-là, croit estre en pleine liberté, dont se rend sain et sauoureux.

» La garenne ainsi fermée d'eau ne pouuant estre que platte, ne peut par conséquent entièrement satisfaire au naturel des conils, qui est de monter et descendre, comme à ce, le costeau est le plus propre. Pour cela néantmoins nous laisserons de préférer cette assiette à toute autre, tant pour la fermeté de la cloison, que pour la commodité du poisson. Ioint que le plan de la garenne se peut aucunement corriger à l'vtilité des conils, par la terre sortant des fossez en les creusant, laquelle, portée en plusieurs endroits de la garenne, y fait des monticules, releuez, longs, ronds, quarrez, ou d'autre figure, telle qu'on voudra, ressemblans à des petits costeaux sur lesquels les conils se promènent à plaisir, et de même s'y logent, pour la facilité de creuser cette terre de nouueau remuée. D'ailleurs, par le fossez sont épuisées les eaux croupissantes au plan de la garenne, souterraines, et autres ; ainsi les conils demeureront sans être importunés d'humidité, comme ils desirent. Et finalement ils sont accommodés d'eau pour boire, l'ayant ainsi proche, si toutesfois ils veulent boire ; car plusieurs doutent, et croyent que ce bétail peut viure par le seul manger sans nullement boire ».

Oui. les lapins se passent de boire quand ils se nourrissent de plantes vertes; mais nous avons la preuve que les lapins domestiques succombent bientôt au régime purement sec, Lorsqu'on est forcé à ne leur offrir que du foin, de l'avoine ou du son, il faut avoir l'attention de détremper ce dernier

nier aliment avant de le leur présenter. Si on est à portée d'entremêler le fourrage sec de racines fraîches, comme navets, carottes, pommes de terre, panais, etc. On peut se dispenser de tout autre soin. *consultez* dans le supplément, *le mot* GARENNE DOMESTIQUE.

VOMIQUE. (*Médecine rurale*). La vomique est un abcès exactement renfermé dans un kiste, ou une membrane qui forme une espèce de poche.

Il peut se former des vomiques dans presque toutes les parties du corps: mais pour l'ordinaire cette maladie n'attaque que les poumons : ce n'est jamais qu'à la suite d'une inflammation ou d'un cathare du poumon, qu'on peut se permettre de ne plus douter de son existence, sur-tout, si, dans les quatorze jours, l'expectoration de la matière qui obstruoit les poumons ne s'est point faite ; s'il n'est survenu aucune autre évacuation considérable, soit par les selles, soit par les urines, et que le malade, loin d'être guéri, ou du moins considérablement soulagé, ressente au contraire des redoublemens de fièvre beaucoup plus forts le soir ; à sa respiration gênée ; éprouve dans le jour des horripilations ou des froids bien marqués, et ses joues deviennent rouges sur-tout aux deux pommettes, et les lèvres sèches. Tous ces symptômes n'en restent pas là ; ils prennent une plus grande intensité, et leur violence vous garantit de la formation complète de la vomique.

Tome X.

Alors la fièvre devient plus continue ainsi que la toux ; le moindre mouvement ou la plus légère nourriture que le malade se permette, la fait augmenter. Il ne peut se coucher sur le côté sain, il sent alors un poids considérable sur le côté affecté, qui n'est occasionné que par l'amas de la matière contenue dans le kiste ; il ne peut pas même long-temps rester dans cette situation, le tiraillement des parties lui cause une vive douleur : il faut qu'il se couche sur le côté malade. Souvent il est obligé de rester assis le jour et la nuit, ne pouvant point se coucher du tout. Il passe les nuits blanches. L'inquiétude s'empare de lui : il est en proie à des angoisses horribles ; et les sueurs se font appercevoir sur la poitrine, sur le visage, et autour du col.

Il a souvent le goût d'œufs pourris dans la bouche ; la fièvre le mine et le consume au point qu'il ne lui reste plus que la peau et les os ; rien ne peut étancher sa soif ; sa langue et sa bouche deviennent aussi sèches et aussi âpres qu'une râpe ; ses forces l'abandonnent ; sa voix devient rauque et très-foible ; ses yeux ne sont plus saillans ; ils sont enfoncés dans les orbites ; quelquefois sur le côté affecté on appercoit une légère enflure, et un changement de couleur presque insensible. Quelquefois aussi on sent un gonflement, en comprimant le creux de l'estomac, lorsque le malade tousse.

Les indications que l'on doit se proposer dans le traitement de cette maladie sont, 1°. de mûrir la

E e e

vomique avant de la faire crever ; sans cela, la suppuration n'étant point assez abondante, elle dégénèreroit en ulcère, ou en fistule ; 2°. de la faire rompre ; 3°. d'en évacuer la matière.

1°. On fait d'abord recevoir par la bouche, les vapeurs d'une décoction de plantes émollientes pour macérer les parties du kiste ; 2°. on passe peu à peu aux vapeurs stimulantes et irritantes pour la faire crever. Enfin on fait rire, crier, ou tousser le malade ; et si ces moyens ne réussissent point, on donne des émétiques, tels que l'oximel scillitique qui en procure la rupture par l'endroit le plus affoibli auparavant par les fumigations. Hippocrate, qui connoissoit cette méthode, faisoit prendre un mélange de parties égales de vin et de petit lait dans lequel il faisoit éteindre des briques rougies au feu. *Salius Diversus* veut qu'on aide le travail de la nature, en affoiblissant le kiste, lorsque les parois sont trop fortes pour procurer la sortie du pus. Et lorsque ce pus a une acrimonie trop forte, il prescrit des remèdes propres à aider la coction, tels que l'iris, l'arum, qui sont des atténuans incisifs.

Si ces secousses ne suffisent pas, il fait user d'alimens salés et âcres, combinés avec le thym, l'origan, et la rue ; fait appliquer des emplâtres et des onctions avec ces mêmes remèdes. Mais *Salius Diversus* n'a pas sans doute fait attention à la fièvre et à la dégénération des humeurs, qui les contre-indiquent. On peut voir dans l'*Histoire des voyages*, la méthode que suivent les Lapons, qui ne connoissent d'autre cure de la vomique que le détachement de l'abcès, et son vomissement.

Quant aux efforts de voix, à l'éternuement, aux exercices violens, à la promenade en voiture dans des endroits pierreux et inégaux, il est certain qu'ils peuvent être d'un grand secours ; mais aussi ils peuvent beaucoup nuire, s'ils ne sont point proportionnés à l'état de la constitution, et peu mesurés aux forces du malade.

Je préfère les vapeurs stimulantes à l'émétique, quoique Hippocrate ait guéri quelquefois en donnant de l'ellébore. On n'a pas à craindre que les efforts que l'émétique procure, venant à coïncider avec ceux que le malade fait pour cracher, occasionnent une suffocation. *Meibonius* a fort bien observé que les émétiques, les purgatifs, et autres semblables, procurent des évacuations soudaines, et trop violentes qui peuvent être funestes.

3°. Quand il paroît, sur le côté de la poitrine, des marques de l'abcès avec douleur, pesanteur, et autres signes, il faut alors l'ouvrir, de peur que la suppuration venant à se faire par la trachée artère, et ne pouvant pas être assez copieuse, il ne s'y forme des ulcères fistuleux. Hippocrate pratiquoit cette opération, lors même que les indices étoient douteux.

On voit périr beaucoup de gens par des ulcères formés par la suppuration du poumon. D'après l'ouverture de leurs cadavres, il est démontré que ces abcès sont adhérens à la plèvre, que ses membranes sont endurcies et sinueuses. Ce qui prouve l'impossibilité à pouvoir évacuer le pus par les bronches, ou que la vomique puisse s'ouvrir d'elle-même, et indique la nécessité de faire l'opération.

C'est ainsi qu'une tumeur extérieure, une saillie dans une espace intercostal, annonce que l'abcès est formé dans une partie adhérente à la plèvre et au poumon. Le mouvement de ce viscère s'oppose à la consolidation. La nature s'est ménagée un repos par cette adhérence; ce qui doit nous rendre moins réservés à pratiquer l'opération. Il est d'ailleurs une circonstance importante qui peut diriger l'opérateur et l'assurer dans l'espoir de sa manœuvre, c'est lorsque la plèvre oppose à la lancette une résistance considérable, parce qu'elle a acquis de l'épaisseur. Cette opération n'est pas aussi dangereuse qu'on le pense. Quand elle n'auroit pas du succès, elle ne peut pas avancer de beaucoup la mort du malade; et si elle est faite à temps, elle peut prévenir la collection du pus et autres symptômes. Le docteur *Barry* se plaint de ce qu'on ne la fait pas assez tôt. Il l'a vu réussir sur trois sujets, quoique les signes extérieurs qui annonçoient la vomique, fussent très foibles. Il observa dans le premier que l'expectoration ne répondoit pas à la pesanteur et à la douleur, il fit ouvrir, et réussit. Dans les deux autres, l'expectoration se faisoit plus aisément, lorsque le malade étoit couché sur le côté affecté, que lorsqu'il étoit debout; ce qui démontroit que les poumons manquoient de force tonique suffisante pour chasser le pus, et que la nature ne pouvoit pas en procurer l'excrétion entière, si on ne l'aidoit par l'expectoration.

Nous terminerons cet article, en faisant observer que, dans tous les cas, on doit se munir de quelque eau spiritueuse, ou de sels volatils pour en faire respirer au malade, parce que la rupture de la vomique ou l'opération, ne manquent jamais de faire tomber le malade en syncope.

Si la matière que le malade rejette est épaisse, si la toux diminue, si la respiration devient plus facile, on peut concevoir quelque espérance de guérison.

La nourriture des malades doit être légère et restaurante, comme le bouillon de mou de veau, de poulet, les crêmes de riz, de sagou, la décoction du gruau d'avoine. Sa boisson sera du petit lait édulcoré avec le miel. On lui donnera du quinquina, le seul remède par le moyen duquel on puisse espérer de s'opposer à la tendance générale des humeurs à la putridité; à la dose de demi-drachme, toutes les trois heures, délayé dans un verre de sa boisson ordinaire, ou incorporé dans un peu de sirop, pour faire un bol.

M. AMI.

VOMISSEMENT. (*Médecine rurale.*) Mouvement spasmodique et antipéristaltique des fibres musculaires de l'œsophage, de l'estomac, et des intestins, accompagné des muscles de l'abdomen et du diaphragme, qui produisent les rots et les nausées, lorsqu'elles sont légères; et le vomissement quand elles sont violentes.

Le vomissement n'est pas toujours une maladie essentielle, il est plus souvent symptomatique; quelquefois aussi il est d'un grand secours : et bien loin de le considérer comme un mal, il faut savoir au contraire l'entretenir pour qu'il produise le plus grand bien.

Une infinité de causes peuvent lui donner naissance ; il peut dépendre d'un excès dans le boire et le manger; d'une surcharge des matières putrides dans l'estomac; de l'usage des alimens salés, épicés, et de haut goût; de la rétrocession des dartres et autres maladies cutanées; de la suppression des évacuations ordinaires ; de la dessication de quelque ulcère ou de quelque émonctoire artificiel ; d'une diarrhée arrêtée trop subitement ; d'une goutte remontée à l'estomac. Le vomissement est encore souvent excité par les différentes espèces de colique, par un miséréré, par des hernies inguinales avec étranglement, par la présence de la pierre dans la vessie, par des blessures et des plaies au diaphragme, par la phlogose des intestins et l'inflammation du foie et de la rate.

Chez les personnes nerveuses, il est toujours l'effet de différens mouvemens de colère, ou d'une sensibilité extrême. A la moindre fâcheuse nouvelle qu'elles apprennent, à la moindre odeur qu'elles sentent, à la plus légère promenade qu'elles font en voiture, elles s'apperçoivent tout de suite du spasme qui s'empare de leurs nerfs, et le vomissement suit ordinairement de fort près.

Les femmes grosses sont encore fort exposées au vomissement, sur-tout lorsqu'elles doivent accoucher d'une fille; elles ne vomissent point quand elles doivent accoucher d'un garçon. Je suis garant de cette assertion ; elle a pour appui l'observation de chaque jour : je l'ai observé sur plus de cinquante femmes grosses. Je n'expliquerai point le *quomodo* du phénomène. Je laisse cette belle question aux physiologistes. On sait que cette espèce de vomissement est souvent une annonce de grossesse et qu'il dure pendant les trois ou quatre premiers mois.

Il est quelquefois et le plus souvent même occasionné par le reflux de la bile de l'estomac. Il n'est point difficile de le connoître aux matières jaunes et bileuses que les malades rendent par la bouche, et où l'on trouve souvent des vers et des insectes.

Il y a encore un vomissement de matières noires qui est endémique en Amérique, à Carthagène parmi le peuple, et sporadique chez nous ; *Dom Antonio* de *Villoa* en a fait l'histoire. *Piquer* qui a souvent vu cette maladie, regarde les acides végétaux comme les seuls et uniques remèdes pour la combattre; et sous ce point de vue il propose l'esprit de nitre dulcifié.

« Le vomissement critique en général est salutaire ; le symptomatique est mauvais. Le pire de tous est celui que cause une acrimonie subtile qui irrite les nerfs.

» Le vomissement violent avec toux, douleur, obscurcissement de la vue, pâleur, est dangereux ; car il peut causer l'avortement, une descente, repousser la matière arthritique, dartreuse, érésipélateuse, vérolique, sur quelques parties nobles, au grand détriment du malade. Il occasionne quelquefois la rupture de l'épiploon : le vomissement devient mortel dans ceux qui sont disposés aux hernies, ou qui en sont attaqués. Car il y produit un étranglement.

» Les vomissemens bilieux, poracés, érugineux, sont effrayans. Ils menacent d'inflammation.

» Le vomissement, causé par des vers qui corrodent l'estomac, sur tout si l'on rend des vers morts, et qu'il y ait cessation des symptômes les plus formidables avec des convulsions violentes dans les membres ; c'est l'indication d'un sphacèle qui détruit les vers et les malades.

» Le vomissement fétide n'augure jamais rien de bon, attendu qu'il indique une corruption.

» Le vomissement du sang continué long-temps et violent, ne peut que terminer bientôt la vie du malade.

» Le vomissement qui dure depuis six mois et plus, qui est accompagné de chaleur et de fièvre lente, avec exténuation par tout le corps, donne lieu de soupçonner que l'estomac est ulcéré.

» Souvent le vomissement se guérit de lui-même, parce qu'il détruit la cause morbifique qui le produisoit. C'est ainsi que les matières peccantes étant évacuées et emportées, cessent d'irriter l'estomac : dans ce sens, l'émétique est salutaire dans le vomissement ; et le proverbe qui dit *vomitus vomitu curatur*, se trouve vrai. C'est le sentiment d'Hippocrate ; et la maxime qui dit que les contraires se guérissent par les contraires n'est pas moins vraie dans ce cas ».

Le traitement méthodique du vomissement doit être relatif à la cause dont il dépend : d'après ce principe, on aidera le vomissement qui reconnoîtra pour cause la plénitude de l'estomac, par quelques verres d'eau chaude, à laquelle on pourra ajouter la dissolution d'un grain de tartre émétique, pour faciliter plus tôt le dégorgement de ce viscère.

On opposera au vomissement, causé par la goutte remontée ou par la suppression de quelque évacuation accoutumée, les fomentations et les cataplasmes sur les articulations des extrémités, les vésicatoires, ainsi que la saignée du bras ou du pied, ou bien un cautère, s'il falloit rappeler dans une partie un flux d'humeurs, ou l'écoulement de quelque plaie ou ulcère supprimés trop promptement. Mais alors il faut les entretenir et les panser matin et soir, jusqu'à ce qu'on en ait obtenu des effets salutaires.

Le café et l'eau froide sont les deux remèdes qui conviennent au vomissement produit par la grossesse sur-tout lorsque l'estomac est foible.

Le quinquina, l'eau glacée, les amers, tels que le petit chêne, la petite absinthe, la racine de gentiane, la cascarille; l'ipécacuanha pris à la dose d'un grain dans la première cuillerée de soupe à ses repas; l'élixir de vitriol, à la dose de quinze ou vingt gouttes donné deux ou trois fois par jour dans un verre d'eau, de vin ou dans deux cuillerées d'eau de menthe, conviennent très-bien au vomissement qui dépend de la foiblesse de l'estomac.

On aura recours aux purgatifs alkalins, et sur-tout à la magnésie donnée à la dose d'une ou deux drachmes délayée dans une tasse de thé, de bouillon, ou d'eau simple, coupée avec un peu de lait, lorsque les acides domineront dans l'estomac et exciteront le vomissement.

On emploiera les secours moraux, et on recommandera le plus grand repos et la plus grande tranquillité aux personnes qui sont en butte avec les vives passions d'ame, qui sont chez elles la source du vomissement qu'elles éprouvent.

Enfin, lorsque cette maladie est purement nerveuse, c'est-à-dire, quelle est causée par le spasme des fibres nerveuses de l'estomac, les antispasmodiques, tels que les bains tièdes, le musc, le camphre corrigé par le nitre, le castoreum, les emplâtres fétides appliqués sur le centre épigastrique, doivent être employés: le plus tôt n'est que le mieux. La liqueur anodine minérale d'Hoffmann, les gouttes anodines, les pillules de cynoglosse, de Styrax, sont autant de remèdes dont on ne doit point négliger l'usage: l'anti-émétique de Rivière est un remède infaillible; sa composition est vingt-quatre grains sel d'absinthe qu'on fait neutraliser dans un mortier avec le suc d'un citron; on y délaie une drachme de thériaque dans quatre onces d'eau de menthe. On parfume le tout avec une cuillerée d'eau de fleurs-d'orange: on donne la moitié de cette potion en commençant, et l'autre moitié à la cuillerée, toutes les demi-heures ou toutes les heures. Il y a encore le julep musqué de *Fuller*, dont on peut faire usage avec confiance. Ces deux remèdes sont sûrs; rarement ils sont infructueux.

M. AMI.

VORACE. On entend par *plantes voraces* non seulement celles qui semblent vivre entièrement aux dépens de celles qui les supportent, comme le gui, les mousses, les lichens; mais encore tous les végétaux, dont les racines et les branches s'étendent au loin, eu égard à la grosseur et à la hauteur de leurs tiges. Ainsi les chiendents sont des plantes voraces relativement au blé, à la luzerne, au trèfle, etc.; comme le chêne, le noyer, l'orme, l'ypréau, sont des plantes voraces non seulement par rapport au blé, etc., mais aussi par rapport à la vigne, aux différentes variétés de l'osier, et généralement à tous les végétaux dont la grandeur naturelle est inférieure à celle de ces arbres : ceux-ci abritent les petits, et, par leur ombrage, les privent de l'influence de l'air et de l'humidité, indispensables à leur accroissement ; en outre, les racines des grands arbres, toujours fortes et très-multipliées, aspirent avec avidité les matériaux de la sève dont ils sont entourés, et ne laissent rien ou presque rien à ceux qui les avoisinent. C'est donc manquer essentiellement d'intelligence que d'ensemencer un champ dont les herbes *voraces* n'ont pas été soigneusement détruites, de même que de semer ou de planter sur les lisières des forêts, des bois, et en général aux environs des végétaux qui occupent depuis un certain temps le terrain qui les a reçus.

On appelle encore plantes voraces certains végétaux des jardins qui parviennent, par leur nature, à une grosseur ou à un poids qui indique la grande quantité de nourriture qu'ils absorbent : tels sont les choux, les navets, les artichauts, les citrouilles, les cardons, et bien d'autres. C'est donc une grande faute que de ne pas laisser de l'un de ces végétaux à l'autre, au moment de la plantation ou à l'époque de les éclaircir, une distance telle qu'ils ne puissent se nuire mutuellement dans le cours de leur végétation.

VOITURES. Les occupations, les travaux du cultivateur ne se bornent pas au labour des terres, à la culture des plantes, à la récolte des fruits ; il faut encore engranger ceux-ci, les transporter à la maison, et souvent de là au marché. Ces divers transports se font par le moyen de voitures attelées, soit de bœufs, soit de chevaux, soit de mulets.

Avant tout, le lecteur doit être prévenu que nous n'entreprenons point ici de décrire l'art du charron ; ainsi nous ne donnerons point ici la description des différentes parties dont sont composées les voitures, ni les dimensions de chacune des pièces dont ces mêmes parties sont formées, parce que nous présumons qu'un cultivateur soigneux de ses intérêts ne donne sa confiance qu'à un ouvrier instruit au moins des principes de son art ; mais nous tâcherons de mettre le premier à portée de juger par lui-même de la solidité dans la construction, et de la forme des voitures les plus propres à remplir ses vues. Nous ne nous écarterons de ce plan général, que pour faire connoître dans le plus grand détail, 1°. le *camion prismatique*, parce qu'il est d'invention moderne, et presque ignoré dans les campagnes, où il seroit très-avantageux d'en étendre l'usage ; 2°. le *dynamomètre* du citoyen *Regnier*, qui n'est encore connu que des savans, et qui devroit l'être, non seulement des cultivateurs, mais de toutes les personnes qui ont quelque intérêt au roulage.

Il est aisé de concevoir que la voiture la plus avantageuse est celle qui, par sa forme et l'exactitude de ses proportions, étant susceptible de recevoir la charge la plus considérable, peut être mue par la moindre force ; car moins on peut employer de bestiaux à la tirer, sans les fatiguer, sans courir les risques des accidens, et plus il y a de bénéfice : cette proposition n'a pas besoin d'être démontrée. Ainsi, la solidité et la facilité à être mues sont les attributs des meilleures voitures.

Les mêmes formes de voitures ne conviennent pas également dans tous les pays, à toutes les localités, ni indistinctement aux différentes espèces de bestiaux qu'on peut employer au trait. Par exemple, les voitures les plus communes dans les plaines, sur les chemins larges, droits et unis de la Flandre, tirées par de grands et vigoureux chevaux de Frise, communément attelés plusieurs de front, ne pourroient être d'aucun usage dans les régions montagneuses, sur les chemins étroits, rocailleux et escarpés des Vosges, des Ardennes, du Cantal, de la Haute-Vienne, de la Creuse, de la Corrèze, de la Dordogne, etc. où les bœufs exécutent presque tous les travaux de la culture. Souvent même on doit trouver dans une ferme suffisamment pourvue des instrumens et des meubles nécessaires à l'exploitation, différentes sortes de voitures, parce que les unes sont plus propres que les autres au transport de telle ou telle espèce de récolte, de tel ou tel genre d'engrais, et que la facilité de charger et de transporter produit une grande économie de temps, bien inappréciable en agriculture. Cependant il faut se garder de multiplier ces sortes de meubles au delà du besoin. Un sage économe se prête aux dépenses nécessaires, mais ne les excède pas.

Les voitures les plus employées dans l'agriculture, sont le char ou chariot, les charrettes, les tombereaux, et les haquets. Les chariots sont ordinairement montés sur quatre roues, et les chevaux ou les mulets qui les traînent, sont attelés à un timon ; deux roues seulement portent les autres voitures.

Quand ces dernières sont tirées par des bœufs, on attèle ces animaux à un timon ; quand elles doivent recevoir un attelage de chevaux ou de mulets, l'un d'eux est placé dans des limons ou dans une limonière, et le surplus de l'attelage le précède, les chevaux ou mulets étant placés de file, à la queue l'un de l'autre.

Les chariots et les charrettes ne diffèrent guère entr'eux que par le nombre des roues ; leur construction est très-simple : ces voitures sont formées de deux maîtres brins, appelés timons, unis l'un à l'autre par quatre, six, ou huit épars qui servent à soutenir les planches qui deviennent le fond, ou le plancher de la voiture. Cette première partie posée et fixée sur un ou deux essieux, est le bâtis, la charge, ou la cage de la voiture. La partie des limons qui excède la charge, forme le brancard dans lequel on fait entrer le cheval ou le mulet qui doit remplir les fonctions de limonier. Quand la voiture est destinée à être traînée par des animaux attelés de front, deux

à

à deux, les limons ne dépassent pas la charge, mais il part du milieu de l'espace qui les sépare, une pièce appelée timon ou aiguille, laquelle étant assujettie dans une traverse, se prolonge de deux mètres au moins entre deux bêtes de trait, et sert à les attacher. Ce point de l'attache est le principal point de la résistance. Toutes les pièces qui concourent à former l'ensemble du chariot ou de la charrette sont assujetties et fixées les unes aux autres de manière à ne pouvoir recevoir aucune direction particulière: le mouvement que l'on voudroit imprimer à l'une se communique à toutes les autres, et dans le même sens. il n'en est pas de même du tombereau; celui ci est composé de deux parties très-distinctes et susceptibles d'être mues en sens différent; 1°. la voiture proprement dite qui est une grosse caisse sans couvercle, est faite de planches enfermées dans des gisans. En tirant du devant une traverse à coulisse, par laquelle elle est assujettie, toute la charge fait la bascule en arrière; 2°. le brancard qui ne tient à la voiture que par deux boulons, autour desquels se meuvent librement, mais de bas en haut seulement, les deux pièces qui forment le brancard, de manière que quand le tombereau fait la bascule, le cheval, et le brancard dans lequel il est attelé, n'éprouvent ni secousse ni déplacement.

La limonière ou le brancard du haquet diffère peu de celui du tombereau; mais le haquet étant spécialement destiné à transporter des fûts qu'on place sur la charge longitudinalement, c'est-à-dire, fond contre fond, est à proportion plus long et moins large que les autres voitures. Outre qu'il est susceptible de faire la bascule comme le tombereau, il est pourvu d'un moulinet placé entre le brancard et la charge, par le moyen duquel un seul homme peut, avec un cable, charger et décharger les plus lourds fardeaux. Il est fâcheux que cette espèce de voiture très commode, très-ingénieuse, et dont l'invention est due à l'un des plus beaux génies qu'ait produit la France, Pascal, ne soit guère connue que dans nos grandes villes commerçantes. Combien de services elle rendroit dans les campagnes, et sur-tout dans les pays à vin et à cidre? Les chars, charriots et charrettes servent au transport de toutes les espèces de grains en gerbes ou en sacs, à celui des pailles, des fourrages, des bois et des fumiers à demi-consommés. Les tombereaux conviennent davantage pour transporter les racines, les tubercules, les fruits à cidre, la terre, le sable, la marne, la chaux, les gravois et les engrais les plus précieux, tels que la colombine et la poulnée.

Nous avons dit que la solidité et la facilité à être mues étoient les qualités essentielles des voitures.

I. La solidité dépend 1°. de la bonté du bois qu'on emploie à leur construction, de sa parfaite siccité et de l'application de certaines espèces de bois à la confection de certaines parties de la voiture. Par exemple, l'expérience a appris que l'orme est le meilleur de tous les bois pour faire les moyeux et les jantes des roues, le chêne pour les rayons et les épars ou les traverses, le frêne pour les limons et les brancards, et le cormier pour l'essieu, quand on croit pouvoir se dispenser de l'avoir en fer. On fait aussi de très-bonnes jantes avec de l'érable; 2°. dans la juste proportion de toutes les pièces, dans la précision des assemblages, dans l'exemption de toute espèce de nœuds. Quand l'ouvrier rend son ouvrage examinez-en attentivement toutes les parties. Si vous y remarquez des fentes, des *disjointures*, des nœuds, des irrégularités dans les distances qui séparent les rayons de roues, ne l'acceptez pas; les cavités de quelque espèce qu'elles soient, sont autant de réservoirs où l'eau séjourne et travaille incessamment à la destruction du bois. Quant aux nœuds, le charron ne manquera pas de vous observer qu'ils sont une qualité dans les moyeux, parce qu'ils les rendent plus durs et plus propres à résister au frottement continuel de l'essieu. Cette raison est bonne quelquefois, mais le plus souvent elle n'est que spécieuse. Sur cent moyeux formés de bois très-noueux, les quatre cinquièmes ne valent rien, parce qu'il est rare que plusieurs nœuds existent, sans que quelques uns ne recèlent des principes ou même un commencement de dissolution. 3°. Enfin, dans la pureté, la douceur, la ductilité du fer, employé à former l'essieu de la voiture ou les bandages des roues. Il n'est guère qu'une manière de s'assurer de la bonté du fer, c'est de connoître la forge où le maréchal s'approvisionne; comme la bonté de ce métal dépend presque autant de la qualité de la mine, que du travail des ouvriers, les forges pourvues de bonnes marchandises sont connues. La réputation de celle où l'on fabrique le fer de votre maréchal est-elle équivoque? ne balancez pas à lui retirer votre pratique. Vous paierez peut-être un peu plus cher à un autre; mais vous en serez bientôt dédommagé. Un essieu qui se brise sous une charge en mouvement, peut entraîner une perte immense, parce qu'il est rare que les bêtes de trait n'éprouvent quelque atteinte funeste d'un choc aussi violent. N'adoptez pas les bandages d'une seule pièce; cette forme expose à trop d'inconvéniens; si la bande se casse sur un point, il faut plus de temps et de travail pour la réparer que pour la placer à neuf; au contraire, le bandage étant divisé en six, si la brisure a lieu sur l'une des parties, le travail, pour la réparer, est trois ou quatre fois moindre. Exigez que chaque partie du bandage soit coupée à fausse équerre; la surface des jantes en est mieux garantie de toute espèce de frottement.

II. Une voiture est mue d'autant plus facilement, que les différentes pièces dont elle est composée sont entre elles dans une proportion exacte, et que le bois dont elles sont formées, a la force et la grosseur suffisantes pour soutenir la charge, sans qu'il reste un excédant de poids qui formeroit surcharge. Il faut convenir que les ouvriers en charronnage se trompent rarement en moins dans l'épaisseur ou dans la circonférence qu'ils laissent au bois dans la construction des voitures. Nous avons même observé, dans les provinces du sud-ouest de la France, qu'ils commettent beaucoup d'erreurs dans le sens opposé. De combien de myriagrammes les charrettes de ces pays pourroient être déchargées, sans nuire à leur solidité! Elles sont massives et grossièrement faites; on laisse les timons et les limons équarris, quand, de la suppression de l'équarrissage, il résulteroit allégement dans le poids de la voiture, et facilité d'écoulement à l'eau, dans les temps humides. 2°. Le nombre des roues, leur hauteur et le diamètre des jantes influent aussi beaucoup sur le roulage. On verra, par les expériences rapportées à la fin de cet article, que sur un plan horizontal, quatre roues ne facilitent pas plus le tirage que deux; que s'il en résulte quelque avantage pour descendre une côte, parce que la charge portant sur plus de surface, il en résulte plus de facilité au limonier ou aux timoniers, pour en soutenir le poids; mais, par cela même, cet avantage disparoît quand il s'agit de monter sur un plan incliné; parce que les obstacles se multiplient en raison de l'étendue de la surface à vaincre. D'ailleurs, deux essieux, ou quatre roues, produiroient de très-grands embarras dans la plupart de nos chemins vicinaux, presque toujours étroits, tortueux et coupés par des embranchemens, dans lesquels les voitures, même à deux roues, ne tournent qu'avec peine. Les charriots ne conviennent que pour le roulage, proprement dit, que sur les grandes routes, ou dans les chemins droits et soigneusement entretenus.

Il n'est pas douteux que les roues hautes ne favorisent beaucoup la puissance qui tire; mais cette hauteur est relative; car il paroît qu'elle doit être proportionnée à la taille des bêtes de trait. Aussi, pensons-nous qu'on doit se déterminer à cet égard d'après le principe suivant. Où se trouve, dans une voiture, le centre de la force d'inertie? A l'essieu. Où est placé le centre de la puissance qui agit? Sur le poitrail du cheval ou sur le front du bœuf. Ainsi, en plaçant l'essieu à la hauteur du poitrail de l'un ou du front de l'autre, pouvant tirer une ligne horizontale, qui aboutisse à ces deux points, on aura une correspondance parfaite entre la puissance qui tire et la force qui résiste. Nous avons constamment observé que les bœufs, avant d'être attelés ou de tirer, ont le haut de la tête presque de niveau avec le haut des épaules; mais pour mettre la force d'inertie en mouvement, pour charroyer, ils baissent la tête jusqu'à ce que leur front soit au niveau de l'essieu; ainsi, plus les roues sont basses, plus l'essieu avoisine la terre, et plus ils sont obligés de baisser la tête; quelquefois même, c'est au point qu'en montant un plan incliné, leur bouche effleure, pour ainsi dire, la surface du terrain. On conçoit combien une pareille position doit leur être pénible. Donc, s'il devoit y avoir obliquité dans la ligne correspondante dont nous venons de parler, il seroit indispensable de faire partir du centre de la force d'inertie, le point le plus élevé de cette ligne pour aller aboutir, en descendant, à celui de la puissance agissante. Il est hors de toute raison de lui donner une direction en sens contraire. D'après ce principe, que nous croyons sûr, il appartient au cultivateur seul de prescrire la hauteur de ses roues, puisque leur diamètre doit être relatif à la taille des animaux, et de l'espèce d'animaux qu'il emploie au trait.

De l'épaisseur des jantes. Il y a vingt-cinq ou trente ans que le gouvernement français, voulant introduire, pour la conservation des chemins, l'usage des roues à larges jantes, qui, en effet, à poids de charge égale, coupent moins la terre, font des ornières moins profondes, parce qu'elles couvrent une plus grande surface que les roues à bandes étroites, invita non seulement les rouliers, mais les cultivateurs à adopter cette nouvelle forme. Il promit des primes, des récompenses, à ceux qui, les premiers, en donneroient l'exemple; mais il n'eut pas la prévoyance de désigner aux cultivateurs les cas, les circonstances où leur intérêt vouloit qu'ils s'en tinssent à l'ancienne méthode; de manière que plusieurs d'entre eux furent dupes de leur zèle, de leur obéissance, sans que le gouvernement y trouvât le plus léger avantage. L'exemple des Anglais, leurs lois de police qu'on cita, la réputation de leur culture qu'on mit en avant, excitèrent une émulation générale, non seulement sur-tout les forts rouliers, mais un très-grand nombre de cultivateurs s'empressèrent de se conformer au vœu de l'administration. La plupart des derniers ne tardèrent pas à reconnoître leur erreur. Cependant la dépense étoit faite; il a fallu attendre que la nécessité de renouveler les roues les mît dans le cas de renoncer à la méthode anglaise. Voici les proportions qui sont admises, en Angleterre, entre la largeur de jantes des charrettes et le poids dont on peut les charger.

	JANTES.		POIDS.	
Charrettes à 2 roues....	5 pouces.	lignes.	3300...	Été.
			2400...	Hiver.
A 4 roues....	5	......	7800...	Été.
			6700...	Hiver.
A 2 roues....	5	8......	5800...	Été.
			4600...	Hiver.
A 4 roues....	5	8......	11200...	Été.
			8900...	Hiver.

	JANTES.		POIDS.	
Charrettes à 2 roues.....	8 pouces.	6 lignes.	6700....	Été.
			6000....	Hiver.
A 4 roues.....	8........	6.....	14500....	Été.
			13500....	Hiver.
A 4 roues.....	15........	.....	17600....	Été.
			15600....	Hiver.

Ces charges sont énormes ; la plupart des cultivateurs approvisionnent directement par eux-mêmes les villes les plus peuplées d'Angleterre ; par conséquent, cette classe est tenue, comme celle des rouliers, à se conformer aux lois du roulage ; mais le gouvernement français avoit oublié de dire aux agriculteurs de son pays, que les chemins vicinaux de l'Angleterre sont en général aussi solides, aussi bien entretenus que les grandes routes. Voici la règle qui nous paroît la plus sûre : sur les chemins tuffeux, cailouteux, et qui ont de la solidité, on peut donner aux jantes de quatre à cinq centimètres d'épaisseur, par cheval ; dans les pays de bonnes terres, et sur les terrains mous et fangeux, six centimètres, aussi par cheval, ou environ deux pouces, leur assurent une largeur convenable.

Nous dirons peu de chose sur la grandeur des voitures, parce qu'elles doivent être relatives à l'étendue de l'exploitation, au nombre et à la force des bêtes de trait qu'on entretient dans la ferme. On en emploie qui ont depuis un mètre sept décimètres, jusqu'à six mètres de longueur. La largeur du fond est, pour ainsi dire, la même pour les petites et pour les grandes charrettes ; mais on élargit les unes et les autres par le moyen des ridelles, qui, placées verticalement, et un peu obliquement de chaque côté, augmentent, à huit décimètres de hauteur, la largeur de la voiture de quatre ou cinq décimètres. Cette capacité n'augmente pas dans la même proportion, jusqu'à une grande hauteur, parce que, si les ridelles étoient trop inclinées, elles se trouveroient en frottement avec les roues ; mais, par le moyen de deux bâtis, qu'on peut nommer guindages, placés l'un sur le devant, l'autre sur le derrière de la charrette, un habile chargeur, car c'est un talent que de bien charger, peut ranger jusqu'à trois cents myriagrammes ou six milliers pesant de fourrage, sur une voiture de cinq mètres seulement de longueur.

Le célèbre *Arthur Young* a entrepris, en Angleterre, une sorte de révolution relativement à l'emploi des charrettes. Il est important de connoître ses principes et les essais d'après lesquelles il se croit fondé à les établir.

Des expériences nombreuses l'ont convaincu que la force des chevaux s'accroissoit à proportion qu'on en diminuoit le nombre dans les attelages, et qu'elle alloit toujours en augmentant, jusqu'à ce que l'on en vînt à n'en atteler qu'un seul à une charrette.

Pour le transport des grains, de la paille, du foin et du bois, les fermiers anglais se servent ordinairement d'une voiture tirée par quatre chevaux : pour conduire le fumier ou de la terre, ils font usage du tombereau ou d'un char traîné par trois ou quatre chevaux : les rouliers assez généralement n'emploient que des voitures à larges roues et attelées de huit chevaux.

Le roulage de France se fait communément, avec de grandes charrettes à deux roues, tirées par trois, quatre, cinq chevaux.

Pendant un temps, on ne connut, en Ecosse, que les charriots ; on les remplaça par de grandes charrettes, puis par des petites, traînées par un seul cheval.

En Irlande, on emploie généralement la charrette à petites roues et à un cheval ; quelques particuliers en ont fait construire d'une grandeur ordinaire : d'autres avoient introduit le charriot anglais, mais l'ayant reconnu moins avantageux, ils l'ont abandonné. Pendant son séjour dans cette île, *Young* a eu occasion de voir l'usage que l'on fait de cette charrette à petites roues, et il a été surpris qu'avec une machine qui, aux yeux d'un homme accoutumé aux charriots, n'est pas plus grosse qu'une brouette, on transportât avec une promptitude singulière les récoltes de grains et de foin. L'avantage de celle ordinaire et à un cheval, est néanmoins beaucoup plus considérable.

Peut-être est-ce une témérité de ma part, dit-il, de combattre une pratique dont l'utilité semble être reconnue par tout ce qu'il y a d'agriculteurs éclairés en Angleterre. Mais je suis fort d'avis que, vu l'emploi des charriots, et des grandes charrettes pour les différens travaux, qu'ils se feroient encore plus économiquement avec la charrette à un cheval. On doit sans contredit préférer la méthode usitée en Ecosse et en Irlande.

Lors de son ouvrage en Irlande, il s'est tellement convaincu de cette vérité, qu'à son retour, en 1779, lorsqu'il a commencé à exploiter, par lui-même, une partie de la ferme qu'il occupe actuellement, il fit construire deux charrettes qui suffirent à tous les genres de services ; et, dès ce moment, il a renoncé aux charriots et aux tombereaux. La proportion, d'après laquelle il les fit d'abord établir, fut réglée sur celle des charriots du Suffolk, auxquels il étoit accoutumé : leur capacité étoit, mesure anglaise, de 96 pieds cubes, ou 12 pieds de longueur, sur 4 de largeur et deux de hauteur. Pour remettre à chaque cheval le quart de la charge entière, chacune de ses charrettes contenoit 24 pieds cubes, c'est-à-dire qu'elle avoit 4 pieds de longueur, 3 de largeur, et 2 de hauteur. Mais, d'après des observations qu'il n'a pas tardé à faire, il a reconnu qu'un cheval seul tiroit, proportion gardée, une charge beaucoup plus forte, que s'il étoit attelé avec plusieurs autres; ce qui l'engagea à donner à ses charrettes les dimensions suivantes:

Longueur	5 pieds 1 pouce.
Largeur	3 pieds 7 pouces.
Hauteur	2 pieds.
Pieds cubes	35 pieds. et une fraction.

L'usage qu'il fait de ces charrettes s'étend à tous ses travaux ; et s'il portoit sa ferme jusqu'à 400 ou 500 arpens, une seule de plus lui suffiroit encore. Il charrie avec elle, foin, paille, fagots, bois, fumier, marne, chaux, briques, etc. : elles contiennent jusqu'à 10 coombs de blé, (environ 112 boisseaux de France) et jamais il ne leur attèle plus d'un cheval ou d'un bœuf.

Dans des fermes beaucoup plus considérables que la sienne, on n'emploie également que de petites charrettes. Il a vu, en Irlande, suffire avec elles, dans une seule année, au charroi du produit de 500 arpens de blé et de 300 de prairie, et au transport de 10,000 quintaux de chaux. Il a été aussi informé que *Culley*, de Northumberland, remplit avec elles tous les travaux qu'exige sa ferme, qui est extrêmement étendue.

Mais le point principal est de déterminer si les charrettes, tirées par un seul cheval, doivent être préférées aux chariots et aux tombereaux ; les premiers, destinés au transport des grains, soit battus, soit en paille ; et les seconds, à celui du fumier, de la marne, etc. Il faut entrer dans quelques détails à ce sujet.

1°. De la construction et réparations.

— Le premier objet à considérer est le coût primitif. L'auteur connoît au juste les dépenses qu'occasionnent la construction et l'entretien des charrettes ; — sa ferme, tout y compris, est de 340 arpens, et il est à observer que le charroi de ses bois forme un objet considérable ; cependant, cinq charrettes lui suffisent ; il fait, chaque année, environ de 400 à 500 toises cubes d'engrais composé ; ce qui lui occasionne un double transport pour conduire la terre ou la marne à la cour, et l'en sortir ensuite pour la répandre dans les champs. Néanmoins qu'on en construise encore une de plus, ce qui lui en donnera six pour 340 arpens ; et estimant chacune d'elles à 252 livres, elles lui coûteront 1512 liv.

Il ne connoît aucune ferme de même étendue dans un pays à grains, qui n'ait besoin au moins de trois voitures, et de trois tombereaux : il en faut même en général un plus grand nombre. Evaluant sur le taux actuel, ainsi qu'il l'a fait pour ses charrettes, le chariot à 560 liv. et le tombereau à 264 liv. ; plus la voiture légère que l'on a ordinairement à 168 liv., il aura :

3 chariots . . . . . 1,680 liv.
3 tombereaux . . . 792
Voiture légère. . . . 144
—————
2,616

Les charrettes ont coûté 1,512
—————
Bénéfice. . . . . . 1,104 liv.

En suivant la même proportion, les réparations se monteront encore à 40 pour 100. Il n'y a donc aucune comparaison à établir sur ce point.

2°. Un cheval ou un bœuf, attelé seul à une charrette, peut-il traîner une charge plus forte que s'il étoit attelé avec trois autres à un chariot ? — Les charges qu'il met ordinairement sur ses charrettes, ne laisseront aucun doute sur cet article, dès qu'il les aura fait connoître. Quelques uns de ses chevaux qui, il y a dix ans, ne valoient pas plus de 120 livres, font facilement, sur des routes montagneuses, sept à neuf lieues par jour avec une charge de 102 boisseaux : un de ses bœufs en tiroit jusqu'à 112, d'où l'on doit conclure qu'un chariot à quatre chevaux devroit conduire 408 boisseaux, et un à quatre bœufs, 448 ; mais il résulte des recherches qu'il a faites, que la plus forte charge que l'on puisse traîner sur un chariot à quatre chevaux, est de 225 boisseaux, et sur celui à quatre bœufs, de 280 : comparant ensuite les deux charges 192 et 280

boisseaux, il trouve qu'elles sont dans le rapport de 9 : 6 + ¼ supposé, :: 9 : 6. La différence sera encore très-considérable ; mais on doit faire attention à la qualité des chevaux, ceux de ses voisins étant en général meilleurs que les siens. Il n'a jamais recherché la finesse des chevaux, qu'il regarde comme une sorte de luxe entre les cultivateurs, luxe qui commence à ne plus être aussi commun ; mais si on n'a en vue que de bons attelages, la comparaison ne sera plus soutenable, et on reconnoîtra une différence comme de 9 : 5.

Pendant plus de dix ans, ses charrettes ont été un objet de dérision et de plaisanterie parmi les fermiers. Plusieurs fois, ils l'ont fort amusé par les objections qu'ils lui faisoient. Un cultivateur en grand sentit bien tous les avantages qu'il retiroit de leur usage, lorsqu'il lui offrit un pari que, malgré son entière confiance dans ses voitures, il n'osa accepter. Il lui proposoit de charger sa voiture d'engrais, tellement que cinq chevaux ne pussent la mouvoir, quelque peine qu'il se donnât pour exciter leurs efforts, et d'en conduire ensuite la même quantité avec facilité, en la répartissant sur quatre charrettes.

Un autre fait, selon lui, doit encore contribuer à faire reconnoître la supériorité des charrettes. On voit tous les jours les charges énormes de charbon de terre que de pauvres gens conduisent de commune en commune, avec un seul cheval, ou une couple d'ânes.

3°. *Transport du foin et de la paille.* — Ceux qui sont d'accord sur

sur les avantages qu'on vient de développer, trouveront les charrettes défectueuses pour les transports des pailles et des foins, dans le temps de la récolte ; mais *Young* ne sait trop sur quoi ils se fondent. Lorsqu'on a fixé les ridelles, elles forment un carré de huit pieds quatre pouces de long, sur cinq pieds neuf pouces de large. Or, un charriot du Suffolk, également avec ses ridelles, ne comporte que quinze pieds de long, sur cinq de large, ou soixante-quinze pieds carrés, ce qui fait, d'après le nombre qu'on emploie ordinairement, vingt-cinq pieds carrés pour chaque cheval. Supposé même qu'on ne se serve que de deux chevaux, il n'y auroit encore, pour chacun d'eux, que trente-sept pieds et demi carrés, au lieu de quarante-sept ; ce qui, dans tous les cas, présente une plus grande superficie de disponible. Maintenant, qu'un homme s'occupe à la conduite d'une charrette, ou deux à celle de deux charrettes, il est facile de voir qu'ils feront autant d'ouvrage que s'ils avoient des charriots ; puisqu'un ouvrier, quelle que soit la grandeur de la voiture qu'il mène, ne peut pas faire plus que travailler continuellement. La célérité est le point essentiel ; et on l'obtiendra, puisqu'on emploiera une voiture plus petite et une charge moins considérable ; et n'est-il pas certain qu'une charrette légère vous permettra de faire plus de voyages qu'un charriot pesant et embarrassant ?..

Il se présente encore ici de nouveaux avantages, qui méritent d'être observés sous deux rapports. On fixe la charge de la charrette avec une corde : cette opération ne demande qu'un instant, et ne prend pas la cinquième partie du temps qu'il faudroit pour la faire à un charriot. Arrivé au lieu où l'on construit la meule, le foin ou la paille se déchargent de la même manière que si c'étoit de la terre ou du fumier. Un ouvrier ôte la clavette à laquelle la corde est astreinte, et il dirige la charge dans sa chute sur la meule. C'est de cette manière que l'on forme toutes les meules en Irlande ; mais on ne gagne pas absolument par cette méthode, qui ne peut être employée qu'autant que les meules ne sont pas parvenues à une certaine hauteur. On voit que, par là, un homme actif, qui soigne les intérêts de son maître, peut conduire tout le travail qui ne restera pas interrompu un seul moment, s'il tient tout son monde à l'ouvrage.

Voici encore un fait aussi convainquant, dit M. *Young*, qu'un fait puisse l'être. Chaque année, il convient d'un prix fixe pour faire sa récolte, à tant par arpent, au moyen de quoi on se charge de moissonner, lier, charger et conduire les gerbes. Il n'a personne pour aider à décharger la voiture lors de son arrivée à la ferme, son principe étant de ne pas entretenir de domestique pour ces sortes de travaux. Si cependant les ouvriers avoient trouvé du désavantage à se servir de la charrette, ils n'auroient pas manqué de s'en plaindre à chaque récolte, et d'exiger des indemnités. La première année qu'il en fit usage, ils ne se contentèrent pas de se récrier contre cette innovation ; mais encore ils se plaignirent violemment. Un matin, il trouva sur un de ses champs un charriot que chargeoit son journalier qui l'avoit emprunté pour tout le temps que dureroit la moissson. Le jour suivant, par une expérience qu'il fit, il mit fin à leur mécontentement : il leur dit que s'ils pouvoient lui démontrer la possibilité de transporter plus promptement avec un charriot qu'avec une charrette, le produit d'un arpent, il adopteroit sur-le-champ l'usage pour lequel ils étoient si portés, et qu'en outre, il les récompenseroit du temps qu'ils auroient perdu à faire cet essai ; mais aucun ne réclama ; et, depuis cette époque, jusqu'aujourd'hui, quoique chaque année il occupe de nouveaux ouvriers, aucun ne lui a adressé la moindre plainte contre ses charrettes qu'il applique à tous les services de la ferme.

4°. *De la conduite de la charrette.* — On lui a objecté que la peine de conduire toutes ces charrettes, occasionnoit des embarras et des dépenses. Il ne soutient pas que les frais de conduite n'en soient pas plus considérables dans aucun cas ; mais il dit que chez lui il n'en ressent pas d'augmentation. Le service qu'exige un charriot varie ; à cet égard, il a le même avantage. Souvent il a envoyé aux champs quatre charrettes avec deux hommes, autant avec un homme et deux enfans ; trois avec un homme et un enfant. Si donc il y a ici quelques différence, elles ne peuvent être que très-légères.

5°. *Des accidens qui surviennent.* — Si l'une des roues d'un charriot casse, tout l'attelage se trouve arrêté, et il en résulte une longue perte de temps. Si, au contraire, cet accident arrive à une roue sur cinq ou six charrettes, la charge se répartit sur les autres, et la perte devient presque insensible.

6°. En considérant cette innovation de plus près, quelques personnes ont trouvé un défaut dans la largeur des jantes des roues, qui n'est que de deux pouces et demi, trois au plus ; mais elles sont dans l'erreur : car si, pour un cheval, la largeur de la jante est de deux pouces et demi, il s'ensuivroit que pour huit, elle devroit être de vingt pouces ; or, elle n'est que de neuf pouces pour un charriot traîné par un tel attelage ; et quand même cette dernière largeur de neuf pouces existeroit pour les charriots à quatre chevaux, celles des jantes des roues de ces charrettes seroient encore proportionnellement plus fortes.

7°. La division de l'attelage, sans avoir égard à la voiture par elle-même, forme, suivant lui, l'avantage principal. Il a souvent, pendant ses voyages, causé avec des rouliers qui conduisoient des attelages de huit chevaux : les plus intelligens lui ont dit que toute l'habileté d'un conducteur consistoit à faire tirer tous ses chevaux avec une égale force. Mais il se trouve toujours un ou deux chevaux paresseux, non qu'ils se réservent pour s'employer avec plus de vigueur, si les circonstances l'exigeoient, mais qui sont privés de toute activité, et refusent ainsi de partager le fardeau commun; d'autres, en même temps remplis de feu, tirent plus que les autres, et se ruinent ainsi. Le voiturier doit donc veiller à ce que chaque cheval tire une charge égale. Mais, ce qui exige une attention continuelle ne peut être rempli qu'imparfaitement: beaucoup de conducteurs sont négligens, et dès lors l'attelage souffre. La charrette pare à tous les inconvéniens; pour peu que l'on mette d'attention dans la répartition, chaque charge se trouvera égale et proportionnée à la force du cheval, qui, agissant seul, sera contraint de la traîner.

8°. La hauteur des roues des charrettes ajoute à la force des chevaux; avantage que ne présenteront jamais les charriots, qui, pour faciliter à tourner, ont toujours les roues de devant plus basses que celles de derrière. Le cheval de devant est le seul de tout l'attelage qui soit placé au centre du charriot, à moins qu'on n'ait de fausses chaînes pour atteler les autres, le seul moyen de prévenir cet inconvénient, mais qui ne détruira pas encore celui qu'apportent les roues basses. Il n'est pas étonnant que des chevaux traînant une voiture montée sur des roues de cinq pieds de diamètre, aient plus de force que ceux qui tirent celles qui n'ont que quatre pieds de hauteur.

9°. Il est facile de voir, et cette remarque a été faite souvent, qu'une voiture dont la construction est solide, comporte moins d'étendue, est plus facile à conduire que celle construite d'après les principes opposés: il n'y a, à cet égard, aucune comparaison à établir entre le charriot et la charrette à un cheval.

10°. Quant à la pesanteur du charriot et de la charrette, calculée relativement à la charge, l'avantage est beaucoup en faveur de la dernière. Un charriot à roues basses qui porte vingt-cinq coombs de blé, (environ 280 boisseaux) pèse vingt-cinq quintaux, ou un quintal par coomb; une charrette qui porte neuf coombs, (environ 102 boisseaux) ne pèse que cinq quintaux, ou un peu plus d'un demi-quintal par coomb.

11°. Il est facile de concevoir que les charrettes contribueroient à la conservation des routes, si leur usage devenoit général. Tous les rapports faits à la chambre des communes, tous les mémoires publiés à ce sujet, sont d'accord sur ce point: ils sont tous d'avis qu'il sera toujours impossible de tenir les chemins en bon état, tant qu'il sera permis aux rouliers de traîner sur leurs charriots des charges aussi énormes. Le parlement, convaincu de cette vérité, rendit plusieurs lois qui prescrivoient de diminuer les charges, et de donner plus de largeur aux jantes; mais l'expérience a démontré que ces deux moyens étoient insuffisans. Il n'en est qu'un seul de certain pour atteindre à ce but désirable: il consiste à prohiber les attelages nombreux. Qu'il soit permis à chacun, en payant un foible péage, de traîner sur la charrette à un cheval tous les fardeaux qu'il lui plaira ; mais que la charge pour deux chevaux soit déterminée, et le droit augmenté ; que celle pour quatre soit déterminée, et le droit proportionnellement augmenté, et que ce dernier aille toujours en croissant, de sorte qu'il supplée à toute défense que l'on pourroit porter contre les charges trop considérables. Si l'on suivoit un tel plan, on ne tarderoit pas à reconnoître les heureux effets qu'il produiroit sur nos routes.

On a beaucoup favorisé, en diminuant le droit de péage, les larges et forts bandages des roues ; mais ce moyen est tout aussi nuisible, et ces bandages écraseront toujours les cailloux avec la même promptitude que les roues couvertes d'un fer étroit. Si les routes sont délabrées, cela provient de ce que les pierres que l'on y répand, sont aussitôt réduites en poudre et enlevées par les vents, ou converties en boue. Je me suis d'ailleurs convaincu, poursuit M. *Young*, en suivant dans sa marche un charriot dont les jantes des roues étoient étroites, que le large bandage produisoit un bien plus mauvais effet, en pulvérisant tout ce qu'il rencontroit.

Pour une recherche de ce genre, c'est dans les faits seuls que l'on doit chercher à puiser quelques lumières. Les routes d'Irlande ont, pour leur confection, coûté beaucoup moins que celles d'Angleterre, et néanmoins elles sont parfaitement mieux conservées ; ce qui est dû, comme je l'ai remarqué lors de mon voyage dans cette île, à l'usage des charrettes à un cheval. On économiseroit plusieurs millions, si des réglemens étoient portés de manière à encourager l'emploi des charrettes, et à gêner celui des charriots.

Nous n'avons point fait d'expériences précises du service des petites voitures à un cheval, comparé avec celui des charrettes attelées de trois ou quatre chevaux. Cependant, quand nous avons été dans le cas de nous servir des premières pour rentrer quelques restes de récolte, soit en blé, soit en fourrage, ou pour transporter quelques riches engrais dans des clos à chanvre, nous avons constamment observé qu'un seul cheval traînoit constamment, sans gêne, un poids fort au dessus de celui du tiers ou du quart de la charge d'une grande voiture tirée par trois ou par quatre chevaux. Il n'est pas douteux, en effet, que la parfaite réunion des forces n'est ni constante, ni même d'une longue durée dans les attelages à plusieurs chevaux, et que leur accord dans l'action de tirer est d'autant plus rare, que les bêtes de l'attelage sont en plus grand nombre.

Cette observation en faveur des petites voitures nous conduit à en décrire ici une très-ingénieuse, très-commode, et très-utile. On l'emploie dans les travaux publics depuis environ trente ans ; mais elle est trop peu connue des cultivateurs qui pourroient en tirer les plus grands services, sur-tout pour le terrotage des champs et des

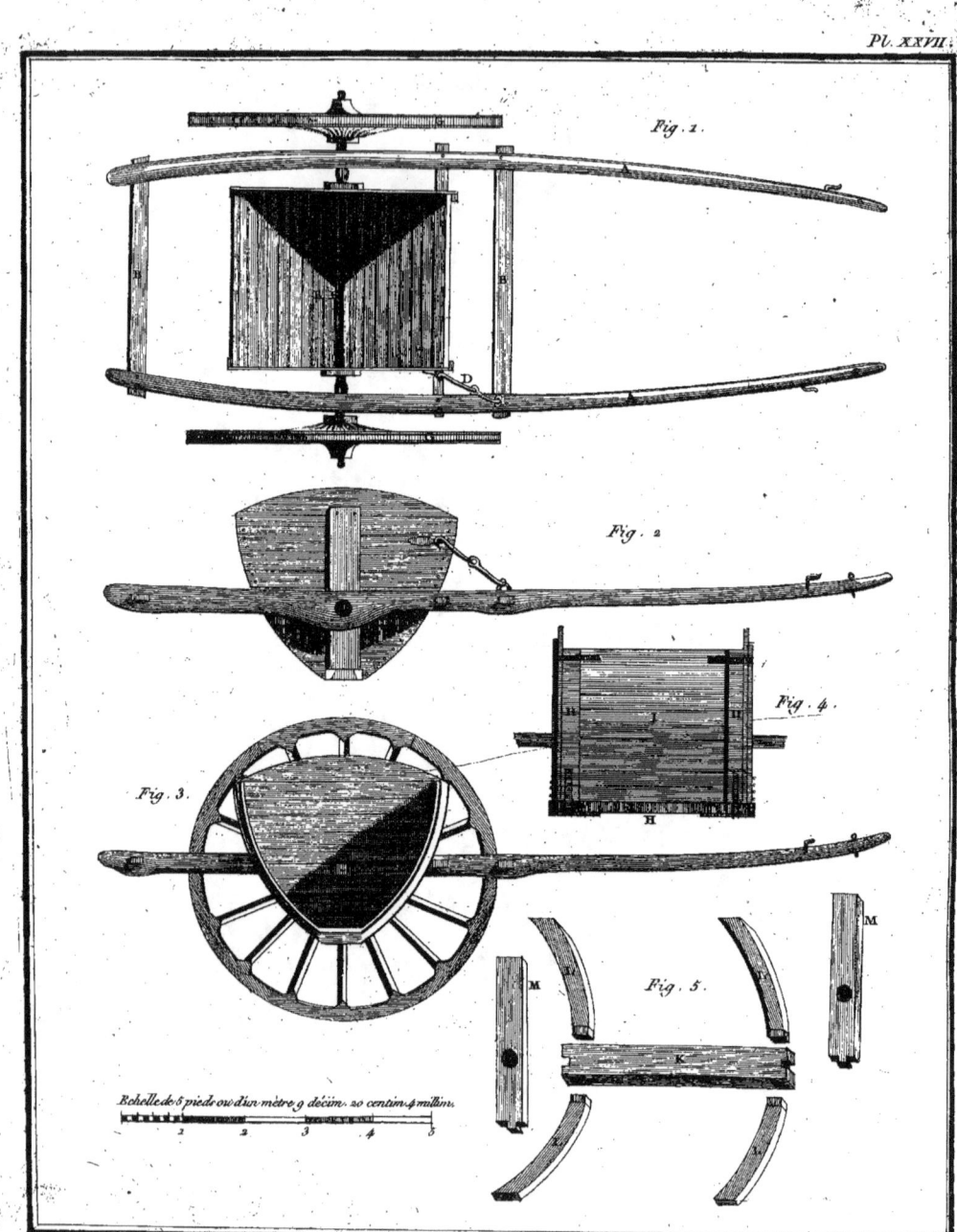

vignes, pour en extirper les plus grosses pierres, pour rentrer la récolte de certains fruits, tels que les noix, les amandes, les châtaignes, etc., et pour transporter au marché les racines, les salades et les gros légumes. Elle est tout à la fois solide et légère, une femme, un enfant de quinze ans peuvent également la charger et la décharger ; et le poids de cette charge n'est pas supérieur aux forces d'un bon âne. Cette voiture est le camion prismatique à bascule, nommé *perronet*, du nombre de l'auteur. Ce célèbre ingénieur l'employa avec le plus grand succès à la construction du pont de Neuilly.

Ce camion ou perronet contient environ deux mètres trois décimètres cubes de terre, et coûte, pour fourniture et main-d'œuvre, environ de cent trente à cent quarante francs. Un cheval le conduit aisément sur toutes les pentes ; sur un terrain uni un cheval mène deux camions liés ensemble, l'un derrière l'autre ; sur un plan incliné un seul cheval en peut mener jusqu'à trois. Sa grande légèreté lui permet de passer dans les routes les plus difficiles ; la décharge s'exécute avec la plus grande vitesse ; et le camion reprend de lui-même son équilibre lorsqu'il s'est vidé. *Voyez* pour sa forme et ses proportions la planche 27 *figure* 1. Plan du camion vu en dessus. AA Brancard. BB Traverse d'assemblage. C Autre traverse qui sert d'appui à la caisse. D Crochet en chaîne qui tient la caisse immobile, telle qu'on la voit de profil *fig.* 2. E La caisse vue en profondeur. F Essieu qui traverse le milieu de la caisse. GG Roues portant un mètre sept décimètres de hauteur, pour faciliter le mouvement de bascule lorsqu'on ôte le crochet. La caisse se renverse en arrière, sans que ses bords supérieurs touchent la terre, *voyez fig.* 3. La figure 4 représente la caisse vue de face, avec une partie de l'essieu qui la traverse. H Bâtis de la caisse avec le lien de fer placé aux extrémités pour le rendre plus solide. I Planche attachée simplement au bâtis avec des clous. *Fig.* 5. Détail du bâtis de la caisse. K Pièce du fond. L Montans des deux faces pour la hauteur de la caisse. M Autres montans des deux côtés de la caisse, et qui sont traversés par l'essieu.

Chaque cultivateur d'une grande exploitation, jaloux de se procurer tous les moyens qui peuvent concourir au perfectionnement de son art, doit être pourvu sans doute des différentes voitures, et de la quantité d'animaux de trait nécessaires à sa culture ; mais combien il seroit aussi à désirer qu'il eût à sa disposition un *dynamomètre*. Ce mot signifie *mesure des forces et de la puissance*. Ce précieux instrument de physique, inventé par le citoyen *Regnier*, demeurant à Paris, maison des Jacobins, rue du Bac, est employé avantageusement pour juger de la force des bêtes de trait, pour essayer et comparer celle d'un cheval relativement à un autre, d'un bœuf, d'un mulet avec celle des autres animaux de la même espèce, ou même des attelages entiers formés des mêmes espèces d'animaux, comparés aux attelages des autres espèces. Cette machine fait connoître jusqu'à quel point le secours des roues bien faites et bien montées favorise le mouvement d'une voiture, et quelle est sa force d'inertie en proportion de sa charge. Par elle, on apprécie ce que la pente d'une montagne donne de résistance au tirage; on juge, si une voiture est trop ou trop peu chargée en proportion du nombre des animaux qu'on peut y atteler, et de la facilité ou de la difficulté que présente le chemin qu'ils doivent parcourir.

Le dynamomètre du citoyen *Regnier* ressemble à peu près, par sa forme et sa grandeur, à un graphomètre ordinaire. Un ressort ployé en ellipse de trente-deux centimètres de long (12 pouces), porte au milieu de sa longueur un demi-cercle en cuivre sur lequel sont gravés les degrés qui expriment la puissance agissante sur le ressort. L'ensemble de cette machine, qui ne pèse qu'un kilogramme (environ 2 livres), oppose néanmoins plus de résistance qu'il n'en faut pour estimer l'action du cheval le plus robuste.

Voyez, planche 28, sa forme et celle des différentes parties qui le composent. A. Ressort elliptique vu en perspective, recouvert d'une peau pour ne pas blesser les mains de la personne qui essaye la force de son poignet. B. Support d'acier, ajusté solidement, à patte et à vis, à une des branches du ressort, pour maintenir une plaque formant le demi-cercle, en cuivre de laiton C, montée sur le ressort vu géométralement. Sur cette plaque sont gravés deux arcs, l'un divisé en myriagrammes, l'autre en kylogrammes. Chacun de ces deux arcs est encore divisé par des points qui expriment des livres, poids de marc; et tous ces degrés ayant été exactement évalués par des poids justes, il en est résulté que tous les dynamomètres de ce genre peuvent être comparables entre eux. Quand il existeroit quelque différence dans la force des ressorts, alors la division n'en seroit que plus ou moins rapprochée; mais tous les degrés auroient toujours la même valeur, puisqu'ils sont l'expression des poids qui ont servi à les former. D'où il suit que cette machine peut encore servir pour faire juger à l'œil le rapport des nouveaux poids avec les anciens.

D. Petit support d'acier, ajusté comme le premier à l'autre branche du ressort, et fendu à fourchette vers son extrémité supérieure, pour recevoir librement un petit repoussoir en cuivre E, qui est maintenu par une petite goupille en acier. Le développement de ce mécanisme est vu de grandeur par la figure H.

F. Aiguille en acier, légère et élastique, fixée à son axe par une vis au centre du cadran. Cette aiguille porte une petite rondelle de peau ou de drap collée sous la patte G., afin d'en rendre le frottement doux, uniforme et presque insensible sur le cadran. Cette aiguille est terminée par un index double, qui sert tout à la

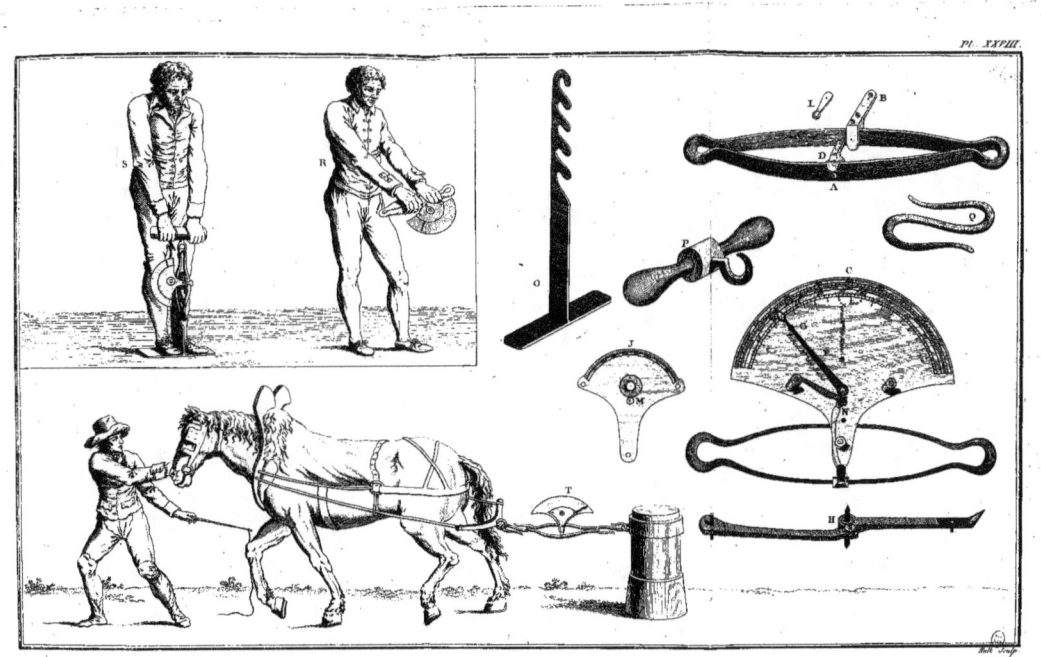

Développement du Dynamomètre du C.en Regnier.

fois pour le premier arc de division et pour le second.

Le premier arc divisé en myriagrammes et par des points qui expriment 10 liv. poids de marc, sert pour toutes les expériences qui obligent le ressort à s'allonger par son grand axe, comme cela arrive lorsqu'on essaie la force des reins; en un mot pour toutes les épreuves qui exigent de tirer le ressort par ses deux coudes.

Le deuxième arc divisé en kylogrammes, et par des points qui expriment des livres poids de marc, est destiné pour les expériences qui compriment les deux branches du ressort, comme dans les essais sur la force des mains.

J. Petite plaque de cuivre qui recouvre le mécanisme pour le préserver des chocs. Cette petite plaque porte aussi un arc de division dont les degrés correspondent à ceux du premier arc de la machine; et par le jeu d'un petit index qui est sous cette plaque, on juge de tous les mouvemens du ressort.

K. Ouverture percée à la plaque de recouvrement, pour faciliter le passage d'un petit tourne-vis, afin de serrer ou desserrer l'aiguille convenablement.

L. Paillette de laiton écroui, portant une chape comme celle des aiguilles de boussole, dans laquelle joue le pivot inférieur du levier qui repousse l'aiguille. Cette paillette, faisant ressort, peut céder à une fausse impulsion ou à un choc, et empêcher la rupture du mécanisme H et de son pivot.

M. Crapaudine rivée sur la plaque de recouvrement, dans laquelle roule le pivot supérieur du levier.

N. N. N. Petits piliers cylindriques sur lesquels pose la plaque de recouvrement qui y est fixée par trois vis.

O. Crémaillère en fer, rivée, sur l'empatement de laquelle on pose les pieds, quand on veut éprouver la force de son corps ou de ses reins.

P. Poignée double, en bois, portant un crochet de fer qu'on tient dans ses deux mains, lors des expériences sur la force du corps.

Q. Crochet de fer pour accrocher au coude du ressort et à une corde nouée à un palonnier, lorsqu'on veut essayer la force des animaux de trait.

R. Manière de tenir le dynamomètre pour connoître la force des mains.

S. Position d'un homme qui essaie la force de ses reins.

T. Disposition du dynamomètre pour connoître, soit la force d'un cheval, ou de toute autre bête de trait, soit le poids d'un fardeau à tirer.

On essaie la force musculaire des bras ou pour mieux dire la force des mains, en empoignant les deux branches du ressort le plus près du centre, comme on le voit par la fig. R, de manière que les bras soient un peu tendus et inclinés en bas, à peu près à l'angle de 45 degrés. On a remarqué que l'on pressoit ordinairement plus de la main droite que de la main gauche, parce que la première, plus exercée que la seconde, donne aux muscles du bras droit plus d'extension; aussi un forgeron a-t-il beaucoup plus de force dans les mains qu'un perruquier. On peut croire que cette différence est près de moitié. En général, un homme dont les muscles sont bien prononcés, est plus fort que celui qui a des membres charnus comme ceux des femmes. Ce n'est pas qu'il n'y ait des femmes très fortes; mais leur force moyenne peut être équivalente à celle d'un jeune homme de quinze à seize ans; c'est-à-dire à peu près aux deux tiers de la force des hommes ordinaires.

Il ne faut pas juger de la force des hommes par celle de leur poignet; car on en a vu presser le ressort du dynamomètre en valeur de 70 kilogrammes (143 liv.) et ne pas pouvoir soulever un pareil poids, tandis qu'on soulève ordinairement une masse d'un poids double de celui indiqué par la pression des mains.

Pour essayer la force des reins, on place sous les pieds l'empatement de la crémaillère O; on passe à l'un des crans de cette crémaillère un des coudes du ressort; l'autre coude s'adapte au crochet que l'on tient dans les mains. Dans cette position on est d'à-plomb sur soi-même; seulement les épaules sont un peu inclinées en avant, pour pouvoir, en se redressant, tirer le ressort avec toute la force dont on est capable. Dans cette situation, représentée par la fig. 3.

on peut soulever un grand poids; sans être exposé aux accidens qu'un effort pourroit occasionner si on prenoit une position gênée; mais dans celle-ci tous les muscles peuvent agir, sans inconvénient, avec la plus grande extension. On a vu des hommes vigoureux agir sur le dynamomètre en valeur de 37 myriagrammes ou 755 liv.; mais le terme moyen du *maximum* de la force des hommes ordinaires se réduit à la valeur de 13 myriagrammes ou 265 liv. Les hommes diffèrent bien plus en force qu'en taille, puisqu'on voit des portefaix porter jusqu'à dix quintaux, tandis qu'il est d'autres hommes en état de santé et du même âge, qui ont de la peine à porter un cent à la même distance et avec la même vitesse.

Comme c'est sur-tout 1°. pour connoître la force des chevaux et celle des autres bêtes de trait; 2°. pour être à portée d'établir une juste proportion entre leur force et le poids sur lequel elle doit agir, sans qu'il y ait surcharge, et afin cependant que la charge soit complète, les circonstances du chemin à parcourir prises en considération; 3°. pour obtenir enfin des notions positives sur les différens degrés de mobilité des différentes voitures, que le dynamomètre nous semble un meuble si utile dans les établissemens ruraux, nous terminerons cet article par le rapport d'une suite d'expériences authentiques qui constatent la différence de mobilité qui existe entre les voitures à roues basses et à roues élevées, à roues graissées

sées et à roues non graissées, à essieux fixes et à essieux mobiles.

I. On s'est servi de quatre chevaux de taille moyenne, bien portans et en bon état : ils ont été soumis, l'un après l'autre et séparément, à la même épreuve.

Le premier a tiré la valeur de	36 Myriagrammes.
Le second	38 ½
Le troisième	26 ½
Le quatrième	43
	144

En prenant le terme moyen de cette somme, on voit que la force des chevaux ordinaires peut être estimée à trente-six myriagrammes ou sept cent trente-six livres, poids de marc.

On doit observer dans ces sortes d'expériences, de ne pas faire tirer le cheval par secousses; autrement, ou auroit tout à la fois et la force qu'il emploie naturellement, et la valeur impulsive du poids de son corps. Au moment de l'épreuve, la marche de l'aiguille sur le cadran ne doit s'avancer que doucement vers les derniers degrés, à l'instant où le cheval agit avec la plus grande action.

On a quelquefois pensé qu'un cheval attelé à un point fixe, se rebute trop facilement, pour qu'on puisse estimer sa force. Le citoyen Regnier répond à cette objection. « Avant qu'un cheval se rebute, il fait d'abord tous ses efforts pour entraîner l'objet qui lui fait résistance ; et, ignorant la valeur de l'obstacle qu'on lui oppose, il agit donc comme s'il devoit l'entraîner. Or, dans tous les cas, le premier coup de collier donneroit le résultat qu'on veut connoître. A la vérité, quelques chevaux sont moins ardens, moins courageux que d'autres, mais on les juge aisément par leur plus ou moins de persistance à tirer. »

Expérience sur les transports des fardeaux.

Une caisse d'environ deux mètres de long, sur sept décimètres de large, pesant brut vingt-quatre myriagrammes et demi, (501 liv.) a été traînée sur un plan horizontal, comme un traîneau.

	Myriagr.	Kilogr.	Liv.
Cette caisse, pour être mue, a exigé une puissance de	14		286
La même sur des rouleaux de 27 centimètres de circonférence	2	5	51
Sur un petit charriot de 10 décimètres de rayons	6		122
Sur un petit charriot à roues de ⅓ de mètre de diamètre	4	5	92
Sur une petite charrette à bras à deux roues, d'un mètre ½ de diamètre	3		61

Tome X.

On remarque par ce tableau, l'avantage que donnent les roues hautes sur les basses, et la facilité qui résulte des charrettes à deux roues, pour transporter les fardeaux, puisqu'elles n'exigent pas une puissance égale au huitième de leur poids, pour être mises en mouvement sur un chemin pavé et horizontal. On remarquera aussi l'avantage que donnent les rouleaux pour déplacer une masse; ils la rendent plus de six fois plus mobile qu'en la traînant à plat comme un traîneau.

Expériences sur un plan horizontal et pavé, toutes les voitures ayant été portées au poids uniforme de 3050 livres ou 148 myriagrammes 8 kilogrammes.

	Myr.	Kil.	Hec.	Deca.	Poids de marc. Livres.
Charriot à doubles essieux mobiles.................	21	9	.	.	440
A essieu simple et fixe........................	15	.	.	.	307
Sur un plan encliné et pavé.					
Charriot à doubles essieux.....................	24	5	.	.	502
A essieu simple et fixe........................	15	5	.	.	308
Sur la terre, en remontant, le plan étant incliné.					
Charriot à doubles essieux mobiles...............	32	5	.	.	666
A essieu simple et fixe........................	29	5	.	.	595
Sur des madriers inclinés de six pouces par toise.					
Charriot à essieux de bois non graissés...........	19	8	7	5	407
Le même, les essieux étant graissés.............	15	.	.	.	307

On doit conclure de ces résultats, que les voitures à essieu simple et fixe, ont l'avantage sur celles à essieux doubles et mobiles. On observera aussi que, quand on néglige le graissage des roues, on augmente de près d'un quart le poids de la charge.

On a remarqué, en faisant ces expériences, que la puissance motrice employée pour vaincre la force d'inertie, c'est-à-dire, pour mettre la voiture en mouvement, a constamment été double de celle nécessaire pour entretenir le mouvement. Par exemple, les charriots étant partis au moyen d'une force égale à vingt myriagrammes, ont continué de marcher avec une force réduite à dix.

On a souvent recommandé au cultivateur, dans le cours de cet ouvrage, de veiller à ce que ses instrumens aratoires ne restent pas exposés aux injures du temps, parce que les alternatives de l'humidité et de la chaleur sont les principaux agens de la destruction du bois. C'est ici le cas de leur renouveler cette invitation. Il n'est pas toujours possible, il est vrai, de se procurer des hangars assez vastes ; mais deux bonnes couches de couleur à l'huile, suffisent pour garantir les voitures de toutes les impressions destructives. Cette légère dépense est bientôt réparée ; car il n'est pas douteux que les réparations et le renouvellement des voitures abandonnées à l'air, dans une ferme dont l'exploitation s'étend sur cent ou cent cinquante hectares, ne nécessitent, année commune, un déboursé de 400 à 500 francs.

VRILLES, ou **MAINS**. (*Botanique*). Ce sont ces productions filamenteuses et en forme de tire-bouchon, au moyen desquelles les plantes grimpantes et sarmenteuses s'attachent aux corps qui les environnent, telles que la vigne, les vesces, etc.

VUE. (*Médecine rurale*). La vue est une obligeante bienfaitrice, qui nous donne les sensations les plus agréables que nous recevons des productions de la terre. Sa lésion peut arriver de plusieurs manières. « Mais, quelque nombreux que soient les symptômes de cette lésion, on les distingue fort bien, en faisant le dénombrement des causes qui affectent les différentes parties de l'organe de la vue ; car, premièrement les parties qui enferment et retiennent le globe de l'œil, sont pressées, enfoncées, poussées en dehors, rongées par des tumeurs inflammatoires, par des apostèmes, des squirres, des cancers, des exostoses, par la carie des os qui forment l'orbite ; et de là, la figure de l'œil, la nature et la circulation des humeurs, l'axe de la vue, la collection des rayons dans le lieu convenable, se dépravent.

» La vue est encore dépravée, empêchée et détruite, par les différentes maladies de la cornée et de l'albuginée, tels que l'obscurcissement, le défaut de blancheur, l'épaississement, l'œdème, les phlictènes, l'inflammation, les taies, les cicatrices, la nature cartilagineuse de ses tuniques ; et tous ces maux viennent ordinairement de plusieurs causes, comme de violens maux de tête, des excès des plaisirs de l'amour, un trop long usage des substances amères, des vapeurs des substances âcres et volatiles, des différentes maladies, comme la petite vérole, la rougeole, des veilles immodérées, d'une étude trop profonde à la lumière des bougies et des chandelles ; d'un regard trop fixe sur des objets lumineux ou éclatans, ou en tenant la tête trop long-temps penchée. Ce ne sont point encore là les seules causes : on sait que les longs jeûnes portent le plus grand préjudice à la vue, ainsi que le trop grande chaleur, et le froid excessif : la suppression des évacuations périodiques, habituelles, comme les flux menstruel et hémorroïdal, et la sueur des pieds ; le régime échauffant, l'usage des liqueurs fortes et fermentescibles, sont encore très-nuisibles à la vue.

» Le régime rafraîchissant convient lorsque c'est l'inflammation qui est la cause de la lésion de la vue. Les malades s'abstiendront de toute espèce de mets salés, épicés, et de haut goût : ils renonceront au café, et à toutes sortes de liqueurs fortes ; ils éviteront la fumée du tabac et des cheminées des appartemens où ils peuvent se trouver ; ils ne s'exposeront ni aux fortes odeurs de l'oignon ou de l'ail, ni aux lumières vives, ni aux couleurs éclatantes.

» Les boissons nitrées, la limonade, l'eau de gruau, le petit lait, la petite bière, et les alimens de bonne et facile digestion, composeront tout leur régime.

» On peut quelquefois prévenir les maladies de la vue, en engageant les malades à se faire ouvrir un fonticule sur l'un des bras, ou un séton à la nuque. Je sais combien on est rebuté par-tout de l'application des vésicatoires : j'ose avancer, sans craindre d'être démenti, qu'ils procurent les effets les plus salutaires ; que c'est presque toujours trop tard qu'on se résout à se les faire appliquer. Tous les autres moyens, qu'on regarde mal à propos comme moins cruels, sont quelquefois plus désagréables, et on n'en obtient point le même bien. Enfin, les personnes qui auront un éloignement insurmontable pour les cautères, pourront retirer quelque avantage d'un petit emplâtre de poix de Bourgogne, appliqué entre les deux épaules. Voy. *Goutte sereine*, *Orgelet*, *Opthalmie*, *Œil*, etc. M. AMI.

VULNÉRAIRE (la) *vulneraria rustica*, selon Tournefort qui la place dans la première section de la dixième classe, renfermant les herbes à fleur polypétale, irrégulière, papilionnacée, dont le pistil devient une gousse courte e tunicapsulaire. *Linné* la nomme *anthyllis vulneraria*, et la range dans la *diadelphie décandrie*.

Fleur papilionnacée ; l'étendard allongé, ses côtés recourbés, l'onglet de la longueur du calice; deux ailes oblongues plus courtes que l'étendard ; la carène aplatie, de la longueur des ailes et leur ressemblant ; le calice d'une seule pièce, un peu renflé, velu, ses bords découpés en cinq dents inégales.

Fruit. Petit légume sous-orbiculaire, couvert par le calice ; bivalve, contenant une ou deux semences.

Feuilles, ailées avec une impaire ; les folioles inégales, quelquefois au nombre de sept, l'impaire plus grande que les autres, et lancéolée.

Racine, simple, longue, rameuse, noirâtre.

Port; les tiges hautes de sept à huit pouces, herbacées, grêles, rondes, velues, rameuses ; deux bouquets de fleurs en tête, adossés au sommet, avec des feuilles florales palmées; les corolles d'un jaune plus ou moins foncé ; les feuilles alternes.

Lieu; les pâturages montagneux, le bord des bois ; vivace.

Propriétés ; l'herbe est vulnéraire.

Usages; on emploie uniquement l'herbe pilée et appliquée, ou bien en décoction.

VULNERAIRES suisses. C'est une collection de différentes herbes qu'on récolte le plus souvent sur les montagnes, et que les habitans d'Helvétie sur-tout sont en possession de préparer et de vendre à presque tous les droguistes de l'Europe, sous le nom de *falltranck*. Ce mot est composé de *fallen* qui veut dire *tomber*, et de *tranck* qui signifie *boisson*, voulant par cette dénomination faire allusion aux vertus de ces plantes, qui prises en infusion théïforme, préviennent, dit-on, les dépôts, suites funestes et trop fréquentes des chutes et des coups à la tête.

On présente aux acheteurs ces petits paquets d'herbes soigneusement cachetés et enveloppés de certificats qui attestent que les plantes dont ils sont composés ont été récoltées avec soin et à l'époque de leur floraison. Lorsqu'elles ont l'odeur, la couleur et la saveur requises, on présume favorablement de leur efficacité, et alors on se borne à une moindre dose pour l'usage auquel on se propose de les appliquer. Quoique les premiers vendeurs aient le plus grand soin, dès qu'elles sont sèches de les diviser en très-petits morceaux pour les mieux déguiser, on sait que les paquets doivent être composés ou des feuilles ou des fleurs (et quelquefois des unes et des autres) de *sanicle*, de *bugle*, de *pervenche*, de *verge d'or*, de *véronique*, de *pyrole*, de *pied de chat*, de *pied de lion*, de *langue de cerf*, d'*armoise*, de *pulmonaire*, de *prunelle*, de *bétoine*, de *verveine*, de *scropulaire*, d'*aigremoine*, de *petite centaurée*, de *menthe*, de *pilosclle* et de *capillaire*. Les vertus connues de chacune de ces plantes diffèrent si peu entr'elles, que cette longue série pourroit être réduite de plus de moitié, sans que le remède en reçût la moindre altération. Il n'est pas douteux que les simples des montagnes ne renferment en général des principes odorans et savoureux beaucoup plus énergiques que ceux des plaines; mais il est de fait aussi que les herbes (auxquelles nous donnons l'épithète de vulnéraires, pour nous conformer à l'usage) qui croissent sur les coteaux des départemens du Jura, du Mont-d'Or, des Ardennes, et de beaucoup d'autres, n'ont pas une vertu inférieure à celle des plantes d'Helvétie. Nous ajouterons même que les simples de nos plaines produiront les mêmes effets quand on aura l'attention d'en augmenter les doses en raison du moins d'énergie qu'on peut raisonnablement leur supposer.

SUPPLÉMENT
AU COURS COMPLET D'AGRICULTURE.

ANI

ANIMAUX à *naturaliser en France.*

Nous allons nous occuper des animaux qui n'ont pas encore été amenés à l'état de domesticité, ou de ceux qui, vivant dans cet état ailleurs, méritent d'être naturalisés parmi nous.

Nous tracerons la marche que les hommes ont suivie dans la naturalisation des animaux, celle qui nous reste à suivre, les moyens que nous croyons propres à faciliter cette entreprise ; enfin nous donnerons une instruction pour aider dans le choix des animaux.

Les premiers hommes trouvoient leur nourriture dans les fruits spontanés de la terre, ou parmi les animaux qui peuplent les forêts ou habitent les eaux. Le manque de fruits dans de certaines circonstances, les travaux toujours pénibles et quelquefois insuffisans de la chasse et de la pêche, portèrent insensiblement l'homme à la culture de la terre. Alors il chercha parmi les animaux ceux qui avoient assez de force et de docilité pour faciliter et accélérer ses travaux, ou qui lui offroient des ressources pour se nourrir et se vêtir. C'est ainsi qu'il a dompté par succession de temps les animaux qui lui sont le plus utile.

ANI

Le choix n'a pas toujours été dirigé sur les espèces dont on devoit attendre les plus grands avantages ; on s'est décidé souvent, ou d'après des besoins pressans, ou d'après des circonstances locales. Une peuplade qui voudroit se livrer aux travaux de l'agriculture, et qui ne connoîtroit aucun des animaux domestiques recevroit avec joie les plus mauvaises races d'ânes ou de moutons que nous ayons en Europe, et rien ne les conduiroit à penser qu'il existe des animaux plus propres à aider l'homme dans ses travaux, à lui fournir de meilleurs alimens, des vêtemens plus appropriés à ses besoins ou à ses goûts. Ce n'est qu'autant que les sociétés s'agrandissent et se perfectionnent, et que les lumières et les besoins se multiplient par les relations commerciales, que l'homme est animé par le desir, et soutenu par le pouvoir d'améliorer son sort en augmentant ses jouissances.

Les Grecs et les Romains avant qu'ils sortissent de l'état de barbarie, cultivoient un petit nombre de plantes ; ils élevoient peu d'animaux. Mais leur prospérité commençant à s'accroître, ils voulurent l'augmenter de plus en plus en s'appropriant les plantes et les animaux utiles qu'ils trouvoient chez les autres nations.

Après la conquête des Gaules, ils apprirent à nos ancêtres à connoître ces nouvelles richesses. C'est à ce peuple conquérant et observateur que nous devons plusieurs fruits qui font aujourd'hui les délices de nos tables. La découverte de l'Amérique, les voyages qui se sont multipliés, les progrès que l'histoire naturelle et l'économie rurale ont fait dans le dernier siècle, sont autant de causes qui ont augmenté presque à l'infini le nombre des espèces et des variétés de fruits, et qui ont presque doublé celui des races précieuses d'animaux.

Si les conquêtes que nous avons faites sur la nature, sont grandes, celles qui nous restent à faire peuvent les égaler ou même les surpasser.

Ces sortes d'acquisitions, ainsi que nous le prouve l'expérience, se font toujours lentement. L'homme qui jouit se contente de ses jouissances présentes, il cherche rarement à les porter au delà de ses habitudes ou des objets qui frappent immédiatement ses sens.

Les souverains et les riches particuliers se couvroient avec orgueil dans le douzième siècle, de vêtemens qui seroient aujourd'hui dédaignés par les citoyens des classes inférieures. Si un homme éclairé eût proposé à cette époque de naturaliser les races de moutons à laine fine, ou le ver à soie, on eût regardé cette idée comme chimérique ou absurde.

Aujourd'hui de telles propositions sont écoutées ; et il est heureusement peu de personnes qui n'en sentent l'importance. Cependant l'apathie où nous retiennent nos anciennes habitudes empêche, ou du moins retarde l'exécution de ces projets vivifians. L'homme riche occupé de ses jouissances ne sent pas qu'il peut facilement en augmenter le nombre ; celui qui possède une fortune médiocre, satisfait de son sort, ne cherche pas à le rendre meilleur. C'est ainsi qu'on reste indifférent sur des améliorations avantageuses à tous, même à la classe indigente, mais qui heureusement profite toujours de la prospérité des autres classes.

On sait qu'il n'y a pas de pays en Europe, où les races des animaux domestiques soient aussi belles et aussi bonnes qu'en Angleterre. Cette amélioration est absolument étrangère au sol et au climat de la Grande-Bretagne. Elle est due aux soins que les Anglais ont eus de choisir dans tous les pays les plus belles espèces, et de les naturaliser chez eux. Quoique sous un climat austère, ils ont introduit depuis quelques années de nouvelles espèces d'animaux dans l'espérance d'en tirer des produits favorables à l'agriculture et à l'industrie. Imitons les Anglais dans cette louable activité qui tend sans cesse à augmenter les fortunes particulières, et qui toujours enfante la prospérité publique ; mais cessons de les imiter dans ces goûts frivoles qui en ruinant nos manufactures, font prospérer celles de nos plus cruels ennemis, et leur fournissent les moyens de nous susciter des guerres éternelles.

Tous les animaux domestiques asservis à l'homme, ont vécu primitivement dans une entière indépendance. L'Asie, qui paroît être la région d'où l'homme et les animaux ont tiré leur origine, conserve encore aujourd'hui les races primitives du cheval, de l'âne, de la chèvre, du mouton, du coq, etc. Le taureau sauvage étoit anciennement très-commun dans la Germanie, et se retrouve encore aujourd'hui dans les vastes forêts du nord de l'Europe. Lorsque l'homme dompta et apprivoisa ces animaux, ils n'étoient pas moins féroces ou moins sauvages que les individus qui vivent encore sous l'empire de la nature. La nécessité et l'industrie sont parvenues cependant à assouplir leur caractère, à les plier aux besoins de l'homme. Il a fallu, sans doute, un grand nombre de siècles, des basards heureux, et sur-tout des besoins pressans pour faire ces importantes acquisitions; mais on a cessé de pousser plus loin les recherches et les tentatives, depuis que l'homme s'est trouvé suffisamment secouru par tant d'animaux propres à le nourrir, à le vêtir, et à le seconder dans ses travaux et dans ses entreprises. Telle est la cause qui nous prive depuis long-temps de la jouissance de plusieurs animaux sauvages, qui ne sont, ni plus féroces, ni moins utiles que les espèces réduites à l'état de domesticité.

Si quelques essais de ce genre n'ont pas réussi, ce n'est pas que le naturel de certains animaux soit intraitable. L'expérience des succès qu'on a eus en domptant le taureau, le cheval, etc. nous prouvent la possibilité de faire encore des conquêtes en ce genre.

Pallas raconte, dans son voyage de Russie, qu'un cosaque ayant pris un poulain sauvage, voulut l'élever, et qu'il le nourrit pendant plusieurs mois; mais que le jeune animal resta toujours sauvage, et finit par se tuer. Si cet essai eût été fait dans un pays où les chevaux domestiques n'eussent pas été connus, on n'auroit pas hésité à conclure que le cheval étoit un animal indomptable.

Il y a peu d'animaux aussi féroces et aussi dangereux que le buffle sauvage; cependant il a produit le buffle domestique, qui, chez plusieurs nations, partage les travaux des champs avec l'homme, et le nourrit de son lait.

Les canards musqués, qui paroissent n'être sortis de l'état de nature que vers le milieu du seizième siècle, sont une des espèces les plus difficiles à apprivoiser. « Ils » sont farouches et défians, (dit » *Laborde* dans son voyage à la » Guyane), et ils ne se laissent » guère approcher ».

Si l'on vouloit rapporter tous les faits de ce genre, il faudroit faire une énumération complète de nos animaux domestiques. Il suffit d'avoir prouvé qu'avec des recherches, de l'industrie et de la patience, il nous sera facile de doubler le nombre de ceux que nous possédons. Voyons par quels moyens nous pourrons y parvenir.

Moyens

Moyens à employer pour augmenter le nombre de nos animaux domestiques.

1°. Il faut, avant tout, s'informer dans les pays étrangers, quels sont les animaux domestiques du pays, et ceux qui vivent dans les campagnes, livrés à leur propre instinct.

2°. Si l'on découvre un animal sauvage qui paroisse offrir quelques avantages, il faudra, si c'est un quadrupède, s'en procurer les petits peu de jours après leur naissance, et les faire allaiter par un animal domestique, le plus analogue à cette espèce. Les petits qui n'auront pas connu leur mère, s'accoutumeront avec celle qui lui sera substituée ; et celle-ci étant familière avec l'homme, ses nourrissons perdront, par l'exemple, le caractère sauvage qu'ils semblent tenir de la nature. L'imitation a sur les animaux, ainsi que sur l'homme, une influence plus grande qu'on ne l'imagine communément.

Si c'est un oiseau qu'on veut amener à la domesticité, on fera couver les œufs par l'espèce la plus analogue.

3°. On placera ces animaux dans des bâtimens commodes et aérés, ou, ce qui est préférable, sous des hangars. Il seroit avantageux d'avoir, vis-à-vis-de leur demeure, une cour, plantée de quelques arbres, pour leur servir de promenade ou d'abri. Ce local ne doit être ni trop spacieux, ni trop couvert, pour qu'ils ne puissent pas se dérober à la vue des hommes. Ce terrain sera enclos et fermé, afin d'en interdire l'accès aux animaux et aux personnes qui pourroient les troubler ou les épouvanter. Il seroit bon que la porte ou les fenêtres d'un appartement habité donnassent sur la cour et les hangars. Il est peu de moyens aussi puissans pour apprivoiser un animal, que la vue habituelle de l'homme.

4°. Il faut, autant qu'on le peut, donner à ces animaux la nourriture qu'ils ont coutume de prendre lorsqu'ils jouissent de leur liberté : il seroit même très à propos de faire ramasser les graines des plantes qu'ils choisissent de préférence, et de les cultiver pour leur servir de fourrage. On les conduira graduellement à une autre nourriture. S'ils refusent toute espèce d'aliment, on fera manger devant eux d'autres animaux. On a l'exemple d'animaux mourans de faim, dédaignant les alimens qu'on leur présentoit, et qu'ils voyoient manger par d'autres animaux. Il refusoient de les prendre, parce qu'ils n'en avoient jamais goûté. Si on leur présentoit des alimens qui leur fussent connus, ils les mangeoient, et passoient insensiblement à ceux qu'ils avoient d'abord refusés.

5°. On doit sur toute chose traiter avec douceur les animaux que l'on veut amener à l'état de domesticité. Un coup qui leur sera donné, un cri, et même un geste qui les épouvante peut rendre inutiles tous les soins qu'on se donnera, et faire manquer sans ressource l'entreprise.

Il faut les loger avec des animaux d'un naturel doux, qui ne les troublent point, et qui soient très-familiers avec l'homme. Ainsi ils s'habitueront insensiblement à nous voir, et ne craindront point nos approches. Celui qui en prendra soin les accoutumera à venir prendre leur nourriture auprès de lui, même dans ses mains.

Si un animal s'obstine à fuir la présence de l'homme, on le rendra docile en l'affamant, et en le privant du sommeil plusieurs jours de suite. Avec de tels soins et de la patience, il y a peu d'animaux qu'on ne parvienne à maîtriser.

6°. Il est rare de voir produire les animaux que l'on transporte dans un pays dont la température diffère considérablement de celle à laquelle ils sont habitués dès leur enfance. Aussi les animaux que nous enfermons dans nos ménageries y mènent-ils une vie languissante, et y périssent sans laisser de postérité. Ces faits ne prouvent cependant pas qu'il soit impossible de les faire produire dans nos pays tempérés de l'Europe, puisque de semblables animaux s'y sont accouplés, et ont donné des petits qui ont vécu plusieurs années.

J'ai vu au cabinet d'histoire naturelle de Hesse Cassel, un dromadaire et un léopard empaillés qui étoient nés aux environs de cette ville, où le froid est plus long et plus rigoureux qu'à Paris. Je le répète, ce n'est qu'avec de l'adresse et de l'intelligence qu'on obtiendra des animaux le fruit de leurs amours.

Le climat cependant influe sur les animaux comme sur les plantes. Certaines espèces ne peuvent soutenir un passage subit d'une température à une autre. C'est pourquoi, lorsqu'on a apprivoisé dans son pays natal un animal sauvage, si l'on présume que le climat de France lui soit contraire, pour éviter cette transition subite, on le fera passer dans un lieu intermédiaire ; et l'on enverra de ce dernier endroit sa première génération, ou l'une des suivantes. On doit employer la même précaution pour les animaux qui vivent en domesticité.

7°. Il existe des animaux dociles, et auxquels notre climat n'est pas contraire, mais qui refusent cependant de s'accoupler avec leur espèce. Chaque espèce a ses habitudes et son instinct, ainsi que l'homme a ses habitudes et ses idées. On ne doit pas s'étonner s'ils ne se livrent pas aux doux transports de l'amour, lorsqu'on les fait passer brusquement de la liberté à l'esclavage ; lorsqu'au lieu des champs où ils erroient à volonté, on les retient dans une sombre et étroite prison ; lorsqu'on les entoure de bâtimens et d'autres objets qui leur rappellent sans cesse leur captivité ; lorsque enfin ils sont habituellement intimidés par la présence de l'homme et par celle d'autres animaux.

Il faut, pour réussir, les rapprocher de la nature ; leur donner par l'illusion ce qu'on leur a enlevé en réalité.

Les animaux sauvages sont dominés par la timidité, de même que l'homme est retenu par la pudeur. Ils ont besoin de se croire libres, isolés, et heureux, pour se livrer à un acte qu'on ne commande pas.

Il seroit à propos de séparer la femelle du mâle, quelque temps avant l'époque de la chaleur. On leur donnera alors une nourriture succulente, et en plus grande quantité ; on les tiendra dans une habitation ou un enclos plus spacieux ; on évitera de les troubler, et on les visitera rarement.

8°. Si, malgré ces attentions, le mâle refuse les approches de sa femelle, on pourra essayer de faire couvrir celle-ci par un mâle d'une espèce analogue, mais qui soit habituée à la domesticité. Ces sortes d'expériences, tentées souvent, ont manqué presque toujours, parce que le succès dépend essentiellement de précautions et de soins dont tout le monde n'est pas capable. On a nié long-temps que le bouc pût produire avec la brebis, le loup avec le chien ; mais des expériences mieux soignées ont constaté la fécondité de ces accouplemens.

En croisant ainsi différentes races, ou même des animaux qui paroissent de différentes espèces, on obtiendra des individus qui produiront des races nouvelles, plus avantageuses, peut-être, que celles que nous possédons.

Il y a des animaux qui ne s'allient jamais entre eux lorsqu'ils vivent en liberté, tels que le taureau ou l'âne avec la jument, le canard musqué avec les canards ordinaires ; mais ils ne répugnent pas à cette alliance, lorsqu'ils sont soumis à l'homme, et engendrent des métis qui augmentent ses forces et ses jouissances.

9°. Les modes par lesquels la nature agit sont tellement diversifiés, et ils nous sont si peu connus, qu'il seroit téméraire de fixer les bornes de sa puissance.

Lorsque les recherches et l'application se seront dirigées vers la branche importante de l'économie rurale dont nous traitons ici, il est probable qu'on donnera l'être à de nouvelles races, je dirai presque à de nouvelles espèces plus précieuses, peut-être, que celles que nous possédons. Les Anglois, qui ont fait le premier pas dans cette carrière, ont obtenu des produits étonnans. Mais que de découvertes à faire avant qu'on ait atteint le terme de la carrière !

Si l'on vouloit employer tous les moyens que la physique et l'anatomie nous présentent, on parviendroit promptement à des résultats dont l'agriculture retireroit de grands avantages. La médecine calme la fureur des insensés, et les rappelle à la raison : pourquoi n'adouciroit-elle pas la férocité des animaux ? Les expériences de *Spalanzani* sur la génération, n'indiquent-elles pas des moyens que la nature, livrée à elle-même, nous refuse ?

Mais ce n'est pas ici le lieu de traiter plus au long cette matière ; il suffit de l'avoir indiquée. Rentrons plus particulièrement dans notre sujet.

L'utilité reconnue des animaux que nous allons désigner, nous porte à croire que plusieurs personnes, stimulées par leur propre intérêt autant que par celui de leur patrie, feront leurs efforts pour se les procurer. Il sera facile aux commerçans, aux capitaines de vaisseaux, aux particuliers qui ont des possessions aux îles, et aux voyageurs, de conduire eux-mêmes ou de faire conduire en France les animaux dont l'acquisition leur paroîtra le plus avantageuse.

Afin que les dépenses d'achat, de transport, etc. ne soient pas perdues, et que les espérances bien fondées des particuliers puissent se réaliser plus facilement, nous croyons à propos de donner une instruction qui pourra être utile à ceux qui seront chargés du choix de ces animaux.

Instruction pour les personnes chargées du choix des animaux.

18. On doit choisir les animaux à l'âge où ils cessent de teter leurs mères; alors ils s'apprivoiseront, et s'acclimateront plus facilement. Il est cependant de certains animaux, tels que le cheval, le bœuf, etc. qui doivent être choisis à l'âge où ils ont presque atteint leur entier développement. Cette précaution doit être prise pour s'assurer que l'animal n'a aucun défaut.

2°. On enverra plusieurs mâles et plusieurs femelles de la même espèce, sur-tout si la valeur de ces espèces est bien reconnue, afin d'obvier ainsi aux accidens qui peuvent survenir dans la route. Il seroit même plus sûr de les envoyer sur différens bâtimens, et à différentes époques. On doit, pour les faire voyager, choisir, autant que les circonstances le permettent, la saison la plus analogue à la température du pays où est né l'animal.

3°. On préférera les animaux les mieux proportionnés, les plus grands, les plus dociles, les races les moins délicates, celles dont les individus s'accommodent des nourritures les plus communes; qui font annuellement un plus grand nombre de petits, et dont la croissance est la plus prompte. Il faut, en général, que les mâles soient de la même couleur que les femelles.

4°. On choisira parmi les animaux de monture, ceux qui sont les plus légers, qui ont l'allure la plus douce, le port le plus gracieux. Les animaux de trait ou de labour doivent être gros et robustes. Si l'espèce qu'on veut exporter est uniquement choisie pour servir de nourriture à l'homme, il faudra donner la préférence aux races qui sont les plus grosses, et qui engraissent le mieux et le plus promptement.

5°. Si toutes les qualités désirables ne se trouvent pas réunies dans le même animal, on se décidera d'après l'importance ou le nombre de ses qualités.

6°. Afin de se procurer les animaux les plus beaux et les plus recommandables par leurs qualités, il sera bon de choisir dans les cantons où les races seront les plus estimées, et parmi les troupeaux qui ont le plus de réputation; ensuite on examinera chaque bête l'une après l'autre; on séparera celles qui paroîtront le mieux convenir, dans un nombre double de celui qu'on se propose de prendre.

7°. Le premier triage étant fait, on examinera de nouveau les animaux choisis, et on mettra à part, pour la seconde fois, ceux qui seront doués des qualités les plus désirables, en rejettant ceux qui ne seroient pas aussi bien conformés, ou qui auroient quelques vices ou quelques symptômes de maladie.

8°. On fera une marque particulière à chaque animal, afin d'indiquer sûrement aux personnes auxquelles ils seront adressés, quelles sont les qualités particulières de chacun de ces animaux, et pour quelles raisons on leur a donné la préférence : mais afin d'éviter toute méprise et tout accident, on marquera les animaux, soit en taillant le oreilles de diverses manières, soit en leur appliquant des numéros avec un fer rouge.

9°. Lorsque l'éloignement, ou d'autres causes, ne permettront pas d'envoyer des animaux vivans, il seroit utile d'envoyer leurs peaux couvertes de la laine, afin qu'on fût plus à portée de juger quels avantages on pourroit en retirer.

10°. Les oiseaux étant d'un naturel plus délicat que les quadrupèdes, ils supportent en général les longues routes moins facilement que ceux-ci. Si l'on craint de les perdre dans le transport, il sera à propos d'en avoir les œufs, qu'on vernira lorsqu'ils sont frais, afin que l'air ne les altère pas. On peut les vernir avec deux ou trois couches de vernis le plus commun, ou les enduire d'une légère couche de graisse de mouton, ou d'huile, ou de cire liquéfiée. Les œufs dans cet état se conserveront féconds pendant six semaines au moins. On doit cependant les préserver des cahots sur terre ou des roulis sur mer ; à cet effet, on les assujettit exactement dans une boîte, avec du coton, du son, ou de la sciure de bois, etc., et on suspend la boîte dans un filet.

Le choix des belles races de moutons et de quelques autres animaux à laine, tels que la vigogne, étant assez difficile pour ceux qui ne se sont jamais occupés de ces objets, nous allons ajouter ici quelques observations qui pourront faciliter leurs recherches.

Précautions qu'exige le choix des bêtes à laine.

1°. La toison est la chose principale à laquelle on doit s'attacher ; mais il ne faut cependant pas perdre de vue les avantages et les qualités que présente le corps de l'animal : l'un doit être combiné avec l'autre.

2°. On choisira les animaux dont la toison est la plus fine, la plus douce, la plus soyeuse, la plus abondante en filamens, et la plus égale. Les laines longues et nerveuses étant également importantes pour la fabrication de certaines étoffes, on étendra également ses recherches sur les animaux qui les produisent. On donnera la préférence à ceux qui présenteront ces qualités à un plus haut degré, ou qui en réuniront un plus grand nombre, considérant sur-tout la finesse, la douceur et le nerf de la laine.

3°. On rejettera, s'il est possible, les animaux qui ont du jarre, c'est-à-dire, des poils plus gros, plus rudes, et d'une teinte différente de celle des brains de laine parmi lesquels ils croissent souvent; ceux dont la laine ne seroit pas d'une couleur uniforme, ou qui auroient des taches sur le corps ou dans la bouche.

4°. La couleur blanche est préférable, et toujours à raison de son éclat. Si l'on trouve des animaux qui donnent une fourrure d'une autre couleur, mais remarquable par sa beauté, on ne négligera pas de les envoyer. On ne choisira jamais ceux qui sont tachetés de diverses couleurs. (1)

Liste des animaux qui peuvent être acclimatés en France.

I. Le Mouton a longue queue, *Ovis longicauda*, *Ovis dolichura*, de Pallas, ou mouton *tscherkessien*, des Russes. Cette variété, dont la queue est longue et traîne par terre, se trouve dans l'Ukraine et la Podolie. Elle est de haute taille et produit une bonne laine, exempte de jarre. Les peaux des agneaux de cette race donnent les belles fourrures qui se vendent à très-grand prix en Russie. Les blanches sont les plus estimées; viennent ensuite celles qui sont d'un beau noir.

II. Le Mouton a large queue, *Ovis laticauda*, qu'élèvent les Tartares Kirguises, dans les vastes plaines de la Tartarie méridionale. Cette race de moutons, inconnue dans le midi de l'Europe, est cependant la plus nombreuse de toutes. Elle forme des troupeaux dans la Tartarie méridionale, dans la Perse, la Syrie, la Judée, la Barbarie, et se trouve jusqu'au Cap de Bonne-Espérance : elle varie dans la finesse et la rudesse de sa laine. Plusieurs voyageurs s'accordent à dire que la queue de ces moutons, qui est un manger délicat, pèse de trente à quarante livres. Pallas, qui affirme le même fait, dit en outre que la queue des moutons des Kirguises donne vingt à trente livres de suif, et que l'animal pèse communément cent trente-deux à cent soixante trois livres.

III. Le Mouton a larges fesses, qu'on élève dans plusieurs cantons de la Russie, de la Perse, et même de la Chine, est

---

(1) M. Anderson, dans un Ouvrage sur les bêtes à laines, dit qu'on a rapporté des Grandes Indes à Londres, la peau d'une espèce de mouton, dont la toison est remarquable par la finesse, par l'éclat et la couleur jaune qui la caractérise principalement. J'ai vu dans le cabinet de Hesse-Cassel, une peau qui me paroît provenir d'un animal semblable. Cette peau qui est entière, égale en grandeur celle d'un mouton de taille ordinaire. Elle est garnie d'une laine épaisse, fine, soyeuse, formant des ondulations et des flocons ressemblans à ceux d'une toison de chèvre d'Angora ; les brins ont environ 4 pouces de long, et sont d'une couleur de paille très-brillante.

Tout ce que j'ai pu apprendre sur une toison aussi remarquable, c'est qu'elle avoit été rapportée d'Amérique, par un officier, il y a environ 20 ans.

sans queue, et porte, à la partie postérieure de son corps, deux masses de graisse, qu'on dit peser jusqu'à quarante livres.

IV. Les mémoires des missionnaires Chinois parlent d'une race de mouton qui habite les déserts occidentaux de la Chine. Ces animaux, qui ont une bosse sur le dos, pèsent quatre-vingt à cent livres, sont gros comme de petits ânes, et servent de nourriture aux Tartares. On promène les enfans dans les rues de Pékin sur des voitures traînées par ces moutons.

V. Le mouton de Bucharie, variété qui paroît provenir du mélange des races à longue queue, avec les races à large queue. Elle est très-commune chez les Tartares de Bucharie, et dans la Perse. Elle produit des laines plus fines que celle du mouton à longue queue. Les fourrures des agneaux ont aussi plus de valeur ; elles sont satinées, et forment des ondulations très-agréables à la vue.

VI. La race des moutons du Kerman et du Kyschmir ou Cachemire donnent les plus belles laines connues. Elles servent à la fabrication des beaux schawls qui nous viennent de la Perse. « Ces schawls (dit Pallas, *Voyage dans les Gouvernemens méridionaux de la Russie*, tom. 1. pag. 171.) » sont faits de la laine des moutons » de Kerman et Kyschmire dont » la qualité soyeuse surpasse de » beaucoup l'éclat et la beauté » de la soie la plus blanche ». L'introduction d'une race aussi précieuse seroit d'un grand avantage pour nos manufactures.

VII. La race des moutons d'Espagne à laine fine devient tous les jours plus commune en France. L'avantage éminent que ces animaux ont sur nos mauvaises races a déterminé plusieurs particuliers à se livrer à leur éducation (1). Nous conseillons vivement à tous ceux qui connoissent leurs vrais intérêts de se procurer cette race précieuse. Les succès qu'elle a eus en Suède, dans diverses parties de l'Allemagne, et sur-tout en Saxe, dont nous avons été témoins oculaires, nous ont convaincus qu'elle peut réussir dans tous les lieux de la France où on élève des moutons.

VIII. La Vigogne. *Camelus tophis nullis, corpore lanato*. L. Elle est d'une taille inférieure au Lama auquel elle ressemble beaucoup. Elle n'a jamais été amenée à l'état de domesticité. Elle habite les hautes montagnes de l'Amérique méridionale : on la trouve principalement sur les côtes occidentales de cette partie du nouveau continent. La laine précieuse de cet animal alimente, dans plusieurs de leurs provinces, des manufactures de draps et de bonneterie.

---

(1) Il nous suffit de citer les troupeaux de Rambouillet, ceux des citoyens Daubenton, Chanorier, Lamerville, etc. dont le succès est complet et soutenu.

On en fabrique des mouchoirs, des gants, des bas, des chapeaux, des tapis, etc. Elle est ordinairement de couleur fauve, il y en a de noire et de mélangée. La vigogne donne du lait; sa chair a de la saveur; et sa peau préparée s'emploie à divers usages. On connoît les draps faits avec sa laine. Ils surpassent en beauté et en prix les autres espèces de draperies (1). J'ai appris lorsque j'étois à Aranjuez, maison du roi, à 12 lieues de Madrid, que les vigognes qu'on y avoit transportées y avoient vécu plusieurs années, et que même elles avoient engendré. Mais comme on les conservoit pour la seule curiosité, on les a négligées, et elles ont péri.

On a nourri une vigogne pendant 14 mois à Charenton, aux environs de Paris; elle venoit d'Angleterre où elle avoit vécu un certain temps; ainsi il est très-probable que cette espèce d'animal se naturaliseroit facilement en France.

Les hautes montagnes, telles que les Alpes, les Pyrénées, les Cévennes, les Vosges, celles de Corse, etc. doivent être choisies de préférence pour cette naturalisation. Nous invitons fortement les citoyens, qui ont des propriétés sur ces montagnes, à faire des tentatives dont le succès est presque certain.

« Ces animaux (dit *Buffon*) » seroient une excellente acquisi-» tion pour l'Europe, et produi-» roient plus de biens réels que » tout le métal du nouveau monde ».

Il seroit aussi utile, et plus facile, de les introduire à Saint-Domingue, et dans quelques autres îles de la république. Celui qui le premier naturalisera les vigognes en France aura bien mérité de la patrie; et la postérité reconnoissante le placera au dessus de ces conquérans dont les victoires entraînent avec elles tant de maux, et procurent de si foibles avantages.

Si le gouvernement s'intéresse à la prospérité publique, pourquoi ne consacreroit-il pas une somme pour récompenser celui qui naturaliseroit en France les vigognes ? « Cet objet, dit Raynal, » est digne de l'attention des » hommes d'état, que la philo-» sophie doit éclairer dans toutes » leurs démarches.

IX. LE LAMA, *camelus dorso lœvi, topho pectorali,* L. habite les hautes régions de Cordillières; les anciens Péruviens l'avoient amené à l'état de domesticité, et s'en servoient pour porter les fardeaux. Les Espagnols l'emploient aux mêmes usages. Ils lui font faire des routes de deux cents lieues, et le chargent de cent à cent-cinquante livres. Cet animal docile est facile à nourrir; il marche avec sûreté dans des chemins impraticables pour toute autre espèce de bête de somme. Il pourroit remplacer l'âne dans plusieurs

---

(1) Des draps faits à Louviers, avec des laines de Vigogne choisies, ont été vendus jusqu'à 300 francs l'aune.

circonstances

circonstances. Les femmes, au Pérou le préfèrent à toute autre monture à cause de la douceur de son pas. Il a la hauteur d'un âne de grande taille, et le corps plus allongé. Il est entièrement couvert d'une laine longue plus belle que celle du mouton ; il vit et engendre dans les climats froids, et dans les pays dont la température est plus chaude que celle de la France.

Il existe peu d'animaux aussi utiles et d'un aussi grand rapport. Il soulage l'homme dans ses travaux ; il lui donne chaque année une toison précieuse pour servir à ses vêtemens ; enfin, après lui avoir rendu de si grands services durant sa vie, il lui offre à sa mort une nourriture saine et succulente.

X. L'APALCA, qui doit être rangé dans la même famille que le lama et la vigogne, tient le milieu entre ces deux animaux par la qualité de sa laine qui est plus fournie et plus fine que celle du lama. Il est sauvage, et paroît jouir d'une constitution plus robuste que la vigogne.

XI. LA CHÈVRE D'AFRIQUE, espèce qui est plus petite que celle qu'on élève en France, est très-commune sur les côtes d'Angola et de Guinée, où l'on préfère sa chair à celle du mouton.

XII. J'ai vu dans diverses parties du nord de l'Europe une très-petite espèce de chèvre qui donne beaucoup de lait, et qui peut-être tire son origine de celle d'Afrique. Il seroit bon de substituer cette race aux nôtres, puisqu'elle donne

Tome X.

proportionnellement à elles une plus grande quantité de lait.

XIII. LA CHÈVRE MANBRINE, très-commune dans tout le levant, donne du lait en abondance, qu'on préfère à celui de vache, ainsi que le fromage qui en provient. Elle a les oreilles pendantes ; le poil fin et bien fourni.

XIV. LA CHÈVRE D'ANGORA est bien connue en France ; mais elle n'y est pas aussi commune qu'elle devroit l'être. La finesse, la longueur, et l'abondance de son poil rendent cette espèce précieuse. Elle ne perd aucune de ses qualités, même dans les pays situés au nord de l'Europe.

XV. LA CHÈVRE DU TIBET, qui porte, à la racine des longs poils dont son corps est couvert, un duvet laineux qui est employé à fabriquer les schawls précieux qu'on tire du Tibet.

XVI. LE BISON est une espèce de taureau qui a une bosse sur le dos. Il est réduit à l'état de domesticité dans la Perse, dans les Etats du Mogol et dans toute l'Inde méridionale. On le trouve dans une grande partie de l'Afrique jusqu'au Cap de Bonne-Espérance. Les bisons d'Asie et d'Afrique offrent autant de variétés que nos bœufs en Europe. Dans quelques parties, ils ont six pieds de haut, tandis qu'ailleurs ils ne parviennent pas à trois pieds. Il est rare d'en trouver qui aient deux bosses. La bosse de ces animaux pèse ordinairement quarante livres, et même quelquefois soixante. Ils sont très-dociles, adroits, intelligens, et

K k k

recommandables sur-tout par la vitesse de leur course. *Tavernier* dit qu'ils voyagent pendant soixante jours à douze ou quinze lieues par jour, et qu'ils vont toujours au trot. Ils servent au labourage et au trait ; ils portent les hommes et des fardeaux sur le dos. On les attèle aux carrosses dans quelques villes de l'Inde ; et on les fait galopper comme les chevaux. Enfin la chair, la peau etc. en sont excellentes.

Un animal qui réunit à toutes les bonnes qualités de notre bœuf d'Europe, la majeure partie de celles du cheval, est bien digne certainement qu'on s'occupe de le transporter en Europe pour l'y naturaliser. Cette naturalisation paroît d'autant plus facile, qu'il existe en Amérique sous un climat analogue à celui de la France, une espèce de Bison qui diffère très-peu du précédent, et dont nous allons parler.

XVII. LE BISON, qui habite l'Amérique septentrionale, n'a pas encore été appelé à la domesticité. Quoique le poil épais et long de deux pouces, qui recouvre son corps, puisse être facilement filé, la peau de cet animal étant bien préparée, donne une fourrure extrêmement chaude ; mais elle est trop lourde pour servir de vêtement. On s'en sert dans le Canada et dans le nord de l'Amérique, lorsqu'on voyage en hiver sur des traîneaux. Si cet animal étoit naturalisé en France, ses peaux, qui se vendroient trois fois plus cher que la peau d'un bœuf de même taille, pourroient devenir un objet important de commerce avec la Russie, et avec d'autres pays du nord. Sa chair est excellente ; et la bosse que l'animal porte entre les deux épaules, est regardée comme un morceau friand. Son poil est plus doux que la laine ; il est frisé, et de couleur brune ou noire.

XVIII. LE TAUREAU MUSQUÉ de la baie d'Hudson, qui n'a jamais été naturalisé, promet de grands avantages. Il n'est guère plus haut que les moutons de grande race. Il a le corps entièrement couvert de poils longs et serrés, à la racine desquels naît une laine épaisse, douce, soyeuse, et d'une grande finesse. Ses poils touchent presqu'à terre. La fourrure de cet animal peut être employée à différens usages, sur-tout dans les pays froids. Si l'on trouvoit un moyen facile de séparer la laine du poil, ainsi qu'on le fait au Tibet, avec la toison des chèvres, on pourroit employer cette substance à la fabrication de différentes étoffes précieuses. On en a fait des bas qui, dit-on, avoient autant d'éclat et le même degré de finesse que ceux fabriqués avec la soie. La chair de cet animal n'est bonne que dans certaines saisons de l'année : elle contracte dans d'autres une odeur de musc qui la rend désagréable. Si on lui coupoit les testicules immédiatement après l'avoir tué, ainsi que les chasseurs le font au sanglier, il est probable que sa chair ne seroit point imprégnée de ce mauvais goût. Il se perdroit vraisemblablement aussi dans l'état de domesticité.

XIX. Le Sarluc, ou le Bœuf grogneur, est un animal du même genre que le bœuf musqué, et a, comme celui-ci, des poils qui lui descendent jusqu'aux genoux. Il est originaire des parties septentrionales de la Tartarie et du Tibet; il a même été amené à l'état de domesticité dans quelques endroits de ce pays, ainsi qu'une variété de cette espèce, connue sous le nom de *vache chittigong*, l'a été dans les parties supérieures de l'Indostan. Il a le poil noir, avec la crinière, la queue, et une raie sur le dos, qui sont blanches. Les poils de la queue sont très-beaux, et sont très-recherchés dans l'Inde, où l'on en fait des chasse-mouches à manche d'argent.

XX. Le Buffle, *Buffetus*. Le gouvernement a tiré d'Italie des buffles qu'on élève dans les établissemens nationaux. Cet animal, qui, pour le travail, est préférable au bœuf, donne une chair dont notre délicatesse ne nous permettra jamais de faire usage. Cet inconvénient arrêtera sans doute sa propagation. Il seroit important de tenter une expérience qui a réussi dans le Brandebourg et en Angleterre. Il y a cinq ou six ans qu'on a fait accoupler dans ce dernier pays un buffle avec une vache. On a obtenu des animaux qui donnoient une grande quantité de bon lait. Si cette nouvelle famille avoit plus de vigueur que le bœuf, ainsi qu'il est probable; si elle se reproduisoit d'elle-même, et si sa chair étoit bonne à manger, comme on me l'a assuré, ce seroit une acquisition précieuse pour l'agriculteur.

XXI. Le Nil-Gaut, connu aussi sous le nom de *Bœuf Gris* du Mogol, se trouve dans plusieurs endroits de l'Inde. Un mâle et une femelle ont été conservés vivans dans le parc de la Muette en 1774; il est de la grandeur d'un cerf de moyenne taille; il est doux, vite à la course, et assez fort pour être utilement employé dans divers travaux: « Comme il vient d'un pays où la » chaleur est plus grande que dans » notre climat, il sera peut-être dif- » ficile de le multiplier ici, (dit » *Buffon*) : ce seroit néanmoins » une bonne acquisition à faire ».

XXII. Le Cheval sauvage *equus hemionus* de *Gmelin*, que les Mongols nomment Dshiggnétéi, habite la Mongolie et d'autres déserts de l'empire de Russie. Il est très-effilé, et fort léger : « On s'ac- » corde à penser, dit *Pallas*, que » le dshiggnétéi surpasse à la course » tous les autres animaux. On ne » pourroit se procurer de meilleurs » bidets que ceux de cette espèce, » s'il étoit possible de les appri- » voiser; je suis persuadé qu'on y » réussiroit, si l'on pouvoit pren- » dre ces animaux peu de jours » après leur naissance ». Les Tongouses mangent la chair du dshiggnétéi, et la préfèrent à celle de tout autre gibier.

XXIII. L'Onagre. Les anciens avoient une race d'âne très-estimée pour sa force, et sa grandeur. Elle provenoit des ânes sauvages ou onagres qu'on voit encore par bandes dans plusieurs cantons de la Grande-Tartarie.

XXIV. Le Zèbre. Ce bel animal, qui est leste et vite à la course, mérite bien qu'on fasse des tentatives pour le naturaliser dans notre climat, et pour le rendre propre à nos usages domestiques. On a essayé sans succès, à la ménagerie de Versailles, d'accoupler un zèbre avec une ânesse ; mais cet essai ne doit point décourager. Des tentatives de ce genre ont souvent échoué faute de soins, ainsi que l'expérience l'a depuis démontré. D'ailleurs, ce n'est pas seulement avec l'espèce de l'âne ou du cheval qu'il faudroit unir ces animaux, mais avec les individus de leur propre espèce. Le succès seroit moins douteux, et la race qui en proviendroit seroit infiniment plus précieuse. On accuse le zèbre d'être rétif : ce n'est qu'après l'avoir dompté dans sa première jeunesse, qu'on pourra prononcer sur ce point. On sait qu'un roi de Portugal avoit pour sa voiture un attelage de zèbres.

XXV. Le Couagga, espèce de zèbre qui habite le cap de Bonne-Espérance. Il a été réduit à l'état de domesticité par les paysans de la colonie du Cap. Plus fort et plus robuste que l'âne, il pourroit lui être substitué avec avantage.

XXVI. Le Cochon. L'espèce de cochons de Siam ou de Tonquin, n'est pas encore beaucoup répandue en France : c'est cependant une des plus productives. Nous n'avons eu qu'en dernier lieu la race des cochons solipèdes. Il y a dans les îles de la mer du Sud, une race de cochons qui viennent plus gros que les nôtres ; il seroit avantageux d'essayer de les multiplier dans la République.

XXVII. L'Eider est une espèce d'oie beaucoup plus grosse que le canard. Il donne un duvet léger, élastique, très-recherché, et d'un prix considérable. Quoique cet oiseau soit sauvage, il seroit facile de l'apprivoiser ; il est très-commun en Norvège. On m'a dit, lorsque je voyageois dans ce pays, qu'il venoit faire son nid sous les escaliers des habitations. Les paysans enlèvent de ces nids l'édredon que la femelle s'arrache pour reposer plus mollement ses petits. La naturalisation de cet oiseau seroit facile ; et les bénéfices qu'il donneroit, lui feroient sans doute accorder la préférence sur les oies et les canards.

XXVIII. L'Outarde, qui vit dans des pays d'une température très-opposée, s'apprivoiseroit sans doute, si l'on prenoit les soins nécessaires pour cela. Plus timide, mais moins farouche que les oies et les canards sauvages, elle pourroit être réduite à l'état de domesticité, ainsi que l'ont été ces deux oiseaux. Sa chair est préférable à la leur, et ses pennes sont aussi bonnes pour écrire que celles de l'oie ; il est étonnant qu'on n'ait pas encore tenté en France de s'approprier un oiseau aussi beau et aussi utile.

XXIX. L'Oie de Guinée, qui se trouve dans plusieurs parties

de l'Afrique, a été apportée en Russie, en Suède et en Allemagne où elle a multiplié dans l'état de domesticité. Cette oie surpasse en grosseur toutes celles que nous connoissons. Elle s'allie avec les oies domestiques d'Europe, et produit de beaux métis. Il seroit sans doute très-avantageux de substituer cette espèce à celles que nous élevons dans nos campagnes.

XXX. L'OIE DU CANADA. Cette espèce est originaire de l'Amérique. Elle est un peu plus grande que notre oie domestique. On en élève au Jardin des Plantes et dans plusieurs lieux de l'Europe. Elle est d'un beau plumage et mérite d'être multipliée.

XXX. L'OIE DE FRISE. Je recommanderai cette espèce que j'ai vue en Frise, et qui est beaucoup plus grosse que nos plus belles oies de France. Je l'ai retrouvée en Prusse, chez un particulier qui l'avoit fait venir de Frise, et qui la conservoit depuis un certain nombre d'années sans qu'elle eût dégénéré.

XXXII. LE TADORNE ou CANARD-RENARD, ainsi nommé, parce qu'il établit son nid dans les terriers de renards, ou de lapins, est un peu plus grand que le canard commun. Il a un duvet presque aussi fin que celui de l'eider, et se l'arrache également pour former son nid. « Comme les ta-
» dornes ne sont pas difficiles à
» priver, (dit *Buffon*) que leur
» beau plumage se remarque de
» loin, et fait un bel effet sur les
» pièces d'eau, il seroit à désirer
» que l'on pût obtenir une race
» domestique de ces oiseaux ». Le succès de cette tentative paroît d'autant plus facile, qu'on a vu ces oiseaux s'accoupler dans nos basses-cours avec des cannes, et produire des métis.

XXXIII. LA SARCELLE commune paroît être amenée à l'état de domesticité pour le luxe des tables. Les Romains, qui en faisoient grand cas, en élevoient dans des volières.

Différens oiseaux aquatiques, qui ont des rapports plus ou moins éloignés avec nos oiseaux de basses-cours, pourroient être élevés, si non pour le bénéfice qu'ils procureroient, du moins pour l'agrément de nos maisons de campagne. On doit ranger dans ce nombre le canard siffleur, intéressant par ses manières vives et pétulantes, le canard huppé, remarquable par l'éclat de sa robe, quelques espèces d'oies, etc.

XXXIV. LE HOCCO approche de la grosseur du dindon. Il a la chair blanche et bonne à manger. Il s'apprivoise aisément ; on dit même qu'il est susceptible d'attachement pour son maître. Il faudroit essayer d'acclimater en France cet oiseau qui se trouve dans l'Amérique méridionale.

Il y a en Amérique un grand nombre d'oiseaux qu'il seroit très-utile et très-aisé de réduire à l'état de domesticité ; ce qui est arrivé pour les dindons donne les plus grandes espérances pour le succès d'une pareille entreprise.

Les Grandes-Indes, et sur-tout la Chine, peuvent fournir plusieurs oiseaux domestiques très précieux. Il est à désirer qu'on veuille bien, en particulier, s'occuper des moyens de transporter en Europe, le grand faisan-argus qui est le plus grand et le plus beau des oiseaux de cette famille, le pigeon couronné de Ceylan, le beau pigeon de Nicobar, et un grand nombre d'autres pigeons dont on voit seulement en Europe quelques individus languissans dans des volières.

Le résultat de ces courtes indications est que nous ne devons pas perdre de vue que l'homme est parvenu par degrés à dépouiller une multitude d'animaux de l'usage libre de la force ou de l'adressse que la nature leur avoit départies; qu'il est parvenu à réunir dans ses foibles mains deux agens si puissans, et à faire servir les animaux même à l'emploi qu'il en fait contre eux. Songeons que si l'homme individuel a pu supposer de siècle en siècle qu'il avoit atteint le terme de ses conquêtes, dans ce genre, une succession non interrompue de nouveaux succès avertit l'espèce humaine que ce terme n'arrivera jamais. Les bienfaits immédiats dispensés par la nature paroissent innombrables par leur diversité; cependant leur profusion s'accroît sans cesse par cette suite de rapprochemens et de combinaisons dont l'observation et l'intelligence nous rendent capables. Ne nous décourageons donc point. Les animaux qui ont reçu tant de moyens d'assurer leur indépendance et d'en jouir sans trouble, subiront tous, par succession de temps, le joug qu'imposera toujours l'être qui pense, à tout être qui n'a reçu de force et d'adresse que pour agir.

LASTEYRIE.

BEURRE. *Procédé du beurre de la Prévalaye.*

La méthode des beurrières de la Prévalaye ne consiste pas uniquement dans la manière de préparer le lait et d'apprêter le beurre, la bonté des pâturages ne suffit même pas pour lui donner ce parfum qui n'est connu qu'à Rennes, et qui est entièrement perdu pour les personnes qui ne le mangent qu'à Paris. Je crois que le gouvernement et le régime des vaches sont une partie très-essentielle. Ainsi je vais commencer par cet article, je ne ferai que décrire ce que j'ai vu pratiquer dans les campagnes mêmes de la Prévalaye.

Les vaches sont logées toute l'année dans des étables bien closes, et couchées sur de la litière de paille fraîche qui est renouvelée tous les soirs. Cette propreté est absolument nécessaire; sans elle le lait et par conséquent le beurre contracteroient la mauvaise odeur et peut-être le mauvais goût des matières qui se seroient attachées à la peau de l'animal. C'est aussi dans la même vue qu'on les étrille tous les matins. Cette opération se fait avec un simple bouchon de paille. Il seroit à souhaiter qu'on se servît d'étrilles comme on le fait dans quelques autres provinces. Cette pratique auroit le double avantage, et de mieux nettoyer le poil, et de faciliter plus puissamment les transpirations d'un animal qui ne fait presqu'aucun exercice ; ce qui contribueroit beaucoup à sa santé.

On ne retient pas les vaches continuellement dans l'étable. On les mène régulièrement tous les jours dans les prairies ou pâtures, à moins qu'il ne fasse de la pluie, et on les y laisse en hiver depuis 9 heures du matin jusqu'à 4 heures et demie ou cinq heures du soir, c'est-à-dire pendant tout le temps que l'air est suffisamment échauffé par le soleil. En été, au contraire, on les retire soit dans l'étable, soit à l'ombre des arbres pendant la grande chaleur du jour, et on les mène paître soir et matin.

Les plus gras pâturages sont consacrés aux vaches dans les campagnes de la Prévalaye. Mais cette nourriture ne suffit pas à beaucoup près, outre qu'elles ont de bon foin sec à discrétion dans l'étable, on donne tous les jours à chaque vache, deux repas ou portions de son de froment, l'une le matin et l'autre le soir. La préparation de ce son consiste à le démêler dans de l'eau chaude ; chacune de ces potions est composée d'un quart de boisseau de son dans environ un seau d'eau. La mesure qu'on nomme à Rennes *un quart* contient en effet la quatrième partie d'un boisseau, et le boisseau de froment en grain pèse de 40 à 45 livres poids de marc.

Outre ces potions, on leur fait manger deux ou trois fois par jour en hiver (et pendant le carême qui est la saison ou le beurre de la Prévalaye est le meilleur), ce que les paysans de Rennes appellent de *la verte*, et ce qu'on nomme dans d'autres provinces du *coupage*, c'est-à-dire, de l'herbe de seigle qui a été semé dans le mois de septembre, et qui est bonne à faucher dès le mois de février. Les beurrières assurent que c'est ce qui donne le plus de parfum au beurre.

On trait les vaches soir et matin ; dès que le lait est tiré on le passe, pour le purger de toutes les immondices qui peuvent s'y trouver. Cette opération qui n'est peut-être pas en usage par-tout, se fait aux environs de Rennes dans des jattes de cuivre jaune dont le fond est percé et garni comme un tamis d'une étamine ou d'un linge très-délié. Le linge est préférable. On l'attache par le moyen d'une ficelle engagée avec les bords du linge dans une petite gorge pratiquée à l'extérieur de la jatte. Quoique cette jatte soit *fourbie*, c'est-à-dire, écurée tous les jours, il seroit à souhaiter qu'elle fût de toute autre matière que de cuivre.

Au sortir de cette jatte le lait est reçu dans des vases très-propres, et dès qu'il est refroidi, on le met dans un lieu couvert. Les paysans de Rennes ont pour cet usage des babus ou coffres bien clos ; on ajoute (en hiver) au lait tiré le matin, un peu de lait caillé, c'est-à-dire, un demi-gobelet dans trois ou quatre pintes, j'entends par demi-gobelet environ le 14e d'une chopine, ou le demi-poisson de Paris. Cette addition seroit non seulement inutile, mais nuisible en été ; elle développeroit trop l'acide du lait ; et il est très essentiel qu'il soit insensible lorsqu'on commence à baratter.

Tout ce lait, tant du soir que du matin, est baratté ensemble le lendemain à la pointe du jour. Pour cet effet, on verse la totalité dans une grande baratte, sans en extraire aucune des parties qui composent le lait ; en hiver on approche la baratte du feu ; mais dès que la partie butireuse commence à se séparer, on a grand soin de l'en éloigner ; sans cette précaution le beurre seroit blanc ; on éprouveroit le même inconvénient si l'opération étoit trop longue. Ainsi on doit y employer une femme vigoureuse, et qui ne se permette que peu de repos.

Dès que toute la partie butireuse est séparée, on la reçoit dans une jatte de bois aussi très-propre et bien lavée en eau froide avant de s'en servir ; c'est dans cette jatte qu'on pétrit le beurre pour le délaiter. Cette opération se fait, dans les campagnes de Rennes, avec une cuiller de buis très forte qu'on trempe de temps en temps dans de l'eau fraîche : le manche de cette cuiller n'a pas tout-à-fait 6 pouces de long et environ 10 lignes de diamètre dans toute sa longueur, le cuilleron est long de 4 pouces et demi, épais de 4 lignes dans le milieu du fond, et large de 3 pouces 5 lignes.

Il est très essentiel de bien délaiter le beurre, c'est-à-dire, d'en extraire exactement tout le petit lait. Pour cet effet, on étend fréquemment le beurre avec la cuiller de buis dans de l'eau fraîche qu'on égoutte et qu'on renouvelle de temps en temps. Cette opération est assez facile, lorsque l'air est frais et serein, mais elle devient très-difficile quand la chaleur est grande, ou qu'il fait du brouillard ou de l'orage ; le beurre est alors si mou, qu'on n'y parvient qu'en la faisant à plusieurs reprises. Après l'avoir bien pétri, on en forme une pelotte qu'on couvre d'un vase renversé, et on le met en lieu frais pendant quelques heures ; on le repétrit ensuite et on le remet rafraîchir pour être pétri de nouveau, l'on continue ainsi jusqu'à ce qu'il soit entièrement purgé de son petit lait. On reconnoît qu'il n'en contient plus lorsque le beurre a acquis de la solidité, ou que l'eau qu'on y a mise ne prend presque plus de couleur laiteuse.

Ce n'est qu'après cette opération qu'on sale le beurre. Les beurrières de Rennes y emploient du sel très-blanc et très-fin ; non du sel blanc tel qu'on le tire de Guérande, mais du sel gris blanchi au feu suivant une méthode qui est connue de tout le monde. Il n'est peut-être pas difficile de trouver la raison de cette préférence. Le sel blanc de Guérande est très-salé, et ses cubes sont très-gros. Le sel gris, au contraire, qui a été blanchi en eau bouillante est peu salé, et ses parties sont très-fines. Le beurre, ne contenant presque plus d'humidité lorsqu'on y met du sel, ce sel y reste dans son état de cristallisation. Si on faisoit usage de sel dont les parties fussent très-grosses et très-salées, on le retrouveroit sous la dent ; et comme il n'en faudroit qu'une petite quantité pour le degré

gré de salure qu'exige le beurre frais, cette salure ne seroit pas également répandue dans toutes les parties du beurre. Il est inutile de décrire la manière dont on étend le sel; tout le monde sait ou présume que c'est en repétrissant le beurre avec la cuiller. On ne peut fixer ici la dose du sel, pour une quantité donnée de beurre. Les beurières n'ont d'autre règle que celle de leur goût.

J'ai dit, en parlant des vases dont on se sert, qu'ils doivent être très-propres; cette propreté et le choix des vases sont très-essentiels; les pots de grès, dont on se sert dans les campagnes de Rennes, sont sans comparaison les meilleurs. (Je crois qu'on ne doit jamais faire usage de pots vernissés). Dès qu'ils sont vides, on a grande attention de les laver en eau chaude et presque bouillante; on frotte les parois intérieures fortement avec un petit balai de houx-frelon, et on les fait sécher en exposant l'ouverture des pots devant un feu clair; on les met ensuite en lieu propre, l'orifice en bas; et afin que l'ouverture du vase soit exposée à l'air, on les suspend et on les accroche par l'orifice à des crochets de bois; ces crochets sont de houx ou d'autres bois fort rameux auxquels on laisse toutes les branches coupées à 12 ou 15 pouces de leur naissance. Ceux qui ont observé la disposition des branches de houx, lui donneront la préférence; mais quelque bois qu'on choisisse, il faut qu'il soit bien dépouillé de toute son écorce.

Les barattes de Rennes sont aussi de grès très-cuites et très fortes, on a le même soin de les laver en eau chaude immédiatement après que le beurre est fait, de les frotter pendant long-temps, et de les mettre sécher soit devant le feu, soit au soleil, pendant tout le jour.

La jatte où l'on délaite le beurre, et la cuiller qui sert à le pétrir, sont aussi très-exactement lavées et trempées en eau bouillante aussitôt que le beurre est fait. Les beurrières de Rennes regardent toutes ces attentions comme indispensables, pour que le beurre ne contracte aucun mauvais goût.

Manière de faire le beurre en Bretagne pour envoi.

Il faut avoir une grande jatte de bois, un peu profonde, une grande cuiller de bois bien polie.

1°. Mettre le beurre sortant de la baratte dans la jatte, le bien pétrir avec la cuiller, pour en extraire toutes les parties laiteuses, ensuite le saler, en saupoudrant par couche de sel le plus fin et le plus blanc.

2°. Pétrir de nouveau le beurre, pour en extraire toutes les parties aqueuses que le sel pourroit y avoir introduites, et aussi à l'effet de bien fondre le sel, et le diviser également dans toutes les parties du beurre.

Quand on se sera bien assuré d'avoir détaché toutes les parties laiteuses et aqueuses du beurre, on en fera un pain à peu près de la forme de l'intérieur du panier dans lequel on le mettra.

3°. Avoir de petits paniers carrés, que l'on tapissera de linge blanc, mouillé auparavant dans de l'eau salée, et qui excèdera chaque côté du petit panier, de manière à couvrir la totalité du pain de beurre sur les quatres faces, ensuite un petit morceau de toile d'emballage, cousu avec de la ficelle.

Si on veut envoyer du beurre dans de petits pots de grès, on remplira chaque pot environ à quatre lignes du bord; puis du sel blanc que l'on mettra cinq à six lignes au dessus du bord, se terminant en forme ronde; on couvrira le tout avec un morceau de linge blanc sec, que l'on attachera avec du fil au dessous du bourrelet du pot, que l'on aura eu soin de bien laver et nettoyer, ainsi que tous les vases et ustensiles qui servent à faire le beurre, la propreté étant ce qu'il y a de plus essentiel à la fabrication du bon beurre.

Quant à la dose du sel, elle ne peut être indiquée que par le goût que chaque personne peut avoir pour le sel, ce que l'usage fait acquérir bientôt. Il faut s'attacher à le bien faire fondre dans le beurre, et sur-tout à bien faire égoutter le beurre de toutes les parties aqueuses et laiteuses. Quant à la couleur, elle dépend absolument de la bonté et de la nature des pâturages. LASTEYRIE.

BLÉ. (*Machine pour battre le*) On a donné dans ce Dictionnaire au mot *fléau* la description de trois machines à battre le blé. Je n'ai pas ouï dire que ces machines eussent été exécutées en France; et je ne pense pas, d'après l'examen de leur construction, qu'elles puissent être très-avantageuses. Ces machines inventées en Suède, il y a déjà long-temps, auroient sans doute été adoptées dans ce pays, si l'expérience eût démontré leur utilité. Parmi la quantité de machines employées au même usage que j'ai été à portée d'examiner pendant mon voyage en Suède, je n'en ai point vu de semblables à celles-ci. On m'a dit cependant que quelques personnes employoient encore celle à roues, de M. Medelpadet, représentée sous la figure 3.

La population peu nombreuse de la Suède, ainsi que la difficulté de se procurer des ouvriers, ont depuis long-temps obligé plusieurs agriculteurs de chercher des moyens économiques de battre le blé.

Il y a plus de cinquante ans que les paysans de la Dalécarlie, province du nord de la Suède, font usage de machines à battre le blé. Depuis cette époque on en a inventé un grand nombre fort ingénieuses, mais qui n'ont pas toutes réussi dans la pratique. On se sert aujourd'hui en Suède de cinq ou six différentes espèces de machines à battre le blé : ce long usage prouve combien elles sont avantageuses à l'agriculture. On peut évaluer leur nombre dans toute la Suède à plus de mille; mais comme dans tous les pays les méthodes les plus profitables ne s'introduisent que très-lentement, il y a quelques provinces où ces machines sont presque inconnues. La France, ainsi que les autres pays du midi de l'Europe, offre une exemple bien plus frappant de ce genre d'insouciance.

Les hommes éclairés parmi ces nations florissantes ne s'étoient pas encore occupés à chercher des moyens mécaniques pour battre le blé, tandis que les paysans grossiers des régions glacées du nord employoient avec succès de semblables moyens. Ces faits prouvent que les hommes, en général, ne deviennent créateurs, et ne perfectionnent, que lorsqu'ils y sont contraints par la dure nécessité.

Quelques personnes cependant ont imaginé dans ces derniers temps des méthodes pour accélérer le battage des grains ; mais comme les inventeurs avoient peu de génie, ou qu'ils ne connoissoient pas suffisamment l'opération qu'ils vouloient faciliter, leurs inventions n'ont été d'aucune utilité à l'agriculture. Les Ecossois qui, depuis plusieurs années, dirigent leurs recherches vers ce but, ont imaginé une machine qui s'est successivement perfectionnée, qui a été adoptée en Angleterre, et qui, de ce pays, a passé en Suède, où elle a reçu quelques modifications avantageuses.

Cette machine que nous avons vue chez plusieurs cultivateurs, et qui se propage de jour en jour en Suède, mérite d'être employée dans nos campagnes. Nous avons pensé, d'après l'examen de ses effets, qu'elle rendroit de grands services à notre agriculture, sur-tout à une époque où la population de la France se trouve affoiblie par les suites inévitables de notre révolution. L'industrie et le commerce qui prendront à la paix de grands accroissemens, réclament l'emploi de tous les moyens mécaniques par lesquels on peut suppléer au manque de bras.

Personne n'ignore que le commerce immense et les richesses prodigieuses des Anglois sont dues à l'emploi des moyens mécaniques et à l'application que ce peuple en a fait aux arts et aux manufactures. Les gouvernemens de l'Europe doivent porter un œil attentif sur la Grande-Bretagne, s'ils veulent enfin cesser d'être ses tributaires.

Quelques personnes réclament contre l'usage des machines dont le travail remplace celui de plusieurs hommes. Ce n'est pas ici le lieu de réfuter de semblables objections. Il nous suffit de citer l'exemple de l'Angleterre et de la Hollande, pays qui doivent leur prospérité et leur population à l'usage multiplié de ces machines. D'ailleurs, tout moyen qui procure des avantages à l'agriculteur, en diminuant le prix d'une denrée, est toujours profitable aux différentes classes de la société.

Il y a dans la Brie, dans la Beauce, etc., un grand nombre de fermiers qui dépensent annuellement, pour le battage de leur grain, 2 ou 3 mille francs. Ils sont obligés d'entretenir, d'une récolte à l'autre, plusieurs ouvriers uniquement occupés à ce travail. Ces cultivateurs, en faisant construire la machine que nous proposons, diminueront, des deux tiers, les frais de battage.

Cet avantage n'est pas le seul : on a de plus la facilité de serrer promptement sa récolte, et n'étant plus maîtrisé par la lenteur du travail, on saisira les circonstances les plus favorables pour la vente des grains. C'est sur-tout dans les années où l'on a éprouvé une disette qu'il sera avantageux de battre avec cette célérité.

La manière ordinaire de battre le blé est très-pénible, elle est aussi très-pernicieuse à la santé. La poussière qui s'échappe sans cesse de la paille, pénètre dans les poumons des batteurs, et leur occasionne des maladies de poitrine dont un grand nombre sont les victimes. Les sentimens d'humanité s'accordent ici avec ceux de l'intérêt, et doivent aussi porter les cultivateurs à changer la méthode générale.

Cependant cette machine ne présente d'avantages réels qu'à ceux qui, ayant une exploitation assez considérable, peuvent trouver dans cette manière de battre, un bénéfice, déduction faite des frais de construction. On peut évaluer la construction à 2 mille ou 2 mille 500 livres. Ainsi celui qui n'ensemenceroit annuellement que 30 à 40 arpens, n'y trouveroit aucun bénéfice, à moins qu'il ne perçût une rétribution de ses voisins en leur accordant l'usage de sa machine.

On construira la machine à battre dans une grange spacieuse. En réunissant dans le même local une grande quantité de gerbes, on facilitera le travail ; on évitera les embarras et les frais de transport.

Le moteur sera hors de la grange ; et si l'on emploie les bestiaux, on construira un manège adossé à la partie extérieure de la muraille : un hangar suffira à cet usage.

Les propriétaires qui auront un courant d'eau trouveront un grand avantage à se servir de ce moteur, puisqu'ils éviteront ainsi l'emploi de trois ou quatre chevaux, et les salaires de la personne qui doit les conduire.

On pourra construire la machine dans un moulin à blé ou dans toute autre moulin, si le local le permet, ainsi que je l'ai vu pratiquer en Suède.

Le premier étage du bâtiment dont je parle, étoit consacré à la mouture, et l'on battoit le blé au rez-de-chaussée. La même roue faisoit mouvoir à volonté et successivement les deux machines. Cette réunion est importante pour n'être point négligée toutes les fois que les localités le permettront.

On a essayé en Suède de faire aller cette machine par le moyen du vent, mais sans succès.

Le vent ne soufflant jamais régulièrement, et ayant des interruptions fréquentes, il ne peut lui communiquer un mouvement habituel, de sorte que les ouvriers sont souvent contraints d'abandonner le travail, ce qui entraîne une grande perte de temps, et augmente par conséquent la dépense.

Lorsqu'on fait aller ces machines par un manège, on y emploie deux ou trois chevaux de taille ordinaire; ou est même obligé d'en atteler jusqu'à quatre, lorsqu'elles ne sont pas bien construites. Six personnes sont indispensables pour le service de la machine. Un homme est occupé à aller prendre les gerbes dans la grange; une femme ou un jeune garçon présente les gerbes; une troisième personne les pose sur la table : une quatrième reçoit la paille et la bottelle à mesure qu'elle sort de la machine, après avoir été battue; une cinquième emporte les bottes, et une sixième qui peut être un jeune enfant, conduit les chevaux. Ainsi, il faut six personnes, savoir : trois hommes et trois femmes, ou trois jeunes garçons; car l'ouvrier qui présente la paille, celui qui l'étale sur la table, et le troisième qui conduit les chevaux, n'ont besoin, pour ces opérations, que d'une force et d'une adresse médiocre.

On calcule, en Suède, que six hommes font, par le moyen de la machine à battre, autant d'ouvrage que vingt-huit batteurs ordinaires, et cette supposition n'est pas exagérée; les effets seront même plus considérables, si l'on fait mouvoir la machine par le moyen de l'eau; car alors, on peut donner plus de longueur au tambour et aux cylindres, et ceux-ci prenant une plus grande quantité de paille à la fois, le battage est accéléré en proportion. Mais les calculs que je présente sont basés sur les dimensions d'une machine à manège, telle que je la décris ici.

Les meilleurs batteurs en grange n'obtiennent jamais, l'un portant l'autre, plus de dix boisseaux de grains par jour. Les batteurs ordinaires font beaucoup moins d'ouvrage; mais nous établirons la comparaison, en accordant qu'un homme puisse battre habituellement dix boisseaux par jour.

La machine, servie par six ouvriers, produit par heure trente boisseaux, mesure de Paris. En supposant qu'elle soit en activité pendant dix heures, on aura trois cents boisseaux. Mais, afin de calculer au plus bas, et dans l'hypothèse où elle n'agiroit que pendant neuf heures, on obtiendra deux cents soixante-dix boisseaux par jour. D'après ce calcul, six personnes, employées à la machine, donneront chaque jour, par individu, quarante-cinq boisseaux de grains, tandis que par la méthode ordinaire de battre, un homme n'en donne pas dix. Ainsi l'avantage en faveur de la machine sera comme quatre et demi est à un; c'est-à-dire, que six personnes employées à une machine, feront le même ouvrage que vingt-sept batteurs en grange. On observera que, pour battre à la manière ordinaire, il faut des ouvriers vigoureux, tandis qu'avec une machine, il suffit d'avoir trois hommes de force ordinaire, et trois jeunes personnes; ce qui présente un nouvel avantage, puisque, dans ce dernier cas, on paie moins chèrement les ouvriers; aussi calcule-t-on en Suède que six personnes, avec une machine, tiennent lieu de vingt-huits batteurs.

On emploie ordinairement la

machine dans le temps où les journées sont les moins chères, et dans la saison où les chevaux sont peu occupés. Si l'on calcule la valeur du travail de trois chevaux, le montant de l'intérêt de l'argent déboursé pour la construction de la machine, enfin les sommes payées aux ouvriers pour le battage d'une récolte, on trouvera, en comparant ces sommes avec celles qu'on dépense pour le battage ordinaire, une économie annuelle de deux tiers en faveur du battage par la machine.

La machine qui bat trente boisseaux de froment par heure, et à peu près la même quantité de seigle, expédie dans le même temps quarante-cinq boisseaux d'avoine. Elle ne peut pas servir à battre les pois, les fèves, les haricots, etc. Les plantes légumineuses ont les tiges et les capsules trop grosses et pas assez flexibles pour être battues avec avantage par des moyens mécaniques semblables à ceux dont on se sert ici.

On verra par la description que nous allons donner, que la paille est entraînée séparément, tandis que le blé sort dégagé de tout corps étranger, après avoir été vané et criblé, et qu'il se trouve propre à être porté au marché.

Explication des figures.

La *fig.* 1.re représente le plan de la machine. La *fig.* 2, l'élévation sur la ligne C. D. La *fig.* 3, sa coupe sur la ligne A. B. Les *fig.* 4, 5 et 6, qui représentent différentes parties de la machine, sont dessinées sur une échelle quadruple.

A. Grande roue de 2 mètres 6 décimètres de diamètre, avec 80 dents.

A 2. Levier, 4 mètres 7 décimètres de long.

A 3. Montant ayant, depuis le sol jusqu'aux dents inclusivement, 2 mètres de long, et 3 décimètres de diamètre.

B. Lanterne en bois ou en fer, ayant 4 décimètres, avec 10 fuseaux.

C. Arbre de 3 décimètres de diamètre et 5 mètres de longueur.

D. Petite roue dentée verticale, ayant un mètre 4 décimètres de diamètre, avec 52 dents.

E. Poulie d'engrenage, de 3 décimètres de diamètre, divisée en 9 parties ou dents.

F. Le tambour ayant un mètre 1 décimètre de diamètre, sans comprendre les battoirs B b. qui ont 7 centimètres de saillie et 5 de large. L'arc du tambour a 1 décimètre et 8 centimètres de diamètre. Il a 1 mètre et 2 décimètres de long. L'espace S compris entre le tambour et le revêtissement inférieurs, a un décimètre 3 centimètres.

G. Les 3 poulies fixées sur le grand axe, destinées à faire mouvoir les cylindres. La plus grande a 6 décimètres de diamètre, et la seconde, 5 décimètres 5 centimètres; la petite, 5 décimètres.

H. La quatrième poulie qui fait mouvoir le volant, a 6 décimètres 5 centimètres de diamètre.

I. Les 3 poulies du cylindre ont, la première, 3 décimètres 8 centimètres; la seconde, 3 décimètres,

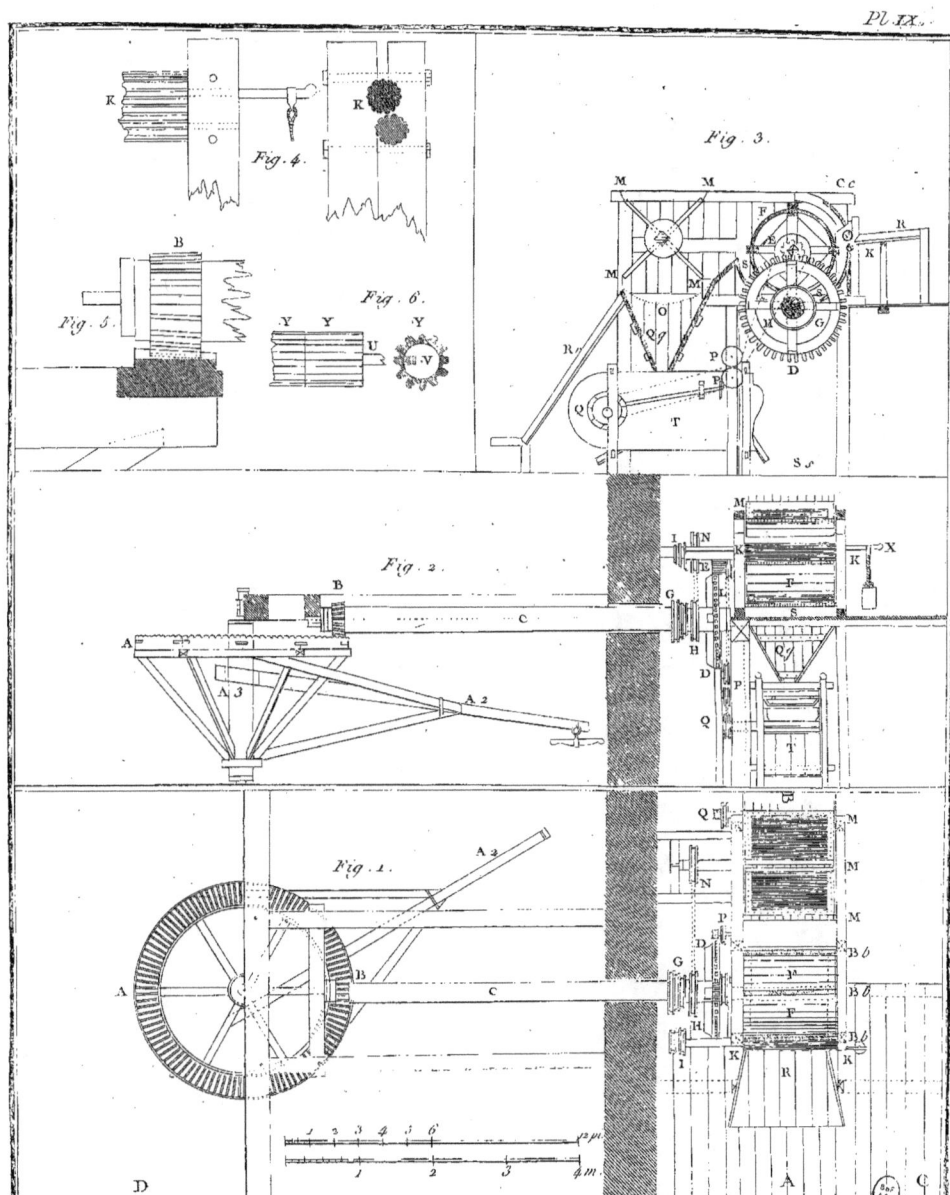

Pl. IX.

et la troisième, 2 décimètres 5 centimètres.

K. Les cylindres ont 1 décimètre 7 centimètres de diamètre, avec des rainures de 2 centimètres de profondeur.

X. Poids qui pèse sur l'axe du cylindre supérieur.

L. La poulie fixée au tambour a 4 décimètres 4 centimètres.

M. Le volant. Ses ailes, à partir du centre, ont 7 décimètres 5 centimètres de long. Il a la même largeur que le tambour. L'arc du volant a un décimètre et 5 centimètres de diamètre. Les pointes attachées aux extrémités du volant ont 1 décimètre de long. Il y en a deux à chaque battant.

N. La poulie fixée à l'axe du volant à 5 décimètres 5 centimètres de diamètre.

O. Treillage en bois.

Q q. Trémie.

R r. Partie où la paille est rejettée.

P. Poulies à diriger les cordes qui font mouvoir le ventilateur Q.

R. Table qui sert à poser la paille, ayant un mètre de long.

C c. Revêtissement supérieur du tambour.

S. Revêtissement inférieur du tambour.

T. Bluttoir.

La *fig.* 4 indique le développement des cylindres.

La *fig.* 5 représente la coupe de la grande roue, et l'arbre d'engrenage avec sa lanterne.

La *fig.* 6. représente le cylindre creux, formé par des anneaux Y. U est l'arbre carré qui traverse ces anneaux.

La machine à battre est mue par des bœufs ou par des chevaux ; qu'on attèle à la traverse A 2, fixée dans la partie inférieure de l'arbre A 3. Deux chevaux font faire ordinairement deux révolutions $\frac{1}{4}$ à la grande roue. Les bœufs ne font qu'une révolution $\frac{3}{4}$. On peut obtenir par ce mouvement 110 rotations du tambour par minute. Ces rotations peuvent être réduites à 70 ou 90, sans diminuer les effets. On doit même se fixer à ce nombre ; car une plus grande vitesse ne sert qu'à augmenter le travail des bestiaux, sans aucune utilité.

La grande roue A met en mouvement la lanterne B de l'arbre C. La roue D adaptée à l'autre extrémité de cet arbre, s'engrène dans la petite lanterne E, fixée à l'extrémité de l'axe du tambour.

Le tambour F de forme cylindrique est revêtu, à sa circonférence, de planches posées les unes contre les autres. Ses deux extrémités sont également fermées avec des planches. Il est garni de quatre battoirs placés longitudinalement, et à égale distance les uns des autres. Ces battoirs sont formés par des pièces de bois, de la longueur du tambour. Ils ont 7 ou 8 centimètres de hauteur, et 5 centimètres de largeur. Ils frappent la paille à mesure qu'elle avance entre les cylindres, et en détachent ainsi le grain. La paille est entraînée dans l'espace compris entre le tambour et le revêtissement inférieur, et sort par l'extrémité opposée aux cylindres.

Le tambour est surmonté d'un revêtissement C C, à la partie située

BLÉ

vis-à-vis de la table. Ce revêtissement, qui s'ouvre à volonté par le moyen d'une charnière, est fait pour empêcher que le vent et la poussière n'incommodent l'ouvrier qui pose le blé sur la table.

Une corde, ou ce qui est préférable, une lanière de cuir qu'on tend, ou qu'on relâche au besoin par le moyen d'une boucle, fait tourner les deux cylindres K, en passant dans l'une des poulies G, fixées sur le grand arbre, et dans l'une de celles qui se trouvent à l'extrémité du cylindre inférieur I. On construit les poulies de diamètre différent, afin d'accélérer ou de ralentir le mouvement des cylindres. Les cylindres K servent à attirer la paille, et à la faire passer entre le tambour et le revêtissement S.

Il est nécessaire que le cylindre supérieur soit mobile, sans quoi une partie du grain seroit écrasée, et la paille qui entre souvent par gros paquets dérangeroit la machine; mais afin que sa pression soit toujours égale, on charge l'une de ces extrémités d'un poids X, qui cède lorsque la paille est attirée entre les cylindres en trop grande quantité.

La table R est posée à la hauteur de la ligne de contact des deux cylindres; elle est garnie à droite et à gauche d'un rebord pour retenir la paille. On doit lui donner un peu d'inclinaison, afin que la paille puisse se porter plus facilement vers les cylindres.

Le volant est mis en mouvement par une courroie qui passe de la poulie H à la poulie N. Les ailes

BLE

de cette espèce de volant, armées de leurs pointes, entraînent la paille en la faisant passer sur un fond O, formé par un treillage en bois à travers duquel le grain s'échappe, tombe dans la trémie Q q, passe dans le bluttoir, et sort dans la partie S s. La construction du bluttoir est la même que celle qu'on a décrite dans le second volume de ce Dictionnaire. La paille est rejettée dans la partie R r.

On feroit mouvoir par le moyen d'une poulie fixée au grand arbre une machine à couper la paille, semblable à celle dont on se sert communément en Allemagne. C'est un avantage dont doivent profiter ceux qui suivent la bonne méthode de nourrir les chevaux avec de la paille hachée.

La machine dont je viens de donner la description m'a parue la plus parfaite de toutes celles que j'ai vues en Suède et en Danemarck. J'ai remarqué quelques variétés dans leur construction. Il suffira de présenter les différences qui offrent des modifications essentielles.

On fait des machines à battre, dont l'arbre C s'engrène à l'une de ces extrémités dans les dents de la grande roue, par le moyen d'un pignon de fer, tandis que son autre extrémité forme l'axe du tambour, et reçoit la poulie qui met en mouvement les cylindres.

Le tambour peut être revêtu en toile au lieu de planches. Ce revêtissement doit être parfaitement circulaire, afin de faciliter le mouvement. Si l'on veut accélérer le battage,

battage, on lui donne huit battoirs au lieu de quatre. On construit des tambours de deux mètres de longueur, et alors on peut augmenter le diamètre. En donnant plus de longueur au battoir et au cylindre, il passe dans le même espace de temps une plus grande quantité de paille, et le battage se trouve accéléré, sans qu'il soit besoin d'augmenter de beaucoup la force motrice.

Il y a sur l'arbre horizontal de notre machine trois poulies de diamètre différent, qui correspondent à trois autres poulies de diamètre inégal. Cette combinaison qui a l'avantage de donner aux cylindres le degré de vitesse dont on a besoin, est omise dans d'autres machines où il n'y a qu'une seule poulie sur l'arbre horizontal et un autre sur l'axe du cylindre. Il est moins aisé alors de régler le mouvement des cylindres.

Dans certaines machines l'espace qui se trouve sous le tambour est formé par un revêtissement auquel on fixe huit ou neuf pièces de bois en saillie, qui ont les mêmes dimensions que les battoirs du tambour, et qui leur sont parallèles. Ce revêtissement occupe l'espace compris depuis le cylindre inférieur jusqu'à la ligne qui tombe perpendiculairement au-dessous de l'axe du tambour; les pièces de bois servent à favoriser les épis dans leur passage. L'intervalle qui les sépare des battoirs du tambour, lorsqu'elles sont placées vis-à-vis de ceux-ci, ne doit être que de trois millimètres.

Le cylindre supérieur est ordinairement en bois; il seroit plus à propos qu'il fût en fer; il produiroit alors une pression suffisante, sans qu'il fût besoin de le charger d'un poids.

Je donne, *fig.* 6, la représentation d'un cylindre d'une construction ingénieuse que j'ai trouvée dans les *Œuvres diverses* de *Jumelin*. Ce cylindre est formé par des anneaux Y de fer fondu et cannelé, ils sont traversés par une barre de fer carrée U, de sorte qu'ils peuvent s'élever et s'abaisser indépendamment l'un de l'autre, selon la quantité plus ou moins grande de paille qui fait effort pour passer. On conçoit qu'en employant un cylindre construit de pièces détachées et dont le jeu est libre et indépendant, la pression sera par-tout la même, puisque chaque partie plus ou moins épaisse de la couche de paille reçoit un poids égal; tandis qu'avec un cylindre d'une seule pièce cette couche reçoit nécessairement des pressions inégales.

On a imaginé depuis peu en Suède, des machines portatives à battre; mais comme une assez longue expérience n'en a pas encore constaté les effets, j'ai cru inutile d'en donner ici la description.

La machine à battre le blé est sans doute susceptible d'être simplifiée, ou de recevoir des modifications avantageuses. J'invite les personnes qui apporteront quelque perfectionnement à cette machine, de vouloir bien m'en faire part, lorsque l'expérience leur aura démontré l'utilité de ces changemens. Je m'empresserai alors de les publier en faisant connoître le nom de leur auteur.

LASTEYRIE, *membre de la Société d'Agriculture de Paris.*

CHICORÉE-SAUVAGE (*Cichorium entibus*).

Cette plante, que l'on cultive généralement dans nos jardins, est la même que celle dont on fait usage pour les bestiaux. La manière de la cultiver dans les jardins a été suffisamment décrite à l'article *chicorée*, de ce Dictionnaire. Nous nous bornerons donc ici à décrire sa culture en grand, à présenter les avantages qu'offrent sa tige et ses feuilles, comme fourrages, et ceux qu'on peut retirer de ses racines, en les employant comme une substance propre à donner une excellente liqueur caféiforme.

Culture en grand de la chicorée.

Ne nous étant pas trouvés dans des circonstances propres à cultiver cette plante par nous mêmes, nous allons extraire, des mémoires de la Société d'Agriculture de Paris, un mémoire donné par un habile cultivateur, le citoyen *Cretté de Palluel.*

» Il seroit à désirer que la culture de la chicorée s'étendît dans tous les pays où les pâturages naturels manquent, et où les semences même des prairies artificielles se refusent au sol; on en retireroit l'avantage de suppléer aux diverses espèces de fourrages qu'on ne peut se procurer, particulièrement dans le printemps et dans l'été.

» La chicorée croît aisément dans toutes sortes de terres; elle est vivace, et demande peu de frais de culture; elle se sème au printemps, après un seul labour; on la recouvre ensuite avec la herse. Un boisseau de graine suffit pour un arpent, mesure de Paris. Elle peut se semer aussi, comme la luzerne, dans les avoines, avant les seconds hersages, afin que cette opération serve à couvrir la graine; ou encore dans les orges, en répandant l'une et l'autre semence le même jour. Si on la sème seule, au mois de mars, dans une terre préparée par un labour, ensuite hersée et roulée, on peut faire deux récoltes la même année. Le produit sera beaucoup plus abondant si on fume le terrain l'hiver suivant. Il faut la faucher avant que les tiges aient acquis beaucoup de grosseur.

» Cette plante brave la grande sécheresse et résiste aux orages; comme elle croît de bonne heure, ses premières feuilles, larges, touffues, s'étendent latéralement, couvrent la terre, et en conservent la fraîcheur, ce qui préserve ses racines des chaleurs qui souvent dessèchent toutes les autres productions. Elle ne craint pas les orages, parce que ses tiges, grosses et roides, se soutiennent contre les vents et les grandes pluies qui abattent et renversent tout. Les grands froids, ni la gelée, ne lui portent aucune atteinte. Son prompt accroissement la rend surtout précieuse, en ce qu'elle fournit un fourrage abondant et salutaire, dans une saison où les bestiaux, rebutés de la nourriture sèche de l'hiver, sont avides de plantes fraîches. Mon dessein n'est point de préconiser cette production plus qu'elle ne le mérite ; je me bornerai à rapporter quelques observations que j'ai faites très-récemment, et dont je puis garantir l'authenticité. J'ai mis, au mois d'avril de cette même année, trois chevaux à la nourriture de la chicorée verte ; l'un d'eux avoit des démangeaisons sur tout le corps; l'autre avoit des eaux à une jambe : ils se sont parfaitement rétablis, sans autres traitemens : ils sont même engraissés, sont devenus très-clairs, et leur poil très-lisse. J'observerai que le premier et deuxième jours, ils mangèrent peu ; mais ensuite, et tout le temps qui a suivi, ils ont mangé cette herbe avec avidité, et ont été ainsi nourris à l'écurie pendant un mois entier.

» Les vaches auxquelles on donne à l'étable une ou deux rations de chicorée par jour, abondent en lait, et quoique cette plante soit amère, elles la mangent avec appétit, donnent un lait aussi doux et aussi crèmeux que lorsqu'elles sont nourries avec tout autre fourrage.

» Donnée aux moutons, elle a l'avantage de les bien nourrir, et de les préserver de la maladie rouge, qui enlève quelquefois la moitié des troupeaux.

» Le sol sur lequel j'ai semé la grande chicorée, est une terre sablonneuse et d'une qualité médiocre. Le produit pourra peut-être paroître exagéré ; aussi, je n'exige pas qu'on en croie un simple récit; mais, ce que j'avance à cet égard, peut être constaté par ce qui est encore existant dans la portion de terrain qui n'a point été coupée. Cette plante a dans le moment actuel, (le 20 juin) sept, et même huit pieds de haut : elle est extrêmement touffue et chargée de feuilles. Le produit d'une seule coupe, sur l'étendue d'un arpent, peut être évalué à plus de cinquante-cinq milliers pesant, par l'appréciation et le calcul juste que j'en ai fait. En comparant ce produit à la plus riche et la plus abondante prairie naturelle ou artificielle, on verra qu'il n'en est aucune d'aussi féconde. La portion qui a été la première coupée au mois d'avril dernier, pourra l'être encore présentement, ce qui produira au moins quatre coupes dans l'année.

» J'en ai recueilli l'année dernière, que j'ai fait sécher, et que les moutons ont très-bien mangée pendant l'hiver ; mais la dessication en est difficile.

» Cette plante, qui croît si facilement, dont le produit est si abondant, et qui a des propriétés si précieuses, est bien faite pour déterminer à sa culture ceux qui en voient les avantages ; et peu de cultivateurs se refuseront, sans doute, à en ensemencer une portion de leur terrain, qu'ils abandonneront au printemps à leurs bestiaux, ou qu'ils feront couper pour leur être donnée en verd à l'étable. Cette dernière méthode sera toujours la plus profitable ».

La culture de la chicorée, pour la nourriture des bestiaux, est assez générale en Allemagne et en Prusse. On la sème en avril ou au commencement de mai. On coupe les tiges lorsqu'elles sont élevées de trois pieds; il se fait une dernière récolte, moins abondante, vers la fin de l'automne. C'est à cette époque qu'on retire de terre les racines dont on veut faire du café. J'ai vu cultiver aux environs de Berlin de la chicorée-sauvage uniquement destinée à ce dernier usage. Quelques personnes prétendent que la liqueur caféiforme qui en provient est meilleure lorsque les tiges n'ont pas été coupées. La différence dans la qualité n'est cependant pas assez sensible pour négliger une récolte aussi précieuse que celle de la tige et des feuilles.

Les racines viennent plus grosses lorsqu'on laisse croître la tige sans la couper.

Préparation des racines de chicorée-sauvage pour les rendre propres à donner une liqueur caféiforme.

Quelques jours après avoir fait la récolte, on fend en long avec un couteau les racines; puis on les coupe en travers de la longueur de huit à dix lignes. On se sert pour cette dernière opération, d'une machine à couteau employée en Allemagne pour hacher la paille. Lorsqu'on a coupé les racines on les étend sur des toiles, à l'air ou au soleil. Après les avoir ainsi exposées deux ou trois jours, on finit la dessiccation dans le four. Lorsque le temps est beau, ou lorsqu'on a un local suffisamment spacieux, on peut les laisser entièrement sécher à l'air.

Les racines de chicorée ainsi séchées se conservent sans rien perdre de leur qualité; la manière de les rôtir est la même que pour le café. Il est nécessaire de les moudre aussitôt après la torréfaction, sans quoi la mouture en seroit très-difficile par la raison qu'elles s'imprègnent très-promptement de l'humidité atmosphérique.

Lorsqu'on voudra conserver cette poudre de café, sur-tout en grande quantité, il faut avoir soin de ne pas fermer exactement les vases dans lesquels on la dépose; on doit se contenter de les couvrir; il seroit même plus prudent de ne point la réunir en trop grande quantité; car alors elle s'échauffe et s'enflamme facilement. On évitera cet accident en laissant un libre accès à l'air.

Lorsqu'on veut avoir un café qui ait à peu-près la même saveur et le même parfum que le café ordinaire on mélange trois portions de café avec une portion de chicorée. Quelques personnes font les mélanges égaux; d'autres mettent les trois quarts de chicorée; enfin la classe indigente se contente de cette dernière substance sans addition de café. J'ai goûté plusieurs fois de la liqueur provenue de cette racine, soit pure, soit mélangée avec du lait; et je l'ai trouvée bien supérieure à toutes les boissons de ce genre faites avec du seigle, des pois, des haricots, etc.

On estime en Prusse que les deux tiers du café qui se consomme dans ce royaume sont faits avec la racine de chicorée. Quoique cette consommation soit moindre en Allemagne, elle est cependant très-considérable.

Tandis que les commerçans vont chercher à grands frais des denrées pour satisfaire la sensualité des personnes riches, il est du devoir d'un écrivain qui s'intéresse à la classe indigente, d'indiquer les moyens qui peuvent augmenter le bien être de cette classe. Il vaudroit sans doute mieux que les hommes n'eussent pas contracté des habitudes qui, en leur donnant des jouissances factices, les privent des besoins réels ; mais, puisque ces habitudes sont contractées, lorsqu'on n'a pas la volonté ni la force de s'en défaire, c'est rendre un service à ses concitoyens de leur indiquer le moyen de les satisfaire à peu de frais.

LASTEYRIE.

FROMAGE. Nous allons décrire la manière de faire trois espèces de fromages inconnus en France, et dont on n'a pas encore donné les procédés.

I. *Fromage verd de Hollande.* La composition de ce fromage paroîtra sans doute bien dégoûtante à quelques personnes : mais si l'on peut surmonter cette espèce de répugnance, on se convaincra que ce fromage est un des meilleurs qui soit connu. Les Hollandois le préfèrent à tous les autres pour la santé : il a la propriété de se conserver très-long-temps. On en consomme très-peu en Europe ; mais il s'en fait des envois considérables dans les possessions hollandoises aux Grandes-Indes.

Dans le Texel où se font ces fromages, on attache de petits sacs de toile sous la queue des moutons pour retenir les excrémens de ces animaux. On prend ces excrémens lorsqu'ils sont encore frais ; on les met dans un sac ou dans un linge propre, qu'on plonge dans le lait nouvellement trait ; on presse et on exprime cette matière avec les mains, de manière à teindre fortement le lait en verd. On met ensuite la présure ; et l'on suit pour le reste les procédés communément usités pour faire le fromage de Hollande.

J'ai fait aux environs de Paris des fromages en employant la manipulation que je viens d'indiquer ; et il n'est personne de ceux à qui j'en ai fait goûter qui ne les ait trouvés très-bons.

Si on se sert de la méthode usitée en Brie pour faire le fromage, après avoir exprimé dans le lait des excrémens de mouton, on obtiendra une espèce de fromage d'un goût particulier, mais très-agréable.

On peut manger ces sortes de fromages au bout d'un ou deux mois, lorsqu'ils sont encore mous, ou les laisser durcir pour les conserver plusieurs années.

II. On fait en Suède un fromage nommé *sand-ost* ; ce qui signifie fromage de sable. Il a effectivement une contexture friable, et se réduit facilement en poudre. Les Suédois en font grand cas et le préfèrent à tout autre. Il est léger et sain.

J'en ai souvent mangé dans le pays; je lui ai trouvé un fort bon goût qui ne ressemble en rien à celui des autres fromages. Il est très-sucré, et a la couleur de café au lait. On le mange quelquefois seulement avec du pain; mais le plus communément on en saupoudre des tartines de beurre. Les Suédois qui ont coutume de prendre un verre d'eau-de-vie avant le repas, et de manger une bouchée de pain avec du beurre et du fromage, préfèrent alors le *sand-ost* aux autres espèces.

La manière de faire ce fromage est très-simple. On n'emploie pour cette confection que la partie séreuse du lait: c'est-à-dire qu'après avoir fait du fromage ordinaire, on prend le petit lait qui s'en écoule; on le met sur le feu dans un vase quelconque; on le fait bouillir modérément, et évaporer jusqu'à ce qu'il soit parvenu à la consistance d'une bouillie claire. Alors on retire du feu la matière, et on la jette dans un moule. On laisse ainsi ce fromage pendant quelques jours, ayant soin de changer de moule aussi souvent qu'il est nécessaire. On le retire du moule lorsqu'il a assez de solidité; et on le place sur des claies pour le faire sécher. Il devient solide et dur, et peut se conserver très-long-temps, si on a soin de le garantir des insectes. Quelques personnes le mangent frais et à la sortie du moule; alors il s'étend sur le pain comme du beurre.

Quoique le fromage, dont nous venons de donner la recette, soit très-délicat, nous ne conseillons pas aux cultivateurs d'en faire habituellement dans une ferme où l'on a des animaux de basse cour; le petit lait peut-être employé d'une manière plus lucrative.

III. J'ai vu faire en Norwège un fromage auquel on donne le nom de *grammel-ost*, ou vieux fromage. Ces fromages, dont on fait des envois en Allemagne, ont communément deux à trois décimètres de diamètre et quinze à vingt centimètres d'épaisseur. Quoiqu'ils soient d'une odeur et d'un goût très-forts, il n'en sont pas moins estimés dans le nord de l'Europe.

On écrème ordinairement le lait; on y met de la présure, et on le fait bouillir pendant une demi-heure. On retire ensuite la partie caséeuse qui s'est précipitée au fond du vase, et on la met dans une forme, après l'avoir bien pétrie pour en extraire le petit lait. Lorsque le fromage a resté un ou deux jours dans le moule, on le retire pour le faire sécher, ce qui dure trois ou quatre mois. Lorsque ce temps est écoulé, on le lave avec de l'eau dans laquelle on a fait bouillir de la paille, puis on l'entoure avec cette même paille qu'on a laissée refroidir. Il reste dans cet état pendant trois mois, au bout desquels on substitue de nouvelle paille bouillie. Quelques mois après on le retire de la paille, et on le recouvre d'un linge qu'on a soin d'humecter de temps à autre. Les gourmets humectent le linge avec du vin. On conserve ces fromages en les plaçant dans des vases de bois; et afin que les insectes ne viennent pas y déposer leurs œufs, on met ce vase dans un sac de toile serrée. Ils doivent avoir un an pour être à leur degré de perfection. LASTEYRIE.

MESURES (*nouvelles*). Rien n'étoit plus varié dans leur étendue, plus diversifié dans leurs dimensions, plus disparate dans leurs divisions et leurs multiples que les mesures anciennement usitées dans toute la France. Depuis plusieurs siècles, on réclamoit leur réforme. La Convention nationale a rempli ce vœu par son décret du 18 germinal an III, (7 avril 1795 v. st.) en donnant à la république des mesures uniformes fondées sur la nature, invariables comme elle, convenables à tous les peuples, à tous les climats, à tous les temps. La longueur du quart du méridien terrestre, du pole à l'équateur, fixée avec une précision géométrique, par des savans distingués, en est le prototype, et la dix-millionième partie de cette distance, qui correspond exactement à une longueur de 36 pouces 11 lignes 296 millièmes en mesures anciennes, a été choisie pour le type des mesures usuelles : on lui a donné le nom de *mètre*.

Le *mètre*, considéré suivant sa longueur, est devenu l'élément de toutes les mesures linéaires; le *mètre carré* est l'élément des mesures de superficie; le *mètre cube* est l'élément des mesures de capacité, et le poids de la millionième partie d'un mètre cube d'eau, pesé dans le vide, et amené au *maximum* de sa densité, auquel on a donné le nom de *gramme*, est devenu l'élément de tous les poids.

Il y a autant de classes différentes de mesures, qu'il y a de quantités d'une nature différente à évaluer ; les principales sont :
1°. Les mesures de longueur.
2°. Les mesures agraires.
3°. Les mesures de capacité.
4°. Les mesures de pesanteur, ou les *poids*.
5°. Les mesures des vapeurs, ou les *monnoies*.

Dans chaque classe de mesures, on a choisi une espèce à laquelle on a donné un nom ; et ce nom, diversement modifié, se retrouve dans toutes les espèces qui dépendent de la même classe.

Par exemple, dans la classe première, le nom de *mètre* a été donné à l'espèce de mesure dont les marchands et les architectes font le plus communément usage ; il répond à 3 pieds 11 lignes $\frac{296}{1000}$, mesure de Paris.

Dans la seconde classe, le nom d'*are* a été donné à une mesure agraire de cent mètres carrés, qui répond à peu près à deux perches, mesure des eaux et forêts.

Dans la troisième classe, le nom de *litre* a été donné à une mesure de capacité, qui répond à une pinte un vingtième, mesure de Paris, et à cinq quarts de litron, même mesure.

Dans la quatrième classe, le nom de *gramme* a été donné à un poids qui répond à 18 grains $\frac{14}{1000}$ poids de marc.

Le nom de *franc* est resté à l'unité monétaire, qu'on désignoit indifféremment par ce nom, ou par celui de *livre tournois*.

Le nom de *stère* a été donné par la loi du 18 germinal an 3, au *mètre cube* considéré comme mesure du bois de chauffage, et pour remplacer les noms de *voies*, *cordes*, *anneaux*, et autres semblables.

Le nombre dix à été choisi pour le multiple et le diviseur unique de ces mesures.

Les mesures dix fois, cent fois, mille fois plus grandes que celles qui ont reçu le nom primitif, sont désignées par l'addition des noms numériques *déca*, *hecto*, *kilo*, *myria*. Ces mots sont empruntés du grec ; ils signifient dix, cent, mille et dix mille.

Les mesures dix fois, cent fois, mille fois plus petites que le mètre, le litre, le gramme, etc. sont désignées par l'addition des noms numériques *déci*, *centi* et *milli*, dérivés du latin, et analogues à ceux de dixième, centième et millième.

Tous ces noms numériques se placent avant les noms primitifs de mètre, are, litre, gramme, stère, qui deviennent ainsi les noms propres de toute la classe. La terminaison du mot annonce toujours la classe des mesures à laquelle il appartient, et le commencement du mot annonce le rang que l'espèce occupe dans l'échelle décimale.

On trouvera la valeur et l'usage de chacun d'eux dans la nomenclature suivante :

Mesures de Longueur.

Le millimètre. Millième partie du mètre. C'est la plus petite division marquée sur les mesures de poche; le millimètre remplace la ligne, dont il est à peu près la moitié.

Le centimètre. Centième partie du mètre. C'est la plus petite division marquée sur les mètres servant au mesurage des étoffes. Le centimètre remplace le pouce dans tous ses usages ; il équivaut à un peu plus du tiers d'un pouce.

Le décimètre. Dixième partie du mètre. Son double fait une mesure de poche très-commode. Le décimètre équivaut à 3 pouces $\frac{2}{3}$ ou à peu près.

Le mètre est l'unité principale des mesures de la république. Il sert pour le mesurage des étoffes, et pour tous les usages où l'on employoit le pied et la toise. Le demi-mètre brisé est une mesure de poche très-commode pour les ouvriers. Le double-mètre ne surpasse la toise que d'environ 2 pouces.

Le décamètre. Longueur de dix mètres. (30 pieds et quelques pouces). Les terrains se mesureront avec des chaînes d'un décamètre : on en peut faire aussi d'un double ou d'un demi-décamètre.

L'hectomètre. Longueur de cent mètres, ou d'environ 51 toises.

Le kilomètre. Longueur de mille mètres, environ 513 toises. Le kilomètre est propre à exprimer les petites distances itinéraires; il répond à un petit quart de lieue.

Le myriamètre. Longueur de dix milles mètres, environ 5132 toises.

Le myriamètre remplace la lieue, dont il est à peu près le double. Cette mesure itinéraire répond assez bien à la distance appelée *poste.*

Mesures de surface.

Le centimètre carré. Surface égale à la centième partie du décimètre carré, ou à la dix-millième partie du mètre carré.

Il remplace le pouce carré, dont il est environ la septième partie.

Le décimètre carré. Surface égale à la centième partie du mètre carré. On doit se garder de confondre le décimètre carré avec le dixième du mètre carré.

Le décimètre carré est environ la onzième partie du pied carré; il remplace celui-ci dans la plupart de ses usages.

Le mètre carré équivaut à peu près à un quart de toise carrée.

Le mètre carré remplace la toise carrée dans tous ses usages, pour l'évaluation de la superficie des ouvrages; il remplace également le pied carré dans toutes les quantités un peu considérables: il équivaut à dix pieds carrés à peu près.

Mesures agraires.

Le centiare. Superficie égale à la centième partie de l'are.

Centiare est le nom affecté au mètre carré, en tant qu'il est employé à la mesure des terrains; c'est la plus petite division des mesures agraires, et la dernière dont il faille tenir compte.

L'are. Superficie de cent mètres carrés, égale à un carré qui a pour côté le décamètre ou dix mètres. Il est à peu près double de la perche des eaux et forêts.

L'hectare. Etendue superficielle de cent ares, égale à un carré de cent mètres de côté.

L'hectare remplace l'arpent et toutes les grandes unités de mesures agraires. Il équivaut à peu près à deux arpens, mesure des eaux et forêts.

Les terrains de toute grandeur seront évalués désormais en hectares, ares, et centiares; mais le plus souvent on pourra négliger les centiares vis-à-vis des hectares, parce qu'un centiare n'est que la dix-millième partie d'un hectare.

Le myriamètre carré. Cette unité est consacrée pour remplacer la lieue carrée dans l'évaluation des territoires d'une grande étendue, tels que ceux d'un ou de plusieurs départemens.

Le myriamètre carré vaut à très-peu près cinq lieues carrées (la lieue étant de 25 au degré, comme on le suppose ordinairement dans les cartes géographiques); le rapport exact est de 81 à 16.

Kilomètre carré. Le kilomètre carré, qui est cent fois plus petit que le myriamètre carré, pourroit servir pour exprimer l'étendue du territoire d'un canton, celle d'un bois, etc. Il est compris dans la nomenclature méthodique sous le nom de myriare; et il est égal à cent hectares.

Mesures pour les solidités.

Le centimètre cube. Unité solide, égale à la dix-millième partie du mètre cube.

Le centimètre cube remplace le pouce dans tous ses usages; il en est à peu près la vingtième partie.

Le décimètre cube. Unité solide égale à la millième partie du mètre cube.

Le décimètre cube est à peu près un trente-quatrième de pied cube.

Le mètre cube. Unité principale des mesures de solidité.

Le mètre cube remplace, dans ses différens usages la toise cube, dont il est la septième partie environ.

Mesures pour le bois, les pierres, etc.

Le stère. Solide égal au mètre cube, destiné particulièrement à la mesure du bois de chauffage.

Si les bûches avoient la longueur du mètre, on obtiendroit le stère, en les rangeant dans une membrure ou châssis carré d'un mètre de côté. Si les bûches ont plus d'un mètre de longueur, il faudra par compensation diminuer la hauteur des montans de la membrure. Ainsi pour le bois de 114 centimètres de long (3 pieds ½ suivant l'ordonnance), les montans doivent avoir 88 centimètres seulement au dessus de la semelle, toujours d'un mètre de long dans œuvre.

Le double stère remplace la voie ou demi-corde, qu'il ne surpasse que de $\frac{1}{7}$ environ.

Le mètre cube, sous le nom de stère, peut servir d'unité pour l'évaluation des grands volumes de pierres, de terres, de bois, etc.

Le décistère, égal à la dixième partie du stère, diffère très peu de l'unité ancienne, appelée pièce ou solive (de 3 pieds cubes): il est très propre à remplacer cette unité pour l'évaluation des bois de construction, de charpente, etc.

Mesures de capacité pour les liquides et pour les grains.

Le centilitre. Centième partie du litre, environ un demi-pouce cube.

Le décilitre. Dixième partie du litre, un peu moindre que le poisson ou huitième partie de la pinte de Paris.

Le litre. Sa capacité est égale à celle d'un vase de forme cubique, qui auroit un décimètre en tous sens. Il est plus petit d'un treizième que la pinte de Paris, et plus grand d'un quart environ que le litron : il sert aux mêmes usages que l'une et l'autre de ces anciennes mesures.

Le décalitre. Mesure de dix litres, plus petite que le boisseau de Paris, dans la proportion de 10 à 13.

L'hectolitre. Mesure contenant cent litres, propre pour le commerce des grains et matières sèches. Le demi-hectolitre diffère peu du minot de quatre boisseaux; il excède environ un tiers le minot à blé.

Le kilolitre. Capacité de mille litres, égale au mètre cube; elle revient à environ 29 pieds cubes.

Le kilolitre est moins un instrument de mesure qu'une unité de compte pour les grands approvisionnemens ; mais le demi-kilolitre contenant 500 litres ou environ 538 pintes de Paris, est très-propre à remplacer les queues, pipes, bottes, et autres gros tonneaux destinés au commerce des eaux-de-vie, cidre et autres liqueurs.

Poids.

Le Milligramme. Millième partie du gramme, répond à un cinquante-troisième de grain environ. Cette petite division n'est employée que dans les essais d'or et d'argent, ou dans les pesées très délicates.

Le Centigramme. Centième du gramme, environ un cinquième de grain. C'est la plus petite division dont on puisse avoir besoin dans le commerce, même dans celui de l'orfévrerie.

Le décigramme. Dixième partie du gramme, environ deux grains.

Le Gramme. Poids d'un centimètre cube d'eau pure, environ dix-neuf grains.

Le décagramme. Poids de dix grammes.

L'hectogramme. Poids de cent grammes.

Le kilogramme. Poids de mille grammes, égal à un peu plus de deux livres.

Le kilogramme est le poids de l'eau pure contenue dans un litre. C'est l'unité nouvelle qui remplace la livre.

Le Myriagramme. Poids de dix mille grammes, égal à 20 livres ½ environ. Cinq myriagrammes équivalent à 102 livres, et diffèrent peu du quintal.

Le myriagramme et son double sont les poids en usage pour les grosses pesées.

Monnoies.

Le centime. Centième partie du franc, équivaut à 2 deniers 43 centièmes (monnoie ancienne dite *tournois*).

Le décime. Dixième partie du franc, équivaut à 24 deniers 3 dixièmes.

Le franc. Unité des monnoies nouvelles, représentées par une pièce d'argent du poids de cinq grammes, au titre de neuf dixièmes de fin, et d'un dixième d'alliage. Le franc est à la livre tournois, comme 81 est à 80 : il surpasse la livre tournois de 3 deniers.

Telle est la nomenclature exacte des mesures républicaines, dont le générateur est le mètre, et le nombre dix le diviseur commun. Elles remplissent tous les besoins des arts, de l'agriculture et du commerce ; elles sont sans doute un des présens les plus précieux que les sciences exactes aient fait à l'homme en société. Mais quelque parfait que fût ce système, l'habitude des anciennes mesures, la nécessité d'étudier le calcul décimal, l'obligation de chercher les rapports des mesures nouvelles avec celles qui avoient été jusque là en usage, afin de ne pas se tromper dans les transactions sociales ont causé quelqu'embarras dans les premiers momens où il étoit mis en activité. Attentif à lever toutes les difficultés qui pourroient naître de la multiplicité de ces calculs, le gouvernement a publié des tables de ces rapports, dont nous joignons ici les plus usuelles (1); elles suffisent pour faire connoître la vapeur comparative de toutes ces mesures entre elles. On eût peut-être désiré connoître plus en détail les élémens du calcul décimal; mais cet ouvrage est destiné aux agriculteurs auxquels nous présenterons seulement avec quelque étendue la nouvelle méthode employée pour mesurer les terrains.

De l'aréage ou arpentage.

Une surface d'un mètre en carré se nomme centiare. Il faut cent de ces carrés, de quelque façon qu'on les suppose placés, pour faire un are; et cent ares se nomment un hectare.

Au dessous du centiare, il n'y a point de noms pour les mesures agraires; et l'on sent qu'il auroit été superflu d'en établir. Il n'y avoit pas non plus autrefois, pour la mesure des biens ruraux, de nom au dessous de la perche qui équivaut à 51 centiares. Les terrains moins étendus s'évaluoient en fractions de perche qui, en général, ne passoient pas le 8ᵉ., ou environ 6 centiares. On aura donc, en se servant du centiare, une précision plus grande que celle dont, avec raison, on s'est contenté jusqu'ici.

Les fractions de centiares ne doivent point paroître dans les résultats. Il y a plus; les centiares eux-mêmes peuvent disparoître, s'il s'agit d'une grande étendue : il suffira de faire mention des hectares et des ares. Dans ce cas, les centiares seront négligés, à moins qu'il n'y en ait plus de 50, que l'on prendra alors pour un are. Ainsi, un terrain de 240 hectares 33 ares 24 centiares, peut s'énoncer, simplement par 240 hectares 33 ares. Les 24 centiares négligés sont à peine la cent millième partie du tout. S'il y en avoit eu 51, on les auroit comptés pour un are, et alors le nombre des ares auroit été porté à 34.

Pour additionner les quantités trouvées, il faut bien placer, les uns au dessous des autres, les chiffres qui expriment des unités analogues : ainsi, les centiares seront dans la colonne des centiares, les ares dans celles des ares, et les hectares dans la colonne des hectares. Les additions se font, au surplus, de suite et sans le plus léger embarras. On retient les centaines de centiares pour en faire des ares, et les centaines d'ares pour en faire des hectares. Il ne doit jamais se trouver trois chiffres à la colonne des centiares, ni à celle des ares; quant à la colonne des hectares, le nombre des chiffres est illimité.

EXEMPLE.

	Hect.	Ares.	Centiares.
Une pièce de terre de	3	10	28
Une seconde de	1	12	34
Une troisième de		89	38
Une quatrième de	5	01	03
TOTAL	10	13	03

(1) Voyez page 488 et suivantes.

Cette manière de calculer ne sera aucunement nouvelle dans les parties de la république, où l'on faisoit usage d'arpent de 100 perches, puisque l'on opèrera exactement de même sur l'hectare de 100 ares.

Il ne faut plus aux arpenteurs tant de chaînes différentes, tant de calculs variés. Une chaîne d'un décamètre ; c'est-à-dire de 10 mètres, divisée de demi-mètre en demi-mètre, ou de deux décimètres en deux décimètres, et marquée de mètre en mètre par un anneau de cuivre, sera tout ce dont ils auront besoin pour opérer sur le terrain. Le résultat de leur mesurage se trouve tout naturellement énoncé en mètres carrés qui sont des centiares ; et en séparant les chiffres de deux en deux, à commencer par la droite, la première tranche de deux chiffres à la droite exprimera des centiares ; la seconde en allant à la gauche, des ares ; la troisième et dernière, des hectares.

Soit, par exemple, un terrain à mesurer qui se trouve avoir 76 mètres de long sur 135 de large, ou, en d'autres termes, 37 décamètres 6 dixièmes sur 13 décamètres 5 dixièmes ; le produit de ces deux nombres l'un par l'autre, donne 50,760 centiares.

Partagez ce nombre en tranches de deux chiffres, en commençant dit,

5 | 07 | 60

vous aurez 5 hectares 07 ares 60 centiares.

Si l'on avoit eu un plus grand produit, par exemple, 2,516,456 centiares, on auroit trouvé, en partageant de même par tranches, 251 hectares 64 ares 56 centiares.

On sent que comme on disoit autrefois 150 perches, 260 perches, etc., on pourra dire de même 150 ou 260 ares, au lieu de 1 hectares 50 ares, ou 2 hectares 60 ares ; mais cette dernière méthode est préférable pour la tenue des écritures.

Les tables suivantes donnent le rapport des nouvelles mesures avec trois sortes de mesures agraires anciennes ; l'arpent des eaux et forêts, celui de 20 pieds pour perche, et celui de Paris ; et avec les toises carrées. Ce sont les mesures anciennes dont l'usage étoit connu le plus généralement en France.

TABLE pour réduire les anciennes mesures agraires en mesures Rép. analogues.

ARPENS de CENT PERCHES carrées.	VALEUR EN MESURES RÉPUBLICAINES.			TOISES CARRÉES.	VALEUR en mesures RÉPUBLICAINES.
	La Perche Linéaire étant de 18 pieds.	La Perche Linéaire étant de 20 pieds.	La Perche Linéaire étant de 22 pieds.		
	Hect. Ar. Cent.	Hect. Ar. Cent.	Hect. Ar. Cent.		Hect. Ar. Cent.
1	0. 34. 17.	0. 42. 18.	0. 51. 04.	1. .	0. 0. 04.
2	0. 68. 33.	0. 84. 36.	1. 02. 08.	2. .	0. 0. 08.
3	1. 02. 50.	1. 26. 54.	1. 53. 12.	3. .	0. 0. 11.
4	1. 36. 66.	1. 68. 72.	2. 04. 15.	4. .	0. 0. 15.
5	1. 70. 83.	2. 10. 90.	2. 55. 19.	5. .	0. 0. 19.
6	2. 05. 00.	2. 53. 08.	3. 06. 23.	6. .	0. 0. 23.
7	2. 39. 16.	2. 95. 26.	3. 57. 27.	7. .	0. 0. 27.
8	2. 73. 33.	3. 37. 44.	4. 08. 31.	8. .	0. 0. 30.
9	3. 07. 50.	3. 79. 62.	4. 59. 35.	9. .	0. 0. 34.
10	3. 41. 66.	4. 21. 80.	5. 10. 30.	10. .	0. 0. 38.
20	6. 83. 32.	8. 43. 61.	10. 20. 77.	20. .	0. 0. 76.
30	10. 24. 99.	12. 65. 41.	15. 31. 15.	30. .	0. 1. 14.
40	13. 66. 65.	16. 87. 22.	20. 41. 53.	40. .	0. 1. 52.
50	17. 08. 31.	21. 09. 02.	25. 51. 92.	50. .	0. 1. 90.
60	20. 49. 97.	25. 30. 83.	30. 62. 30.	60. .	0. 2. 28.
70	23. 91. 63.	29. 52. 6.	35. 72. 69.	70. .	0. 2. 66.
80	27. 33. 29.	33. 74. 44.	40. 83. 07.	80. .	0. 3. 04.
90	30. 74. 96.	37. 96. 24.	45. 93. 45.	90. .	0. 3. 42.
100	34. 16. 62.	42. 18. 05.	51. 03. 84.	100. .	0. 3. 79.
200	68. 33. 24.	84. 36. 09.	102. 07. 67.	200. .	0. 7. 59.
300	102. 49. 85.	126. 54. 14.	153. 11. 51.	300. .	0. 11. 38.
400	136. 66. 47.	168. 72. 19.	204. 15. 35.	400. .	0. 15. 18.
500	170. 83. 09.	210. 90. 24.	255. 19. 18.	500. .	0. 18. 98.
600	204. 99. 71.	253. 08. 28.	306. 23. 02.	600. .	0. 22. 78.
700	239. 16. 33.	295. 26. 33.	357. 26. 86.	700. .	0. 26. 57.
800	273. 32. 94.	337. 44. 38.	408. 30. 70.	800. .	0. 30. 37.
900	307. 40. 56.	370. 62. 42.	459. 34. 53.	900. .	0. 34. 17.
Perches carrées.	Ares. Centiar.	Ares. Centiar.	Ares. Centiar.		
1	0. 34.	0. 42.	0. 51.	1000. .	0. 73. 96.
2	0. 68.	0. 84.	1. 02.	2000. .	0. 75. 92.
3	1. 02.	1. 27.	1. 53.	3000. .	1. 13. 89.
4	1. 36.	1. 69.	2. 04.	4000. .	1. 51. 85.
5	1. 71.	2. 11.	2. 55.	5000. .	1. 89. 81.
6	2. 05.	2. 53.	3. 06.	6000. .	2. 27. 77.
7	2. 39.	2. 95.	3. 57.	7000. .	2. 65. 74.
8	2. 73.	3. 37.	4. 08.	8000. .	3. 03. 70.
9	3. 07.	3. 80.	4. 59.	9000. .	3. 41. 66.
10	3. 42.	4. 22.	5. 10.	10000. .	3. 79. 62.
20	6. 83.	8. 44.	10. 21.	20000. .	7. 59. 25.
30	10. 25.	12. 65.	15. 31.	30000. .	11. 38. 87.
40	13. 67.	16. 87.	20. 42.	40000. .	15. 18. 50.
50	17. 08.	21. 09.	25. 52.	50000. .	18. 98. 12.
60	20. 50.	25. 31.	30. 62.	60000. .	22. 77. 75.
70	23. 92.	29. 53.	35. 73.	70000. .	26. 57. 37.
80	27. 33.	33. 74.	40. 83.	80000. .	30. 36. 99.
90	30. 75.	37. 96.	45. 93.	90000. .	34. 16. 62.

TABLEAU POUR REDUIRE LES NOUVELLES MESURES EN ANCIENNES.

Tableau à placer à la page 448.

TABLEAU POUR RÉDUIRE LES NOUVELLES MESURES EN ANCIENNES.

MESURES LINÉAIRES. — MESURES ITINÉRAIRES. — MESURES DE SUPERFICIE.

Nombres.	AUNES en mètres.	TOISES en mètres.	PIEDS en décimètres.	POUCES en centimètres.	LIGNES en millimètres.	LIEUES de 2000 toises en myriam.	LIEUES de 25 au deg. en myriam.	toises carrées en mètres carrés.	pieds carrés en décim. car.	pouces carr. en centim. car.	lignes carr. en millim. car.	toise-pieds en mètres carrés.	toise-pouces en mètres carrés.	toise-lignes en mètres carrés.	toise-points en mètres car.	Nombres.
1	1,1888	1,9484	3,2473	2,7061	2,255	0,3897	0,4444	3,7962	10,545	7,323	5,085	0,63271	0,05273	0,00639	0,00037	1
2	2,396	3,8968	6,4946	5,4122	4,510	0,7794	0,8888	7,5925	21,090	14,646	10,171	1,26542	0,10545	0,00879	0,00073	2
3	3,564	5,8452	9,7420	8,1183	6,765	1,1690	1,3333	11,3887	31,635	21,969	15,256	1,89812	0,15818	0,01318	0,00110	3
4	4,752	7,7936	12,9893	10,8244	9,020	1,5587	1,7778	15,1850	42,180	29,292	20,342	2,53083	0,21090	0,01757	0,00147	4
5	5,940	9,7420	16,2366	13,5305	11,275	1,9484	2,2222	18,9812	52,726	36,615	25,427	3,16353	0,26363	0,02197	0,00183	5
6	7,128	11,6904	19,4849	16,2366	13,531	2,3381	2,6667	22,7774	63,271	43,938	30,512	3,79624	0,31635	0,02636	0,00220	6
7	8,316	13,6388	22,7322	18,9427	15,786	2,7278	3,1111	26,5737	73,816	51,261	35,598	4,42895	0,36908	0,03076	0,00256	7
8	9,504	15,5872	25,9795	21,6488	18,041	3,1174	3,5556	30,3699	84,361	58,584	40,683	5,06166	0,42180	0,03515	0,00293	8
9	10,692	17,5356	29,2269	24,3549	20,296	3,5071	4,0000	34,1661	94,906	65,907	45,769	5,69436	0,47453	0,03954	0,00330	9

MESURES AGRAIRES. — MESURES DE SOLIDITÉ. — MESURES DE CAPACITÉ.

Nombres.	perches car. de 18 pieds en ares.	perches car. de 22 pieds en ares.	toises cubes en mètres cubes.	pieds cubes en décim. cub.	pouces cub. en centim. cub.	lignes cub. en millim. cub.	toises-toises pieds en mètres cub.	toises-toises ponc. en mètres cub.	toises-toises lignes en mètres cub.	toises-toises points en mètres cub.	CORDES en stères.	SOLIVES en mètres cub.	PINTES en litres.	LITRONS en litres.	BOISSEAUX en décalitres.	Nombres.
1	0,3417	0,5104	7,3966	34,243	19,817	11,47	1,23076	0,10293	0,00856	0,00071	3,835	0,1027	0,9512	0,7927	1,2683	1
2	0,6833	1,0208	14,7932	68,487	39,634	22,94	2,46533	0,20546	0,01712	0,00143	7,670	0,2055	1,9024	1,5855	2,5365	2
3	1,0250	1,5311	22,1897	102,730	59,450	34,40	3,69829	0,30819	0,02568	0,00214	11,506	0,3082	2,8536	2,3780	3,8048	3
4	1,3666	2,0415	29,5863	136,974	79,267	45,87	4,93105	0,41092	0,03424	0,00285	15,341	0,4109	3,8048	3,1707	5,0731	4
5	1,7083	2,5519	36,9829	171,217	99,084	57,34	6,16382	0,51365	0,04280	0,00357	19,176	0,5136	4,7560	3,9633	6,3414	5
6	2,0500	3,0623	44,3795	205,460	118,901	68,81	7,39658	0,61638	0,05136	0,00428	23,012	0,6164	5,7072	4,7560	7,6096	6
7	2,3916	3,5727	51,7761	239,704	138,718	79,28	8,62934	0,71911	0,05993	0,00500	26,847	0,7191	6,6584	5,5487	8,8779	7
8	2,7333	4,0831	59,1726	273,947	158,534	91,74	9,86210	0,82184	0,06849	0,00571	30,682	0,8218	7,6096	6,3413	10,1462	8
9	3,0750	4,5935	66,5692	308,191	178,351	103,21	11,09487	0,92457	0,07705	0,00642	34,517	0,9246	8,5600	7,1340	11,4145	9

MESURES DE CAPACITÉ. — POIDS. — PRIX DU MÈTRE, etc. — MONNOIES.

Nombres.	SETIERS en hectolitres.	MUIDS en kilolitres.	LIVRES en hectogram.	ONCES en décagram.	GROS en grammes.	GRAINS en décigram.	liv. de grains en centigram.	asées de grains en milligram.	MÈTRE l'aune.	MÈTRE CAR. la toise car.	LITRE la pinte.	KILOGRAM. la liv. poids.	Nombres.	SOUS en CENTIMES.	SOUS. CENT.	DEN. en CENT.	
1	1,5619	1,8263	4,8915	3,0572	3,8215	0,53076	0,3317	0,2073	0,8117	0,2634	1,051	2,044	1	3	05	11	55	0,4
2	3,0439	3,6646	9,7829	6,1143	7,6429	1,06151	0,6634	0,4147	1,6834	2,103	2,103	4,080	2	6	10	12	60	0,8
3	4,5658	5,4789	14,6744	9,1715	11,4644	1,59227	0,9952	0,6220	2,5251	0,7902	3,154	6,133	3	9	15	13	65	1,2
4	6,0877	7,3053	19,5658	12,2286	15,2858	2,12302	1,3269	0,8293	3,3668	1,0537	4,205	8,177	4	12	25	14	70	1,7
5	7,6096	9,1316	24,4573	15,2858	19,1072	2,65378	1,6586	1,0366	4,2086	1,3171	5,256	10,222	5	15	30	16	80	2,1
6	9,1316	10,9579	29,3488	18,3430	22,9287	3,18454	1,9903	1,2440	5,0503	1,5805	6,308	12,266	6	18	35	17	85	2,5
7	10,6535	12,7842	34,2403	21,4001	26,7502	3,71530	2,3221	1,4513	5,8920	1,8439	7,359	14,311	7	20	40	18	90	2,9
8	12,1754	14,6105	39,1317	24,4573	30,5716	4,24606	2,6538	1,6586	6,7337	2,1073	8,410	16,355	8	45	45	19	95	3,3
9	13,6974	16,4368	44,0231	27,5144	34,3931	4,77682	2,9855	1,8659	7,5754	2,3708	9,462	18,399	9	10	50	20	100	4,2

OLIVES *manière d'apprêter* (les) *en Espagne.*

Première manière. OLIVES BROYÉES. On cueille le fruit de l'olivier lorsqu'il est prêt d'atteindre sa grosseur et sa maturité, au moment où sa couleur verte se change en noir; on le broie, on le met dans un vase avec de l'eau qu'on renouvelle une fois par jour, ou deux fois si l'on emploie l'eau chaude. On continue ainsi à mettre de l'eau jusqu'à ce qu'elle sorte claire et sans aucun goût d'amertume. Alors on assaisonne ces olives avec du poivre ou du piment en poudre, de l'ail et de l'origan. Elles sont bonnes à manger au bout de vingt-quatre heures. Si on ne veut pas les conserver long-temps, on y ajoute du vinaigre et des citrons aigres coupés par tranches. Elles ne peuvent se garder dans cet état que deux ou trois décades; car les acides les ramolissent: autrement elles se conserveront un peu plus long-temps.

Deuxième manière. OLIVES INCISÉES. On les cueille dans le même état de maturité que les précédentes. On leur fait trois ou quatre incisions d'une extrémité à l'autre. On les fait passer à l'eau ainsi qu'on vient de le dire. Pour les assaisonner on y ajoute du thym, du fenouil, des citrons ou des limons aigres. Elles sont bonnes à manger le troisième jour, et se conservent durant trois mois.

Troisième manière. OLIVES ENTIÈRES. On les cueille dans le même état que les précédentes, et on les lave si elles sont malpropres. On dépose au fond du vase un sachet de lavande et des feuilles de limonier. On jette les olives par dessus jusqu'à moitié du vase; on met un nouveau sachet de lavande; on forme une couche de feuilles, et on remplit le vase d'olives. On recouvre le tout avec les mêmes feuilles et un troisième sachet de lavande; on fait une saumure qu'on verse sur les olives, de manière à les couvrir. Pour que la saumure soit bonne, un œuf doit y surnager. On recouvre le vase afin qu'il n'y tombe pas d'ordures. Les olives restent dans cet état quatre, six ou huit mois; après quoi elles sont bonnes à manger. Elles se conservent un, deux et trois ans, sans se gâter.

Quatrième manière. OLIVES SÈCHES. On récolte le fruit lorsqu'il est parfaitement mûr. On en remplit un vase en faisant alternativement une couche d'olives et une couche de sel et d'origan. Au lieu d'eau, on arrose avec un peu de vinaigre. On bouche exactement le vase avec une peau humectée, pour empêcher que le vinaigre ne s'échappe: car on doit remuer le vase dans tous les sens, afin que cette liqueur puisse s'imprégner également dans toutes les olives. On a soin de répéter cette opération deux fois par jour; et au bout d'une décade et demie les olives sont bonnes à manger.

Cinquième manière. OLIVES A LA REINE. On prend les olives encore vertes, mais sur le point de changer de couleur. Après avoir séparé celles qui sont tachées ou piquées des insectes, on jette celles qui sont saines dans une lessive préparée comme pour le savon doux. On les contient dans la lessive par le moyen d'une planche; car celles qui surnageroient conserveroient leur amertume. Elles restent en immersion douze à vingt-quatre heures, selon que la lessive est plus ou moins forte. Elles sont mises ensuite dans un autre vase rempli d'eau qu'on change de temps à autre jusqu'à ce qu'elle en sorte douce et limpide; du reste on leur donne la même préparation qu'aux olives incisées; et on peut les manger au bout de vingt-quatre heures. Les olives ainsi préparées sont bonnes à manger un jour et demi ou deux jours après leur récolte. Cette méthode présente en outre l'avantage de les conserver dans leur vert naturel. Elles ne se gardent cependant pas autant que les olives entières dont nous venons de parler. Il faut les consommer dans l'espace de trois ou quatre mois.

Les habitans de Séville font un secret de cette préparation qui est la plus estimée, et par laquelle ils conservent leurs meilleures olives.

LASTEYRIE.

SOUCHET TUBERCULEUX, *cyperus esculentus. L.* Cette plante connue en Espagne sous le nom de *chufa*, est cultivée en grand dans le royaume de Valence. Elle croît aussi spontanément dans les terrains humides et sablonneux de ce même royaume. Ses tubercules ont quelque rapport, par le goût et par la forme, avec l'amande de la noisette, et se mangent crus ainsi que ce dernier fruit.

On les sème immédiatement après la récolte du blé, ou de toute autre plante dont la récolte se fait dans le mois de messidor. On creuse à la distance de trois ou quatre décimètres des trous dans lesquels on jette un peu de fumier et une dixaine de tubercules qu'on recouvre légèrement de terre. Aussitôt que le champ est ensemencé, on arrose par irrigation. Il est nécessaire de réitérer cet arrosement à peu près tous les huit ou dix jours, dans un climat où les chaleurs sont très-fortes. On butte la plante lorsqu'elle a atteint un décimètre et demi de hauteur.

Lorsqu'on laisse monter les tiges elles fleurissent dans les premiers jours de vendémiaire; mais on a soin de les couper avant cette époque, afin que les tubercules puissent devenir plus gros. On en fait la récolte à la fin de vendémiaire. On se sert d'une fourche pour soulever la terre; il faut les enlever en tirant la tige, et les détacher des racines en les secouant dans un crible qu'on agite pour en séparer la terre. On les lave et on les fait sécher.

Le souchet n'est pas cultivé aux environs de Madrid. On consomme cependant une assez grande quantité de ses tubercules pour faire de l'orgeat. Je m'en suis procuré dans cette capitale; et la culture que j'en ai faite aux environs de Paris a bien réussi.

J'ai suivi les mêmes procédés qu'en Espagne, excepté que je n'ai pas arrosé aussi souvent; il suffit de de maintenir la terre dans un certain degré d'humidité. D'après les semis que j'ai faits dans divers mois de l'année, j'ai trouvé que les mois de prairial et de messidor étoient ceux qui convenoient le mieux au climat de Paris, mais sur-tout le mois de prairial.

Cette plante demande une terre friable et sablonneuse; outre qu'elle tient mieux dans ces sortes de terrains, la récolte en devient plus facile. En ayant semé dans un terrain gras et tenace, je n'ai pu venir à bout de les séparer de la terre qui entouroit les bulbes, qu'en lavant le tout ensemble dans des paniers; opération longue et pénible.

Cette plante me paroît mériter, jusqu'à un certain point, l'attention des cultivateurs, sur-tout dans les provinces septentrionales de la république, où les amandiers ne croissent pas. On fait avec ces tubercules un orgeat qui ne le cède en rien à la liqueur composée avec des amandes; les Espagnols le préfèrent à celle-ci, du moins ils le trouvent plus rafraîchissant.

J'ai cru que l'usage d'une boisson saine, agréable, et qu'on peut se procurer par-tout, mériteroit d'être introduit en France, si toutefois la modicité de son prix n'est pas un titre d'exclusion auprès de certaines personnes.

LASTEYRIE.

RÉFLEXIONS
Sur la diminution progressive des Eaux.

La diminution des eaux qui fertilisoient la vallée de Montmorency ne tardera pas à lui faire perdre ses épithètes de *belle*, de *riche*, que lui ont prodiguées les Tressan, les Jean-Jacques; bientôt on doutera qu'elle ait pu leur inspirer ces descriptions poétiques dont ils ont embelli leurs romans, et auxquelles leur brillante imagination ne pouvoit rien ajouter.

Les nombreuses sources de ses coteaux nord, taries maintenant en grande partie, n'alimentent plus les ruisseaux dont elle étoit coupée; celles mêmes destinées à la boisson de ses habitans suspendent par intervalles leurs tributs; les bestiaux vont chercher l'eau qui jadis se trouvoit sous leurs pas; enfin, les puits se dessèchent, et le cerisier, l'ornement de cette vallée, qui, sur ce sol, ne demande que l'eau pour engrais, ne jouira bientôt plus de cette humidité bienfaisante à laquelle ne peut suppléer l'industrie du propriétaire: aussi le volume et l'étendue des eaux de l'étang de Montmorency sont-ils considérablement diminués (1); il ne subsisteroit même plus sans les coteaux sud, coron-

---

(1) Son moulin, qui, dans cette saison-ci, débitoit par jour, il y a dix ans, 1000 kilogrammes de grains ja en moulage, depuis vingt-quatre heures, au

nés par la forêt de Montmorency et de Saint-Prix qui l'alimentent encore. Qu'on vende ces bois, ils seront bientôt abattus, et l'on n'aura ni bois, ni sources, ni ruisseaux, ni étang, ni poisson, ni moulin; et en place de tout cela on conquerra quarante hectares d'un sol bien aride (1)!

Cependant on avoit fait une loi sur le desséchement des étangs; on pouvoit s'en dispenser et attendre; ils se dessécheront d'eux-mêmes, si on n'arrête enfin les causes de ces tarrissemens; car cette diminution des eaux est générale là où les bois ont été abattus (2), et la fécondité du sol diminue dans les mêmes proportions.

Les veillards, *laudatores temporis acti*, en comparant l'ancienne fertilité de la France avec l'état présent de ses récoltes, prétendent que les saisons sont interverties. Oui, elles le sont, et c'est l'ouvrage de l'homme. On ne connoissoit pas le vent de *mistral* en Languedoc avant l'existence de son canal, qui a occasionné un grand déboisement; on ne le connoissoit pas à Marseille, lorsque les montagnes qui lui servent d'enceinte étoient couvertes de bois.

La nature avoit répandu par intervalles de vastes forêts dans les plaines; elle en avoit sur-tout couronné le sommet des montagnes; l'homme ne cesse d'y porter la hache sacrilège et ne replante pas.

On prétend que la chaleur de la terre diminue; ce seroit encore l'ouvrage de l'homme. Elle doit en effet diminuer là où elle est exposée à un grand déboisement. Une forêt dans laquelle tout est vie et mouvement, produit nécessairement beaucoup de calorique; un arbre est un corps organique. L'air et les fluides ne circulent pas sans chaleur dans leurs canaux resserrés; les feuilles, les reptiles, les insectes, enfin les animaux qui habitent les forêts et qui y meurent, ne forment-ils pas sur son sol une véritable couche sourde qui, toujours en fermentation, engendre le calorique et l'y entretient?

---

moment où j'écris (28 Messidor an 6), 60 kilogrammes seulement, qui sont le dernier qui moudra d'ici à l'hiver; ce moulin entre demain en chômage.

(1) Détruisez-les ces forêts, éloignez-les de nos plaines, vous achevez d'arracher à la nature son plus bel ornement; vous desséchez le climat, vous appauvrissez les ressources de l'agriculture, vous énervez le commerce, affoiblissez l'industrie; vous enlevez à l'homme le moyen de satisfaire à un de ses plus pressans besoins; et d'un pays fertile, heureux et peuplé, vous en faites une terre aride, dont les sucs épuisés ne nourriront plus que des hommes rares, foibles, et des nations vieilles et malheureuses sur une terre sans fécondité. *Buxon.*

(2) Dans une commune de la Vallée, un bois de quinze hectares a été converti en terres labourables, et cette commune a perdu la seule source qui l'abreuvoit, source que ce bouquet de bois alimentoit. Cet abattis est devenu un attentat à la propriété publique; elle a le droit d'en exiger la replantation: *replantes, ou soit maudit*, peut dire à ce propriétaire chacun de ses concitoyens *tu me refuses l'eau!*

Des eaux contenues dans ces grands réservoirs que l'éternel leur a destinés, les mers, les lacs, les étangs, les fleuves, se réduisent en vapeurs par l'ardeur du soleil et l'action des vents. Si ces vapeurs demeurent suspendues dans les régions plus voisines de la terre, elles donnent naissance aux météores aqueux, aux rosées, aux brouillards, aux pluies douces; si ces météores trouvent des forêts, des bois, de grands végétaux, attirés par l'humidité même de la terre (1), et soutirés du sein de l'atmosphère, ils s'attachent à la surface des feuilles, d'où ils retombent en gouttes pour abreuver le sol, et alimenter les sources d'où naissent successivement les ruisseaux, les étangs, les rivières et les fleuves. C'est une restitution que les arbres font aux mers, en échange des vapeurs élevées de leur sein; c'est ainsi que l'air est purifié par cet océan de vapeurs, et que la terre est fertilisée par cette multiplicité de canaux formés à la surface.

Mais, si rien n'arrête ces météores, leur tendance à se condenser les fait se porter vers les régions plus élevées et plus froides, où ils forment des nuages qui, charriés par les vents à de grandes distances, vont enfanter les orages; et tandis que la contrée toute entière est privée du bienfait des météores aqueux, de pluies réglées et fécondantes, un seul point de sa surface est désolé par la foudre, la grêle et les inondations.

L'habitant des vallées couronnées de forêts, redoute peu la grêle et les orages. Sa cabane est à l'abri de la foudre. Les arbres font circuler par leurs racines profondes et par leurs cimes élevées, la matière électrique de la terre à l'atmosphère et de l'atmosphère à la terre; en sorte qu'en même temps qu'ils attirent à eux les nuages, ils sont de puissans conducteurs de la matière du tonnerre.

Bagnères, Plombières, cernés de forêts, avoient des saisons de pluies régulières; on les a abattues, et l'on n'y connoît plus que torrens, lavanges. Combien donc est coupable celui qui sacrifie à des spéculations d'intérêt, la prospérité de toute une contrée; qui la frappe à jamais de stérilité, pour une coupe de bois!

L'homme qui peut diriger la foudre, peut aussi diriger les pluies. Qu'il plante des arbres (2): leur cime est à l'eau vaporisée, ce qu'est la pointe de métal à la matière du tonnerre. Toutes deux restituent à la terre; l'une les eaux, l'autre le fluide électrique.

Si on ne remédie pas à la dévas-

---

(1) Plus la terre est humide, et plus il tombe de rosée dessus pendant la nuit; et il tombe plus du double de rosée sur une surface d'eau, que sur une égale surface de terre humide. *Stat. veg. de Haller.*

(2) Mais ce n'est pas seulement le chêne et l'orme; pour arrêter l'effrayante progression de ce tarissement, il importe de planter le *laricio de Corse*, pin qui s'élève à plus de 200 pieds; le *mélèze*, qui donne la térébenthine, et dont le bois fait cependant des charpentes ininflammables. C'est des syphons qu'il nous faut pour soutirer les nuages.

tation des forêts, à la dégradation partielle des bois, cette France, si orgueilleuse de sa fécondité et de sa population, deviendra stérile et dépeuplée. Cet anathème étonne; mais la Phénicie et cent autres provinces de l'Asie et de l'Afrique, que l'histoire nous dit avoir été les greniers de l'Europe barbare et inculte, alors fertiles et peuplées, ne sont-elles pas aujourd'hui d'affreux déserts ? et les cent lieues d'un sol brûlant et aride que parcourt à présent le voyageur, sans y trouver une goutte d'eau, étoient il y a mille ans, arrosées de ruisseaux et de rivières qui entretenoient la fécondité. Choiseuil-Gouffier a inutilement cherché dans la Troade le fleuve Scamandre. Le lit en étoit dès long-temps desséché; mais aussi dès long temps les forêts du mont Ida, où il prenoit naissance, étoient abattues.

Les météores aqueux, les vents, la végétation : tels sont les moyens que la nature emploie pour salubrifier l'air. A Saint-Malo, l'homme parcourt la révolution d'un siècle, parce que cette ville est environnée aux marées d'une grande masse d'eau vaporisée qui y entretient une atmosphère pure ; tandis que c'est au sein des déserts que la peste s'engendre, qu'elle conserve son germe ; et les seuls climats où elle ne se propage pas, sont ceux où ces trois agens, les météores aqueux, les vents et la végétation, commandent la salubrité.

A-t-on à redouter ces épidémies, dont les eaux stagnantes deviennent autant de foyers ? qu'on plante des arbres, l'air infect qui s'élève de ces sols marécageux, bientôt absorbé par la végétation, se metamorphose et se répand en air vital dans l'atmosphère.

Il y a des maux sans remèdes, et de ce nombre est le déboisement d'une montagne : lorsque son sommet étoit garni d'arbres, elle protégeoit coteaux, vallée et la contrée à une grande distance. Ses ossemens, le rocher étoit recouvert d'un lit de terre végétale, dont la chute successive des feuilles épaississoit la couche. Les eaux pluviales entraînoient la surabondance de cette terre qui fertilisoit les coteaux.

Hùc summis liquuntur rupibus amnes
Felicem qui trahunt limum.
Virg. Géorg.

En dépouillant une montagne des arbres qui en couvroient le sommet, vous ôtez à ses coteaux leur abri, vous les privez de cet engrais fécondant qu'aucun autre ne peut remplacer ; car vous n'avez rien à substituer à cette terre qui est le débris des végétaux, des reptiles et des insectes, qui est façonnée par les météores, et toute disposée à rentrer dans l'organisation végétale par sa ténuité et sa solubilité. C'est en vain que le penchant des collines redemande ses sources et la plaine ses ruisseaux ; vous les avez condamnées à la stérilité. Nous replanterons, direz-vous : non, vous ne savez pas même conserver, vous ne savez que détruire. D'ailleurs, à quoi s'attacheroit cette semence que vous y déposeriez ? Comment asseoir ce jeune plant que vous y transporteriez ? Où seroit son abri contre les vents? Sa racine pourroit-elle espérer la moindre humidité? Quand la forêt couronnoit le sommet de la montagne, un arbre que le temps détruisoit laissoit à sa place dix rejetons dont il avoit été le curateur.

Osez tenter cependant, rien n'est impossible à l'homme. Si cent arbres viennent à prendre racines dans les fentes du rocher, ils protègeront l'enfance de mille autres, et vous aurez bien mérité de la patrie. Que le sol que vous aurez ainsi régénéré, soit déchargé d'impôts pendant un demi-siècle, et la république y gagnera du bois dont elle va manquer, et de l'eau dont elle manque déjà.

Que les riches de nos jours portent là une partie de leur or ; qu'ils emploient à replanter, l'argent que leur a valu la coupe de cent milliers d'hectares en bois qu'ils ont abattus. Mais non, ils ne replanteront pas ; la patrie leur est étrangère ; d'ailleurs, pour semer ainsi et ne point recueillir, il faut aimer sa postérité, et l'homme immoral n'en a point ; il ne sait pas étendre son affection au delà des générations présentes.

Il n'y a de grands amas d'eau que là où il y a de grandes forêts ; témoins les Alpes, les Pyrénées, l'Amérique septentrionale ; et il n'y a de fertilité que là où le sol jouit du bienfait de l'humidité. La Normandie ne perd rien de son ancienne fécondité, parce que chaque habitation rurale est assise au milieu d'une petite forêt qui en ferme l'enceinte.

On s'occupe dans ce moment de lois pour multiplier les canaux, mais point de canaux sans rivières ; point de rivières sans ruisseaux, point de ruisseaux sans sources, point de sources sans montagnes couronnées de forêts. Les arbres sont aussi des canaux, la sève y coule par ruisseaux (1). Ce sont les arbres qui font circuler l'eau de l'atmosphère à la terre ; c'est goutte à goutte que la nature reprend les flots d'eau vaporisée dont, dans sa prodigalité, elle a inondé l'atmosphère. Imitons-la, et sachons qu'un arbre de dix ans soutire le matin du météore aqueux, vingt à trente livres d'eau qu'il distille sur la terre, sans compter la quantité infiniment plus considérable qu'il en absorbe par la force de succion de ses branches et de ses feuilles. Ainsi, le dépérissement des bois et ce tarissement d'eau croissant, le commerce sera

---

(1) En douze heures, par un jour sec et chaud, un chou perd de sept à huit hectogrammes (25 onces), par la transpiration.

Un soleil de 120 centimètres (3 pieds et demi) perd plus de 9 hectogrammes (30 onces).

Un hectare en houblon transpire 2400 pintes d'eau.
Stat. des vég. de Haller.

A Argenteuil, une portion d'un cep de verjus, retranché il y a un an de son antique souche, a donné un demi-muid de sève : on sait ce qu'en fournit la vigne, le bouleau, le palmier.

privé de canaux et l'agriculture d'engrais, le cultivateur ne pouvant plus élever de troupeaux s'il manque de prairies, car c'est ainsi que la nature a lié tous les anneaux de sa chaîne.

S'il est impossible de remédier au mal, au moins peut-on en arrêter les progrès. Législateurs, vous êtes les représentans du peuple, mais le physicien est le représentant de la nature, et c'est à ce titre qu'il provoque l'organisation forestière. Il est temps de s'en occuper : que le propriétaire de tant d'hectares soit tenu d'avoir tant d'arbres fruitiers ou forestiers ; qu'on plante les grandes routes, il n'y a pas un buisson sur celles de la Beauce ; aussi n'y a-t-il pas de pays plus dépourvu d'eau ; qu'on replante les routes qu'on a abattues ; la belle avenue de Versailles l'est depuis six ans, on l'oublie ; celle de Franciade se dégarnit annuellement et ne se répare pas. Mais pourquoi citer, puisque toutes les routes de la république sont dans un état de délaissement ?

Nous venons d'abattre ces arbres qui bordent nos voieries ; qui, placés autour des cimetières, servoient à en purifier l'air ; qui ombrageoient les porches de nos temples, et où l'enfance se déroboit à l'ardeur du soleil : qu'un décret vengeur de l'anarchie destructive ordonne, à l'instant cette replantation (1). L'Américain plante un arbre à la naissance de ses enfans ; nous abattons une forêt pour doter les nôtres.

Mais ce ne sont pas seulement les forêts qu'on laisse dégrader ; les arbres fruitiers, dont l'intérêt sollicite plus particulièrement la culture, sont abattus, et ne sont pas replantés, faute d'une bonne organisation sur la garde rurale. Quel est en effet le propriétaire qui puisse hasarder un verger hors de l'étroite enceinte de sa propriété ?

Une prompte organisation forestière peut donc seule assurer à la France le bois dont elle manque, et remédier au tarissement de ses eaux. La prospérité de l'agriculture, celle de l'industrie et du commerce tiennent à cette

---

(1) Il faut des fêtes au peuple, et c'est avec raison qu'on veut en substituer ; mais pour que ces fêtes puissent l'intéresser, qu'on célèbre la récolte des foins, celle des grains ; la jeunesse dansera autour des meules et des tas de gerbes ; déjà la vendange est consacrée à la joie ; que les semailles du printemps, celles de l'automne, la replantation des arbres, la réparation des chemins vicinaux, l'échenillage, l'échardonage soient également des jours de fêtes ; qu'on en institue sur-tout une pour la préparation des grains. Le Chinois ne confie pas à la terre une semence, qu'il n'ait favorisé le développement de son germe par une immersion dans un engrais liquide ; et en France la carie enlève annuellement le dixième des récoltes en froment, parce qu'on ne chaule pas ou qu'on chaule mal. Voilà des fêtes que le peuple des campagnes célébrera ; il négligeoit la célébration de ses mystères, mais il quittoit ses travaux pour suivre les processions des rogations, des quatre-temps, qui avoit pour objet la prospérité de ses récoltes. Ce n'est que quand il aura recouvré sa morale, qu'il célèbrera la fête de la Vieillesse, à laquelle il insulte aujourd'hui.

prompte organisation, puisque c'est la régénération des bois qui rendra aux coteaux leur fertilité, aux vallées leur fraîcheur, aux campagnes leur fécondité, aux usines leurs ruisseaux, au commerce ses canaux et ses rivières qui cessent d'être navigables.

Et dubitant homines serere atque impendere curam.
Virg. Géorg.

Mais les instans pressent : il faut le laps d'un siècle pour régénérer ce qu'un jour détruit ; car combien le temps n'est-il pas lent à reproduire ce que la hache est si prompte à abattre !

La guerre, la famine, la peste sont de moindres fléaux que ne l'est cette dégradation lente des bois et ce tarissement successif des eaux ; car les plus grandes crises ne sont pas les plus désastreuses. Tous ces fléaux dévastateurs sont momentanés : le temps les répare ; mais ici le temps mine. Oui, la France disparoîtra (1) ainsi qu'ont disparu tant de Républiques et d'Empires florissans, si elle n'est pas replantée comme l'Asie mineure le fut par Cyrus-le-Grand (2).

---

(1) La caducité des natures arrive avec l'épuisement et le desséchement de la terre. *Bexon.*
(2) Celui qui est ainsi devenu le réparateur de la nature dégradée, mérite le nom de *grand*, que la postérité lui a donné.

L'empire de la Chine nourriroit-il plus de 300 millions d'hommes, sans cette abondance des bois et des eaux qui y entretiennent la fécondité ? mais en Chine on plante plus qu'on n'abat. On doit attendre d'un gouvernement républicain cette sorte de régénération dont des despotes nous offrent des exemples imposans. D'ailleurs, les individus ne replanteront pas ; il n'y a que les gouvernemens qui puissent et doivent régénérer les forêts, parce qu'ils sont impérissables, et que le bonheur des races futures devient pour eux une substitution sacrée.

FIN DU COURS D'AGRICULTURE.

De l'Imprimerie de MARCHANT, rue du Pont-de-Lody, Maison des Grands-Augustins.

www.ingramcontent.com/pod-product-compliance
Lightning Source LLC
Chambersburg PA
CBHW050418240426
43661CB00055B/2191